信息安全标准汇编

基 础 卷

中国标准出版社第四编辑室 编

中国标准出版社

北 京

图书在版编目（CIP）数据

信息安全标准汇编. 基础卷/中国标准出版社第四编
辑室编. —北京：中国标准出版社，2009
  ISBN 978-7-5066-5239-1

  Ⅰ.信… Ⅱ.中… Ⅲ.信息系统-安全技术-国家标准-
汇编-中国 Ⅳ.TP309-65

  中国版本图书馆 CIP 数据核字（2009）第 044290 号

中国标准出版社出版发行
北京复兴门外三里河北街 16 号
邮政编码：100045
网址 www.spc.net.cn
电话：68523946 68517548
中国标准出版社秦皇岛印刷厂印刷
各地新华书店经销
*
开本 880×1230 1/16 印张 37.75 字数 1 152 千字
2009 年 4 月第一版 2009 年 4 月第一次印刷
*
定价 194.00 元

出 版 说 明

在信息化社会,信息技术飞速发展,随之而来的信息技术的安全问题日益突出,它关系到信息系统的正常运行和健康发展,影响到信息化社会的各个方面,不容忽视。国家标准化管理委员会已制定和发布了一系列信息安全国家标准,为我国信息系统的安全提供了技术支持,为信息安全的监督和管理提供了依据和指导。

为满足广大信息技术人员的需求,方便学习和查阅,我们将信息安全国家标准按照信息安全标准体系收集、分类、汇编成卷,共分为以下5卷:

——基础卷

——信息安全管理卷

——信息安全测评卷

——技术与机制卷

——密码技术卷

其中信息安全测评卷、技术与机制卷根据需要又分为若干分册。

随着信息安全标准体系的完善和标准制修订情况的变化,本套汇编将陆续分卷分册出版。

本卷为基础卷,共收入截至2009年2月发布的有关信息安全术语、体系结构、模型、框架标准17项。

编　者

2009 年 2 月

目　　录

前　言

本标准等同采用国际标准 ISO/IEC 2382-8:1998《信息技术　词汇　第 8 部分:安全》。

本标准是对国家标准 GB/T 5271.8—1993 的修订,根据信息技术的发展和变化,本标准着重于计算机安全方面的术语词汇,标题由原来的《数据处理词汇　08 部分　控制、完整性和安全性》改为《信息技术　词汇　第 8 部分　安全》,内容上只保留原标准有关安全方面的词汇 18 个词条,另外新增加了 170 个信息技术安全术语词条。

制定信息技术词汇标准的目的是为了方便信息技术的国内外交流。它给出了与信息处理领域相关的概念的术语及其定义,并明确了各术语词条之间的关系。本标准定义了有关密码术、信息分类与访问控制、数据与信息恢复和安全违规等概念。

GB/T 5271 系列标准由 30 多个部分组成,都在总标题《信息技术　词汇》之下。本标准是 GB/T 5271系列标准的第 8 部分。

本标准由中华人民共和国信息产业部提出。

本标准自实施之日起,代替和废止国家标准 GB/T 5271.8—1993。

本标准由中国电子技术标准化研究所归口。

本标准起草单位:中国电子技术标准化研究所。

本标准主要起草人:陈莹、王保艾。

ISO/IEC 前言

ISO(国际标准化组织)和 IEC(国际电工委员会)是世界性的标准化专门机构。国家成员体(它们都是 ISO 或 IEC 的成员国)通过国际组织建立的各个技术委员会参与制定针对特定技术领域的国际标准。ISO 和 IEC 的各技术委员会在共同感兴趣的领域内进行合作。与 ISO 和 IEC 有联系的其他官方和非官方国际组织也可参与国际标准的制定工作。

对于信息技术,ISO 和 IEC 建立了一个联合技术委员会,即 ISO/IEC JTC1。由联合技术委员会提出的国际标准草案需分发给各国家成员体进行表决。发布一项国际标准,至少需要 75％的参与表决的国家成员体投票赞成。

国际标准 ISO/IEC 2382-8 是由 ISO/IEC JTC1 信息技术联合技术的 SC1 词汇分委员会制定的。

ISO/IEC 2382 由 30 多个部分组成,都在总标题"信息技术 词汇"之下。

信息技术 词汇
第 8 部分：安全

GB/T 5271.8—2001
idt ISO/IEC 2382-8:1998

代替 GB/T 5271.8—1993

Information technology—Vocabulary—
Part 8:Security

1 概述

1.1 范围

为便于信息和数据安全保护方面的国内外交流，特制定本标准。本标准给出了与信息技术领域相关的概念的术语和定义，并明确了这些条目之间的关系。

为方便本标准翻译成其他少数民族语言，本标准各条词汇的定义中尽可能避免使用语言中偏特的词语。

本标准定义了有关密码术、信息分类与信息访问控制、数据与信息的恢复和安全违规等数据与信息安全保护方面的概念。

1.2 引用标准

下列标准所包含的条文，通过在本标准中引用而构成为本标准的条文。本标准出版时，所示版本均为有效。所有标准都会被修订，使用本标准的各方应探讨使用下列标准最新版本的可能性。

GB/T 2659—2000 世界各国和地区名称代码(eqv ISO 3166-1:1997)

GB/T 9387.2—1995 信息处理系统 开放系统互连 基本参考模型 第2部分:安全体系结构
(idt ISO 7498-2:1989)

GB/T 15237.1—2000 术语工作 词汇 第1部分 理论与应用(eqv ISO 1087-1:2000)

1.3 遵循的原则和规则

1.3.1 词条的定义

第2章包括许多词条。每个词条由几项必需的要素组成，包括索引号、一个术语或几个同义术语和定义一个概念的短语。另外，一个词条可包括举例、注解或便于理解概念的解释。

有时同一个术语可由不同的词条来定义，或一个词条可包括两个或两个以上的概念，说明分别见1.3.5 和 1.3.8。

本标准使用其他的术语，例如词汇、概念、术语和定义，其意义在 GB/T 15237.1 中有定义。

1.3.2 词条的组成

每个词条包括 1.3.1 中规定的必需的要素，如果需要，可增加一些要素。词条按以下的顺序包括如下要素：

　　a) 索引号；

　　b) 术语在语言中的概念若没有首选术语表示，用五个点的符号表示(.....)；在一个术语中，一行点用来表示每个特定事例中被选的一个词；

　　c) 首选术语(根据 GB/T 2659 规则标明)；

　　d) 术语的缩略语；

e) 许可的同义术语；

f) 定义的正文（见 1.3.4）；

g) 以"例子"开头的一个或几个例子；

h) 以"注"开头的概念应用领域标明特殊事例的一个或几个注解；

i) 词条共用的图片、图示或表格。

1.3.3 词条的分类

本系列标准的每部分被分配两个数字组成的序列号，并以表示"基本术语"的 01 开始。

词条按组分类，每组被分配一个四个数字组成的序列号；前两个数字表示该组在本标准中所处的部分。

每个词条被分配一个六个数字组成的索引号；前四个数字表示该词条所在的标准部分和组。

1.3.4 术语的选择和定义的用语

选择术语和定义用语尽可能按照已规定的用法。当出现矛盾时，采用大多数同意的方法。

1.3.5 多义术语

在一种工作语言中，如果一个给定的术语有几个意义，每个意义则给定一个单独的词条以便于翻译成其他的语言。

1.3.6 缩略语

如 1.3.2 中所指，当前使用的缩略语被指定给一些术语。这些缩略语不用于定义、例子或注解的文字中。

1.3.7 圆括弧的用法

在一些术语中，按黑体字印刷的一个词或几个词置于括弧中。这些词是完整术语的一部分。

当在技术文章中使用缩略术语不影响上下文的意思时，这些词可被省略。在 GB/T 5271 的定义、例子或注解的正文中，这些术语按完整形式使用。

在一些词条中，术语后面跟着普通字体的放在括弧中的文字。这些词不是术语的某部分，而是指明使用该术语的有关信息，如它的特殊的应用范围，或它的语法形式。

1.3.8 方括弧的用法

如果几个紧密相关的术语的定义只是几个文字的区别，这些术语及其定义归为一个词条。为表示不同的意思的替换文字按在术语和在定义中的相同的次序放在方括弧中。为避免被替换词的不明确性，按上述规则放在括弧前面的最后一个词可放在方括弧里面，并且每变化一次则重复一次。

1.3.9 定义中黑体术语的用法和星号的用法

术语在定义、例子或注解中用黑体字印刷时，则表示该术语已在本词汇的其他词条中定义过。但是，只有当这些术语首次出现在每一个词条中时，该术语才印成黑体字的形式。

黑体也用于一个术语的其他语法形式，如名词复数和动词的分词形式。

定义在 GB/T 5271 中所有以黑体出现的术语的基本形式列在本部分后面的索引中（见 1.3.10）。

当在不同的词条中引用的两个黑体术语一个紧接着另一个，用星号将二者分隔开（或仅用标点分隔）。

以一般字体出现的词或术语，按一般词典中或权威性技术词汇的释义理解。

1.3.10 索引表的编制

对于使用的每一种语言，在每部分的结尾提供字母索引。索引包括该部分定义的所有术语。

多词术语按字母顺序出现在每个关键字后。

2 术语和定义

08 安全

08.01 一般概念

08.01.01　计算机安全　computer security
COMPUSEC(缩略语)　**COMPUSEC**(abbreviation)
通常采取适当行动保护**数据**和**资源**,使它们免受偶然或恶意的动作。
注:这里偶然或恶意的动作可指未经授权的修改、破坏、访问、泄露或获取。

08.01.02　管理性安全　administrative security
过程安全　procedural security
用于**计算机安全**的管理措施。
注:这里的措施可以是可操作的**可核查性**过程、调查安全**违规**的过程和审查**审计**跟踪的过程。

08.01.03　通信安全　communication security
COMSEC(缩略语)　**COMSEC**(abbreviation)
适用于**数据**通信的**计算机安全**。

08.01.04　数据安全　data security
适用于**数据**的**计算机安全**。

08.01.05　安全审计　security audit
对**数据**处理系统记录与活动的独立的审查和检查,以测试系统控制的充分程度,确保符合已
建立的**安全策略**和操作过程,检测出安全**违规**,并对在控制、安全策略和过程中指示的变化
提出建议。

08.01.06　安全策略;安全政策　security policy
为保障**计算机安全**所采取的行动计划或方针。

08.01.07　数据完整性　data integrity
数据所具有的特性,即无论数据形式作何变化,数据的准确性和一致性均保持不变。

08.01.08　文件保护　file protection
为了防止对**文件**未经授权地访问、修改或删除,而采取适当的管理、技术或物理手段。

08.01.09　保密性,机密性　confidentiality
数据所具有的特性,即表示数据所达到的未提供或未泄露给未授权的个人、过程或其他**实体**
的程度。

08.01.10　可核查性　accountability
一种特性,即能保证某个**实体**的行动能唯一地追溯到该实体。

08.01.11　鉴别　authentication
验证**实体**所声称的身份的动作。

08.01.12　消息鉴别　message authentication
验证*消息是由声明的**始发者**发给**预期的接收者**,并且验证该消息在转移中未被更改。

08.01.13　鉴别信息　authentication information
用来确立**实体**所声称身份的有效性的**信息**。

08.01.14　凭证　credentials
为确立**实体**所声称的身份而**传送**的**数据**。

08.01.15　鉴别交换　authentication exchange
借助信息交换手段以保证**实体**身份的一种机制。

08.01.16　授权　authorization
给予权利,包括**访问权**的授予。

08.01.17　可用性(用于计算机安全)　**availability**(in computer security)
数据或**资源**的特性,被授权**实体**按要求能访问和使用数据或资源。

08.01.18　认证(用于计算机安全)　**certification**(in computer security)

第三方作出保证**数据处理系统**的全部或部分符合安全要求的过程。

08.01.19 **安全许可** security clearance;clearance

许可个人在某一特定的**安全级别**或低于该级别**访问***数据或信息。

08.01.20 **安全级别** security level

分层的**安全等级**与表示**对象**的敏感度或个人的**安全许可**的**安全种类**的组合。

08.01.21 **封闭的安全环境** closed-security environment

一种环境,在该环境下特别着重(通过**授权**、**安全许可**、配置控制等形式)对**数据**和**资源**的保护,使之免受偶然的或恶性的动作。

08.01.22 **开放的安全环境** open-security environment

一种环境,通过普通的操作过程即可获得对**数据**及**资源**的保护,使之免受偶然的或恶性的动作。

08.01.23 **隐私权** privacy

防止因不正当或非法收集和使用个人**数据**而对个人的私生活或私事进行侵犯。

08.01.24 **风险分析** risk analysis

风险评估 risk assessment

一种系统的方法,标识出**数据处理系统**的资产、对这些资产的**威胁**以及该系统对这些威胁的**脆弱性**。

08.01.25 **风险接受** risk acceptance

一种管理性的决定,通常根据技术或成本因素,决定接受某一程度的**风险**。

08.01.26 **敏感性** sensitivity

信息拥有者分配给**信息**的一种重要程度的度量,以标出该信息的保护需求。

08.01.27 **系统完整性** system integrity

在防止非授权用户修改或使用资源和防止授权用户不正确地修改或使用**资源**的情况下,**数据处理系统**能履行其操作目的的品质。

08.01.28 **威胁分析** threat analysis

对可能损害**数据处理系统**的动作和事件所做的检查。

08.01.29 **可信计算机系统** trusted computer system

提供充分的**计算机安全**的**数据处理系统**,它允许具有不同**访问权**的用户**并发访问***数据,以及访问具有不同**安全等级**和**安全种类**的数据。

08.01.30 **主体**(用于计算机安全) subject(in computer security)

能访问**客体**的主动**实体**。

例:涉及**程序***执行的过程。

注:主体可使**信息**在客体之间流动,或者可以改变**数据处理系统**的状态。

08.01.31 **客体**(用于计算机安全) object(in computer security)

一种**实体**,对该实体的访问是受控的。

例:**文件**、**程序**、**主存区域**;收集和维护的有关个人的**数据**。

08.02 信息分类

08.02.01 **安全分类;安全等级** security classification

决定防止**数据**或**信息**需求的访问的某种程度的保护,同时对该保护程度给以命名。

例:"绝密"、"机密"、"秘密"。

08.02.02 **敏感信息** sensitive information

由权威机构确定的必须受保护的**信息**,因为该信息的**泄露**、修改、破坏或**丢失**都会对人或事产生可预知的损害。

08.02.03 安全种类 security category

一种对**敏感信息**非层次的分组,此方法比仅用分层次的**安全等级**能更精细地控制对**数据**的访问。

08.02.04 分隔 compartmentalization

将**数据**划分成有独立安全控制的隔离块,以便减少风险。

例:将与主项目相关的数据分成与各子项目相对应的块,每个块有其自己的安全保护,这样能减小暴露整个项目的可能性。

08.02.05 多级设备 multilevel device

一种**功能单元**,它能同时处理两个或多个**安全级别**的**数据**而不会危及**计算机安全**。

08.02.06 单级设备 single-level device

一种**功能单元**,它在某一时刻只能处理一个**安全级别**的**数据**。

08.03 密码技术

08.03.01 密码学;密码术 cryptography

一种学科,包含数据变换的原则、手段和方法,以便隐藏**数据**的语义内容,防止未经授权的使用或未检测到的修改。

08.03.02 加密 encryption;encipherment

数据的密码变换。

注

1 加密的结果是密文。

2 相反的过程称为解密。

3 也见公钥密码、对称密码和不可逆加密。

08.03.03 不可逆加密 irreversible encryption;irreversible encipherment

单向加密 one-way encryption

一种**加密**,它只产生**密文**,而不能将密文再生为原始**数据**。

注:不可逆加密用于**鉴别**。例如,**口令**可被不可逆地加密,产生的密文被**存储**。后来出示的口令将同样被不可逆地加密,然后将两串密文进行比较。如果他们是相同的,则后来出示的口令是正确的。

08.03.04 解密 decryption;decipherment

从**密文**中获取对应的原始**数据**的过程。

注:可将密文再次加密,这种情况下单次解密不会产生原始明文。

08.03.05 密码系统 cryptographic system;ciphersystem;cryptosystem

一起用来提供**加密**或**解密**手段的文件、部件、设备及相关的技术。

08.03.06 密码分析 cryptanalysis

分析**密码系统**、它的**输入**或**输出**或两者,以导出**敏感信息**,例如**明文**。

08.03.07 明文 plaintext;cleartext

无需利用密码技术即可得出语义内容的**数据**。

08.03.08 密文 ciphertext

利用**加密**产生的**数据**,若不使用密码技术,则得不到其语义内容。

08.03.09 密钥(用于计算机安全) key (in computer security)

控制**加密**或**解密**操作的位串。

08.03.10 私有密钥;私钥 private key

为拥有者专用于**解密**的**密钥**。

08.03.11 公开密钥;公钥 public key

一种**密钥**,任意**实体**都可用它与相对应的**私钥**拥有者进行加密通信。

08.03.12 **公钥密码术** **public-key cryptography**

非对称密码术 **asymmetric cryptography**

用公开密钥和对应的私有密钥进行加密和解密的密码术。

注：如果公钥用于加密，则对应的私钥必须用于解密，反之亦然。

08.03.13 **对称密码术** **symmetric cryptography**

同一密钥既用于加密也用于解密的密码术。

08.03.14 **秘密密钥** **secret key**

由有限数目的通信者用来加密和解密的密钥。

08.03.15 **换位** **transposition**

一种加密方法，即按照某一方案重新排列位或字符。

注：最后所得的密文称为换位密码。

08.03.16 **代入** **substitution**

一种加密方法，即用其他的位串或字符串代替某些位串或字符串。

注：所得密文称为替代密码。

08.04 **访问控制**

08.04.01 **访问控制** **access control**

一种保证手段，即数据处理系统的资源只能由被授权实体按授权方式进行访问。

08.04.02 **访问控制（列）表** **access control list**

访问（列）表 **access list**

由拥有访问权利的实体组成的列表，这些实体被授权访问某一资源。

08.04.03 **访问类别** **access category**

根据实体被授权使用的资源，对实体分配的类别。

08.04.04 **访问级别** **access level**

实体对受保护的资源进行访问所要求的权限级别。

例：在某个安全级别上授权访问数据或信息。

08.04.05 **访问权** **access right**

允许主体为某一类型的操作*访问某一客体。

例：允许某过程对文件有读权，但无写权。

08.04.06 **访问许可** **access permission**

主体针对某一客体的所有的访问权。

08.04.07 **访问期** **access period**

规定访问权的有效期。

08.04.08 **访问类别**（用于计算机安全） **access type**（in computer security）

由访问权所规定的操作类型。

例：读、写、执行、添加、修改、删除与创建。

08.04.09 **权证**（用于计算机安全） **ticket**（in computer security）

访问权拥有者对某主体所拥有的一个或多个访问权的表示形式。

注：标签代表访问许可。

08.04.10 **资质**（用于计算机安全） **capability**（in computer security）

标识一个客体、或一类客体、或这些客体的一组授权访问类型的表示形式。

注：资质能以权证形式来实现。

08.04.11 **资质（列）表** **capability list**

与主体相关的列表，它标识出该主体对所有客体的所有访问类型。

例：有关某一过程的列表，标识出该过程对所有**文件**及其他受保护**资源**的所有访问类型。

08.04.12 **身份鉴别** **identity authentication；**
身份确认 **identity validation**
使**数据处理系统**能识别出**实体**的测试实施过程。
例：检验一个**口令**或**身份权标**。

08.04.13 **身份权标** **identity token**
用于**身份鉴别**的物件。
例：智能卡、金属钥匙。

08.04.14 **口令** **password**
用作**鉴别**信息的字符串。

08.04.15 **最小特权** **minimum privilege**
主体的**访问**权限制到最低限度，即仅执行授权任务所必需的那些权利。

08.04.16 **需知** **need-to-know**
数据的预期接收者对数据所表示的**敏感**信息要求了解、**访问**、或者拥有的合法要求。

08.04.17 **逻辑访问控制** **logical access control**
使用与**数据**或**信息**相关的机制来提供**访问控制**。
例：**口令**的使用。

08.04.18 **物理访问控制** **physical access control**
使用物理机制提供**访问控制**。
例：将**计算机**放在上锁的房间内。

08.04.19 **受控访问系统** **controlled access system**
CAS（缩略语） **CAS（abbreviation）**
使**物理访问控制**达到**自动化**的方法。
例：使用**磁条证**、智能卡、生物测定阅读器等。

08.04.20 **读访问** **read access**
一种**访问权**，它允许**读***数据。

08.04.21 **写访问** **write access**
一种**访问权**，它允许**写***数据。
注：写访问可允许添加、修改、删除或创建数据。

08.04.22 **用户标识** **user ID；user identification**
一种字符串或模式，**数据处理系统**用它来标识用户。

08.04.23 **用户简介（1）** **user profile（1）**
对用户的描述，一般用于**访问控制**。
注：用户简介包括这样一些**数据**，如用户标识、用户名、口令、访问权及其他属性。

08.04.24 **用户简况（2）** **user profile（2）**
用户的活动**模式**，可以用它来检测出活动中的变化。

08.05 **安全违规**

08.05.01 **计算机滥用** **computer abuse**
影响或涉及**数据处理系统**的**计算机安全**的蓄意的或无意的未经授权的活动。

08.05.02 **计算机犯罪** **computer crime**
借助或直接介入**数据处理系统**或**计算机网络**而构成的犯罪。
注：本定义是对 GB/T 5271.1—2000 中本条定义的改进。

08.05.03 **计算机诈骗** **computer fraud**

借助或直接介入**数据处理系统**或**计算机网络**而构成的诈骗。

08.05.04　威胁　threat
一种潜在的**计算机安全**违规。
注：见图 1。

08.05.05　主动威胁　active threat
未经授权对**数据处理系统**状态进行蓄意的改变而造成的**威胁**。
例：这种威胁将造成消息的修改、伪造消息的插入、服务假冒或拒绝服务。

08.05.06　被动威胁　passive threat
泄露*信息，但不改变**数据处理系统**状态所造成的威胁。
例：这种威胁将造成因截获所**传送**的数据而导致敏感信息的透露。

08.05.07　纰漏（用于计算机安全）　flaw (in computer security);loophole
委托出错、遗漏或疏忽，从而使保护机制被避开或失去作用。

08.05.08　脆弱性　vulnerability
数据处理系统中的弱点或**纰漏**。
注
1　如果脆弱性与**威胁**对应，则存在风险。
2　见图 1。

08.05.09　风险　risk
特定的**威胁**利用**数据处理系统**中特定的**脆弱性**的可能性。
注：见图 1。

08.05.10　拒绝服务　denial of service
资源的授权访问受阻或关键时刻的**操作**的延误。

08.05.11　泄密　compromise
违反**计算机安全**，从而使程序或数据被未经授权的**实体**修改、破坏或使用。
注：见图 1。

08.05.12　损失　loss
对因**泄密**所造成的损害或丧失的量化的度量。
注：见图 1。

08.05.13　暴露　exposure
特定的**攻击**利用**数据处理系统**特定的**脆弱性**的可能性。
注：见图 1。

08.05.14　泄密辐射　compromising emanation
无意辐射的信号，如果被窃听或被分析，这些信号就会透露正被处理或**发送**的**敏感信息**。

08.05.15　泄露　disclosure
计算机安全的违规，使**数据**被未经授权的**实体**使用。

08.05.16　侵入　penetration
对**数据处理系统**进行未经授权的访问。
注：见图 1。

08.05.17　违规　breach
在检测或未经检测的情况下，**计算机安全**的某一部分被避开或失去作用，它可能产生对**数据处理系统**的侵入。
注：见图 1。

08.05.18　网络迂回　network weaving
一种**侵入**技术，即用不同的通信**网络**来访问**数据处理系统**，以避开检测和回溯。

08.05.19 **攻击** **attack**

违反**计算机安全**的企图。

例：**恶性逻辑**、**窃听**等。

注：见图1。

08.05.20 **分析攻击** **analytical attack**

密码分析攻击 **cryptanalytical attack**

运用分析方法解开**代码**或找到**密钥**的企图。

例：**模式**的统计分析；搜索**加密**＊算法中的**纰漏**。

注：与**穷举攻击**相对。

08.05.21 **唯密文攻击** **ciphertext-only attack**

一种**分析攻击**，其中密码分析者只占有**密文**。

08.05.22 **已知明文攻击** **known-plaintext attack**

一种**分析攻击**，其中密码分析者占有相当数量互相对应的**明文**和**密文**。

08.05.23 **选择明文攻击** **chosen-plaintext attack**

一种**分析攻击**，其中密码分析者能选定无限的**明文**＊**消息**并检查相对应的**密文**。

08.05.24 **穷举攻击** **exhaustive attack；brute-force attack**

通过尝试口令或**密钥**可能有的值，违反**计算机安全**的企图。

注：与**分析攻击**相对。

08.05.25 **窃取** **eavesdrop**

未经授权地截取承载**信息**的辐射信号。

08.05.26 **线路窃听** **wiretapping**

暗中访问**数据电路**的某部分，以获得、修改或插入**数据**。

08.05.27 **主动线路窃听** **active wiretapping**

一种**线路窃听**，其目的是修改或插入**数据**。

08.05.28 **被动线路窃听** **passive wiretapping**

一种**线路窃听**，其目的只局限于获取**数据**。

08.05.29 **冒充** **masquerade**

一个实体假装成另一个**实体**，以便获得未经授权的访问权。

08.05.30 **暗入** **piggyback entry**

通过授权用户的合法连接对**数据处理系统**进行未经授权的访问。

08.05.31 **跟入** **to tailgate**

紧跟授权人通过受控门获得未经授权的物理访问。

08.05.32 **捡残** **to scavenge**

未经授权，通过**残余数据**进行搜索，以获得**敏感信息**。

08.05.33 **迷惑** **to spoof**

为欺骗用户、观察者（如监听者）或**资源**而采取的行动。

08.05.34 **放弃连接** **aborted connection**

不遵循已建立规程而造成的连接断开。

注：放弃连接可使其他**实体**获得未经授权的访问。

08.05.35 **故障访问** **failure access**

由于**硬件**或**软件**＊**故障**，造成对**数据处理系统**的**数据**未经授权且通常是不经意的访问。

08.05.36 **线路间进入** **between-the-lines entry**

未授权用户通过**主动线路窃听**获得对连在合法用户**资源**上的某临时被动**传输信道**的访问

权。

08.05.37　陷门　trapdoor

通常为测试或查找故障而设置的一种隐藏的**软件**或**硬件**机制，它能避开**计算机安全**。

08.05.38　维护陷门　maintenance hook

软件中的陷门，它有助于**维护**和开发某些附加功能，而且它能在非常规时间点或无需常规检查的情况下进入**程序**。

08.05.39　聚合　aggregation

通过收集较低**敏感性***信息并使之相互关联而采集**敏感信息**。

08.05.40　链接（用于计算机安全）　linkage（in computer security）

　　　　　聚接　fusion

有目的地将来自两个不同的**数据处理系统**的**数据**或信息组合起来，以导出受保护的信息。

08.05.41　通信流量分析　traffic analysis

通过观察通信流量而推断信息。

例：对通信流量的存在、不存在、数量、方向和频次的分析。

08.05.42　数据损坏　data corruption

偶然或故意违反**数据完整性**。

08.05.43　泛流　flooding

因偶然或故意插入大量的**数据**而导致**服务拒绝**。

08.05.44　混杂　contamination

将一个**安全等级**或安全种类的数据引入到较低安全等级或不同安全种类的数据中。

08.05.45　隐蔽信道　covert channel

可用来按照违反**安全策略**的方式**传送*****数据**的传输信道。

08.05.46　恶性逻辑　malicious logic

在硬件、固件或软件中所实施的**程序**，其目的是执行未经授权的或有害的行动。

例：**逻辑炸弹**、**特洛伊木马**、**病毒**、**蠕虫**等。

08.05.47　病毒　virus

一种**程序**，即通过修改其他程序，使其他程序包含一个自身可能已发生变化的原程序副本，从而完成传播自身程序，当调用受传染的程序，该程序即被**执行**。

注：病毒经常造成某种损失或困扰，并可以被某一事件（诸如出现的某一预定日期）触发。

08.05.48　蠕虫　worm

一种独立**程序**，它可通过**数据处理系统**或**计算机网络**传播自身。

注：蠕虫经常被设计用来占满可用**资源**，如**存储空间**或**处理时间**。

08.05.49　特洛伊木马　Trojan horse

一种表面无害的**程序**，它包含**恶性逻辑**程序，导致未授权地收集、伪造或破坏**数据**。

08.05.50　细菌　bacterium

　　　　　链式信件　chain letter

一种**程序**，它通过**电子邮件**将自己传播给每一个**接收方**的**分发列表**中的每个人。

08.05.51　逻辑炸弹　logic bomb

一种**恶性逻辑**程序，当被某个特定的系统条件触发时，造成对**数据处理系统**的损害。

08.05.52　定时炸弹　time bomb

在预定时间被激活的**逻辑炸弹**。

08.06　敏感信息的保护

08.06.01　验证　verification

将某一活动、处理过程或产品与相应的要求或规范相比较。

例：将某一规范与**安全策略**模型相比较，或者将**目标代码**与**源代码**相比较。

08.06.02 数据保护 data protection

管理、技术或物理措施的实施，以防范未经授权访问**数据**。

注：本定义是 GB/T 5271.1—2000 中此条定义的修订版。

08.06.03 对抗（措施） countermeasure

被设计来减小**脆弱性**的某个行动、装置、过程、技术或其他措施。

08.06.04 故障无碍（用于计算机安全） **failsafe**（in computer security）

修饰语，表示万一**失效**能避免**泄密**。

08.06.05 数据确认 data validation

用来确定**数据**是否准确、完整，或是否符合特定准则的过程。

注：数据确认可包括**格式检查**、完整性检查、检验密钥测试、合理性检查及极限检查。

08.06.06 键击验证 keystroke verification

通过键盘重新键入同一**数据**来确定数据**键入**的准确性。

08.06.07 审计跟踪（用于计算机安全） **audit trail**（in computer security）

收集数据，以备在**安全审计**时使用。

08.06.08 隐私保护 privacy protection

为确保隐私而采取的措施。

注：这里的措施包括**数据保护**以及对个人数据的收集、组合和处理加以限制。

08.06.09 数字签名 digital signature

添加到消息中的**数据**，它允许消息的**接收方**验证该消息的来源。

08.06.10 数字信封 digital envelope

附加到消息中的**数据**，它允许消息的**预期接收方**验证该消息内容的完整性。

08.06.11 生物测定的 biometric

修饰语，说明利用人特有的特征（如指纹、眼睛血纹或声纹）来确认人的身份。

08.06.12 回呼；回拨 call-back；dial-back

数据处理系统标识出**呼叫***终端，断开该呼叫，然后拨号呼叫终端以鉴别该呼叫终端的过程。

08.06.13 清除（用于计算机安全） **clearing**（in computer security）

在有特定的**安全分类**和**安全类别**的**数据媒体**上重写经安全分类的**数据**，这样该数据媒体可以按相同的安全分类和安全类别重新用于**写数据**。

08.06.14 消密 sanitizing

去除文件中的**敏感信息**，以减小文件的**敏感性**。

08.06.15 残留数据 residual data

删除某一**文件**或一部分文件后在**数据媒体**上留下的**数据**。

注：清除数据媒体之前，残留数据仍然是可恢复的。

08.06.16 责任分开 separation of duties

划分**敏感信息**的责任，以便单独行动的个人只能危及**数据处理系统**有限部分的安全。

08.06.17 设陷 entrapment

在**数据处理系统**中故意放置若干明显的**纰漏**，以检测到蓄意的**侵入**，或使入侵者弄不清要利用哪一个纰漏。

08.06.18 侵入测试 penetration testing

检查**数据处理系统**的功能，以找到回避**计算机安全**的手段。

13

08.06.19 计算机系统审计 computer-system audit

检查**数据处理系统**所用的规程,以评估它们的有效性和准确性,以及提出改进建议。

08.06.20 应急过程 contingency procedure

一种过程,当非正常的预期的情况发生时,它是的正常处理路径的替代物。

08.06.21 数据鉴别 data authentication

用来验证**数据完整性**的过程。

例:验证所收到的**数据**与所发送的数据是相同的;验证**程序**没有染上**病毒**。

注:不要与**鉴别**混淆。

08.06.22 消息鉴别代码 message authentication code

一种位串,它是**数据**(**明文**或**密文**)与**秘密密钥**两者的函数,它附属于数据,以允许**数据鉴别**。

注:用于生成消息鉴别代码的函数通常是单向函数。

08.06.23 操纵检测 manipulation detection
修改检测 modification detection

一种过程,它用来检测**数据**是否偶然或故意被修改。

08.06.24 操纵检测(代)码 manipulation detection code
修改检测(代)码 modification detection code
MDC(缩略语) MDC(abbreviation)

一种位串,它是附属于**数据**的一种函数,以允许**操纵检测**。

注

1 可以加密结果消息(数据加 MDC),以便获得保密或**数据鉴别**。

2 用于生成 MDC 的函数必须是公开的。

08.06.25 抵赖 repudiation

通信系统中涉及的若干**实体**中的一个实体,对已参与全部或部分通信过程的否认。

注:在技术与机制的描述中,术语"抗抵赖"经常用来表示通信系统中涉及的若干实体没有一个实体能否认它参与了通信。

08.06.26 安全过滤器 security filter

一种**可信计算机系统**,它对通过该系统传递的**数据**强迫实施**安全策略**。

08.06.27 守护装置(用于计算机安全) guard (in computer security)

一种**功能单元**,它在以不同**安全级别**的两个**数据处理系统**之间或在用户终端与**数据库**之间提供**安全过滤器**,以过滤出用户未被授权**访问**的数据。

08.06.28 互嫌 mutual suspicion

交互**实体**之间的关系,即没有任何一个实体依赖于其他实体按照某一特性正确或安全地发生作用。

08.06.29 公证 notarization

在一个可信的第三方注册**数据**,以便以后保证数据特征(如内容、原发地、时间与交付)的准确性。

08.06.30 通信量填充 traffic padding

一种**对抗措施**,它生成**传输媒体**中的虚假数据,以使**通信量分析**或**解密**更困难。

08.06.31 病毒标志 virus signature

一种独特的**位串**,常见于特定病毒的每一个副本,并且它可以由扫描程序用来检测病毒的存在。

08.06.32 抗病毒程序 anti-virus program
防疫程序 vaccine program

一种程序，被设计用来检测**病毒**并可能建议或采取校正的行动。

08.07 数据恢复

08.07.01 数据再生 data restoration

再生成已经丢失或被破坏的**数据**。

注：数据恢复的方法包括从档案中**拷贝数据**，从源数据中**重构数据**，或从可替换源中**重建数据**。

08.07.02 数据重构 data reconstruction

通过分析原发源来进行**数据恢复**的方法。

08.07.03 数据重组 data reconstitution

通过从可替代源的可用部件中组合出**数据**来进行**数据再生**的方法。

08.07.04 备份过程 backup procedure

在出现**故障**或灾难时为**数据恢复**提供的过程。

例：做备份文件。

08.07.05 备份文件 backup files

一种**文件**，用于以后的**数据恢复**。

例：在可替换位置保留的文件副本。

08.07.06 后向恢复 backward recovery

通过使用后期版本和记录在日志中的**数据**，对早期版本数据进行的**数据重组**。

08.07.07 前向恢复 forward recovery

通过使用早期版本和记录在日志中的**数据**，对后期版本数据进行的**数据重组**。

08.07.08 归档 to archive

将**备份文件**和相关日志**保存**一段给定的时间。

08.07.09 档案文件 archive file

一种**文件**，为了安全目的或者其他目的，被保存下来用于以后的研究或**验证**。

08.07.10 （已）存档文件 archived file

已有**档案文件**的文件。

08.07.11 冷站 cold site

壳站 shell site

一种设施，它至少带有支持可替换**数据处理系统**的安装和操作所必需的设备。

08.07.12 热站 hot site

一种配备齐全的**计算机中心**，它提供及时可替换**数据处理**的能力。

08.07.13 应急计划 contingency plan

灾难恢复计划 disaster recovery plan

一种用于**备份过程**、应急响应和灾后恢复的计划。

08.08 拷贝保护

08.08.01 拷贝保护；复制保护 copy protection

使用特殊技术检测或防止未授权地**拷贝*****数据**、**软件**或固件。

08.08.02 软件盗版 software piracy

未经授权地使用、**拷贝**或分发**软件**产品。

注：本条是GB/T 5271.1中本词条定义的修订版。

08.08.03 加锁 padlocking

使用特殊技术防止**数据**或**软件**被未经授权地**拷贝**。

08.08.04 设坏扇区 bad sectoring

一种用于**拷贝保护**的技术，即将坏扇区有目的地**写**在**盘**上。

08.08.05　检验代码　checking code

机器指令，它读出盘的部分内容，以确定该部分是否是未授权的拷贝。

08.08.06　额外扇区　extra sector

写在超出标准数目扇区的道上的扇区，作为拷贝保护方法的一部分。

08.08.07　额外磁道　extra track

写在超出标准数目道的盘上的道，作为拷贝保护方法的一部分。

08.08.08　假扇区　fake sector

由头标而不是数据组成的扇区，大量地用于盘上，以使未经授权的拷贝*程序不能拷贝盘内容。

08.08.09　偏置道　offset track

写在盘上非标准位置的道，作为拷贝保护方法的一部分。

08.08.10　扇区对准　sector alignment

一种拷贝保护技术，它通过检查各扇区是否从道到道正确定位来确定盘是否是非授权拷贝。

08.08.11　螺旋道　spiral track

盘上带有螺旋形状的道，作为拷贝保护方法的一部分。

08.08.12　超扇区　supersector

写在盘上的过大扇区，作为拷贝保护方法的一部分。

08.08.13　弱位　weak bit

使用弱的磁场强度、有目的地写在盘上的位，可以表示为 0 或 1，作为拷贝保护方法的一部分。

08.08.14　宽磁道　wide track

盘上两个或两个以上相邻道的集合，上面写有相同的数据，作为拷贝保护方法的一部分。

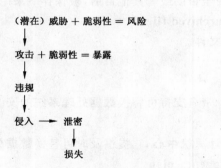

图 1　安全违规的级别

汉 语 索 引

英 文 索 引

A

B

C

D

R

S

中华人民共和国国家标准

信息处理系统 开放系统互连
基 本 参 考 模 型
第2部分:安全体系结构

GB/T 9387.2—1995
ISO 7498-2—1989

Information processing system—Open Systems
Interconnection—Basic Reference Model
—Part2:Security architecture

本标准等同采用国际标准 ISO 7498-2—1989《信息处理系统 开放系统互连 基本参考模型 第2部分:安全体系结构》。

0 引言

GB 9387—88 为开放系统互连(OSI)描述了基本参考模型,它为协调开发现有的与未来的系统互连标准建立起一个框架。

开放系统互连基本参考模型的目的是让异构型计算机系统的互连能达到应用进程之间的有效通信。在各种不同场合都必须建立安全控制,以便保护在应用进程之间交换的信息。这种控制应该使得非法获取或修改数据所花的代价大于这样做的潜在价值,或者使其为得到所需数据而花费的时间很长,以致失去该数据的价值。

本标准确立了与安全体系结构有关的一般要素,它们能适用于开放系统之间需要通信保护的各种场合。为了安全通信而完善与开放系统互连相关的现有标准或开发新标准,本标准在参考模型的框架内建立起一些指导原则与制约条件,从而提供了一个解决 OSI 中安全问题的一致性方法。

知道安全方面的一些背景对于了解本标准是有益的。我们建议对安全问题不够熟悉的读者先读附录 A(参考件)。

本标准扩充了基本参考模型,涉及到了安全问题的一些方面。这些方面是通信协议体系结构的一般要素,但并没有在基本参考模型中予以讨论。

1 主题内容与适用范围

本标准的任务是:

a. 提供安全服务与有关机制的一般描述,这些服务与机制可以为 GB 9387—88 参考模型所配备;

b. 确定在参考模型内部可以提供这些服务与机制的位置。

本标准扩充了 GB 9387—88 的应用领域,包括了开放系统之间的安全通信。

对基本的安全服务与机制以及它们的恰当配置按基本参考模型作了逐层说明。此外还说明了这些安全服务与机制对于参考模型而言在体系结构上的关系。在某些端系统、设备和组织结构中,可能还需要附加某些别的安全措施,这些措施也适用于各种不同的应用上下文中。确定为支持这种附加的安全措施所需要的安全服务不在本标准的工作范围之内。

开放系统互连(OSI)的安全功能仅仅涉及能让端系统之间进行信息的安全传送的通信通路的可见方面,不考虑在端系统、设备或组织内所需要的安全措施,除非牵连到在 OSI 中可见性安全服务的选择与定位。安全结构问题的这些方面也可以进行标准化,但不在 OSI 标准的工作范围之内。

　　本标准对在 GB 9387—88 中定义的概念与原则作了补充,但并未改动它们。本标准既不是一个实施规范,也不是评价实际执行方案一致性的基准。

2　引用标准

　　GB 9387—88　信息处理系统　开放系统互连　基本参考模型

　　GB/T 15274　信息处理系统　开放系统互连　网络层的内部组织结构

　　ISO 7498-4　信息处理系统　开放系统互连　基本参考模型　第 4 部分:管理框架

　　ISO 7498/补篇 1　信息处理系统　开放系统互连　基本参考模型　补篇 1:无连结方式传送

3　定义与缩略语

3.1　本标准以在 GB 9387—88 中建立的概念为基础,并使用在该标准中定义的下列术语:

　　a.　(N)连接;

　　b.　(N)数据传输;

　　c.　(N)实体;

　　d.　(N)业务;

　　e.　(N)层;

　　f.　开放系统;

　　g.　对等实体;

　　h.　(N)协议;

　　j.　(N)协议数据单元;

　　k.　(N)中继;

　　l.　路由选择;

　　m.　排序;

　　n.　(N)服务;

　　p.　(N)服务数据单元;

　　q.　(N)用户数据;

　　r.　子网;

　　s.　OSI 资源;

　　t.　传送语法。

3.2　本标准使用的下列术语取自相应的国家标准(GB)和国际标准(ISO):

　　无连接方式传输　　　　(ISO 7498 补篇 1)

　　端系统　　　　　　　　(GB 9387—88)

　　中继与路由功能　　　　(GB/T 15274)

　　单元数据　　　　　　　(GB 9387—88)

　　管理信息库　　　　　　(ISO 7498-4)

　　此外,还使用了下面这些缩写:

　　OSI:开放系统互连;

　　SDU:服务数据单元;

　　SMIB:安全管理信息库;

　　MIB:管理信息库。

3.3　本标准采用下列定义:

3.3.1　访问控制　access control

防止对资源的未授权使用，包括防止以未授权方式使用某一资源。

3.3.2　访问控制表　access control list
带有访问权限的实体表，这些访问权是授予它们访问某一资源的。

3.3.3　可确认性　accountability
这样一种性质，它确保一个实体的作用可以被独一无二地跟踪到该实体。

3.3.4　主动威胁　active threat
这种威胁是对系统的状态进行故意的非授权的改变。

注：与安全有关的主动威胁的例子可能是：篡改消息、重发消息、插入伪消息、冒充已授权实体以及服务拒绝等。

3.3.5　审计　audit
见"安全审计"。

3.3.6　审计跟踪　audit trail
见"安全审计跟踪"。

3.3.7　鉴别　authentication
见"数据原发鉴别"与"对等实体鉴别"。

注：在本标准中，当涉及数据完整性时不使用术语"鉴别"，而另用术语"数据完整性"。

3.3.8　鉴别信息　authentication information
用以建立身份有效性的信息。

3.3.9　鉴别交换　authentication exchange
通过信息交换来保证实体身份的一种机制。

3.3.10　授权　authorization
授予权限，包括允许基于访问权的访问。

3.3.11　可用性　availability
根据授权实体的请求可被访问与使用。

3.3.12　权力　capability
作为资源标识符使用的权标，拥有它便拥有对该资源的访问权。

3.3.13　信道　channel
信息传送通路。

3.3.14　密文　ciphertext
经加密处理而产生的数据，其语义内容是不可用的。

注：密文本身可以是加密算法的输入，这时候产生超加密输出。

3.3.15　明文　cleartext
可理解的数据，其语义内容是可用的。

3.3.16　机密性　confidentiality
这一性质使信息不泄露给非授权的个人、实体或进程，不为其所用。

3.3.17　凭证　credentials
用来为一个实体建立所需身份而传送的数据。

3.3.18　密码分析　cryptanalysis
为了得到保密变量或包括明文在内的敏感性数据而对密码系统或它的输入输出进行的分析。

3.3.19　密码校验值　cryptographic checkvalue
通过在数据单元上执行密码变换（见"密码学"）而得到的信息。

注：密码校验值可经一步或多步操作后得出，它是依赖于密钥与数据单元的一个数学函数的结果，常被用来校验数据单元的完整性。

3.3.20　密码学　cryptography

28

这门学科包含了对数据进行变换的原理、手段和方法,其目的是掩藏数据的内容,防止对它作了篡改而不被识破或非授权使用。

注:密码学决定在加密和解密中使用的方法。对密码原理,手段,或方法的攻击就是密码分析。

3.3.21 数据完整性 data integrity

这一性质表明数据没有遭受以非授权方式所作的篡改或破坏。

3.3.22 数据原发鉴别 data origin authentication

确认接收到的数据的来源是所要求的。

3.3.23 解密 decipherment

与一个可逆的加密过程相对应的反过程。

3.3.24 解密处理 decryption

见"解密"。

3.3.25 服务拒绝 denial of service

阻止对资源的授权访问或拖延时限操作。

3.3.26 数字签名 digital signature

附加在数据单元上的一些数据,或是对数据单元所作的密码变换(见"密码学"),这种数据或变换允许数据单元的接收者用以确认数据单元来源和数据单元的完整性,并保护数据,防止被人(例如接收者)进行伪造。

3.3.27 加密 encipherment

对数据进行密码变换(见"密码学")以产生密文。

注:加密可以是不可逆的,在这种情况下,相应的解密过程便不能实际实现了。

3.3.28 加密处理 encryption

见"加密"。

3.3.29 端-端加密 end-to-end encipherment

数据在源端系统内进行加密,而相应的解密仅仅发生在目的端系统之内。(见"逐链加密")

3.3.30 基于身份的安全策略 identity-based security policy

这种安全策略的基础是用户或用户群的身份或属性,或者是代表用户进行活动的实体以及被访问的资源或客体的身份或属性。

3.3.31 完整性 integrity

见"数据完整性"。

3.3.32 密钥 key

控制加密与解密操作的一序列符号。

3.3.33 密钥管理 key management

在一种安全策略指导下密钥的产生,存储,分配,删除,归档及应用。

3.3.34 逐链加密 link-by-link encipherment

在通信系统的每段链路上对数据分别进行加密。(见"端-端加密")

注:逐链加密意味着在中继实体中数据将以明文形式出现。

3.3.35 操作检测 manipulation detection

用来检测数据单元是否被修改过的一种机制。(这种修改或是偶然发生的,或是故意进行的。)

3.3.36 冒充 masquerade

一个实体伪装为另一个不同的实体。

3.3.37 公证 notarization

由可信赖的第三方对数据进行登记,以便保证数据的特征如内容,原发,时间,交付等的准确性不致改变。

3.3.38 被动威胁 passive threat

这种威胁对信息的非授权泄露而未改变系统状态。

3.3.39 口令 password

机密的鉴别信息，通常由一串字符组成。

3.3.40 对等实体鉴别 peer-entity authentication

确认有关的对等实体是所需的实体。

3.3.41 物理安全 physical security

为防范蓄意的和意外的威胁而对资源提供物理保护所采取的措施。

3.3.42 策略 policy

见"安全策略"。

3.3.43 私密 privacy

一种个人权限，它控制和影响与这些个体有关的哪些信息可以被收集，存储以及这些信息可以被谁泄露和泄露给谁。

注：由于这一术语涉及到私人权限，不可能精确地予以限定，因此，除了作为要求安全保护的一种动机外，应避免使用。

3.3.44 抵赖 repudiation

在一次通信中涉及到的那些实体之一不承认参加了该通信的全部或一部分。

3.3.45 路由选择控制 routing control

在路由选择过程中应用规则，以便具体地选取或回避某些网络、链路或中继。

3.3.46 基于规则的安全策略 rule-based security policy

这种安全策略的基础是强加于全体用户的总体规则。这些规则往往依赖于把被访问资源的敏感性与用户、用户群、或代表用户活动的实体的相应属性进行比较。

3.3.47 安全审计 security audit

为了测试出系统的控制是否足够，为了保证与已建立的策略和操作规程相符合，为了发现安全中的漏洞，以及为了建议在控制、策略和规程中作任何指定的改变，而对系统记录与活动进行的独立观察和考核。

3.3.48 安全审计跟踪 security audit trail

收集起来并可用来使安全审计易于进行的数据。

3.3.49 安全标记 security label

与某一资源（可以是数据单元）密切相联的标记，为该资源命名或指定安全属性。

注：这种标记或约束可以是明显的，也可以是隐含的。

3.3.50 安全策略 security policy

提供安全服务的一套准则。（见"基于身份的安全策略"与"基于规则的安全策略"）

注：一种完备的安全策略势将涉及超出 OSI 范围之外的许多事项。

3.3.51 安全服务 security service

由参与通信的开放系统的层所提供的服务，它确保该系统或数据传送具有足够的安全性。

3.3.52 选择字段保护 selective field protection

对将被传输的消息中的特定字段实施的保护。

3.3.53 敏感性 sensitivity

资源所具有的一种特征，它意味着该资源的价值或重要性，也可能包含这一资源的脆弱性。

3.3.54 签名 signature

见"数字签名"。

3.3.55 威胁 threat

一种潜在的对安全的侵害。

3.3.56 通信业务分析 traffic analysis

通过对通信业务流的观察(出现、消失、总量、方向与频度),而对信息作出推断。

3.3.57 通信业务流机密性 traffic flow confidentiality

抵抗通信业务分析的一种机密性服务。

3.3.58 通信业务填充 traffic padding

制造通信的假实例,产生欺骗性数据单元或数据单元中的伪数据。

3.3.59 可信功能度 trusted functionality

就某种标准,例如按某种安全策略确立的准则而言,这种功能被认为是正确无误的。

4 记法

本标准中使用的层次记法与 GB 9387—88 中确定的相同。

如果不作另外说明,"服务"一词就用来指安全服务。

5 安全服务与安全机制的一般描述

5.1 概述

本章讨论包括在 OSI 安全体系结构中的安全服务以及实现这些服务的机制。下面描述的安全服务是基本的安全服务。实际上,为了满足安全策略或用户的要求,它们将应用在适当的功能层上,通常还要与非 OSI 服务与机制结合起来使用。一些特定的安全机制能用来实现这些基本安全服务的组合。实际建立的系统为了直接引用的方便可以执行这些基本的安全服务的某些特定的组合。

5.2 安全服务

下面所列被认为是在 OSI 参考模型的框架中能提供的可选的安全服务。其中的鉴别服务需要有鉴别信息,它包括用于鉴别而存储在当地的信息和经传送而得到的数据(凭证)两部分。

5.2.1 鉴别

这种安全服务提供对通信中的对等实体和数据来源的鉴别,分述如下:

5.2.1.1 对等实体鉴别

这种服务当由(N)层提供时,将使(N+1)实体确信与之打交道的对等实体正是它所需要的(N+1)实体。

这种服务在连接建立或在数据传送阶段的某些时刻提供使用,用以证实一个或多个连接实体的身份。使用这种服务可以确信(仅仅在使用时间内):一个实体此时没有试图冒充别的实体,或没有试图将先前的连接作非授权地重演。实施单向或双向对等实体鉴别是可能的,可以带有效期检验,也可以不带。这种服务能够提供各种不同程度的保护。

5.2.1.2 数据原发鉴别

这种服务当由(N)层提供时,将使(N+1)实体确信数据来源正是所要求的对等(N+1)实体。数据原发鉴别服务对数据单元的来源提供确证。这种服务对数据单元的重复或篡改不提供保护。

5.2.2 访问控制

这种服务提供保护以对付 OSI 可访问资源的非授权使用。这些资源可以是经 OSI 协议访问到的 OSI 资源或非 OSI 资源。这种保护服务可应用于对资源的各种不同类型的访问(例如:使用通信资源;读、写或删除信息资源;处理资源的执行)或应用于对一种资源的所有访问。

这种访问控制要与不同的安全策略协调一致(见 6.2.1.1 条)。

5.2.3 数据机密性

这种服务对数据提供保护使之不被非授权地泄露;分述如下:

5.2.3.1 连接机密性

这种服务为一次(N)连接上的全部(N)用户数据保证其机密性。

注：在某些使用中和层次上，保护所有数据可能是不适宜的，例如加速数据或连接请求中的数据。

5.2.3.2 无连接机密性

这种服务为单个无连接的(N)SDU 中的全部(N)用户数据保证其机密性。

5.2.3.3 选择字段机密性

这种服务为那些被选择的字段保证其机密性，这些字段或处于(N)连接的(N)用户数据中，或为单个无连接的(N)SDU 中的字段。

5.2.3.4 通信业务流机密性

这种服务提供的保护，使得通过观察通信业务流而不可能推断出其中的机密信息。

5.2.4 数据完整性

这种服务对付主动威胁，可取如下所述的各种形式之一。

注：在一次连接上，连接开始时使用对等实体鉴别服务，并在连接的存活期使用数据完整性服务就能联合起来为在此连接上传送的所有数据单元的来源提供确证，为这些数据单元的完整性提供确证，而且，例如使用顺序号，还能另外为数据单元的重复提供检测。

5.2.4.1 带恢复的连接完整性

这种服务为(N)连接上的所有(N)用户数据保证其完整性，并检测整个 SDU 序列中的数据遭到的任何篡改、插入、删除或重演(同时试图补救恢复)。

5.2.4.2 不带恢复的连接完整性

与 5.2.4.1 条的服务相同，只是不作补救恢复

5.2.4.3 选择字段的连接完整性

这种服务为在一次连接上传送的(N)-SDU 的(N)用户数据中的选择字段保证其完整性，所取形式是确定这些被选字段是否遭到了篡改、插入、删除或重演。

5.2.4.4 无连接完整性

这种服务当由(N)层提供时，对发出请求的那个(N+1)实体提供完整性保证。

这种服务为单个的无连接 SDU 保证其完整性，所取形式可以是确定一个接受到的 SDU 是否遭受了篡改。另外，在一定程度上也能提供对重演的检测。

5.2.4.5 选择字段无连接完整性

这种服务为单个无连接的 SDU 中的被选字段保证其完整性，所取形式为确定被选字段是否遭受了篡改。

5.2.5 抗抵赖

这种服务可取如下两种形式，或两者之一。

5.2.5.1 有数据原发证明的抗抵赖

为数据的接收者提供数据来源的证据。这将使发送者谎称未发送过这些数据或否认它的内容的企图不能得逞。

5.2.5.2 有交付证明的抗抵赖

为数据的发送者提供数据交付证据。这将使得接收者事后谎称未收到过这些数据或否认它的内容的企图不能得逞。

5.3 特定的安全机制

下面所列的这些安全机制可以设置在适当的(N)层上，以便提供在 5.2 条中所述的某些服务。

5.3.1 加密

5.3.1.1 加密既能为数据提供机密性，也能为通信业务流信息提供机密性，并且还成为在下面所述的一些别的安全机制中的一部分或起补充作用。

5.3.1.2 加密算法可以是可逆的，也可以是不可逆的。可逆加密算法有两大类：

　　a. 对称(即秘密密钥)加密。对于这种加密,知道了加密密钥也就意味着知道了解密密钥,反之亦然;

　　b. 非对称(例如公开密钥)加密。对于这种加密,知道了加密密钥并不意味着也知道解密密钥,反之亦然。这种系统的这样两个密钥有时称之为"公钥"与"私钥"。不可逆加密算法可以使用密钥,也可以不使用。若使用密钥,这密钥可以是公开的,也可以是秘密的。

5.3.1.3　除了某些不可逆加密算法的情况外,加密机制的存在便意味着要使用密钥管理机制。密钥管理方法上的一些准则将在8.4条中给出。

5.3.2　数字签名机制

　　这种机制确定两个过程:

　　a. 对数据单元签名;

　　b. 验证签过名的数据单元。

　　第一个过程使用签名者所私有的(即独有的和机密的)信息。第二个过程所用的规程与信息是公之于众的,但不能够从它们推断出该签名者的私有信息。

5.3.2.1　签名过程涉及到使用签名者的私有信息作为私钥,或对数据单元进行加密,或产生出该数据单元的一个密码校验值。

5.3.2.2　验证过程涉及到使用公开的规程与信息来决定该签名是不是用签名者的私有信息产生的。

5.3.2.3　签名机制的本质特征为该签名只有使用签名者的私有信息才能产生出来。因而,当该签名得到验证后,它能在事后的任何时候向第三方(例如法官或仲裁人)证明:只有那私有信息的唯一拥有者才能产生这个签名。

5.3.3　访问控制机制

5.3.3.1　为了决定和实施一个实体的访问权,访问控制机制可以使用该实体已鉴别的身份,或使用有关该实体的信息(例如它与一个已知的实体集的从属关系),或使用该实体的权力。如果这个实体试图使用非授权的资源,或者以不正当方式使用授权资源,那么访问控制功能将拒绝这一企图,另外还可能产生一个报警信号或记录它作为安全审计跟踪的一个部分来报告这一事件。对于无连接数据传输,发给发送者的拒绝访问的通知只能作为强加于原发的访问控制结果而被提供。

5.3.3.2　访问控制机制可以建立在使用下列所举的一种或多种手段之上:

　　a. 访问控制信息库,在这里保存有对等实体的访问权限。这些信息可以由授权中心保存,或由正被访问的那个实体保存。这信息的形式可以是一个访问控制表,或是等级结构或分布式结构的矩阵。还要预先假定对等实体的鉴别已得到保证;

　　b. 鉴别信息,例如口令,对这一信息的占有和出示便证明正在进行访问的实体已被授权;

　　c. 权力:对它的占有和出示便证明有权访问由该权力所规定的实体或资源;

　　注:权力应是不可伪造的并以可信赖的方式进行运送。

　　d. 安全标记:当与一个实体相关联时,这种安全标记可用来表示同意或拒绝访问,通常根据安全策略而定;

　　e. 试图访问的时间;

　　f. 试图访问的路由;

　　g. 访问持续期。

5.3.3.3　访问控制机制可应用于通信联系中的一端点,或应用于任一中间点。

　　涉及原发点或任一中间点的访问控制是用来决定发送者是否被授权与指定的接收者进行通信,或是否被授权使用所要求的通信资源。

　　在无连接数据传输目的端上的对等级访问控制机制的要求在原发点必须事先知道,还必须记录在安全管理信息库中(见6.2条与8.1条)。

5.3.4　数据完整性机制

5.3.4.1 数据完整性有两个方面:单个数据单元或字段的完整性以及数据单元流或字段流的完整性。一般来说,用来提供这两种类型完整性服务的机制是不相同的,尽管没有第一类完整性服务,第二类服务是无法提供的。

5.3.4.2 决定单个数据单元的完整性涉及两个过程,一个在发送实体上,一个在接收实体上。发送实体给数据单元附加上一个量,这个量为该数据的函数。这个量可以是如象分组校验码那样的补充信息,或是一个密码校验值,而且它本身可以被加密。接收实体产生一个相应的量,并把它与接收到的那个量进行比较以决定该数据是否在转送中被篡改过。单靠这种机制不能防止单个数据单元的重演。在网络体系结构的适当层上,操作检测可能在本层或较高层上导致恢复作用(例如经重传或纠错)。

5.3.4.3 对于连接方式数据传送,保护数据单元序列的完整性(即防止乱序、数据的丢失、重演、插入和篡改)还另外需要某种明显的排序形式,例如顺序号、时间标记或密码链。

5.3.4.4 对于无连接数据传送,时间标记可以用来在一定程度上提供保护,防止个个数据单元的重演。

5.3.5 鉴别交换机制

5.3.5.1 可用于鉴别交换的一些技术是:

a. 使用鉴别信息,例如口令,由发送实体提供而由接收实体验证;

b. 密码技术;

c. 使用该实体的特征或占有物。

5.3.5.2 这种机制可设置在(N)层以提供对等实体鉴别。如果在鉴别实体时,这一机制得到否定的结果,就会导致连接的拒绝或终止,也可能使在安全审计跟踪中增加一个记录,或给安全管理中心一个报告。

5.3.5.3 当采用密码技术时,这些技术可以与"握手"协议结合起来以防止重演(即确保存活期)。

5.3.5.4 鉴别交换技术的选用取决于使用它们的环境。在许多场合,它们将必须与下列各项结合使用:

a. 时间标记与同步时钟;

b. 两方握手和三方握手(分别对应于单方鉴别和相互鉴别);

c. 由数字签名和公证机制实现的抗抵赖服务。

5.3.6 通信业务填充机制

通信业务填充机制能用来提供各种不同级别的保护,抵抗通信业务分析。这种机制只有在通信业务填充受到机密服务保护时才是有效的。

5.3.7 路由选择控制机制

5.3.7.1 路由能动态地或预定地选取,以便只使用物理上安全的子网络、中继站或链路。

5.3.7.2 在检测到持续的操作攻击时,端系统可希望指示网络服务的提供者经不同的路由建立连接。

5.3.7.3 带有某些安全标记的数据可能被安全策略禁止通过某些子网络、中继或链路。连接的发起者(或无连接数据单元的发送者)可以指定路由选择说明,由它请求回避某些特定的子网络、链路或中继。

5.3.8 公证机制

有关在两个或多个实体之间通信的数据的性质,如它的完整性、原发、时间和目的地等能够借助公证机制而得到确保。这种保证是由第三方公证人提供的。公证人为通信实体所信任,并掌握必要信息以一种可证实方式提供所需的保证。每个通信事例可使用数字签名、加密和完整性机制以适应公证人提供的那种服务。当这种公证机制被用到时,数据便在参与通信的实体之间经由受保护的通信实例和公证方进行通信。

5.4 普遍性安全机制

在本条说明的几种安全机制不是为任何特定的服务而特设的,因此在后面的第7章中,在任一特定的层上,对它们都不作明确的说明。某些这样的普遍性安全机制可认为属于安全管理方面(见第8章)。这些机制的重要性,一般说来与所要求的安全级别直接有关。

5.4.1 可信功能度

5.4.1.1 为了扩充其他安全机制的范围,或为了建立这些安全机制的有效性必须使用可信功能度。任何功能度,只要它是直接提供安全机制,或提供对安全机制的访问都应该是可信赖的。

5.4.1.2 用来保证可对这样的硬件与软件寄托信任的手段已超出本标准的范围,而且在任何情况下,这些手段随已察觉到的威胁的级别和被保护信息的价值而改变。

5.4.1.3 一般说来,这些手段的代价高而且难于实现。能大大简化这一难题的办法是选取一个体系结构,它允许安全功能在这样一些模块中实现,这些模块能与非安全功能分开来制作,并由非安全功能来提供。

5.4.1.4 应用于一个层而对该层之上的联系所作的任何保护必须由另外的手段来提供,例如通过适当的可信功能度。

5.4.2 安全标记

包含数据项的资源可能具有与这些数据相关联的安全标记,例如指明数据敏感性级别的标记。常常必须在转送中与数据一起运送适当的安全标记。安全标记可能是与被传送的数据相连的附加数据,也可能是隐含的信息,例如使用一个特定密钥加密数据所隐含的信息,或由该数据的上下文所隐含的信息,例如数据来源或路由来隐含。明显的安全标记必须是清晰可辨认的,以便对它们作适当的验证。此外,它们还必须安全可靠地依附于与之关联的数据。

5.4.3 事件检测

5.4.3.1 与安全有关的事件检测包括对安全明显侵害的检测,也可以包括对"正常"事件的检测,例如一次成功的访问(或注册)。与安全有关的事件的检测可由 OSI 内部含有安全机制的实体来做。构成一个事件的技术规范由事件处置管理来维护(见 8.3.1 条)。对各种安全事件的检测,可能引起一个或多个如下动作:

    a. 在本地报告这一事件;

    b. 远程报告这一事件;

    c. 对事件作记录(见 5.4.3 条);

    d. 进行恢复(见 5.4.4 条)。

这种安全事件的例子为:

    a. 特定的安全侵害;

    b. 特定的选择事件;

    c. 对事件发生次数计数的溢出。

5.4.3.2 这一领域的标准化将考虑对事件报告与事件记录有关信息的传输,以及为了传输事件报告与事件记录所使用的语法和语义的定义。

5.4.4 安全审计跟踪

5.4.4.1 安全审计跟踪提供了一种不可忽视的安全机制,它的潜在价值在于经事后的安全审计得以检测和调查安全的漏洞。安全审计就是对系统的记录与行为进行独立的品评考查,目的是测试系统的控制是否恰当,保证与既定策略和操作规程的协调一致,有助于作出损害评估,以及对在控制、策略与规程中指明的改变作出评价。安全审计要求在安全审计跟踪中记录有关安全的信息,分析和报告从安全审计跟踪中得来的信息。这种日志记录或记录被认为是一种安全机制并在本条中予以描述,而把分析和报告视为一种安全管理功能(见 8.3.2 条)。

5.4.4.2 收集审计跟踪的信息,通过列举被记录的安全事件的类别(例如对安全要求的明显违反或成功操作的完成),能适应各种不同的需要。

已知安全审计的存在可对某些潜在的侵犯安全的攻击源起到威摄作用。

5.4.4.3 OSI 安全审计跟踪将考虑要选择记录什么信息,在什么条件下记录信息,以及为了交换安全审计跟踪信息所采用的语法和语义定义。

5.4.5 安全恢复

5.4.5.1 安全恢复处理来自诸如事件处置与管理功能等机制的请求,并把恢复动作当作是应用一组规则的结果。这种恢复动作可能有三种:

 a. 立即的;

 b. 暂时的;

 c. 长期的。

例如:

立即动作可能造成操作的立即放弃,如断开。

暂时动作可能使一个实体暂时无效。

长期动作可能是把一个实体记入"黑名单",或改变密钥。

5.4.5.2 对于标准化的课题包括恢复动作的协议,以及安全恢复管理的协议(见8.3.3条)。

5.5 安全服务与安全机制间关系的实例

  对于每一种服务的提供,表1标明哪些机制被认为有时是适宜的,或由一种机制单独提供,或几种机制联合提供。此表展示了这些关系的一个概貌,而且也不是一成不变的。在表中引述的服务和机制在5.2条与5.3条中作了描述,在第6章将对这些关系作更充分的说明。

表 1

机制 服务	加密	数字签名	访问控制	数据完整性	鉴别交换	通信业务填充	路由控制	公证
对等实体鉴别	Y	Y	·	·	Y	·	·	·
数据原发鉴别	Y	Y	·	·	·	·	·	·
访问控制服务	·	·	Y	·	·	·	·	·
连接机密性	Y	·	·	·	·	·	Y	·
无连接机密性	Y	·	·	·	·	·	Y	·
选择字段机密性	Y	·	·	·	·	·	·	·
通信业务流机密性	Y	·	·	·	·	Y	Y	·
带恢复的连接完整性	Y	·	·	Y	·	·	·	·
不带恢复的连接完整性	Y	·	·	Y	·	·	·	·
选择字段连接完整性	Y	·	·	Y	·	·	·	·
无连接完整性	Y	Y	·	Y	·	·	·	·
选择字段无连接完整性	Y	Y	·	Y	·	·	·	·
抗抵赖,带数据原发证据	·	Y	·	Y	·	·	·	Y
抗抵赖,带交付证据	·	Y	·	Y	·	·	·	Y

  说明:Y——这种机制被认为是适宜的,或单独使用,或与别的机制联合使用。

    ·——这种机制被认为是不适宜的。

6 服务、机制与层的关系

6.1 安全分层原则

6.1.1 为了决定安全服务对层的分配以及伴随而来的安全机制在这些层上的配置用到了下列原则:

 a. 实现一种服务的不同方法越少越好;

b. 在多个层上提供安全服务来建立安全系统是可取的；

c. 为安全所需的附加功能度不应该不必要地重复 OSI 的现有功能；

d. 避免破坏层的独立性；

e. 可信功能度的总量应尽量少；

f. 只要一个实体依赖于由位于较低层的实体提供的安全机制，那么任何中间层应该按不违反安全的方式构作；

g. 只要可能，应以不排除作为自容纳模块起作用的方法来定义一个层的附加安全功能；

h. 本标准被认定应用于由包含所有七层的端系统组成的开放系统，以及中继系统。

6.1.2 各层上的服务定义可能需要修改以便满足安全服务的请求，不论所要求的安全服务是由该层提供或下面提供。

6.2 保护（N）服务的调用、管理与使用模型

本条应与第 8 章结合起来读，该章包含了对安全管理问题的一般讨论。本条说明安全服务与机制能够由管理实体通过管理接口使之激活，或由服务调用使之激活。

6.2.1 通信实例保护特点的确定

6.2.1.1 概述

本条说明对于面向连接与无连接通信实例保护的调用。在面向连接通信的情形，请求和获准保护通常是在连接建立时刻。在无连接服务调用的情形，请求和获准保护是对每个"单元数据"请求进行的。

为了简化下面的说明，"服务请求"一词将用来指连接建立或单元数据请求。对被选数据调用保护能够通过请求选择字段保护来达到。例如，可以这样进行：建立几个连接，每个连接带有不同类型或级别的保护。

这种安全体系结构适应多种安全策略，包括基于规则的，基于身份的，或二者兼而有之的安全策略。这一安全体系结构也适应多种保护：行政管理强加的，动态选定的，或二者兼有的。

6.2.1.2 服务请求

对于每个（N）服务请求，（N+1）实体可以请求安全保护以达到所要求的目标。（N）服务请求将与参数以及附加的相关信息（如敏感性信息或安全标记）一起指明安全服务以达到这一目标安全保护。

在每个通信实例之先，（N）层必须访问安全管理信息库（SMIB）（见 8.1 条）。SMIB 保存有与所涉及的（N+1）实体相关联的行政管理强加保护要求的信息。还需要可信功能度来实施这些行政管理强加的安全要求。

当为面向连接通信事例时，安全特点的提供可以要求对所需的安全服务进行协商。机制与参数的协商过程可以作为一个单独的过程，或作为正常的连接建立过程的一部分。

当协商是作为一个单独的过程实现时，取得一致的结果（即为了提供这样的安全服务而必需的安全机制的类型和安全参数）便进入安全管理信息库（见 8.1 条）。

当协商是作为正常的连接建立过程的一部分实现时，（N）实体之间协商的结果将暂时存储在 SMIB 之中。在进行协商之前，（N）实体将访问 SMIB 以获得协商所需要的信息。

如果服务请求违反了记录在 SMIB 中为该（N+1）实体所作的行政管理强加的要求，（N）层将拒绝这一服务请求。

（N）层也将给被请求的保护服务添加上安全服务，这一所要求的安全服务在 SMIB 中是作为"委托者"而被定义的，以达到这一目标安全保护。

如果（N+1）实体不指明一个目标安全保护，那么（N）层将遵循与 SMIB 相一致的安全策略。这可能是使用在 SMIB 中为这个（N+1）实体定义的区段内缺省安全保护而继续进行通信。

6.2.2 提供保护服务

在已决定了行政管理强加与动态选取安全要求相结合之后，如在 6.2.1 条中所述，该（N）层将试图最低限度地达到目标保护。这将由下述方法实现，或用其一，或两者兼用。

a. 在(N)层中直接调用安全机制；

b. 从(N-1)层请求保护。这时,经可信功能度和/或(N)层中特定的安全机制的结合保护的范围必须扩展到该(N)服务。

注:这并不一定意味着(N)层中所有的功能度必须是可信任的。

因此,(N)层决定它是否能达到受请求的目标保护。如果它不能达到,通信就不发生。

6.2.2.1 受保护(N)连接的建立

下面的讨论是讲在(N)层内提供服务(与之相对的是对(N-1)服务的依赖)。

在某些协议中,为达到满意的目标保护,操作的顺序是至关重要的。

a. 出访问控制

(N)层可以担负出访问控制,即它可以在本地(从 SMIB)决定是否可以试图建立保护(N)连接,或是禁止建立。

b. 对等实体鉴别

如果目标保护包含了对等实体鉴别,或者如果知道(从 SMIB)目的地的(N)实体将要求对等实体鉴别,那么就必须发生鉴别交换。这可以利用两方或三方握手来提供所需的单方或相互鉴别。

有的时候,此种鉴别交换可结合到通常的(N)连接建立规程中去。在别的情况下,鉴别交换可以与(N)连接的建立分开来单独完成。

c. 访问控制服务

目的(N)实体,或中间实体可以强加访问控制约束。如果特定的信息为一个远程访问控制机制所要求,那么始发(N)实体便在(N)层协议中,或经由管理信道提供这一信息。

d. 机密性

如果全机密服务或选择性机密服务被选定,就一定得建立一个保护(N)连接。这必须包括建立恰当的工作密钥和协商对于此次连接的密码参数。在鉴别交换中这可以预定,或由一个单独的协议来完成。

e. 数据完整性

如果选定了全部(N)用户数据的完整性,带或不带恢复,或选定了选择字段的完整性,就一定得建立一个保护(N)连接。这可能是为提供机密性服务而建立的同一个连接,而且它可以提供鉴别。同样的考虑适用于对保护(N)连接的机密性服务。

f. 抗抵赖服务

如果选定了数据原发证明的抗抵赖,就必须建立适当的密码参数,或者建立带公证实体的保护连接。

如果选定了交付证明的抗抵赖,就必须建立适当的参数(它不同于对数据原发证明的抗抵赖所要求的参数),或者建立带有公证实体的保护连接。

注:保护(N)连接的建立可能由于在密码参数上没有遵守协议而失败(可能包括不占有恰当的密钥),或者由于遭到一个访问控制机制的拒绝而失败。

6.2.3 保护(N)连接的操作

6.2.3.1 在保护(N)连接的数据传送阶段,必须提供经协商的保护服务。

在(N)服务范围内,下列各项是可见的:

a. 对等实体鉴别(间隔进行);

b. 选择字段的保护;

c. 报告主动攻击(例如,当数据操作已在进行,而且正在提供的服务为"不带恢复的连接完整性"时,见 5.2.4.2 条)。

此外,还可能需要:

a. 安全审计跟踪记录;

b. 事件检测与处理。

6.2.3.2 对选择性应用能起作用的服务为：

　　a. 机密性；

　　b. 数据完整性（可能与鉴别一起）；

　　c. 抗抵赖（接收方或发送方）。

注：① 为了标明选来作服务应用的那些数据项，有两种办法。第一种办法是使用"粗体"。预先假定表示层将识别某些字体，知道它们要求应用某种保护服务。第二种办法是用某种形式的标志符去标记那些对它们将应用指定的保护服务的数据项。

　　② 可以认为提供抗抵赖服务的选择应用的一个理由可能来自下述情况：在双方(N)实体就某一数据项的最后版本取得相互认可之前，某种形式的协商对话在联系中发生。这时，所指的接受者可以要求发送者把抗抵赖服务（带数据原发和交付证据）应用于该数据项的最后同意的版本。发送者请求并获得这些服务，将这些数据项发送出去，然后接收通知：该数据项已被收到并为接收者所承认。这种抗抵赖服务使数据项的发出者与接受者确信该数据已被成功地发送。

　　③ 两种抗抵赖服务（即数据原发证明和交付证明）由发出者调用。

6.2.4 提供保护无连接数据传输

　　不是所有在面向连接协议中可用的安全服务都能用于无连接协议。具体地说，抗删除、插入与重演攻击的保护，如果需要，必须在面向连接的更高的层次上提供。对重演攻击的有限的保护可由时间标记机制提供。此外，一些其他的安全服务不能提供面向连接协议能够达到的同样的安全强度。

　　适宜于无连接数据传输的保护服务如下：

　　a. 对等实体鉴别（见 5.2.1.1 条）；

　　b. 数据原发鉴别（见 5.2.1.2 条）；

　　c. 访问控制服务（见 5.2.2 条）；

　　d. 无连接机密性（见 5.2.3.2 条）；

　　e. 选择字段机密性（见 5.2.3.3 条）；

　　f. 无连接完整性（见 5.2.4.4 条）；

　　g. 选择字段无连接完整性（见 5.2.4.5 条）；

　　h. 带数据原发证明的抗抵赖（见 5.2.5.1 条）。

　　提供的这些服务机制为加密、签名机制，访问控制机制，路由选择机制，数据完整性机制和公证机制（见 5.3 条）。

　　无连接数据传输的发出者将必须保证它发出的单个 SDU 包含了使它在目的地被接受所需的全部信息。

7　安全服务与安全机制的配置

　　本章规定在 OSI 基本参考模型的框架内提供的安全服务，并简要说明实现它们的方式。任何一个安全服务都是按要求来选择提供的。

　　本章中在识别某一具体的安全服务时是由一个特定层选择提供的，除非特别说明，这种安全服务就由运行在该层的安全机制来提供。如第 6 章中所述，多个层能提供特定的安全服务。这样的层不总是从它们本身提供这些安全服务，而可以使用在较低层中提供的适当的安全服务。即使在一个层内没有提供安全服务，该层的服务定义也可能需要修改以便容许安全服务的请求传递到较低层。

注：① 普通性安全机制（见 5.4 条）不在本章中讨论。

　　② 为各种应用选取加密机制的位置在附录 C（参考件）中讨论。

7.1 物理层

7.1.1 服务

　　在物理层上或单独或联合提供的安全服务仅有：

　　a. 连接机密性；

b. 通信业务流机密性。

通信业务流机密性采取两种形式：

（1）全通信业务流机密性。它只在某些情况下提供，例如，双向同时、同步、点对点传输；

（2）有限通信业务流机密性。它能为其他传输类型而提供，例如异步传输。

这些安全服务只限于对付被动威胁，能应用于点对点，或多对等实体通信。

7.1.2 机制

数据流的总加密是物理层上主要的安全机制。

一种只能用于物理层的，特有的加密形式为传输安全（即展宽频谱安全）。

物理层保护是借助一个操作透明的加密设备来提供的。物理层保护的目标是保护整个物理服务数据比特流，以及提供通信业务流的机密性。

7.2 数据链路层

7.2.1 服务

在数据链路层上提供的安全服务仅为：

a. 连接机密性；

b. 无连接机密性。

7.2.2 机制

加密机制用来提供数据链路层中的安全服务［见附录 C（参考件）］。

链路层的这些附加安全保护功能度是在为传输而运行的正常层功能之前、和为接收而运行的正常层功能之后执行，即是说，安全机制基于并使用了所有这些正常的层功能。

在数据链路层上的加密机制对链路层协议是敏感的。

7.3 网络层

网络层是在内部组织起来提供执行下列操作的协议：

a. 子网访问；

b. 与子网有关的收敛；

c. 与子网无关的收敛；

d. 中继与路由选择。

7.3.1 服务

执行与 OSI 网络服务相关联的子网访问功能，该功能的协议可以提供下列安全服务：

a. 对等实体鉴别；

b. 数据原发鉴别；

c. 访问控制服务；

d. 连接机密性；

e. 无连接机密性；

f. 通信业务流机密性；

g. 不带恢复的连接完整性；

h. 无连接完整性。

这些安全服务可以单独或联合提供。与提供 OSI 网络服务相关联从端系统到端系统的中继与路由选择操作的协议能提供的安全服务与执行子网访问操作的协议所提供的相同。

7.3.2 机制

7.3.2.1 执行与 OSI 网络服务相关联的子网访问协议和从端系统到端系统的中继与路由选择操作的协议使用相同的安全机制。路由选择在这一层上执行，所以路由选择控制也在这一层执行。上面列举的那些安全服务以如下机制予以提供：

a. 对等实体鉴别服务由密码导出的或受保护的鉴别交换、受保护口令交换与签名机制的适当配合来提供；

    b. 数据原发鉴别服务能够由加密或签名机制提供；

    c. 访问控制服务通过恰当使用特定的访问控制机制来提供；

    d. 连接机密性服务由加密机制和路由选择控制提供；

    e. 无连接机密性服务由加密机制与路由选择控制提供；

    f. 通信业务流保密服务由通信业务填充机制，并配以网络层或在网络层以下的一种机密性服务或路由选择控制来获得；

    g. 不带恢复的连接完整性服务通过使用数据完整性机制，有时结合加密机制来提供；

    h. 无连接完整性服务通过使用数据完整性机制，有时配合上加密机制来提供。

7.3.2.2 执行与从端系统到端系统 OSI 网络服务相关联的子网访问操作的协议中的机制提供跨越单个子网的服务。

    子网管理强制实现的子网保护将应用在子网访问协议的支配之下，但通常在正常的子网传输功能之前和正常的子网接收功能之后应用。

7.3.2.3 跨越一个或多个互连网络的服务机制由执行端系统到端系统、与提供 OSI 网络服务相关联的中继与路由选择操作的协议来提供。

    这些机制将在传输时的中继与路由功能之前和接收时的中继与路由选择功能之后调用。在路由选择控制机制的情形，从 SMIB 导出适当的约束信息，然后数据与这些必要的路由选择约束一起被传递给中继与路由选择功能。

7.3.2.4 网络层中的访问控制能够为多种目的服务。例如，它允许端系统去控制网络连接的建立和拒绝不需要的呼叫。它也允许一个或多个子网去控制网络层资源的使用。在某些情况下，这后一目的与使用网络的费用有关。

    注：网络连接的建立常可能导致子网管理上的收费。通过控制访问和选取反向付费或其他网络特定参数能使费用降到最低限度。

7.3.2.5 一特定子网的要求可能把访问控制机制强加在执行从端系统到端系统与提供 OSI 网络服务相关联的子网访问操作的协议上。当访问控制机制是由执行从端系统到端系统、与提供 OSI 网络服务相关联的中继与路由选择操作的协议提供时，既可用它们来控制中继实体对子网的访问，也可用来控制对端系统的访问。显而易见，访问控制的这种隔离程度是相当粗糙的，只能在网络层实体之间进行区分。

7.3.2.6 如果通信业务填充与网络层中的一种加密机制配合起来使用（或是从物理层来的机密性服务），将会使通信业务流的机密性达到相当高的水准。

7.4 运输层

7.4.1 服务

在运输层上可以单独或联合提供的安全服务如下：

    a. 对等实体鉴别；

    b. 数据原发鉴别；

    c. 访问控制服务；

    d. 连接机密性；

    e. 无连接机密性；

    f. 带恢复的连接完整性；

    g. 不带恢复的连接完整性；

    h. 无连接完整性。

7.4.2 机制

上面列举的那些安全服务以如下机制予以提供：

    a. 对等实体鉴别服务是由密码导出的或受保护的鉴别交换、受保护口令交换与签名机制的适当配合来提供的；

 b. 数据原发鉴别服务由加密或签名机制提供；

 c. 访问控制服务通过适当使用特定的访问控制机制来提供；

 d. 连接机密性服务由加密机制提供；

 e. 无连接机密性服务由加密机制提供；

 f. 带恢复的连接完整性服务的提供是使用数据完整性机制，有时由加密机制与之配合；

 g. 不带恢复的连接完整性服务的提供是使用数据完整性机制，有时由加密机制与之配合；

 h. 无连接完整性服务是使用数据完整性机制，有时配合上加密机制来提供的。

这些保护机制将按使得安全服务可以为单个运输连接所调用的方式运行。保护的结果将是此运输连接个体能被隔离于所有其他运输连接之外。

7.5　会话层

7.5.1　服务

在会话层不提供安全服务。

7.6　表示层

7.6.1　服务

表示层将提供设施以支持经应用层向应用进程提供下列安全服务：

 a. 连接机密性；

 b. 无连接机密性；

 c. 选择字段机密性；

在表示层中的设施也可以支持经应用层向应用进程提供下列安全服务：

 d. 通信业务流机密性；

 e. 对等实体鉴别；

 f. 数据原发鉴别；

 g. 带恢复的连接完整性；

 h. 不带恢复的连接完整性；

 j. 选择字段连接完整性；

 k. 无连接完整性；

 m. 选择字段无连接完整性；

 n. 数据原发证明的抗抵赖；

 p. 交付证证明的抗低赖。

注：由表示层提供的设施依赖于只能运行在数据传送语法编码上的机制，也包括，例如，基于密码技术的设施。

7.6.2　机制

对于下面所列的安全服务，支持机制可以设置在表示层上，如果这样，就可以用来与应用层安全机制相配合以提供应用层安全服务。

 a. 对等实体鉴别服务能够由语法变换机制（例如加密）支持；

 b. 数据原发鉴别服务能够由加密或签名机制支持；

 c. 连接机密性服务能够由加密机制支持；

 d. 无连接机密性服务能够由加密机制支持；

 e. 选择字段机密性服务能够由加密机制支持；

 f. 通信业务流机密性服务能够由加密机制支持；

 g. 带恢复的连接完整性能够由数据完整性机制支持，有时由加密机制与之配合；

 h. 不带恢复的连接完整性服务能够由数据完整性机制支持，有时由加密机制与之配合；

 j. 选择字段连接完整性服务能够由数据完整性机制支持，有时由加密机制与之配合；

k. 无连接完整性服务能够由数据完整性机制支持,有时由加密机制与之配合;

m. 选择字段无连接完整性服务能够由数据完整性机制支持,有时由加密机制与之配合;

n. 数据原发证明的抗抵赖服务能够由数据完整性、签名与公证机制的适当结合来支持;

p. 交付证明的抗抵赖服务能够由数据完整性,签名与公证机制的适当结合来支持。

应用于数据传送的加密机制,当它设置在较高层时,将包含在表示层中。

上面所列的某些安全服务也能由完全包含在应用层中的安全机制来选择提供。

只有那些机密性安全服务能够由包含在表示层的安全机制完全提供。

在表示层中的安全机制发送时运行于传送语法变换的最后阶段,接收时运行于该变换过程的初始阶段。

7.7 应用层

7.7.1 服务

应用层可以提供一项或多项下列基本的安全服务,或单独提供,或联合提供:

a. 对等实体鉴别;

b. 数据原发鉴别;

c. 访问控制服务;

d. 连接机密性;

e. 无连接机密性;

f. 选择字段机密性;

g. 通信业务流机密性;

h. 带恢复的连接完整性;

j. 不带恢复的连接完整性;

k. 选择字段连接完整性;

m. 无连接完整性;

n. 选择字段无连接完整性;

p. 数据原发证明的抗抵赖;

q. 交付证明的抗抵赖。

在实开放系统中,认定的通信各方的鉴别对 OSI 资源和非 OSI 资源(例如,文件、软件、终端、打印机等)的访问控制提供支持。

在一次通信事例中要决定特定的安全要求,包括数据机密性,完整性与鉴别,可以由 OSI 安全管理,或由应用层管理按在 SMIB 中的信息以及应用进程提出的请求来作出。

7.7.2 机制

在应用层中的安全服务借助下列机制予以提供:

a. 对等实体鉴别服务能够通过在应用实体之间传送的鉴别信息来提供,这些信息受到表示层或较低层的加密机制的保护;

b. 数据原发鉴别服务能够通过使用签名机制或较低层的加密机制予以支持;

c. 对一个实开放系统的与 OSI 有关的那些方面——例如与特定系统或远程应用实体通信的能力——的访问控制服务,可由在应用层中的访问控制机制与在较低层的访问控制机制联合起来提供;

d. 连接机密性服务能够通过使用一个较低层的加密机制予以支持;

e. 无连接机密性服务能够通过使用一个较低层的加密机制予以支持;

f. 选择字段机密性服务能够通过使用在表示层上的加密机制予以支持;

g. 一种有限的通信业务流机密性服务能够通过使用在应用层上的通信业务填充机制并配合一个较低层上的机密性服务予以支持;

h. 带恢复的连接完整性服务能够通过使用一个较低层的数据完整性机制予以支持(有时要加密

机制与之配合);

    j.   不带恢复的连接完整性服务能够通过使用一个较低层的数据完整性机制予以支持(有时要加密机制相配合);

    k.   选择字段连接完整性服务能够通过使用表示层上的数据完整性机制(有时配合上加密机制)予以支持;

    m.   无连接完整性服务能够通过使用一个较低层的数据完整性机制予以支持(有时要加密机制相配合);

    n.   选择字段无连接完整性服务能够通过使用表示层上的数据完整性机制(有时配合上加密机制)予以支持;

    p.   数据原发证明的抗抵赖服务能够通过签名机制与较低层的数据完整性机制的适当结合予以支持,并与第三方公证相配合;

    q.   交付证明的抗抵赖服务能够通过签名机制与较低层数据完整性机制的适当结合予以支持,并与第三方公证相配合。

如果一种公证机制被用来提供抗抵赖服务,它将作为可信任的第三方起作用。为了解决纠纷,它可以有一个用数据单元的传送形式(即传送语法)中继的数据单元记录。它可以使用从较低层提供的保护服务。

7.7.3 非OSI安全服务

应用进程本身基本上可以提供所有这些服务,并使用同种类的机制,这些机制在本标准中是适当地放置在体系结构的不同层上加以描述的。这种使用不在OSI服务、协议定义及OSI体系结构的范围之内,但并不与之冲突。

7.8 安全服务与层的关系的实例

表2表明在参考模型的各个层上能够提供哪些特定的安全服务。在5.2条中可找到对这些安全服务的描述。一种安全服务设置在一个特定层上的理由在附录B(参考件)中给出。

表 2

服务	层						
	1	2	3	4	5	6	7*
对等实体鉴别	·	·	Y	Y	·	·	Y
数据原发鉴别	·	·	Y	Y	·	·	Y
访问控制服务	·	·	Y	Y	·	·	Y
连接机密性	Y	Y	Y	Y	·	·	Y
无连接机密性	·	Y	Y	Y	·	·	Y
选择字段机密性	·	·	·	·	·	·	Y
通信业务流机密性	Y	·	Y	·	·	·	Y
带恢复的连接完整性	·	·	·	Y	·	·	Y
不带恢复的连接完整性	·	·	Y	Y	·	·	Y
选择字段连接完整性	·	·	·	Y	·	·	Y
无连接完整性	·	·	Y	Y	·	·	Y
选择字段无连接完整性	·	·	·	Y	·	·	Y
抗抵赖,带数据原发证据	·	·	·	·	·	·	Y
抗抵赖,带交付证据	·	·	·	·	·	·	Y

说明:Y——服务应该作为提供者的一种选项被并进入该层的标准之中。

　　　　• ——不提供。

　　　　* ——应该指出,就第 7 层而言,应用进程本身可以提供安全服务。

注:① 表 2 并不指明表中各项具有同等的重要性,相反在表中项目间存在相当大的等级差别。

　　② 网络层中安全服务的配置说明于 7.3.2 条中。在网络层中安全服务的位置对将被提供的服务的性质与范围有很大影响。

　　③ 表示层包含许多支持应用层提供安全服务的安全设施。

8 安全管理

8.1 概述

8.1.1　OSI 安全管理涉及与 OSI 有关的安全管理以及 OSI 管理的安全两个方面。OSI 安全管理与这样一些操作有关,它们不是正常的通信情况但却为支持与控制这些通信的安全所必需。

注:通信服务的有效性决定于网络设计、或网络管理协议,或两者兼而有之。对此需要作适当的选择,以防止服务的拒绝。

8.1.2　由分布式开放系统的行政管理强加的安全策略可以是各种各样的,OSI 安全管理标准应该支持这样的策略。从属于单一的安全策略、受单个授权机构管理的多个实体有时构成的集合称之为"安全域"。安全域以及它们的相互作用是有待进一步开拓的重要领域。

8.1.3　OSI 安全管理涉及到 OSI 安全服务的管理与安全机制的管理。这样的管理要求给这些服务与机制分配管理信息,并收集与这些服务和机制的操作有关的信息。例如,密钥的分配,设置行政管理强加的安全选择参数,报告正常的与异常的安全事件(审计跟踪),以及服务的激活与停活。安全管理并不强调在呼叫特定的安全服务的协议中(例如连接请求的参数中)传递与安全有关的信息。

8.1.4　安全管理信息库(SMIB)是一个概念上的集存地,存储开放系统所需的与安全有关的全部信息。这一概念对信息的存储形式与实施方式不提出要求。但是每个端系统必须包含必需的本地信息使它能执行某个适当的安全策略。SMIB 在端系统的一个(逻辑的或物理的)组中执行一种协调的安全策略是必不可少的,在这一点上,SMIB 是一个分布式信息库。在实际中,SMIB 的某些部分可以与 MIB 结合成一体,也可以分开。

注:SMIB 能有多种实现办法,例如:a)数据表;b)文卷;c)嵌入实开放系统软件或硬件中的数据或规则。

8.1.5　管理协议,特别是安全管理协议,以及传送这些管理信息的通信信道潜在着抗攻击的脆弱性。所以应加以特别关心以确保管理协议与信息受到保护,不致削弱为通常的通信实例提供的安全保护。

8.1.6　安全管理可以要求在不同系统的行政管理机构之间交换与安全有关的信息,以便使 SMIB 得以建立或扩充。在某些情况下,与安全有关的信息将经由非 OSI 通信通路传递,局部系统的管理者也将采用非 OSI 标准化方法来修改 SMIB。在另外一些情况下,可能希望在一个 OSI 通信通路上交换这样的信息,这时这些信息将在运行于实开放系统中的两个安全管理应用之间传递。该安全管理应用将使用这些通信信息来修改 SMIB。SMIB 的这种修改可以要求事先给适当的安全管理者授权。

8.1.7　应用协议将为在 OSI 通信信道上交换与安全有关的信息作出规定。

8.2　OSI 安全管理的分类

有三类 OSI 安全管理活动:

a.　系统安全管理;

b.　安全服务管理;

c.　安全机制管理。

此外,还必须考虑到 OSI 管理本身的安全(见 8.2.4 条)。对这几类安全管理所执行的关键功能概述如下。

8.2.1　系统安全管理

系统安全管理涉及总的 OSI 环境安全方面的管理。下列各项为属于这一类安全管理的典型活动:

　　a.　总体安全策略的管理,包括一致性的修改与维护;

　　b.　与别的 OSI 管理功能的相互作用;

　　c.　与安全服务管理和安全机制管理的交互作用;

　　d.　事件处理管理(见 8.3.1 条);

　　e.　安全审计管理(见 8.3.2 条);

　　f.　安全恢复管理(见 8.3.3 条)。

8.2.2　安全服务管理

　　安全服务管理涉及特定安全服务的管理。下列各项为在管理一种特定安全服务时可能执行的典型活动:

　　a.　为该种服务决定与指派目标安全保护;

　　b.　指定与维护选择规则(存在可选情况时),用以选取为提供所需的安全服务而使用的特定的安全机制;

　　c.　对那些需要事先取得管理同意的可用安全机制进行协商(本地的与远程的);

　　d.　通过适当的安全机制管理功能调用特定的安全机制,例如,用来提供行政管理强加的安全服务;

　　e.　与别的安全服务管理功能和安全机制管理功能的交互作用。

8.2.3　安全机制管理

　　安全机制管理涉及的是特定安全机制的管理。下列各项为典型的安全机制管理功能,但并未包罗无遗:

　　a.　密钥管理;

　　b.　加密管理;

　　c.　数字签名管理;

　　d.　访问控制管理;

　　e.　数据完整性管理;

　　f.　鉴别管理;

　　g.　通信业务填充管理;

　　h.　路由选择控制管理;

　　j.　公证管理。

　　上列各项安全机制管理功能在 8.4 条中详加讨论。

8.2.4　OSI 管理的安全

　　所有 OSI 管理功能的安全以及 OSI 管理信息的通信安全是 OSI 安全的重要部分。这一类安全管理将借助对上面所列的 OSI 安全服务与机制作适当的选取以确保 OSI 管理协议与信息获得足够的保护(见 8.1.5 条)。例如,在管理信息库的管理实体之间的通信一般将要求某种形式的保护。

8.3　特定的系统安全管理活动

8.3.1　事件处理管理

　　在 OSI 中可以看到的属于事件处理管理的方面为远程报告那些违反系统安全的明显企图,以及对用来触发事件报告的阈值的修改。

8.3.2　安全审计管理

　　安全审计管理可以包括:

　　a.　选择将被记录和被远程收集的事件;

　　b.　授予或取消对所选事件进行审计跟踪日志记录的能力;

　　c.　所选审计记录的远程收集;

　　d.　准备安全审计报告。

8.3.3 安全恢复管理

安全恢复管理可以包括：

a. 维护那些用来对实有的或可疑的安全事故作出反应的规则；

b. 远程报告对系统安全的明显违反；

c. 安全管理者的交互作用。

8.4 安全机制的管理功能

8.4.1 密钥管理

密钥管理可以包括：

a. 间歇性地产生与所要求的安全级别相称的合适密钥；

b. 根据访问控制的要求，对于每个密钥决定哪个实体应该接受密钥的拷贝；

c. 用可靠办法使这些密钥对实开放系统中的实体实例是可用的，或将这些密钥分配给它们。

要知道某些密钥管理功能将在 OSI 环境之外执行。这包括用可靠手段对密钥进行物理的分配。

用于一次联系中的工作密钥的交换是一种正常的层协议功能。工作密钥的选取也可以通过访问密钥分配中心来完成，或经管理协议作事先的分配。

8.4.2 加密管理

加密管理可以包括：

a. 与密钥管理的交互作用；

b. 建立密码参数；

c. 密码同步。

密码机制的存在意味着使用密码管理，和采用共同的方式调用密码算法。

由加密提供的保护的辨别水准决定于 OSI 环境中哪些实体独立地使用密钥。一般说来，这反过来又决定于安全体系结构，特别地由密钥管理机制决定。

为获得对加密算法的共同调用可使用密码算法寄存器，或在实体间进行事前的协商。

8.4.3 数字签名管理

数字签名管理可以包括：

a. 与密钥管理的交互作用；

b. 建立密码参数与密码算法；

c. 在通信实体与可能有的第三方之间使用协议。

注：一般说来，数字签名管理与加密管理极为类似。

8.4.4 访问控制管理

访问控制管理可涉及到安全属性（包括口令）的分配，或对访问控制表或权力表进行修改。也可能涉及到在通信实体与其他提供访问控制服务的实体之间使用协议。

8.4.5 数据完整性管理

数据完整性管理可以包括：

a. 与密钥管理的交互作用；

b. 建立密码参数与密码算法；

c. 在通信的实体间使用协议。

注：当对数据完整性使用密码技术时，数据完整性管理便与加密管理极为类似。

8.4.6 鉴别管理

鉴别管理可以包括把说明信息，口令或密钥（使用密钥管理）分配给要求执行鉴别的实体。它也可以包括在通信的实体与其他提供鉴别服务的实体之间使用协议。

8.4.7 通信业务填充管理

通信业务填充管理可包括维护那些用作通信业务填充的规则。例如，这可以包括：

    a.   预定的数据率；

    b.   指定随机数据率；

    c.   指定报文特性，例如长度；

    d.   可能按日时间或日历来改变这些规定。

8.4.8 路由选择控制管理

路由选择控制管理涉及确定那些按特定准则被认为是安全可靠或可信任的链路或子网络。

8.4.9 公证管理

公证管理可以包括：

    a.   分配有关公证的信息；

    b.   在公证方与通信的实体之间使用协议；

    c.   与公证方的交互作用。

附 录 A
有关 OSI 中安全问题的背景信息
（参考件）

A1 背景情况

本附录提供：

a. 有关 OSI 安全的信息，以便对本标准有一个更广泛的了解；

b. 各种安全特点与要求在体系结构意义上的背景。

OSI 环境中的安全仅仅是数据处理与数据通信安全的一个方面。在 OSI 环境中所采取的保护措施要有效，就需要有 OSI 之外的某些措施予以支持。例如，对在系统之间流动的信息可以加密，但如果在对这些系统本身的访问上不设置物理上的安全限制，加密就可能是徒劳的。而 OSI 只涉及系统的互连。为了 OSI 安全措施的有效性，它们将与不属于 OSI 范围的措施配合起来使用。

A2 对安全的要求

A2.1 安全的含义是什么？

这里的"安全"一词是用来指将财富与资源的脆弱性降到最低限度。财富是指任何有价值的东西。脆弱性是指可利用来侵害系统或系统内信息的任何弱点。威胁乃是对安全潜在有的侵害。

A2.2 在开放系统中要求安全的原因

国际标准化组织（ISO）认为为了提高 OSI 体系结构的安全性有必要制定一系列标准。这种必要性来源于：

a. 社会对计算机的依赖性在增长，这些计算机是通过数据通信来访问或连接的，它们要求保护以抵御各种威胁；

b. 在一些国家中出现了"数据保护"法规，迫使供应商表明系统的完整性与保密性；

c. 各种组织对现存的和未来的安全系统而言，使用 OSI 标准的愿望随着需要而增强。

A2.3 需要保护的是什么？

一般说来，下列各项可以要求保护：

a. 信息与数据（包括软件，以及与安全措施有关的被动数据，例如口令）；

b. 通信和数据处理服务；

c. 设备与设施。

A2.4 威胁

对数据通信系统的威胁包括：

a. 对通信或其他资源的破坏；

b. 对信息的讹用或篡改；

c. 信息或其他资源的被窃，删除或丢失；

d. 信息的泄露；

e. 服务的中断。

可以将威胁分为偶发性与故意性两类，也可以是主动威胁或被动威胁。

A2.4.1 偶发性威胁

偶发性威胁是指那些不带预谋企图的威胁。偶发性威胁的实例包括系统故障，操作失误和软件出错。

A2.4.2 故意性威胁

故意性威胁的范围可从使用易行的监视工具进行随意的检测到使用特别的系统知识进行精心的攻击。一种故意的威胁如果实现就可认为是一种"攻击"。

A2.4.3 被动威胁

被动威胁是指这样的威胁：它的实现不会导致对系统中所含信息的任何篡改，而且系统的操作与状态也不受改变。使用消极的搭线窃听办法以观察在通信线路上传送的信息就是被动威胁的一种实现。

A2.4.4 主动威胁

对系统的主动威胁涉及到系统中所含信息的篡改，或对系统的状态或操作的改变。一个非授权的用户不怀好意地改动路由选择表就是主动威胁的一个例子。

A2.5 几种特定类型的攻击

下面简要列举在数据处理与数据通信环境中特别关心的几种攻击。在下列各条中，出现"授权"与"非授权"两个术语。"授权"意指"授予权力"。这个定义包含的两层意思为：这里的权力是指进行某种活动的权力（例如访问数据）；这样的权力被授予某个实体、代理人或进程。于是，授权行为就是履行被授予权力（未被撤消）的那些活动。关于授权概念详见 A3.3.1 条。

A2.5.1 冒充

冒充就是一个实体假装成一个不同的实体。冒充常与某些别的主动攻击形式一起使用，特别是消息的重演与篡改。例如，鉴别序列能够被截获，并在一个有效的鉴别序列发生之后被重演。特权很少的实体为了得到额外的特权可能使用冒充装扮成具有这些特权的实体。

A2.5.2 重演

当一个消息，或部分消息为了产生非授权效果而被重复时便出现重演。例如，一个含有鉴别信息的有效消息可能为另一个实体所重演，目的是鉴别它自己（把它当作其他实体）。

A2.5.3 消息篡改

当数据传送的内容被改变而未发觉，并导致一种非授权后果时便出现消息篡改。例如，消息"允许约翰·斯密司读机密文卷"帐目""被篡改为"允许弗雷德·布劳恩读机密文卷"帐目""。

A2.5.4 服务拒绝

当一个实体不能执行它的正当功能，或它的动作妨碍了别的实体执行它们的正当功能的时候便发生服务拒绝。这种攻击可能是一般性的，比如一个实体抑制所有的消息，也可能是有具体目标的，例如一个实体抑制所有流向某一特定目的端的消息，如安全审计服务。这种攻击可以是对通信业务流的抑制，如本例中所述，或产生额外的通信业务流。也可能制造出试图破坏网络操作的消息，特别是如果网络具有中继实体，这些中继实体根据从别的中继实体那里接收到的状态报告来作出路由选择的决定。

A2.5.5 内部攻击

当系统的合法用户以非故意或非授权方式进行动作时便出现内部攻击。多数已知的计算机犯罪都和使系统安全遭受损害的内部攻击有密切的关系。能用来防止内部攻击的保护方法包括：

   a. 对工作人员进行仔细审查；

   b. 仔细检查硬件、软件、安全策略和系统配制，以便在一定程度上保证它们运行的正确性（称为可信功能度）；

   c. 审计跟踪以提高检测出这种攻击的可能性。

A2.5.6 外部攻击

外部攻击可以使用的办法如：

   a. 搭线（主动的与被动的）；

   b. 截取辐射；

   c. 冒充为系统的授权用户，或冒充为系统的组成部分；

   d. 为鉴别或访问控制机制设置旁路。

A2.5.7 陷井门

当系统的实体受到改变致使一个攻击者能对命令，或对预定的事件或事件序列产生非授权的影响时，其结果就称为陷井门。例如，口令的有效性可能被修改，使得除了其正常效力之外也使攻击者的口令生效。

A2.5.8 特洛伊木马

对系统而言的特洛伊木马，是指它不但具有自己的授权功能，而且还有非授权功能。一个也向非授权信道拷贝消息的中继就是一个特洛伊木马。

A2.6 对威胁、风险与抵抗措施的评估

系统的安全特性通常会提高系统的造价，并且可能使该系统难于使用。所以，在设计一个安全系统之前，应该明确哪些具体威胁需要保护措施来对付。这叫做威胁评估。一个系统易受攻击的地方是多方面的，但只有其中的几个方面是可被利用的，这或是因为攻击者缺乏机会，或是因为得到的结果不值得去作这种努力和冒被检测到的风险。虽然关于威胁评估的详情细节不属本附录的范围，但大致来说包括：

    a. 明确该系统的薄弱环节；

    b. 分析目的在于利用这些薄弱环节进行威胁的可能性；

    c. 评估如果每种威胁都成功所带来的后果；

    d. 估计每种攻击的代价；

    e. 估算出可能的应付措施的费用；

    f. 选取恰当的安全机制（可能要使用价值效益分析）。

非技术性措施，例如交付保险，对于技术性安全措施而言在价值上也可能是一种有效的选择。技术上要做到完全安全好比要做到完全的物理保护，同样是不可能的。所以，目标应该是使攻击所化的代价足够高而把风险降低到可接受的程度。

A3 安全策略

本章讨论安全策略，问题包括：需要一个规定恰当的安全策略；安全策略的作用；使用中的策略方法；和为了应用于具体情况而作的改进。然后将这些概念应用于通信系统。

A3.1 对安全策略的需要和安全策略的目的

安全的整个领域既复杂又广泛。任何一个相当完备的分析都将引出许许多多不同的细节，使人望而生畏。一个恰当的安全策略应该把注意力集中到最高权力机关认为须得注意的那些方面。概括地说，一种安全策略实质上表明：当所论的那个系统在进行一般操作时，在安全范围内什么是允许的，什么是不允许的。策略通常不作具体规定，即它只是提出什么是最重要的，而不确切地说明如何达到所希望的这些结果。策略建立起安全技术规范的最高一级。

A3.2 策略规定的含义：精确化过程

由于策略是很一般性的，因而这一策略如何与某一具体应用紧密结合，在开始是完全不清楚的。完成这一结合的最好办法经常是让这一策略经受一个不断精确化的改进过程，在每个阶段加进从应用中来的更多的细节。为了知道这些细节应当是什么就需要在总策略的指导下对该应用领域进行细致的考查和研究。这种考查应该决定出由于试图将策略的条件强加于应用而出现的问题。这一精确化过程将产生出用直接从应用中抽取来的确切语言重新表述的总策略。这个重新表述的策略使得易于去决定执行的细节。

A3.3 安全策略的组成部分

对于现存的安全策略有两个方面，它们都建立在授权行为这一概念之上。

A3.3.1 授权

已讨论过的所有威胁都与授权行为或非授权行为的概念有关。在安全策略中包含有对"什么构成授权"的说明。在一般性的安全策略中可能写有"未经适当授权的实体，信息不可以给予、不被访问、不允许引用、任何资源也不得为其所用"。按授权的性质以区分不同的策略。基于所涉及的授权的性质可将策略分为两种,即基于规则的策略和基于身份的策略。第一种策略使用建立在不多的一般属性或敏感类之上的规则,它们通常是强加的。第二种策略涉及建立在特定的、个体化属性之上的授权准则。假定某些属性与被应用实体永久相关联;而其余属性可以是某种占有物(例如权力),它们可传送给另外的实体。人们也可以将授权服务分为行政管理强加的授权服务与动态选取的授权服务两类。一个安全策略将决定那些系统安全要素,它们总是加以应用的,有效的(例如,基于规则的与基于身份的安全策略组成部分),以及用户在认为合适时可选择使用的系统安全要素。

A3.3.2 基于身份的安全策略

安全策略的这一基于身份的方面,在一定程度上与"必需认识"的安全观念相当。它的目的是过滤对数据或资源的访问。基本上有两种执行基于身份策略的基本方法,视有关访问权的信息为访问者所拥有,还是被访问数据的一部分而定。前者的例子为特权标识或权力,给予用户并为代表该用户进行活动的进程所使用。后者的例子为访问控制表(ACL)。在这两种情况中,数据项的大小可以有很大的变化(从完整的文卷到数据元素),这些数据项可以按权力命名,或带有它自己的 ACL。

A3.3.3 基于规则的安全策略

在基于规则的安全策略中的授权通常依赖于敏感性。在一个安全系统中,数据或资源应该标注安全标记。代表用户进行活动的进程可以得到与其原发者相应的安全标记。

A3.4 安全策略,通信与标记

标记的概念在数据通信环境中是重要的。带有属性的标记发挥多种作用。有在通信期间要移动的数据项,有发起通信的进程与实体;有响应通信的进程与实体;还有在通信时被用到的系统本身的信道和其他资源。所有这一切都可以设法用它们的属性来标记。安全策略必须指明属性如何能被使用以提供必要的安全。为了对那些特别标记的属性建立适当的安全意义可能需要进行协商。当安全标志既附加给访问进程,又附加给被访问数据时,那么应用基于身份访问控制所需的附加信息应是有关的标记。当一个安全策略是建立在访问数据的用户的身份之上时,不论是直接的或是通过进程,这时安全标记应该包含有关该用户的身份信息。用于特定标记的那些规则应该表示在安全管理信息库中的一个安全策略中,如果需要,还应与端系统协商。标记可以附带属性,指明其敏感性,说明处理与分布上的隐蔽处,强制定时与定位、以及指明对该端系统特有的要求。

A3.4.1 进程标记

在鉴别中,完全识别发起与响应一个通信实例的那些进程或实体带有所有相应的属性,一般说来是特别重要的。所以,安全管理信息库(SMIB)将包含足够的信息说明对任一行政管理强加策略而言是重要的那些属性。

A3.4.2 数据项标记

当通信事例中数据项在移动时,每一个都与它的标记紧紧地接合在一起。(这种约束是有意义的,而且在某些基于规则的实例中,要求将此标记做成数据项的一个特别部分,然后交付应用)。保持数据项完整的技术也将保持准确性以及标记的耦合。这些属性能为 OSI 基本参考模型数据链路层中的路由选择控制功能所使用。

A4 安全机制

一种安全策略可以使用不同的机制来实施,或单独使用,或联合使用,取决于该策略的目的以及使用的机制。一般说来,一种机制属于下面(有重叠的)三类之一:

a. 预防;

b. 检测;

c. 恢复。

下面讨论适合于数据通信环境的安全机制。

A4.1 密码技术与加密

密码学是许多安全服务与机制的基础。密码函数可用来作为加密,解密,数据完整性,鉴别交换,口令存储与校验等等的一部分,借以达到保密、完整性和鉴别的目的。用于机密性的加密把敏感数据(即受保护的数据)变换成敏感性较弱的形式。当用于完整性或鉴别时,密码技术被用来计算不可伪造的函数。

加密开始时在明文上实施以产生密文,解密的结果或是明文,或是在某种掩护下的密文。使用明文作通用的处理在计算上是可行的;它的语义内容是可以理解的。除了以特定的方式(例如本原解密或恰切匹配)在计算上是不能处理密文的,它的语义内容已隐藏起来。有时故意让加密是不可逆的(例如截短或数据丢失),这时不希望导出原来的明文,例如口令。

密码函数使用密码变量,并作用于字段、数据单元或数据单元流上。两个密码变量为:密钥,它指导具体的变换;初始变量,为了保持密文外表的随机性在某些密码协议中需要它。密钥通常必须处于机密性状态,而且加密函数与初始变量可能加大延迟和提高带宽消耗。这使得把"透明的"和"可选的"密码技术加到现存系统中去变得复杂了。

不论对于加密或解密而言,密码变量可以是对称的,或非对称的。用在非对称算法中的密钥在数学上是相关的;一个密钥不能从另一个计算出来。这种算法有时称为公开密钥算法,这是因为可使一个密钥公之于众而另一个保持秘密。

当不知道密钥也能在计算上恢复明文时,密文可受到密码分析。如果使用一个脆弱的或是有缺陷的密码函数就会发生这种攻击。窃听和通信业务流分析可能导致对密码系统的攻击,包括消息和字段的插入、删除与更改,先前有效密文的播放,以及冒充。所以密码协议的设计要抗攻击,有时还要抗通信业务流分析。对付通信业务流分析的一种具体办法即"通信业务流机密性",目的是掩蔽数据及其特征的出现或不出现。如果密文被中继,那么在中继站和网关上地址必须是明文。如果数据只在每个链路上是加密的,而在中继内或网关内被解密(因而易受攻击),这种体系称为用的是"链路加密"。如果只有地址(及类似的控制数据)在中继或网关内是明文,这种体系称为"端到端加密"。从安全观点看来更希望有端到端加密,但在体系结构上带来相当大的复杂性,特别是如果包含有频带内电子密钥分配(一种密钥管理功能),更是如此。链路加密与端到端加密可以联合起来使用以达到多种安全目标。数据完整性经常是借计算密码校验值来实现的。这种校验值可以在一步或多步内导出,而且是密码变量与数据的数学函数。这些校验值与要受到保护的那些数据相关联。这种密码校验值有时称为操作检测码。

密码技术能够提供,或有助于提供保护以防止:

a. 消息流的观察和篡改;

b. 通信业务流分析;

c. 抵赖;

d. 伪造;

e. 非授权连接;

f. 篡改消息。

A4.2 密钥管理方面

密码算法的使用就意味着要进行密钥管理。密钥管理包括密码密钥的产生、分配与控制。密钥管理方法的选取是基于参与者对使用该方法的环境所作的评估之上。对这一环境的考虑包括要进行防范的威胁(组织内部的和外部的),所使用的技术,提供的密码服务的体系结构与定位,以及密码服务提供者的物理结构与定位。关于密码管理需要考虑的要点包括:

a. 对于每一个明显或隐含指定的密钥,使用基于时间的"存活期",或使用别的准则;

b. 按密钥的功能恰当地区分密钥以便可以按功能使用密钥,例如,打算用来作机密性服务的密钥就不应该用于完整性服务,反之亦然;

c. 非OSI的考虑,例如密钥的物理分配和密钥存档。

对于对称密钥算法,有关密钥管理要考虑的要点包括:

　　a. 使用密钥管理协议中的机密性服务以运送密钥；

　　b. 使用密钥体系。应该允许有各种不同情况，如：

　　1）"平直的"密钥体系，只使用加密数据密钥，从一个集合中按密钥的身份或索引隐含地或明显地进行选取；

　　2）多层型的密钥体系；

　　3）加密密钥的密钥决不应该用来保护数据，而加密数据的密钥也决不应该用来保护加密密钥的密钥。

　　c. 将责任作分解使得没有一个人具有重要密钥的完全拷贝。

　　对于非对称密钥算法，有关密钥管理要考虑的要点包括：

　　a. 使用密钥管理协议中的机密性服务以运送秘密密钥；

　　b. 使用密钥管理协议中的完整性服务，或数据原发证明的抗抵赖服务以运送公钥。这些服务可以通过使用对称或非对称密码算法提供。

A4.3 数字签名机制

　　数字签名这一术语是用来指一种特别的技术，能够用它来提供诸如抗低赖与鉴别等安全服务。数字签名机制要求使用非对称密码算法。数字签名机制的实质特征为：不使用私有密钥就不能造成签过名的那个数据单元。这意味着：

　　a. 签过名的数据单元除了私有密钥的占有者外，别的个人是不能制造出来的；

　　b. 接受者不能造出那签过名的数据单元。

　　所以，只需使用公开可用的信息就能认定数据单元的签名者只能是那些私有密钥的占有者。因而在当事人后来的纠纷中，就可能向一个可靠的第三方证明数据单元签名者的身份，这个第三方是被请来对签过名的数据单元的鉴别作出判决的。这种类型的数字签名称为直接签名方案（见图 A1）。在别的情况下，可能需要再加一条特性(c)：

　　c. 发送者不能否认发出过那个签过名的数据单元。

　　在这一情形，一个可信赖的第三方（仲裁人）向接受者证明该信息的来源与完整性。这种类型的数字签名有时称为仲裁签名方案（见图 A2）。

　　注：发送者可能要求接受者事后不能否认接受过该签名数据。这可用交付证明的抗抵赖服务来完成，方法是将数字签名机制、数据完整性机制与公证机制作适当的结合。

A4.4 访问控制机制

　　访问控制机制是用来实施对资源访问加以限制的策略的机制，这种策略把对资源的访问只限于那些被授权用户。技术包括使用访问控制表或矩阵（通常包含被控制项与被授权用户（例如人群或进程）的身份），口令，以及权力，标记或标志，可以用对它们的占有来指示访问权。在使用权力的地方，权力应该是不可伪造的，而且用可靠的方式传递。

A4.5 数据完整性机制

　　数据完整性机制有两种类型：一种用来保护单个数据单元的完整性，另一种既保护单个数据单元的完整性，也保护一个连接上整个数据单元流序列的完整性。

A4.5.1 消息流的篡改检测

　　讹误检测技术，与通常通信链路和网络所引入的对比特错、码组错与顺序错的检测相关联，也能用来检测消息流的篡改。但如果协议的头标与尾标不受完整性机制的保护，那么一个知情的入侵者就可能成功地旁路这些检测。因而，成功的检测消息流的篡改只有使用讹误检测技术并配合以顺序信息才能达到。这不能防止消息流的篡改但将提供攻击的通知。

A4.6 鉴别交换机制

A4.6.1 机制的选取

　　适合于各种不同场合的鉴别交换机制有多种选择与组合。例如：

a. 当对等实体以及通信手段都可信任时,一个对等实体的身份可以通过口令来证实。该口令能防止出错,但不能防止恶意行为(特别不能防止重演)。相互鉴别可在每个方向上使用不同的口令来完成;

b. 当每个实体信任它的对等实体但不信任通信手段时,抗主动攻击的保护能够由口令与加密联合提供,或由密码手段提供。防止重演攻击的保护需要双方握手(用保护参数),或时间标记(用可信任时钟)。带有重演保护的相互鉴别,使用三方握手就能达到;

c. 当实体不信任(或感到它们将来可能不信任)它们的对等实体或通信手段时可以使用抗抵赖服务。使用数字鉴名机制和公证机制就能实现抗抵赖服务。这些机制可与上面 b 中所述的机制一起使用。

A4.7 通信业务填充机制

制造伪通信业务和将协议数据单元填充到一个定长能够为防止通信业务分析提供有限的保护。为了使保护成功,伪通信业务级别必须接近实际通信业务的最高预期等级。此外,协议数据单元的内容必须加密或隐藏起来,使得虚假业务不会被识别而与真实业务区分开来。

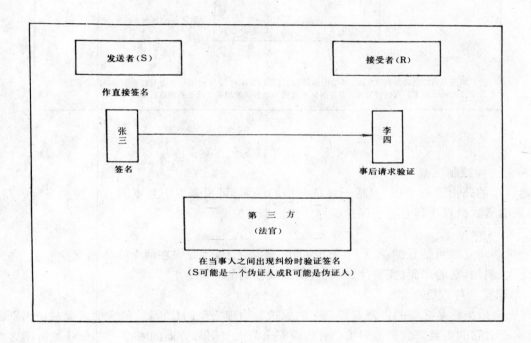

图 A1 直接签名方案

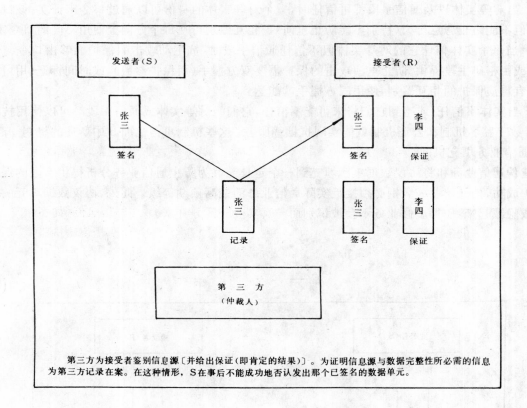

第三方为接受者鉴别信息源〔并给出保证(即肯定的结果)〕。为证明信息源与数据完整性所必需的信息为第三方记录在案。在这种情形,S 在事后不能成功地否认发出那个已签名的数据单元。

图 A2   仲裁签名方案

A4.8   路由选择控制机制

传送数据的路由警告说明(包括一整条路径的说明)可用来保证数据只在物理上安全的路由上传输,或保证敏感数据只在具有适当保护级别的路由上传输。

A4.9   公证机制

公证机制建立在可信任的第三方(公证人)的概念之上,以确保在两个实体间交换的信息的某些性质不致变化,例如,它的来源、完整性、或它被发出或收到的时间。

A4.10   物理安全与人员可靠

物理安全措施总是必需的以便获得完全的保护。物理安全的代价高,经常力求通过使用别的(更廉价的)技术把对它的需要降到最低限度。对物理安全与人员可靠方面的考虑不在 OSI 的范围之内,尽管所有系统将最终依靠某种形式的物理安全和对操作系统人员的信赖。为了保证正确的操作和明确人员的责任,应该确定好操作规程。

A4.11   可信任的硬件与软件

用来对实体的功能的正确性建立信任的方法包括:形式证明法,验证与证实,对已知的试图进行的攻击进行检测和记录,由一个可信任的人员在安全的环境中建造实体。预防也是需要的以保证实体例如在维护与改进时不会被偶然地或故意地修改,致使在它的运行期内危害安全。如果要保持安全,也必须对系统的某些实体建立功能正确性的信任,但用来建立信任的方法不在 OSI 的范围之内。

附 录 B

第7章中安全服务与机制配置的理由

（参考件）

B1 概述

在第7章中已指明在不同层上所提供的安全服务,本附录对此说明一些理由。在标准的6.1.1条中提出的那些安全分层原则指导了这一选择过程。

一种特定的安全服务如果被认为在不同层上对总的通信安全的影响是不同的,便在多个层上提供(例如,在第一层与第四层上的连接机密性)。但是,考虑到现存的 OSI 数据通信机能(如多链路规程,多路复用功能,强化一个无连接服务为面向连接服务的不同方法),以及为了让这些传输机制得以运行,允许一种特定服务在另一层上也被提供可能是必要的,尽管它们对安全的影响不能认为有什么不同。

B2 对等实体鉴别

第1层与第2层:没有。在这些层上对等实体鉴别被认为是无用的。

第3层:有。在一些单独的子网上和为了路由选择,或在网际上。

第4层:有。第四层中端系统到端系统的鉴别,在一个连接的开始前和持续过程中能够用来作两个或多个会话实体的相互鉴别。

第5层:没有。于第四层或更高层重复提供这一服务没有好处。

第6层:没有。但加密机制能支持在应用层的这种服务。

第7层:有。对等实体鉴别应该由应用层提供。

B3 数据原发鉴别

第1层与第2层:没有。在这些层上数据原发鉴别被认为是无用的。

第3层与第4层:数据原发鉴别能够端到端地提供于第3层和第4层的中继与路由选择作用之中,如下所述:

　　a. 在建立连接时提供对等实体鉴别,并在连接存活期基于加密的连续鉴别,事实上也就提供了数据原发鉴别服务;

　　b. 即使不提供 a 项中的服务,基于加密的数据原发鉴别也能通过对已经位于这两层中的数据完整性机制增加非常小的一点额外开销而提供。

第5层:没有。于第4层或第7层重复提供这一服务没有好处。

第6层:没有。但加密机制能支持在应用层提供这一服务。

第7层:有。可能要与表示层中的机制相配合。

B4 访问机制

第1层与第2层:在一个遵守完全的 OSI 协议的系统中,在第1层或第2层不能提供访问控制机制,这是因为没有可用于这样一种机制的端设备。

第3层:根据特定子网的要求,访问控制机制强加于子网访问作用之上。当由中继与路由选择作用执行时,在网络层中的访问机制既能用于控制中继实体对子网的访问,又能用于控制对端系统的访问。显然,这种访问粒度是非常粗糙的,它仅网络层的实体之间有所不同。

网络连接的建立往往会导致在子网管理上的费用。通常可通过访问控制、选用反向记费、或选用其他网络或子网特定参数来使费用降低到最低限度。

第 4 层:有。访问控制机制能够在每个运输连接端到端的基础之上而被使用。

第 5 层:没有。于第 4 层或第 7 层重复提供这一服务没有好处。

第 6 层:没有。在第 6 层上这是不适宜的。

第 7 层:有。应用协议和应用进程能提供面向应用的访问控制业务。

B5 在(N)连接上全(N)用户数据的机密性

第 1 层:有。由于成对插入透明性的电气转换设备能给出物理连接上的完全机密性,所以应该提供。

第 2 层:有。但不给第 1 层或第 3 层的机密性提供更多的安全利益。

第 3 层:有。用于某些个体子网上的子网访问,以及网际上的中继与路由选择。

第 4 层:有。因为单个运输连接给出端到端运输机制并提供会话连接的隔离。

第 5 层:没有。在第 3、4、7 层的机密性上它不提供额外利益,在这一层上提供这一服务看来是不适宜的。

第 6 层:有。因为加密机制提供纯语法变换。

第 7 层:有。与较低层的机制相配合。

B6 在单个的无连接(N)-SDU 中全(N)用户数据的机密性

除第 1 层外,理由的说明与全用户数据的机密性相同。在第 1 层没有无连接服务。

B7 SDU 的(N)用户数据和选择字段的机密性

这种机密性服务由表示层中的加密来提供,并且根据数据的语义由应用层中的机制调用。

B8 通信业务流机密性

全通信业务流机密性只能在第 1 层实现。在物理传输通路中插入一对加密设备就能办到。假定传输通路是双向同时同步的,以便加密设备的插入将使物理媒体上的全部传输(甚至传输的出现)成为不易识别。

在物理层之上,全通信业务流安全是不可能的。在一个层上使用完全的 SDU 机密性服务,并在一个高层上注入伪通信业务能部分地产生这种机密性的某些效果。这样一种机制是高代价的,可能要耗用大量的载波与切换能力。

如果在第 3 层提供通信业务流机密性,那么将使用通信业务填充和路由选择控制。路由选择控制采用消息绕过不安全的链路或子网,可提供有限度的通信业务流机密性。但是把通信业务填充结合在第 3 层会使网络得到更好的利用,例如避免不必要的填充与网络拥塞。

在应用层上通过制造伪信息,并与防止识别这些伪通信业务的机密性相结合能提供有限度的通信业务流机密性。

B9 在(N)连接上(带差错恢复)全(N)用户数据的完整性

第 1 层与第 2 层:第 1 层与第 2 层不能提供这种服务。第 1 层没有检测或恢复机制,而第 2 层机制只运行在点对点基础上而不是端到端的,所以提供这种服务被认为是不适宜的。

第 3 层:没有。因为差错恢复不是普遍可用的。

第 4 层:有。因为这提供了真正的端到端运输连接。

第 5 层:没有。因为差错恢复不是第 5 层的功能。

第 6 层:没有。但加密机制能支持应用层中的这种服务。

第 7 层:有。与表示层中的机制相配合。

B10 在(N)连接上(无差错恢复)全(N)用户数据的完整性

第1层与第2层：第1层与第2层不能提供这种服务。第1层没有检测或恢复机制,第2层只能运行在点对点基础上而不是端到端的,所以提供这种服务被认为是不适宜的。

第3层：有。起到单个子网的子网访问,以及网际上的路由选择与中继作用。

第4层：有。对于这种情况,在检测到主动攻击之后停止通信是可取的。

第5层：没有。因为在第3、4层或第7层的数据完整性之上,它不提供额外的好处。

第6层：没有。加密机制能支持应用层中的这种服务。

第7层：有。与表示层中的机制相配合。

B11 在(N)连接上(不带恢复)传送的(N)-SDU的(N)用户数据中选择字段的完整性

选择字段的完整性能够由表示层中的加密机制提供并与应用层中的调用机制与检测机制相配合。

B12 单个无连接(N)-SDU中全(N)用户数据的完整性

为了把功能重复减少到最低限度,无连接传送的完整性应该只在那些提供不带恢复的完整性的层上提供,即网络层,运输层和应用层。这样的完整性机制可能只有非常有限的效用,这一点必须认识到。

B13 单个无连接(N)-SDU中选择字段的完整性

选择字段的完整性能够由表示层中的加密机制提供并与应用层中调用机制与校验机制相配合。

B14 抗抵赖

数据原发与交付抗抵赖服务能够由一个涉及在第7层上作中继的公证机制提供。

使用用于抗抵赖的数字鉴名机制要求在第6层与第7层之间进行密切合作。

附　录　C

应用选取加密的位置

（参考件）

C1 大多数应用将不要求在多个层上加密,加密层的选取主要取决于下述的几个主要问题：

1) 如果要求全通信业务流机密性,那么将选取物理层加密,或传输安全手段(例如,适当的扩频技术)。足够的物理安全,可信任的路由选择以及在中继上的类似机能够满足所有的机密性要求。

2) 如果要求高粒度保护(即对每个应用联系可能提供不同的密钥),和抗抵赖或选择字段保护,那么将选取表示层加密。由于加密算法耗费大量的处理能力,所以选择字段保护可能是重要的。在表示层中的加密能提供不带恢复的完整性,抗抵赖,以及所有的机密性。

3) 如果希望的是所有端系统到端系统通信的简单块保护,或希望有一个外部的加密设备(例如为了给算法和密钥以物理保护,或防止错误软件),那么将选取网络层加密。这能够提供机密性与不带恢复的完整性。

注：虽然在网络层不提供恢复,但运输层的正常的恢复机制能够用来恢复网络层检测到的攻击。

4) 如果要求带恢复的完整性,同时又具有高粒度保护,那么将选取运输层加密。这能提供机密性,带恢复的完整性或不带恢复的完整性。

5) 对于今后的实施,不推荐在数据链路层上加密。

C2 当关系到这些主要问题中的两项或多项时,加密可能需要在多个层上提供。

附加说明：

本标准由中华人民共和国电子工业部提出。

本标准由电子工业部标准化研究所归口。

本标准由复旦大学负责起草。

本标准主要起草人刘光奇、张根度。

ICS 35.100.70
L 79

中华人民共和国国家标准

GB/T 16264.8—2005/ISO/IEC 9594-8：2001
代替 GB/T 16264.8—1996

信息技术 开放系统互连 目录
第 8 部分：公钥和属性证书框架

Information technology—Open Systems Interconnection—The Directory—
Part 8：Public-key and attribute certificate frameworks

（ISO/IEC 9594-8：2001，IDT）

2005-05-25 发布   2005-12-01 实施

中华人民共和国国家质量监督检验检疫总局
中国国家标准化管理委员会   发 布

前　言

GB/T 16264《信息技术　开放系统互连　目录》分为十个部分：

第 1 部分：概念、模型和服务的概述

第 2 部分：模型

第 3 部分：抽象服务定义

第 4 部分：分布式操作规程

第 5 部分：协议规范

第 6 部分：选择属性类型

第 7 部分：选择客体类

第 8 部分：公钥和属性证书框架

第 9 部分：重复（尚未制定）

第 10 部分：用于目录行政管理的系统管理用法（尚未制定）

本部分为 GB/T 16264 的第 8 部分，等同采用 ISO/IEC 9594-8:2001《信息技术　开放系统互连　目录　第 8 部分：公钥和属性证书框架》。

本部分代替 GB/T 16264.8—1996《信息技术　开放系统互连　目录　第 8 部分：鉴别框架》。本部分与 GB/T 16264.8—1996 相比，主要变化如下：

——本部分描述了一套作为所有安全服务基础的框架，并规定了在鉴别及其他服务方面的安全要求。本部分还特别规定了以下三种框架：

　　● 公钥证书框架；

　　● 属性证书框架；

　　● 鉴别服务框架。

——定义各种应用使用该鉴别信息执行鉴别的三种方法，并描述如何通过鉴别来支持其他安全服务。

本部分的附录 A、附录 C、附录 D、附录 E、附录 G 和附录 H 为资料性附录，附录 B 和附录 F 为规范性附录。

本部分由中华人民共和国信息产业部提出。

本部分由全国信息安全标准化技术委员会归口。

本部分主要起草单位：中国电子技术标准化研究所。

本部分主要起草人：吴志刚、赵菁华、王颜尊、黄家英、郑洪仁、李丹、高能。

引　言

　　GB/T 16264 的本部分连同其他几部分一起，用于提供目录服务的信息处理系统的互连。所有这样的系统连同它们所拥有的目录信息，可以看作一个整体，称为"目录"。目录中收录的信息在总体上称为目录信息库（DIB），它可用于简化诸如 OSI 应用实体、人、终端，以及分布列表等客体之间的通信。

　　目录在开放系统互连中起着极其重要的作用，其目的是允许在互连标准之下使用最少的技术协定，完成下列各类信息处理系统的互连：

● 来自不同厂家的信息处理系统；

● 处在不同机构的信息处理系统；

● 具有不同复杂程度的信息处理系统；

● 不同年代的信息处理系统。

　　许多应用都有保护信息的通信免受威胁的安全要求。实际上，所有的安全服务都依赖于通信各方的身份被可靠地认知，即，鉴别。

　　本部分定义了一个公钥证书框架。这个框架包括了用于描述证书本身和撤销发布证书不再被信任的通知的数据对象规范。本部分中定义的公钥证书框架虽然定义了一些公钥基础设施（PKI）的关键组件，但却不是 PKI 的全部组件。本部分提供了用于建立所有的 PKI 及其规范的基础。

　　同样的，本部分定义了属性证书的框架。这个框架包括了用于描述证书本身和撤销发布证书不再被信任的通知的数据对象规范。本部分中定义的属性证书框架虽然定义了一些特权管理基础设施（PMI）的关键组件，但却不是 PMI 的全部组件。本部分提供了用于建立所有的 PMI 及其规范的基础。

　　本部分还定义了目录中的 PKI 和 PMI 对象的持有者信息及存储值和现有值之间的比较。

　　本部分定义了用于目录向其用户提供鉴别服务的框架。

　　本部分提供了能被其他标准制定组织和行业论坛定义的行业的基础框架。在这些框架中，许多特性定义为可选的，可以在特定环境中通过描述委托使用。此版为标准的第四版，是在第三版基础上的技术性的修订和增强，但它并不替代第三版。目前实现时仍可使用第三版。然而，在某些方面本部分不支持第三版（即，所报告的缺陷不再予以解决）。推荐尽快执行第四版。

　　本部分凡涉及密码算法相关内容，按国家有关法规实施。

　　本部分中所引用的 MD5、SHA-1、RSA、DES、DH 和 DSA 密码算法为举例性说明，具体使用时均须采用国家商用密码管理委员会批准的相应算法。

信息技术 开放系统互连 目录
第8部分:公钥和属性证书框架

第一篇 综 述

1 范围

本部分描述了一套作为所有安全服务基础的框架,并规定了在鉴别及其他服务方面的安全要求。本部分特别规定了以下三种框架:

- 公钥证书框架;
- 属性证书框架;
- 鉴别服务框架。

本部分中的公钥证书框架包含了公钥基础设施(PKI)信息对象(如公钥证书和证书撤销列表(CRL)等)的定义。属性证书框架包含了特权管理基础设施(PMI)信息对象(如属性证书和属性撤销列表(ACRL)等)的定义。该部分还提供了用于发布证书、管理证书、使用证书以及撤销证书的框架。在规定的证书类型格式和撤销列表模式格式中都包括了扩展机制。本部分同时还分别包括这两种格式一套标准的扩展项,这些扩展项在 PKI 和 PMI 的应用中是普遍实用的。本部分包括了模式构件(如对象类、属性类型和用于在目录中存储 PKI 对象和 PMI 对象的匹配规则)。超出这些框架的其他 PKI 和 PMI 要素(如密钥和证书管理协议、操作协议、附加证书和 CRL 扩展)将由其他标准机构(如 ISO TC68,IETF 等)制定。

本部分定义的鉴别模式具有普遍性,并可应用于不同类型的应用程序和环境中。

对目录使用公钥证书和属性证书,本部分还规定了目录使用这两种证书的使用框架。目录使用公钥技术(如证书)实现强鉴别,签名操作和/或加密操作,以及签名数据和/或加密的数据在目录中存储。目录利用属性证书能够实现基于规则的访问控制。本部分只规定框架方面的内容,但有关目录使用这些框架的完整规定,目录所提供的相关服务及其构件在目录系列标准中进行规定。

本部分还涉及鉴别服务框架方面的如下内容:

- 具体说明了目录拥有的鉴别信息的格式;
- 描述如何从目录中获得鉴别信息;
- 说明如何在目录中构成和存放鉴别信息的假设;
- 定义各种应用使用该鉴别信息执行鉴别的三种方法,并描述如何通过鉴别来支持其他安全服务。

本部分描述了两级鉴别:使用口令作为自称身份验证的弱鉴别;包括使用密码技术形成凭证的强鉴别。弱鉴别只提供一些有限的保护,以避免非授权的访问,只有强鉴别才可用作提供安全服务的基础。本部分不准备为鉴别建立一个通用框架,但对于那些技术已经成熟的应用来说本部分可能是通用的,因为这些技术对它们已经足够了。

在一个已定义的安全策略上下文中仅能提供鉴别(和其他安全服务)。因标准提供的服务而受限制的用户安全策略,由一个应用的用户自己来定义。

由使用本鉴别框架定义的应用标准来指定必须执行的协议交换,以便根据从目录中获取的鉴别信息来完成鉴别。应用从目录中获取凭证的协议称作目录访问协议(DAP),由 ITU-T X.519|ISO/IEC 9594-5 规定。

2 规范性引用文件

下列文件中的条款通过 GB/T 16264 的本部分的引用而成为本部分的条款。凡是注日期的引用文件，其随后所有的修改单（不包括勘误的内容）或修订版均不适用于本部分，然而，鼓励根据本部分达成协议的各方研究是否可使用这些文件的最新版本。凡是不注日期的引用文件，其最新版本适用于本部分。

2.1 等同标准

ITU-T X.411(1999) | ISO/IEC 10021-4:1999 信息技术 报文处理系统(MHS) 报文传送系统：抽象服务定义和规程

ITU-T X.500(2001) | ISO/IEC 9594-1:2001 信息技术 开放系统互连 目录：概念、模型和服务的概述

ITU-T X.501(2001) | ISO/IEC 9594-2:2001 信息技术 开放系统互连 目录：模型

ITU-T X.511(2001) | ISO/IEC 9594-3:2001 信息技术 开放系统互连 目录：抽象服务定义

ITU-T X.518(2001) | ISO/IEC 9594-4:2001 信息技术 开放系统互连 目录：分布式操作规程

ITU-T X.519(2001) | ISO/IEC 9594-5:2001 信息技术 开放系统互连 目录：协议规范

ITU-T X.520(2001) | ISO/IEC 9594-6:2001 信息技术 开放系统互连 目录：选择的属性类型

ITU-T X.521(2001) | ISO/IEC 9594-7:2001 信息技术 开放系统互连 目录：选择的客体类别

ITU-T X.525(2001) | ISO/IEC 9594-9:2001 信息技术 开放系统互连 目录：重复

ITU-T X.530(2001) | ISO/IEC 9594-10:2001 信息技术 开放系统互连 目录：用于目录行政管理的系统管理的用法

CCITT X.660(1992) | ISO/IEC 9834-1:1993 信息技术 开放系统互连 OSI 登记机构的操作规程：一般规程

ITU-T X.680(1997) | ISO/IEC 8824-1:1998 信息技术 抽象语法记法 1(ASN.1)：基本记法规范

ITU-T X.681(1997) | ISO/IEC 8824-2:1998 信息技术 抽象语法记法 1(ASN.1)：客体信息规范

ITU-T X.682(1997) | ISO/IEC 8824-3:1998 信息技术 抽象语法记法 1(ASN.1)：约束规范

ITU-T X.683(1997) | ISO/IEC 8824-4:1998 信息技术 抽象语法记法 1(ASN.1)：ASN.1 规范参数化

ITU-T X.690(1997) | ISO/IEC 8825-1:1998 信息技术 ASN.1 编码规则：基本编码规则(BER)的规范，正规编码规则(CER)和可辨别编码规则(DER)

ITU-T X.812(1995) | ISO/IEC 10181-3:1996 信息技术 开放系统互连：开放式系统安全框架：访问控制框架

ITU-T X.813(1996) | ISO/IEC 10181-4:1996 信息技术 开放系统互连：开放式系统安全框架：认可框架

ITU-T X.880(1994) | ISO/IEC 13712-1:1995 信息技术 远程操作：概念、模型和记法

ITU-T X.881(1994) | ISO/IEC 13712-2:1995 信息技术 远程操作：OSI 实现-远程操作服务元素(ROSE)服务定义

2.2 技术内容等效的标准

CCITT X.800(1991) CCITT 应用的开放式系统互连的安全体系结构

GB/T 9387.2—1995 信息处理系统 开放式系统互连 基本参考模型 第 2 部分：安全体系结构（idt ISO/IEC 7498-2:1989）

3 术语和定义

下列术语和定义适用于本部分：

3.1 OSI 参考模型安全体系结构定义

下列术语在 GB/T 9387.2—1995 中定义：

a) 非对称（加密） asymmetric(encipherment)；

b) 鉴别交换 authentication exchange；

c) 鉴别信息 authentication information；

d) 机密性 confidentiality；

e) 凭证 credentials；

f) 密码学 cryptography；

g) 数据原发鉴别 data origin authentication；

h) 解密 decipherment；

i) 加密 encipherment；

j) 密钥 key；

k) 口令 password；

l) 对等实体鉴别 peer-entity authentication；

m) 对称（加密） symmetric(encipherment)。

3.2 目录模型定义

下列术语在 GB/T 16264.2 中定义：

a) 属性 attribute；

b) 目录信息库 Directory Information Base；

c) 目录信息树 Directory Information Tree；

d) 目录系统代理 Directory system Agent；

e) 目录用户代理 Directory user Agent；

f) 可辨别名 distinguished name；

g) 项 entry；

h) 客体 object；

i) 根 root。

3.3 定义

本部分定义下列术语：

3.3.1

属性证书 Attribute certificate

属性授权机构进行数字签名的数据结构,把持有者的身份信息与一些属性值绑定。

3.3.2

属性授权机构（AA） Attribute Authority（AA）

通过发布属性证书来分配特权的证书认证机构。

3.3.3

属性授权机构撤销列表（AARL） Attribute Authority Revocation List（AARL）

一种包含发布给属性授权机构的证书索引的撤销列表,发布机构认为这些证书已不再有效。

3.3.4

属性证书撤销列表（ACRL） Attribute Certificate Revocation List（ACRL）

标识由发布机构已发布的、不再有效的属性证书的索引表。

3.3.5

鉴别令牌 authentication token（token）

在强鉴别交换期间传送的一种信息，可用于鉴别其发送者。

3.3.6

机构 Authority

负责证书发布的实体。本部分中定义了两种类型：发布公钥证书的证书认证机构和发布属性证书的属性授权机构。

3.3.7

机构证书 authority certificate

发布给机构（例如证书认证机构或者属性授权机构）的证书。

3.3.8

基础 CRL base CRL

一种 CRL，用于产生增量 CRL 的基础。

3.3.9

CA 证书 CA certificate

由一个 CA 颁发给另一个 CA 的证书。

3.3.10

证书策略 certificate policy

命名的一组规则，指出证书对具有公共安全要求的特定团体和/或应用的适用范围。例如，一个特定的证书策略表明，用于确认电子数据交换贸易证书的适用范围是价格在某一预定范围内的交易。

3.3.11

证书撤销列表（CRL） Certificate Revocation List（CRL）

一个已标识的列表，它指定了一套证书发布者认为无效的证书。除了普通 CRL 外，还定义了一些特殊的 CRL 类型用于覆盖特殊领域的 CRL。

3.3.12

证书用户 certificate user

需要确切地知道另一实体的公钥的某一实体。

3.3.13

证书序列号 certificate serial number

为每个证书分配的唯一整数值，在 CA 颁发的证书范围内，此整数值与该 CA 所颁发的证书相关联一一对应。

3.3.14

证书使用系统 certificate using system

证书用户使用的、本部分定义的那些功能实现。

3.3.15

证书确认 certificate validation

确认证书在给定时间有效的过程，可能包含一个证书认证路径的构造和处理，确保该路径上的所有证书在给定时间有效（即证书没有被撤销或者过期）。

3.3.16

证书认证机构（CA） Certification Authority（CA）

负责创建和分配证书，受用户信任的权威机构。用户可以选择该机构为其创建密钥。

3.3.17

证书认证机构撤销列表（CARL） Certification Authority Revocation List（CARL）

一种撤销列表，它包含一系列发布给证书认证机构的公钥证书，证书发布者认为这些证书不再有效。

3.3.18

证书认证路径　certification path

一个 DIT 中对象证书的有序序列,通过处理该有序序列及其起始对象的公钥可以获得该路径的末端对象的公钥。

3.3.19

CRL 分布点　CRL distribution point

一个 CRL 目录项或其他 CRL 分发源;由 CRL 分布点分发的 CRL 可以包括仅对某 CA 所发证书全集某个子集的撤销条目,或者可以包括有多个 CA 的撤销条目。

3.3.20

密码体制　cryptographic system；cryptosystem

从明文到密文和从密文到明文的变换规则汇总,待使用的特定变换由密钥来选定。通常用一种数学算法来定义这些变换。

3.3.21

数据机密性,数据保密性　date confidentiality

保护数据免受未授权泄露的服务。数据保密性服务由鉴别框架支持。它可用来防止数据被截取。

3.3.22

委托　delegation

持有特定权限的实体将特定权限移交给另一个实体。

3.3.23

委托路径　delegation path

一个有序的证书序列,将该序列与权限声称者标识的鉴别共同确认权限声称者特定权限的真实性。

3.3.24

增量 CRL　Δ-CRL；delta-CRL；delta CRL；dCRL

部分撤销列表,在可参考的基础 CRL 发布以后,这些证书更改了其撤销状态。

3.3.25

终端实体　end entity

不以签署证书为目的而使用其私钥的证书主体或者是依赖(证书)方。

3.3.26

终端实体属性证书撤销列表(EARL)　End-entity Attribute Certificate Revocation List(EARL)

撤销列表,它包含一系列向持有者发布的属性证书,持有者不是 AA,并且对证书发布者来说这些属性证书不再有效。

3.3.27

终端实体公钥证书撤销列表(EPRL)　End-entity Public-key Certificate Revocation List(EPRL)

撤销列表,它包含发布给非 CA 的主体的公钥证书列表,证书发布者认为这些公钥证书不再有效。

3.3.28

环境变量　environmental variables

与授权决策所需策略相关的信息,它们不包括在静态结构中,但特定权限的验证者可通过本地途径来获得(例如,当天或者当前的账目结余)。

3.3.29

完全 CRL　full CRL

包含在给定范围内全部已被撤销的证书列表。

3.3.30

散列函数,哈希函数   hash function

将值从一个大的(可能很大)定义域映射到一个较小值域的(数学)函数。"好的"散列函数是把该函数应用到大的定义域中的若干值的(大)集合的结果可以均匀地(和随机地)被分布在该范围上。

3.3.31

持有者   holder

由源授权机构直接授权的或由其他属性授权机构间接授权的实体。

3.3.32

间接 CRL(iCRL)   indirect CRL (iCRL)

一个撤销列表,它至少包含不是发布此 CRL 的其他机构发布的证书撤销信息。

3.3.33

密钥协定   key agreement

在线协商密钥值的一种方法,该方法无需传送密钥甚至是加密形式的密钥,例如,迪菲-赫尔曼(Diffie-Hellman)技术(关于密钥协定机制的更多信息参见 GB/T 17901.1)。

3.3.34

对象方法   object method

一个行为,它可在资源上调用(例如,文件系统可以读写和执行对象方法)。

3.3.35

单向函数   one-way function

易计算的(数学)函数 f,通常对于值域中的值 y 来说,很难计算出满足函数 $f(x)=y$ 的在定义域中的自变量 x。可能也存在少数值 y,计算出相应的 x 并不困难。

3.3.36

策略映射   policy mapping

当某个域中的一个 CA 认证另一个域中的一个 CA 时,在第二个域中的特定证书政策可能被第一个域中的证书认证机构认为等价(但不必在各方面均相同)于第一个域中认可的特定证书政策。

3.3.37

私有密钥,私钥   private key

(在公钥密码体制中)用户密钥对中仅为该用户所知的密钥。

3.3.38

特定权限   privilege

由权威机构分派给实体的属性或特性。

3.3.39

特定权限声明者   privilege asserter

使用属性证书或者公钥证书来声明其特定权限的权限持有者。

3.3.40

特定权限管理基础设施(PMI)   Privilege Management Infrastructure (PMI)

支持授权服务的综合基础设施,与公钥基础设施有着密切的联系。

3.3.41

特定权限策略   privilege policy

一种策略,它描述了特权验证者为具有资格的特权声明者提供/执行敏感服务的条件。特权策略与服务相连的属性相关,也和与特权声明者相连的属性相关。

3.3.42

特定权限验证者   privilege verifier

依据特定权限策略验证证书的实体。

3.3.43

公开密钥,公钥　public-key

(在公钥密码体制中)用户密钥对中公布给公众的密钥。

3.3.44

公钥证书　public-key certificate

用户的公钥连同其他信息,并由发布该证书的证书认证机构的私钥进行加密使其不可伪造。

3.3.45

公钥基础设施(PKI)　Public-Key Infrastructure（PKI）

支持公钥管理体制的基础设施,提供鉴别、加密、完整性和不可否认性服务。

3.3.46

依赖(证书)方　relying party

依赖证书中的数据来做决定的用户或代理。

3.3.47

角色分配证书　role assignment certificate

一个证书,它包含角色属性,为证书对象/持有者分配一个或多个角色。

3.3.48

角色说明证书　role specification certificate

为角色分配特定权限的证书。

3.3.49

敏感性　sensitivity

表明价值或重要性的资源特性。

3.3.50

弱鉴别　simple authentication

使用口令设置的简单方法进行的鉴别。

3.3.51

安全策略　security ploicy

由管理使用和提供安全服务和设施的安全机构所制定的一组规则。

3.3.52

证书源授权机构(SOA)　Source of Authority（SOA）

为资源的特定权限验证者所信任的,位于顶层的分配特定权限的属性授权机构。

3.3.53

强鉴别　strong authentication

使用由密码技术生成的凭证进行的鉴别。

3.3.54

信任　trust

通常,当一个实体假设另一个实体完全按照前者的期望行动时,则称前者"信任"后者。这种"信任"可能只适用于某些特定功能。本框架中"信任"的关键作用是描述鉴别实体和权威机构之间的关系;鉴别实体应确信它能够"信任"权威机构仅创建有效且可靠的证书。

4　缩略语

下列缩略语适用于本部分:

AA　　属性授权机构

AARL　属性授权机构撤销列表

ACRL　属性证书撤销列表

CA　　证书认证机构
CARL　证书认证机构撤销列表
CRL　　证书撤销列表
Δ-CRL　增量 CRL
DIB　　目录信息库
DIT　　目录信息树
DSA　　目录系统代理
DUA　　目录用户代理
EARL　终端实体属性证书撤销列表
EPRL　终端实体公钥证书撤销列表
ICRL　间接证书撤销列表
PKCS　公钥密码系统
PKI　　公钥基础设施
PMI　　特定权限管理基础设施
SOA　　证书源授权机构

5 约定

本部分目录用 v1 表示本规范的第一版本,v2 表示本规范的第二版本,v3 表示本规范的第三版本,用粗体 Helvetica 字体来表示 ASN.1 记法。当在常规文本中引用 ASN.1 类型和值时,它们同常规文本的差别在于用粗体 Helvetica 字体表示它们。当规定过程语义时典型引用的规程名称同常规文本的差别在于用粗体 Times 表示规程名称。访问控制采用斜体 Times 表示。

如果一个清单中的条款加以编号(与使用"-"或字母的不同),则这些条款应视为一个规程中的若干步骤。

本部分目录中所使用的符号在表 1 中定义。

表 1 符号

符　　号	涵　　义
X_p	用户 X 的公钥
X_s	用户 X 的私钥
$X_p[I]$	用 X 的公钥,对信息 I 进行加密
$X_s[I]$	用 X 的私钥,对信息 I 进行加密
X{I}	由用户 X 对信息 I 签名,它包含信息 I 和附加加密摘要
CA(X)	用户 X 的证书认证机构
$Ca^n(X)$	(这里,n>1):CA(CA(..n 次..(X)))
X1《X2》	由证书认证机构 X1 颁发的用户 X2 的证书
X1《X2》X2《X3》	一个(任意长度的)证书链,其中每一项都是一个证书,并且其证书认证机构产生下一个证书。上式等价于下一个证书 X1《Xn+1》。例如:A《B》B《C》提供与 A《C》相同的能力,即给定 Ap,可以从中找到 Cp。
X1p · X1《X2》	一个证书(或证书链)的拆封操作,以便从中获得一个公钥。这是一个中缀操作符,其左操作数为一个证书认证机构的公钥,右操作数则为该证书认证机构颁发的一个证书。输出结果为用户的公钥,它们的证书为右操作数。例如:Ap · A《B》B《C》指出一个操作,该操作使用 A 的公钥,从 B 的证书中获得 B 的公钥 Bp,然后再通过 Bp 来解封 C 的证书。操作的最终结果即为 C 的公钥 Cp
A→B	以 CA(A)《CA²(A)》开始,以 CA(B)《B》结束的证书链所构成的 A 到 B 的认证路径
注:在该表中出现的符号 X、X1、X2 等等代替用户名,而出现的符号 I 则代替任意信息。	

6 框架概要

本部分规定了获得和验证实体公钥的框架,以实现解密该实体加密的信息及验证该实体的数字签名。该框架包括证书认证机构(CA)公钥证书的发布和证书用户对该证书的确认。确认包括:

- 在证书用户和证书主体之间建立可信任的证书路径;
- 验证路径中每个证书的数字签名;
- 确认路径中所有的证书有效(即在指定的时间内它们没有过期或没被撤销)。

本部分规定了获得和信任实体特权属性的框架,以决定它们能否被授权访问某个特定资源。该框架包括属性授权机构(AA)证书的发布和特权验证者对证书的确认。确认包括:

- 当证书特权与特权策略比较时,该特权是有效的;
- 如果需要时,应建立证书的可信任委托路径;
- 验证路径途中每个证书的数字签名;
- 确保每个发布者被授予特权代理权;
- 验证证书未过期,或未被发布者撤销。

尽管 PKI 和 PMI 是两个独立的基础设施,并且可以彼此独立建立,但它们相互关联。本部分建议在属性证书中用标示符(pointers)将属性证书的持有者和发布者与相应的公钥证书对应起来。属性证书发布者和持有者的鉴别(即确保声明特权和发布特权的实体的正确性)是通过 PKI 鉴别身份的常规过程完成的。鉴别过程在属性证书框架中不予重复。

6.1 数字签名

PKI 和 PMI 都将数字签名作为一种机制使用,通过该机制发布证书的机构将其绑定在证书中。在PKI 中,公钥证书上发布 CA 的数字签名证明公钥和证书主体间的绑定。在 PMI 中,发布 AA 的数字签名证明属性(特权)和证书持有者之间的绑定。本条描述了数字签名的通常做法。本部分的第二篇和第三篇专门讨论了在 PKI 和 PMI 中数字签名的使用。

本章并不打算为数字签名规定一种通用的标准,但要规定在 PKI、PMI 及目录中用于签名令牌的方法。

通常是将加密的信息摘要附加在信息(info)的后面来实现对该信息签名。信息的摘要则用一个单向散列函数产生,而加密则是用签名者的私钥来执行的(见图1)。因此:

$$X\{Info\} = Info, Xs[h, (info)]$$

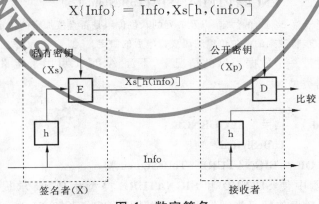

图 1 数字签名

注1:使用私钥进行加密可以保证签名不被伪造。而散列函数的单向特性则可保证为了拥有相同的散列结果(及签名)而生成的假信息是不能被替代。

已签名的信息的接收方可通过以下方法来验证签名:

- 对信息使用单向散列函数验证;
- 将该结果与通过使用签名者的公钥对签名进行解密的结果作比较。

　　本部分并不强制在签名时使用单一的单向散列函数。而力图使该框架能够适应任何散列函数,并且支持将来因密码技术、数学技术或计算能力等的更新而带来的方法的改变。但是将要鉴别的两个用户应支持相同的散列函数以确保正确地执行鉴别。因此,在一组相关应用的上下文中,选择一种单一的函数可以充分扩大用户间进行安全鉴别和通信的范围。

　　被签名的信息包括标识用来计算数字签名的散列算法和加密算法。

　　对数据项的加密可用下面 ASN.1 来描述:

ENCRYPTED {**ToBeEnciphered** }::= **BIT STRING** (**CONSTRAINED BY** {

　　——必须是把加密过程应用到 BER 编码的八位位组值的结果——

　　——该值为—— ToBeEnciphered })

　　位串的值由构成 **ToBeEnciphered** 类型的值的完整编码(使用 ISO/IEC 8825-1:1998 的 ASN.1 基本编码规则)的八位位组及其加密规程来产生。

注 2:加密规程要求约定使用的算法,包括算法的任何参数、任何必需的密钥、初始值,以及填充指令。加密规程规定数据的发送者和接收者之间的同步方法,其中可能包括要发送的信息。

注 3:当输入一个八位位组串时,需要执行加密规程,并产生一个新的八位位组串作为其结果。

注 4:关于数据的发送者和接收者使用的加密算法及其参数的安全协定的机制超出了本部分的范围。

　　通过加密缩短或者散列变换某数据项来形成该数据项的签名,并且可以利用下列 ASN.1 来描述:

HASH {**ToBeHashed** } ::= **SEQUENCE** {

algorithmIdentifier　　　　**AlgorithmIdentifier**,

hashValue　　　　　　　　**BIT STRING** (**CONSTRAINED BY** {

　　——必须是对-ToBeHashed的值的 DER 编码八位位组进行散列变换的结果。}

ENCRYPTED－HASH {**ToBeSigned** } ::= **BIT STRING** (**CONSTRAINED BY** {

　　—— 必须是把散列过程应用到 DER 编码的八位位组的结果 ——

　　—— ToBeSigned的值 — 然后把加密过程应用到这些八位位组—— })

SIGNATURE {**ToBeSigned** } ::= **SEQUENCE** {

algorithmIdentifier　　**AlgorithmIdentifier**,

encrypted　　　　　　**ENCRYPTED-HASH** {**ToBeSigned** }}

注 5:加密规程可以是符合注 2 列出的协定,以及散列的八位位组是否直接加密的协定,还可以是仅在使用 ASN.1基本编码规则进一步将散列的八位位组编码成位串后的协定。

　　在只要求签名必须附带一个数据类型的情况下,下面 ASN.1 可用来定义由对给定的数据类型应用签名而产生的新的数据类型。

SIGNED {**ToBeSigned** } ::= **SEQUENCE** {

toBeSigned　　　　　　**ToBeSigned**,

COMPONENTS OF　　**SIGNATURE** {**ToBeSigned** }}

　　为了能在分布式环境中使 **SIGNED** 和 **SIGNATURE** 类型生效,要求提供一种可辨别的编码。**SIGNED** 和 **SIGNATURE** 数据值的可辨别编码应通过使用 ISO/IEC 8825-1:1998 中定义的基本编码规则以及下列限制来获得:

　　a)　使用定长格式编码,并使编码的八位位组数最少;

　　b)　对于串类型,不使用结构化形式编码;

　　c)　如果一个类型的值是其默认值,则将值省略;

　　d)　Set 类型的成分以其标记值递增次序编码;

e) Set-of 类型的成分以其八位位组值递增次序编码;

f) 如果布尔(Boolean)类型的值为真,则其内容应置为"FF";

g) 如果一个位串(Bit String)值编码的最后一个八位位组中存在不用的位,则这个位均置为 0;

h) 实数类型的编码不应使用八进制十进制和十六进制,其二进制调节因子为 0;

i) UTC 时间的编码应遵循 ISO/IEC 8825-1:1998 规定;

j) Generalized 时间的编码应遵循 ISO/IEC 8825-1:1998 规定。

生成可辨别编码需要充分理解要编码数据的抽象语法。可以使用本目录对那些包含未知协议扩充或未知属性语法的数据进行签名或检查这些数据的签名。本目录应遵循下列规则:

● 当目录不全知道所接收信息的抽象语法并希望以后对其进行签名时,应保留这些信息的编码。

● 当对要发送的数据进行签名时,签名目录对于那些了解抽象语法的数据采用可辨别编码进行发送,而对于其他的数据则采用其保留的编码进行发送并应对实际发送的编码进行签名;

● 当检验收到数据的签名时,目录应针对收到的实际数据的签名进行检验,而不是把收到的数据转换成可辨别编码。

第二篇　公钥证书框架

这里定义的公钥证书框架是供具有鉴别、完整性、机密性和抗抵赖需求的应用程序使用的。

一个公钥与一个实体的绑定是通过由一个管理机构数字签名的数据结构来实现,该数据结构称为公钥证书。本部分定义了公钥证书的格式,包括一种可扩展性机制和一组特定的证书扩展。不管什么理由,如果管理机构撤销了一个已发布的公钥证书,用户必须能知道这种撤销已经发生,这样,他们就可以避免使用一个不可信赖的证书。本部分定义了撤销列表的格式,包括一个可扩展性机制和一组撤销列表扩展。除了是证书和撤销列表,其他实体也可以定义附加扩展,以便它们更适用于某些特定环境。

任何需要使用公钥证书的系统在应用程序使用证书之前,需要验证该证书的有效性。本部分也定义了实施验证的过程和步骤,包括验证证书本身的完整性、证书的撤销状态以及针对所设定用途的有效性。

本目录使用公钥证书提供的安全服务包括:

● 两个或多个目录组件相互之间的强鉴别;

● 目录操作的鉴别、完整性和机密性;

● 存储数据的完整性和鉴别。

7　公钥和公钥证书

为使一个用户能够信任另一用户的公钥,例如为了鉴别那个用户的身份,应从一个可信任的源获得其公钥。这种源称为证书认证机构(CA),它通过发布一个公钥证书来证明一个公钥的可信性,该公钥证书将公钥与持有相应私钥的实体绑定到一起。CA 为确保一个实体确实拥有相应私钥所使用的规程以及公钥证书发布相关的其他规程已超出了本部分的范围。证书及其本章后续规定的格式具有以下特性:

● 任何能够获得和使用证书认证机构的公钥的用户都可以重获证书认证机构所认证的公钥的信任性;

● 除了证书认证机构,没有其他机构能够修改证书而不被检测出来(证书是不可伪造的)。

由于证书是不可伪造的,所以可以通过将其放置在目录中来发布,而不需要以后特意去保护它们。

注 1:尽管在 DIT 中使用唯一性名称来明确定义 CA,但这并不意味着 CA 组织和 DIT 之间有任何联系。

证书认证机构通过对信息集合的签名(见 6.1)来生成用户证书,信息集合包括可辨别的用户名、公钥以及一个可选的包含用户附加信息的唯一性标识符(unique identifier)。唯一性标识符内容的确切格式这里未进行规定,而留给证书认证机构(CA)去定义。唯一性标识符可以是诸如对象标识符、证书、日期或是验证可辨别用户名的有效性的证书的其他形式。具体地说,如果一个用户证书的可辨别名为A,唯一性标识符为 UA,并且该证书是由名为 CA 和唯一性标识符为 UCA 的证书认证机构生成的,则用户证书具有下列的形式:

$$CA<<A>>=CA\{V,SN,AI,CA,UCA,A,UA,Ap,T^A\}$$

这里 V 为证书版本;SN 为证书序列号;AI 为用来签署证书的算法标识符;UCA 为 CA 的可选的唯一性标识符;UA 为用户 A 的可选的唯一性标识符;T^A 表示证书的有效期,由两个日期组成,两者之间时间即是证书的有效期。证书有效期是一个时间区间,在这个时间区间里,CA 必须保证维护该证书的状态信息,也就是说,发布有关撤销的信息数据。由于计时差异,T^A 会在不小于 24 小时的周期内变化,所以要求系统以格林威治时间为基准时间。任何知道 CAp 的用户可用证书上的签名来验证证书的有效性。下列符合 ASN.1 的数据类型可用来表示证书:

```
Certificate                 ::=      SIGNED {SEQUENCE {

    version              [0]      Version DEFAULT v1,

    serialNumber                  CertificateSerialNumber,

    signature                     AlgorithmIdentifier,

    issuer                        Name,

    validity                      Validity,

    subject                       Name,

    subjectPublicKeyInfo          SubjectPublicKeyInfo,

    issuerUniqueIdentifier  [1]   IMPLICIT UniqueIdentifier OPTIONAL,
                                        ——如果存在,版本必须为 v2 或 v3

    subjectUniqueIdentifier [2]   IMPLICIT UniqueIdentifier OPTIONAL,
                                        ——如果存在,版本必须为 v2 或 v3

    extensions          [3]       Extensions OPTIONAL
                                        ——如果存在,版本必须为 v3      }}


Version                     ::=      INTEGER {v1(0),v2(1),v3(2)}

CertificateSerialNumber     ::=      INTEGER

AlgorithmIdentifier         ::=      SEQUENCE {

Algorithm          ALGORITHM. &id ({SupportedAlgorithms}),

parameters         ALGORITHM. &Type ({SupportedAlgorithms}{@algorithm}) OPTIONAL }
    ——下列信息对象集的定义是可延期的,

    ——为了协议执行的一致性声明。集合需要指定由

    ——AlgorithmIdentifier  组成的 parameters 的表来约束。

    ——SupportedAlgorithms     ALGORITHM   ::=      {...}

Validity          ::=            SEQUENCE {
```

```
notBefore        Time，

notAfter         Time }

SubjectPublicKeyInfo          ： ：＝        SEQUENCE {

algorithm                      AlgorithmIdentifier，

subjectPublicKey               BIT STRING }

Time   ： ：＝   CHOICE {

utcTime                        UTCTime，

generalizedTime                GeneralizedTime }

Extensions   ： ：＝   SEQUENCE OF Extension

Extension    ： ：＝   SEQUENCE {

extnId                         EXTENSION. &id （{ExtensionSet }），

critical                       BOOLEAN DEFAULT FALSE，

extnValue                      OCTET STRING

    ——包含一个类型为 &ExtnType 的值的 DER 编码

    ——用于由 extnld  所标识的扩展对象

ExtensionSet    EXTENSION        ： ：＝           {...}
```

在将 **Time** 的值用于任何比较操作之前，(例如在搜索中，time 作为匹配规则的一部分)且 **Time** 的语法已选为 **UTCTime** 类型，两位数年域的值将按下列方式合理地转化成一个四位数年域的值，如：

——如果两位数的值是 00 到 49，包括边界，则这个值加上 2000。

——如果两位数的值是 50 到 99，包括边界，则这个值加上 1900。

注 2：在不知道 time 值选择 UTCTime 还是 GeneralizedTime 类型时，使用 GeneralizedTime 可以防止算法执行的相互交叉影响。在描述成员组时，目录标准中定义的证书的某些特定的域负责说明何时可以使用 Generalized-Time。使用 UTCTime 来表示日期的年域值不应超过 2049。

version 是被编码证书的版本号。 如果证书中存在 **extensions** 组件，版本为 v3。如果有 **issuerUni-queIdentifier** 或 **subjectUniqueIdentifier** 组件，版本号将为 v2 或 v3。

如果在扩展中出现未知的元素，并且此扩展没有被标记为关键性的，则按照 ISO/IEC 9594-5. 中 7.5.2.2所描述的扩展性规则，忽略这些未知的元素。

serialNumber 是由 CA 分配给每一个证书的一个整型数。对于 CA 所发布的每一个证书，证书的 **SerialNumber** 的值必须具有唯一性(也就是说，发布者的名字和序列号能识别一个唯一证书)。

signature 包括 CA 签发证书时所使用的算法标识符和散列函数(例如：MD5 With RSA Encryption，SHA-1 With RSA Encryption，id-DSA-with-SHA1 等等)。

issuer 标识签发并发布该证书的实体。

validity 是一个时间区间，在该时间区间里，CA 必须保证维护证书的状态信息。

subject 标识主体公钥域中与公钥相关的实体。

subjectPublicKeyInfo 用来传送可认证的公钥，并标识公钥实例所涉及的算法(例如，RSAEncryption，DHpublicnumber，id-DSA 等)。

issuerUniqueIdentifier 用来在名字重复时唯一地标识发布者。

subjectUniqueIdentifier 用来在名字重复时唯一地标识主体。

注3：当命名管理机构将一个可辨别名分配给不同的用户时，CA 可使用唯一标识符以避免重复。然而，当多个 CA 为同一用户提供证书时，建议这些 CA 唯一性标识符的分配协调作为该用户注册过程的一部分。

extensions 域允许在证书结构中增加新的域，而不必修改 ASN.1 中对证书结构的定义。扩展域由扩展标识符、关键性标记和一个与所标识的扩展域相关的 ASN.1 类型数据值的编码组成。各扩展域在 **SEQUENCE** 中的排序非常重要，扩展域的规范应该包括重要性排序规则。当一个处理证书的执行过程不能识别扩展域时，如果关键性标记为 **FALSE**，则忽略此扩展域。而如果关键性标记为 **TRUE**，则未被识别的扩展域将使得证书结构无效，也就是说，在证书中，一个不能被识别的关键的证书扩展域将导致使用证书验证签名失败。当一个证书使用的执行过程能识别并处理一个扩展域时，则不管关键性标记取什么值都会处理该扩展域。注：任何标记为非关键的扩展域将在能处理扩展域的证书使用系统与不能识别扩展域的证书使用系统之间引发行为的不一致性，后者将忽略这个扩展域。

如果有未知的元素出现在扩展域中，并且扩展域未被标记为关键性的，按照 ISO/IEC9594-5 的7.5.2.2中所记录的扩展性规则，将忽略这些未知元素。

对扩展域，CA 可以有三种选择：

a) 它可以排除使用证书中的扩展域；

b) 它可以包含证书的扩展域，但将其标记置为非关键性的；

c) 它可以包含证书的扩展域，并将其标记置为关键性的。

一个有效的工作引擎对扩展域将采取两种可能的行为：

a) 它忽略掉扩展域并接受该证书（其他事件完全一样处理）；

b) 它能处理扩展域，并根据处理过程中扩展域的内容和条件来作出接受或拒绝的决定（比如，路径处理变量的当前值）。

某些扩展域只能标记为关键性的。此时，一个能理解扩展域的有效的工作引擎会处理该扩展域，并根据扩展域的内容（至少部分地）来决定接受/拒绝该证书，而不能理解扩展域的有效引擎将会拒绝该证书。

某些扩展域只能标记为非关键性的。此时，一个能理解扩展域的有效的工作引擎会处理该扩展域，并根据扩展域的内容（至少部分地）来决定接受/拒绝该证书，而不能理解扩展域的有效引擎将接受该证书（除非非扩展域的其他因素导致它被拒绝）。

某些扩展域可以标记为关键性或非关键性的。此时，一个能理解扩展域的有效的引擎会处理该扩展域，并根据扩展域的内容（至少部分地）来决定接受/拒绝该证书，而不管其关键性标记是什么。当扩展域标为非关键性时，不能理解扩展域的有效引擎将接受该证书（除非非扩展域的其他因素导致它被拒绝），当扩展域标为关键性时，则拒绝该证书。

当 CA 考虑在证书中包含扩展域时，它应该能期待该扩展域在任何情况下都能表现其意图。如果扩展域的内容对确定证书的任何信任度是先决性的，则 CA 标记该扩展域为关键性的。在具体实现中这将会使任何不处理扩展项的有效引擎拒绝该证书（可能限制了能验证证书的应用程序集）。CA 可以标记某些扩展项为非关键性的，以使不能处理扩展域的有效应用程序取得向后的兼容性。当不能处理扩展域的应用程序的向后兼容性和互操作性比 CA 执行扩展域的性能更重要时，则将这些可选的关键扩展项设为非关键性的。当验证者的证书处理应用程序升级到能处理扩展域的过度期内，CA 往往将可选的关键扩展域设为非关键。

如有必要，可以在 ITU-T 推荐/国际标准中定义特定的扩展域，也可由其他组织来定义。标识扩展域的对象标识符应根据 ISO/IEC9834-1 来定义。证书的标准扩展域在本部分的第八章中进行了定义。

以下的对象类用来定义特定的扩展域。

```
EXTENSION  ::= CLASS {
    &id                     OBJECTIDENTIFIERUNIQUE，
    &ExtnType }
WITH SYNTAX {
    SYNTAX                  &ExtnType
    IDENTIFIED BY           &id }
```

有两种基本的公钥证书类型，终端实体证书和 CA 证书。

终端实体证书是由 CA 发布给一个主体的证书，而该主体不是任何其他公钥证书的发布者。

CA 证书是由 CA 发布给一个主体的证书，而且此主体本身也是 CA，因此，它也可以发布公钥证书。CA 证书本身可以分为以下类型：

● 自发布证书——证书的发布者和主体是同一个 CA。一个 CA 可以使用自发布的证书，例如，在密钥通过翻转操作期间内提供从旧密钥到新密钥的信任性。

● 自签名证书——这是自发布证书的一种特殊情形，由 CA 使用其私钥来对证书进行签名，而相应公钥在证书中认证。例如，CA 可以使用自签名的证书，对外公布其公钥或有关操作的其他信息。

● 交叉证书——证书的发布者和主体是不同的 CA。交叉认证结构用于这两种情形，CA 发布证书给其他 CA，这种机制可以用来认可主体 CA 的存在性（如，在一个严格的分层结构中），或者认可主体 CA 的存在性（如，一种分布式信任模式）。

每个用户的目录项（如 A，它正参与强鉴别），都包含 A 的一个或多个证书。这个证书是由 A 的证书认证机构（CA）产生的，证书认证机构是 DIT 中的一个实体。A 的证书认证机构（并不一定唯一），可以表示为 CA(A)，如果十分了解 A，也可简单的表示成 CA。所以任何一个知道 CA 公钥的用户都可以确认 A 的公钥。这样确认公钥的过程是递归的。

如果用户 A 试图获得用户 B 的公钥，则只要获得用户 B 的 CA 的公钥就可以了。为了使 A 能获得 B 的 CA 公钥，每一个证书认证机构的目录项 X，都包含许多证书。这些证书分为两类：第一类，X 的一些前向证书，这些证书是由其他的 CA 产生的。第二类，是 X 自身生成的返向证书，这些证书用来认证其他证书认证机构的公钥。有了这些证书，用户能够构建从一点到另一点的证书路径。

为了使某一特定的用户获得或验证另一用户的公钥，需要一系列的证书（或称证书列表）。这一证书列表称为证书路径。列表中的每一项都是下一项 CA 的证书。从 A 到 B 的证书路径（表示为 A→B）：

● 第一项是由 A 的 CA 产生的一个证书，即由 CA 颁发给某一实体 X1 的证书 CA(A)《X1》；

● 后继的证书为 Xi《Xi+1》；

● 最后一项是 B 的证书。

证书路径在逻辑上形成了两个希望相互验证的用户间目录信息树（DIT）中不可破坏的"信任点链"。用户 A 和 B 为获取证书路径 A→B 和 B→A 的具体方法多种多样。但其中一个简便方法就是形成一个 CA 的层次结构，当然此结构可以与 DIT 的层次结构完全相同，也可部分相同。这样做的好处是拥有这些 CA 层次结构的用户之间只要利用目录就可以建立一个证书路径，而不需要任何先决性信息。为达到这点，每个 CA 可以保存一个（正向）证书和一个反向证书，反向证书主要对应它的上级 CA。

一个用户可以从一个或多个 CA 获取一个或多个证书，每个证书上都有发布它的证书认证机构（CA）的名字。下列 ASN.1 数据类型能用来表示证书和证书路径：

```
Certificates             ::=                      SEQUENCE {
userCertificate          Certificate，
certificationPath        Certpath OPTIONAL }
CertificationPath        ::=                      SEQUENCE {
```

userCertificate	Certificate,
theCACertificates	SEQUENCE OF CertificatePair OPTIONAL }

另外,下列 ASN.1 数据类型可用来表示前向的证书路径。此组件包含能回溯指向始发者的证书路径。

CertPath	::=	**SEQUENCE OF CrossCertificates**
CrossCertificates	::=	**SET OF Certificate**

在证书路径中每个证书应该具有唯一性,没有证书可以在 CertificationPath 的 theCACertificates 部件的取值中或在 CertPath 的 CrossCertificates 部件的 Certificate 中出现多次。

7.1 密钥对的生成

一个整体安全管理策略的执行者将定义密钥对的生命周期,但这已超出了本框架的范畴。然而,对于整体安全来说,最重要的是只有拥有者才知道所有的私钥。

密钥数据对用户来说是不易记忆的,因此应该采用一种方便传输且合适的方法来存储这些数据。一种比较有效的方法是采用"智能卡"。该卡中保存有用户的私钥和公钥(可选)、用户的证书、以及证书认证机构的公钥的一个拷贝。使用这种卡必须有附加的安全措施,例如,至少应使用一个 PIN(个人标识号),通过要求用户持有并知道如何访问这个卡来增加系统安全性。但存储这种数据的精确方法不在本部分的考虑范围。

有三种产生用户密钥对的方法:

a) 用户自己生成密钥对。这种方法的优点是用户的私钥不会暴露给任何其他实体,但这种方法要求用户有一定级别的能力。

b) 密钥对由第三方生成。第三方应保证以一种物理安全的方式将私钥发放给用户,然后它主动地销毁与生成密钥对有关的所有信息,以及密钥信息本身。必须采用适当的物理安全手段以保证第三方以及数据操作不被篡改。

c) 密钥对由 CA 生成。这是 b)的一种特殊情况。

注:证书认证机构对用户来讲要表现出其可信任的功能性,并且要有保障物理安全的措施。采用这种方法的一个好处就是不用为证书而向 CA 安全传输数据。

所使用的密码系统应对密钥的生成采取某些特殊(技术)限制。

7.2 公钥证书的创建

一个公钥证书关联着公钥和它所描述的用户可辨别名。因此:

a) 证书认证机构在为一个用户创建证书之前,必须使用户的身份标识符满足相关条件;

b) 证书认证机构应保证不会以相同的名字向两个不同用户颁发证书。

向证书认证机构传送信息而不损害其安全性是很重要的,因此应采取适当的物理安全手段:

a) 如果 CA 向一个用户颁发了其公钥已被篡改的证书,这是对安全的严重破坏;

b) 如果采用第 7.1 b)或 7.1 c)中所描述的密钥对生成方法,则用户的私钥必须以安全的方式传送给用户;

c) 如果采用第 7.1 a)或 7.1 b)中所描述的密钥对生成方法,则用户可以使用不同的方式(在线或离线)将其公钥以某种安全的方法传递给 CA。在线方式可以提供一些附加的灵活性以便在用户和 CA 之间执行远程操作。

公钥证书是可公开获得的信息,不需要采取什么特殊的安全手段将其传递给目录。由于证书是由离线的证书认证机构代表用户产生的,用户得到的是证书的一个拷贝(副本),这时用户只需将此信息存入其目录项中,以备今后访问该目录。另一种方法是 CA 可以为用户暂存这个证书,在这种情况下,该代理人应被赋予一定的访问接入的权利。

7.3 证书有效性

发布证书(公钥或属性)的证书认证机构也有责任标识它所发布的证书的有效性。通常,证书随后有可能被撤销或毁除。撤销和撤销通知可以直接由发布证书的证书认证机构来实施，或者通过发布证书的权威机构授权给其他证书认证机构间接适时地实施。可以通过公开发表它们实际工作的声明，或所发布的证书本身，或其他明确的手段，要求发布证书的权威机构声明，是否：

- 证书不能被撤销；或者
- 证书可以由相同的证书发布证书认证机构直接撤销；或者
- 证书发布证书认证机构授权另一证书认证机构执行撤销工作。

证书认证机构撤销证书的同时必须声明，可以通过一些类似的机制完成声明，使用这种（些）机制可使各依赖方用来获取证书认证机构发布的证书的撤销状态信息。本部分定义证书撤销列表（CRL）机制，但是不排除其他可选机制的使用。可信各方对所有涉及到的证书都核对相应的撤销状态信息，可考虑第 10 章所描述的路径处理过程和在第 16 章所描述的委托路径处理过程，来使证书生效。

证书，包括公钥证书以及属性证书，应该有一个生命周期与之相关联，生命周期一完证书就过期。为了提供服务的连续性，证书认证机构应确保替代证书的可获得性，这个证书用来代替已过期和即将过期的证书。撤销通知日期是证书第一次在 CRL 上出现的日期/时间，而不管它是一个基础 CRL 还是一个增量 CRL。在 CRL 中，撤销通知日期是包含在 thisUpdate 域中的一个值。它是 CA 撤销该证书的实际日期/时间，它与证书在 CRL 上第一次出现的时间可能不同。在 CRL 中，撤销日期是在 revocationDate 组件中所包含的值。

有两种相应做法：

- 可以这样来设计证书的有效性，即每个证书在上一个证书的有效期期满时生效，或者允许在时间上重叠。后者可以使 CA 不必在许多证书同时期满时再安装和分发大量的证书。
- 过期的证书通常会从目录中删除掉。出于安全策略的原因，如果还提供数据的抗抵赖性服务，则可由 CA 将旧的证书保留一定的时间。

证书可以在有其效期满之前撤销。例如，如果假定用户的私钥已被泄露，或用户已不再由证书认证机构认证，或假定证书认证机构证书已不安全，就可以撤销证书。用户证书或证书认证机构证书的撤销将由证书认证机构公布，如果合适，将发放一个替代的新证书。此后证书认证机构可以通过某些离线过程通知证书持有者该证书已撤销。

发布并随后撤销证书的证书认证机构：

a) 对于证书认证机构所发布的所有证书类型，应保留有关其撤销事件的审计记录（例如发布给终端实体和其他证书认证机构的公钥证书、属性证书）；

b) 向使用 CRL 的各依赖方提供撤销状态信息，通过在线证书状态协议或某些其他机制来提供撤销状态信息的发布；

c) 如果使用 CRL，即使撤销证书列表是空的，也要维护和发布 CRL。

各依赖方可以使用多种机制来查找证书认证机构提供的撤销状态信息。例如，证书本身有一个指针向依赖方直接指出提供的撤销信息的位置。撤销列表中有一个指针向依赖方重定向一个不同的撤销列表位置。依赖方可在一个仓库（例如一个目录）内查找撤销信息，或通过此部分范围外的其他方式查找撤销信息（例如本地配置）。

证书认证机构的撤销列表影响着目录项，目录项的维护是此目录和其用户的责任，并且其行为要与安全策略一致。例如，用户可以用一个新的证书代替旧的证书来修改它的对象项。此后将用新的证书来认证目录中的用户。

如果撤销列表在目录中公布，在目录项内将存在下列类型属性：

- 证书撤销列表；
- 证书认证机构撤销列表；
- 增量撤销列表；
- 属性证书撤销列表；

● 属性权威机构撤销列表。

CertificateList	::=	SIGNED {SEQUENCE {
version		VersionOPTIONAL,

——如果引用,必须是版本 2

signature	AlgorithmIdentifier,
issuer	Name,
thisUpdate	Time,
nextUpdate	TimeOPTIONAL,
revokedCertificates	SEQUENE OF SEQUENCE {
serialNumber	CertificateSerialNumber,
revocationDate	Time,
crlEntryExtensions	Extensions OPTIONAL }OPTIONAL,
clrExtensions	[0] Extensions OPTIONAL }}

version 是已编码的撤销列表版本号。如果在撤销列表中出现被标为关键的扩展项组件,则版本号应是 v2。如果在撤销列表中没有出现被标为关键的扩展组件,则版本号可以缺省也可以标为 v2。

signature 包含证书认证机构用来签署撤销列表所使用的算法标识符。

issuer 标识已签署和发布撤销列表的实体。

thisUpdate 是一个日期/时间,在此时刻发布撤销列表。

nextUpdate 如果出现,则表明一个日期/时间,在此时刻将发布这个序列中的下一个撤销列表。下一张撤销列表也能在指定日期之前发布,但一旦超过指定的时间它就不能再发布。

revokedCertificates 标识已被撤销的证书。可以通过其序列号来识别撤销证书。如果这个 CRL 所涵盖的证书都没有被撤销,强烈推荐 CRL 应忽略掉 **revokedCertificates** 参数,而不是在用空的 **SEQUENCE** 包含 **revokedCertificates**。

crlExtensions 如果出现,则至少包含一个 CRL 扩展。

注 1:对整个证书列表进行核对是一个本地事件。除非由发布证书认证机构指定特定的次序规则(例如:在某个证书认证机构策略中),此列表不应假定具有特定的次序。

注 2:如果数据的不可抵赖性服务取决于证书认证机构所提供的密钥,则此服务应确保证书认证机构的所有相关密钥(撤销或到期)和时间戳撤销列表都已存档,并由当前证书认证机构认证。

注 3:如果在 CertificateList 中所包含的任何扩展都被定义为关键的,CertificateList 则将出现版本号子项。如果没有包含标为关键的扩展,则可以缺省版本号子项。如果 version 缺省,则在其 CRL 的 revokedCertificates 序列核查中,允许仅支持版本 1CRL 来使用 CRL,它将不会使用到扩展。支持版本 2(或更高版本的)CRL 执行,在缺省版本时,如果在处理中能更早决定非关键的扩展在 CRL 中引用,则能优化其处理。

注 4:当处理证书撤销列表的执行不能识别在 crlEntryExtensions 中的关键扩展时,将假定在最低限度内所认证的证书已撤销,并且不再有效,并将执行有关本地策略所指示的已撤销证书的附加行为。当执行过程不识别在 crlExtensions 中的关键扩展时,将假定所认证的证书已撤销,并且不再有效。然而在后一种情况中,因为列表可能不完整,不能假定撤销证书是有效的证书。对这种情况,本地策略将指示所能采取的行为。在任何情况下,本地策略可以指示本部分以外的更强的行为。

注 5:如果一个扩展影响列表的处理(例如,必须扫描多重 CRL 来检验整个撤销证书列表,或一个能代表一定范围的证书),那么将规定在 crlExtensions 扩展域为关键的,而不管该扩展域在 CRL 中处在什么位置。在一个实体的 crlEntryExtensions 域中所规定的扩展,将放置在该实体中,并且将只影响该实体特定的证书。

注 6:CRL 标准扩展在本部分中第 8 章中定义。

8 公钥证书和 CRL 扩展

除非另有规定,本章所定义的证书扩展用于公钥证书。在第 15 章定义了属性证书所使用的扩展。

本章中所定义的 CRL 扩展可以用于 CRL 和 CARL，也适用于第 17 章中所定义的 ACRL 和 AARLs。

本章规定以下领域的扩展：

a) 密钥和策略信息：这些证书和 CRL 扩展传送着有关所涉及的密钥的附加信息，包括主体的密钥标识符和颁发者密钥、假定的或受限的密钥用法的指示器和证书策略的指示器。

b) 主体属性和颁发者属性：这些证书和 CRL 扩展支持证书主体、证书颁发者或 CRL 颁发者的各种名字形式的可替换名字。这些扩展也可传送关于证书主体的附加属性信息，以帮助证书用户确信证书主体是一个特定的个人或实体。

c) 认证路径限制：这些证书扩展允许在 CA 证书中包括限制规范，例如当包括多个证书策略时，由一个 CA 颁发给另一个 CA 证书，以便于自动化处理证书路径。当对于某一环境中的不同应用而言策略可不同时，或者当发生与外部环境互操作时，则多个证书策略出现了。这些限制可以限制由 CA 主体所颁发的证书类型，或者在认证路径上后续可以出现的证书类型。

d) 基本的 CRL 扩展：这些 CRL 扩展允许 CRL 包括撤销原因的指示，提供一个证书的临时暂停和包括 CRL 颁布序列号，而该序列号允许证书用户在来自某一个 CRL 颁发者的序列中检测到丢失的 CRL。

e) CRL 分布点和 △-CRL：这些证书和 CRL 扩展允许把来自某一个 CA 的完整的撤销信息集合分割到若干独立的 CRL，并且允许把来自多个 CA 的撤销信息合并到某一个 CRL。这些扩展还支持自早先的 CRL 颁发以来仅指示变化的部分 CRL 的使用。

含在证书或 CRL 中的任何扩展是颁发该证书或 CRL 的证书认证机构的选项。

在证书或 CRL 中，扩展被标志为关键的或非关键的。如果扩展被标志为关键的，并且证书使用系统不能识别出该扩展字段类型，或者不执行该扩展的语义，则那个系统应认为该证书无效。如果扩展被标识为非关键的，则不能识别或执行那个扩展类型的证书使用系统可以不检查该扩展而处理证书的其余部分。在本目录标准中的扩展类型定义指出该扩展是否总是关键的、是否总是非关键的、或者是否由证书或 CRL 颁发者决定其关键性。要求某些扩展总是非关键性的原因是为了允许证书执行如不需要使用这种扩展，以省略对它们支持，而不会危及所有证书认证机构互操作的能力。

注：证书使用系统可以要求某些非关键扩展出现在证书中，以便该证书被认为是可接受的。包括这种扩展的需求可以被证书用户的本地策略规则所蕴含，或者可以是通过包括证书策略扩展（该扩展标志为关键的）中的特定认证策略向证书使用系统所指出的 CA 策略规则。

对于本部分定义的所有证书扩展、CRL 扩展和 CRL 项扩展，在任何证书、CRL 或 CRL 项中，任何一种扩展类型均不应存在一个以上的实例。

8.1 策略处理

8.1.1 证书策略

此框架包含三种类型的实体：证书用户、证书认证机构和证书主体（或终端实体）。每个实体都按照对应于其他两类实体的义务操作，反过来，也享受它们所提供的有限权利。在证书策略中定义了这些义务和权利。证书策略是一个文档（通常用文本书写）。通过唯一标识符可将它引用到终端实体和证书用户所信任的终端实体上，此唯一标识符可能包含在证书认证机构发布的证书策略扩展中。一张证书可与一个或多个策略联合发布。由策略机构定义策略和分配标识符。由策略机构管理的策略集称为策略域。所有的证书都是按照某种策略发布的，即使此策略既没有在任何地方记录，也没有在证书中引用。本部分不规定证书策略的形式或内容。

通过引入机构公钥并将其作为一个信任点使用，或依赖有相关策略标识符的证书，证书用户可在证书策略下约定其义务。通过发布含有相关策略标识符的证书，机构能在该策略下约定其义务。通过请求和接受含有相关策略标识符的证书并使用相应的私钥，终端实体在该策略下约定其义务。如果不使用证书策略扩展，应通过其他方式来完成所要求的约定。

实体与策略一致的简单声明一般不确保此框架中其他实体的要求。它们需要一些理由相信其他方进行一个可靠的策略执行。然而,如果在策略中明确规定,证书用户可以接受证书认证机构的保证——终端实体同意在某策略下其职责的约定,没有直接使用终端来证实这一点。证书策略的这一方面超出了本部分的范围。

一个证书认证机构可限制其证书的使用,以便于控制它发布证书所承担的风险。例如,它可以限制证书用户的范围、用户使用证书的目的,以及危害的类型和程度。证书策略中应定义这些事情。

附加的信息,可帮助受作用的实体理解策略,它以策略限定词的形式包含在证书策略扩展中。

8.1.2 交叉认证

一个证书认证机构可以是其他证书认证机构发布证书的主体。在这种情况中,证书称为交叉证书,作为此证书主体的证书认证机构,称为主体证书认证机构,并且,发出交叉证书的证书认证机构,被称为一个中介证书认证机构(见图 2)。交叉证书和终端实体证书都包含一个证书策略扩展。

主体证书认证机构、中介证书认证机构和证书用户所共有的权利和义务,由交叉证书中所标识的证书策略定义,依据该策略,主体证书认证机构可以充当或代表一个终端实体。同时,证书主体、主体证书认证机构和中介证书认证机构所共有的权利和义务,由终端实体证书中所标识的证书策略定义。依据该策略,中介证书认证机构可以充当或代表一个证书用户。

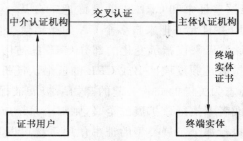

图 2 交叉认证

在某证书路径内的所有证书都共用某策略集,则认为该证书路径在该策略集下有效。

反过来,一个中介证书认证机构也可以是其他证书认证机构发布的证书主体,这样就可以创建超过两个证书长度的证书路径。由于当证书路径变长时,信任度将降低,因此需要控制来确保证书用户将拒绝带有不合理、低关联信任级别的终端实体证书。这一部分是证书路径处理过程的功能。

除了上面所描述情况,还应考虑两种特殊的情况:

a) 证书认证机构不使用证书策略扩展向证书用户传送它的策略请求;或

b) 证书用户或中介证书认证机构将控制策略的工作委托给路径中的下一个证书认证机构。

在第一种情况中,证书不包含证书策略扩展。其结果是,其下的路径有效的策略集是空的。但是,尽管如此,路径是有效的。证书用户仍必须确保它们正在使用的路径与路径中的证书认证机构策略一致。

在第二种情况中,证书用户或中介证书认证机构应该在 *initial-policy-set* 字段或交叉证书中包括特殊的值 *any-policy*。如果证书包含特殊值 *any-policy*,就不应包含其他证书策略标识符。标识符 *any-policy* 与策略限定词没有任何联系。

证书用户能确保通过设置 *initial-explicit-policy* 值来传送其所有合乎标准的义务。这样,只有使用标准证书策略扩展作为其完成约定的证书认证机构,才在路径中是合理的,同时证书用户没有附加义务。因为当证书认证机构担当或代表一个证书用户时,它们也负有义务,它们能确保所有的义务通过在交叉证书中设置 requireExplicitPolicy 可以传送其所有合乎标准的义务。

8.1.3 策略映射

某些证书路径可以跨越两个策略域。交叉证书按照这些权利和义务发布,而这些权利和义务,在本质上,与所有或部分权利和义务是等价的;按照所有或部分权利和义务,主体证书认证机构发布证书给终端实体,即使在策略证书认证机构下,两个证书认证机构使用了不同的唯一标识符用于这些实际等价的策略中。在这种情况中，中介证书认证机构可以在交叉证书中包含一个策略映射。在策略映射扩展中，中介证书认证机构向证书用户保证，即使在认证路径中随后的实体是不同的策略域中操作的，证书用户仍可以继续享有以前的授权，并且它应继续履行应尽的义务。中介证书认证机构对于某些策略的子集应包含一个或多个映射，在这些策略下，中介证书认证机构发布交叉证书，而对于其他策略，中介证书认证机构不包含映射。如果按照一个或多个证书策略的规定，主体证书认证机构的操作与中介证书认证机构的操作是同样的（也就是说使用相同的唯一标识符），那么这些标识符应不包含在策略映射扩展之中，但包含在证书策略扩展中。

策略映射可以将证书中甚至是证书路径中所有的策略标识符转换为证书用户所公认的等价策略的标识符。

策略不映射到，或不从特殊值 *any-policy* 映射。

证书用户可以决定：除了自身的策略域外，其他策略域所签发的证书不被信任，即使可信任的中介证书认证机构能决定其策略实质与其自身等同。通过将 *initial-policy-mapping-inhibit* 设置到路径确认程序中可确认这一过程。另外，中介证书认证机构可代表其证书用户做类似的决定。为了确保证书用户正确的执行这个请求，它可以在策略约束扩展中设置 **inhibitPolicyMapping**。

8.1.4 认证路径处理

证书用户面临两种策略选择：

a) 能要求认证路径有效，其下的策略集中至少有一条策略由用户预定；或

b) 能请求路径确认模块报告策略集——证书路径是有效的。

在证书用户知道用于特定用途的策略集的情况下，第一种策略可能更为合适，否则，第二种策略可能更为合适。

在第一种情况中，证书路径确认过程表明路径是无效的，只有在 *initial-policy-set* 中指定的一个或多个策略，它才是有效的。然后它将返回 *initial-policy-set* 的子集。在第二种情况中，认证路径确认过程表明在 *initial-policy-set* 下路径是无效的，但在另一个不相交的集合——*authorities-constrained-policy-set* 中是有效的；然后证书用户必须决定其证书的特定使用是否与证书策略的某一个或多个策略一致，在这些策略下路径是有效的。通过将 *initial-policy-set* 设置到 *any-policy* 中，如果路径在任意（没有指定）的策略下都是有效的，证书用户可以引发一个程序来返回一个有效结果。

8.1.5 自发布证书

一个证书认证机构可以给自己发布证书，有三种情形：

a) 一个方便的方法将其公钥编码后传送给证书用户，并由其证书用户储存；

b) 验证除证书和 CRL 签名外的密钥用法（如时间戳）；

c) 替换其已到期的证书。

这种类型的证书称为自发布证书，在证书中所引用的发布者和主体名是相同的。为了确认路径，类型 a)的自发布证书使用包含在证书中的公钥来验证，如果它们在路径中出现，将忽略它们。类型 b)的自发布证书仅作为证书路径中的末端证书出现，并且作为末端证书来处理。类型 c)的自发布的证书（也作为自发布中介证书）作为可以中介证书在路径中出现。在替换失效的密钥时，一个很好的实现方法是：交叉证书在使用密钥前请求它的替换公钥，而证书认证机构将请求发布这些带内交叉证书。然而，如果在路径中没有出现自发布证书，它们将作为中介证书而处理，以下情况除外：为了处理 basicConstraints 扩展的 pathLenConstraint 组件、与 *policy-mapping-inhibit-pending* 相关的 *skip-certificates* 值和 *explicit-policy-pending* 标识符，它们将不改变路径长度。

8.2 密钥和策略信息扩展

8.2.1 要求

下列要求与密钥和策略信息有关：

a) CA 密钥对的更新可以以有规则的时间间隔或在特殊情况下发生。需要有一个证书字段来运

送用于验证证书签名的公钥的标识符。证书使用系统可以在查找正确的 CA 证书以确认证书颁发者的公钥时使用这种标识符。

b) 通常,证书主体有不同的公钥,相应地,不同的用途有不同的证书。例如,数字签名和加密密钥协定。需要有一个证书字段帮助证书用户为特定用途的给定主体选择正确的证书,或允许 CA 限定已认证的密钥只可用于特定的用途。

c) 主体密钥对的更新可以在规则的时间间隔或在特殊情况下发生。需要有一个证书字段来运送区别同一主体用于不同时间点的不同公钥的标识符。证书使用系统可以在查找正确的证书时使用这种标识符。

d) 已认证的公钥的私钥一般用于公钥有效性的不同时期。使用数字签名密钥时,签名私钥的使用期一般比验证公钥的时间短。证书的有效期指可以使用公钥的时期。此时期不必与私钥使用期相同。在私钥泄露情况下,如果签名验证者知道私钥的合法使用期,则可以限制暴露期。因此,要求能够在证书中指示私钥使用期。

e) 由于证书可以应用于多证书策略的环境,因此,需要作出在证书中包括证书策略信息的规定。

f) 在一个组织对另一个组织交叉认证时,有时需要商定两个组织中哪些策略可认为是等价的。CA 证书需要证书的颁发者指示其证书策略之一与主体 CA 域内的另一个证书策略等价,这称之为策略映射。

g) 使用本目录标准定义的证书的加密或数字签名系统的用户能预先确定另一个用户所支持的算法。

8.2.2 公钥证书和 CRL 扩展域

定义了下列扩展域:

a) *机构密钥标识符*;

b) *主体密钥标识符*;

c) *密钥使用*;

d) *私钥使用期*;

e) *证书策略*;

f) *策略映射*。

除机构密钥标识符还可用作 CRL 扩展以外,这些扩展字段应只能作为证书扩展使用。除非另有说明,这些扩展可用于 CA 证书和端实体证书。

8.2.2.1 机构密钥标识符域

此字段既可用作证书扩展亦可用作 CRL 扩展。此字段标识用来验证在证书或 CRL 上签名的公钥。它能辨别同一 CA 使用的不同密钥(例如,在密钥更新发生时)。此字段定义如下:

```
authorityKeyIdentifier EXTENSION ::= {
    SYNTAX              AuthorityKeyIdentifier
    IDENTIFIED BY       id-ce-authorityKeyIdentifier }


AuthorityKeyIdentifier ::= SEQUENCE {
    keyIdentifier                    [0] KeyIdentifier                    OPTIONAL,
    authorityCertIssuer              [1] GeneralNames                     OPTIONAL,
    authorityCertSerialNumber        [2] CertificateSerialNumber          OPTIONAL }
    ( WITH COMPONENTS                {..., authorityCertIssuer PRESENT,
                                     authorityCertSerialNumber PRESENT }|
    WITH COMPONENTS                  {..., authorityCertIssuer ABSENT,
                                     authorityCertSerialNumber ABSENT })
```

KeyIdentifier ∷= OCTET STRING

此密钥可以通过 keyIdentifier 中的显式密钥标识符来标识,也可以通过此密钥的证书标识(给出 authorityCertIssur 成分中的证书颁发者以及 authorityCertSerialNumber 成分中的证书序列号)来标识,或者可以通过显式密钥标识符和此密钥的证书标识来标识。如果使用两种标识形式,那么,证书或 CRL 的颁发者应保证它们是一致的。对颁发包含扩展的证书或 CRL 的机构的各个密钥标识符而言,某一个密钥标识符均应是唯一的。不要求支持此扩展的实现能够处理 authorityCertIssuer 成分中的各种名字形式。(关于 CeneralName 类型的细节见 12.3.2.1)

证书认证机构应这样分配证书序列号,使得每对(发布者,证书序列号)能唯一地标识单个证书。

此扩展总是非关键的。

8.2.2.2 主体密钥标识符扩展

此字段标识了被认证的公钥。它能够区分同一主体使用的不同密钥(例如,当密钥更新发生时)。此字段定义如下:

subjectKeyIdentifier EXTENSION ∷= {
    SYNTAX   **SubjectKeyIdentifier**
    IDENTIFIED BY   **id-ce-subjectKeyIdentifier }**

SubjectKeyIdentifier ∷= KeyIdentifier

对使用密钥标识符的主体的各个密钥标识符而言,某一个密钥标识符均应是唯一的。此扩展总是非关键的。

8.2.2.3 密钥用法扩展

此字段指示已认证的公钥用于何种用途,该字段定义如下:

keyUsage EXTENSION ∷= {
    SYNTAX   **KeyUsage**
    IDENTIFIEDBY   **id-ce-keyUsage }**

KeyUsage ∷= BITSTRING {
    digitalSignature   **(0),**
    nonRepudiation   **(1),**
    keyEncipherment   **(2),**
    dataEncipherment   **(3),**
    keyAgreement   **(4),**
    keyCertSign   **(5),**
    cRLSign   **(6),**
    encipherOnly   **(7),**
    decipherOnly   **(8) }**

KeyUsage 类型中的若干比特如下:

a) digitalSignature:验证下列 b)、f)或 g)所标识的用途之外的数字签名;

b) nonRepudiation:验证用来提供抗抵赖服务的数字签名,这种服务防止签名实体假拒绝某种动作(不包括如 f)或 g)中的证书或 CRL 签名)。

c) keyEncipherment:加密密钥或其他安全信息,例如用于密钥传输。

d) dataEncipherment:加密用户数据,但不包括上面 c)中的密钥或其他安全信息。

e) keyAgreement:用作公钥协商密钥。

f) keyCertSign:验证证书的 CA 签名。

g) cRLSign：验证 CRL 的 CA 签名。

h) encipherOnly：当本比特与已设置的 keyAgreement 比特一起使用时，公钥协商密钥仅用于加密数据（本比特与已设置的其他密钥用法比特一起使用的含义未定义）。

i) decipherOnly：当本比特与已设置的 keyAgreement 比特一起使用时，公钥协商密钥仅用于解密数据（本比特与已设置的其他密钥用法比特一起使用的含义未定义）。

keyCertSign 只用于 CA 证书。如果 KeyUsage 被置为 keyCertSign 和基本限制扩展存在于同一证书之中，那么，此扩展 CA 成分的值应被置为 TRUE。CA 还可使用 keyUsag 中定义的其他密钥用法比特，例如，提供鉴别和在线管理事务完整性的 digitalSignature。

此扩展可以是关键的或非关键的，由证书颁发者选择。

如果此扩展标记为关键的，那末，该证书应只用于相应密钥用法比特置为"1"的用途。

如果此扩展标记为非关键的，那么，它指明此密钥的预期的用途或多种用途，并可用于查找具有多密钥/证书的实体的正确密钥证书。它是一个咨询字段，并不是指此密钥的用法限于指定的用途。置为"0"的比特指明此密钥不是预期的这一用途。如果所有比特均为"0"，它指明此密钥预期用于所列用途之外的某种用途。

8.2.2.4 扩展密钥用途扩展

此字段指明已验证的公钥可以用于一种或多种用途，除了密钥用法扩展字段指明的基本用途之外的或替代基本用途的用途。此字段定义如下：

extKeyUsage EXTENSION ∷=｛
　　SYNTAX　　　　　　　SEQUENCE SIZE（1..MAX）OF KeyPurposeId
　　IDENTIFIED BY　　　　id-ce-extKeyUsage ｝

KeyPurposeId ∷= OBJECT IDENTIFIER

密钥的用途可由有此需要的任何组织定义。应按照 ISO/IEC 9834-1 分配用来标识密钥用途的客体标识符。

此扩展可以是关键的，或非关键的，由证书颁发者选择。

如果此扩展标记为关键的，那么，此证书应只用于所指示的用途之一。

如果此扩展标记为非关键的，那么，它指明此密钥的预期用途或一些用途，并可用于查找多密钥/证书的实体的正确密钥/证书。它是一个咨询字段，并不是指证书认证机构将此密钥的用法限于所指示的用途。（然而，使用的应用可以要求所指明的用途，以便证书被此应用接受。）

如果证书包含关键的密钥用途字段和关键的扩展密钥字段，那么，两个字段应独立地处理，并且证书应只用于与两个字段一致的用途。如果没有与两个字段一致的用途，那么，此证书不能用于任何用途。

8.2.2.5 私钥使用期扩展

此字段指明与已验证的公钥相对应的私钥的使用期。它只能用于数字签名密钥。此字段定义如下：

privateKeyUsagePeriod EXTENSION ∷=｛
　　SYNTAX　　　　　　　PrivateKeyUsagePeriod
　　IDENTIFIEDBY　　　　id-ce-privateKeyUsagePeriod ｝

PrivateKeyUsagePeriod ∷= SEQUENCE ｛
　　notBefore　　　[0]　　GeneralizedTime OPTIONAL，
　　notAfter　　　　[1]　　GeneralizedTime OPTIONAL ｝
　　（ WITHCOMPONENTS　　｛...，notBefore PRESENT ｝|

WITHCOMPONENTS 　　　　　｛...,notAfter PRESENT ｝）

notBefore 成分指明私钥可能用于签名的最早日期和时间。如果没有 notBefore 成分,那么不提供有关私钥有效使用期何时开始的信息。notAfter 成分指明私钥可以用于签名的最迟日期和时间。如果没有 notAfter 成分,那么,不提供有关私钥有效使用期何时结束的信息。

此扩展总是非关键的。

注 1:私钥有效使用期可以与证书有效性周期指明的已验证的公钥有效性不同。就数字签名密钥而言,签名的私钥使用期一般比验证公钥的时间短。

注 2:数字签名的验证者想要检查直到验证时刻此密钥是否未被撤销,例如,由于密钥泄露,那么,在验证时,对公钥而言的有效证书应仍存在。在公钥的证书期满之后,签名验证者不能依赖 CRL 所通知的协议。

8.2.2.6 证书策略扩展

此字段列出了由颁发的 CA 所认可的证书策略,这些策略适用于证书以及关于这些证书策略的任选的限定符信息。证书策略表用来决定一条认证路径的有效性,如在 12.4.3 中描述的。可选的限定词没有在处理过程的认证路径中用到,但是为证书提供的相关限定词,用于应用过程的输出,决定一条有效路径是否适合特定事务处理。一般,不同的证书策略性与使用已认证的密钥的不同应用有关。在终端实体证书中,扩展的存在表示有效证书的证书策略。存在于由一个 CA 到另一个 CA 发布的证书中的扩展,指出了包含该证书的证书路径的证书策略可以是有效的。该字段定义如下:

certificatePolicies EXTENSION ∷= ｛
　　SYNTAX 　　　　　　　　**CertificatePoliciesSyntax**
　　IDENTIFIED BY 　　　　**id-ce-certificatePolicies** ｝

CertificatePoliciesSyntax ∷= SEQUENCE SIZE（1..MAX）OF PolicyInformation

PolicyInformation ∷= SEQUENCE ｛
　　policyIdentifier 　　　　　　　**CertPolicyId,**
　　policyQualifiers 　　　　　　　**SEQUENCE SIZE（1..MAX）OF**
　　　　　　　　　　　　　　　　　　　PolicyQualifierInfoOPTIONAL ｝

CertPolicyId ∷= OBJECT IDENTIFIER

PolicyQualifierInfo ∷= SEQUENCE ｛
　　policyQualifierId 　　　　　　　**CERT-POLICY-QUALIFIER. &id**
　　　　　　　　　　　　　　　　　　　（｛SupportedPolicyQualifiers｝）,
　　qualifier 　　　　　　　　　　　**CERT-POLICY-QUALIFIER. &Qualifier**
　　　　　　　　　　　　　　　　　　　（｛SupportedPolicyQualifiers｝｛@policyQualifierId｝）
　　　　　　　　　　　　　　　　　　　OPTIONAL ｝

SupportedPolicyQualifiers CERT-POLICY-QUALIFIER ∷= ｛... ｝

PolicyInformation 类型的值标识并传送一个证书策略的限定符信息。成分 PolicyIdentifier 包含证书策略的标识符,成分 PolicyQualifiers 包含这一元素的策略限定符的值。

此扩展可以是关键的或非关键的,由证书颁发者选择。

如果此扩展标记为关键的,它表示证书应只用于此用途,并符合所指明的证书策略之一所包含的规则。特定策略的规划可以要求证书使用系统用特定的方法处理此限定符的值。

如果此扩展标记为非关键的,则此扩展的使用不必将证书的使用限于所列的策略。然而,证书用户为了使用此证书可以要求提供特定的策略(见第 10 章)。可以处理或不理睬策略限定符,由证书用户选择。

证书策略和证书策略限定符类型可由有此需要的任何组织定义。应按照 CCITT Rec. x. 660\ISO/IEC 9834-1 分配用来标识证书策略和证书策略限定符类型的客体标识符。一个 CA 可以使用 anyPolicy 标识符声明任何策略,使所有可能的策略信任一张证书。因为不论是在应用程序还是环境中,都需要对这个特定值进行认证,所以将对象标识符在本部分中进行了分配。本部分中,无对象标识符将分配用于特定的证书策略,此分配是定义证书策略实体的责任。

anyPolicy   **OBJECT IDENTIFIER**   ::=   {2 5 29 32 0}

标识符 **anyPolicy** 没有任何联系的策略限定词。

下面的 ASN.1 对象类用来定义证书策略限定词类型:

CERT-POLICY-QUALIFIER ::= **CLASS** {
    &id   **OBJECT IDENTIFIER UNIQUE**,
    &Qualifier   **OPTIONAL** }
WITH SYNTAX {
    POLICY-QUALIFIER-ID   **&id**
    [**QUALIFIER-TYPE**   **&Qualifier**] }

策略限定符类型的定义应包括:

——可能值的语义的语句,和

——指示限定符的标识符是否可以没有伴随值而出现在证书策略扩展中,以及如果是这样,也包含隐含的语义。

注:可以将限定符规定为具有任何 ASN.1 类型。当预料到此限定符主要由没有 ASN.1 解码功能的应用使用时,推荐规定类型 OCTET STRING。因此,ASN.1 OCTET STRING 值能够按照策略元素定义组织所规定惯例运送限定符的编码值。

8.2.2.7　策略映射扩展

此字段应只用于 CA 证书,(它允许证书颁发者为包含这一证书的认证路径的用户指明颁发者证书策略之一可被认为与用于主体 CA 域的不同的证书策略等价。)此字段定义如下:

policyMappings EXTENSION ::= {
    SYNTAX   **PolicyMappingsSyntax**
    IDENTIFIED BY   **id-ce-policyMappings** }

PolicyMappingsSyntax ::= **SEQUENCE SIZE** (1..MAX) **OF SEQUENCE** {
    issuerDomainPolicy   **CertPolicyId**,
    subjectDomainPolicy   **CertPolicyId** }

issuerDomainPolicy 成分指明在颁发的 CA 域内能够认可的证书策略并且可被认为与 **subjectDomainPolicy** 成分中所指明的在主体 CA 域能够认可的证书策略等价。

策略不会被映射到或来自特殊的值 **anyPolicy**。

证书发布者可以将该扩展选择为关键或非关键。此处推荐为关键,否则一个证书用户就不能正确解释发布的 CA 的规定。

注 1:政策映射的一个例子如下:美国政府可有一个称之为加拿大贸易的政策,加拿大政府可有一个称之为美国贸易的政策。当两个政策可有区别地被标识并被定义时,两国政府之间可有个协定:就相关的用途,在两个政策所隐含的规则之内,允许认证路径延伸过境。

注 2:政策映射意味着作出有关决策时会耗费显著的管理开销和涉及相当大的劳动和委任人员。一般而言,最好的办法是同意使用比应用政策映射更广的全球的公共政策。在上述例子中,美国、加拿大和墨西哥同意一项公共政策，用于北美贸易那将是最好的。

注3：预计政策映射实际上只能用于政策声明非常简单的有限环境。

8.3 主体和颁发者信息扩展

8.3.1 要求

下列要求与证书主体和证书颁发者属性有关：

a) 证书必须是应用可用的，这些应用是采用各种名称形式的，包括 Internet 电子邮件名称，Internet 域名，X.400 始发者/接收者地址和 EDI 一方的名称。因此，必须能够使各种名称形式的多个名称与证书主体或证书颁发者或 CRL 颁发者安全地联系起来。

b) 证书用户可能需要安全地知道有关主体的某些标识的信息，以确信主体的确是预期的人或事。例如，可以要求诸如邮政地址，在公司中的地位或图片图像这样的信息。这种信息可以方便地表示成目录属性，但是，这些属性不是可辨别名（称）的必要部分。因此，为运送超过可辨别名（称）中的目录属性的附加目录属性而需要证书字段。

8.3.2 证书和 CRL 扩展字段

定义下列扩展字段：

a) 主体可替换名称；

b) 颁发者可替换名称；

c) 主体目录属性。

这些字段（除颁发者可替换名称外）应只用作证书扩展，而颁发者可替换名称还可用作 CRL 扩展。作为证书扩展，它们可以存在于 CA 证书或端实体证书之中。

8.3.2.1 主体可替换名称扩展

此字段包含一个或多个可替换名称（使用的各种名称形式的任一个），以供通过 CA 与认证的公钥所连接的实体使用。此字段定义如下：

```
subjectAltName EXTENSION ::= {
    SYNTAX              GeneralNames
    IDENTIFIEDBY        id-ce-subjectAltName }


GeneralNames ::= SEQUENCE SIZE (1..MAX) OF GeneralName


GeneralName ::= CHOICE {
    otherName                    [0]        INSTANCE OF OTHER-NAME,
    rfc822Name                   [1]        IA5String,
    dNSName                      [2]        IA5String,
    x400Address                  [3]        ORAddress,
    directoryName                [4]        Name,
    ediPartyName                 [5]        EDIPartyName,
    uniformResourceIdentifier    [6]        IA5String,
    iPAddress                    [7]        OCTET STRING,
    registeredID                 [8]        OBJECT IDENTIFIER }


OTHER-NAME ::= TYPE-IDENTIFIER


EDIPartyName ::= SEQUENCE {
    nameAssigner                 [0]        DirectoryString {ub-name}OPTIONAL,
```

       partyName   [1]   **DirectoryString** {ub-name }}

GeneralName 类型中可替换的值是下列各种形式的名称：

——otherName 是按照 OTHER-NAME 信息客体类别实例定义的任一种形式的名称；

——rfc822Name 是按照 Internet RFC822 定义的 Internet 电子邮件地址；

——dNSName 是按照 RFC 1035 定义的 Internet 域名；

——x400Address 是按照 ISO/IEC 10021-4 定义的 O/R 地址；

——directoryName 是按照 ISO/IEC 9594-2 定义的目录名称；

——ediPartyName 是通信的电子数据交换双方之间商定的形式名称；nameAssigner 成分标识分配 partyName 中唯一名称值的机构；

——uniformResourceIdentifier 是按照 Internet RFC1630 定义的用于 WWW 的 UniformR^{A}esourceIdentifier；

——iPAddress 是按照 Internet RFC791 定义的用二进制串表示的 Internet Protocol 地址；

——registeredID 是按照 ISO/IEC 9834-1 分配的任何所登记客体的标识符。

对 GenersalName 类型中使用的每个名称形式，应有一个名称登记系统，以保证所使用的任何名称能向证书颁发者和证书使用者无二义地标识一个实体。

此扩展可以是关键的或非关键的，由证书颁发者选择。不要求支持此扩展的实现能处理所有名称形式。如果此扩展标记为关键的，那么，至少应能识别和处理存在的名称形式之一，否则，应认为此证书无效。除先前的限制以外，允许证书使用系统不理睬具有不能识别的或不被支持的名称形式的任何名称。倘若，证书的主体字段包含无二义地标识主体的目录名称，推荐将此字段标记为非关键的。

注1：TYPE-IDENTIFIER 类别的使用在 ISO/IEC 8824-2 的附录 A 和附录 C 中描述。

注2：如果存在此扩展并标记为关键的，证书的 subject 字段可以包含空名称（例如，相应可辨别名称的一系列"0"），在此情况下，主体只能用此扩展中的名称或一些扩展名称来标识。

8.3.2.2 颁发者可替换名称扩展

此字段包含一个或多个可替换名称（使用各种名称形式的任一个）以供证书或 CRL 颁发者使用。此字段定义如下：

issuerAltNameEXTENSION ::= {

    SYNTAX   **GeneralNames**

IDENTIFIED BY   **id-ce-issuerAltName** }

此扩展可以是关键的或非关键的，由证书或 CRL 颁发者选择。不要求支持此扩展的实现能处理所有名称形式。如果此扩展标记为关键的，那么至少应能识别和处理存在的名称形式之一，否则，应认为此证书无效。除先前的限制以外，允许证书使用系统不理睬具有不能识别的或不支持的名称形式的任何名称。倘若，证书或 CRL 的颁发者字段包含无二义地标识颁发机构的目录名称，推荐将此字段标记为非关键的。

注：如果存在此扩展，并标记为关键的，证书或 CRL 的 issuer 字段可以包含空名称（例如，相应可辨别名称的一系列"0"），在此情况下，颁发者只能用此扩展中的名称或一些名称来标识。

8.3.2.3 主体目录属性扩展

此字段为证书主体运送证书主体希望的任何目录属性值。此字段定义如下：

subjectDirectoryAttributes EXTENSION ::= {

    SYNTAX   **AttributesSyntax**

    IDENTIFIED BY   **id-ce-subjectDirectoryAttributes** }

AttributesSyntax ::= SEQUENCE SIZE（1..MAX）OF Attribute

该扩展总是非关键的。

如果此扩展存在于一个公钥证书中，则在 15 章中将提出定义的一些扩展。

8.4 认证路径限制扩展

8.4.1 要求

对认证路径处理：

a) 端实体证书要与 CA 证书相区别，以防止端实体在未授权时将自己建成 CA。CA 要有可能限制由认证的主体 CA 产生的后继链的长度，例如，限制只是一个证书，或只是两个证书。

b) CA 要能够规定一些限制，这些限制允许证书用户通过颁发证书给不合适的名称空间的主体来检查在认证路径的若干不太受信任的 CA 有没有违背它们的信任。（即，这些 CA 从具有证书用户启动的公钥的 CA 的认证路径进一步下行。）遵守这些限制需要由证书用户可自动检索。

c) 认证路径处理需要能用自动的、自包含的模块实现。允许受信任的硬件或软件模块执行认证路径处理功能是必要的。

d) 在无需依赖与本地用户实时交互的情况下，实现认证路径处理应是可能的。

e) 在无需依赖使用受信任的本地策略描述信息数据库的情况下，实现认证路径处理应是可能的。（需要某些受信任的本地信息—至少是初始公钥—用于认证路径处理，但是这些信息数量应该尽量少。）

f) 认证路径需要在认可的多证书策略的环境中操作。CA 需要能够限定它信任的其他域的那些 CA，以及用于何种用途。需要支持贯穿多策略域的链接。

g) 要求在信任的模型中有完全的灵活性。在考虑会有与多个企业互连的需要时，对单个组织是唯一的严格的体系结构模型是不够的。在选择认证路径中第一个受信任的 CA 时要求灵活性。特别是，要求认证路径在公钥用户系统的本地安全域内启动是可能的。

h) 应不需要使用证书中的名称来限制命名结构，即，所考虑的目录名称结构自然用于一些组织或一些地理区域应不需要调整，而适应证书认证机构的要求。

i) 就像 ISO/IEC 9594-8 以前版本的规定，证书扩展字段需要与不限制的认证路径进入系统后相兼容。

j) CA 需要能够禁止使用策略映射和要求在认证路径中后继证书内存在显式证书策略标识符。

注：在任何证书使用系统中，认证路径的处理要求合适的保证级别。本目录标准定义了可用于要求遵守特定保证声明的实现的函数。例如，保证要求要说明认证路径处理必须防止破坏这种处理（例如，软件篡改或数据修改）。保证级别应与事务风险适配。例如

——对用于确认大量资金转移的公钥，可要求在合适的密码模块内部处理，反之，

——对家庭银行营业平衡查询，用软件处理可能是合适的。

因此，认证路径处理功能应适合于按硬件密码模块或密码令牌而选择来实现。

k) CA 需要能够阻止在认证路径中的特殊的任一价值策略被认为是合法的策略。

8.4.2 证书扩展字段

定义下列扩展字段：

a) 基础约束；

b) 名称约束；

c) 策略约束；

d) 约束所有策略；

这些扩展字段应只用作证书扩展项。名称限制和策略限制应只用于 CA 证书；基本限制也可用于端实体证书。在附录 L 中给出这些扩展使用的例子。

8.4.2.1 基本限制扩展

在已认证的公钥用来检验证书签名时，此字段指示此主体是否可以起 CA 作用。如果是，还应规定

认证路径长度限制。此字段定义如下：

basicConstraints EXTENSION ::= {
  SYNTAX   **BasicConstraintsSyntax**
  IDENTIFIED BY   **id-ce-basicConstraints }**

BasicConstraintsSyntax ::= SEQUENCE {
  cA   **BOOLEAN DEFAULT FALSE,**
  pathLenConstraint   **INTEGER（0..MAX）OPTIONAL }**

cA 字段标示此公钥证书是否可用来检验证书签名。

pathLenConslraint 字段应仅在 CA 置为真时存在。它给出此证书之后认证路径中最多的 CA 证书数目。O 值指示此密钥对只可以向终端实体颁发证书，而不可以颁发下级 CA 证书。如果在认证路径的任何证书中未出现 pathLenConstraint 字段，则对认证路径的允许长度没有限制。

此扩展由证书颁发者选择是必须项或是可选项。强烈推荐将它标记为必须项，否则，未被授权为 CA 的实体可以颁发证书，同时证书使用系统会在不知情的情况下使用这样的证书。

如果此扩展存在，并标记为必须项的，那么：

如果 CA 字段的值置为假（FALSE），那么其公钥应不能用来验证证书签名；如果 CA 字段的值置为真（TRUE）并且 pathLen Constraint 存在，那么，证书使用系统应检查被处理的认证路径是否与 path-LenConstraint 的值一致。

注 1：如果此扩展不存在或标记为可选项的并且未被证书使用系统认可，该证书被系统视为终端用户证书，并且不能用来验证证书签名。

注 2：为限制一证书主体只是一个端实体，即，不是 CA，颁发者可以在扩展中只包含一个空 SEQUENCE 值的扩展字段。

8.4.2.2　名称限制扩展

此字段应只用于 CA 证书，它指示一个名称空间，认证路径中后续证书中的所有主体名称必须位于此空间。此字段定义如下：

nameConstraints EXTENSION ::= {
  SYNTAX   **NameConstraintsSyntax**
  IDENTIFIED BY   **id-ce-nameConstraints }**

NameConstraintsSyntax ::= SEQUENCE {
  permittedSubtrees **[0]** **GeneralSubtrees OPTIONAL,**
  excludedSubtrees **[1]** **GeneralSubtrees OPTIONAL }**

GeneralSubtrees ::= SEQUENCE SIZE（1..MAX）OF GeneralSubtree

GeneralSubtree ::= SEQUENCE {
  base   **GeneralName,**
  minimum   **[0]**   **BaseDistance DEFAULT 0,**
  maximum   **[1]**   **BaseDistance OPTIONAL }**

BaseDistance ::= INTEGER（0..MAX）

如果存在 permittedSubtrees 和 excludedSubtrees 字段，则他们每个都规定一个或多个命名子树，每个由此子树的根的名称或以处于其子树内的任意节点名称来定义。子树范围是一个由上界和/或下界限定的区域。如果 permittedSubtrees 存在,由主体 CA 和认证路径中下级 CA 颁发的所有证书中,只有那些在子树中具有与 permittedSubtrees 字段规定主体名称相同的证书才是可接受的。如果 excludedSubtrees 存在,由主体 CA 或认证路径中后继的 CA 颁发的所有证书中,同 excludedSubtrees 规定主体名称相同的任何证书都是不可接受的。如果 PermittedSutrees 和 excluded Subtrees 都存在并且名称空间重叠,则优选采用排斥声明(exclusion statement)。

通过 GeneralName 字段定义的命名格式,需要那些具有良好定义的分层结构的名称形式用于这些字段,Directory Name 名称形式满足这种要求;使用这些命名格式命名的子树对应于 DIT 子树。在应用中不需要检查和识别所有可能的命名格式。如果此扩展标记为必选项,并且证书使用中不能识别用于 base 字段的命名格式,应同遇到未识别的必选项扩展那样来处理此证书。如果此扩展标记为可选项,并且证书使用中不能识别用于 base 字段的命名格式,那么,可以不理睬此子树规范。当证书主体具有同一名称形式的多个名称时(在 directoryName 名称形式情况下,包括证书主体字段中的名称,如果非"0"),那么,对与此名称形式的名称限制一致性而言应测试所有这些名称。

注:当对与命名各式限制的一致性测试证书主体名称时,即使扩展中标示为可选项也应予以处理。

Minimum 字段规定了子树内这一区域的上边界。最后的命名形式在规定的级别之上的所有名称不包含在此区域内。等于"0"(默认)的 minimum 值对应于此基部(base),即,子树的顶节点。例如,如果 minimum 置为"1",那么,命名子树不包含根节点而只包含下级节点。

Maximum 字段规定了子树内这一区域的下边界。最后的命名形式在规定的级别之下所有名称不包含在此区域内。最大值"0"对应于此基部(base),即,子树的顶。不存在 maximum 成分指示不应把下限值施加到子树内的此区域上。例如,如果 maximum 置为"1",那么,命名子树不包含除子树根节点及其直接下级外的所有节点。

此扩展由证书颁发者选择为必选项或可选项。强烈建议将它标记为必选项,否则,证书用户不能检验认证路径中的后续证书是否位于 CA 签发的所期望的命名域中。

如果此扩展存在,并标记为必选项,那么,证书用户系统应检验所处理的认证路径与此扩展中的值是否一致。

8.4.2.3 策略限制扩展

此字段规定可以要求显式的证书策略标识或禁止对认证路径其余部分的策略映射的限制。此字段定义如下:

policyConstraints EXTENSION : : = {
  SYNTAX   **PolicyConstraintsSyntax**
  IDENTIFIED BY   **id-ce-policyConstraints }**

PolicyConstraintsSyntax : : = SEQUENCE {
  requireExplicitPolicy **[0]** **SkipCerts OPTIONAL ,**
  inhibitPolicyMapping **[1]** **SkipCerts OPTIONAL }**

SkipCerts : : = INTEGER (0 . . MAX)

如果 requireExplicitPolicy 字段存在,并且证书路径包含一个由指定 CA 签发的证书,所有在此路径中的证书都有必要在证书扩展项中包含合适的策略标识符。合适的策略标识符是有用户在证书策略中定义的标示符,或声明通过策略映射与其等价的策略的标识符。指定的 CA 指包含此扩展信息的证书认证机构(如果 requireExplicitpolicy 的为"0")或是认证路径中后续证书认证机构 CA(由非"0"值指示的)。

如果 inhibitploicyMapping 字段存在,它表明在认证路径中从所指定的 CA 开始直到认证路径结束为止的所有证书中,不允许策略映射。指定的 CA 指包含此扩展信息的证书认证机构(如果 inhibitPolicyMapping 的值为"0")或是认证路径中后续证书认证机构 CA(由非"0"值指示的)。

SkipCerts 类型的值表示在某一限制成为有效之前应在认证路径中需要跳过的证书的个数。

此扩展由证书颁发者选择是必选项还是可选项。强烈建议它标记为必选项,否则证书用户可能不能正确地解释证书认证机构 CA 设定的规则。

8.4.2.4 限制所有策略扩展

该扩展指定了一个限制,它指出了任何策略,对于从指定 CA 开始的认证路径中的所有证书的证书策略,都认为不是显式匹配。指定的 CA 要么是包含这个扩展的证书的主体 CA(如果 **inhitanyPolicy** 值为 0),要么是认证路径(由非 0 值指定)中后继证书认证机构 CA。

inhibitAnyPolicy	**EXTENSION**　　::= {
SYNTAX	**SkipCerts**
IDENTIFIED BY	**id-ce-inhibitAnyPolicy** }

此扩展由证书颁发者选择必选项还是可选项。建议它标记为必选项,否则证书用户可能不能正确地解释证书认证机构 CA 设定的规则。

8.5 基本 CRL 扩展

8.5.1 要求

下列要求与 CRL 有关:

a) 证书用户要能够跟踪由 CRL 颁发者或 CRL 分布点颁发的所有 CRL(见 8.6)并要能够按顺序检测丢失的 CRL。因此要求 CRL 含有顺序号。

b) 一些 CRL 用户可能根据项撤销的原因不同而希望对此撤销进行不同的响应。因此对 CRL 项要有指明撤销原因的要求。

c) 对 CA 要能够暂时中止证书有效性的要求,随后要么撤销要么恢复此证书。这种动作的可能原因包括:

——当撤销的请求未予授权以及决定它是否有效的信息不充分时,想要减少错误撤销的责任;

——其他事务需要,例如在审计或调查期间暂时停止使用一个实体的证书。

d) 对每个撤销的证书,CRL 包含 CA 撤销该证书的日期。知道当显式的或潜在的密钥泄密威胁系统安全时的进一步信息可能对证书用户是非常有价值的。撤销日期不足以解决某些争议,因为在证书有效期间颁发的所有签名必须被认为无效(假设最坏情况)。然而,即使在产生签名以后用来签名此报文的密钥被泄密,签名的文件被认为有效对用户来说可能是重要的。为了协助解决这种问题,CRL 项可以包括指示已知或怀疑私钥被泄密的第二个日期。

e) 证书的使用者应该能够从 CRL 本身确定附加的信息,包括被列表覆盖的证书范围,撤销通知的顺序,一个 CRL 序列数唯一存在于那个 CRL 流中。

f) 颁布者需要动态改变 CRL 分割,以及具有分割改变时,并指导证书用户到相关的 CRL 的新位置查询的能力。

g) 更新一个给定的基于 CRL 的 DeltaCRL 可能是有效的。证书的使用者需要从一个给定的 CRL 中来确定一个 DeltaCRL 是否可用,它们在那里,以及发布下一个 DeltaCRL 的确切时间。

8.5.2 CRL 和 CRL 项扩展字段

定义下列扩展字段:

a) *CRL 证书号*;

b) *撤消原因*;

c) *保留指令代码*;

d) *无效日期*。

e) *CRL 范围*;

f) 状态介绍；

g) *CRL 流标识符*；

h) *顺序表*；

i) *增量信息*。

CRL 数，CRL 范围，状态介绍，CRL 流标识符，顺序表和 delta 信息仅仅用于 CRL 扩展域，其他的域仅用作 CRL 实体扩展域。

8.5.2.1 CRL 号扩展

此 CRL 扩展字段为一给定的 CRL 颁发者通过一给定的 CA 目录属性或 CRL 分布点为每份 CRL 所颁发的单调递增的顺序号。它使得 CRL 用户能检测到正在处理的 CRL 之前颁发的一些 CRL 是否还可查看和处理。此字段定义如下：

```
cRLNumber EXTENSION ::= {
    SYNTAX              CRLNumber
    IDENTIFIED BY       id-ce-cRLNumber }
CRLNumber ::= INTEGER（0..MAX）
```

这个扩展是非关键的。

8.5.2.2 原因代码扩展

此 CRL 项扩展字段标识证书撤销的原因。可由根据本地策略决定对所通告的撤销如何反应的应用使用此原因代码。此字段定义如下：

```
reasonCode EXTENSION ::= {
    SYNTAX              CRLReason
    IDENTIFIED BY       id-ce-reasonCode }

CRLReason ::= ENUMERATED {
    unspecified             (0),
    keyCompromise           (1),
    cACompromise            (2),
    affiliationChanged      (3),
    superseded              (4),
    cessationOfOperation    (5),
    certificateHold         (6),
    removeFromCRL           (8),
    privilegeWithdrawn      (9),
    aACompromise            (10) }
```

下列原因代码值指示证书撤销的原因：

a) keyCompromise 用于撤销端实体证书；它表明证书中主体的密钥或其他方面确认或被怀疑已经被泄密；

b) cACompromise 用于撤销 CA 证书；它表明证书中主体或其他方面确认或被怀疑已经被泄密；

c) affiliationChanged 表明证书中的主体名称或其他信息已被修改，但是私钥仍被认为安全；

d) superseded 指示证书已被更新，但是私钥仍然安全；

e) cessationOFOperation 指示需要此证书中由证书认证机构签发的用途无效，但是其私钥仍被认为安全；

f) privilegeWithdraw 表明了证书（公钥或者属性证书）被撤销，原因是因为证书中的一个特权已经被撤销。

g) aACompromise 表明了在属性证书中已被验证的 AA 方面的泄密,成为了众所周知的或者被
怀疑。

可以通过颁发具有 certificateHold 原因代码项的 CRL 并将证书放置在 hold 中。certificate hold
通知可以包括任选的保留指令代码以向证书用户运送附加的信息(见 8.5.2.3)。一旦签发保留器,可
用下列三种方法之一来处理:

a) 无须进一步动作,它可保持在 CRL,使用户拒绝在保留期间处理;或,

b) 它可用同一证书的(最终)撤销所取代,在此情况中,原因应是撤销的标准原因之一,撤销日期
应是此证书放置在保留器上的日期,并且不应出现任选的指令代码扩展字段;或

c) 它可以显式地释放并且从 CRL 取消此项。

RemoveFromCRL 原因代码仅以 Δ-CRL(见 8.6)方式使用,来表明由于证书期满或者保留发布的
原因,存在的 CRL 项应被删除。带有这个原因代码的项应该用在 Δ-CRL 中,对于它相应的基本 CRL
或者任何后来的(delta 或者整个范围)CRL 包含带有原因代码 **certificateHold** 的同一证书的项。

这个扩展是可选项。

8.5.2.3 保留指令代码扩展

此 CRL 项扩展字段提供包含已登记的指令标识符,以指示遇到被保留的证书时要采取的动作。它
只适用于具有 certificateHold 原因代码的项。此字段定义如下:

holdInstructionCode EXTENSION ∷= {

    SYNTAX   **HoldInstruction**

    IDENTIFIED BY   **id-ce-instructionCode** }

HoldInstruction ∷= **OBJECT IDENTIFIER**

此扩展总是可选项。在本目录标准中未定义标准的保留指令代码。

注:保留指令的例子可能是"请与 CA 联系"或"重新获得用户令牌"。

8.5.2.4 无效日期扩展

此 CRL 项扩展字段指明已知或怀疑私钥曾被泄密的日期,换句话说就是证书应被认为无效的日
期。此日期可以先于 CRL 项中撤销的日期,撤销日期是 CA 处理此撤销的日期。此字段定义如下:

invalidityDate EXTENSION ∷= {

    SYNTAX   **GeneralizedTime**

    IDENTIFIED BY   **id-ce-invalidityDate** }

这个扩展是非关键的。

注 1:该域中的日期,就它本身来说,对于不可抵赖的目的是不够的。例如:这个日期可能是私钥的持有者建议的
      一个日期,私钥的持有者为了否认一个合法产生的签名,可能欺骗性地声称在过去的某一个时间密钥被
      泄密。

注 2:当证书认证机构在 CRL 中第一次邮寄一个撤销的时候,无效的日期可能早于早期 CRL 的发布日期。撤销日
      期不应该比早期 CRL 的发布日期早。

8.5.2.5 CRL 范围扩展

CRL 范围在 CRL 中用以下的 CRL 扩展来表明。为了阻止一个 CRL 受到不支持范围扩展的应用
的代替攻击,如果存在范围扩展的话,必须标识为关键的。

可用于各种 CRL 类型范围声明的扩展包括:

a) 提供被单一授权颁布的证书的撤销信息的单一 CRL;

b) 提供被多个授权颁布的证书的撤销信息的间接 CRL;

c) 更新以前颁布的撤销信息的 Δ-CRL;

d) 间接的 Δ-CRL,它提供撤销信息。撤销信息更新了由单一授权或多个授权颁布的多个基
本 CRL。

```
csrlcope EXTENSION ::= {
    SYNTAX                CRLcopeSyntax
    IDENTIFIED BY         id-ce-cRLcope }
cRLcopeSynta ::=          SEQUENCE SIZE（1..MAX）OF PerAuthorityScope
PerAuthorityScope ::= SEQUENCE {
    authorityName         [0]      GeneralNameOPTIONAL,
    distributionPoint     [1]      DistributionPointNameOPTIONAL,
    onlyContains          [2]      OnlyCertificateTypesOPTIONAL,
    onlySomeReasons       [4]      ReasonFlagsOPTIONAL,
    serialNumberRange     [5]      NumberRangeOPTIONAL,
    subjectKeyIdRange     [6]      NumberRangeOPTIONAL,
    nameSubtrees          [7]      GeneralNamesOPTIONAL,
    baseRevocationInfo    [9]      BaseRevocationInfoOPTIONAL
}
OnlyCertificateTypes             ::= BIT STRING {
    user       （0）,
    authority  （1）,
    attribute  （2）}
NumberRange ::= SEQUENCE {
    startingNumber   [0]  INTEGER OPTIONAL,
    endingNumber     [1]  INTEGER OPTIONAL,
    modulus               INTEGER OPTIONAL }


BaseRevocationInfo ::= SEQUENCE {
    cRLtreamIdentifier    [0]     CRLtreamIdentifier  OPTIONAL,
cRLNumber                 [1]     CRLNumber,
baseThisUpdate            [2]     GeneralizedTime }
```

　　如果 CRL 间接的为多个证书认证机构组织提供了包含撤销状态信息的 CRL,扩展将包括多个 **PerAuthorityScope** 结构。对于每个证书认证机构及其撤销信息,包含一个或多个结构。同发布该 CRL 的证书认证机构相关的 **PerAuthorityScope** 的每一个实例将包含 **authorityName** 组件。

　　如果 CRL 是一个 Δ-CRL,它提供由单一证书认证机构颁布的基于基本 CRL 的增量撤销状态信息,扩展将包括多个 **PerAuthotityScope** 结构,对于那些由 Δ-CRL 提供更新得到的基本 CRL,每一个都有一个 **PerAuthorityScope** 结构。尽管有 **PerAuthorityScope** 结构的多实例,如果存在的话,**authorityName** 组件的值将和所有实例的值相同。

　　如果 CRL 是一个间接的 Δ-CRL,它为多个基本 CRL 提供增量撤销状态信息,多个基本 CRL 由多种证书认证机构颁布,扩展将包括多 **PerAuthotityScope** 结构,对于那些由 Δ-CRL 提供更新得到的基本 CRL,每一个都有多个 **PerAuthorityScope** 结构。同授权相关的,不同于颁布的间接 Δ-CRL 的 **PerAuthorityScope** 的每一个实例将包括 **authorityName** 组件。

　　对于扩展中出现的每一 **PerAuthorityScope** 实例,该域用法如下。应该注意的是,在间接 CRL 和 Δ-CRL的情形下,每一个 **PerAuthorityScope** 实例将包括这些域的不同组合和不同值。

　　如果存在 **AuthorityName** 域,则确定了签发这份提供撤销信息的证书的证书认证机构。如果 **authorityName** 省略,它默认为 CRL 发布者名称。

如果存在 **DistributionPoint** 域，其用法同 **issuingDistributionPoint** 扩展中所描述的一样。

如果存在 **OnlyContains** 域，它指出了 CRL 包含撤销状态信息所关联的证书类型。如果该域为空，则 CRL 包含所有证书类型的信息。

如果存在 **OnlySomeReasons** 域，其用法同 **issuingDistributionPoint** 扩展中所描述的一样。

如果存在 **SerialNumberRange** 元素，其用法如下。当一个模数值出现时，在检查是否存在于有效范围内之前，序列号用给定的模数值减少。因此，如果带有一个（减少的）序列号的证书符合下列条件，则被认为在 CRL 范围内：

a)　大于或者等于 **startingNumber**，小于 **endingNumber**，同时出现；或者，

b)　当 **endingNumber** 不出现的时候，大于或者等于 **startingNumber**；或者，

c)　当 startingNumber 不出现的时候，小于 endingNumber。

SubjectkeyidRange 元素，如果出现，解释同 **serialNumberRange**，除非所用的数值是证书 **subjectKey-identifier** 扩展中的值。（忽略标识、长度和未用的位组的）**BIT STRING** 的 DER 编码被认为是一个 **INTEGER** 的 DER 编码值。如果 **BIT STRING** 的字节 0 设置，那么应该预先考虑一个附加的 0 位组，以确保结果编码代表一个正的 **INTEGER**。例如：

030201f7（代表字节 0-6 设置）

映射到

020200f7（也就是十进制 247）

如果存在 **namesubtrees** 域，使用 **nameconstraints** 扩展中指定的命名格式规定。

如果存在 **baseRevocationinfo** 域，则表明 CRL 是一个 Δ-CRL，相对于被 **perAuthorityscope** 结构覆盖的证书来说。认证一个 CRL 使一个 Δ-CRL 的 **crlScope** 扩展的用法不同于以下方式中 **deltaCRLIdentifer** 扩展的用法。对于 **crlScope** 的情形，**baseRevocationinfo** 组件中的信息，及时指出从更新包含此增量 CRL 信息的根 CRL 的节点信息。尽管这是通过应用一个 CRL 来完成的，所引用的 CRL 可能是或者不是可应用范围中的。但 **deltaCRLIdentifier** 扩展参考了颁布的 CRL，它对于可应用范围来说是完整的。然而，在一个包含 **crlScope** 扩展的 Δ-CRL 中提供的更新信息是根据对于应用范围是完整的撤销信息更新的，不考虑在 **baseRevocationinfo** 中引用的 CRL 是作为同一范围中的完整的来颁布的。次结构提供了比 **deltaCRLIndicator** 扩展更多的适应性，尽管用户可以构建完全的 CRL，以及构建是基于时间而不是基于基本 CRL 的保证，它对于可应用的范围来说是完整的。在这些情形下，Δ-CRL 在一个给定范围的特定上，为证书提供撤销状态的及时更新。但是，在 **deltaCRLIndicator** 的情形下，必须是这样的一个 CRL，它对于所颁布和引用的范围来说是完整的。在 **crlScope** 的情形下，该时间点引用颁布的 CRL，对于范围来说，CRL 可以是或者不是完整的。

依赖于证书认证机构定制的策略，多个 Δ-CRL 可以在一个新的基本 CRL 发布之前发布。Δ-CRL 包含 **crlScope** 扩展用来定义它们的创建点的，不一定需要在 **BaseRevocationInfo** 域中应用最近颁布的基本 CRL 的 **cRLNumber**。但是，在 Δ-CRL 的 **baseRevocationinfo** 域中应用的 **cRLNumber** 应该小于或者等于最近颁布该 CRL 对于可应用范围内的 CRL 的 **cRLNumber**。

注意 **issuingdistributionpoint** 扩展和 **crlScope** 扩展相互之间可能是矛盾的，也不需要同时使用。但是，如果一个 CRL 同时包含 **issuingDistributionpoint** 扩展和 **crlScope** 扩展，那么当且仅当证书满足两个扩展的标准，才能在 CRL 的这个范围内。如果 CRL 不包含 **issuingDistributionpoint** 扩展，也不包含 **crl-Scope** 扩展，则范围是整个授权的范围，那么 CRL 可用于这个证书认证机构所涵盖的所有证书。

当一个证书使用系统用包含 **crlScope** 扩展的 CRL 来检查证书状态的时候，它应该检查位于 CRL 所认可范围内（如 **crlScope** 扩展所定义的）的证书和原因代码，如下：

a)　证书使用系统应该检查位于这个范围内的证书，该范围由 **serialNumberRange**、**subjectkey-IdRange** 和 **nameSubtrees** 范围的交集指定，对于相关的 **perAuthorityScope** 结构来说，它和 **distributionPoint**、**onlyContains** 是一致的，如果它们存在的话。

b) 如果 CRL 在 **crlScope** 扩展中包括一个 **onlySomeReasons** 组件,证书使用系统必须检查被 CRL 覆盖的原因代码,这对于应用来说是足够的。如果包含 **onlySomeReasons** 组件,可能需要附加的 CRL 解决。注意如果一个 CRL 同时包含 **crlScope** 扩展和 **issuingDistributionPoint** 扩展,同时包含一个 **onlySomeReasons** 组件,则仅仅包含在两个扩展 **onlySomeReasons** 组件中的原因代码被 CRL 覆盖。

8.5.2.6 状态介绍扩展

状态介绍扩展在 CRL 结构中作为向证书用户传送有关撤销通知信息的一种方式来使用。同样地,它也可以出现在自身不包含证书撤销通知的 CRL 结构中。包含扩展的 CRL 结构不能被证书用户或作为撤销通知来源的依赖实体使用,而只是一种确保使用了合适的撤销信息的工具。

扩展提供两种基本功能:

a) 扩展提供了发布可信任"CRL 表"的机制,包括所有决定其是否含有足够的所需撤销信息中的辅助依赖实体的相关信息。例如,授权可以定期以比较高的重发布频率(与其他 CRL 重发布频率相比较)发布一个新的,已认证的 CRL 表。该表包括每个引用 CRL 的最近更新时间/日期。获得该表的证书用户能快速决定高速缓存的 CRL 副本是否仍然是最新的。这能消除许多无用的 CRL 查找。而且,通过使用这种机制,证书用户可以获知证书认证机构常规更新 CRL 的周期,从而提高 CRL 系统的时间性。

b) 扩展还提供了一个机制来重定向从初级域(例如,CRL 分布点扩展的一个特指,或发布授权的目录项)到不同域撤销信息的依赖实体。这种特性使得证书认证机构能修改所使用的 CRL 分区模式而不影响现有证书或证书用户。为能实现这个功能,证书认证机构应包括每个新位置和其 CRL 涵盖范围,以在使用时能确切找到该位置。依赖实体将证书重要性与声明范围进行比较,跟随对于确认证书功能相关的撤销信息的合适的新位置指针。

该扩展是自扩展的,并且在将来,基于撤销模式的其他非 CRL 也会通过使用该扩展而被引用。

```
StatusReferrals EXTENSION ::= {
    SYNTAX          StatusReferrals
    IDENTIFIED BY   id-ce-statusReferrals }
StatusReferrals ::= SEQUENCE SIZE (1..MAX) OF StatusReferral
StatusReferral ::= CHOICE {
    cRLReferral     [0]  CRLReferral,
    otherReferral   [1]  INSTANCE OF OTHER-REFERRAL }
CRLReferral ::= SEQUENCE {
    issuer          [0]  GeneralName OPTIONAL,
    location        [1]  GeneralName OPTIONAL,
    deltaRefInfo    [2]  DeltaRefInfo OPTIONAL,
    CRLcope              CRLScopeSyntax,
    lastUpdate      [3]  GeneralizedTime OPTIONAL,
    lastChangedCRL  [4]  GeneralizedTime OPTIONAL }
DeltaRefInfo ::= SEQUENCE {
    deltaLocation        GeneralName,
    lastDelta            GeneralizedTime OPTIONAL }
OTHER-REFERRAL ::= TYPE-IDENTIFIER
```

issuer 域认证标识 CRL 的实体;默认值是签发此 CRL 的证书认证机构名称。

location 域提供查询所指向的位置,默认值是签发此 CRL 的证书认证机构名称。

deltaRefInfo 域提供了一种在可以获得增量撤消信息和任选增量撤消信息的位置二选一的功能。

cRLScope 域提供能在被引用位置找到的 CRL 涵盖范围。

lastUpdate 域的值即为在最近发布的 CRL 中的 **thisUpdate** 域的值。

lastChangedCRL 在最近发布的修改了的 CRL 中的 **thisUpdate** 域的值。

OTHER-REFERRAL 提供了可以在将来提供的基于撤销模式的其他非 CRL 可扩展性。

该扩展总是被标记为必选项,以确保包含了该扩展的 CRL 不会被证书使用系统作为证书撤消状态信息源使用。

如果该扩展存在,并且得到证书使用系统的公认,则该系统不会使用 CRL 作为撤销状态信息资源。系统要么使用包含在该扩展中的信息,要么使用本部分范围以外的其他方式来查找适当的撤销状态信息。

如果扩展存在,但没有得到证书使用系统的公认,则该系统将不使用 CRL 作为撤销状态信息资源。系统将使用本部分范围以外的其他方式来查找适当的撤销信息。

8.5.2.7 CRL 流标识符扩展

CRL 流标识符域用于认证唯一的 CRL 编号中的范围。

CRLStreamIdentifier EXTENSION ::= {
    SYNTAX   **CRLStreamIdentifier**
    IDENTIFIED BY   **id-ce-CRLStreamIdentifier** }
CRLStreamIdentifier ::= **INTEGER**（0..MAX）

该扩展常作为可选项使用。

每个证书认证机构的该扩展的每个值必须是唯一的。不管 CRL 是何种类型,CRL 流标识符与 CRL 编号服务组合成一个唯一的由任意给定证书认证机构发布的 CRL 标识符。

8.5.2.8 顺序表扩展

顺序表扩展指出了 CRL 中 **revokedCertificates** 域中撤销证书列表的排列顺序是证书编号或撤销时间排列的增长序列。定义如下:

orderedList EXTENSION   ::= {
    SYNTAX   **OrderedListSyntax**
    IDENTIFIED BY   **id-ce-orderedList** }
OrderedListSyntax ::= **ENUMERATED** {
ascSerialNum   （0）,
ascRevDate   （1）}

该扩展总是非关键的。

a) **ascSerialNum** 表示 CRL 中撤销证书的顺序是基于表中证书序列号排序,序列号是自每个项的 **serisNumber** 组件值获取;

b) **ascRevDate** 表示 CRL 中撤销证书的顺序是基于表中证书的撤消时间排序,时间是自每个项的 **revocationDate** 组件值获取。

如果 **orderedList** 不存在,则不提供关于顺序的信息,如果存在,撤销证书列表的 **orderedList** 在 CRL 中。

8.5.2.9 增量信息扩展

CRL 扩展在 CRL 中而不是在 Δ-CRL 中使用,且用于向信赖方表明某个增量 CRL 对包含该扩展的 CRL 仍然有效。该扩展提供了能够找到相关 Δ-CRL 的位置和选择发布下一个 Δ-CRL 的时间。

    deltaInfo EXTENSION   ::=   {
    SYNTAX   **DeltaInformation**
    IDENTIFIED BY   **id-ce-deltaInfo** }
    DeltaInformation   ::=   **SEQUENCE** {

| deltaLocation | GeneralName, |
| nextDelta | GeneralizedTime OPTIONAL } |

该扩展总是非关键的。

8.6 CRL 分布点和 Δ-CRL 扩展

8.6.1 需求

因为撤销列表有可能会越变越大,而且难以处理,所以,需要有描述局部 CRL 的能力,两种不同的处理 CRL 的执行类型,需要不同的解决方法。

第一种执行类型是在单独的工作站中,可能是在附加的加密硬件中。这些实现可能没有可信的存储能力,或者即使有,也只有有限的可信存储能力。因此,必须检查整个 CRL 来确定该 CRL 是否有效,然后查看证书是否有效。如果 CRL 很长,这种处理将是非常冗长的。这就需要对 CRL 分区来解决这个问题。

第二种执行类型是运用在处理大容量信息的高性能服务器上,例如,事务处理服务器。在这种环境中 CRL 通常作为后台任务处理,CRL 有效后,CRL 内容将局部地存储在加速审查的表示法中,例如,用一位来表明某张证书是否已被撤销。这种表示法在可信任存储中使用。对于大量的证书认证机构,这种服务器类型通常需要最新的 CRL。由于它已有一张先前撤销证书列表,因此只需要检索一张新近的撤销证书列表就可以了。该表被称为 Δ-CRL,与完整的 CRL 相比,要小一些,而且只需要检索和处理较少的资源。

以下需求与 CRL 分布点和 Δ-CRL 相关:

a) 为了控制 CRL 的大小,需要为一个授权发布的所有证书集合的各个子集分配不同的 CRL。这可以通过联合每张证书和 CRL 分布点来实现,分布点可以是

——一个目录项,如果它被撤销,其 CRL 属性将包含此证书的撤销项,或,

——一个位置,如电子邮件地址或可获得应用 CRL 的因特网的 URI。

b) 由于性能原因,当确认多证书时,例如证书路径,有必要降低需要审查的 CRL 数目。这可以通过使用一个 CRL 发布者签名和发布包含从多个证书认证机构撤销的 CRL 在内的 CRL 来实现。

c) 需要一个单独的 CRL 来记录已撤销的证书认证机构证书和已撤销的终端实体证书。这有助于已撤销的证书认证机构证书的 CRL 的证书路径的处理变得很短(通常为空)。为此目的,**authorityRevocationList** 和 **certificateRevocationList** 属性已指定。为保障分离的安全性,CRL 中需要一个指针来指明它是哪张表。否则,无法察觉到列表的非法置换。

d) 与包括所有常规绑定终端(当没有私钥误用的重大风险时)的状态相比,在存在潜在的泄密状态下(当有私钥误用的重大风险时),需要提供不同的 CRL。

e) 需要对局部 CRL(Δ-CRL)做规定。局部 CRL 只包含从基本 CRL 发布以来已被撤销的证书实体。

f) 对于 deltaCRL,当列表更新后,需要表明更新的日期/时间。

g) 需要在证书中表明什么地方可找到最新的 CRL。(例如,最近 delta)

8.6.2 CRL 分布点和 Δ-CRL 扩展域

定义了以下扩展域:

a) *CRL 分布点*;

b) *发布的分布点*;

c) *证书发布者*;

d) *Delta CRL 指针*;

e) *基本更新*;

f) *最新 CRL*。

CRL 分布点和最新 CRL 仅作为证书扩展使用。发布的分布点,deltaCRL 指针和基本更新仅作为 CRL 扩展使用。证书发布者仅作为 CRL 项扩展使用。

8.6.2.1　CRL 分布点扩展

CRL 分布点扩展仅作为证书扩展使用,它可用于证书认证机构证书,终端实体公钥证书,以及属性证书中。该域指定了 CRL 分布点或表明将参考哪一个证书用户以确定证书是否已被撤销。证书用户能从可用分布点获得一个 CRL,或者它可以从证书认证机构目录项获得当前完整的 CRL。

该域定义如下:

cRLDistributionPoints EXTENSION ::= {
　　　　SYNTAX　　　　　　　　　　**CRLDistPointsSyntax**
　　　　IDENTIFIED BY　　　　　　　**id-ce-cRLDistributionPoints }**

CRLDistPointsSyntax ::= SEQUENCE SIZE (1..MAX) OF DistributionPoint

DistributionPoint ::= SEQUENCE {
　　　　distributionPoint　　　　**[0]**　　　　　　　　**DistributionPointName OPTIONAL,**
　　　　reasons　　　　　　　　　**[1]**　　　　　　　　**ReasonFlags OPTIONAL,**
　　　　cRLIssuer　　　　　　　　**[2]**　　　　　　　　**GeneralNames OPTIONAL }**

DistributionPointName ::= CHOICE {
　　　　fullName　　　　　　　　　　　　　　　　**[0]**　　　　**GeneralNames,**
　　　　nameRelativeToCRLIssuer　　　　　　　　**[1]**　　　**RelativeDistinguishedName }**

ReasonFlags ::= BIT STRING {
　　　　unused　　　　　　　　　**(0),**
　　　　keyCompromise　　　　　**(1),**
　　　　cACompromise　　　　　**(2),**
　　　　affiliationChanged　　　　**(3),**
　　　　superseded　　　　　　　**(4),**
　　　　cessationOfOperation　　**(5),**
　　　　certificateHold　　　　　**(6),**
　　　　privilegeWithdrawn　　　**(7),**
　　　　aACompromise　　　　　**(8) }**

distributionPoint 组件标识能够获得 CRL 的位置。如果此组件缺省,分布点名称默认为 CRL 颁发者的名称。

当使用 fullName 替代名称,或应用默认时,分布点名称可以有多种名称形式。同一名称(至少用其名称形式之一表示的)应存在于颁发 CRL 的分布点扩展的 distributionPoint 字段中。不要求证书使用系统能处理所有名称形式。它可以只处理分布点提供的诸多名称形式中的一种。如果不能处理某一分布点的任何名称形式,倘若能从另一个源,例如另一个分布点或 CA 目录项,获得必要的撤销信息,证书使用系统仍可使用此证书。

如果 CRL 分布点被赋于一个直接从属于 CRL 颁发者的目录名称,则只能使用 nameRelativeToCRLIssuer 组件。在此情况中,name Relative ToCRL Lssuer 组件运送与 CRL 颁发者目录名称有关的相对可辨别名(称)。

reasons 组件指明由此 CRL 所包含的撤销原因。如果没有 reasons 组件,相应的 CRL 分布点分发包含此证书(如果此证书已被撤销)的项的 CRL,而不管撤销原因。否则,reasons 值指明相应的 CRL 分布点所包含的那些撤销原因。

cRLIssuer 组件标识颁发和签署 CRL 的机构。如果没有此组件,CRL 颁发者的名称默认为证书颁发者的名称。

此扩展可以是关键的或非关键的,由证书颁发者选择,建议该扩展为非关键。

如果该扩展标记为关键,没有第一次检索和核对取自一个包含重要原因代码的指定分布点的 CRL 的证书的情况下,证书使用系统将不使用该证书。在分布点为所有撤销原因代码和由 CA(包括作为关键扩展的 **cRLDistributionPoint**)发布的所有证书分配 CRL 信息的域中,CA 不需要在 CA 项发布一个完整的 CRL。

如果此扩展标记为非关键的,而且证书使用系统未能识别此扩展字段类型,那么,只有在下列情况中,此系统只能使用此证书:

a) 它能从 CA 获得一份完整 CRL 并检查它(通过在 CRL 中设有颁发分布点扩展字段来指示最近的 CRL 是完整的);

b) 根据本地策略不要求撤销检查;或

c) 用其他手段完成撤销检查。

注 1:具有一个以上的 CRL 颁发者对一个证书颁发布 CRL 是可能的。这些 CRL 颁发者和颁发 CA 的协调是 CA 策略的一个方面。

注 2:每个原因代码的意义在本部分的 8.5.2.2 中的原因代码字段中定义。

8.6.2.2 颁发分布点扩展

此 CRL 扩展字段标识了这个特定 CRL 的 CRL 分布点,并标识了此 CRL 是否仅限于对终端实体证书、对 CA 证书,或对一组受限的原因的撤销。CRL 由 CRL 颁发者的密钥来签名——CRL 分布点没有它们自己的密钥对。然而,对通过目录所分布的 CRL 来说,此 CRL 存储在 CRL 分布点的项中,它可以不是 CRL 颁发者的目录项。如果该字段缺省,CRL 应包含所有由 CRL 颁发者发布的已撤销但未到期的证书。

该域定义如下:

```
issuingDistributionPoint EXTENSION ::= {
     SYNTAX               IssuingDistPointSyntax
     IDENTIFIED BY        id-ce-issuingDistributionPoint }
IssuingDistPointSyntax ::= SEQUENCE {
     distributionPoint         [0]    DistributionPointName OPTIONAL,
     onlyContainsUserCerts     [1]    BOOLEAN DEFAULT FALSE,
     onlyContainsAuthorityCerts [2]   BOOLEAN DEFAULT FALSE,
     onlySomeReasons           [3]    ReasonFlags OPTIONAL,
     indirectCRL               [4]    BOOLEAN DEFAULT FALSE,
     onlyContainsAttributeCerts [5]   BOOLEAN DEFAULT FALSE }
```

distributionPoint 组件包含用一种或多种名称形式表示的分布点名称。如果此字段缺省,此 CRL 应包含由 CRL 颁发者所颁发的所有已撤销的未期满的证书的各个项。当证书出现在 CRL 中,在它到期后,它将从随后的 CRL 中删除。

如果 **onlyContainsUserCerts** 为真,CRL 仅包含被撤销的终端实体证书。如果 **onlyContainsAuthorityCerts** 为真,CRL 仅包含被撤销的证书认证机构证书。如果 **onlySomeReasons** 为真,CRL 仅包含已识别一条或多条原因的撤销,否则 CRL 包含所有原因的撤销。

如果 **indirectCRL** 为真,那么此 CRL 可以包含来自证书认证机构而不是 CRL 颁发者的撤销通知。每一项负责的管理机构是按这一项中的证书颁发者的 CRL 项扩展。或按照 8.6.3.2 中描述的默认规则而指明的。在这种 CRL 中,保证 CRL 完整是此 CRL 颁发者的责任。因此,完整的 CRL 包含从标识其证书中 CRL 颁发者的所有管理机构来的所有撤销项,并与 **onlyContainsUserCerts**,**onlyContainsCA-Certs**,**onlySomeReasons** 标示符一致。

如果 **onlyContainsAttributeCerts** 为真,CRL 仅包含属性证书的撤销。

对通过目录分布的 CRL,适用以下的有关属性使用的规则。具有 onlyContainsCACerts 集合的 CRL 应通过有关的分布点的 authorityRevocationList 属性进行分布,或如果没有标识分布点则通过 CRL 颁发者项的 authorityRevocationList 属性来分布。否则,此 CRL 应通过有关的分布点的 certificateRevocationList 属性进行分布,或如果没有标识分布点,则通过授权项的 certificateRevocationList 属性来分布。

此扩展字段总是关键的。没有理解此扩展的证书用户不能假设此 CRL 包含了所标识的管理机构撤销的完整证书列表。不包含关键扩展的 CRL 必须包含对颁发管理机构的所有当前 CRL 项,包括对所有已撤销用户证书和管理机构证书的项。

注 1:CA 向 CRL 颁发者传递撤销信息的方法超出了本部分的范围。

注 2:如果 CA 从自己的目录项(即,不是从单独命名的 CRL 分布点)颁发具有 onlyConstainsUserCerts 或 onlyConstainsAuthorityCerts 集合的 CRL,则 CA 应保证由此 CRL 包括的所有证书包含 basicConstraints 扩展。

8.6.2.3 证书颁发者扩展

此 CRL 项扩展标识与间接 CRL(即,在其分布点扩展中有 indirectCRL 标示符的 CRL)有关的证书颁发者。如果此扩展不出现在间接 CRL 的第一项中,证书颁发者默认为 CRL 颁发者。在间接 CRL 的后续项中,如果没有此扩展,此项的证书颁发者与先前项的证书颁发者相同。此字段定义如下:

certificateIssuer EXTENSION ∷= {

    SYNTAX   **GeneralNames**

    IDENTIFIED BY   **id-ce-certificateIssuer** }

此扩展总是关键的。如果实现忽略此扩展,该实现不能正确地将 CRL 项与证书相对应。

8.6.2.4 DeltaCRL 指针扩展

deltaCRL 指针域作为一个对已引用的基本 CRL 提供更新的 deltaCRL(△-CRL)来确定 CRL。已引用的基本 CRL 是明确作为一个在给定范围内是完整的 CRL 而发布的 CRL。包含 deltaCRL 指针扩展的 CRL 包含了对相同范围内证书撤销状态的更新。该范围不需要包括所有撤销原因或所有由一个 CA 发布的证书,特别在该 CRL 是 CRL 分布点的情况下。然而,对于应用范围来说,在 △-CRL 发布的时候,包含 deltaCRL 指针扩展的 CRL,加上在 **BaseCRLNumber** 组件中引用的 CRL,相当于一个完整的 CRL。

该字段的定义如下:

deltaCRLIndicatorEXTENSION ∷= {

    SYNTAX   **BaseCRLNumber**

    IDENTIFIED BY   **id-ce-deltaCRLIndicator** }

BaseCRLNumber ∷= **CRLNumber**

BaseCRLNumber 的值标识了基本 CRL 的 CRL 数目,基本 CRL 作为 △-CRL 产生的基础。所引用的 CRL 是应用范围完整的 CRL。

该扩展通常是关键的。如果一个证书用户不理解 △-CRL,它将不会使用包含该扩展的 CRL,因为 CRL 可能不是用户期待的那么完整。

8.6.2.5 基本更新扩展

基本更新域在 △-CRL 中使用,并用来标识日期/时间,在这个日期/时间之后该 delta 对撤销状态提供更新。该扩展只用于包含 **deltaCRLIndicator** 扩展的 △-CRL 中。包含 **crlScope** 扩展的 △-CRL 不需要此扩展,**crlScope** 扩展的 **baseThisUpdate** 域也可以用于相同的用途。

baseUpdateTime EXTENSION ::= {
    SYNTAX   **GeneralizedTime**
    IDENTIFIED BY   **id-ce-baseUpdateTime** }

这个扩展通常是非关键。

8.6.2.6 最新的 CRL 扩展

最新 CRL 扩展只被作为证书扩展使用,或在发给证书认证机构和用户的证书中使用。该域标识了 CRL,对 CRL 来说证书用户应包含最新的撤销信息(例如:最新的 Δ-CRL)。

该域定义如下:

freshestCRLEXTENSION ::= {
    SYNTAX   **CRLDistPointsSyntax**
    IDENTIFIEDBY   **id-ce-freshestCRL** }

根据证书发布者的选择,这个扩展可能是关键的,也可能是非关键的。如果最新的 CRL 扩展是关键的,那么证书使用系统不使用没有进行第一次撤销和核对的最新 CRL 的证书。如果扩展被标记为不关键的,证书使用系统能使用本地方法来决定是否需要检查最新的 CRL。

9 Δ-CRL 与基础的关系

Δ-CRL 包含 **deltaCRLIndicator** 或 **crlScope** 扩展,用来表明由该 Δ-CRL 更新的基本撤销信息。

如果 **deltaCRLIndicator** 在 Δ-CRL 中存在,更新的基本撤销信息就是在扩展中引用的基本 CRL。由 **deltaCRLIndicator** 扩展引用的基本 CRL,应该是完全为其范围发布的 CRL(例如,不是 Δ-CRL 本身)。

如果 **crlScope** 扩展存在,并且包含 **baseRevocationInfo** 组件,则用来引用更新的基本撤销信息,这就涉及到来自 Δ-CRL 的及时特殊点来提供更新。**baseRevocationInfo** 组件引用了一个在或者不在其范围内完全发布的 CRL(例如,引用的 CRL 可能只作为 Δ-CRL 发布)。然而,包含 **baseRevocationInfo** 组件的 Δ-CRL 更新了撤销信息,该信息在引用的 CRL 发布时,对于引用的 CRL 的范围是完整的。证书使用者可以为 CRL 申请 Δ-CRL,其中 CRL 在给定范围内是完整的,并且在包含了 **baseRevocationInfo** 组件的 Δ-CRL 中的引用的 CRL 被发布的同时或之后发布。

由于可能存在不一致信息,CRL 不会同时包含 **deltaCRLIndicator** 扩展和带有 **baseRevocationInfo** 组件的 **crlScope** 扩展。只有在 **crlScope** 扩展中不存在 **baseRevocationInfo** 组件时,CRL 可能同时包含 **deltaCRLIndicator** 扩展和 **crlScope** 扩展。

Δ-CRL 也可能是一个间接的 CRL,在 CRL 中它可能包含与一个或多个证书认证机构发布的基本 CRL 有关的、更新的撤销信息。同间接 Δ-CRL 一样,**crlScope** 扩展也将作为标识 CRL 的一种方法。**crlScope** 扩展会为每个基本 CRL 包含一个 **PerAuthorityScope** 组件实例,同时间接 Δ-CRL 为每个基本 CRL 提供了更新信息。

将 Δ-CRL 应用到引用的基本撤销信息时,必须准确地反映撤销的当前状态。

——带有撤销原因 **certificateHold** 的一个证书撤销通知,可能出现在 Δ-CRL 中,也可能出现于在给定范围内是完整的 CRL 上。原因代码将指出证书的临时撤销,证书没有进一步决定是永久的废除证书还是作为一个没有废除的证书恢复它。

    ● 如果由于 CRL 上(Δ-CRL 或给定范围内的完整的 CRL),列出了带有撤销原因 **certificateHold** 的撤销证书,并且 CRL 的 **cRLNumber** 是 n,随后发布了所有权,则证书必须包含在发布了所有权后发布的所有 Δ-CRL 中,在这些 Δ-CRL 中,引用的基本 CRL 的 **crlScope** 必须小于或等于 n。使用的扩展指出该 CRL 是一个 Δ-CRL,被引用的基本 CRL 的 CRL 数目是 **deltaCRLIndicator** 扩展的 **BaseCRLNumber** 的组件值或 **cRLScope** 扩展的 **BaseRevocationInfo** 的组件 **CRLNumber** 元素。除非由于 Δ-CRL 中隐藏的撤销原因,使得证书再次被撤销

（在这种情况下，证书必须为了再次的撤销列出适当的理由），否则必须列出带有撤销原因 **removeFromCRL** 的证书。

- 如果证书不从所有权中删除，但被永久废除，那么它必须在所有后来的 Δ-CRL 上列出，被引用的基本 CRL 的 **cRLNumber** 要小于第一次出现永久撤销通知的 CRL（Δ-CRL 或给定范围内的完整的 CRL）的 **cRLNumber**。使用的扩展指出该 CRL 是一个 Δ-CRL，被引用的基本 CRL 的 CRL 数目是 **deltaCRLIndicator** 扩展的 **BaseCRLNumber** 的组件值或 **cRLScope** 扩展的 **BaseRevocationInfo** 组件的 **cRLNumber** 元素。

——证书的撤销通知可以第一次出现在 Δ-CRL 上，并且在可使用范围内的完整的下一个 CRL 发布前，证书的有效期可能终止。在这种情况下，撤销通知必须包含在所有后来的 Δ-CRL 中，直到撤销通知被包含在至少一个已发布的 CRL 上，CRL 在那个证书的范围内是完整的。

给定范围内完整的 CRL，可以在当前用下列任何一种方法进行局部构造：

——在该范围内重新检索当前 Δ-CRL，并且同已发布的该范围内完整的 CRL 以及大于或等于在 Δ-CRL 中引用的基本 CRL 的 **cRLNumber** 的 **cRLNumber** 相联合；或者，

——在该范围内重新检索当前 Δ-CRL，并且同局部构造的该范围内完整的 CRL 以及由 Δ-CRL 构造的 CRL 的联合，其中 Δ-CRL 的 **cRLNumber** 大于或等于在当前 Δ-CRL 中引用的基本 CRL 的 **cRLNumber**。

10 证书认证路径处理过程

证书认证路径的处理是在需要使用远程端实体的公钥的系统中进行，例如，验证由远程实体生成的数字签名的系统。证书策略，基本限制，名称限制和策略限制扩展是设计成能便于证书认证路径逻辑的自动化、自包含实现。

下面是确认证书认证路径用的规程概要。一种实现在功能上应等价于此规程产生的外部行为。由一给定的输入驱动正确的输出的特定实现所使用的算法尚未标准化。

10.1 路径处理的输入

证书认证路径处理过程的输入是：

a) 包含证书认证路径的一组证书；

注：一个证书认证路径中的每个证书是唯一的。包含两次或多次相同证书的路径不是有效的证书认证路径。

b) 受信任的公钥或密钥标识符（如果此密钥存储于证书认证路径处理模块的内部），用来验证证书认证路径中的第一份证书；

c) 包含一个或多个证书策略标识符的、指示这些策略的任一个策略对证书用户是可接受的、用于证书认证路径处理的 *initial-policy-ste*；此输入也可取特别的 *any-policy* 值；

d) *initial-explicit-policy* 标示符值，它指示可接受的策略标识符是否需要显式地出现在此路径中的所有证书的证书策略扩展字段中；

e) *initial-policy-mapping-inhibit* 标示符值，它指示策略映射在证书认证路径中是否是禁止的；

f) *initial-inhibit-policy* 标示符值，它指示特别的 *any-policy* 值如果存在于证书策略扩展中，是否考虑在一个约束集中的任一特别的证书策略值是否是匹配的；

g) 当前日期/时间（如果在证书认证路径处理模块的内部是不可使用的）。

c)，d)，e) 和 f) 的值将依靠使用者申请联合的策略需求，联合需要使用被认证的末端实体的公钥。

注：由于这些是路径确认过程的单输入，证书用户可能限制它设置的从任何给定可信公钥到给定证书策略集的信任。仅当 initial-policy-set 输入包含证书使用者所信任的公钥的策略，通过确保给定的公钥是处理的唯一的输入，证书用户才可以得到这个限制。同时，处理得到另一个输入是证书认证路径自身，该控制可以通过事务的基础来实施。

10.2 路径处理的输出

过程的输出是：

a) 证书认证路径确认的成功或失败的指示；

b) 如果确认失败，就是一个指出失败原因的诊断代码；

c) 证书认证机构约束的策略集，以及与此集相联系的限定词，根据这些限定词，证书认证路径是有效的，或者特殊值 *any-policy*；

d) 用户约束的策略集，由 *authorities-constrained-policy-set* 和 *initial-policy-set* 的交集形成；

e) *explicit-policy-indicator*，指出证书用户或路径中的证书认证机构是否要求路径上的每个证书中的可接受策略是可认证的；

f) 处理证书认证路径中出现的任何策略映射的细节。

注：如果确认成功，此证书使用系统仍可按照证书的策略限制或者其他信息而选择不使用此证书。

10.3 路径处理的变量

本过程使用下列一组状态变量：

a) *authorities-constrained-policy-set*：证书认证路径中证书的策略标识符和限定词的表格（行表示策略，它们的限定词和映射历史，列表示证书认证路径中证书）；

b) *permitted-subtrees*：定义子树的子树规范集，证书路径中随后的证书的所有主体名必须在这个范围中，或采用特殊值 *unbounded*；

c) *excluded-subtrees*：（可能为空）的定义子树的子树规范（每一个规范由子树基本名称和最大，最小等级指针组成）集，在证书路径中随后的证书里的无主体名中；

d) *explicit-policy-indicator*：指出合理的策略在路径中的每个证书中是否必须是可明确认证的；

e) *path-depth*：等于或大于已经完成处理的证书认证路径中的证书数目的整数；

f) *policy-mapping-inhibit-indicator*：指出是否禁止策略映射；

g) *inhibit-any-policy-indicator*：指出对于任一特别证书策略是否考虑特殊值 any-policy 的匹配；

h) *pending-constraints*：显式策略和/或禁止策略映射约束的细节，它们已经被定义，但还没有生效。有三个一位指针，命名为 *explicit-policy-pending*、*policy-mapping-inhibit-pending* 和 *inhibit-any-policy-pending*，对于每一位指针，有称作 *skip-certificates* 的整数，它们给出了在约束生效之前，需要越过的证书数。

10.4 初始化步骤

该过程包括一个初始化步骤，随后是一序列的证书处理步骤。初始化步骤包含：

a) *authorities-constrained-policy-set* 表格的第 0 行的第零 0 列和第 1 列中写入 *any-policy*；

b) *permitted-subtrees* 变量初始化为 *unbounded*；

c) *excluded-subtrees* 变量初始化为空集；

d) *explicit-policy-indicator* 初始化为 *initial-explicit-policy* 值；

e) *path-depth* 初始化为 1；

f) *policy-mapping-inhibit-indicator* 初始化为 *initial-policy-mapping-inhibit* 值；

g) *inhibit-any-policy-indicator* 初始化为 *initial-inhibit-policy* 值；

h) 将三个 *pending-constains* 标示符初始化为复位。

10.5 证书处理

从使用输入的受信任的公钥签名的证书开始，依次处理每个证书。最近的证书将被认为是最后的证书；任何其他证书被认为是中间证书。

10.5.1 基本证书检查

下列检验适用于证书：

a) 检验签名验证，日期有效，证书主体和证书颁发者名称链的正确，以及证书未被撤销。

b) 对中间证书,如果基本限制扩展字段存在于证书之中,检验 CA 组件存在,并置为真。如 path-LenConstraint 成分存在,检验当前的证书认证路径没有违背此限制。

c) 如果证书策略扩展不存在,那么通过从 *authorities-constrained-policy-set* 表格删除所有行,设置 *authorities-constrained-policy-set* 为空。

d) 如果证书策略扩展存在,对于每个策略 P,除了 anyPolicy 扩展外,*authorities-constrained-policy-set*[0, *path-depth*] 中的值不是 *any-policy*,那么用证书中的策略设置 *authorities-constrained-policy-set* 的交集为 *authorities-constrained-policy-set*。为了做到这步,首先从扩展中把策略资格者加入到 *authorities-constrained-policy-set* 表格,对于扩展中的每个策略标识符的值,查找 *authorities-constrained-policy-set* 表格中所有行的位置,*authorities-constrained-policy-set* 表格的[*path-depth*]列实体包含它在扩展中相同的值,附上从扩展到表中策略标识符的策略资格者,然后删除[path-depth]列不包含扩展中的值的所有行。

e) 如果证书策略扩展存在,并且不包含 anyPolicy 的值,或者,如果 *inhabit-any-policy-indicator* 位被设置,那么,删除[*path-depth*]列中包含 *any-Policy* 的列,同时,删除[*path-depth*]列中不包含证书策略扩展的值的行。

f) 如果证书策略扩展存在,并且包含 anyPolicy 值,同时,*inhabit-any-policy-indicator* 位没有设置,则降策略限制与 anyPolicy 联合,置入 *authorities-constrained-policy-set* 表中那些[*path-depth*]列项中包含 *anyPolicy* 或者包含证书策略扩展中没有的值的行。

g) 如果证书不是中介自发布证书,检查主体名是否在由 *permitted-subtrees* 的值产生的命名空间内,并且该主体名不在 *excluded-subtrees* 的值产生的命名空间内。

10.5.2 处理中介证书

对中间证书,随后执行下列限制记录动作以便为下一个证书的处理建立状态变量:

a) 如果带有 permittedSubtrees 组件的 nameConstraints 扩展在证书中存在,设 *permitted-subtrees* 状态变量为它的先前值的交集,值在证书扩展中指出。

b) 如果带有 excludedSubtrees 组件的 nameConstraints 扩展在证书中存在,设 *excluded-subtrees* 状态变量为它的先前值的并集,值在证书扩展中指出。

c) 如果设置了 *policy-mapping-inhibit-indicator*:

——对于在扩展中认证的每一个映射,通过查找 *authorities-constrained-policy-set* 表格中[*path-depth*]列项等于扩展中发布者域中策略值的所有行,并删除,来处理策略映射扩展。

d) 如果没有设置 *policy-mapping-inhibit-indicator*:

——对扩展中的每个被认证的映射,通过查找 *authorities-constrained-policy-set* 表格中所有行的位置,*authorities-constrained-policy-set* 表格的[*path-depth*]列实体等于扩展中发布者范围的策略值,写入相同行的[*path-depth* +1]列实体中来自扩展的主体范围的策略值。如果扩展绘制了一个发布范围的策略给超过一个的主体范围策略,那么受影响的行必须被复制,新的实体添加到每一行。如果 *authorities-constrained-policy-set*[0, *path-depth*] 中的值是 *any-policy*,那么写入[path-depth]列中来自策略计划扩展的每个发布者范围的策略标识符,复制必需的行,如果标识符存在,保留的标识符,写入相同行的[*path-depth* +1]列实体中来自扩展的主体范围的策略值。

——如果设置了 *policy-mapping-inhibit-pending* 指针,并且证书不是自发布的,减少相应的 *skip-certificates* 值,如果该值变为 0,设置 *policy-mapping-inhibit-indicator*。

——如果在证书中存在 *inhibitPolicyMapping* 约束,执行下面的操作。对于值为 0 的 SkipCerts,设置 *policy-mapping-inhibit-indicator*。对于任何其他 SkipCerts 值,设置 *policy-mapping-inhibit-pending* 指针,设置相应的 *skip-certificates* 值给较少的 SkipCerts 值和

先前的 *skip-certificates* 值（如果已经设置 *policy-mapping-inhibit-pending* 指针）。

e) 对于步骤 c)或 d)中没更改的任一行，以上（这种情况下的每一行，证书中没有映射扩展存在），写入行的[*path-depth* ＋1]列中来自[*path-depth*]列的策略标识符。

f) 如果没有设置 *inhibit-any-policy-indicator*

——如果设置了 *inhibit-any-policy-pending* 标识符并且证书不是自发布的，减少相应的 *skip-certificates* 值，如果该值变为 0，设置 *inhibit-any-policy-indicator*。

——如果在证书中存在 inhibitAnyPolicy 约束，执行下面的操作。对于值为 0 的 SkipCerts，设置 *inhibit-any-policy-indicator*。对于任何其他 SkipCerts 值，设置 *inhibit-any-policy-pending* 指针，设置相应的 *skip-certificates* 值给较少的 SkipCerts 值和先前的 *skip-certificates* 值（如果已经设置 *inhibit-any-policy-pending* 指针）。

g) 增加[*path-depth*]。

10.5.3 外在策略标识符处理

对于所有证书，执行以下行为：

a) 如果没有设置 *explicit-policy-indicator*：

——如果设置 *explicit-policy-pending* 指针，并且，证书不是自发布的中介证书，减少相应的 *skip-certificates* 值，如果该值变为 0，设置 *explicit-policy-indicator*。

——如果 requireExplicitPolicy 约束存在，执行下面的操作。对于值为 0 的 SkipCerts，设置 *explicit-policy-indicator*。对于任何其他 SkipCerts 值，设置 *explicit-policy-pending* 指针，设置相应的 *skip-certificates* 值给较少的 SkipCerts 值和先前的 *skip-certificates* 值（如果已经设置 *explicit-policy-pending* 指针）。

——如果 requireExplicitPolicy 组件存在，证书认证路径包含由推荐的 CA 发布的证书，对于路径中所包含的所有证书以及证书策略扩展和合理的策略标识符来说，证书认证路径是必需的。一个合理的策略标识符是证书路径中的用户要求的证书策略标识符，已宣布的策略标识符等同于它通过了策略映射或者 *any-policy*。推荐 CA 是包含该扩展的证书的任一发布者 CA（如果需要的 requireExplicitPolicy 是 0），或证书认证路径中的后来证书的主体 CA（作为一个非 0 值指出）。

10.5.4 最终处理

对于终端证书，执行以下行为：

a) 如果设置了 *explicit-policy-indicator*，检查 *authorities-constrained-policy-set* 表格不为空。如果以上任一个检查失败了，那么程序将终止，返回一个失败指令、一个适当的原因代码、*explicit-policy-indicator* 和在 *user-constrained-policy-set* 及 *authorities-constrained-policy-set* 表格中的 null 值。

b) 如果在终端证书中上述的检查没有失败，那么 *user-constrained-policy-set* 应该是通过 *authorities-constrained-policy-set* 和 *the initial-policy-set* 的交集计算出来的。如果 *authorities-constrained-policy-set*[0，*path-depth*]是 *any-policy*，那么，*authorities-constrained-policy-set* 是 *any-policy*。否则，对于表中的每一行，*authorities-constrained-policy-set* 的值是不包括标识符任何策略的最左面的单元。那么程序将终止，返回一个与 *explicit-policy-indicator*、*authorities-constrained-policy-set* 表和 *user-constrained-policy-set* 一起的成功指令。如果授权约束集合是 null，在授权约束策略下，路径是有效的，但是对于用户来说，没有一个是合理的。

11 PKI 目录模式

该条款定义了在目录中用来描绘 PKI 信息的目录模式基础。它包括相应的对象类，属性和匹配规则的属性值的规范。

11.1 PKI 目录对象类和命名形式

该部分包括目录中用来描述 PKI 对象的对象类的定义。

11.1.1 PKI 用户对象类

PKI 用户对象类用来定义公钥证书的主体的对象项。

```
pkiUser   OBJECT-CLASS              ::= {
    SUBCLASS OF                     {top }
    KIND                            auxiliary
    MAY CONTAIN                     {userCertificate }
    ID                              id-oc-pkiUser }
```

11.1.2 PKICA 对象类

PKICA 对象类用来定义担当证书认证机构的对象项。

```
pkiCA                               OBJECT-CLASS    ::= {
    SUBCLASS OF                     {top }
    KIND                            auxiliary
    MAY CONTAIN                     {cACertificate |
                                    certificateRevocationList |
                                    authorityRevocationList |
                                    crossCertificatePair }
    ID                              id-oc-pkiCA }
```

11.1.3 CRL 分布点对象类和命名形式

CRL 分布点对象类用来定义担当 CRL 分布点的对象项。

```
cRLDistributionPoint                OBJECT-CLASS    ::= {
    SUBCLASSOF                      {top }
    KIND                            structural
    MUST CONTAIN                    {commonName }
    MAY CONTAIN                     {certificateRevocationLis t|
                                    authorityRevocationList |
                                    deltaRevocationList }
    ID                              id-oc-cRLDistributionPoint }
```

CRL 分布点命名形式指定对象类 cRLDistributionPoint 项是如何命名的。

```
cRLDistPtNameForm              NAME-FORM = {
    NAMES                           cRLDistributionPoint
    WITH ATTRIBUTES                 {commonName }
    ID                              id-nf-cRLDistPtNameForm }
```

11.1.4 DeltaCRL 对象类

deltaCRL 对象类用来定义持有 delta 撤销列表(例如,CAs,AAs 等)的对象项。

```
deltaCRL                            OBJECT-CLASS    ::= {
    SUBCLASS OF                     {top }
    KIND                            auxiliary
    MAY CONTAIN                     {deltaRevocationList }
    ID                              id-oc-deltaCRL }
```

11.1.5 证书策略和 CPS 对象类

CPCPS 对象类用来定义包含证书策略和/或认证实践信息的对象项。

```
cpCps                           OBJECT-CLASS    ::= {
    SUBCLASSOF                      {top }
    KIND                            auxiliary
    MAY CONTAIN                     {certificatePolicy |
                                    certificationPracticeStmt }
    ID                              id-oc-cpCps }
```

11.1.6 PKI 证书路径对象类

PKIcert 路径对象类用来定义包含 PKI 路径的对象项。它一般联合结构化的对象类 pkiCA 的项来使用。

```
pkiCertPath                     OBJECT-CLASS    ::= {
    SUBCLASS OF                     {top }
    KIND                            auxiliary
    MAY CONTAIN                     {pkiPath }
    ID                              id-oc-pkiCertPath }
```

11.2 PKI 目录属性

这一部分包括在目录中的储存 PKI 信息元素的目录属性定义。

11.2.1 用户证书属性

一个用户可以从一个或者更多的 CA 机构获得一个或者更多的公钥证书。userCertificate 属性类型包含用户从一个或者更多的 CA 获得的公钥证书。

```
userCertificate                 ATTRIBUTE    ::= {
    WITH SYNTAX                     Certificate
    EQUALITY MATCHING RULE          certificateExactMatch
    ID                              id-at-userCertificate }
```

11.2.2 CA 证书属性

CA 目录项的 CACertificate 属性将用来储存自发布的和在与 CA 处在相同领域中由 CAs 颁发给该 CA 的证书。在 V3 证书的格式里,这些证书会包括一个 CA 值设置为 TRUE 的 basicConstraints 扩展。该领域的定义完全是一个局部策略的问题。

```
cACertificate                   ATTRIBUTE    ::= {
    WITH SYNTAX                     Certificate
    EQUALITY MATCHING RULE          certificateExactMatch
    ID                              id-at-cAcertificate }
```

11.2.3 交叉证书对的属性

CA 目录项的 crossCertificatePair 属性的 issuedToThisCA 元素,用于存储除自发布给 CA 的证书之外的所有证书。同样,CA 目录项的 crossCertificatePair 属性的 issuedByThisCA 元素可以包含由这个 CA 发布给其他 CAs 的证书的一个子集。如果一个 CA 给另一个 CA 发送证书,并且主体 CA 在层次等级上并不低于发送 CA,那么发送 CA 应该在自身目录项的 crossCertificatePair 属性的 issued-ByThisCA 元素中放入证书。当 issuedToThisCA 元素和 issuedByThisCA 元素处在一个单一的属性值中,一个证书中的发布名称将会与其他证书中的主体名相匹配,反之亦然,一个证书中的主体公钥将有可能验证其他证书上的数字签名,反之亦然。

当一个 reverse 原理存在,向前原理的值和后退原理的值不需要被存储在同一属性值中;换句话说,它们可以被存储在单一属性值或者是两个属性值中。

在 V3 证书语法格式中,这些将包括一个 CA 值设置为 TRUE 的 basicConstraints 扩展。

```
crossCertificatePair            ATTRIBUTE    ::= {
```

WITH SYNTAX	CertificatePair
EQUALITY MATCHING RULE	.certificatePairExactMatch
ID	id-at-crossCertificatePair }

CertificatePair   ::=   SEQUENCE {

issuedToThisCA   [0]   Certificate OPTIONAL，

issuedToThisCA   [1]   Certificate OPTIONAL

              ——至少应该存在一对—— }

（WITH COMPONENTS {..., issuedToThisCA PRESENT } |

WITH COMPONENTS {..., issuedByThisCA PRESENT })

11.2.4 证书撤销列表属性

下面的属性包含一系列撤销证书。

certificateRevocationList	ATTRIBUTE ::= {
WITH SYNTAX	CertificateList
EQUALITY MATCHING RULE	certificateListExactMatch
ID	id-at-certificateRevocationList }

11.2.5 授权撤销列表属性

下面的属性包含一系列撤销的授权证书。

authorityRevocationList	ATTRIBUTE ::= {
WITH SYNTAX	CertificateList
EQUALITY MATCHING RULE	certificateListExactMatch
ID	id-at-authorityRevocationList }

11.2.6 Delta 撤销列表属性

下面的属性类型被定义为目录项中的一个 Δ-CRL：

deltaRevocationList	ATTRIBUTE ::= {
WITH SYNTAX	CertificateList
EQUALITY MATCHING RULE	certificateListExactMatch
ID	id-at-deltaRevocationList }

11.2.7 支持的算法属性

当与使用目录说明中定义的证书的远程端点实体通讯的时候,将为所使用的算法定义一个目录属性,下面的 ASN.1 定义了这个(多值)属性:

supportedAlgorithms	ATTRIBUTE ::= {
WITH SYNTAX	SupportedAlgorithm
EQUALITY MATCHING RULE	algorithmIdentifierMatch
ID	id-at-supportedAlgorithms }

SupportedAlgorithm ::= SEQUENCE {

algorithmIdentifier	AlgorithmIdentifier，
intendedUsage	[0] KeyUsage OPTIONAL，
intendedCertificatePolicies	[1] CertificatePoliciesSyntax OPTIONAL }

多值属性的每一个值将有一个完全不同的 algorithmIdentifier 值。intendedUsage 组件的值提供了关于算法使用用法的说明(见 8.2.2.3)。intendedCertificatePolicies 组件的值确定了证书策略,并且,能够通过它所认证的算法使用限定的证书策略。

11.2.8 证书实际声明属性

certificationPracticeStmt 属性用来存储关于一个授权的认证实际声明的信息。

certificationPracticeStmt   **ATTRIBUTE**   ::=   {
     WITH SYNTAX   InfoSyntax
     ID   id-at-certificationPracticeStmt }

InfoSyntax   ::=   **CHOICE** {
     content   DirectoryString {ub-content},
     pointer   SEQUENCE {
     name   GeneralNames,
     hash   HASH {HashedPolicyInfo}OPTIONAL }}
POLICY   ::=   **TYPE-IDENTIFIER**

HashedPolicyInfo   ::=   **POLICY. &Type** ({Policies})
Policies POLICY ::= {...}——*执行者定义*——

如果 content 存在,就包括证书认证机构认证实际声明的完整内容。

如果 pointer 存在,name 组件涉及到一个或者更多的域,这些域是授权认证实际说明的副本能够被定位的地方。如果 hash 组件存在,它包含一个证书实际声明的内容的 HASH,可在参考位置发现这个声明。这个 hash 能够用来实现一个参考文档的完整检查。

11.2.9 证书策略属性

certificatePolicy 属性用来储存关于证书策略的信息。

certificatePolicy   **ATTRIBUTE**   ::=   {
WITHSYNTAX   PolicySyntax
ID   id-at-certificatePolicy }

PolicySyntax ::=   **SEQUENCE** {
     policyIdentifier   **PolicyID,**
     policySyntax   **InfoSyntax**
}

        PolicyID   ::=   **CertPolicyId**

policyIdentifier 组件包括为特殊证书策略登记的对象标识符。

如果 content 存在,就包括证书策略的完整内容。

如果 pointer 存在,name 组件涉及到一个或者更多的域,这些域是证书策略的副本能够被定位的域。如果 hash 组件存在,它就包含证书策略内容的 HASH,证书策略在参考位置应该能够被发现。这个 hash 能够用来完成参考文档的完整检查。

11.2.10 PKI 路径属性

PKI 路径属性用来储存证书认证路径,每一个都由交叉证书序列组成。

pkiPath   **ATTRIBUTE**   ::= {
     WITH SYNTAX   PkiPath
     ID   id-at-pkiPath }
PkiPath   ::=   **SEQUENCE OF CrossCertificates**

这些属性能够储存在 CA 目录项中,并且将包含一些从一个 CA 到其他 CAs 的证书路径。如果使用这个属性,那么能够使频繁使用证书认证路径的交叉证书得到更有效的恢复。同样对于所使用的属性没有特定的要求,储存在属性中值的集合将无法向任何给定 CA 表示完整的向前证书路径集合。

11.3 PKI 目录匹配规则

目录说明定义了类型 Certificate,CertificatePair,CertificateList,CertificatePolicy 和 SupportedAlgorithm 相应属性所使用的匹配规则。这一规定也定义了匹配规则,来促进证书,或详细特性来自持有多重证书的多值属性的 CRLs,或 CRLs 的选择。

11.3.1 证书准确匹配

证书准确匹配规则对所提供的值与类型 Certificate 的属性值的相等性进行比较。它唯一地选择单份证书。

```
certificateExactMatch MATCHING-RULE ::= {
    SYNTAX              CertificateExactAssertion
    ID                  id-mr-certificateExactMatch }
CertificateExactAssertion ::= SEQUENCE {
    serialNumber        CertificateSerialNumber,
    issuer              Name }
```

如果此属性值中的此成分匹配了所提供值中的那个成分,则匹配规则返回 TRUE。

11.3.2 证书匹配

证书匹配规则将所提供的值与类型 certificate 的属性值进行比较。根据不同特征,它选择一份或多份证书。

```
certificateMatch MATCHING-RULE ::= {
    SYNTAX              CertificateAssertion
    ID                  id-mr-certificateMatch }
CertificateAssertion ::= SEQUENCE {
    serialNumber            [0]   CertificateSerialNumber   OPTIONAL,
    Issuer                  [1]   Name                      OPTIONAL,
    subjectKeyIdentifier    [2]   SubjectKeyIdentifier      OPTIONAL,
    authorityKeyIdentifier  [3]   AuthorityKeyIdentifier    OPTIONAL,
    certificateValid        [4]   Time                      OPTIONAL,
    privateKeyValid         [5]   GeneralizedTime           OPTIONAL,
    subjectPublicKeyAlgID    [6]   OBJECT IDENTIFIER         OPTIONAL,
    keyUsage                [7]   KeyUsage                  OPTIONAL,
    subjectAltName          [8]   AltNameType               OPTIONAL,
    policy                  [9]   CertPolicySet             OPTIONAL,
    pathToName              [10]  Name                      OPTIONAL,
    subject                 [11]  Name                      OPTIONAL,
    nameConstraints         [12]  NameConstraintsSyntax     OPTIONAL
}
AltNameType ::= CHOICE {
    builtinNameForm     ENUMERATED {
                    rfc822Name              (1),
                    dNSName                 (2),
                    x400Address             (3),
                    directoryName           (4),
```

```
            ediPartyName            （5），
            uniformResourceIdentifier  （6），
            iPAddress               （7），
            registeredId            （8）},
   otherNameForm      OBJECT IDENTIFIER }
```

CertPolicySet ：:= SEQUENCE SIZE（1..MAX）OF CertPolicyId

如果所提供值中存在的所有元素匹配了此属性值的相应元素，则匹配规则返回 TRUE，具体如下：

Serialnumber 匹配：若此属性值中的这个元素的值等于所提供值中那个元素的值；

issuer 匹配：若此属性值中的这个元素的值等于所提供值中的那个元素的值；

SubjecKeyIdentifier 匹配：若所存储属性值的这个元素的值等于所提供值中的那个元素的值；如果所存储的属性值未包含主体密钥标识符扩展，则没有匹配；

AuthorityKeyIdentifier 匹配：若在所存储属性值的这个元素的值等于所提供值中的那个元素的值；如果所存储的属性值未包含机构密钥标识符扩展项，或者媒体提供的值中所有元素在所存储的属性值中不存在，则没有匹配；

CertificateValid 匹配：若所提供的值处于所存储属性值的有效期之内；

PrivatekeyValid 匹配：若所提供的值处于由所存储属性值的私钥使用期扩展所指示的期间内，或者如果所存储的属性值中没有私钥使用期扩展项；

SubjectPublickeyAlgID 匹配：若它等于所存储的属性值中的 subjectPublickeyInformation 元素的 algorithmIdentifier 的 algorithm 元素；

KeyUsage 匹配：若在所提供的值中设置的所有比特也在所存储属性值密钥用法扩展中设置，或者在所存储的属性值中没有密钥用法扩展；

SubjectAltName 匹配：若所存储的属性值包含具有与所提供值所指示的同一名称类型的 Alt Name 元素的主体替换名称扩展；

Policy 匹配：若在存储属性值的证书策略扩展中至少出现 CertPolicySet 的一个成员，或者所提供的或所存储的证书在策略组中包含有特殊的 anyPolicy 的值，则匹配。如果在所存储属性值中没有证书策略扩展，则没有匹配。

PathToName 匹配：除非证书具有名称限制扩展，而此扩展禁止向所提供名称值构建的证书认证路径。

Subject 匹配：若属性中元素的值与所提供的值相等。

nameConstraints 匹配：若存储属性值中的主体名称是在给定值的允许子树组件值提供的名称空间里，但不在由给定值中的拒绝子树值提供的名称空间里。

11.3.3 证书对准确匹配

证书对准确匹配规则对所提供的值与类型 CertificatePair 的属性值的相等性进行比较。它唯一地选择单个交叉证书对。

```
CertificatePairExactMatch MATCHING-RULE            ::= {
    SYNTAX          CertificatePairExactAssertion
    ID              id-mr-certificatePairExactMatch }
CertificatePairExactAssertion ::= SEQUENCE {
    issuedToThisCAAssertion   [0] CertificateExactAssertion OPTIONAL，
    issuedByThisCAAssertion   [1] CertificateExactAssertion OPTIONAL }
    （WITH COMPONENTS        {...,issuedToThisCAAssertion PRESENT }|
     WITH COMPONENTS        {...,issuedByThisCAAssertion PRESENT }))
```

如果在所提供值的 issuedToThisCAAssertion 和 issuedByThisCAAssertion 成分中存在的成分分

别与所存储属性值中的 issuedToThisCA 和 issuedByThisCA 成分的相应成分匹配,匹配规则返回
TRUE。

11.3.4 证书对匹配

证书对匹配规则把存在值与类型 CertificatePair 的属性值相比较。它选择一个或者更多的在不同
特征基础上的交叉证书对,这些特征要么是 issuedToThisCA 或者是 issuedByThisCA 的证书对。

certificatePairMatch MATCHING-RULE ::= {
    SYNTAX   **CertificatePairAssertion**
    ID   **id-mr-certificatePairMatch** }

CertificatePairAssertion   ::=   **SEQUENCE** {
    issuedToThisCAAssertion   [0] **CertificateAssertion OPTIONAL**,
    issuedByThisCAAssertion   [1] **CertificateAssertion OPTIONAL** }
    (**WITH COMPONENTS**   {..., issuedToThisCAAssertion PRESENT } |
    WITH COMPONENTS   {..., issuedByThisCAAssertion PRESENT })

如果在存储属性值中的 issuedToThisCAAssertion 和 issuedByThisCAAssertion 成分中存在的所
有成分分别与所有存储属性值中的 issuedToThisCA 和 issuedByThisCA 成分的相应成分匹配,则匹配
规则返回 TRUE。

11.3.5 证书列表准确匹配

证书列表准确匹配规则对所提供的值与类型 certificateList 的属性值的相等性进行比较。它唯一
地选择单一 CRL。

CertificateListExactMatch MATCHING-RULE   ::=   {
    SYNTAX   **CertificateListExactAssertion**
    ID   **id-mr-certificateListExactMatch** }

CertificateListExactAssertion ::= **SEQUENCE** {
    issuer   **Name**,
    thisUpdate   **Time**,
    distributionPoint   **DistributionPointName OPTIONAL** }

如果在存储属性值的这些成分匹配了所提供值中的那些成分,则此规则返回 TRUE。如果 distri-
butionPoint 成分存在,那么它必须至少用一种名称形式进行匹配。

11.3.6 证书列表匹配

证书列表匹配规则将所提供的值与类型 CertificateList 的属性值进行比较。根据不同的特征,它
选择一份或多份 CRL。

certificateListMatch MATCHING-RULE ::= {
    SYNTAX   **CertificateListAssertion**
    ID   **id-mr-certificateListMatch** }

CertificateListAssertion ::= **SEQUENCE** {
    issuer   **Name**   **OPTIONAL**,
    minCRLNumber   [0]   **CRLNumber**   **OPTIONAL**,
    maxCRLNumber   [1]   **CRLNumber**   **OPTIONAL**,
    reasonFlags   **ReasonFlags**   **OPTIONAL**,
    dateAndTime   **Time**   **OPTIONAL**,
    distributionPoint   [2]   **DistributionPointName**   **OPTIONAL**,
    authorityKeyIdentifier   [3]   **AuthorityKeyIdentifier**   **OPTIONAL** }

如果所有的存在值中的组件与相应的储存属性值组件相匹配,那么匹配规则就返回 TRUE,属性

值如下：

issuer 匹配，如果属性值的这个成分的值等于所提供值的那个成分的值；

minCRLNumber 匹配，如果其值小于或等于所存储属性值的 CRL 号扩展中的值；如果所存储属性值没有包含 CRL 号扩展，则没有匹配；

maxCRLNumber 匹配，如果其值大于或等于所存储属性值的 CRL 号扩展中的值；如果所存储属性值没有包含 CRL 号扩展，则没有匹配；

reasonFlags 匹配，如果在所提供的值中设置的任一比特也在颁发的所存储属性值的分布点扩展的 only SomeReasons 成分中设置；如果所存储属性值不包含颁发的分布点扩展中的 reasonFlags 那么也有一个匹配，或者如果存储属性值不包含颁发的分布点扩展；

注：虽然和 reasonFlags 特殊值上的一个 CRL 相匹配，CRL 可能不包含任何带有原因码的任何撤销记录。

dateAndTime 匹配，如果此值等于或大于所存储的属性值的 ThisUpdate 成分中的值，并且小于所存储的属性值的 nextUpdate 成分中的值；如果所存储的属性值不包含 nextUpdate 成分，则没有匹配；

distributionPoint 匹配，如果所存储的属性值包含颁发的分布点扩展，并且所提供的值中的此成分的值等于在此扩展中对应的至少一个名称形式的值；

authorityKeyIdentifier 匹配，如果在储存属性值中组件值等于在其中存在的值；如果储藏属性值不包含认证密钥认证扩展，或者如果并非所有在存在值中的组件是存在于储藏属性值中，那么就没有匹配。

11.3.7 算法标识符匹配

算法标识匹配规则对所提供的值与类型 SupportedAlgorithm 的属性值的相等性进行比较：

algorithmIdentifierMatch MATCHING-RULE ::= {

SYNTAX **AlgorithmIdentifier**

ID **id-mr-algorithmIdentifierMatch** }

如果所提供的值等于所存储的属性值的 algorithmIdentifier 成分，则此规则返回 TRUE。

11.3.8 策略匹配

策略匹配规则把等于存在值和类型 CertificatePolicy 的属性值或者类型 PrivPolicy 属性值相比较。

policyMatch MATCHING-RULE ::= {

SYNTAX **PolicyID**

ID id-mr-policyMatch }

如果存在值等于储藏属性值的 policyIdentifier 组件，这个规则返回 TRUE。

11.3.9 PKI 路径匹配

PkiPathMatch 匹配规则把同等的一个存在值与一个类型 pkiPath 属性值相比较。证书使用系统可以使用这个匹配规则来选择路径，路径由一个可以信任的 CA 发布的证书开始，以发布给那些颁发终端实体的有效证书的 CA 机构的证书结束。

pkiPathMatch MATCHING-RULE ::= {

    SYNTAX **PkiPathMatchSyntax**

    ID **id-mr-pkiPathMatch** }

PkiPathMatchSyntax ::= SEQUENCE {

    firstIssuer **Name**,

    lastSubject **Name** }

如果在 firstIssuer 组件中的存在值与相应的在储存值的 SEQUENCE 中的第一个证书的 issuer 域的规则相匹配，并且在 LastSubject 组件中的存在值与相应的存储值的 SEQUENCE 中的最后一个证书主体域的规则相匹配，那么匹配规则就返回 TRUE。如果任何一个匹配没有完成，那就返回 FALSE。

第三篇　属性证书框架

这里定义的属性证书框架提供了一个基础,在这个基础上能够创建特权管理基础设施(PMI)。这个基础设施能够支持像访问控制这样的应用。

特权到一个实体的绑定是由一个证书认证机构通过被称作属性证书的数字签名的数据结构提供的,或者通过为该目的包含了明确定义的扩展的公钥证书来提供。同时还定义了属性证书的格式,包括一个可扩展的机制以及一套特定证书扩展。属性证书的撤销功能可以有,也可以没有。例如,在某些环境中,属性证书的有效期可能非常短(可以短到几分钟),因此就没有执行撤销操作的必要。反之,如果由于某些原因,证书认证机构撤销了一个以前发布的属性证书,则用户就需要获悉已经发生的撤销,而不再使用一个不可信赖的证书。撤销列表是一个能够用来通告撤销用户的模型。撤销列表的格式在本部分中的第二部分定义,包括一个可扩展机制以及一套撤销列表扩展。同时还定义了附加扩展。在证书和撤销列表两种情况中,其他团体也定义了对它们的特定环境有用的附加扩展。

使用属性证书的系统,应该在应用程序使用证书之前验证证书的有效性。执行有效性检查的程序也在这里进行了定义,包括验证证书本身的完整性、撤销状态,以及对于特定用途的有效性。

本架构也包括了大量的只适合某些环境的可选元素。虽然模型定义得很完备,但本架构也能够用在不是所定义模型的所有组件都被使用的环境中。例如,有些环境中,属性证书的撤销不是必需的。特权的委托及角色的使用也是这个框架的一方面,尽管还没有得到普遍的应用,但是它们仍然被包括在本部分中,因此确实有这方面需求的环境也可以得到支持。

目录使用属性证书来提供对目录信息的基于角色的访问控制。

12　属性证书

公钥证书主要用来提供身份服务,在它的基础上可以建立其他的安全服务,例如:数据的完整性、实体认证、机密性和授权等。为了给持有者绑定一个特权属性,本部分提供了两个不同的机制。

公钥证书与实体认证服务一起使用,如果特权通过发布 CA 的方法和主体相联系,则公钥证书能够直接提供授权服务。公钥证书可以包含一个 subjectDirectoryAttributes 扩展,扩展中包括与公钥证书的主体相联系的特权。这个机制适合于下列情况:发布公钥证书的证书认证机构(CA)也是委托特权(AA)的证书认证机构并且特权的有效期与公钥证书的有效期相符合。终端实体不能作为 AA。如果定义在本部分第 15 章中的任何一个扩展包括在公钥证书中,则那些扩展也会同样使用在公钥证书的 subjectDirectoryAttributes 扩展中分配的所有特权。

在更普遍的情况下,实体特权将有一个和公钥证书的有效期不一致的生命期。特权的生命期通常更短。特权分配认证机构往往不同于相同实体的公钥证书发布认证机构,并且不同的特权可以由不同的属性机构(AA)分配。另外,还可以在一个临时环境中分配特权,并且特权特征的"开启/关闭"可以异步于公钥证书的生命期和/或异步于不同 AA 发布的实体特权。由 AA 发布的属性证书的使用,提供了一个灵活的特权管理基础设施(PMI),可以独立于 PKI 建立和管理它。同时,在 PKI 和 PMI 之间又有着一定的联系,凭这个联系,PKI 可以用来认证属性证书中发布者和持有者的身份。

12.1　属性证书结构

属性证书与主体公钥证书是两个独立的结构。一个主体可以有多个与其公钥证书相关联的属性证书。没有必要由同一个证书认证机构为用户创建公钥证书和属性证书(可以是多个),实际上,职能的分离通常是以其他方式指明。在由不同的证书认证机构负责发布公钥证书和属性证书的情况下,由 CA 发布的公钥证书和由 AA 发布的属性证书将使用不同的私钥进行签名。在一个单独的实体既是发布公钥证书的 CA,又是发布属性证书的 AA 的情况下,强烈推荐使用不同的密钥对属性证书和公钥证书进行签名。发布认证的机构和接收证书的实体之间的交换不属于本部分的范围。

属性证书定义如下:

AttributeCertificate ::= SIGNED { **AttributeCertificateInfo** }
AttributeCertificateInfo ::= SEQUENCE

{

Version	**AttCertVersion** -version is v2,
Holder	**Holder**,
Issuer	**AttCertIssuer**,
Signature	**AlgorithmIdentifier**,
serialNumber	**CertificateSerialNumber**,
attrCertValidityPeriod	**AttCertValidityPeriod**,
attributes	**SEQUENCE OF Attribute**,
issuerUniqueID	**UniqueIdentifier OPTIONAL**,
extensions	**Extensions OPTIONAL**

}

AttCertVersion ::= INTEGER {v2(1) }
Holder ::= SEQUENCE

{

baseCertificateID 　　　　　　　　[0] **IssuerSerial** 　　　　OPTIONAL,
　——*持有者公钥证书的发布者及序列号*
entityName 　　　　　　　　　　　　[1] **GeneralNames** 　　　OPTIONAL,
　——*实体或角色名*
objectDigestInfo 　　　　　　　　　[2] **ObjectDigestInfo** 　OPTIONAL
　——*如果存在，则版本号必须为 v2*
　——*baseCertificateID，entityName 或 objectDigestInfo 必须至少存在一个*——}
publicKeyCert 　　　　　　　　　　　(1),
otherObjectTypes 　　　　　　　　　(2)}.
otherObjectTypeID 　　　　　　　　**OBJECT IDENTIFIER OPTIONAL**,
digestAlgorithm 　　　　　　　　　**AlgorithmIdentifier**,
objectDigest 　　　　　　　　　　　**BIT STRING** }

AttCertIssuer ::= 　　　　[0] **SEQUENCE** {
issuerName 　　　　　　　**GeneralNames OPTIONAL**,
baseCertificateID 　　　[0] **IssuerSerial OPTIONAL**,
objectDigestInfo 　　　　[1] **ObjectDigestInfo OPTIONAL** }
——至少存在一个成分
(WITH COMPONENTS {...,issuerName PRESENT }|
WITH COMPONENTS {...,baseCertificate IDPRESENT }|
WITH COMPONENTS {...,objectDigestInfo PRESENT })

IssuerSerial ::= SEQUENCE {

Issuer	**GeneralNames**,
Serial	**CertificateSerialNumber**,
issuerUID	**UniqueIdentifier OPTIONAL** }

AttCertValidityPeriod ∷ = **SEQUENCE** {

    notBeforeTime   **GeneralizedTime**,

    notAfterTime   **GeneralizedTime** }

版本号(version number)用来区分属性证书的不同版本。如果持有者(holder)包括 objectDigestInfo,或者发布者(issuer)包括 baseCertificateID 或者 objectDigestInfo,则版本号必须为 v2。

持有者(holder)域用来传递属性证书持有者的身份。

如果 baseCertificateID 存在,则用该属性证书声称特权时,可以用它认证该持有者身份的公钥证书。

如果 entityName 存在,可以用它认证持有者的一个或多个名称。如果 holder 中只有 entityName,则当用该属性证书声称特权时,任何一个将这些名称之一作为其主体的公钥证书可以用来认证该持有者的身份。如果 baseCertificateID 和 entityName 同时存在,则只能够使用由 baseCertificateID 指定的证书。在这种情况下,entityName 仅仅作为一个帮助特权检验者查找已经过认证的公钥证书的工具。

注 1: 单独使用 GeneralNames 认证持有者的风险是 GeneralNames 只指向持有者的名称。另外,单独使用 General-Names 也往往不足以认证给其发布了特权的持有者的身份。无论如何,在发布特定的公钥证书时,使用发布者名称和特定公钥证书序列号,能够使属性证书的发布者信赖由 CA 完成的认证处理。另外,特别是当持有者是一个角色而非单独实体时,在命名属性证书持有者时使用 GeneralNames 的一些选项(如 IP Address)是不合适的。单独使用 GeneralNames 作为持有者标识符的另一个问题是,结构内部的多种名称格式没有严格的注册认证机构或名称分配过程。

如果存在,ObjectDigestInfo 直接用来认证持有者的身份,包括一个可执行的持有者(例如一个 Java 程序)。通过相应信息摘要和 objectDigest 内容的比较,实现持有者的认证,这个信息摘要由特权检验者使用 ObjectDigestInfo 中认证的相同算法创建。如果两者相同,则为了实现用该属性证书声称特权,需要对持有者进行认证。

——PublicKey 将在信息摘要中包括实体公钥的 Hash 值时指明。对一个公钥进行散列计算可能不会唯一认证一个证书(也就是说,相同的密钥值可以出现在多个证书中)。为了将属性证书链接到一个公钥上,必须以存在于公钥证书中的公钥表示为基础,计算这些散列值。特别是,散列算法的输入会是密钥 SubjectPublicKeyInfo 表示的 DER 编码,这包括 AlgorithmIdentifier 和 BIT STRING。注意,如果用作输入到 hash 函数中的公钥值是从公钥证书中析取出来的,则上面所说的对一个公钥进行 HASH,可能会唯一认证一个证书(例如,如果数字签名算法的参数是继承得来的),然而,这样又不能为 HASH 提供充分的输入。在这个环境中对 Hash 的正确输入主要包括继承得来的参数值,这样就可以不同于公钥证书中的 SubjectPublicKeyInfo 表示。

——PublicKeyCert 将在公钥证书被 Hash 时指明,这个 hash 遍及了公钥证书的全部 DER 编码,包括签名位。

——OtherObjectTypes 将在除了公钥或公钥证书以外的对象(如软件对象等)被 hash 时指明。可以选择性地提供对象类型的身份。被 hash 的部分对象可以通过明确的、规定的类型标识符决定,或者是如果不支持该标识符,则由使用了该对象的环境决定。

issuer 域传递由 AA 发布的证书的身份。

——如果存在 issuerName,则用来认证发布者的一个或多个名称。

——如果存在 baseCertificateID,则通过涉及到的特定的公钥证书来认证发布者,这个证书的主体就是发布者。

——如果存在 objectDigestInfo,则通过为发布者提供认证信息的散列值来认证发布者。

signature 用来认证对属性证书进行数字签名的加密算法。

serialNumber 是用于在其发布者范围内唯一认证属性证书的序列号。

AttrCertValidityPeriod 表示属性证书的有效期,以 GeneralizedTime 格式表示。

attributes 域包含了同正在被认证的持有者相关的属性(如:特权)。

注 2:在属性描述符属性证书情况下,属性的序列可以为空。

IssuerUniqueID 可以用于在发布者组件不充分的环境中,认证属性证书的发布者。

extentions 域允许在属性证书中添加新域。

这里所描述的属性证书框架主要提供了属性证书中的特权模型。不过,同前面提到的定义一样,在本节中的证书扩展也可以放在使用了 subjectDirectoryAttributes 扩展的公钥证书中。

12.2　属性证书路径

同公钥证书一样,有时也需要传递一个属性证书路径(例如:在一个应用协议内部声称特权)。下面的 ASN.1 数据类型可以用来描述属性证书路径:

AttributeCertificationPath ::= SEQUENCE {
　　attributeCertificate　　　　**AttributeCertificate**,
　　acPath　　　　**SEQUENCE OF ACPathData OPTIONAL** }
ACPathData ::= SEQUENCE {
　　certificate　　　　[0]　**Certificate OPTIONAL**,
　　attributeCertificate　　　[1]　**AttributeCertificate OPTIONAL** }

13　属性权威、SOA 和证书认证机构的关系

属性权威(AA)和证书认证机构(CA)在逻辑上是完全独立的(许多情况下,在物理上也是独立的)。"身份"的创建和维护可以(并且常常应该)从 PMI 中分离出来,因此包括 CA 的完整 PKI,可以在创建 PMI 之前存在并运行。虽然 CA 是其域中的身份的源授权机构,但本身并非特权的源授权机构,因此 CA 没必要自己成为 AA;同时逻辑上,也没必要负责决定由什么样的实体行使 AA 的功能(例如,通过包含在它们身份证书中的标志等)。

源授权机构(SOA)是受特权检验者信任的,最终负责分配特权集合的实体。一种资源可以通过信任特定功能(例如,读特权和写特权)的 SOA,来限制 SOA 权威。SOA 本身就是一个 AA,因为 SOA 为其他实体发布了证书,并在证书中为这些实体分配特权。另外 SOA 同 PKI 中的'根 CA'或'信任点'也很类似,在这样的 SOA 中,特权检验者信任 SOA 所签名的证书。在一些环境中,CAs 需要牢牢控制具有 SOAs 功能的实体,本架构就提供了支持这些需求的机制。在其他环境中,不需要这种控制,因此决定在这些环境中行使 SOAs 功能的实体不属于本部分的讨论范围。

由于该架构非常灵活,所以能够满足多种类型环境的需要。

a)　在许多环境中,所有的特权可以直接由单个 AA,即 SOA 分配给个体(独立的实体)。

b)　其他环境可能需要对可选的角色特征的支持,籍此为个体发布证书,在证书中为该实体分配了各种角色。同时还隐含了为个体分配与角色相关的特权。角色特权可以自身或通过其他方式(例如本地配置)分配到一个被发布给角色自身的属性证书中。

c)　该框架的另一个可选特性就是对特权委托的支持。一旦委托完成,则 SOA 将特权分配给一个实体,并允许该实体行使 AA 的功能以及进一步委托特权。委托可以持续在几个中介 AA 中进行,直到最后分配给一个不能再做进一步特权委托的终端实体。中介 AA 对它们所委托的特权,可以是特权声称者,也可以不是。

d)　在一些环境中,同一个物理实体既可以行使 AA,也可以行使 CA 的功能。当特权在公钥证书的 subjectDirectoryAttributes 扩展内部传递时,会经常出现同一物理实体充当双重逻辑角色的情况。在其他环境中,不同的物理实体分别作为 CA 和 AA,在这种情况下,应该使用属性证书而不是公钥证书分配特权。

当属性证书指向其发布者和持有者的公钥证书时,PKI 用于认证持有者(特权声称者)及检验发布

者的数字签名。

13.1 属性证书中的特权

实体可以通过两种方式获得特权：

——通过属性证书的创建（也许完全在于它自身的主动，或第三方的请求），AA可以单方面地为实体分配特权。创建好的属性证书首先存储在一个可公共访问的仓库中，随后由一个或多个特权检验者操作，以做出授权决定。所有这些能在无实体知识或实体外在行为的情况下发生。

——作为选择，一个实体可以请求某些AA的特权。一旦创建，属性证书就能（仅仅）返回给请求实体，当请求访问某些受保护的资源时，该证书就能为请求实体提供。

注意在所有的程序中，AA必须履行其职责以确保特权确实分配给了该实体。它可以包含某些带外（out-of-band）机制，类似于由CA绑定的实体/密钥对的认证。

基于PMI的属性证书适合于以下任何一个环境：

——一个不同的实体为持有者分配特殊特权，其他的实体为这个持有者分配公钥证书；

——来自不同证书认证机构的大量特权属性分配给持有者；

——特权生命期不同于持有者的公钥证书有效期（一般特权的生命期短一些），或；

——特权仅在特定的时间段内有效，该时间段与用户的公钥或其他特权的有效期不一致。

13.2 公钥证书中的特权

在某些环境中，特权通过CA的实际操作与主体关联。这样的特权可以直接放在公钥证书中（因此重复使用差不多已经建立好的基础设施要胜于发布属性证书）。在这种情况下，特权包含在公钥证书的subjectDirectoryAttributes扩展中。

这种机制适合于以下任何一种环境：

——同一个物理实体可以同时行使CA和AA的功能；

——特权的生命期与包含在证书中的公钥一致；

——不允许特权委托；

——允许委托，但对于任何委托，证书中的所有特权（在subjectDirectoryAttributes扩展中的）必须具有相同的委托参数，同时所有与委托相关的扩展要平等地应用到证书中的所有特权中。

14 PMI模型

14.1 一般模型

一般特权管理模型由三个实体组成：对象，特权声称者和特权检验者。

对象可以作为受保护的资源，例如在一个访问控制应用中，这个受保护的资源作为对象引用。对象类型具有可以被调用的方法（例如，对象可能是具有"接受登录"对象方法的防火墙，或是文件系统中具有可读、写和执行对象方法的文件）。该模型中的另一个对象类型可以是不可抵赖应用中被签名的对象。

特权声称者是持有特殊特权，并为特殊的使用环境声称其特权的实体。

特权检验者是决定所声称的特权对给定的使用环境是否充分的实体。

特权检验者所作出的通过/失败决定取决于以下四个方面：

—— 特权声称者的特权；

—— 适当的特权策略；

—— 如果与环境有关的话，当前的环境变量；

—— 如果与对象方法相关的话，对象方法的敏感性。

特权持有者的特权反映了证书发布者对该持有者的信任程度，特权持有者也会坚持那些不受技术手段辖制的策略。这个特权封装在特权持有者的属性证书（或其公钥证书的subjectDirectoryAttributes扩展）中，它可以在调用请求中，提交给特权检验者，或以其他方式分配，例如通过目录。特权的编码可以通过包含 AttributeType 和 SET OF AttributeValue 的属性结构来实现。用于指定特权的一些属性类型可能只需要非常简单的语法,例如一个单独的 INTEGER 或 OCTET STRING。其他的一些属性可能会有比较复杂的语法。在附录 D 中给出了实例。

特权策略指出了特权的程度,对于给定对象方法的敏感性或使用环境,该程度被认为是充分的。为了保证完整性和真实性,必须保护特权策略。存在许多可能的传输策略。一个极端的情况就是策略根本没有被传达,但经过了简单定义,并曾经只被保留在特权检验者自己的环境中。另一种极端情况就是某些策略是"通用的",并且是系统中的每个实体都知道的,同时可以被传达给系统中的每个实体。这两种情况之间有许多变换的情况。本部分定义了在目录中存储特权策略信息的计划组件。

特权策略指出了接受给定特权集的阈值。即,特权策略精确地定义了特权检验者对于特权声称者的访问(所请求的对象,资源,应用等),所提供的特权集是充分的。

本部分中特权策略的定义语法是非标准化的。附录 D 中包含了用于此目的的语法实例,当然,仅仅是一些例子。包括明文在内的任何语法都可以用于此目的。不考虑用于定义特权策略的语法,特权策略的每一个实例必须得到唯一地标识。对象标识符就是用于此目的的。

PrivilegePolicy ::= OBJECT IDENTIFIER

如果有关,环境变量获取一些策略的特征,这些特征对特权检验者通过一些本地方式做出通过/失败决定(例如时刻或当前帐目余额等)是必须的。环境变量的表示完全是一个本地事件。

如果有关,对象方法敏感性可以反映文档或即将被处理的请求的属性,像资金转帐的货币值等就意味着授权,或文件内容的机密性。对象方法敏感性可以在一个相关的安全标签或对象方法持有的属性证书中明确编码,或者可以隐式地封装在相关的数据对象的结构及内容中。对象方法敏感性能用许多方式进行编码。例如,在 EDIFACT 交换区,它可以在与文档相关的 X.411 标签中,编码在 PMI 范围外,或在特权检验者的应用中硬编码。它可以选择性地在 PMI 内部或属性证书中编码。另外,在一些环境中,没有使用对象方法敏感性。

在特权检验者和任何特殊的 AA 间没有任何必然的绑定关系。正像特权声称者可以通过许多不同的 AAs 发布属性证书一样,特权检验者可以接收由众多 AAs 发布的证书访问一种特殊资源,这些不同的 AA 不必在层次上彼此关联。

属性证书框架可以为各种目的,管理不同类型的特权。本部分中所使用的一些术语,例如特权声称者,特权检验者等,独立于特殊的应用或用法。

14.1.1 访问控制环境中的 PMI

关于访问控制,标准框架(ISO/IEC10181-3|ITU-TRec.X.812)定义了专门用于访问控制应用的一套相关术语集。另外,这里还提供了用于本部分中的一般术语到访问控制框架中的专用术语的映射,以阐明这个框架模型与规范之间的联系。

本部分中的特权声称者将起到访问控制框架中"发起人"角色的作用。

本部分中的特权检验者将起到访问控制框架中"访问控制决定函数(ADF)"角色的作用。

本部分中用于声称特权的对象方法同访问控制框架中定义的"目标"相对应。

本部分中的环境变量同访问控制框架中的"环境信息"相对应。

本部分中讨论的特权策略包括访问控制框架中定义的"访问控制策略"和"访问控制策略规则"。

本模型允许 PMI 完全无缝地覆盖在一个受保护的现有资源网络上。特别的,该模型将特权检验者作为到敏感对象方法的网关,准许或拒绝该对象方法的撤销请求,使对象受到保护,而对对象本身没有或者只有一点影响。特权检验者将屏蔽全部请求,只有经过适当授权的请求才可以传递到适当的对象方法。

14.1.2 不可抵赖环境中的 PMI

关于不可抵赖,标准框架(ISO/IEC10181-4|ITU-TRec.X.813)定义了专门用于不可抵赖的一套相关术语集。另外,这里还提供了用于本部分中的通用术语到不可抵赖框架中的专用术语的映射,以阐明

这个框架模型与规范之间的联系。

本部分中的特权声称者将起到不可抵赖框架中"证据主体"或"发起人"的角色。

本部分中的特权检验者将起到不可抵赖框架中"证据用户"或"接收者"的角色。

本部分中用于声称特权的对象方法同不可抵赖框架中定义的"目标"相对应。

本部分中的环境变量同不可抵赖框架中的"证据生成及检验的日期和时间"相对应。

本部分中讨论的特权策略包括不可抵赖框架中的"不可抵赖安全策略"。

14.2 控制模型

控制模型阐明了如何在对敏感对象方法的访问上运用控制。模型由五部分组成:特权声称者、特权检验者、对象方法、特权策略和环境变量(见图3)。特权声称者拥有特权;对象方法拥有敏感性。这里所描述的技术可以使特权检验者通过特权声称者控制对象方法的访问权限,从而与特权策略达成一致。特权和敏感性可以是多值参数。

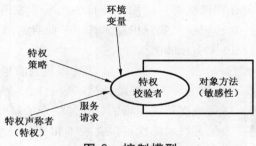

图 3 控制模型

特权声称者可以是由公钥证书所认证的实体,或者是由其磁盘映像摘要所认证的可执行对象等。

14.3 委托模型

某些环境中可能需要委托特权。然而,这只是框架的可选特征,并非所有的环境都需要该特征。委托模型由四部分组成:特权检验者,SOA,其他AA以及特权声称者(见图4)

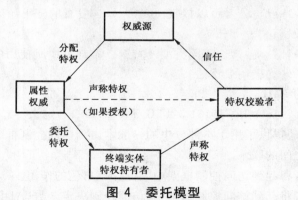

图 4 委托模型

对于不使用委托的环境,SOA是为特权持有者分配特权的最初的证书发布者。然而,在SOA允许特权持有者行使AA功能,以及通过包含相同特权(例如它的一个子集)的证书的发布对其他实体进行进一步委托的情况下,SOA能够在实施的委托上强加限制(例如限制路径长度,限制被实施的委托的名称空间等)。每一个中介AA可以在它发布给进一步特权持有者的证书中,通过这些持有者行使AA的功能,完成进一步的授权委托。委托的普遍约束就是AA不能委托超过其持有范围的特权。委托者也可以进一步限制下属AA的能力。

当使用委托时,特权检验者信任由SOA将部分或全部特权委托给持有者,其中部分持有者可以进一步将部分或全部特权委托给其他持有者。

特权检验者信任SOA作为给定资源特权集的证书认证机构。如果特权声称者的证书不是由SOA发布的,则特权检验者必须查找出证书的委托路径,该路径在特权声称者到SOA发布的一个证书之间。委托路径的确认必须包括确认每个 AA 有足够的特权，以及每个 AA 在适当的时候，被授权委托这些特权。

对于用属性证书传送特权的情况，委托路径不同于用于确认包含在委托过程中的实体公钥证书的证书确认路径。然而，由公钥证书确认过程提供的确认质量必须与被保护的对象方法的敏感性相当。

委托路径或者完全由属性证书组成，或者完全由公钥证书组成。如果得到授权，在属性证书中包含其特权的委托者可以只通过后来属性证书的发布进行委托。同样，如果被授权，在公钥证书中包含其特权的委托者可以只通过后来公钥证书的发布进行委托。只有 AA 可以委托特权，终端实体则不能。

14.4 角色模型

角色为个体提供了一种间接分配特权的手段。给个体发布角色分配证书，这些证书可以通过包括在证书中的角色属性为个体分配一个或多个角色。通过角色说明证书将一定的特权分配给角色名，比通过属性证书将特权分配给单独的特权持有者好。间接的程度能够使诸如分配给一个角色的特权得到更新，同时不会与给个体分配角色的证书发生冲突。角色分配证书可以是属性证书，也可以是公钥证书；但角色说明证书只能是属性证书，不能是公钥证书。如果没有使用角色说明证书，则角色的特权分配还可以通过其他方式完成（例如，可以由特权检验者进行本地配置）。

以下几条都是可能的：

—— 任何一个 AA 都可以定义任意数目的角色；

—— 角色本身及其成员可以由不同的 AA 分别定义和管理；

—— 角色的所有成员可以像其他特权一样被委托，并且；

—— 角色及其全体成员可以分配到任何合适的生命期。

如果角色分配证书是属性证书，则角色（role）属性包括在属性证书的属性（attributes）中。如果角色分配证书是公钥证书，则角色（role）属性包括在 subjectDirectoryAttributes 扩展中。后一种情况中，包含在公钥证书中的附加特权是直接分配给证书主体的特权，而不是分配给角色的特权。

因此，特权声称者可以向特权检验者提交一个角色分配证书以证明只有该特权声称者才有特殊的角色（例如，"管理者"或"购买者"）。特权检验者可以预先知道，或是通过其他途径发现为做出通过/失败的授权决定，与所声明的角色相关的特权。角色说明证书可以用于此目的。

特权检验者必须理解为该角色所指定的特权。对这个角色的特权分配可以在角色说明证书的 PMI 内部完成，也可以在 PMI 外部完成（如，本地配置）。如果在角色说明证书内声明角色特权，则本部分提供了为特权声称者将证书同相应角色分配证书链接的机制。角色说明证书不能被委托给任何实体。角色分配证书的发布者可以独立于角色说明证书的发布者，并且完全可以分别对两者进行管理（期满、撤销等）。相同的证书（属性证书或公钥证书）可以是角色分配证书，也可以包括对相同个体其他特权的直接分配。然而，角色说明证书必须是单独的证书。

注：授权框架内部角色的使用可能会增加路径处理的复杂性，因为这样的功能从本质上定义了不同的且必须遵循的委托路径。角色分配证书的委托路径可以包括不同的 AA，并且可以独立于发布角色说明证书的 AA。

14.4.1 角色属性

特权属性类型规范通常是应用问题，不属于本部分的讨论范围。但有一个唯一的例外，就是本部分定义了给声称者分配角色的属性。角色属性值的规范不是本部分的讨论范围。

```
role        ATTRIBUTE        ::= {
    WITH SYNTAX                        RoleSyntax
    ID                                 id-at-role }


RoleSyntax              ::=                     SEQUENCE {
    roleAuthority                      [0]  GeneralNames  OPTIONAL,
    roleName                           [1]  GeneralName }
```

特权属性用于填充角色分配证书的 attribute 域。如果角色分配证书是公钥证书,则属性用于填充公钥证书的 subjectDirectoryAttributes 扩展。

如果存在,roleAuthority 用来认证负责发布角色说明证书的公认认证机构。

如果 roleAuthority 存在,至少 roleAuthority 的一个名称必须存在于角色说明证书的 issure 域中,同时特权检验者使用角色说明证书,则它们决定分配给角色的特权。如果特权检验者在决定分配给角色的特权时所使用的方式不同于角色说明证书,则由该组件中所命名的认证机构分配特权的保证机制在本部分讨论范围之外。

如果 roleAuthority 不存在,则可靠证书认证机构的身份必须由其他方式决定。角色分配证书中的 roleSpecCertIdentifier 扩展是实现这种绑定的一种途径,在这种情况下,角色说明证书用于将特权分配给角色。

RoleName 用于认证包含该属性的,分配给角色分配证书持有者的角色。如果特权检验者使用角色说明证书决定分配给该角色的特权,则该角色名也必须出现在角色说明证书中的 holder 域中。

15 特权管理证书扩展

为便于特权管理,可将以下证书扩展包含在证书内。根据扩展本身的定义,以下提供了一些包含扩展的证书类型规则。

除 SOA 标识符扩展以外,如果公钥证书已将特权分配给它的主体(如,subjectDirectoryAttributes 扩展存在),那么可能包括公钥证书中可能包含的所有扩展。如果公钥证书中存在所有的扩展,那么扩展可适用于 subjectDirectoryAttributes 扩展中的所有特权。

用于发布属性证书(ACRL 和 AARL)撤销通知的撤销列表,可以包含所有 CRL 或 CRL 入口的扩展,本部分的第二节定义了 CRL 和 CRL 入口扩展。

下列条目指定了在以下领域中的扩展:

a) *基本特权管理*:证书扩展可以传递与特权声明相关的信息;

b) *特权撤销*:证书扩展可以传递与撤销状态位置信息相关的信息;

c) *权威源*:对于给定的资源来说,证书扩展可通过验证者与特权分配的可信源相关;

d) *角色*:证书扩展可以传递与有关角色说明证书位置相关的信息;

e) *授权*:证书扩展可以约束所分配特权的后续授权设置。

15.1 基本特权管理扩展

15.1.1 需求

下列需求与基本特权管理相关:

a) 发布者要能约束特权声明期;

b) 发布者要能把属性证书设为特定的服务器/服务;

c) 发布者要能传输用证书显示特权声明者和/或特权检验程序的信息;

d) 发布者要能约束特权策略,所分配的特权可与特权策略一起使用。

15.1.2 基本特权管理扩展域

定义了下面的扩展域:

a) *时间规范*;

b) *目标信息*;

c) *用户通知*;

d) *合理的特权策略*。

15.1.2.1 时间规范扩展

AA 可以使用时间规范扩展来约束特定的时间周期,在此期间由特权持有者来声明特权,这种特权是在包含扩展的证书中分配的。如,AA 可发布一个分配特权的证书,它只能在周一至周五的上午 9:00

到下午 5:00 之间进行声明。授权情况下,管理员可在外出度假期间将签名权力授给下属。

域定义如下:

timeSpecification EXTENSION　　::=　　{
　　SYNTAX　　　　TimeSpecification
　　IDENTIFIED BY　id-ce-timeSpecification }

AA(包括 SOA)发布给特权声明者实体和其他 AA 和终端实体的数字证书或公钥证书中可以包含这种扩展。但这种扩展不应该包含在以下证书中:包含 SOA 标识符扩展的证书,或发布给不能充当特权声明者 AA 的证书。

如果发布给 AA 实体的证书中存在这种扩展,那么它只能用于证书中所包含的特权的实体声明。这并不影响 AA 发布证书的时间周期。

由于这种扩展对证书有效期进行了改进,因此应当将这种扩展标记为关键的。(也就是说,通过包含这种扩展,发布者明确定义了特权分配在规定时间外无效。)

如果扩展存在,但特权验证者并不能识别它,则必须拒绝证书。

15.1.2.1.1　时间规范匹配

时间规范匹配规则将比较存在值与 AttributeCertificate 类型值的对等性。

timeSpecificationMatch MATCHING-RULE　　::= {
　　SYNTAX　　　　　　TimeSpecification
　　ID　　　　　　　　id-mr-timeSpecMatch }

如果存储值中包含 timeSpecification 扩展,并且现有值中的组件与相应存储值中的组件匹配,则匹配规则返回 TRUE。

15.1.2.2　目标信息扩展

目标信息扩展可将属性证书设定为特定的服务器/服务。包含该扩展的属性证书仅能用于特定的服务器/服务。

域定义如下:

targetingInformation　　EXTENSION　　::= {
　　SYNTAX　　　　SEQUENCE SIZE(1..MAX) OF Targets
　　IDENTIFIED BY　id-ce-targetInformation }

Targets ::=　　　　SEQUENCE SIZE(1..MAX) OF Target

Target　　　　　　　　::=　　　　CHOICE {
　　targetName　　　　[0]　　GeneralName,
　　targetGroup　　　　[1]　　GeneralName,
　　targetCert　　　　[2]　　TargetCert }

TargetCert　　　　　　::=　SEQUENCE {
　　targetCertificate　IssuerSerial,
　　targetName　　　　GeneralName OPTIONAL,
　　certDigestInfo　　ObjectDigestInfo OPTIONAL }

如果 targetName 组件存在,则提供目标服务器/服务的名称,并将包含属性的证书设定为目标。

如果 targetGroup 组件存在,则提供目标组的名称,并将包含属性的证书设定为目标。TargetGroup 中目标成员个数的确定不在本部分中进行讨论。

如果 targetCert 组件存在,则通过查阅其证书来识别目标服务器/服务。

　　AA(包括 SOA)发布给特权声明者实体和其他 AA 和终端实体的属性证书中可以包含这种扩展。但这种扩展不应该包含在以下证书中:公钥证书或发布给不能充当特权声明者 AA 的证书。

　　如果发布给 AA 实体的属性证书中存在这种扩展,则它仅适用于证书中所包含特权的实体声明。这并不影响 AA 发布证书的时间周期。

　　扩展是关键的。

　　如果扩展存在,但特权验证者并不在指定之列,则将拒绝属性证书。

　　如果扩展不存在,则不将属性证书设定为目标,并且它可被任何服务器接受。

15.1.2.3　用户通知扩展

　　持有者声明特权时,用户通知扩展使 AA 包含一个显示给持有者的通知;使用包含扩展的属性证书时,则显示给特权验证者。

　　域定义如下:

userNotice　　　EXTENSION　　　　　::= {
　　　SYNTAX　　　　　　　　SEQUENCE SIZE（1..MAX）OF UserNotice
　　　IDENTIFIED BY　　　　id-ce-userNotice }

　　AA(包括 SOA)发布给特权声明者实体和其他 AA 和终端实体的数字证书或公钥证书中可以包含这种扩展。但这种扩展不应该包含在以下证书中:包含 SOA 标识符扩展的证书,或发布给不能充当特权声明者 AA 的证书。

　　如果发布给 AA 实体的证书中存在这种扩展,则它仅适用于证书中所包含特权的实体声明。这并不影响 AA 发布证书的时间周期。

　　在证书发布者看来,扩展可以是关键的或非关键的。

　　如果扩展被标识为关键的,则必须在每次声明时将用户通知显示给特权验证者。如果特权声明者将属性证书提供给特权验证者(如,特权验证者从存储库内不直接更新),则必须将用户通知显示给特权声明者。

　　如果扩展被标识为非关键的,则特权验证者可以对证书中所声明的特权进行授权,而不论用户通知是显示给特权声明者和/或特权验证者。

15.1.2.4　合理的特权策略扩展

　　合理的特权策略域用于约束指定特权的声明,它可与指定特权策略集一起使用。

　　域定义如下:

acceptablePrivilegePolicies EXTENSION ::= {
　　　SYNTAX　　　　　　　AcceptablePrivilegePoliciesSyntax
　　　IDENTIFIED BY　　　id-ce-acceptablePrivilegePolicies }

AcceptablePrivilegePoliciesSyntax　　::=　　SEQUENCE SIZE（1..MAX）OF PrivilegePolicy

　　AA(包括 SOA)发布给特权声明者实体和其他 AA 和终端实体的属性证书或公钥证书中可以包含这种扩展。如果公钥证书中包含这种扩展,则对于 subjectDirectoryAttribute 扩展中包含的特权来说,它作为特权声明者仅与主体的能力相关。

　　如果存在,则扩展被标识为关键的。

　　如果扩展存在,且特权验证者能识别它,则验证者必须确定所要比较的特权策略是扩展中被标识的。

　　如果扩展存在,但特权验证者并不能识别它,则证书被拒绝。

15.2　特权撤销扩展

15.2.1　需求

　　以下是与属性证书撤销相关的需求:

a) 为控制 CRL 的大小,需要向不同的 CRL 分配由同一 AA 发布的所有证书集合的子集;

b) 属性证书的发布者应该在属性证书中指出非撤销信息可用于该证书 。

15.2.2 特权撤销扩展域

扩展域定义如下:

a) CRL 分布点;

b) 非撤销信息。

15.2.2.1 CRL 分布点扩展

在本部分的第 2 篇中定义了公钥证书中使用的 CRL 分布点扩展。这个域可以包含在属性证书中,也可以存在于发布给 AA(包括 SOA)以及发布给终端实体的证书中。

如果证书中存在 CRL 分布点扩展域,则特权验证者将会使用公钥证书第 2 篇中所描述的方式来处理扩展。

15.2.2.2 非撤销信息扩展

在某些环境下(例如,所发布的证书有效期非常短)不需要撤销证书。AA 可以用这些扩展来指示:没有为该属性证书提供撤销状态信息。域定义如下:

```
noRevAvail EXTENSION ::=      {
    SYNTAX              NULL
    IDENTIFIED BY       id-ce-noRevAvail }
```

该扩展可能存在于由 AA(包含 SOA)发布给终端实体的属性证书中。发布给 AA 的公钥证书和属性证书中不包含这种扩展。

扩展是非关键的。

如果扩展存在于属性证书内,则特权验证者不需要寻找撤销状态信息。

15.3 授权扩展源

15.3.1 需求

以下是关于授权源的需求:

a) 在某些环境中,需要 CA 加强对可充当 SOA 的实体的控制;

b) 需要可靠的 SOA 为特权属性制定一些有效的语法定义和控制规则。

15.3.2 SOA 扩展域

定义了以下扩展域:

a) *SOA 标识符*;

b) *属性描述符*。

15.3.2.1 SOA 标识符扩展

为便于特权管理,SOA 标识符扩展应当指出证书主体可以充当 SOA。如,证书主体可以定义分配特权的属性,为该属性发布属性描述符证书,并使用与验证通过的公钥相应的私钥来发布证书,这些证书将特权分配给持有者。后续证书可以是属性证书或公钥证书,且拥有包含特权的 subjectDirectory-Attributes 扩展。

在某些环境下,不需要这个扩展,但可用其他机制来决定可以充当 SOA 的实体。仅仅在要求 CA 加强管理可充当 SOA 的实体的环境下才需要这个扩展。

域定义如下:

```
sOAIdentifier EXTENSION      ::= {
    SYNTAX                     NULL
    IDENTIFIED BY              id-ce-sOAIdentifier }
```

如果证书内不存在扩展,则主体/持有者充当 SOA 的权力必须用其他方式来确定。

域仅仅存在于发布给 SOA 的公钥证书中。它不包含在发布给其他 AA 或终端实体特权持有者的属性证书或者公钥证书中。

这个扩展是非关键的。

15.3.2.2　属性描述符扩展

特权验证者需要特权属性和掌管后续特权授权的控制规则的定义来确定授权是否正确完成了。可将这些定义和规则以本部分外的多种方式提供给特权验证者(如,可以是特权验证者的本地配置)。

扩展提供了一种机制,可以由 SOA 来生成特权属性的定义和特权验证者的相关有效控制规则。包括这个扩展的属性证书叫做属性描述符证书,它是属性证书的一种类型。尽管在语法上与属性描述符证书 AttributeCertificate 相同:

——在它的 attributes 域内包含一个空的 SEQUENCE;

——是一个自发布的证书(如,发布者和持有者是同一个实体);

——包括属性描述符扩展。

域定义如下:

```
attributeDescriptor EXTENSION      ::= {
    SYNTAX                                AttributeDescriptorSyntax
    IDENTIFIED BY                         {id-ce-attributeDescriptor }}
AttributeDescriptorSyntax      ::= SEQUENCE {
    identifier                            AttributeIdentifier,
    attributeSyntax                       OCTET STRING（SIZE(1..MAX)),
    name                                  [0]  AttributeName  OPTIONAL,
    description                           [1]  AttributeDescription  OPTIONAL,
    dominationRule                        PrivilegePolicyIdentifier }
AttributeIdentifier      ::= ATTRIBUTE.&id ({AttributeIDs })
AttributeIDs ATTRIBUTE      ::= {...}
AttributeName      ::= UTF8String(SIZE(1..MAX))
AttributeDescription      ::= UTF8String(SIZE(1..MAX))
PrivilegePolicyIdentifier      ::=          SEQUENCE {
    privilegePolicy                       PrivilegePolicy,
    privPolSyntax                         InfoSyntax }
```

identifier 组件的值 attributeDescriptor 扩展是一个标识其属性类型的对象标识符。

attributeSyntax 组件包括属性语法的 ASN.1 定义。这种 ASN.1 定义对于在 ISO/IEC 9594-2 中定义的匹配规则操作属性的信息组件是特定的。

name 组件可以包含验证属性的用户友好名。

description 组件可以包含属性的用户友好描述符。

对于属性来说,由于授权"次于"授权者所持有的相应特权,因此 dominationRule 组件指明了它的含义。privilegePolicy 组件能用对象标识符对包含规则的特权策略实例进行鉴别。privPolSyntax 组件包含了特权标识符本身或一个位置指针。如果包含了指针,则特权策略的任意散列允许在已引用的特权策略上进行完整性检测。

这个扩展可能存在于属性标识符证书上。除自发布的 SOA 证书外,扩展不会存在于公钥证书或属性证书上。

扩展是非关键的。

在创建/定义相应的属性类型时,SOA 创建的属性描述符证书是一种方式,通过这种方式,可以理解并执行基础设施中的所有授权"下放"通用约束。在当前目录下,包含扩展的属性证书会存储在 SOA 目录项的 attributeDescriptorCertificate 属性中。

15.3.2.2.1 属性描述符匹配

属性描述符匹配规则比较与 AttributeCertificate 类型的属性值的等同性。

attDescriptor MATCHING-RULE ∷= {

    SYNTAX   **AttributeDescriptorSyntax**

    ID   **id-mr-attDescriptorMatch** }

如果存储值包含 attributeDescriptor 扩展,且当前值中存在的组件与存储值的相应组件匹配,则匹配规则返回 TRUE。

15.4 角色扩展

15.4.1 需求

以下需求与角色有关:

——如果证书是一个角色分配证书,则特权验证者要能查找到相关角色的规范证书,该证书包含分配给角色本身的特定特权。

15.4.2 角色扩展域

定义了以下扩展域:

——角色说明证书标识符

15.4.2.1 角色说明证书标识符扩展

AA 可将扩展作为一个指针来使用,该指针包含角色特权分配的角色说明证书,它可以存在于角色说明证书中(例如,包含角色属性的证书)。

处理角色分配证书时,特权验证者要获得该角色的特权集,从而决定验证通过或失败。如果在角色说明证书中将特权分配给角色,则该域可用于查找证书。

域定义如下:

roleSpecCertIdentifier EXTENSION ∷=

    {

    SYNTAX   **RoleSpecCertIdentifierSyntax**

    IDENTIFIED BY   **{id-ce-roleSpecCertIdentifier }**

    }

RoleSpecCertIdentifierSyntax ∷= SEQUENCE SIZE (1..MAX) OF **RoleSpecCertIdentifier**

RoleSpecCertIdentifier   ∷= SEQUENCE {

    roleName   [0]   **GeneralName**,

    roleCertIssuer   [1]   **GeneralName**,

    roleCertSerialNumber   [2]   **CertificateSerialNumber**   OPTIONAL,

    roleCertLocator   [3]   **GeneralNames**   OPTIONAL

    }

roleName 用于标识角色,该名称与被扩展引用的角色说明证书持有者组件中的名称相同。roleCertIssuer 标识发布角色说明证书的 AA。如果 roleCertSerialNumber 存在,则它包含了角色说明证书的序列号。注意,如果分配给角色本身的特权改变了,则会将新的角色说明证书发布给角色。所有包含该扩展的证书(包括 roleCertSerialNumber 组件)将被引用了新序列号的证书所替代。尽管在某种特定的环境下才需要该操作,但在许多其他情况下,它又不是必需的。特别是,缺少组件时,在不影响角色指派证书的情况下,它将自动更新分配给角色的特权。

如果 roleCertLocator 存在,则它包含用于查找角色说明证书的信息。

这些扩展可能存在于角色分配证书中,它是由 AA(包括 SOA)发布给其他 AA 或终端实体特权持有者的属性证书或公钥证书。包含 SOA 标识符扩展的证书中不存在该扩展。

如果存在,特权验证者可将这种扩展用于查找角色说明证书。

如果这个扩展不存在：

a) 可用其他方式来查找角色说明证书；或者

b) 使用除角色说明证书之外的机制来给角色分配特权（例如，角色特权在特权标识符的本地配置）。

此扩展总是非关键的。

15.4.2.1.1 角色说明证书 ID 匹配

角色说明证书标识符匹配规则比较当前值与 **AttributeCertificate** 属性值是否相等。

roleSpecCertIdMatch MATCHING-RULE ∷＝ {

    SYNTAX   **RoleSpecCertIdentifierSyntax**

    ID   **id-mr-roleSpecCertIdMatch** }

如果存储值包含 roleSpecCertIdentifier 扩展值或当前值的组件与存储值的组件相匹配,则匹配规则返回 TRUE。

15.5 授权扩展

15.5.1 需求

以下需求与特权的授权相关：

a) 为防止终端实体在没有授权的情况下将自己设立为 AA,需要将终端实体的特权证书与 AA 证书区分开来。同时 AA 还要约束后续委托路径的长度。

b) AA 需要指定适当的名称空间,该空间包括特权的授权。特权验证者需要对这些约束进行检查。

c) AA 在声明特权授权时,需要指定一个合理的证书策略,委托路径中的特权声明者用于验证自身。

d) 特权标识符需要为发布者查找相应的属性证书,并且发布者确信有足够特权来代表当前的证书特权。

15.5.2 授权扩展域

定义如下：

a) 基本属性约束；

b) 授权名称约束；

c) 合理的证书策略；

d) 权威属性标识符。

15.5.2.1 基本属性约束扩展

该域指出是否允许证书中所分配特权的后续授权包含这个扩展。如果允许,则可以指定委托路径的长度。

域定义如下：

basicAttConstraints EXTENSION ∷＝

{

    SYNTAX   **BasicAttConstraintsSyntax**

    IDENTIFIED BY   {**id-ce-basicAttConstraints** }

}

BasicAttConstraintsSyntax ∷＝ SEQUENCE

    {

    authority   BOOLEAN DEFAULT FALSE,

    pathLenConstraint   INTEGER（0..MAX) OPTIONAL

    }

authority 组件显示持有者是否可被授予更多的权限。如果 authority 为 TRUE,则根据相关约束,持有者可以是 AA 或授予它更多的权限。如果 authority 为 FALSE,则持有者就是一个终端实体,并且不能授予它更多的权限。

只有当 authority 为真时,pathLenConstraint 组件才是有意义的。它提供了最大数目的 AA 证书,这些证书符合委托路径中的证书。0 值表示这个证书的主体可以发布在终端实体的证书里,而不能发布在 AA 的证书里。如果 pathLenConstraint 域存在于委托路径的所有证书里,则委托路径的长度就没有限制。注意该约束对起始路径里的下一个证书有效。这种约束控制着包含该约束的 AA 证书和终端实体证书之间的数目。因此路径的总长度可以超过 2 个证书约束的值。它包括两个终端证书和两个终端间的 AA 证书,这两个终端受到扩展值的约束。

该扩展可以存在于 AA(包括 SOA)发布给其他 AA 或终端实体的属性证书或公钥证书中。包含 SOA 标识符扩展的证书中不包括该扩展。

如果该扩展存在于属性证书里,且 authority 为 TRUE,则授权给持有者发布后续的属性证书,将所包含的特权授予其他实体,但不能是公钥证书。

如果该扩展存在于公钥证书中,且 basicConstraints 扩展指出该主体也是一个 CA,则授权给主体发布后续公钥证书,这些证书将特权授予其他实体,但不是属性证书。如果包括路径长度约束,则主体只能在扩展指定的或 basicConstraints 扩展指定的约束交集中进行授权。如果该扩展存在于公钥证书中,但不存在于 basicConstraints 扩展中,或者显示主体是一个终端实体,则不授予该主体特权。

对证书发布者来说,这个扩展可以是关键的或非关键的。推荐将它标识为关键的,否则未授权为 AA 的持有者就可以发布证书,且特权验证者有可能使用该证书。

如果该扩展存在且被标识为关键的,则:

——如果 authority 的值没有被设置为真,则授权属性不能用于更多的授权;

——如果 authority 值被设置为真,且 pathLenConstraint 约束存在,则特权验证者应当检查处理的委托路径是否与 pathLenConstraint 一致。

如果扩展存在,但未被标识为关键的,且特权验证者也不能识别它,则授权属性用于进一步的授权时,系统将使用其他方式来作决定。

如果该扩展不存在,或扩展存在但 SEQUENCE 值为空,则持有者只能充当终端实体,而不能充当属性证书,且属性证书中不包括委托特权。

15.5.2.1.1 基本属性约束匹配

基本属性约束匹配规则比较当前值与 AttributeCertificate 类型的属性值是否相等。

basicAttConstraintsMatch　　　　**MATCHING-RULE**　　　　　::= {

　　　SYNTAX　　　　　　　　　**BasicAttConstraintsSyntax**

　　　ID　　　　　　　　　　　**id-mr-basicAttConstraintsMatch** }

如果存储的值包含 basicAttConstraints 扩展,或者当前存在的组件值与存储值相匹配,则匹配规则返回 TRUE。

15.5.2.2 授权名约束扩展

授权名约束域指定了一个名称空间,其中需要查找委托路径下后续证书中所有持有者的名称。

域定义如下:

delegatedNameConstraints EXTENSION ::= {

　　　SYNTAX　　　　　　　　　　　**NameConstraintsSyntax**

　　　IDENTIFIED BY　　　　　　　**id-ce-delegatedNameConstraints** }

对于公钥证书来说,扩展是以与 nameConstraints 扩展相同的方式来进行处理的。如果 permitted-Subtrees 存在,则持有者 AA 和委托路径中后续 AA 所发布的属性证书之中,只有那些子树中带有持有者名称的属性证书才是合理的。如果 excludedSubtrees 存在,则由持有者 AA 或委托路径中的后续

AA 发布的属性证书是不合理的,该证书拥有子树中的持有者名称。如果 permittedSubtrees 和 ex-cludedSubtrees 都存在,且名称空间重叠,则外部声明优先。

该扩展可以存在于 AA(包括 SOA)发布给其他 AA 的属性证书或公钥证书中。该扩展不应当存在于终端实体发布的证书或包含 SOA 标识符扩展的证书中。

如果该扩展存在于公钥证书中,且 nameConstraints 扩展也存在,则主体只能在扩展中指定的约束和 nameConstraints 扩展指定约束的交集中进行授权。

对于属性证书发布者来说,扩展可以是关键的,也可以是非关键的。这里推荐将它标识为关键的,否则属性证书用户可以不检查发布 AA 的名称空间中委托路径下的后续属性证书。

15.5.2.2.1 授权名称约束匹配

授权名称约束匹配规则比较当前值与 AttributeCertificate 类型的属性值是否相等。

delegatedNameConstraintsMatch MATCHING-RULE ::= {
    SYNTAX   **NameConstraintsSyntax**
    ID   **id-mr-delegatedNameConstraintsMatch** }

如果存储值包含 attributeNameConstraints 扩展,且当前值中存在的组件与相应存储值的组件相匹配,则匹配规则返回 TRUE。

15.5.2.3 合理的证书策略扩展

在采用属性证书的授权中,使用了合理的证书策略域来控制证书策略,这种策略发布了委托路径中后续持有者的公钥证书。通过在域中列举一系列的策略,AA 需要委托路径中的后续发布者仅将所包含的特权授予在一种或多种列举证书策略下发布的公钥证书持有者。这里所列举的策略并不是发布属性证书的策略,而是必须发布的后续持有者合理公钥证书下的策略。

域定义如下:

acceptableCertPolicies EXTENSION ::= {
    SYNTAX   **AcceptableCertPoliciesSyntax**
    IDENTIFIED BY   **id-ce-acceptableCertPolicies** }

AcceptableCertPoliciesSyntax ::= **SEQUENCE SIZE(1..MAX) OF CertPolicyid**

CertPolicyid ::= **OBJECT IDENTIFIER**

该扩展可能只存在于由 AA(包括 SOA)发布给其他 AA 的属性证书里。该扩展不应被包含于终端实体的属性证书或任何公钥证书里。在使用公钥证书授权的情况下,certificatePolicies 和其他相关扩展可以提供同样的功能。

如果存在,则扩展应当被标识为关键的。

如果扩展存在并且特权验证者也能识别它,则验证者必须保证所有委托路径中的后续特权声明者都用公钥证书,在一个或多个列举的证书策略下进行了认证。

如果扩展存在,但特权验证者不能识别它,则必须拒绝该证书。

15.5.2.3.1 合理的证书策略匹配

合理的证书策略匹配规则将当前值与 AttributeCertificate 属性值进行比较,看它们是否相等。

acceptableCertPoliciesMatch MATCHING-RULE ::= {
    SYNTAX   **AcceptableCertPoliciesSyntax**
    ID   **id-mr-acceptableCertPoliciesMatch** }

如果存储值包含 acceptableCertPolicies 扩展,或者当前值中出现的组件和存储值中相应的组件匹配,则匹配规则返回 TRUE。

15.5.2.4 授权属性标识符扩展

在特权委托中,委托特权的 AA 自身至少必须具有同样的特权和权力来委托特权。将特权委托给其他 AA 或终端实体的 AA 可将扩展放置在它所发布的 AA 或终端实体的证书中。扩展是一个指向证书的后台指针,其中将相应的特权分配给了包含扩展的证书发布者。特权验证者可用该扩展来确保所发布的 AA 已经有了足够的特权来委托包含扩展的证书持有者。

域定义如下:

authorityAttributeIdentifier EXTENSION ：：＝

    {

    SYNTAX   **AuthorityAttributeIdentifierSyntax**

    IDENTIFIED BY   {**id-ce-authorityAttributeIdentifier** }

    }

AuthorityAttributeIdentifierSyntax   ：：＝   **SEQUENCE SIZE（1..MAX）OF AuthAttId**

AuthAttId   ：：＝   **IssuerSerial**

包含该扩展的证书可将多种特权委托给证书持有者。如果对发布证书的 AA 的特权分配在多个证书中完成,则扩展将包括多个指针。

该扩展可能存在于 AA 发布给其他 AA 或终端实体特权持有者的属性证书或公钥证书中。该扩展不应包含在由 SOA 发布的证书或包含 SOA 标识符扩展的公钥证书里。

该扩展总是非关键的。

15.5.2.4.1 AA 标识符匹配

授权属性标识符匹配规则将当前值与 AttributeCertificate 属性值进行比较,看它们是否相等:

authAttIdMatch MATCHING-RULE   ：：＝ {

    SYNTAX   **AuthorityAttirbuteIdentifierSyntax**

    ID   **id-mr-authAttIdMatch** }

如果存储值包含 authorityAttributeIdentifier 扩展,并且当前值中出现的组件与存储值的相应组件匹配,则匹配规则返回 TRUE。

16 特权路径处理过程

特权路径处理由特权验证者来执行。属性证书的路径处理规则与公钥证书的路径处理规则相似。路径处理的其他组件还包括证书签名的验证、证书有效期的确认等,在此没有进行进一步阐述。

对于由单一证书组成的特权路径(也就是说,SOA 直接将特权分配给特权声明者),只需要 16.1 中描述的基本过程,除非已将特权分配给了角色。在这种情况下,如果不用指定的角色特权来配置特权验证者,则可能需要获取为角色分配特定特权的角色说明证书,见 16.2 中的描述。如果特权声明者的特权是由中间 AA 授予的,则需要 16.3 中描述的委托路径过程。这些过程不是连续执行的。角色处理过程和授权处理过程是在确定所声明特权在基本过程的使用环境中是否足够之前完成的。

16.1 基本处理过程

必须验证路径中每一个证书的签名。确认签名和公钥证书的过程在这里不再重复。特权验证者必须使用第 10 项中的过程,验证路径中每一个实体的身份。注意检查属性证书上的签名必然包括检查所引用公钥证书的有效期。在使用属性证书分配特权的时候,路径处理引擎必须在决定特权声明者的属性证书的最终有效期过程中考虑 PMI 和 PKI 的原理。一旦这个有效期得到了确认,根据相关的特权策略以及证书使用环境相关信息的比较,可以使用包含在证书中的特权。

所使用的环境必须确定特权持有者是否真正想声明在该环境中所使用的特权。用可信 SOA 证书链来进行确定,从本质上来说是不够的。必须明确说明和验证使用证书的特权持有者。但是,确保特权持有者已经对这种特权声明进行了充分论证的机制不在本部分讨论范围之内。例如,如果特权持有者签发了对证书的一个引用,这种特权声明必须是可验证的,从而说明他们在该环境中使用证书。

对于路径中不包含 noRevAvail 扩展的属性证书,特权验证者必须确保属性证书没有被撤销。

特权验证者必须确保所声明的特权对于所谓的"评估时间"是有效的,"评估时间"可在任何时间进行,也就是说,当前正在检查的时间,或者过去的任何时间。在访问控制服务环境中,检查总是针对当前的时间。但是,在不可抵赖环境中,可以为过去或者现在的时间进行检查。确认证书时,特权验证者必须确保评估时间落在路径中所有证书的有效期内。并且,如果路径中的任一证书包含 timeSpecification 扩展,则对可声明特权的时间约束在评估时间内必须允许特权声明有效。

如果 targetingInformation 扩展出现在声明特权的证书中,则特权验证者必须检查它所验证的服务器/服务是否包含在目标列表中。

如果证书是一个角色分配证书,则需要用 16.2 中描述的处理过程来确保特权得到了验证。如果特权授给了实体,但不是由特权验证者信任的 SOA 直接分配的,则需要用 16.3 中描述的处理过程来确保授权行为是正确的。

特权验证者必须确定所声明的特权对于所使用的环境是否是足够的。特权策略建立了作出这个确定的规则,还包括了需要考虑的任何环境变量的规范。所声明的特权,包括 16.2 中角色过程的结果,16.3 中的授权过程,以及任何相关的环境变量(例如,一天的时间或者当前的帐目结算),与特权策略进行比较,以此来决定它们对于所使用的环境是否足够。如果 acceptablePrivilegePolicies 扩展存在,则仅当与特权验证者相比较的特权策略包含在扩展中时,特权声明才能成功。

如果比较成功,则特权验证者可以得到任何相关的用户通知。

16.2 角色处理过程

如果声明的证书是角色分配证书,则特权验证者必须获得分配给该角色的指定特权。得到特权声明者的角色名包含在证书的角色属性中。如果不用指定角色的特权来配置,特权验证者可能需要查找分配特权给该角色的角色说明证书的位置。角色属性和 roleSpecCertIdentifier 扩展中的信息可用来查找证书的位置。

分配给角色的特权都隐含地分配给了特权声明者,因此也就包含在所声明的特权中,它们通过与 16.1 中基本过程中的特权策略进行比较,来决定所声明的特权对于所使用的环境是否足够。

16.3 授权处理过程

如果所声明的特权是由中间 AA 授予给特权声明者的,则特权验证者必须保证路径是有效的委托路径,它是确保通过下列操作而实现的:

——授权给在委托路径上发布证书的每个 AA 可进行这些操作;

——对于强加在其上的路径和名称约束来说,委托路径中的每个证书都是有效的;

——委托路径中的每个实体都得到了公钥证书的验证,该公钥证书对于任何强加的策略约束来说是有效的;

——AA 的授权特权不会比它所持有的特权高。

在委托路径确认之前,特权验证者必须获得如下信息。它们中的任何一个都可以由特权声明者提供,或者由特权声明者从其他的源获得,例如目录。服务属性可以以结构或者其他方式提供给特权验证者。

——在公共验证密钥中建立信任,用来确认可信的 SOA 签名。可以通过带外方式或通过 CA 发布给 SOA 的公钥证书来建立信任,在这个 CA 中特权验证者已经建立了信任。这样的证书包含 sOAIdentifier 扩展。

——特权声明者的特权,在其属性证书,或公钥证书的主体目录属性扩展中进行编码。

——证书的委托路径,从特权声明者到可信 SOA。

——所声明特权的控制规则,可从 SOA 发布的属性描述符中获得或通过带外方式获得,该 SOA 负责所讨论的属性。

——特权策略,可从目录或带外方式获得。

——环境变量,包括当前的日期/时间,当前的帐目结算等。

实现在功能上应与该过程所产生的外部行为相当,然而,用来从给定输入获得正确输出的特定实现的算法并没有被标准化。

16.3.1 验证控制规则的完整性

控制规则与授予的特权相关。获得控制规则的语法和方法没有被标准化,但可以验证恢复控制规则的完整性。负责授予属性的 SOA 发布的属性描述符证书可能包含控制规则的 HASH。特权验证者可以在控制规则的副本上再次生成 HASH,并将这两个 HASH 进行比较,如果它们相同,那么验证者拥有精确的控制规则。

16.3.2 建立有效的委托路径

特权验证者必须找到委托路径,并获得路径中每一个实体的证书。委托路径从直接特权声明者延伸到 SOA。委托路径中的每一个中间证书必须包含 basicAttConstraints 扩展,其授权组件设置为 TRUE。每个证书的发布者应该与证书的持有者/主体相同,在委托路径中它们是相邻的。authorityAttributeIdentifier 扩展用于查找委托路径中临近主体的相应证书。路径中从实体到其直接特权声明者(包括在内)的证书数目不能比实体的 basicAttConstraints 扩展中 pathLenConstraint 的数值大 2以上。这是因为 pathLenConstraint 限制了这两个端点(即,包含约束的证书和终端实体证书)之间的中间证书数,所以最大的长度是约束值加上终端证书。

如果 delegatedNameConstraints 扩展出现在委托路径中的任何一个证书中,那么约束的处理方法和第 10 章中证书路径处理过程中的 nameConstraints 扩展的处理方法相同。

如果 acceptableCertPolicies 扩展在委托路径中的任何一个证书中出现,特权验证者必须确保委托路径中的每一个后续实体的验证是用公钥证书来完成的,该公钥证书至少包含一个合理的策略。

16.3.3 验证特权授权

授权者不能授予比自身所拥有特权更高的特权。属性描述符属性中的控制规则提供了这样的规则:所授予属性的一个给定值小于另一个值。

对于委托路径中的每一个证书(包括直接特权声明者的证书)来说,特权验证者必须保证授权者有权授予这个特权,并且所授予的特权不大于它自身拥有的特权。

对于每一个证书来说,特权验证者必须将授权者所授予的特权与它自身所拥有的特权进行比较,它符合特权控制规则。授权者所拥有的特权是从委托路径中临近的证书获得的,见 16.2 所述。两个特权的比较是按 16.3.1 中的控制规则进行的。

16.3.4 通过/失败确定

假设建立了一条有效的委托路径,则直接特权声明者的特权将被作为输入来与 16.1 中所讨论的特权策略进行比较,以此确定直接的特权声明者对于使用的环境是否有足够的权限。

17 PMI 目录模式

本章定义了用于描述目录中 PMI 信息的目录模式元素。它包括相关对象类、属性和属性值匹配规则的规范。

17.1 PMI 目录对象类

定义了目录中描述 PMI 对象的对象类。

17.1.1 PMI 用户对象类

PMI 用户对象类在定义对象入口中使用,这个对象可以是属性证书的持有者。

pmiUser OBJECT-CLASS ：∶= ｛

    —— 一个 **PMI** 用户(例如,一个"**holder**")

    SUBCLASS OF   ｛**top** ｝

    KIND   **auxiliary**

    MAY CONTAIN   ｛**attributeCertificateAttribute** ｝

    ID   **id-oc-pmiUser** ｝

17.1.2 PMI AA 对象类

PMI AA 对象类用来定义作为属性权威的对象入口。

pmiAA OBJECT-CLASS ∷= {

    —— 一个 *PMI AA*

    SUBCLASS OF   {top }

    KIND   auxiliary

    MAY CONTAIN   {aACertificate |

        attributeCertificateRevocationList |

        attributeAuthorityRevocationList }

  ID   id-oc-pmiAA }

17.1.3 PMI SOA 对象类

PMI SOA 对象类用来定义作为权威源的对象入口。要注意的是,如果通过发布包括 sOAIdentifie 扩展的公钥证书,授予对象 SOA 权限,那么描述该对象的目录入口也应该包含 pkiCA 对象类。

pmiSOA OBJECT-CLASS ∷= {   —— 一个 *PMI Surce of Authority*

    SUBCLASS OF   **{top }**

    KIND   **auxiliary**

    MAY CONTAIN   **{attributeCertificateRevocationList |**

        attributeAuthorityRevocationList |

        attributeDescriptorCertificate }

  ID   **id-oc-pmiSOA }**

17.1.4 属性证书 CRL 分布点对象类

属性证书 CRL 分布点对象类用于定义对象的入口,对象中包含属性证书和/或撤销列表分段。在说明入口时,这个辅助类将与 crlDistributionPoint 结构对象类进行组合。由于在这个类中 certificateRevocationList 和 authorityRevocationList 属性是可选的,因此它可能会创建入口,可能仅包括属性权威撤销列表或多种类型的撤销列表的入口,这些都取决于具体的需求。

attCertCRLDistributionPt   **OBJECT-CLASS** ∷= {

    SUBCLASS OF   **{top }**

    KIND   **auxiliary**

    MAY CONTAIN   **{attributeCertificateRevocationList |**

        attributeAuthorityRevocationList }

  ID   **id-oc-attCertCRLDistributionPts }**

17.1.5 PMI 委托路径对象类

PMI 委托路径对象类用来为包含委托路径的对象定义入口。它通常与结构化对象类 pmiAA 的入口一起使用。

pmiDelegationPath   **OBJECT-CLASS**   ∷= {

    SUBCLASS OF   **{top }**

    KIND   **auxiliary**

    MAY CONTAIN   **{delegationPath }**

    ID   **id-oc-pmiDelegationPath }**

17.1.6 特权策略对象类

特权策略对象类用于定义对象的入口,该对象包含特权策略信息:

privilegePolicy   **OBJECT-CLASS**   ∷= {

```
SUBCLASS OF              {top }
KIND                     auxiliary
MAY CONTAIN              {privPolicy }
ID                       id-oc-privilegePolicy }
```

17.2 PMI 目录属性

定义了目录属性,它用于在目录入口中存储 PMI 数据。

17.2.1 属性证书的属性

以下属性包含属性证书,该证书发布给特定持有者,并且存储在此持有者的目录入口中。

```
attributeCertificateAttribute ATTRIBUTE    ::= {
    WITH SYNTAX                    AttributeCertificate
    EQUALITY MATCHING RULE         attributeCertificateExactMatch
    ID                             id-at-attributeCertificate }
```

17.2.2 AA 证书属性

下面的属性包含发布给 AA 的属性证书,并且它被保存在此持有者 AA 的目录入口中。

```
aACertificate        ATTRIBUTE    ::=    {
    WITH SYNTAX                    AttributeCertificate
    EQUALITY MATCHING RULE         attributeCertificateExactMatch
    ID                             id-at-aACertificate }
```

17.2.3 属性描述符证书属性

下面的属性包含由 SOA 发布的属性证书,它包含 attributeDescriptor 扩展。这些属性证书包含了有效的语法和特殊属性控制规则的详细内容,并存储在发布的 SOA 目录入口中。

```
attributeDescriptorCertificate        ATTRIBUTE    ::= {
    WITH SYNTAX                    AttributeCertificate
    EQUALITY MATCHING RULE         attributeCertificateExactMatch
    ID                             id-at-attributeDescriptorCertificate }
```

17.2.4 属性证书撤销列表属性

下面的属性包含了属性证书撤销列表。这些列表可以存储在发布权威的目录入口或其他目录入口(例如,一个分布点)。

```
attributeCertificateRevocationList             ATTRIBUTE ::= {
    WITH SYNTAX                    CertificateList
    EQUALITY MATCHING RULE         certificateListExactMatch
    ID                             id-at-attributeCertificateRevocationList }
```

17.2.5 AA 证书撤销列表属性

下面的属性包含了发布给 AA 的属性证书撤销列表。这些列表能存储在发布权威的目录入口或其他目录入口(如,一个分布点)。

```
attributeAuthorityRevocationList               ATTRIBUTE    ::= {
    WITH SYNTAX                    CertificateList
    EQUALITY MATCHING RULE         certificateListExactMatch
    ID                             id-at-attributeAuthorityRevocationList }
```

17.2.6 委托路径属性

委托路径属性包含委托路径,每个路径由一系列属性证书组成。

```
delegationPath        ATTRIBUTE    ::= {
    WITH SYNTAX           AttCertPath
```

<pre>
                    ID   id-at-delegationPath }
</pre>

AttCertPath   ::=   **SEQUENCE OF AttributeCertificate**

这个属性存储在 AA 目录入口，并且包含从这个 AA 到其他 AA 的委托路径。如果使用了这个属性，它能更有效的恢复授权属性证书，这些授权属性证书形成了常用的委托路径。如果对这个属性的使用没有特殊的要求，则存储在属性里的值的集合不一定描述了任何给定 AA 的完整委托路径。

17.2.7 特权策略属性

特权策略属性包含特权策略的信息。

<pre>
privPolicy   ATTRIBUTE   ::= {
    WITH SYNTAX   PolicySyntax
    ID   id-at-privPolicy }
</pre>

Policydentifier 组件包括特殊特权策略注册的对象标识符。

如果 content 出现，则包含特权策略的完整内容。

如果 pointer 出现，则 name 组件引用了一个或多个位置，可通过此位置找到特权策略的副本。

如果 hash 组件存在，则它包含特殊策略内容的 HASH，并能在引用位置找到。这个 hash 可用来执行所使用文档的完整性检查。

17.3 PMI 普通目录匹配规则

定义了 PMI 目录属性的匹配规则。

17.3.1 属性证书精确匹配

属性证书精确匹配规则比较当前值与 AttributeCertificate 类型的属性值是否相等。

<pre>
attributeCertificateExactMatch MATCHING-RULE   ::= {
    SYNTAX   AttributeCertificateExactAssertion
    ID   id-mr-attributeCertificateExactMatch }
AttributeCertificateExactAssertion   ::= SEQUENCE {
    serialNumber   CertificateSerialNumber,OPTIONAL,
    issuer   IssuerSerial }
</pre>

如果属性值中的组件与当前值的相应组件匹配，则匹配规则返回 TRUE。

17.3.2 属性证书匹配

属性证书匹配规则将当前值和 AttributeCertificate 属性值进行比较。匹配规则允许比 certificateExactMatch 更复杂的匹配。

<pre>
attributeCertificateMatch   MATCHING-RULE   ::=   {
    SYNTAX   AttributeCertificateAssertion
    ID   id-mr-attributeCertificateMatch }
AttributeCertificateAssertion   ::=   SEQUENCE {
    holder   [0]   CHOICE {
    baseCertificateID   [0]   IssuerSerial,
    holdertName   [1]   GeneralNames }OPTIONAL,
    issuer   [1]   GeneralNames OPTIONAL,
    attCertValidity   [2]   GeneralizedTime OPTIONAL,
    attType   [3]   SET OF AttributeType OPTIONAL }
</pre>

—至少存在一个组件

如果当前值中的所有组件和属性值中的相应组件都匹配，则匹配规则返回 TRUE，如下：

—— 如果 baseCertificateID 与存储属性值的 IssuerSerial 组件相等，则它匹配；

—— 如果存储属性值包含与当前值中名称类型相同的名称扩展,则 holderName 匹配;

—— 存储属性值包含与当前值中相同名称类型的名称组件,则 issuer 匹配;

—— 如果 attCertValidity 落在存储属性值指定的有效期内,则它匹配;

—— 对于当前值中的每个 attType 来说,存储值的 attributes 组件中都存在一个该类型的属性。

17.3.3 持有者发布者匹配

属性证书持有者发布者匹配规则将持有者的当前值和/或当前值的发布者组件与 AttributeCertificate 类型的属性值进行比较,看其是否相等。

```
holderIssuerMatch MATCHING-RULE          ::= {
    SYNTAX              HolderIssuerAssertion
    ID                  id-mr-holderIssuerMatch }

HolderIssuerAssertion       ::=           SEQUENCE {
    holder          [0]     Holder          OPTIONAL,
    issuer          [1]     AttCertIssuer   OPTIONAL }
```

如果当前值中出现的所有组件都匹配属性值中的相应组件,则匹配规则返回 TRUE。

17.3.4 委托路径匹配

delegationPathMatch 匹配规则将当前值和 delegationPath 类型的属性值进行比较,看其是否相等。特权验证者可用这个匹配规则选择一条以 SOA 发布的证书为起点,以发布给 AA 的证书为终点的路径,该 AA 发布给终端实体持有者的证书是有效的。

```
delegationPathMatch MATCHING-RULE          ::= {
    SYNTAX              DelMatchSyntax
    ID                  id-mr-delegationPathMatch }


DelMatchSyntax          ::=     SEQUENCE {
    firstIssuer         AttCertIssuer,
    lastHolder          Holder }
```

如果 firstIssuer 组件中的当前值与存储值中 SEQUENCE 中的第一个证书发布者域的相应元素匹配,并且 lastHolder 组件中的当前值与存储值中 SEQUENCE 中的最后证书的相应持有者域元素匹配,则匹配规则返回 TRUE。如果两个中有一个不匹配,则匹配规则返回 FALSE。

第四篇 公钥目录的使用和属性证书框架

目录使用公钥证书框架作为许多安全服务的基础,包括强鉴别、目录操作保护、以及存储数据保护。目录使用证书属性框架作为基于规则访问控制模式的基础。此处定义了不同的目录安全服务的公钥证书框架和属性证书框架的元素间的联系。由目录提供的特殊安全服务在这套完整的目录规范中有详细的说明。

18 目录鉴别

目录支持通过 DUA 访问目录的用户鉴别,以及目录系统对用户和其他 DSA 的鉴别。根据环境的不同,可以使用弱鉴别或强鉴别。以下描述了目录中弱鉴别或强鉴别的规程。

18.1 弱鉴别规程

弱鉴别的目的是提供本地授权,该授权是建立在用户可辨别名、双方同意的(可选)口令、以及在某个单一区域中双方都能理解的口令的使用和处理方法之上。弱鉴别一般只用于本地的对等实体,即一个 DUA 和一个 DSA 之间、或一个 DSA 与另一个 DSA 之间的鉴别。通常可采用以下几种方法实现弱鉴别:

a) 以明文(无保护)的方式将用户的可辨别名和(可选的)口令传送给接收方考察;

b) 将用户的可辨别名、口令,以及一个随机数和/或时间戳一起通过使用单向函数进行保护,并传送;

c) 将 b)中描述的保护信息连同一个随机数和/或时间戳一起通过使用单向函数进行保护,并传送。

注1:不要求一定使用不同的单向函数。

注2:用于保护口令的过程可能需要对本部分进行扩展。

如果口令没有被保护,则只提供了最低限度的安全保护以防止未授权的访问,不应将其看作安全服务的基础。对用户的可辨别名和口令的保护则提供更高级别的安全。用于保护机制的算法通常是极易实现的非加密单向函数。

图5给出了进行弱鉴别的一般过程。

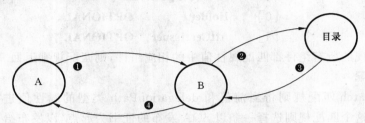

图 5   无保护的弱鉴别规程

弱鉴别规程一般包括以下几个步骤:

a) 发方用户 A 将其可辨别名和口令发送给收方用户 B;

b) B 将 A 声称的可辨别名和口令发送给目录,然后目录将该口令与作为 A 目录项中的 User-Password 属性保存的口令(采用目录的比较运算)进行比较;

c) 目录对凭证有效性向 B 进行确认(或否认);

d) 鉴别的成功(或失败)可以传送给 A。

弱鉴别最基本的形式只包含步骤 a),并且在 B 检查完可辨别名和口令之后也可包含步骤 d)。

18.1.1 有保护标识信息的生成

图6给出了可以生成有保护标识信息的两种方法。其中,f1 和 f2 为单向函数(它们可以相同,也可以不同),且时间戳和随机数为可选项,并服从双边协定。

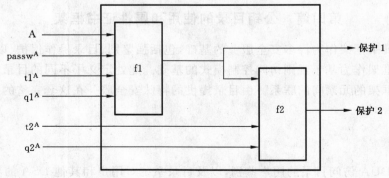

A   用户的可辨别名

t^A 时间戳

Passw^A A 的口令

q^A 随机数,可选用计数器

图 6   有保护的弱鉴别

18.1.2 有保护的弱鉴别规程

图 7 给出了有保护的弱鉴别规程。

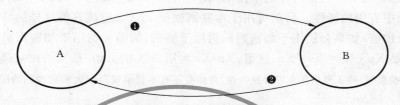

图 7 有保护的弱鉴别规程

有保护的弱鉴别过程包括以下步骤（最初只使用 f1）：

a) 发方用户 A,向用户 B 发送其有保护的标识信息（鉴别符 1）。通过使用图 2 中的单向函数 f1 获得保护,其中时间戳和/或随机数（当使用时）用于使重放最少和隐藏口令。

　　A 口令的保护形式如下：

$$保护 1 = f1(t1^A, q1^A, A, passwA)$$

传送给 B 的信息的形式如下：

$$鉴别符 1 = t1^A, q1^A, A, 保护 1。$$

b) B 通过（使用由 A 提供的可辨别名、可选的时间戳和/或随机数连同 A 口令的本地副本）生成（形式为保护 1 的）A 口令的本地保护副本来验证由 A 提供的有保护的标识信息。B 比较所声称的标识信息（保护 1）和本地生成的值是否相等。

c) B 将核对保护标识信息的结果（证实或否认）返回给 A。

使用 f1 和 f2 可对所描述的鉴别过程进行修改以提供更强的保护,其主要区别如下：

a) A 将其附加保护的标识信息（鉴别符 2）发送给 B。通过使用图 2 中的单向函数 f2 来获得附加保护。其附加保护形式如下：

$$保护 2 = f2(t2^A, q2^A, 保护 1)$$

传送给 B 的信息形式如下：

$$鉴别符 2 = t1^A, t2^A, q1^A, q2^A, A, 保护 2$$

为了比较用户 B 生成用户 A 的附加保护口令的本地值,并比较该值和保护 2 的值是否相等。（类似于 6.2 的步骤 2))。

b) B 将核对保护标识信息的结果（证实或否认）返回给 A。

注：在这些条款中定义的规程都是利用 A 或 B 来描述的。对于目录（由 ITU-T X.511|ISO/IEC 9594-3 和 ITU-T X.518|ISO/IEC 9594-4 规定）来说,A 可以是与一个 DSA(B)相绑定的 DUA；另一情况,A 可以是与另一个 DSA(B)相绑定的 DSA。

18.1.3 用户口令属性类型

用户口令属性类型包含一个客体的口令。该用户口令的属性值则为由该客体指定的一个字符串。

userPassword ATTRIBUTE ::= {
    WITH SYNTAX   **OCTET STRING（SIZE（0..ub-user-password))**
    EQUALITY MATCHING RULE   **octetStringMatch**
    ID   **id-at-userPassword }**

18.2 强鉴别

这部分描述用于 DUA 和 DSA 之间,以及 DSA 对之间的鉴别。此过程使用了标准中定义的公钥证书框架。另外,此过程使用了目录,将其作为用于执行鉴别的必需公钥信息的存储库。在协议规范中定义了目录协议中的相关参数。用于定义强认证的过程也可用于除目录以外的应用,该目录也使用了这个存储库。对于过程中目录的使用来说,术语"用户"可参考 DUA 或 DSA。

本目录规范中采用的强鉴别方法是利用一簇密码体制的特性,即通常所知的公钥密码体制(PKCS)来实现的。这些密码体制,也称非对称密码体制,包含一对密钥,其中一个为用户私有的,而另一个则为公开的;它不同于传统密码体制中使用的单一密钥。在附录C中简要介绍这些非对称密码系统以及在鉴别过程中有用的特性。目前可用于本鉴别框架PKCS应该具备这样的特性,即密钥对中的两个密钥都可用于加密,如果公钥用于加密则私钥用于解密,如果私钥用于加密则公钥用于解密;换句话说,它们必须满足 Xp·Xs=Xs·Xp,这里,Xp/Xs为用户X的公钥/私钥的加密/解密函数。

> 注:PKCS的替换类型(即不要求具有可置换特性,并能在不对本目录规范作大的修改的情况下得到支持)可能是今后的扩展。

该鉴别框架并不强制使用某个特定的密码体制。本框架应适用于任何合适的公开密码体制,并能支持今后对密码学、数学技术、或可计算能力方面发展所带来的所用方法的改变。然而两个想要相互鉴别的用户必须支持相同的密码算法,才能正确地执行鉴别。因此,在一组相关应用的上下文中,选择一个单一的算法,可以最大可能地增加用户间相互鉴别和安全通信的能力。

鉴别取决于每个具有唯一可辨别名的用户。可辨别名的分配由命名机构负责。每一个用户都应相信命名机构不会发出重复的可辨别名。

每个用户都可用其所拥有的私钥来标识。另一个用户则可根据其通信伙伴是否拥有这个私钥来确定他是否确实为(授权)用户。这种确证的有效性取决于只有用户才拥有该私钥。

一个用户若要确定其通信对方是否拥有其私钥,他自己就必须拥有对方的公钥。用户的公钥的值可以直接从目录的用户项中获得,但要验证其正确性却更困难一些。有许多可能的方法来验证用户的公钥。第8章描述了通过引用目录来验证用户公钥的操作过程。该过程只在请求鉴别的用户之间的目录中存在一条不间断的信任链的情况下进行。这样的链可通过标识一个公共信任点来构造。该公共信任点应通过一条不间断的信任链与每个用户相链接。

18.2.1 从目录中取得公钥证书

证书作为属性存放在目录入口中,这些属性分为三种类型:UserCertificate,CACertificate 和CrossCertificatePair。目录可以识别这些属性。和其他属性一样,这些属性可用相同的协议来进行操作。这些类型的定义见3.3;这些属性类型的描述在11.2中定义。

通常,在用户能够相互鉴别之前,目录应提供完整的鉴别,并返回证书认证路径。但在实际操作过程中,对某个特定的鉴别实例来讲,通过如下途径可以减少从目录中获得的信息量:

a) 如果两个想要鉴别的用户具有同一个证书认证机构,那么证书认证路径将变得毫无价值,而且用户可以相互直接打开彼此的证书;

b) 如果用户的 CA 是按层次安排的,那么一个用户可以存储用户与 DIT 根之间的所有证书认证机构的公钥、证书和反向证书。作为一种典型的情况,可能使用用户涉及到三个或四个证书认证机构的公钥和证书的用户。该用户只需要获得来自公共信任点的证书认证路径。

c) 如果一个用户频繁地与被某个特定的其他 CA 认证的用户通信,则该用户只须从目录中获得该用户的证书,从而取得从本地到那个 CA 的证书认证路径,并从这个 CA 返回这条证书认证路径。

d) 证书认证机构可以通过双边协定彼此进行交叉认证,从而可以缩短证书认证路径。

e) 如果两个用户以前曾经相互通信过,并且彼此已取得对方的证书,则他们无需目录资源就能相互鉴别。

不论是哪一种情况,用户从证书认证路径中取得彼此的证书后,应检查收到的证书的有效性。

18.2.1.1 实例

图8给出了假设的 DIT 段的举例,这里,若干 CA 形成了层次结构。除了知道 CA 的信息外,还假定每一个用户都知道其证书认证机构的公钥,以及他自己的公钥和私钥。

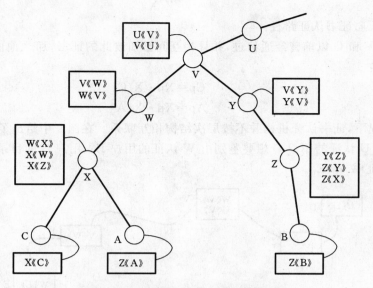

图 8　CA 的层次结构一个假设举例

如果用户的 CA 是按层次结构安排的,则 A 可以从目录中得到下列证书,以建立到 B 的证书认证路径:

$$X《W》,W《V》,V《Y》,Y《Z》,Z《B》$$

当 A 已经得到这些证书时,则可以按次序打开这个证书认证路径,进而得出 A(包括 Ap)的证书的内容:

$$Bp=Xp·X《W》W《V》V《Y》Y《Z》Z《B》$$

一般情况下,A 还应从目录中得到下列证书,以建立从 B 到 A 的反向证书认证路径:

$$Z《Y》,Y《V》,V《W》,W《X》,X《A》$$

当 B 从 A 收到这些证书时,则可以按次序打开这个反向证书认证路径,进而得出 B(包括 Ap)的证书的内容:

$$Ap=Zp·Z《Y》Y《V》V《W》W《X》X《A》$$

可对 18.2.1 使用优化:

a)　例如,A 和 C 都知道 X 的公钥 Xp,因此,A 只须从目录中直接得到 C 的证书。需打开的证书认证路径可以缩减为:

$$Cp=Xp·X《C》$$

并且,需打开的反向证书认证路径也可以缩减为:

$$Ap=Xp·X《A》$$

b)　假定 A 知道 W《X》、Wp、V《W》、Vp、U《V》、Up 等等,则从目录中获取的用于构造证书认证路径的信息可以减少为:

$$V《Y》、Y《Z》、Z《B》$$

并且,从目录中获取的用于构造反向证书认证路径的信息为:

$$Z《Y》、Y《V》$$

c)　假定 A 与由 Z 认证的用户通信频繁,则他除了已知道上面 b)中的各个公钥外,还能知道 V《Y》、Y《V》、Y《Z》,和 Z《Y》。因此,为与 B 通信,A 只须从目录中获得 Z《B》即可。

d)　假定进行频繁通信的用户都由 X 和 Z 认证,那么在目录中,X 的目录项应持有 X《Z》,反之亦然,Z 的目录项应持有 Z《X》(见图 8)。如果 A 想要鉴别 B,A 只需获得:

$$X《Z》、Z《B》$$

以构造证书认证路径;同样,只需获得:

$$Z《X》$$

即可构造反向证书认证路径。

e) 假定用户 A 和 C 以前曾经通信过,并且相互间已知彼此的证书,那么他们可以直接使用彼此的公钥;即:

$$Cp=Xp \cdot X《C》$$
$$Ap=Xp \cdot X《A》$$

在更一般的情况下,证书认证机构并不按层次结构相互联系。在图9中给出了一个假想的举例,在这个举例中,假定由 U 认证的用户 D 想要鉴别由 W 认证的用户 E。用户 D 的目录项持有证书 U《D》,用户 E 的目录持有证书 W《E》。

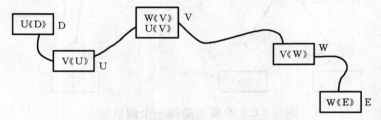

图 9　非层次结构的认证路径—举例

假设 V 为一个 CA,证书认证机构 U 和 W 曾通过 V 按照可信任的途径相互交换过彼此的公钥。其操作结果是生成了证书 U《V》、V《U》、W《V》和 V《W》,并已存入目录中。假定 U《V》、W《V》存在于 V 的目录项中,V《U》存在于 U 的目录项中,而 V《W》存在于 W 的目录项中。

用户 D 必须找出到用户 E 的证书认证路径。有几种方法可供使用。其中之一就是将用户和 CA 看作结点,而证书则为有向曲线图上的弧。在这里,D 应在曲线图上执行一次搜索以找到一条从 U 到 E 的路径,例如,U《V》、V《W》、W《E》。当找到这条路径以后,其反向路径亦可据此构造出来,即 W《V》、V《U》、U《D》。

18.2.2　强鉴别规程

鉴别的基本方法在前面已有论述,通过出示所拥有的私钥来证实其身份。然而,这样可能会出现许多采用这种方法的鉴别规程。通常,使用何种恰当的规程取决于特定的应用环境,以满足该应用的安全策略要求。本章描述了三种在一定范围内很有用的特定的鉴别规程。

注:本目录标准并不规定实现规程的细节。但是,可以设想一些附加的标准(它们可以是专用的,也可以是通用的方式)来达此目的。

这三种规程包括许多不同鉴别信息的交换,并为它们的参与者提供不同类型的保证。特别地,

a) 单向鉴别在 18.2.2.1 中描述包含从一个用户(A)到另一个目标用户(B)的信息的单次传送,并建立:

A 的身份,和实际由 A 产生的鉴别令牌;

B 的身份,和实际发送给 B 的鉴别令牌;

正被传送的鉴别令牌的完整性和"始发性"(即,没有被发送两次或多次的特性)。

后者也可为伴随传送的任何附加数据一起建立。

b) 双向鉴别(在 18.2.2.2 中描述)包含其他从 B 到 A 的回答。它建立:

在回答中实际由 B 产生的并发送给 A 的鉴别令牌;

在回答中发送的鉴别令牌的完整性和始发性;

(可选)令牌的部分的相互保密性。

c) 三向鉴别(在 18.2.2.3 中描述),另外还包含从 A 到 B 的进一步传送。它建立与双向鉴别相同的特性,但不必联系时间戳检查来做这件事。

在进行强鉴别的任何一种情况下,A 应该获得 B 的公钥,并在进行任何信息交换之前返回从 B 到

A 的证书认证路径。这可能包含 18.2 中描述的对目录的访问。在下面的规程的描述中不再提到这种对目录的访问。

只有当本地环境使用了同步时钟,或者,如果时钟是通过双边协定的逻辑同步,那么,时间戳的检查将在下面的章条中提到。建议使用国际协调时。

对于下述任何一种鉴别规程来说,假设 A 实体已检查了证书认证路径中的所有证书的有效性。

18.2.2.1 单向鉴别

见图 10,包括以下步骤:

1) A 产生 r^A,一个不重复的数,它用于检测重放攻击并防止伪造签名。

2) A 向 B 发送下面消息:

$$B \rightarrow A, A\{t^A, r^A, B\}$$

这里,t^A 是一个时间戳。t^A 由一个或两个日期组成:令牌的生成时间(可选)和期满日期。另外,如果"sgnData"的数据原发鉴别由数字签名者提供,则发送:

$$B \rightarrow A, A\{t^A, r^A, B, sgnData\}$$

如果被传送的信息随后会被用在私钥运送的情况下,(该信息一般称作"encData")则发送:

$$B \rightarrow A, A\{t^A, r^A, B, sgnData, Bp[encData]\}$$

使用"encData"作为私钥意味着应对其进行仔细选择,例如,在令牌的"sgnData"字段中指定的密钥对于任何密码体制都是健壮密钥。

3) B 执行下列动作:

a) 获得从 B→A 的 Ap,并检查 A 的证书没有过期;

b) 核实签名,以保证被签名信息的完整性;

c) 检查 B 自己是否就是目标接收者;

d) 检查时间戳 t^A 是否为"当前";

e) 可选检查 r^A 是否已被重放。例如,这可以通过在 r^A 中包含一个序号,并由本地实现来检查其值是否唯一。

r^A 只在由 t^A 指示的期满日期内有效。r^A 总与一个序号一起使用,该序号指示 A 在有效时间 t^A 范围内不能重复该令牌,因此,不需要检查 r^A 本身的值。

在任何一种情况下,B 都可以与时间戳 t^A 一起,并在 t^A 的许可时间范围内与令牌的散列部分一起存储其序号。

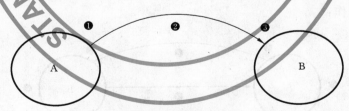

图 10 单向认证

18.2.2.2 双向鉴别

见图 11 的描述,包括以下步骤:

1) 同 18.2.2.1;

2) 同 18.2.2.1;

3) 同 18.2.2.1;

4) B 产生一个非重复的数 r^B,其使用目的与 r^A 类似。

5) B 向 A 发送以下鉴别令牌:

$$B\{t^B, r^B, A, r^A\} \qquad \text{这里,} t^B \text{是一个与} t^A \text{定义相同的时间戳;}$$

如果要使用数字签名提供"sgnData"的数据原发鉴别,则发送:

$B\{t^B, r^B, A, r^A, sgnData\}$

如果被传送的信息随后会被用在私钥运送的情况下,(该信息一般称作"encData")则发送:

$B\{t^B, r^B, A, r^A, sgnData, Ap[encData]\}$

使用"encData"作为私钥意味着应对其进行仔细选择,例如,在令牌的"sgnData"字段中指定的密钥对于任何密码体制都是强密钥。

6) A 执行下列动作:

a) 核实签名,以保证被签名信息的完整性;

b) 检查 A 自己是否就是目标接收者;

c) 检查时间戳 t^B 是否为"当前";

d) (可选)检查 r^B 是否已被重放。(见 18.2.2.1 步骤 3 的 d)。

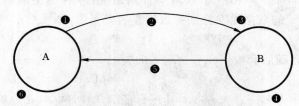

图 11 双向鉴别

18.2.2.3 三向鉴别

见图 12 的描述,包括以下步骤:

1) 同 18.2.2.2。

2) 同 18.2.2.2。时间戳 t^A 可以是 0。

3) 除不需检查时间戳以外,同 18.2.2.2。

4) 同 18.2.2.2。

5) 同 18.2.2.2。时间戳 t^B 可以是 0。

6) 除不需检查时间戳以外,同 18.2.2.2。

7) A 检查接收的 r^A 是否与所发送的 r^A 相等。

8) A 向 B 发送下面鉴别令牌:

$$A\{r^B, B\}$$

9) B 执行以下动作:

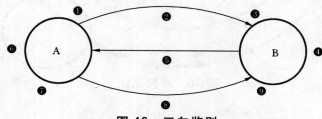

图 12 三向鉴别

a) 检查签名,以保证被签名信息的完整性;

b) 检查接收的 r^B 是否与 B 所发送的 r^B 相等。

19 访问控制

多种不同的管理授权环境下的目录控制对 DIB 部分的访问。目录环境下访问控制模式的定义包括以下方法:

● 指定访问控制信息;

● 实施由访问控制信息定义的访问权力；

● 保存访问控制信息。

访问权限的实施应用于控制对以下各项的访问：

● 与名字相关的目录信息；

● 目录用户信息；

● 包括访问控制信息的目录操作信息。

机构可能使用全部或部分的标准化访问控制模式来执行安全策略，或者可以自由定义他们自己的模式。

ISO/IEC 9594-2 中定义的基础访问控制模式是一个基于模式的访问控制列表，它能使目录管理员将权限与绑定到目录上的认证级别联系起来。本部分中定义的公钥证书构架为这种绑定提供了强认证模式。

ISO/IEC 9594-2 中定义的基于规则的访问控制模式使用本部分中定义的属性证书构架来传输制定访问控制决策所用到的属性。基于规则的访问控制也可用于连接基础访问控制。

20 目录操作的保护

本部分所定义的公钥证书构架用于所有推荐标准定义的目录协议，此目录有选择性地保护请求操作，响应操作和错误操作。完整性保护由发送方的数字签名提供，且收件人通过使用相应的公钥证书验证签名。机密保护通过使用接收方的公钥证书加密来实现，并且通过收件人相应的私钥来解密。

在协议交换中保护元素包括或需要的特殊机制和语法在本系列标准的每个目录协议中分别定义。

附 录 A

（资料性附录）

用 ASN.1 描述的鉴别框架

本附录包括了本目录标准当中所有的 ASN.1 类型、值和信息对象类定义，所有这些定义都以 AuthenticationFreword、CertificateExtensions 和 AttributeCertificateDefinitions 这三个 ASN.1 模块的形式给出。

A.1 认证框架模型

AuthenticationFramework {joint-iso-itu-t ds(5) module(1) authenticationFramework(7) 4 }

DEFINITIONS ：：＝

BEGIN

—— 全部输出 ——

—— 本模块中所定义的类型和值可输出，供本目录标准系列当中包含的其他 ASN.1 模块使用，同时也

—— 可供其他应用用于访问目录服务。其他应用可以将它们用于其各自的目的，但这并不会限制为维

—— 护和改进目录服务而进行的扩展和修改。

输入

id-at，id-nf，id-oc，informationFramework，upperBounds，selectedAttributeTypes，basicAccessControl，

certificateExtensions

  FROM UsefulDefinitions {joint-iso-itu-t ds(5) module(1) usefulDefinitions(0) 4 }

Name，ATTRIBUTE，OBJECT-CLASS，NAME-FORM，top

  FROM InformationFramework informationFramework

ub-user-password，ub-content

  FROM UpperBounds upperBounds

UniqueIdentifier，octetStringMatch，DirectoryString，commonName

  FROM SelectedAttributeTypes selectedAttributeTypes

certificateExactMatch，certificatePairExactMatch，certificateListExactMatch，KeyUsage，

GeneralNames，

  CertificatePoliciesSyntax，algorithmIdentifierMatch，CertPolicyid

  FROM CertificateExtensions certificateExtensions；

——公钥证书定义——

Certificate	**：：＝**	**SIGNED {SEQUENCE {**
version	**[0]**	**Version DEFAULT v1，**
serialNumber		**CertificateSerialNumber，**
signature		**AlgorithmIdentifier，**
issuer		**Name，**
validity		**Validity，**
subject		**Name，**
subjectPublicKeyInfo		**SubjectPublicKeyInfo，**
issuerUniqueIdentifier	**[1]**	**IMPLICIT UniqueIdentifier OPTIONAL，**
		——如果存在，版本必须为 v2 或 v3
subjectUniqueIdentifier	**[2]**	**IMPLICIT UniqueIdentifier OPTIONAL，**

——如果存在，版本必须为 *v2* 或 *v3*

extensions	[3]	Extensions OPTIONAL

——如果存在，必须是第三版——}}

Version	::=	INTEGER {v1(0)，v2(1)，v3(2) }
CertificateSerialNumber	::=	INTEGER
AlgorithmIdentifier	::=	SEQUENCE {

  algorithm   ALGORITHM. &id ({SupportedAlgorithms }),

  parameters   ALGORITHM. &Type （{SupportedAlgorithms } { @ algorithm }）

             OPTIONAL }

——下面的信息客体集合可能要交由已标准化的轮廓或者协议实现的一致性声明来定义。此集合应规
——定一个表，以约束 *AlgorithmIdentifier* 的 *parameters* 组分的可能取值。

SupportedAlgorithms	ALGORITHM	::=	{... }
Validity	::=	SEQUENCE {	

  notBefore   Time，

  notAfter   Time }

SubjectPublicKeyInfo ::= SEQUENCE {

  algorithm   AlgorithmIdentifier，

  subjectPublicKey BIT STRING }

Time ::= CHOICE {

  utcTime   UTCTime，

  generalizedTime GeneralizedTime }

Extensions ::= SEQUENCE OF Extension

——如果对于某些 *extensions* 来说，SEQUENCE 当中单个 *extension* 的顺序是有意义的，那么定义那
——些单个 *extension* 的规范当中应该包含决定顺序的意义的规则。

Extension ::= SEQUENCE {

  extnId   EXTENSION. &id ({ExtensionSet }),

  critical   BOOLEAN DEFAULT FALSE,

  extnValue OCTET STRING

       —— 包含由 *extnID* 所标识的扩展对象的类型为

       &ExtnType 的值的一个 DER 编码 —— }

ExtensionSet	EXTENSION	::=	{ ... }

EXTENSION ::= CLASS {

  &id   OBJECT IDENTIFIER UNIQUE,

  &ExtnType }

WITH SYNTAX {

  SYNTAX   &ExtnType

  IDENTIFIED BY &id }

——其他 PKI 证书结构

Certificates		::=	SEQUENCE {

userCertificate	Certificate,
certificationPath	ForwardCertificationPath OPTIONAL }
ForwardCertificationPath	::= SEQUENCE OF CrossCertificates
CrossCertificates	::= SET OF Certificate
CertificationPath	::= SEQUENCE {
userCertificate	Certificate,
theCACertificates	SEQUENCE OF CertificatePair OPTIONAL }
CertificatePair	::= SEQUENCE {
forward	[0] Certificate OPTIONAL,
reverse	[1] Certificate OPTIONAL

—— 至少应存在一对 —— }

(WITH COMPONENTS {..., forward PRESENT }|
WITH COMPONENTS {..., reverse PRESENT })

—— 证书撤销列表(CRL)

| CertificateList | ::= SIGNED {SEQUENCE { |
| version | Version OPTIONAL, |

—— 如果存在,必须是第二版

signature	AlgorithmIdentifier,
issuer	Name,
thisUpdate	Time,
nextUpdate	Time OPTIONAL,
revokedCertificates	SEQUENCE OF SEQUENCE {
serialNumber	CertificateSerialNumber,
revocationDate	Time,
crlEntryExtensions	Extensions OPTIONAL }OPTIONAL,
crlExtensions	[0] Extensions OPTIONAL }}

—— 信息对象类 ——

| ALGORITHM | ::= TYPE-IDENTIFIER |

—— 参数类型 ——

HASH {ToBeHashed }	::= SEQUENCE {
algorithmIdentifier	AlgorithmIdentifier,
hashValue	BIT STRING (CONSTRAINED BY {

—— 必须是将散列程序应用于 DER 编码字节的结果 ——
—— ToBeHashed 的值 }) }

ENCRYPTED-HASH {ToBeSigned } ::= BIT STRING (CONSTRAINED BY {
—— 必须是将散列过程应用于 DER 编码字节(见 6.1 节)
—— ToBeSigned 的值和将加密过程应用于该字节的结果 —— })

ENCRYPTED {ToBeEnciphered } ::= BIT STRING (CONSTRAINED BY {
—— 必须是使用加密过程的结果 ——
—— 八位 BER 编码值 —— ToBeEnciphered })

```
SIGNATURE {ToBeSigned }            ::=   SEQUENCE {
    algorithmIdentifier       AlgorithmIdentifier,
    encrypted                 ENCRYPTED-HASH {ToBeSigned }}


SIGNED {ToBeSigned }               ::=   SEQUENCE {
    toBeSigned                ToBeSigned,
    COMPONENTS OF             SIGNATURE {ToBeSigned }}
```

—— PKI 对象类 ——

```
pkiUser   OBJECT-CLASS   ::= {
    SUBCLASS OF        {top }
    KIND               auxiliary
    MAY CONTAIN        {userCertificate }
    ID                 id-oc-pkiUser }


pkiCA OBJECT-CLASS ::= {
SUBCLASS OF            {top }
    KIND               auxiliary
    MAY CONTAIN {cACertificate |
                certificateRevocationList |
                authorityRevocationList |
                crossCertificatePair }
    ID                 id-oc-pkiCA }


cRLDistributionPoint      OBJECT-CLASS    ::= {
    SUBCLASS OF              {top }
    KIND                     structural
    MUST CONTAIN             {commonName }
    MAY CONTAIN              {certificateRevocationList |
                            authorityRevocationList |
                            deltaRevocationList }
    ID                       id-oc-cRLDistributionPoint }


cRLDistPtNameForm     NAME-FORM    ::= {
    NAMES                cRLDistributionPoint
    WITH ATTRIBUTES      {commonName }
    ID                   id-nf-cRLDistPtNameForm }


deltaCRL     OBJECT-CLASS   ::= {
    SUBCLASS OF        {top }
    KIND               auxiliary
    MAY CONTAIN        {deltaRevocationList }
    ID                 id-oc-deltaCRL }
```

```
cpCps   OBJECT-CLASS   ::= {
    SUBCLASS OF       {top }
    KIND              auxiliary
    MAY CONTAIN       {certificatePolicy |
                      certificationPracticeStmt }
    ID                id-oc-cpCps }

pkiCertPath   OBJECT-CLASS   ::= {
    SUBCLASS OF       {top }
    KIND              auxiliary
    MAY CONTAIN       {pkiPath }
    ID                id-oc-pkiCertPath }
```

—— PKI 目录属性 ——

```
userCertificate             ATTRIBUTE           ::=        {
    WITH SYNTAX                             Certificate
    EQUALITY MATCHING RULE                  certificateExactMatch
    ID                                      id-at-userCertificate }

cACertificate               ATTRIBUTE           ::=        {
    WITH SYNTAX                             Certificate
    EQUALITY MATCHING RULE                  certificateExactMatch
    ID                                      id-at-cAcertificate }

crossCertificatePair        ATTRIBUTE           ::=        {
    WITH SYNTAX                             CertificatePair
    EQUALITY MATCHING RULE                  certificatePairExactMatch
    ID                                      id-at-crossCertificatePair }

certificateRevocationList   ATTRIBUTE           ::=        {
    WITH SYNTAX                             CertificateList
    EQUALITY MATCHING RULE                  certificateListExactMatch
    ID                                      id-at-certificateRevocationList }

authorityRevocationList     ATTRIBUTE           ::=        {
    WITH SYNTAX                             CertificateList
    EQUALITY MATCHING RULE                  certificateListExactMatch
    ID                                      id-at-authorityRevocationList }

deltaRevocationList         ATTRIBUTE           ::=        {
    WITH SYNTAX                             CertificateList
    EQUALITY MATCHING RULE                  certificateListExactMatch
```

```
    ID                                              id-at-deltaRevocationList }

supportedAlgorithms                ATTRIBUTE        ::= {
    WITH SYNTAX                         SupportedAlgorithm
    EQUALITY MATCHING RULE              algorithmIdentifierMatch
    ID                                  id-at-supportedAlgorithms }

SupportedAlgorithm ::= SEQUENCE {
    algorithmIdentifier                 AlgorithmIdentifier,
    intendedUsage                 [0]   KeyUsage OPTIONAL,
    intendedCertificatePolicies   [1]   CertificatePoliciesSyntax
OPTIONAL }

certificationPracticeStmt ATTRIBUTE      ::=   {
    WITH SYNTAX             InfoSyntax
    ID                      id-at-certificationPracticeStmt }

InfoSyntax        ::=     CHOICE {
    content            DirectoryString {ub-content},
    pointer            SEQUENCE {
        name           GeneralNames,
        hash           HASH {HashedPolicyInfo}OPTIONAL }}

POLICY     ::=    TYPE-IDENTIFIER
HashedPolicyInfo    ::=    POLICY.&Type({Policies})
Policies POLICY ::= {...}—— 实现者定义 ——

certificatePolicy    ATTRIBUTE    ::=   {
    WITH SYNTAX        PolicySyntax
    ID                 id-at-certificatePolicy }

PolicySyntax    ::=    SEQUENCE {
    policyIdentifier        PolicyID,
    policySyntax            InfoSyntax
}

PolicyID    ::=    CertPolicyId

pkiPath         ATTRIBUTE     ::= {
    WITH SYNTAX        PkiPath
    ID                 id-at-pkiPath }

PkiPath        ::=    SEQUENCE OF CrossCertificates
```

```
userPassword    ATTRIBUTE   ::= {
    WITH SYNTAX                 OCTET STRING（SIZE（0..ub-user-password））
    EQUALITY MATCHING RULE      octetStringMatch
    ID                          id-at-userPassword }
```

—— 对象标识符分配 ——
—— 对象类 ——

id-oc-cRLDistributionPoint	OBJECT IDENTIFIER ::=	{id-oc 19 }
id-oc-pkiUser	OBJECT IDENTIFIER ::=	{id-oc 21 }
id-oc-pkiCA	OBJECT IDENTIFIER ::=	{id-oc 22 }
id-oc-deltaCRL	OBJECT IDENTIFIER ::=	{id-oc 23 }
id-oc-cpCps	OBJECT IDENTIFIER ::=	{id-oc 30 }
id-oc-pkiCertPath	OBJECT IDENTIFIER ::=	{id-oc 31 }

—— 名称窗口 ——

id-nf-cRLDistPtNameForm	OBJECT IDENTIFIER ::=	{id-nf 14 }

—— 目录属性 ——

id-at-userPassword	OBJECT IDENTIFIER ::=	{id-at 35 }
id-at-userCertificate	OBJECT IDENTIFIER ::=	{id-at 36 }
id-at-cAcertificate	OBJECT IDENTIFIER ::=	{id-at 37 }
id-at-authorityRevocationList	OBJECT IDENTIFIER ::=	{id-at 38 }
id-at-certificateRevocationList	OBJECT IDENTIFIER ::=	{id-at 39 }
id-at-crossCertificatePair	OBJECT IDENTIFIER ::=	{id-at 40 }
id-at-supportedAlgorithms	OBJECT IDENTIFIER ::=	{id-at 52 }
id-at-deltaRevocationList	OBJECT IDENTIFIER ::=	{id-at 53 }
id-at-certificationPracticeStmt	OBJECT IDENTIFIER ::=	{id-at 68 }
id-at-certificatePolicy	OBJECT IDENTIFIER ::=	{id-at 69 }
id-at-pkiPath	OBJECT IDENTIFIER ::=	{id-at 70 }

END

A.2 证书扩展名模式

```
CertificateExtensions {joint-iso-itu-t ds(5) module(1) certificateExtensions(26) 4 }
DEFINITIONS IMPLICIT TAGS ::=
BEGIN
```

—— 输出全部 ——

```
IMPORTS
    id-at，id-ce，id-mr，informationFramework，authenticationFramework，
        selectedAttributeTypes，upperBounds
        FROM UsefulDefinitions {joint-iso-itu-t ds(5) module(1)
        usefulDefinitions(0) 4 }
```

Name，RelativeDistinguishedName，ATTRIBUTE，Attribute，MATCHING-RULE
    FROM InformationFramework informationFramework

CertificateSerialNumber，CertificateList，AlgorithmIdentifier，
    EXTENSION，Time，PolicyID
        FROM AuthenticationFramework authenticationFramework
DirectoryString
        FROM SelectedAttributeTypes selectedAttributeTypes
ub-name
        FROM UpperBounds upperBounds

ORAddress
        FROM MTSAbstractService ｛joint-iso-itu-t mhs（6）mts（3）
        modules（0）mts-abstract-service（1）version-1999（1）｝；

—— 除非明确注明，否则这个顺序没有意义。
—— 这个部分中的构造序列的一个组件

—— 公钥证书和 CRL 扩展名-

authorityKeyIdentifier EXTENSION ：：＝ ｛
    SYNTAX   AuthorityKeyIdentifier
    IDENTIFIED BY   id-ce-authorityKeyIdentifier ｝

AuthorityKeyIdentifier ：：＝ SEQUENCE ｛
    keyIdentifier   ［0］KeyIdentifier   OPTIONAL，
    authorityCertIssuer   ［1］GeneralNames   OPTIONAL，
    authorityCertSerialNumber ［2］CertificateSerialNumber   OPTIONAL ｝
    （WITH COMPONENTS   ｛...，authorityCertIssuer PRESENT，
            authorityCertSerialNumber PRESENT ｝｜
    WITH COMPONENTS   ｛...，authorityCertIssuer ABSENT，
            authorityCertSerialNumber ABSENT ｝）

KeyIdentifier ：：＝ OCTET STRING

subjectKeyIdentifier EXTENSION ：：＝ ｛
    SYNTAX   SubjectKeyIdentifier
    IDENTIFIED BY   id-ce-subjectKeyIdentifier ｝

SubjectKeyIdentifier ：：＝ KeyIdentifier

keyUsage EXTENSION ：：＝ ｛

```
        SYNTAX              KeyUsage
        IDENTIFIED BY       id-ce-keyUsage }


KeyUsage ::= BIT STRING {
        digitalSignature          (0),
        nonRepudiation            (1),
        keyEncipherment           (2),
        dataEncipherment          (3),
        keyAgreement              (4),
        keyCertSign               (5),
        cRLSign                   (6),
        encipherOnly              (7),
        decipherOnly              (8) }


extKeyUsage EXTENSION ::= {
        SYNTAX              SEQUENCE SIZE (1..MAX) OF KeyPurposeId
        IDENTIFIED BY       id-ce-extKeyUsage }


KeyPurposeId ::= OBJECT IDENTIFIER


privateKeyUsagePeriod EXTENSION ::= {
        SYNTAX              PrivateKeyUsagePeriod
        IDENTIFIED BY       id-ce-privateKeyUsagePeriod }


PrivateKeyUsagePeriod ::= SEQUENCE {
        notBefore    [0]  GeneralizedTime OPTIONAL,
        notAfter     [1]  GeneralizedTime OPTIONAL }
        ( WITH COMPONENTS {..., notBefore PRESENT }|
        WITH COMPONENTS   {..., notAfter PRESENT })


certificatePolicies EXTENSION ::= {
        SYNTAX              CertificatePoliciesSyntax
        IDENTIFIED BY       id-ce-certificatePolicies }


CertificatePoliciesSyntax ::= SEQUENCE SIZE (1..MAX) OF PolicyInformation


PolicyInformation ::= SEQUENCE {
        policyIdentifier    CertPolicyId,
        policyQualifiers    SEQUENCE SIZE (1..MAX) OF
                            PolicyQualifierInfo OPTIONAL }


CertPolicyId ::= OBJECT IDENTIFIER
```

```
PolicyQualifierInfo ::= SEQUENCE {
    policyQualifierId      CERT-POLICY-QUALIFIER. &id
                           ({SupportedPolicyQualifiers}),
    qualifier              CERT-POLICY-QUALIFIER. &Qualifier
                           ({SupportedPolicyQualifiers}{@policyQualifierId})
                           OPTIONAL }


SupportedPolicyQualifiers CERT-POLICY-QUALIFIER ::= {...}
anyPolicy      OBJECT IDENTIFIER        ::=  {2 5 29 32 0}
CERT-POLICY-QUALIFIER ::= CLASS {
    &id                 OBJECT IDENTIFIER UNIQUE,
    &Qualifier          OPTIONAL }
WITH SYNTAX {
    POLICY-QUALIFIER-ID       &id
    [QUALIFIER-TYPE       &Qualifier] }


policyMappings EXTENSION ::= {
    SYNTAX                 PolicyMappingsSyntax
    IDENTIFIED BY          id-ce-policyMappings }


PolicyMappingsSyntax ::= SEQUENCE SIZE (1..MAX) OF SEQUENCE {
    issuerDomainPolicy          CertPolicyId,
    subjectDomainPolicy         CertPolicyId }


subjectAltName EXTENSION ::= {
    SYNTAX                 GeneralNames
    IDENTIFIED BY          id-ce-subjectAltName }


GeneralNames ::= SEQUENCE SIZE (1..MAX) OF GeneralName


GeneralName ::= CHOICE {
    otherName                    [0]   INSTANCE OF OTHER-NAME,
    rfc822Name                   [1]   IA5String,
    dNSName                      [2]   IA5String,
    x400Address                  [3]   ORAddress,
    directoryName                [4]   Name,
    ediPartyName                 [5]   EDIPartyName,
    uniformResourceIdentifier    [6]   IA5String,
    iPAddress                    [7]   OCTET STRING,
    registeredID                 [8]   OBJECT IDENTIFIER }


OTHER-NAME ::= TYPE-IDENTIFIER
```

161

```
EDIPartyName ::= SEQUENCE {
    nameAssigner        [0]  DirectoryString {ub-name }OPTIONAL,
    partyName           [1]  DirectoryString {ub-name }}


issuerAltName EXTENSION ::= {
    SYNTAX              GeneralNames
    IDENTIFIED BY       id-ce-issuerAltName }


subjectDirectoryAttributes EXTENSION ::= {
    SYNTAX              AttributesSyntax
    IDENTIFIED BY       id-ce-subjectDirectoryAttributes }


AttributesSyntax ::= SEQUENCE SIZE (1..MAX) OF Attribute


basicConstraints EXTENSION ::= {
    SYNTAX              BasicConstraintsSyntax
    IDENTIFIED BY       id-ce-basicConstraints }


BasicConstraintsSyntax ::= SEQUENCE {
    cA                  BOOLEAN DEFAULT FALSE,
    pathLenConstraint   INTEGER (0..MAX) OPTIONAL }


nameConstraints EXTENSION ::= {
    SYNTAX              NameConstraintsSyntax
    IDENTIFIED BY       id-ce-nameConstraints }


NameConstraintsSyntax ::= SEQUENCE {
    permittedSubtrees   [0]  GeneralSubtrees OPTIONAL,
    excludedSubtrees    [1]  GeneralSubtrees OPTIONAL }


GeneralSubtrees ::= SEQUENCE SIZE (1..MAX) OF GeneralSubtree


GeneralSubtree ::= SEQUENCE {
    base                     GeneralName,
    minimum             [0]  BaseDistance DEFAULT 0,
    maximum             [1]  BaseDistance OPTIONAL }


BaseDistance ::= INTEGER (0..MAX)


policyConstraints EXTENSION ::= {
    SYNTAX              PolicyConstraintsSyntax
    IDENTIFIED BY       id-ce-policyConstraints }
```

```
PolicyConstraintsSyntax ::= SEQUENCE {
    requireExplicitPolicy      [0] SkipCerts OPTIONAL,
    inhibitPolicyMapping       [1] SkipCerts OPTIONAL }


SkipCerts ::= INTEGER (0..MAX)


cRLNumber EXTENSION ::= {
    SYNTAX          CRLNumber
    IDENTIFIED BY   id-ce-cRLNumber }
CRLNumber ::= INTEGER (0..MAX)


reasonCode EXTENSION ::= {
    SYNTAX          CRLReason
    IDENTIFIED BY   id-ce-reasonCode }


CRLReason ::= ENUMERATED {
    unspecified              (0),
    keyCompromise            (1),
    cACompromise             (2),
    affiliationChanged       (3),
    superseded               (4),
    cessationOfOperation     (5),
    certificateHold          (6),
    removeFromCRL            (8),
    privilegeWithdrawn       (9),
    aaCompromise            (10)}


holdInstructionCode EXTENSION ::= {
    SYNTAX          HoldInstruction
    IDENTIFIED BY   id-ce-instructionCode }


HoldInstruction ::= OBJECT IDENTIFIER


invalidityDate EXTENSION ::= {
    SYNTAX          GeneralizedTime
    IDENTIFIED BY   id-ce-invalidityDate }


crlScope EXTENSION      ::= {
    SYNTAX          CRLScopeSyntax
    IDENTIFIED BY   id-ce-cRLScope }
CRLScopeSyntax      ::=    SEQUENCE SIZE (1..MAX) OF PerAuthorityScope
PerAuthorityScope   ::=      SEQUENCE {
    authorityName           [0]  GeneralName OPTIONAL,
```

```
    distributionPoint        [1]    DistributionPointName OPTIONAL,
    onlyContains             [2]    OnlyCertificateTypes OPTIONAL,
    onlySomeReasons          [4]    ReasonFlags OPTIONAL,
    serialNumberRange        [5]    NumberRange OPTIONAL,
    subjectKeyIdRange        [6]    NumberRange OPTIONAL,
    nameSubtrees             [7]    GeneralNames OPTIONAL,
    baseRevocationInfo       [9]    BaseRevocationInfo OPTIONAL
    }


OnlyCertificateTypes     ::= BIT STRING {
    user                 (0),
    authority            (1),
    attribute            (2) }
NumberRange ::= SEQUENCE {
    startingNumber  [0]    INTEGER OPTIONAL,
    endingNumber    [1]    INTEGER OPTIONAL,
    modulus                INTEGER OPTIONAL }


BaseRevocationInfo ::= SEQUENCE {
    cRLtreamIdentifier       [0]  CRLtreamIdentifier  OPTIONAL,
    cRLNumber                [1]  CRLNumber,
    baseThisUpdate           [2]  GeneralizedTime }


statusReferrals EXTENSION      ::= {
    SYNTAX          StatusReferrals
    IDENTIFIED BY   id-ce-statusReferrals }


StatusReferrals ::= SEQUENCE SIZE (1..MAX) OF StatusReferral
StatusReferral      ::=       CHOICE {
    cRLReferral      [0]  CRLReferral,
    otherReferral    [1]  INSTANCE OF OTHER-REFERRAL }


CRLReferral ::= SEQUENCE        {
    issuer           [0]    GeneralName OPTIONAL,
    location         [1]    GeneralName OPTIONAL,
    deltaRefInfo     [2]    DeltaRefInfo OPTIONAL,
    cRLScope                CRLcopeSyntax,
    lastUpdate       [3]    GeneralizedTime OPTIONAL,
    lastChangedCRL   [4]    GeneralizedTime OPTIONAL }


DeltaRefInfo    ::=    SEQUENCE {
    deltaLocation    GeneralName,
    lastDelta        GeneralizedTime OPTIONAL }
```

OTHER-REFERRAL ::= TYPE-IDENTIFIER

cRLStreamIdentifier EXTENSION ::= {
    SYNTAX   CRLStreamIdentifier
    IDENTIFIED BY   id-ce-cRLStreamIdentifier }

CRLStreamIdentifier ::= INTEGER (0..MAX)

orderedList EXTENSION ::= {
    SYNTAX   OrderedListSyntax
    IDENTIFIED BY   id-ce-orderedList }

OrderedListSyntax ::= ENUMERATED {
ascSerialNum   (0),
ascRevDate   (1) }

deltaInfo EXTENSION ::= {
    SYNTAX   DeltaInformation
    IDENTIFIED BY   id-ce-deltaInfo }
DeltaInformation ::= SEQUENCE {
    deltaLocation   GeneralName,
    nextDelta   GeneralizedTime OPTIONAL }

cRLDistributionPoints EXTENSION ::= {
    SYNTAX   CRLDistPointsSyntax
    IDENTIFIED BY   id-ce-cRLDistributionPoints }

CRLDistPointsSyntax ::= SEQUENCE SIZE (1..MAX) OF DistributionPoint

DistributionPoint ::= SEQUENCE {
    distributionPoint   [0] DistributionPointName OPTIONAL,
    reasons   [1] ReasonFlags OPTIONAL,
    cRLIssuer   [2] GeneralNames OPTIONAL }

DistributionPointName ::= CHOICE {
    fullName   [0] GeneralNames,
    nameRelativeToCRLIssuer [1] RelativeDistinguishedName }

ReasonFlags ::= BIT STRING {
    unused   (0),
    keyCompromise   (1),
    cACompromise   (2),

165

```
    affiliationChanged          (3),
    superseded                  (4),
    cessationOfOperation        (5),
    certificateHold             (6),
    privilegeWithdrawn          (7),
    aACompromise                (8) }


issuingDistributionPoint EXTENSION ::= {
    SYNTAX                  IssuingDistPointSyntax
    IDENTIFIED BY           id-ce-issuingDistributionPoint }


IssuingDistPointSyntax ::= SEQUENCE {
    distributionPoint           [0] DistributionPointName OPTIONAL,
    onlyContainsUserCerts       [1] BOOLEAN DEFAULT FALSE,
    onlyContainsAuthorityCerts  [2] BOOLEAN DEFAULT FALSE,
    onlySomeReasons             [3] ReasonFlags OPTIONAL,
    indirectCRL                 [4] BOOLEAN DEFAULT FALSE,
    onlyContainsAttributeCerts  [5] BOOLEAN DEFAULT FALSE }


certificateIssuer EXTENSION ::= {
    SYNTAX                  GeneralNames
    IDENTIFIED BY           id-ce-certificateIssuer }


deltaCRLIndicator EXTENSION ::= {
    SYNTAX                  BaseCRLNumber
IDENTIFIED BY               id-ce-deltaCRLIndicator }


BaseCRLNumber ::= CRLNumber


baseUpdateTime EXTENSION    ::= {
    SYNTAX                  GeneralizedTime
    IDENTIFIED BY           id-ce-baseUpdateTime }


freshestCRL EXTENSION       ::= {
    SYNTAX                  CRLDistPointsSyntax
    IDENTIFIED BY           id-ce-freshestCRL }


InhibitAnyPolicy   EXTENSION    ::= {
    SYNTAX          SkipCerts
IDENTIFIED BY       id-ce-inhibitAnyPolicy }
```

—— *PKI 匹配规则*——

```
certificateExactMatch MATCHING-RULE ::= {
    SYNTAX              CertificateExactAssertion
    ID                  id-mr-certificateExactMatch }
CertificateExactAssertion ::= SEQUENCE {
    serialNumber     CertificateSerialNumber,
    issuer           Name }


certificateMatch MATCHING-RULE ::= {
    SYNTAX              CertificateAssertion
    ID                  id-mr-certificateMatch }
CertificateAssertion ::= SEQUENCE {
    serialNumber           [0] CertificateSerialNumber      OPTIONAL,
    issuer                 [1] Name                         OPTIONAL,
    subjectKeyIdentifier   [2] SubjectKeyIdentifier         OPTIONAL,
    authorityKeyIdentifier [3] AuthorityKeyIdentifier       OPTIONAL,
    certificateValid       [4] Time                         OPTIONAL,
    privateKeyValid        [5] GeneralizedTime              OPTIONAL,
    subjectPublicKeyAlgID  [6] OBJECT IDENTIFIER            OPTIONAL,
    keyUsage               [7] KeyUsage                     OPTIONAL,
    subjectAltName         [8] AltNameType                  OPTIONAL,
    policy                 [9] CertPolicySet                OPTIONAL,
    pathToName             [10] Name                        OPTIONAL,
    subject                [11] Name                        OPTIONAL,
    nameConstraints        [12] NameConstraintsSyntax  OPTIONAL }


AltNameType ::= CHOICE {
    builtinNameForm        ENUMERATED {
            rfc822Name                  (1),
            dNSName                     (2),
            x400Address                 (3),
            directoryName               (4),
            ediPartyName                (5),
            uniformResourceIdentifier   (6),
            iPAddress                   (7),
            registeredId                (8) },
    otherNameForm    OBJECT IDENTIFIER }


CertPolicySet ::= SEQUENCE SIZE (1..MAX) OF CertPolicyId

certificatePairExactMatch MATCHING-RULE    ::=  {
    SYNTAX              CertificatePairExactAssertion
    ID                  id-mr-certificatePairExactMatch }
```

```
CertificatePairExactAssertion ::= SEQUENCE {
    issuedToThisCAAssertion        [0] CertificateExactAssertion OPTIONAL,
    issuedByThisCAAssertion        [1] CertificateExactAssertion OPTIONAL }
    ( WITH COMPONENTS              {..., issuedToThisCAAssertion PRESENT } |
    WITH COMPONENTS                {..., issuedByThisCAAssertion PRESENT })


certificatePairMatch MATCHING-RULE ::=    {
    SYNTAX        CertificatePairAssertion
    ID            id-mr-certificatePairMatch }


CertificatePairAssertion ::= SEQUENCE {
    issuedToThisCAAssertion     [0] CertificateAssertion OPTIONAL,
    issuedByThisCAAssertion     [1] CertificateAssertion OPTIONAL }
    ( WITH COMPONENTS     {..., issuedToThisCAAssertion PRESENT } |
    WITH COMPONENTS       {..., issuedByThisCAAssertion PRESENT })


certificateListExactMatch MATCHING-RULE    ::=  {
    SYNTAX        CertificateListExactAssertion
    ID            id-mr-certificateListExactMatch }


CertificateListExactAssertion ::= SEQUENCE {
    issuer          Name,
    thisUpdate      Time,
    distributionPointDistributionPointName OPTIONAL }


certificateListMatch MATCHING-RULE ::= {
    SYNTAX        CertificateListAssertion
    ID            id-mr-certificateListMatch }


CertificateListAssertion ::= SEQUENCE {
    issuer                      Name             OPTIONAL,
    minCRLNumber        [0]     CRLNumber        OPTIONAL,
    maxCRLNumber        [1]     CRLNumber        OPTIONAL,
    reasonFlags                 ReasonFlags      OPTIONAL,
    dateAndTime                 Time             OPTIONAL,
    distributionPoint   [2]     DistributionPointName OPTIONAL,
    authorityKeyIdentifier [3]  AuthorityKeyIdentifier OPTIONAL }


algorithmIdentifierMatch MATCHING-RULE    ::=    {
    SYNTAX        AlgorithmIdentifier
    ID            id-mr-algorithmIdentifierMatch }


policyMatch MATCHING-RULE    ::= {
```

```
    SYNTAX          PolicyID
    ID              id-mr-policyMatch }

pkiPathMatch MATCHING-RULE    ::= {
    SYNTAX          PkiPathMatchSyntax
    ID              id-mr-pkiPathMatch }


PkiPathMatchSyntax  ::= SEQUENCE {
    firstIssuer      Name ,
    lastSubject      Name }
```

—— 对象标识符的分配

id-ce-subjectDirectoryAttributes	OBJECT IDENTIFIER	::=	{id-ce 9 }
id-ce-subjectKeyIdentifier	OBJECT IDENTIFIER	::=	{id-ce 14 }
id-ce-keyUsage	OBJECT IDENTIFIER	::=	{id-ce 15 }
id-ce-privateKeyUsagePeriod	OBJECT IDENTIFIER	::=	{id-ce 16 }
id-ce-subjectAltName	OBJECT IDENTIFIER	::=	{id-ce 17 }
id-ce-issuerAltName	OBJECT IDENTIFIER	::=	{id-ce 18 }
id-ce-basicConstraints	OBJECT IDENTIFIER	::=	{id-ce 19 }
id-ce-cRLNumber	OBJECT IDENTIFIER	::=	{id-ce 20 }
id-ce-reasonCode	OBJECT IDENTIFIER	::=	{id-ce 21 }
id-ce-instructionCode	OBJECT IDENTIFIER	::=	{id-ce 23 }
id-ce-invalidityDate	OBJECT IDENTIFIER	::=	{id-ce 24 }
id-ce-deltaCRLIndicator	OBJECT IDENTIFIER	::=	{id-ce 27 }
id-ce-issuingDistributionPoint	OBJECT IDENTIFIER	::=	{id-ce 28 }
id-ce-certificateIssuer	OBJECT IDENTIFIER	::=	{id-ce 29 }
id-ce-nameConstraints	OBJECT IDENTIFIER	::=	{id-ce 30 }
id-ce-cRLDistributionPoints	OBJECT IDENTIFIER	::=	{id-ce 31 }
id-ce-certificatePolicies	OBJECT IDENTIFIER	::=	{id-ce 32 }
id-ce-policyMappings	OBJECT IDENTIFIER	::=	{id-ce 33 }
-- deprecated	OBJECT IDENTIFIER	::=	{id-ce 34 }
id-ce-authorityKeyIdentifier	OBJECT IDENTIFIER	::=	{id-ce 35 }
id-ce-policyConstraints	OBJECT IDENTIFIER	::=	{id-ce 36 }
id-ce-extKeyUsage	OBJECT IDENTIFIER	::=	{id-ce 37 }
id-ce-cRLStreamIdentifier	OBJECT IDENTIFIER	::=	{id-ce 40 }
id-ce-cRLScope	OBJECT IDENTIFIER	::=	{id-ce 44 }
id-ce-statusReferrals	OBJECT IDENTIFIER	::=	{id-ce 45 }
id-ce-freshestCRL	OBJECT IDENTIFIER	::=	{id-ce 46 }
id-ce-orderedList	OBJECT IDENTIFIER	::=	{id-ce 47 }
id-ce-baseUpdateTime	OBJECT IDENTIFIER	::=	{id-ce 51 }
id-ce-deltaInfo	OBJECT IDENTIFIER	::=	{id-ce 53 }
id-ce-inhibitAnyPolicy	OBJECT IDENTIFIER	::=	{id-ce 54 }

—— *OIDs 的匹配规则* ——

id-mr-certificateExactMatch	**OBJECT IDENTIFIER**	::=	{**id-mr 34** }
id-mr-certificateMatch	**OBJECT IDENTIFIER**	::=	{**id-mr 35** }
id-mr-certificatePairExactMatch	**OBJECT IDENTIFIER**	::=	{**id-mr 36** }
id-mr-certificatePairMatch	**OBJECT IDENTIFIER**	::=	{**id-mr 37** }
id-mr-certificateListExactMatch	**OBJECT IDENTIFIER**	::=	{**id-mr 38** }
id-mr-certificateListMatch	**OBJECT IDENTIFIER**	::=	{**id-mr 39** }
id-mr-algorithmIdentifierMatch	**OBJECT IDENTIFIER**	::=	{**id-mr 40** }
id-mr-policyMatch	**OBJECT IDENTIFIER**	::=	{**id-mr 60** }
id-mr-pkiPathMatch	**OBJECT IDENTIFIER**	::=	{**id-mr 62** }

—— *本部分未使用以下对象标识符*：

—— *{id-ce 2 }，{id-ce 3 }，{id-ce 4 }，{id-ce 5 }，{id-ce 6 }，{id-ce 7 }，*

—— *{id-ce 8 }，{id-ce 10 }，{id-ce 11 }，{id-ce 12 }，{id-ce 13 }，*

—— *{id-ce 22 }，{id-ce 25 }，{id-ce 26 }*

END

A.3 属性证书框架模式

AttributeCertificateDefinitions {joint-iso-itu-t-ds(5)module(1)
attributeCertificateDefinitions(32) 4 }
DEFINITIONS IMPLICIT TAGS ::=
BEGIN

—— 全部输出 ——

输入

    id-at，id-ce，id-mr，informationFramework，authenticationFramework，
        selectedAttributeTypes，upperBounds，id-oc，certificateExtensions
        FROM UsefulDefinitions {joint-iso-ITU-t ds(5) module(1)
        usefulDefinitions(0) 4 }

    Name，RelativeDistinguishedName，ATTRIBUTE，Attribute，
        MATCHING-RULE，AttributeType，OBJECT-CLASS，top
        FROM InformationFramework informationFramework

    CertificateSerialNumber，CertificateList，AlgorithmIdentifier，
        EXTENSION，SIGNED，InfoSyntax，PolicySyntax，Extensions，Certificate
        FROM AuthenticationFramework authenticationFramework

    DirectoryString，TimeSpecification，UniqueIdentifier
        FROM SelectedAttributeTypes selectedAttributeTypes

GeneralName，GeneralNames，NameConstraintsSyntax，certificateListExactMatch
FROM CertificateExtensions certificateExtensions

ub-name
FROM UpperBounds upperBounds

UserNotice
FROM PKIX1Implicit93 {iso（1）identified-organization（3）dod（6）internet（1）security（5）
mechanisms（5）pkix（7）id-mod（0）id-pkix1-implicit-93（4）}

ORAddress
FROM MTSAbstractService {joint-iso-itu-t mhs（6）mts（3）
modules（0）mts-abstract-service（1）version-1999（1）} ；

—— 除非明确注明，否则该序列没有意义。
—— 说明书中的结构序列组件。
—— 属性证书结构 ——

AttributeCertificate ::= SIGNED {AttributeCertificateInfo }
AttributeCertificateInfo ::= SEQUENCE
{
version   AttCertVersion   版本是 V2，
holder   Holder，
issuer   AttCertIssuer，
signature   AlgorithmIdentifier，
serialNumber   CertificateSerialNumber，
attrCertValidityPeriod   AttCertValidityPeriod，
attributes   SEQUENCE OF Attribute，
issuerUniqueID   UniqueIdentifier OPTIONAL，
extensions   Extensions OPTIONAL
}

AttCertVersion   ::= INTEGER {v1（0），v2（1）}

Holder   ::=   SEQUENCE
{
baseCertificateID   [0] IssuerSerial   OPTIONAL，
—— 发布者和公钥证书持有者的序列号
entityName   [1] GeneralNames   OPTIONAL，
—— 实体名或角色名
objectDigestInfo   [2] ObjectDigestInfo OPTIONAL
—— 如果存在，则必须是第二版
—— 至少存在一个证书 ID 库，实体名，或者对象摘要信息 —— }

```
ObjectDigestInfo    ::= SEQUENCE {
    digestedObjectType      ENUMERATED {
        publicKey               (0),
        publicKeyCert           (1),
        otherObjectTypes        (2) },
    otherObjectTypeID       OBJECT IDENTIFIER    OPTIONAL,
    digestAlgorithm         AlgorithmIdentifier,
    objectDigest            BIT STRING }


AttCertIssuer ::= [0]   SEQUENCE {
    issuerName                      GeneralNames    OPTIONAL,
    baseCertificateID   [0]         IssuerSerial    OPTIONAL,
    objectDigestInfo    [1]         ObjectDigestInfo    OPTIONAL }
```
—— 必须存在一个组件
```
    ( WITH COMPONENTS       {..., issuerName     PRESENT }|
    WITH COMPONENTS         {..., baseCertificateID    PRESENT }|
    WITH COMPONENTS         {..., objectDigestInfo PRESENT })


IssuerSerial        ::=     SEQUENCE {
    issuer      GeneralNames,
    serial      CertificateSerialNumber,
    issuerUID   UniqueIdentifier OPTIONAL }


AttCertValidityPeriod       ::= SEQUENCE {
    notBeforeTime   GeneralizedTime,
    notAfterTime    GeneralizedTime }


AttributeCertificationPath      ::=     SEQUENCE {
    attributeCertificate            AttributeCertificate,
    acPath                          SEQUENCE OF ACPathData OPTIONAL }


ACPathData      ::=     SEQUENCE {
    certificate                 [0] Certificate OPTIONAL,
    attributeCertificate        [1] AttributeCertificate    OPTIONAL }


PrivilegePolicy     ::=     OBJECT IDENTIFIER
```

—— 特权属性 ——

```
roleATTRIBUTE ::= {
    WITH SYNTAX         RoleSyntax
    ID                  id-at-role }
```

```
RoleSyntax    ::=   SEQUENCE {
    roleAuthority    [0]   GeneralNames   OPTIONAL，
    roleName         [1]   GeneralName }
```

—— PMI 对象类——

```
pmiUser OBJECT-CLASS ::= {
    SUBCLASS OF        {top }
    KIND               auxiliary
    MAY CONTAIN        {attributeCertificateAttribute }
    ID                 id-oc-pmiUser
    }
```

```
pmiAA OBJECT-CLASS ::= {
—— a PMI AA
    SUBCLASS OF        {top }
    KIND               auxiliary
    MAY CONTAIN        {aACertificate |
                       attributeCertificateRevocationList |
                       attributeAuthorityRevocationList }
    ID                 id-oc-pmiAA
    }
```

```
pmiSOA OBJECT-CLASS ::= {        —— PMI 认证源
    SUBCLASS OF        {top }
    KIND               auxiliary
    MAY CONTAIN        {aACertificateRevocation |
                       attributeCertificateRevocationList |
                       attributeAuthorityRevocationList }
    ID                 id-oc-pmiSOA
    }
```

```
attCertCRLDistributionPt   OBJECT-CLASS ::= {
    SUBCLASS OF        {top }
    KIND               auxiliary
    MAY CONTAIN        {attributeCertificateRevocationList |
                       attributeAuthorityRevocationList }
    ID                 id-oc-attCertCRLDistributionPts
    }
```

```
pmiDelegationPath   OBJECT-CLASS   ::= {
    SUBCLASS OF        {top }
    KIND               auxiliary
```

```
    MAY CONTAIN          {delegationPath }
    ID                   id-oc-pmiDelegationPath }


privilegePolicy     OBJECT-CLASS      ::= {
    SUBCLASS OF          {top }
    KIND                 auxiliary
    MAY CONTAIN          {privPolicy }
    ID                   id-oc-privilegePolicy }
```

—— PMI 目录属性 ——

```
attributeCertificateAttribute          ATTRIBUTE      ::= {
    WITH SYNTAX          AttributeCertificate
    EQUALITY MATCHING RULE   attributeCertificateExactMatch
    ID                   id-at-attributeCertificate }


aACertificate                          ATTRIBUTE   ::= {
    WITH SYNTAX          AttributeCertificate
    EQUALITY MATCHING RULE   attributeCertificateExactMatch
    ID                   id-at-aACertificate }


attributeDescriptorCertificate         ATTRIBUTE        ::= {
    WITH SYNTAX          AttributeCertificate
    EQUALITY MATCHING RULE   attributeCertificateExactMatch
    ID                   id-at-attributeDescriptorCertificate }


attributeCertificateRevocationList     ATTRIBUTE ::= {
    WITH SYNTAX          CertificateList
    EQUALITY MATCHING RULE   certificateListExactMatch
    ID                   id-at-attributeCertificateRevocationList }


attributeAuthorityRevocationList       ATTRIBUTE      ::= {
    WITH SYNTAX          CertificateList
    EQUALITY MATCHING RULE   certificateListExactMatch
    ID                   id-at-attributeAuthorityRevocationList }


delegationPath                         ATTRIBUTE    ::= {
    WITH SYNTAX          AttCertPath
    ID                   id-at-delegationPath }


AttCertPath    ::=    SEQUENCE OF AttributeCertificate


privPolicy                             ATTRIBUTE    ::= {
    WITH SYNTAX          PolicySyntax
```

```
    ID                                          id-at-privPolicy }
```

—— 属性证书扩充和匹配规则 ——

```
attributeCertificateExactMatch MATCHING-RULE       ::= {
    SYNTAX                          AttributeCertificateExactAssertion
    ID                              id-mr-attributeCertificateExactMatch }

AttributeCertificateExactAssertion   ::=   SEQUENCE {
    serialNumber                    CertificateSerialNumber,OPTIONAL
    issuer                          IssuerSerial
    }

attributeCertificateMatch       MATCHING-RULE     ::=     {
    SYNTAX                          AttributeCertificateAssertion
    ID                              id-mr-attributeCertificateMatch }

AttributeCertificateAssertion     ::=      SEQUENCE     {
    holder              [0]    CHOICE {
      baseCertificateID      [0]    IssuerSerial,
      holderName                 [1]  GeneralNames }OPTIONAL,
    issuer              [1]  GeneralNames OPTIONAL,
    attCertValidity     [2]  GeneralizedTime OPTIONAL,
    attType             [3]  SET OF AttributeType OPTIONAL }
```
—— 至少存在一个序列组件

```
holderIssuerMatch MATCHING-RULE       ::= {
    SYNTAX          HolderIssuerAssertion
    ID              id-mr-holderIssuerMatch }
HolderIssuerAssertion    ::=   SEQUENCE {
    holder          [0]  Holder  OPTIONAL,
    issuer          [1]   AttCertIssuer  OPTIONAL
    }

delegationPathMatch MATCHING-RULE        ::= {
    SYNTAX          DelMatchSyntax
    ID              id-mr-delegationPathMatch }

DelMatchSyntax      ::=     SEQUENCE {
    firstIssuer     AttCertIssuer,
    lastHolder      Holder }

sOAIdentifier EXTENSION       ::= {
```

```
        SYNTAX              NULL
        IDENTIFIED BY       id-ce-sOAIdentifier }


authorityAttributeIdentifier EXTENSION        ::=
        {
        SYNTAX          AuthorityAttributeIdentifierSyntax
        IDENTIFIED BY   {id-ce-authorityAttributeIdentifier }}


AuthorityAttributeIdentifierSyntax    ::=   SEQUENCE SIZE（1..MAX）OF AuthAttiid


AuthAttId   ::=   IssuerSerial


authAttIdMatch MATCHING-RULE       ::= {
        SYNTAX          AuthorityAttributeIdentifierSyntax
        ID              id-mr-authAttIdMatch }


roleSpecCertIdentifier EXTENSION ::=
        {
        SYNTAX          RoleSpecCertIdentifierSyntax
        IDENTIFIED BY   {id-ce-roleSpecCertIdentifier }}


RoleSpecCertIdentifierSyntax       ::= SEQUENCE SIZE（1..MAX）OF RoleSpecCertIdentifier
RoleSpecCertIdentifier       ::= SEQUENCE {
        roleName                [0]   GeneralName,
        roleCertIssuer          [1]    GeneralName,
        roleCertSerialNumber    [2]   CertificateSerialNumber   OPTIONAL,
        roleCertLocator         [3]   GeneralNames   OPTIONAL
        }


roleSpecCertIdMatch MATCHING-RULE       ::= {
        SYNTAX    RoleSpecCertIdentifierSyntax
        ID        id-mr-roleSpecCertIdMatch }


basicAttConstraints EXTENSION ::=
        {
          SYNTAX            BasicAttConstraintsSyntax
          IDENTIFIED BY     {id-ce-basicAttConstraints }
        }
BasicAttConstraintsSyntax ::= SEQUENCE
        {
          authority         BOOLEAN DEFAULT FALSE,
          pathLenConstraint INTEGER（0..MAX）OPTIONAL
        }
```

```
basicAttConstraintsMatch MATCHING-RULE        ::= {
    SYNTAX          BasicAttConstraintsSyntax
    ID              id-mr-basicAttConstraintsMatch }


delegatedNameConstraints EXTENSION ::= {
    SYNTAX          NameConstraintsSyntax
    IDENTIFIED BY   id-ce-delegatedNameConstraints }


delegatedNameConstraintsMatch MATCHING-RULE   ::= {
    SYNTAX          NameConstraintsSyntax
    ID              id-mr-delegatedNameConstraintsMatch }


timeSpecification EXTENSION        ::=        {
    SYNTAX          TimeSpecification
    IDENTIFIED BY   id-ce-timeSpecification }


timeSpecificationMatch MATCHING-RULE          ::= {
    SYNTAX          TimeSpecification
    ID              id-mr-timeSpecMatch }


acceptableCertPolicies EXTENSION ::= {
    SYNTAX          AcceptableCertPoliciesSyntax
    IDENTIFIED BY   id-ce-acceptableCertPolicies }


AcceptableCertPoliciesSyntax ::= SEQUENCE SIZE (1..MAX) OF CertPolicyId


CertPolicyId ::= OBJECT IDENTIFIER


acceptableCertPoliciesMatch MATCHING-RULE     ::= {
    SYNTAX          AcceptableCertPoliciesSyntax
    ID              id-mr-acceptableCertPoliciesMatch }


attributeDescriptor EXTENSION      ::= {
    SYNTAX          AttributeDescriptorSyntax
    IDENTIFIED BY   {id-ce-attributeDescriptor }}


AttributeDescriptorSyntax          ::= SEQUENCE {
    identifier                      AttributeIdentifier,
    attributeSyntax                 OCTET STRING (SIZE(1..MAX)),
    name                    [0]     AttributeName     OPTIONAL,
    description             [1]     AttributeDescription  OPTIONAL,
    dominationRule                  PrivilegePolicyIdentifier }
```

```
AttributeIdentifier        ::= ATTRIBUTE. &id({AttributeIDs})

AttributeIDs ATTRIBUTE     ::= {...}

AttributeName ::= UTF8String (SIZE (1..MAX))

AttributeDescription ::= UTF8String (SIZE(1..MAX))

PrivilegePolicyIdentifier    ::=      SEQUENCE {
    privilegePolicy              PrivilegePolicy,
    privPolSyntax                InfoSyntax }

attDescriptor MATCHING-RULE      ::= {
    SYNTAX          AttributeDescriptorSyntax
    ID              id-mr-attDescriptorMatch }

userNotice    EXTENSION ::= {
    SYNTAX            SEQUENCE SIZE (1..MAX) OF UserNotice
    IDENTIFIED BY     id-ce-userNotice }

targetingInformation    EXTENSION      ::= {
    SYNTAX            SEQUENCE SIZE (1..MAX) OF Targets
    IDENTIFIED BY     id-ce-targetInformation }

Targets    ::=   SEQUENCE SIZE (1..MAX) OF Target

Target    ::=   CHOICE {
    targetName      [0]      GeneralName,
    targetGroup     [1]      GeneralName,
    targetCert      [2]      TargetCert }

TargetCert    ::=   SEQUENCE {
    targetCertificate    IssuerSerial,
    targetName           GeneralName OPTIONAL,
    certDigestInfo       ObjectDigestInfo OPTIONAL }

noRevAvail EXTENSION ::=      {
    SYNTAX            NULL
    IDENTIFIED BY     id-ce-noRevAvail }

acceptablePrivilegePolicies EXTENSION ::= {
    SYNTAX                    AcceptablePrivilegePoliciesSyntax
```

IDENTIFIED BY   id-ce-acceptablePrivilegePolicies }

AcceptablePrivilegePoliciesSyntax   ：：＝   SEQUENCE SIZE（1..MAX）OF PrivilegePolicy

—— 分配对象标识符—

—— 对象类—

id-oc-pmiUser	OBJECT IDENTIFIER ：：＝ ｛id-oc 24｝
id-oc-pmiAA	OBJECT IDENTIFIER ：：＝ ｛id-oc 25｝
id-oc-pmiSOA	OBJECT IDENTIFIER ：：＝ ｛id-oc 26｝
id-oc-attCertCRLDistributionPts	OBJECT IDENTIFIER ：：＝ ｛id-oc 27｝
id-oc-privilegePolicy	OBJECT IDENTIFIER ：：＝ ｛id-oc 32｝
id-oc-pmiDelegationPath	OBJECT IDENTIFIER ：：＝ ｛id-oc 33｝

—— 目录属性——

id-at-attributeCertificate	OBJECT IDENTIFIER：：＝ ｛id-at 58｝
id-at-attributeCertificateRevocationList	OBJECT IDENTIFIER ：：＝ ｛id-at 59｝
id-at-aACertificate	OBJECT IDENTIFIER ：：＝ ｛id-at 61｝
id-at-attributeDescriptorCertificate	OBJECT IDENTIFIER ：：＝ ｛id-at 62｝
id-at-attributeAuthorityRevocationList	OBJECT IDENTIFIER ：：＝ ｛id-at 63｝
id-at-privPolicy	OBJECT IDENTIFIER ：：＝ ｛id-at 71｝
id-at-role	OBJECT IDENTIFIER ：：＝ ｛id-at 72｝
id-at-delegationPath	OBJECT IDENTIFIER ：：＝ ｛id-at 73｝

—— 属性证书扩展—

id-ce-authorityAttributeIdentifier	OBJECT IDENTIFIER ：：＝ ｛id-ce 38｝
id-ce-roleSpecCertIdentifier	OBJECT IDENTIFIER ：：＝ ｛id-ce 39｝
id-ce-basicAttConstraints	OBJECT IDENTIFIER ：：＝ ｛id-ce 41｝
id-ce-delegatedNameConstraints	OBJECT IDENTIFIER ：：＝ ｛id-ce 42｝
id-ce-timeSpecification	OBJECT IDENTIFIER ：：＝ ｛id-ce 43｝
id-ce-attributeDescriptor	OBJECT IDENTIFIER ：：＝ ｛id-ce 48｝
id-ce-userNotice	OBJECT IDENTIFIER ：：＝ ｛id-ce 49｝
id-ce-sOAIdentifier	OBJECT IDENTIFIER ：：＝ ｛id-ce 50｝
id-ce-acceptableCertPolicies	OBJECT IDENTIFIER ：：＝ ｛id-ce 52｝
id-ce-targetInformation	OBJECT IDENTIFIER ：：＝ ｛id-ce 55｝
id-ce-noRevAvail	OBJECT IDENTIFIER ：：＝ ｛id-ce 56｝
id-ce-acceptablePrivilegePolicies	OBJECT IDENTIFIER ：：＝ ｛id-ce 57｝

—— PMI 匹配规则——

id-mr-attributeCertificateMatch	OBJECT IDENTIFIER ：：＝ ｛id-mr 42｝
id-mr-attributeCertificateExactMatch	OBJECT IDENTIFIER ：：＝ ｛id-mr 45｝
id-mr-holderIssuerMatch	OBJECT IDENTIFIER ：：＝ ｛id-mr 46｝
id-mr-authAttIdMatch	OBJECT IDENTIFIER ：：＝ ｛id-mr 53｝
id-mr-roleSpecCertIdMatch	OBJECT IDENTIFIER ：：＝ ｛id-mr 54｝
id-mr-basicAttConstraintsMatch	OBJECT IDENTIFIER ：：＝ ｛id-mr 55｝
id-mr-delegatedNameConstraintsMatch	OBJECT IDENTIFIER ：：＝ ｛id-mr 56｝
id-mr-timeSpecMatch	OBJECT IDENTIFIER ：：＝ ｛id-mr 57｝
id-mr-attDescriptorMatch	OBJECT IDENTIFIER ：：＝ ｛id-mr 58｝

id-mr-acceptableCertPoliciesMatch   OBJECT IDENTIFIER ::=   { id-mr 59 }

id-mr-delegationPathMatch   OBJECT IDENTIFIER ::=   { id-mr 61 }

END

附 录 B

（规范性附录）

CRL 的产生和处理规则

B.1 介绍

可信实体（证书用户）要有检查证书状态的能力，以便决定是否信任那张证书。证书撤销列表（CRL）是可信实体用来获取信息的一种机制。其他机制也可以用来获取这一信息，但不在本说明范围之内。

本附录为可信实体检查证书撤销状态描述了 CRL 的用法。不同权威对其撤销列表的发布有不同的策略。例如，在某些情况下，证书发布权威可以授权给一个不同权威来发布它的撤销证书。某些权威可以将终端实体和 CA 证书的撤销合并成一张表，而其他权威将这些列表分解成单独的列表。某些权威可以在 CRL 分段上对证书总体进行划分，某些权威可以在常规 CRL 间隔之间给撤销列表发布更新。因此，可信实体要能确定他所获得的 CRL 的范围，来确保他们有一份完整的撤销信息，该信息含盖了在给定的运行策略下，因为各种原因被撤销的证书。crlScope 扩展可作为一种决定范围的机制。本附录提供了一种在 CRL 中不存在 crlScope 扩展情况下的机制。

本附录是为检查使用 CRL、EPRLs 和 CARLs 的公钥证书的撤销状态而编写的。然而，这种描述也能用于检查使用属性证书撤销列表（ACRL）和属性权威撤销列表（AARL）的属性证书的撤销状态。本附录的目的是考虑用 ACRL 代替 CRL，并用 AARL 代替 CARL。

B.1.1 CRL 类型

基于证书发布权威的证书撤销策略，可信实体可获得以下一个或多个 CRL 类型。

● 完整和完善的 CRL；

● 完整和完善的终端实体 CRL（EPRL）；

● 完整和完善的认证权威撤销列表（CARL）；

● 分布点 CRL，EPRL 或 CARL；

● 间接 CRL，EPRL 或 CARL（ICRL）；

● 增量 CRL，EPRL 或 CARL；

● 间接 Δ-CRL，EPRL 或 CARL。

完整和完善的 CRL 是一张由所有撤销的终端实体和 CA 证书组成的列表，它是由权威发布的。

完整和完善的 EPRL 是一张由权威发布的所有撤销终端实体证书列表。

完整和完善的 CARL 是一张由权威发布的撤销 CA 证书列表。

分布点 CRL，EPRL 或 CARL 含盖了由权威发布的所有或部分证书。证书子集可以基于多种不同的标准。

间接 CRL，EPRL 或 CARL（iCRL）是一个包含部分或全部不是由签发该 CRL 的权威发布的撤销证书列表。

增量 CRL，EPRL 或 CARL 是一个仅包含 CRL 变化的 CRL，即在 Δ-CRL 中调用 CRL 的时候所给定的范围是完整的。请注意，调用的 CRL 对于所给范围可能是完整的，或者它可能是一个 Δ-CRL，用于构造一个在所给范围内完整的 CRL。上述所有的 CRL 类型（除了 Δ-CRL）是一个在所给范围内完整的 CRL 类型。Δ-CRL 必须与相关的 CRL 一起使用，即在相同范围内是完整的，以便构成一张完整的证书撤销状态图。

间接 Δ-CRL，EPRL 或 CARL 是一个仅仅包含一个或多个 CRL 变化的 CRL，它对于所给范围是完整的，其中所有或部分证书不是由签发该 CRL 的权威发布的。

本附录中,"CRL 的范围"由独立的二维空间定义。其中一维是被 CRL 覆盖的证书集合。另一维是 CRL 包含的撤销原因代码的集合。CRL 的范围可由以下一种或多种方式定义:

- CRL 中的发布的分布点(IDP)扩展;
- CRL 中的 CRL 范围扩展;
- 本说明范围外的其他方式。

B.1.2 CRL 处理

如果可信实体把 CRL 作为决定一张证书是否被撤销的机制,则他们必须确信对该证书使用适当的 CRL。本附录通过一系列特定步骤来描述获得和处理适当 CRL 的程序。执行过程与该程序产生的外部操作是相同的。被特殊执行过程用来从给定的输入(例如,证书本身和本地策略输入)导出正确输出(例如,证书撤销状态)的算法未被标准化。例如,尽管这个过程在处理中被描述为一连串有序的步骤,但执行过程中可使用在本地缓存的 CRL,而不是每次都要去获取 CRL,它为证书范围提供了完整的 CRL,并且没有破坏证书或策略的任何参数。

对于包含 statusReferrals 扩展的 CRL 结构中的指针,本附录不包括该过程。包含该扩展的所有 CRL 将不可作为可信实体源用于检查所有证书的撤销状态。包含该扩展的 CRL 能被可信实体作为一个辅助工具来为检查撤销状态查找适当的 CRL。

以下步骤在后面的 B.2 到 B.5 中描述:

1) 确定 CRL 参数
2) 确定请求的 CRL
3) 获得 CRL
4) 处理 CRL

步骤 1 在证书和其他决定需要哪种 CRL 类型的地方标识参数。

步骤 2 用参数值作决定。

步骤 3 在可获得 CRL 类型的地方标识目录属性。

步骤 4 描述适当 CRL 的处理。

B.2 确定 CRL 参数

证书中的信息与从可信实体操作的策略中获得的信息一样,为决定适当的候选 CRL 提供参数。需要以下信息来决定哪种 CRL 类型是合适的:

- 证书类型(例如,终端实体或者 CA);
- 关键 CRL 分布点;
- 关键的最新 CRL;
- 重要的原因代码。

证书类型可由证书中的基本约束扩展来决定。如果扩展存在,它将指出这个证书是 CA 证书还是终端实体证书。如果扩展缺省,则证书类型可被视为终端实体。如果 CRL,EPRL 或者 CARL 能被用于检验证书的撤销,则它需要该信息。

如果证书包含一个关键 CRL 分布点扩展,可信实体的证书处理系统必须知道该扩展以便能信任这个证书。例如,单纯依靠一个完整的 CRL 是不够的。

如果证书包含一个关键的最新 CRL 扩展,那么在没有获得并检验最新的 CRL 之前,可信实体不能使用该证书。

重要的原因代码由权威的证书撤销策略决定并且通常由应用提供。推荐它包含所有的原因代码。当根据原因代码确定哪个 CRL 足够时,需要包含此信息。

注意:即使当 freshestCRL 扩展被标识成非关键或不在证书中时,策略也可以规定可信实体是否要为撤销状态检验 Δ-CRL。尽管该步骤中不包括这些,可选 Δ-CRL 的处理在步骤 4 中描述。

B.3 确定请求的 CRL

B.2 中描述的参数值决定了一个准则,据此可以确定检验给定证书撤销状态所需的 CRL 类型。CRL 类型的确定可由以下基于 B3.1～B3.4 中描述的标准来决定:

- 含有关键 CRL DP 声明的终端实体证书;
- 不含关键 CRL DP 声明的终端实体证书;
- 含有关键 CRL DP 声明的 CA 证书;
- 不含关键 CRL DP 声明的 CA 证书。

保留参数(关键的最新 CRL 扩展和重要原因代码作用的集合)的处理已在每个部分中完成。

注意:每种情况下,可以有一个以上的 CRL 类型能够满足其需求,此时可信实体可以选择任何适当的类型来使用。

B.3.1 含有关键 CRL DP 的终端实体

如果证书是终端实体证书,且 cRLDistributionPoints 扩展存在于证书当中并被标识为关键的,那么需要得到以下 CRL:

- 一个源于推荐分布点 CRL 的 CRL,它含盖了一个或多个重要的原因代码。
- 如果所有重要的原因代码都没有被包括在 CRL 中,以下 CRL 的任意组合就可满足剩余原因代码的撤销状态:
  a) 辅助分布点 CRL
  b) 辅助的完整 CRL
  c) 辅助的完整 EPRLs

如果最新的 CRL 扩展也出现在证书中并被标识为关键的,则同样需要从一个或多个扩展中的推荐分布点获得一个或多个 CRL,来确保对所有重要原因代码的最新撤销信息进行了检验。

B.3.2 不含关键 CRL DP 的终端实体

如果证书是一个终端实体证书并且 cRLDistributionPoints 扩展不存在于证书中或出现了但没有被标识为关键的,则以下 CRL 的任意组合均可满足重要原因代码的撤销状态信息:

- 分布点 CRL(如果存在);
- 完整的 CRL;
- 完整的 EPRLs。

如果最新的 CRL 扩展也出现在证书中并被标识为关键的,则同样需要从一个或多个扩展中的推荐分布点获得一个或多个 CRL,来确保对所有重要原因代码的最新撤销信息进行了检验。

B.3.3 含有关键 CRL DP 的 CA

如果证书是一个 CA 并且 cRLDistributionPoints 扩展存在于证书中并被标识为关键的,则可以获得以下 CRL/CARLs:

- 源于推荐分布点的 CRL 或 CARL,它含盖了一个或多个重要的原因代码;
- 如果所有重要的原因代码没有包括在 CRL/CARL 中,则以下 CRL/CARLs 的任意组合均可满足剩余原因代码的撤销状态:
  a) 辅助分布点 CRL/CARLs;
  b) 辅助的完整 CRL;
  c) 辅助的完整 CARLs。

如果最新的 CRL 扩展不存在于证书中且未被标识为关键的,则可从扩展中的一个或多个推荐分布点获得 CRL/CARLs,来确保所有重要原因代码的撤销信息已被检验。

B.3.4 不含关键 CRL DP 的 CA

如果证书是 CA 证书并且 cRLDistributionPoints 扩展不存在于证书中或出现但未被标识为关

的,那么以下 CRL 的任意组合均可满足重要原因代码的撤销状态:

- 分布点 CRL/CARLs(如果存在);
- 完整的 CRL;
- 完整的 CARLs。

如果最新 CRL 扩展存在于证书中并被标识为关键的,则可从一个或多个扩展中的推荐分布点获得一个或多个 CRL/CARLs,来确保重要原因代码的最新撤销信息已被检验。

B.4 获得 CRL

如果可信实体从目录获得了适当的 CRL,则这些 CRL 是从 CRL DP 或证书发布者的目录入口获得的,该入口是通过获得适当属性得来的。例如,一个或多个以下属性:

- 证书撤销列表;
- 授权撤销列表;
- Delta 撤销列表。

B.5 处理 CRL

在考虑了 B.2 中所讨论的参数,鉴别出 B.3 中所描述的适当 CRL 类型,获得了 B.4 中所描述的适当 CRL 集合之后,可信实体准备处理 CRL 了。该 CRL 的集合至少包含一个基本的 CRL 和一个或多个 Δ-CRL。对每个正在处理的 CRL,可信实体必须确保 CRL 的范围是准确的。可信实体通过前面 B.2 和 B.3 已经确定了该 CRL 是符合重要证书范围的。另外,有效性检查必须在 CRL 上执行并且他们必须通过检验来决定证书是否已被撤销。这些检查已在 B.5.1~B.5.4 中描述。

B.5.1 验证基本 CRL 的范围

如 B.3 中所述,存在多种类型的 CRL 可以作为基本的 CRL 用来检验证书的撤销状态。根据发布权威机构发布 CRL 的策略,可信实体可能会有一个或多个以下类型的基本 CRL。

- 对于所有实体都是完整的 CRL;
- 完整的 EPRL;
- 完整的 CARL;
- 基于分布点的 CRL/EPRL/CARL。

B.5.1.1~B.5.1.4 提供了这套环境,它对可信实体必须是非常真实的,可信实体将每种类型的 CRL 用于检验重要原因代码的证书撤销状态。

间接的基本 CRL 在各个子章节中描述。

B.5.1.1 完成 CRL

为了确定一个 CRL 对终端实体和 CA 证书是一个完整的 CRL,对于所有的重要原因代码,以下必须是真实的:

- 不存在增量 CRL 指示器扩展;
- 存在发布的分布点扩展;
- 发布的分布点扩展必须不包含分布点域;
- 发布的分布点扩展必须不包含设置成 TRUE 的 onlyContainsUserCerts 域;
- 发布的分布点扩展必须不包含设置成 TRUE 的 onlyContainsAuthorityCerts 域;
- 发布的分布点扩展必须不包含设置成 TRUE 的 onlyContainsAttributeCerts 域;
- 如果 reasonCodes 域存在于发布的分布点扩展中,原因代码域必须包括使用的所有应用的原因代码;
- 发布的分布点扩展可以包含或不包含 indirectCRL 域(因此,该域不必被检查)。

B.5.1.2 完整的 EPRL

为确定 CRL 对重要原因代码是否是一个完整的 EPRL,以下所有必须是真实的:

● 不存在增量 CRL 指示器扩展;

● 必须存在发布的分布点扩展;

● 发布的分布点扩展必须不包含分布点域;

● 发布的分布点扩展必须包含 onlyContainsUserCerts 域。该域必须被设置成 TRUE;

● 发布的分布点扩展必须不包含被设置成 TRUE 的 onlyContainAuthorityCerts 域;

● 发布的分布点扩展必须不包含被设置成 TRUE 的 onlyContainsAttributeCerts 域;

● 如果 reasonCodes 域存在于发布的分布点扩展中,原因代码域必须包括所有应用的原因代码;

● 发布的分布点扩展可以包含或不包含 indirectCRL 域(该域不必被检查)。

此 CRL 仅当可信实体已经确定客体证书是一张终端实体证书时才能被使用。因此,对于第三版本的证书,如果客体证书包含 basicConstraints 扩展,其值应为 cA=FALSE。

B.5.1.3 完整的 CARL

为了确定一个 CRL 对重要原因代码是一个完整的 CARL,所有以下条件必须是真实的:

● 不存在增量 CRL 指示器扩展;

● 必须存在发布的分布点;

● 发布的分布点必须不包含分布点域;

● 发布的分布点必须不包含被设置成 TRUE 的 onlyContainsUserCerts 域;

● 发布的分布点扩展必须不包含设置成 TRUE 的 onlyContainsAttributeCerts 域;

● 发布的分布点必须包含设置成 TRUE 的 onlyContainsAuthorityCerts 域;

● 如果 reasonCodes 域存在于发布的分布点扩展中,原因代码域必须包括所有应用的重要原因代码;

● 发布的分布点扩展可以包含或不包含 indirectCRL 域(因此,这个领域不必被检查)。

仅当客体证书是一张 CA 证书时,CARL 才能被使用。这样,对第三版本的证书,客体证书必须包含值为 cA=TRUE 的 basicConstraints 扩展。

B.5.1.4 基于分布点的 CRL/EPRL/CARL

为确定一个 CRL 是证书中 CRL 分布点扩展指示的一种 CRL,以下条件都必须是真实的:

● 要么 CRL 发布的分布点扩展中不存在分布点域(仅当不寻找关键 CRL DP 时),要么证书中 CRL 分布点扩展的分布点域的命名必须匹配 CRL 发布的分布点扩展中分布点域中的命名。换句话说,证书 CRL DP 中 cRLIssuer 域的一个命名能匹配 IDP 的 DP 中的一个命名。

● 如果证书是一个终端实体证书,CRL 必须不包含 CRL 发布的分布点扩展中被设置成 TRUE 的 onlyContainsAuthorityCerts 域。

● 如果 onlyContainsAuthorityCerts 在 CRL 发布的分布点扩展中被设置成 TRUE,被检查的证书必须包括带有被设置成 TRUE 的 cA 组件的 basicConstraints 扩展。

● 如果原因代码域出现在证书的 CRL 分布点扩展中,该域要么在 CRL 的发布的分布点扩展不存在,要么至少包括证书的 CRL 分布点扩展中声明的一个原因代码。

● 如果 cRLIssuer 域在证书的 CRL 分布点扩展不存在,则 CRL 必须由签名该证书的相同 CA 签名。

● 如果 cRLIssuer 域在证书的 CRL 分布点扩展不存在,CRL 必须由证书 CRL 分布点扩展中指定的 CRL 发布者签名,并且 CRL 必须包含发布的分布点扩展中的 indirectCRL 域。

B.5.2 验证增量 CRL 范围

可信实体也可检查 Δ-CRL,或者为证书中的关键 freshestCRL 扩展所需要,或者因为可信实体运行下的策略支持 Δ-CRL 检查。

如果满足以下所有条件,可信实体能一直确信它拥有该证书的适当 CRL 信息:

- 可信实体使用的基本 CRL 对证书来说是适当的(在一定范围之内)。
- 可信实体使用的增量 CRL 对证书来说是适当的(在一定范围之内)。
- 此基本 CRL 是在 Δ-CRL 调用基本 CRL 时或晚于此时发布的。

为确定 Δ-CRL 对证书来说是否合适,以下所有条件必须是真实的:

- 存在增量 CRL 指针扩展。
- Δ-CRL 必须在基本 CRL 之后发布。一种确认方式是检查 Δ-CRL 的 crlNumber 扩展中的 CRL 编号是否大于可信实体正在使用的基本 CRL 的 crlNumber 扩展中的 CRL 编号,并且基本 CRL 和 Δ-CRL 中的 cRLStreamIdentifier 域匹配。这个方法可能需要辅助逻辑来计算编号。另一种方法是比较可信实体使用的基本 CRL 和 Δ-CRL 中的 thisUpdate 域。
- 可信实体使用的基本 CRL 必须是 Δ-CRL 发布时或之后发布的。一种确认方式是检查 Δ-CRL 的 deltaCRLIndicator 扩展中,CRL 编号是否小于或等于可信实体所使用的基本 CRL 的 crlNumber 扩展中的 CRL 编号,并且基本 CRL 和 Δ-CRL 中的 cRLStreamIdentifier 域是否匹配。这种方式可能需要辅助逻辑来计算编号。另一种方式是将可信实体拥有的基本 CRL 的 thisUpdate 域和 Δ-CRL 所指向的基本 CRL 进行比较。还有另一种方法是将可信实体拥有的基本 CRL 中的 thisUpdate 域和可信实体拥有的 Δ-CRL 中的 baseUpdateTime 扩展进行比较。

应注意可信实体通常可以通过将 Δ-CRL 应用于基本 CRL 上来构造一个基本 CRL,只要通过检验 crlNumberc 和 cRLStreamIdentifer 能够满足上述两条规则。在这种情况下,新的基本 CRL 的 crlNumber 扩展和 thisUpdate 域都由 Δ-CRL 指定。为了与其他 Δ-CRL 建立连接,可信实体不知道并且也不需要知道新的基本 CRL 的 nextUpdate 域。

- 如果 Δ-CRL 包含一个发布的分布点扩展,发布的分布点的范围应该与 B.5.1.4 中描述的证书一致;
- 如果 Δ-CRL 包含 CRL 范围扩展,证书应该在 CRL 范围内;
- 如果 Δ-CRL 不包含以下任何扩展:streamIdentifier,crlScope 和 issuingDistributionPoint,它将仅能与一个完整的基本 CRL 协作工作。

B.5.3 基本 CRL 上的有效性和当前状态检查

为了验证一个基本 CRL 是否是正确的并且自发布以后就未被修改,必须满足以下所有条件:

- 可信实体必须能通过验证机制获得在 CRL 中指定的发布者的公钥;
- 基本 CRL 上的签名必须使用已验证的公钥来进行校验;
- 如果 nextUpdate 域存在,当前时间必须优先于 nextUpdate 域。

CRL 中的发布者姓名必须匹配因撤销而被检查的证书中的发布者姓名,除非 CRL 是由证书中的 CRL DP 检索到的,并且 CRL DP 扩展包含 CRL 发布者组件。即使那样,CRL DP 扩展中 CRL 发布者组件的命名必须匹配 CRL 中发布者的姓名。

B.5.4 增量 CRL 的有效性检查

为了验证 Δ-CRL 是否是正确的,以及自从发布后就未被修改,必须满足以下所有条件:

- 可信实体必须能通过验证机制获得在 CRL 中指定的发布者的公钥。
- Δ-CRL 上的签名必须用已验证的公钥进行校验。
- 如果存在 nextUpdate 域,当前时间应该小于 nextUpdate 域。
- 在 Δ-CRL 中的发布者姓名必须匹配因撤销而被检查的证书中发布者的姓名,除非以下条件是真实的:
  - 增量 CRL 是从证书中的 CRL DP 检索到的,并且 CRL DP 扩展包含 CRL 发布者组件。即使那样,CRL DP 扩展中 CRL 发布者组件的命名必须匹配 CRL 中发布者的姓名。
  - DeltaCRL 是从证书中的 CRL DP 检索到的,并且 Δ-CRL 中的 CRL 范围扩展包含每一个带有匹配证书中发布者姓名的 authorityName 权威范围组件。

附 录 C
（资料性附录）
增量 CRL 发布实例

C.1 介绍

对给定范围的证书,采用增量 crL 来发布 CRL 的模式有两种。

第一种模式,每个增量 CRL 都引用该证书集的最新发布的完整 CRL。在新的完整 CrL 发布之前,对给定范围的证书可以发布多个增量 CRL。给定范围的新发布的完整 CRL 是下一增量 crl 序列的基础,并且被引用在增量 crl 的扩展域中。当发布给定范围的最新的完整 CRL 时,也要签发前一个完整 CRL 的最后一个增量 CRL。

第二种模式,与第一种模式非常相似,不同之处在于增量 CRL 引用的 CRL 不必是完整 CRL,（即增量 CRL 所引用的 CRL 也可以是增量 CRL）。如果增量 CRL 引用的 CRL 是完整 CRL,那么它也可以不必是最新发布的完整 CRL。

证书应用系统在处理时必须同时拥有给定范围内的完整 CRL,该完整 CRL 至少与要处理的增量 CRL 中引用的 CRL 一致。这个完整 CRL 或者由可靠的权威机构发布或者通过证书应用系统本地构建。注意,在某些情况下,完整 CRL 与增量 CRL 中可能有重复的撤销信息。例如证书应用系统所拥有的完整 CRL 是在增量 CRL 所引用的 CRL 之后发布的。

下表演示了增量 CRL 应用的三个实例。例 1 是上述第一种模式所描述的传统的方法,例 2 和例 3 是第二种模式的两种不同的变化形式。例 2 中,权威机构每两天发布一次完整 CRL,增量 CRL 引用次新的完整 CRL。这种机制对于减少为了获得完整 CRL 同时访问存储库的用户数量很有用。在例 2 中,拥有最新的完整 CRL 与拥有次新的完整 CRL 的用户都可以使用相同的增量 CRL。在所使用的增量 CRL 发布时,这两类用户都可以获得给定范围内完整的证书撤销信息。

在例 3 中,与例 1 相同,完整 CRL 一周发布一次,但是每个增量 CRL 引用比自己早 7 天发布的作废信息。

在这里没有提供间接 CRL 使用增量 CRL 的例子,但是,这只是以上例子的扩展。

这些仅仅是一些演示示例,根据具体的策略还可以有其他的变化形式。建立策略时考虑的因素包括:用户数目、访问 CRL 的频率、CRL 的复制、存储 CRL 目录服务系统的负载均衡、性能、响应时间的要求,等等。

表 C.1 增量 CRL 应用实例

	例 1：增量 CRL 引用最新的完整 CRL		例 2：增量 CRL 引用次新的完整 CRL		例 3：增量 CRL 引用 7 天前的发布的证书作废信息	
	给定范围内完整 CRL	增量 CRL	给定范围内的完整 CRL	增量 CRL	给定范围内的完整 CRL 完全 CRL	增量 CRL
8	thisUpdate = day 8 nextUpdate = day 15 crlNumber=8	thisUpdate = day 8 nextUpdate = day 9 crlNumber=8 BaseCRLNumber=1	ThisUpdate = day 8 nextUpdate = day 10 crlNumber=8	thisUpdate = day 8 nextUpdate = day 9 crlNumber=8 BaseCRLNumber=6	thisUpdate = day 8 nextUpdate = day 15 cRLNumber=8	thisUpdate = day 8 nextUpdate = day 9 cRLNumber=8 BaseCRLNumber=1

表 C.1（续）

	例1：增量 CRL 引用最新的完整 CRL		例2：增量 CRL 引用次新的完整 CRL		例3：增量 CRL 引用 7 天前的发布的证书作废信息	
	给定范围内完整 CRL	增量 CRL	给定范围内的完整 CRL	增量 CRL	给定范围内的完整 CRL 完全 CRL	增量 CRL
9	未发布	thisUpdate = day 9 nextUpdate = day 10 crlNumber=9 BaseCRLNumber=8	未发布	thisUpdate = day 9 nextUpdate = day 10 crlNumber=9 BaseCRLNumber=6	未发布	thisUpdate = day 9 nextUpdate = day 10 cRLNumber=9 BaseCRLNumber= 2
10	未发布	thisUpdate = day 10 nextUpdate = day 11 crlNumber=10 BaseCRLNumber=8	ThisUpdate = day 10 nextUpdate = day 12 crlNumber=10	thisUpdate = day 10 nextUpdate = day 11 crlNumber=10 BaseCRLNumber=8	未发布	thisUpdate = day 10 nextUpdate = day 11 cRLNumber=10 BaseCRLNumber= 3
11-14	继续前几天的模式					
15	thisUpdate = day 15 nextUpdate = day 22 crlNumber=15	thisUpdate = day 15 nextUpdate = day 16 crlNumber=15 BaseCRLNumber=8	未发布	thisUpdate = day 15 nextUpdate = day 16 crlNumber=15 BaseCRLNumber=12	ThisUpdate = day 15 nextUpdate = day 22 cRLNumber =15	thisUpdate = day 15 nextUpdate = day 16 cRLNumber=15 BaseCRLNumber= 8
16	未发布	**thisUpdate = day 16** **nextUpdate = day 17** **crlNumber = 16** **BaseCRLNumber = 15**	**ThisUpdate = day 16** **nextUpdate = day 18** **crlNumber = 16**	**thisUpdate = day 16** **nextUpdate = day 17** **crlNumber = 16** **BaseCRLNumber = 14**	未发布	**thisUpdate = day 16** **nextUpdate = day 17** **cRLNumber = 16** **BaseCRLNumber = 9**

附　录　D

（资料性附录）

特权策略和特权属性定义实例

D.1　介绍

对特权管理而言,特权策略精确的定义在什么时候特权验证者应该能推断所存在的一组权限是充分的,并可以依此将资源（所请求的对象,资源,应用等）访问权授予特权声称者。正式的特权策略规范包含决定接受或拒绝特权声明者请求的规则,授予特权声明者的特权以及资源的敏感度等,因此它有助于特权验证者对特权声称者的特权相对于请求资源的敏感度进行自动的评估。

由于要确保特权验证者作决定所使用的特权策略的完整性,因此不仅要在签名对象中包括以对象标识符的形式存在的特权策略标识符和整个特权策略的散列值,还要存储在目录的条目中。但是,在本规范中没有标准化用于定义特权策略实例的特定语法。

D.2　语法实例

特权策略可使用包括纯文本的任何语法定义。为了帮助定义特权策略的人理解有关特权策略定义的多种选择,本附录提供了两个例子。必须强调这些仅仅是例子,通过使用属性证书或公钥证书的subjectDirectoryAttributes 扩展来实现的特权管理不需要支持这些或任何其他的特定语法。

D.2.1　例1

以下的 ASN.1 语法是全面、灵活定义特权策略的工具的一个例子。

```
PrivilegePolicySyntax        ::= SEQUENCE {
    version                  Version,
    ppe                      PrivPolicyExpression }
PrivPolicyExpression         ::= CHOICE {
    ppPredicate              [0] PrivPolicyPredicate,
    and                      [1] SET SIZE (2..MAX) OF PrivPolicyExpression,
    or                       [2] SET SIZE (2..MAX) OF PrivPolicyExpression,
    not                      [3] PrivPolicyExpression,
    orderedPPE               [4] SEQUENCE OF PrivPolicyExpression }
```

注:"Sequence"定义了验证特权的临时顺序。

　　--privilege shall be examined

```
PrivPolicyPredicate          ::= CHOICE {
    present                  [0] PrivilegeIdentifier,
    equality                 [1] PrivilegeComparison, --single/set-valued priv.
    greaterOrEqual           [2] PrivilegeComparison,-- single-valued priv.
    lessOrEqual              [3] PrivilegeComparison,-- single-valued priv.
    subordinate              [4] PrivilegeComparison,-- single-valued priv.
    substrings               [5] SEQUENCE {          -- single-valued priv.
        type                     PrivilegeType,
        initial              [0] PrivilegeValue OPTIONAL,
        any                  [1] SEQUENCE OF PrivilegeValue,
        final                [2] PrivilegeValue OPTIONAL },
```

```
    subsetOf                    〔6〕PrivilegeComparison，-- set-valued priv.
    supersetOf                  〔7〕PrivilegeComparison，-- set-valued priv.
    nonNullSetInter         〔8〕PrivilegeComparison，-- set-valued priv.
    approxMatch             〔9〕PrivilegeComparison，
-- single/set-valued priv.（应用程序定义近似值）
    extensibleMatch         〔10〕SEQUENCE {
    matchingRule                OBJECT IDENTIFIER，
    inputs                      PrivilegeComparison }}
PrivilegeComparison      ::= CHOICE {
    explicit                            〔0〕Privilege，
-- the value(s) of external pribilege identified by
-- Privilege PrivilegeId is(are) compared with the value(s)
-- explicitly probided in Pribilege privilegeValueSet
byReference        〔1〕PrivilegeIdPair }
-- the value(s) of an external privilege identified by
-- PrivilegeIdPair firstPrivilege is(are) compared with
-- the value(s) of a second external privilege identified by
-- PrivilegeIdPair secondPrivilege
Privilege                ::= SEQUENCE {
    type                            PRIVILEGE. &id（{SupportedPrivileges}），
    values                          SET SIZE（0..MAX）OF
                                    PRIVILEGE. &Type（{SupportedPrivileges}{@type}）
}


SupportedPrivileges      PRIVILEGE ::=       {...}
PRIVILEGE ::=            ATTRIBUTE
-- Privilege is analogous to Attribue


PrivilegeIdPair          ::= SEQUENCE {
    firstPrivilege          PrivilegeIdentifier，
    secondPrivilege         PrivilegeIdentifier }
PrivilegeIdentifier      ::= CHOICE {
    privilegeType           〔0〕PRIVILEGE. &id（{SupportedPrivileges}），
    xmlTag                  〔1〕OCTET STRING，
    edifactField            〔2〕OCTET STRING }
-- PrivilegeIdentifier extends the concept of AttributeType to other
-- (e. g,taggd) enbironments,such as XML and EDIFACT


Version                  ::= INTEGER {v1(0)}
```

具体的例子可以帮助阐明上述 PrivilegePolicy 结构的创建和使用。

考虑批准增加工资的特权。为简单起见,假定所实施的策略规定仅仅高级管理人员或更高的级别能批准增加工资,且仅能批准职位比自身低的(例如,主管可批准高级管理人员的,而不能批准副总经理的工资增加)。例如,假定有 6 个等级("技术职员"＝ 0,"管理人员"＝ 1,"高级管理人员"＝ 2,"主管"

＝3，"副总经理"＝ 4，"总经理"＝5）。

假定在属性证书中验证级别的属性类型（"特权"）是对象标识符 *OID-C*，且在要修改工资域的数据库记录中验证级别的属性类型（"敏感度"）是对象标识符 *OID-D*（这些将在实际实现中用真正的对象标识符替换）。下列布尔表达式表示的"工资批准"策略（在 PrivilegePolicy 表达式中是很清楚的）：

AND（ NOT（ lessOrEqual（ value corresponding to OID-C，value corresponding to OID-D ） ）

subsetOf（ value corresponding to OID-C，{2，3，4，5 }） ）

这套策略编码说明批准人的等级必须比被批准人高（像"NOT less-than-or-equal-to"那样表达），批准人必须是{高级管理人员，...总经理}之一，以便布尔表达式可以赋值为 TRUE。第一个特权比较是"参考"，比较两个实体所包括的属性类型"rank"；第二个特权比较是"明确的"，在此比较批准人特权"等级"的值和明确包含列表的值。因此在这种情况下，特权验证者需要用带有两个属性的结构对策略进行编码，一个属性与批准人有关，另一个与被批准人有关。批准人的属性（包含在属性证书中）值为{*OID-C* 3}，并且，被批准人的属性（也许包含在数据库记录中）值为{*OID-D* 3}。比较批准人属性类型的属性值（在这个例子中是 3）和被批准人属性类型的属性值（在这个例子中是 3）导致了 "lessOrEqual"表达式的值为假，这样第一个主管无权批准为第二个主管增加工资。另一方面，如果被批准人属性是{*OID-D* 1}，主管将被授权批准为管理人员增加工资。

构想一些对上述表达式的有用添加项是不困难的。例如可以添加第三个'and'，定义"当前时间"这个环境变量，——从本地时钟读取，然后作为对象标识类型 *OID-E* 的属性进行编码，"当前时间"必须位于特定的时间段，这个特定的时间段作为对象标识类型 *OID-F* 的属性在表达式里明确的指定。例如，当满足上述条件并且在上班时间提出加薪请求，允许增加工资。

D.2.2　例 2

最简单形式的安全策略是一套提供安全服务的标准。关于访问控制，安全策略是更高系统级安全策略的子集，它定义了在发送方和目标间实施访问控制策略的方法。访问控制机制必须：允许特定策略承认的通信，拒绝未明确承认的特殊策略的通信。

安全策略是访问控制机制作出决定的基础。特殊域的安全策略信息经由安全策略信息文件（SPIF）进行传送。

SPIF 是一个签名对象用以防止未授权修改。SPIF 包括用于解释包含在安全标签和清除属性中的访问控制参数的信息。如同安全策略定义的那样，清除属性中的安全策略标识符必须和特定的实现语法和语义相关。与特定安全策略相关的实现语法保留在 SPIF 中。

如同安全策略决定的那样，SPIF 传递授权和敏感交叉安全策略域间的等效性；提供安全标签的可打印表达式；并在选择数据对象的安全属性时，对可显示字串到安全等级以及表达式种类到终端用户进行映射。表达等效性映像，例如在安全策略域中产生的标签，域可由其他安全策略域中的应用操作解释。SPIF 将清除属性映射到信息安全标签域和显示给用户的表示标签中。如果映射成功，则检查接受者是否有接受数据对象的授权。

SPIF 包括以下的序列：

versionInformation —ASN.1 语法的版本。

updateInformation —SPIF 规范的语法和语义的版本。

securityPolicyIdData — SPIF 适用的安全策略。

privilegeId —包括在清除属性安全范畴中标识语法的 OID。

rbacId —和 SPIF 一起使用的安全种类语法的 OID。

securityClassifications —将安全标签映射到清除属性的分类中，并提供等价映射。

securityCategoryTagSets —将安全标签的安全分类映射到清除属性的安全范畴中，并提供等价映射。

equivalentPolicies —巩固所有 SPIF 内的相等策略。

defaultSecurityPolicyIdData—标识应用于不用安全标签就可接收数据的安全策略中。

extensions—提供一种机制用于包括所确定的未来需求的附加性能。

安全策略信息文件用以下语法定义：

SecurityPolicyInformationFile ::= SIGNED {SPIF }

```
SPIF  ::=    SEQUENCE     {
    versionInformation                  VersionInformationData DEFAULT v1,
    updateInformation                   UpdateInformationData,
    securityPolicyIdData                ObjectIdData,
    privilegeId                          OBJECT IDENTIFIER,
    rbacId                              OBJECT IDENTIFIER,
    securityClassifications    [0]      SEQUENCE OF SecurityClassification OPTIONAL,
    securityCategories                  [1]  SEQUENCE OF SecurityCategory  OPTIONAL,
    equivalentPolicies                  [2]  SEQUENCE OF EquivalentPolicy  OPTIONAL,
    defaultSecurityPolicyIdData         [3]  ObjectIdData OPTIONAL,
    extensions                          [4]  Extensions OPTIONAL }
VersionInformationData ::= INTEGER {v1(0) }
UpdateInformationData      ::= SEQUENCE {
    sPIFVersionNumber                   INTEGER,
    creationDate                        GeneralizedTime,
    originatorDistinguishedName         Name,
    keyIdentifier                       OCTET STRING OPTIONAL }
ObjectIdData               ::=          SEQUENCE     {
    objectId                            OBJECT IDENTIFIER,
    objectIdName             DirectoryString {ubObjectIdNameLength }}
SecurityClassification    ::=    SEQUENCE     {
    labelAndCertValue        INTEGER,
    classificationName       DirectoryString {ubClassificationNameLength },
    equivalentClassifications         [0]  SEQUENCE OF EquivalentClassification OPTIONAL,
    hierarchyValue           INTEGER,
    markingData                       [1]  SEQUENCE OF MarkingData OPTIONAL,
    requiredCategory                  [2]  SEQUENCE OF OptionalCategoryGroup OPTIONAL,
    obsolete                 BOOLEAN DEFAULT FALSE    }
EquivalentClassification ::= SEQUENCE {
    securityPolicyId         OBJECT IDENTIFIER,
    labelAndCertValue        INTEGER,
    applied                                      INTEGER {
                                                 encrypt  (0),
                                                 decrypt  (1),
                                                 both     (2)}}

MarkingData ::= SEQUENCE {
    markingPhrase            DirectoryString {ubMarkingPhraseLength }OPTIONAL,
    markingCodes             SEQUENCE OF MarkingCode OPTIONAL }
MarkingCode ::= INTEGER {
```

```
    pageTop                        (1),
    pageBottom                     (2),
    pageTopBottom                  (3),
    documentEnd                    (4),
    noNameDisplay                  (5),
    noMarkingDisplay               (6),
    unused                         (7),
    documentStart                  (8),
    suppressClassName              (9) }
OptionalCategoryGroup ::= SEQUENCE {
    operation                  INTEGER {
                                   onlyOne     (1),
                                   oneOrMore   (2),
                                   all         (3)},
    categoryGroup              SEQUENCE OF OptionalCategoryData }
OptionalCategoryData ::= SEQUENCE {
    optCatDataId               OC-DATA.&id({CatData}),
    categorydata               OC-DATA.&Type({CatData}{@optCatDataId}) }
OC-DATA ::= TYPE-IDENTIFIER
CatData OC-DATA ::= {...}
EquivalentPolicy               ::= SEQUENCE {
    securityPolicyId           OBJECT IDENTIFIER,
    securityPolicyName         DirectoryString {ubObjectIDNameLength}
OPTIONAL }
Extensions ::= SEQUENCE OF Extension
Extension ::= SEQUENCE {
    extensionId                        EXTENSION.&objId({ExtensionSet}),
    critical                           BOOLEAN DEFAULT FALSE,
    extensionValue                     OCTET STRING }
```

注意 SPIF 实例是展开的语法和完整的定义,并且人们能在 ITU-T Rec. X841 或者 ISO/IEC 15816 安全信息对象中找到每个元素完全的定义和描述。

D.3 特权属性实例

以下传输特殊特权的属性实例仅作为实例而被提供。该语法和联合属性的规范包含在国际标准化组织/IEC 9594-2｜国际电信联盟-T 的 Rec X.501 的 17.5 条款中。该特殊属性传递与命名实体相关的检查,包括与 DSA 通信的 DUA。

清除属性把清除和包括 DUAs 的命名实体联系起来。

```
clearance      ATTRIBUTE ::=      {
    WITH SYNTAX              Clearance
    ID                       id-at-clearance }
Clearance      ::=      SEQUENCE {
    policyId            OBJECT IDENTIFIER,
    classList           ClassList DEFAULT {unclassified},
```

	securityCategories	SET SIZE（1MAX）OF SecurityCategory OPTIONAL ｝

ClassList   ::＝   BIT STRING ｛

  unmarked   （0），

  unclassified   （1），

  restricted   （2），

  confidential   （3），

  secret   （4），

  topSecret   （5）｝

个别的组件用参考文献中的特权规范描述。

附 录 E

（资料性附录）

公钥密码学介绍

在传统的密码体制中，秘密消息的发送方使用密钥加密信息，合法接收方使用相同的密钥解密消息。

不过在公钥密码体制中（PKCS），密钥成对出现，一个用于加密，另一个用来解密。每个密钥对都和特定用户 X 相联系。其中一个密钥，即所谓的公钥（Xp）是公开的，能被任何用户用来加密数据。仅仅拥有相应的私钥（Xs）的用户 X 可以解密数据。（可被描述为：D ＝ Xs[Xp[D]]）。不可能从公钥通过计算能够推导出对应的私钥。这样任何用户都能用 Xp 加密传送信息，这些信息只有 X 可以解密。进一步说，两个用户能用彼此的公钥来加密数据进行秘密地通信。如图 E.1 所示。

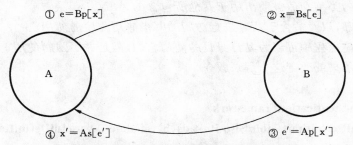

图 E.1 使用公钥密码体制交换秘密信息

用户 A 有公钥 Ap 和相应的私钥 As，用户 B 有另一对密钥 Bp 和 Bs。A 和 B 二者都知道彼此的公钥，但不知道对方的私钥。因此 A 和 B 可以用下列步骤交换秘密信息（如图 E.1 的图解）。

1) A 想发送一些秘密信息 x 给 B。因此 A 用 B 的公钥加密 x，并且将加密后的信息 e 发送给 B。可表示为：

$$e = Bp[x]$$

2) 现在 B 通过使用自己的私钥 Bs 得到信息 x。注意 B 是私钥 Bs 的唯一的拥有者，并且，由于私钥决不会公开，并且不被发送，因此任何第三方都不可能得到信息 x。Bs 的拥有决定 B 的身份。解密操作表示为：

$$x = Bs[e], \text{ or } x = Bs[Bp[x]]$$

3) 现在 B 同样地使用 A 的公钥 Ap，发送一些秘密信息 x′给 A：

$$e' = Ap[x']$$

4) A 解密 e′得到 x′：

$$x' = As[e'], \text{ or } x' = As[Ap[x']]$$

通过这种方法，A 和 B 已经交换了秘密信息 x 和 x′。如果他们的私钥不被泄密，信息不会被 A 和 B 以外的任何人得到。

这样的交换，除了当事方之间传递秘密信息，也可以用于验证彼此的身份。A 和 B 通过拥有私钥 As 和 Bs 而分别验证身份。通过在 B 发送给 A 的秘密信息 x′中包含 A 发送给 B 的秘密信息 x 中部分信息，A 可以确认 B 是否拥有私钥 Bs，这将告诉 A，他正在和 Bs 的拥有者通信，B 通过同样的方式可以验证 A 的身份。

某些公钥密码体制中解密和加密的步骤能颠倒过来，如 D＝Xp[Xs[D]]。这使得由 X 产生的信息，能被任何拥有 Xp 的用户阅读。因此，这可用于信息来源的认证，并作为数字签名的根据。附录 D 中有关于这样算法的描述。

附 录 F

（规范性附录）

算法对象标识符的参考定义

在没有正式注册前，该附录定义了分配给认证和加密算法的对象标识符。如果它可用，则必须进行了注册。该定义用 ASN.1 模块 —"AlgorithmObjectIdentifiers"描述。

AlgorithmObjectIdentifiers {joint-iso-itu-t-ds(5)module(1)

algorithmObjectIdentifiers(8) 4 }

DEFINITIONS ::=

BEGIN

—— EXPORTS All——

—— 定义在该模块中的类型和值被输出用于其他所包含的 ASN.1 模块。

—— 在该目录规范内部，以及适合于用其进行访问的其他应用程序的使用。

—— 目录服务。其他应用程序可以为其自身目的使用它们，但是并不强制使用。

—— 扩展和更改需要维护或改善这个目录服务。

    IMPORTS

        algorithm，authenticationFramework

        FROM UsefulDefinitions {joint-iso-itu-t ds(5) module(1) usefulDefinitions(0) 4 }

        ALGORITHM

        FROM AuthenticationFramework authenticationFramework   ；

—— 对象标识符的种类——

encryptionAlgorithm	**OBJECT IDENTIFIER**	::=	**{ algorithm 1 }**
hashAlgorithm	**OBJECT IDENTIFIER**	::=	**{ algorithm 2 }**
signatureAlgorithm	**OBJECT IDENTIFIER**	::=	**{ algorithm 3 }**

—— 同义字——

id-ea	**OBJECT IDENTIFIER**	::=	**encryptionAlgorithm**
id-ha	**OBJECT IDENTIFIER**	::=	**hashAlgorithm**
id-sa	**OBJECT IDENTIFIER**	::=	**signatureAlgorithm**

—— 算法——

    rsa ALGORITH   ::=   {

    KeySize

    IDENTIFIED BYid-ea-rsa }

    KeySize   ::=   INTEGER

—— 对象标识符的分配——

    id-ea-rsa   OBJECT IDENTIFIER   ::=   { id-ea 1 }

—— 下列对象标识符分配保留值，这个保留值分配在与之相抵触的函数中。

    id-ha-sqMod-n   OBJECT IDENTIFIER ::= { id-ha 1 }

id-sa-sqMod-nWithRSA   OBJECT IDENTIFIER ::= { id-sa 1 }

END

附 录 G

（资料性附录）

认证路径约束的使用实例

G.1 例1：基本约束的使用

设想一个装饰有限公司想与 Acme 集团的中心 CA 进行交叉认证，而且装饰有限公司只想使用由中心 CA 直接签发的终端实体证书，而不想使用由中心 CA 所认证的其他 CA 所签发的证书。

这家装饰有限公司可以通过以下这个方法满足上述需求，即为 ACME 集团的中心 CA 签发带有下列扩展项的证书：

基本约束扩展的值：

        {cA TRUE, pathLenConstraint 0 }

G.2 例2：名称约束的使用

假设这个装饰有限公司想与 Acme 集团的中心 CA 进行交叉认证，而且装饰有限公司只想使用 Acme 签发的、证书的主题满足下列标准的证书：

● 位于美国的 Acme 有限公司，除了采购部主体外，其他主题都是可接受的；

● 位于法国的 EuroAcme，只有那些是 EuroAcme 总部直接下属的主题是可接收的（这包括直接属于总部的个体，不包括属于下级组织的个体）；

● 位于英国的 Acme 有限公司，除了那些 R&D 组织单位的下级组织，所有的主题都是可接受的（这包括直接属于 R&D 的个体，，但是不包括那些属于 R&D 下级单位组织的个体）。

这家装饰有限公司可以通过以下这个方法满足需求，即为 ACME 集团的中心 CA 签发证书，该证书包括下列扩展：

基本约束扩展的值：

{cA TRUE }

名字约束扩展的值：

{**permittedSubtrees** {{base --*Country=US，Org=Acme Inc*--}，

      {base --*Country=France，Org=EuroAcme*--，maximum 1 }，

      {base --*Country=UK，Org=Acme Ltd*--}}，

excludedSubtrees {{base --*Country=US，Org=Acme Inc，Org. Unit=Purchasing*-}，

      {base --*Country=UK Org=Acme Ltd.，Org. Unit=R&D*--，minimum 2 }}}

G.3 例3：策略映射和策略约束的使用

假设下列交叉认证需要在加拿大和美国政府之间进行：

a) 对于被称做 *Can/US-Trade* 的加拿大政府策略，加拿大政府的 CA 希望确认美国政府签名的用途。

b) 美国政府有一个策略叫 *US/Can-Trade*，这是加拿大政府预定的，考虑同其 *Can/US-Trade* 策略相等同的策略。

c) 加拿大政府希望实施如下安全措施：所有美国证书都必须明确声明支持以上策略并能抑制美国领土内的其他策略的映射。

一个加拿大政府的 CA 可以为美国政府的 CA 签发带有下列扩展的证书：

证书策略扩展的值；

{{policyIdentifier -- object identifier for Can/US-Trade --}}

策略映射字段值:

{{issuerDomainPolicy -- object identifier for Can/US-Trade -- ,

    subjectDomainPolicy -- object identifier for US/Can-Trade -- }}

策略约束字段值:

{{policySet {-- *object identifier for Can/US-Trade* -- }, requireExplicitPolicy(0),

    inhibitPolicyMapping(0)}}

附 录 H

（资料性附录）

信息术语定义字母表

附录 H 提供了一个按英文字母排序的关于证书和 CRL 格式的定义、证书扩展、对象类，名称格式、属性类型和定义在目录规范中的匹配规策的索引。

表 H.1 信息术语定义字母表

项　　目	条　　款
证书和 CRL 格式	
属性证书格式	12.1
证书撤销列表	7.3
公钥证书格式	7
证书，CRL&CRL 实体扩展	
可接受的证书策略扩展	15.5.2.3
可接受的特权策略扩展	15.1.2.4
属性描叙扩展	15.3.2.2
权威属性标识符扩展	15.5.2.4
权威密钥标识符扩展	8.2.2.1
基本更新扩展	8.6.2.5
基本属性约束扩展	15.5.2.1
基本约束扩展	8.4.2.1
证书发布者扩展	8.6.2.3
证书策略扩展	8.2.2.6
CRL 分布点扩展	8.6.2.1
CRL 号扩展	8.5.2.1
CRL 范围扩展	8.5.2.5
CRL 流标识符扩展	8.5.2.7
委托名称约束扩展	15.5.2.2
Delta CRL 指示器扩展	8.6.2.4
Delta 信息扩展	8.5.2.9
扩展密钥使用扩展	8.2.2.4
新 CRL 扩展	8.6.2.6
控制指示代码扩展	8.5.2.3
约束及策略扩展	8.4.2.4
无效日期扩展	8.5.2.4
发布者选择名扩展	8.3.2.2
发布者分布点扩展	8.6.2.2

表 H.1(续)

项　　目	条　　款
密钥使用扩展	8.2.2.3
名字约束扩展	8.4.2.2
不撤销信息扩展	15.2.2.2
顺序列表扩展	8.5.2.8
策略约束扩展	8.4.2.3
策略映射扩展	8.2.2.7
私钥使用期扩展	8.2.2.5
原因代码扩展	8.5.2.2
角色规范证书标识符扩展	15.4.2.1
SOA 标识符扩展	15.3.2.1
状态参考扩展	8.5.2.6
主体选择名扩展	8.3.2.1
主体公钥标识符扩展	8.2.2.2
主体目录属性扩展	8.3.2.3
目标信息扩展	15.1.2.2
时间规范扩展	15.1.2.1
用户通知扩展	15.1.2.3
对象类和命名形式	
属性证书 CRL 分布点对象类	17.1.4
证书策略和 CPS 对象类	11.1.5
CRL 分布点对象类和名称格式	11.1.3
Delta CRL 对象类	11.1.4
PKI CA 对象类	11.1.2
PKI 认证路径对象类	11.1.6
PKI 用户对象类	11.1.1
PMI AA 对象类	17.1.2
PMI 委托路径	17.1.5
PMI SOA 对象路径	17.1.3
PMI 用户对象路径	17.1.1
特权策略对象类	17.1.6
目录属性	
AA 证书属性	17.2.2
AA 证书撤销列表属性	17.2.5
属性证书属性	17.2.1
属性证书撤销列表属性	17.2.4

表 H.1（续）

项　　目	条　　款
属性描叙符证书属性	17.2.3
权威撤销列表属性	11.2.5
CA 证书属性	11.2.2
证书实践声明属性	11.2.8
证书策略属性	11.2.9
证书撤销列表属性	11.2.4
交叉证书对属性	11.2.3
委托路径属性	17.2.6
Delta 撤销列表属性	11.2.6
PKI 路径属性	11.2.10
特权策略属性	17.2.7
支持算法属性	11.2.7
用户证书属性	11.2.1
匹配规则	
AA 标识符匹配	15.5.2.4.1
合理的证书策略匹配	15.5.2.3.1
算法标识符匹配	11.3.7
属性证书完全匹配	17.3.1
属性证书匹配	17.3.2
属性描叙符匹配	15.3.2.2.1
基本属性约束匹配	15.5.2.1.1
证书完全匹配	11.3.1
证书列表完全匹配	11.3.5
证书列表匹配	11.3.6
证书匹配	11.3.2
证书对完全匹配	11.3.3
证书对匹配	11.3.4
委托名称约束匹配	15.5.2.2.1
委托路径匹配	17.3.4
持有者发布者匹配	17.3.3
PKI 路径匹配	11.3.9
策略匹配	11.3.8
角色规范证书 ID 匹配	15.4.2.1.1
时间规范匹配	15.1.2.1.1

前　言

　　本标准等同采用国际标准 ISO/IEC 11577:1995《信息技术　开放系统互连　网络层安全协议》。

　　为适应信息处理的需要,本标准依据 OSI 参考模型的层次结构和 GB/T 15274 定义的网络层组织规定了网络层安全协议。本标准无论在技术内容上还是在编排格式上均与国际标准保持一致。

　　本标准的附录 A、附录 B、附录 C、附录 D 都是标准的附录;附录 E、附录 F、附录 G、附录 H 都是提示的附录。

　　本标准由中华人民共和国信息产业部提出。

　　本标准由中国电子技术标准化研究所归口。

　　本标准起草单位:西安交通大学、中国电子技术标准化研究所。

　　本标准主要起草人:邓良松、冯惠、邓秦、丁峰。

ISO/IEC 前言

ISO(国际标准化组织)和 IEC(国际电工委员会)是世界性的标准化专门机构。国家成员体(他们都是 ISO 或 IEC 的成员国)通过国际组织建立的各个技术委员会参与制定针对特定技术范围的国际标准,ISO 和 IEC 的各技术委员会在共同感兴趣的领域内进行合作。与 ISO 和 IEC 有联系的其他官方和非官方国际组织也可参与国际标准的制定工作。

对于信息技术领域,ISO 和 IEC 建立了一个联合技术委员会,即 ISO/IEC JTC1。由联合技术委员会提出的国际标准草案需分发给国家成员体进行表决。发布一个国际标准,至少需要 75% 的参与表决的国家成员体投票赞成。

国际标准 ISO/IEC 11577 是由 ISO/IEC JTC1"信息技术"联合技术委员会、SC6"系统间远程通信和信息交换"分技术委员会与 ITU-T 合作制定的,该文本也以 ITU-T 建议 X.273 发布。

注：由于本国际标准最终版本编辑日期的缘故,在本国际标准引用的 ISO/IEC 7498-1、ISO/IEC 9646-1、ISO/IEC 9646-2、ISO/IEC 10731、ISO/IEC 10745 和 ISO/IEC TR 13594 的出版日期不同于相同的 ITU 建议 X.273 中引用的这些标准的出版日期。

附录 A 到附录 D 是本国际标准的组成部分。附录 E 到附录 H 仅提供参考信息。

引　言

本标准定义的协议提供安全服务以支持较低层实体间的通信实例。本协议由 GB/T 9387.1～9387.2 中定义的层次结构和 GB/T 15274 中定义的网络层组织相对其他标准来定位,并按照 ISO/IEC TR 13597(低层安全模型)来扩展。它提供连接方式和无连接方式网络服务的安全服务支持,尤其,本协议位于网络层,在其上边界处和下边界处有功能接口和定义清晰的服务接口。

为了评价特定实现的一致性,需要有对给定 OSI 协议已实现的能力和选项的声明,这种声明称为协议实现一致性声明(PICS)。

中华人民共和国国家标准

信息技术 开放系统互连
网络层安全协议

GB/T 17963—2000
idt ISO/IEC 11577:1995

Information technology—Open Systems Interconnection
—Network layer security protocol

---

1 范围

本标准规定的协议将由端系统和中间系统使用,以在网络层提供安全服务,而网络层由 GB/T 15126和GB/T 15274定义。本标准中定义的协议称为网络层安全协议(NLSP)。

本标准规定:

a) 支持GB/T 9387.2中定义的下列安全服务:

1) 对等实体鉴别;

2) 数据原发鉴别;

3) 访问控制;

4) 连接保密性;

5) 无连接保密性;

6) 通信流量保密性;

7) 无恢复的连接完整性(包括数据单元完整性,其中连接上的各个SDU具有完整性保护);

8) 无连接完整性。

b) 声称与本标准一致的实现的功能要求。

本协议的规程根据下列定义:

1) 可用于本协议实例的加密技术的要求;

2) 用于通信实例安全联系中携带信息的要求。

尽管一些安全机制提供的保护程度取决于一些特定加密技术,而本协议的正确操作并不取决于某种特定的加密或解密算法的选择。这是通信系统的本地事情。

此外,特定的安全策略的选择和实现都不在本标准的范围之内。特定的安全策略的选择以及因此将达到的保护程度,留作使用安全通信的单个实例的系统之间的本地事情。本标准不要求涉及同一开发系统的多个安全通信的实例必须采用相同的协议。

附录D按照ISO/IEC 9646-2中给出的相关指导为网络层协议提供了PICS形式表。

2 引用标准

下列标准包含的条文,通过在本标准中引用而构成为本标准的条文。本标准出版时,所示版本均为有效。所有标准都会被修订,使用本标准的各方应探讨使用下列标准最新版本的可能性。

GB/T 9387.1—1998 信息技术 开放系统互连 基本参考模型 第1部分:基本模型
　　　　　　　　(idt ISO/IEC 7498-1:1994)

GB/T 9387.2—1995 信息处理系统 开放系统互连 基本参考模型 第2部分:安全体系结构

国家质量技术监督局 2000-01-03 批准　　　　　　　　　2000-08-01 实施

(idt ISO/IEC 7498-2:1989)

GB/T 15126—1994　信息处理系统　数据通信　网络服务定义(idt ISO 8348:1987)

GB/T 15274—1994　信息处理系统　开放系统互连　网络层的内部组织结构
(idt ISO/IEC 8648:1988)

GB/T 16263—1996　信息处理系统　开放系统互连　抽象语法记法一(ASN.1)基本编码规则规范(idt ISO/IEC 8825:1990)

GB/T 16264.8—1996　信息技术　开放系统互连　目录　第8部分:鉴别框架
(idt ISO/IEC 9594-8:1990)

GB/T 16974—1997　信息技术　数据通信　数据终端设备用X.25包层协议
(idt ISO/IEC 8208:1995)

GB/T 16976—1997　信息技术　系统间远程通信和信息交换　使用X.25提供OSI连接方式网络服务(idt ISO/IEC 8878:1992)

GB/T 17178.1—1997　信息技术　开放系统互连　一致性测试方法和框架　第1部分:基本概念(idt ISO/IEC 9646-1:1994)

GB/T 17179.1—1997　信息技术　提供无连接方式网络服务的协议　第1部分:协议规范(idt ISO/IEC 8473-1:1994)

GB/T 17967—2000　信息技术　开放系统互连　基本参考模型　OSI服务定义约定
(idt ISO/IEC 10731:1994)

ISO/IEC 9646-2:1994　信息技术　开放系统互连　一致性测试方法和框架　第2部分:抽象测试套规范

ISO/IEC 9834-1:1993　信息技术　开放系统互连　OSI登记机构的操作规程　第1部分:一般规程

ISO/IEC 9834-3:1990　信息技术　开放系统互连　OSI登记机构的操作规程　第3部分:ISO/CCITT联合使用的客体标识符部件值的登记

ISO/IEC 9979:1991　数据加密技术　加密算法的登记规程

ISO/IEC 10745:1995　信息技术　开放系统互连　高层安全模型

ISO/IEC TR 13594:1995　信息技术　开放系统互连　低层安全模型

CCITT建议X.25(1993)　用专用电路连接到公用数据网上的分组式数据终端设备(DET)与数据电路终接设备(DCE)之间的接口

3　定义

3.1　参考模型定义

本标准采用GB/T 9387.1中定义的下列术语:

a) 端系统　end system;

b) 网络实体　network entity;

c) 网络层　network layer;

d) 网络协议　network protocol;

e) 网络协议数据单元　network protocol data unit;

f) 网络中继　network relay;

g) 网络服务　network service;

h) 网络服务访问点　network service access point;

i) 网络服务访问点地址　network service access point address;

j) 网络服务数据单元　network service data unit;

k）协议数据单元　protocol data unit；

l）路由选择　routing；

m）服务　service；

n）服务数据单元　service data unit。

3.2　安全体系结构定义

本标准采用 GB/T 9387.2 中定义的下列术语：

a）访问控制　access control；

b）保密性　confidentiality；

c）无恢复的连接完整性　connection integrity without recovery；

d）无连接保密性　connectionless confidentiality；

e）无连接完整性　connectionless integrity；

f）数据原发鉴别　data origin authentication；

g）解密　decipherment；

h）数字签名　digital signature；

i）加密　encipherment；

j）对等实体鉴别　peer entity aughentication；

k）安全标号　security label；

l）安全服务　security service；

m）通信流量保密性　traffic flow confidentiality。

3.3　服务约定定义

本标准采用 GB/T 17967 中定义的下列术语：

a）服务提供者　service provider；

b）服务用户　service user。

3.4　网络服务定义

本标准采用 GB/T 15126 中定义的下列术语：

——子网连接点　subnetwork point of attachment。

3.5　网络层内部组织结构定义

本标准采用 GB/T 15274 中定义的下列术语：

a）中间系统　intermediate system；

b）中继系统　relay system；

c）子网　subnetwork；

d）子网访问协议　subnetwork access protocol；

e）依赖于子网收敛协议　subnetwork dependent convergence protocol；

f）独立于子网收敛协议　subnetwork independent convergence protocol。

3.6　无连接网络协议定义

本标准采用 GB/T 17179.1 中定义的下列术语：

a）初始 PDU　initial PDU；

b）本地事情　local matter；

c）重装　reassembly；

d）段　segment。

3.7　高层安全模型定义

本标准采用 ISO/IEC 10745 中定义的下列术语：

a）安全交互作用策略　secure interaction policy；

b）安全关系 security relationship。

3.8 一致性测试定义

本标准采用 GB/T 17178.1 中定义的下列术语：

a）PICS 形式表 PICS proforma；

b）协议实现一致性声明 protocol implementation conformance statement；

c）静态一致性概述 static conformance overview。

3.9 附加定义

本标准采用下列定义：

3.9.1 冻结 SA-ID frozen SA-ID

由于要求防止重用，不能用来分配给某个安全联系的一种 SA-ID。

3.9.2 成对的密钥 pairwise key

用于特定双方间的一对相关的（公开密钥）或同一的（秘密密钥）密钥值。

3.9.3 安全控制信息 security control information

为了建立或维护安全联系的安全协议所交换的协议控制信息（PIC）。

3.9.4 SA 属性 SA-attributes

控制实体其远程对等实体之间通信安全所要求的信息汇集。

3.9.5 安全联系 security association

存在相应 SA 属性的通信低层实体之间的安全关系。

3.9.6 数据单元完整性 data unit integrity

连接完整性的一种形式，其中，各个 SDU 的完整性受到保护，但不检测 SDU 序列中的差错。

3.9.7 带内 in-band

使用本标准中定义的 SA PDU 的协议机制来执行。

3.9.8 带外 out-of-band

使用 SA PDU 以外的方法来执行。

3.9.9 安全规则 security rules

一种本地信息。它给出选择的安全服务，它规定要使用的安全机制及该机制操作所需的所有参数。

注：该信息可以组成如 ISO/IEC 10745 中定义的安全交互作用规则的一部分。

3.9.10 标号 label

与某一资源（可以是数据单元）密切相联的标号，为该资源命名或规定安全属性。

注：这种标号的结束可以是明显的，也可以是暗指的。

4 缩略语

4.1 数据单元

NPDU	网络协议数据单元
NSDU	网络服务数据单元
PDU	协议数据单元
SDU	服务数据单元

4.2 协议数据单元字段

LI	长度指示符

4.3 参数

QOS	服务质量

4.4 杂项

ASSR	安全规则商定集

CL	无连接方式
CLNP	无连接方式网络协议
CLNS	无连接方式网络服务
CO	连接方式
CSC PDU	连接安全控制 PDU
DU	数据单元
EKE	指数密钥交换(见附录 H)
ES	端系统
ICV	完整性检验值
IS	中间系统
ISN	完整性顺序号
KEK	密钥加密密钥
NLSP	网络层安全协议
NLSP CO	连接方式 NLSP
NLSP CL	无连接方式 NLSP
NLSPE	NLSP 实体
NS	网络服务
NSAP	网络服务访问点
PCI	协议控制信息
PDU	协议数据单元
SA	安全联系
SA-ID	安全联系标识符
SA-P	安全联系协议
SA-PDU	安全联系 PDU
SCI	安全控制信息
SDT PDU	安全数据传送 PDU
SN	子网
SNAcP	子网访问协议
SNICP	独立于子网收敛协议
SNPA	子网连接点
UN	底层网

5 协议概述

5.1 导引

NLSP 协议有两种基本操作方式:

a) NLSP-CL——用于提供安全无连接网络服务;

b) NLSP-CO——用于提供面向安全连接网络服务。

NLSP 的两种方式都作为网络层的子层操作。提供给上面实体的服务称为 NLSP 服务,要提供给 NLSP 的所承担的服务称为底层网(UN)服务。原语和参数加上前缀 NLSP 或 UN 以明白地区分被引用的服务。UN 和 NLSP 服务是"概念接口",即被描述成似乎是层服务但可能完全驻留在网络层中,取决于 NLSP 子层的位置(见附录 E)。

NLSP 的两种方式都能在端系统和中间系统中实现。两种方式都允许源和目的 NLSP 地址及其他 NLSP CONNECT 参数被任选地保护。可在网络层的任何处操作 NLSP-CO。可在依赖于子网收敛协议

（见 GB/T 15274）之上的网络层的任何处操作 NLSP-CL。

设计本协议是为了优化满足从主要关心高度安全环境到主要关心性能优化环境的一系列要求。特别地，尽管可能会降低安全，但 NLSP-CO 中提供的"无报头"选项可获得对通信效率的影响最小。

NLSP 协议使用了安全联系（SA）的概念，它可存在于某一特定的无连接或连接 UNITDATA 之外。为安全参数（例如算法、密钥等）定义的属性集是为 SA 而定义的。

本协议在其上、下边界上提供了相同的服务（CO 或 CL）方式。

本协议支持一系列特定安全机制（标准化的和非标准化的）的使用。用户和实现者将选择安全机制与协议配合使用以加强安全服务和要求的保护级别。第 9 章到第 12 章及附录 C 定义了对 NLSP 要求的所有安全服务的特定机制集的支持。

NLSP 试图提供的安全保护是从安全域管理所建立的安全服务要求导出的。

注：NLSP 服务保护 QOS 参数的使用是本地事情，超出本标准的范围。

5.2 提供的服务概述

NLSP 提供了在 GB/T 9387.2 中定义的那些安全服务与 GB/T 15126 中定义的 OSI 网络层服务，它们适用于网络层。

若选择 NLSP-CL，它可支持下列安全服务：

a）数据原发鉴别；

b）访问控制；

c）无连接保密性——本保护任选地包括所有 NLSP 服务参数，取决于所选择的安全服务；

d）通信流量保密性；

e）无连接完整性——本保护任选地包括所有 NLSP 服务参数，取决于所选择的安全服务。

若选择 NLSP-CO，它可支持下列安全服务：

a）对等实体鉴别；

b）访问控制；

c）连接保密性——本保护任选地包括所有 NLSP 连接参数，取决于所选择的安全服务；

d）通信流量保密性；

e）无恢复的连接完整性——本保护任选地包括所有 NLSP 连接参数，取决于所选择的安全服务。本保护也任选地包括 SDU 序列的完整性。

5.3 所承担的服务概述

NLSP 下面所承担的服务称为底层网（UN）服务。NLSP-CL 所承担的底层服务使用的原语与无连接网络服务（GB/T 15126）中定义的相同。

对于 NLSP-CO，UN 接口被模型化为两部分：

a）一个服务，它使用与 GB/T 15126 相同的原语并且附加了一个称作为 UN 鉴别的参数；

b）该服务的映象，它映射到标准网络服务，或直接映射到 GB/T 16974。

NLSP 原语中携带的网络地址称为 NLSP 地址。该服务参数标识 NLSP 用户实体，它可以是或不是一个传输实体，取决于 NLSP 上面是否使用其他网络层协议，也取决于 NLSPE 是位于 ES 中还是 IS 中。传递到底层网的网络地址称为 UN 地址。当且仅当 NLSP 实体与子网访问实体间无协议操作时，该 UN 参数（即 UN 地址）等价于 SNPA 地址。

5.4 安全联系与安全规则

5.4.1 安全联系

NLSP 的操作由称为安全联系属性（SA 属性）的安全管理信息（例如安全服务选择信息，安全算法标识符，密码密钥）的汇集所控制。为管理在通信实体间提供的安全服务所要求的安全联系属性汇集的存在称为安全联系。

ISO/IEC TR 13594（低层安全模型）中进一步描述了安全联系。

NLSP-CL 和 NLSP-CO 要求的 SA 属性在 6.2 中定义，NLSP-CL 要求的 SA 属性在 7.4 中定义，NLSP-CO 要求的属性在 8.4 中定义，进一步的机制特定属性在 10.2、11.2 和 12.2 中定义。

为了保护通信的实例（连接或无连接的 SDU），可使用存在的合适 SA，若不存在合适的 SA，则需在通信方之间建立一个 SA。

安全联系在带外或使用 NLSP 带内 SA-P 来建立，NLSP SA-P 通过使用具有内容数据类型 SA-P 的 SA-PDU 和/或 SDT PDU 来交换安全控制信息（SCI）。若无阻碍携带 SCI，应使用 SA-PDU。若要保护 SCI，则应使用 SA-PDU 或 SDT PDU。该 SCI 用于完成建构于在任何预先建立的 SA 属性和安全规则的 SA 属性上。

NLSP-CO 也支持在连接建立中和连接期间的信息交换以更新"动态"SA 属性（例如工作密钥，见附录 G）。对动态 SA 属性的更新应不改变已提供的安全服务。

带内 SA-P 连同 NLSP-CL 一起的使用在 7.5 中定义。具有 NLSP-CO 的带内 SA-P 的使用在 8.5（连接建立期间）和 8.11（数据传送期间）中定义。体现带内 SA-P 的协议在本规范的附录 C 中定义。附录 H 给出了建立为本协议使用的密钥机制的例子。

5.4.2 安全规则

安全策略将约束许多 SA 属性的设置。该部分安全策略称为协议实体的安全规则集。协议实体的安全规则集可将诸如字段长度、密码算法等的 SA 属性约束为单个值或要用其他手段进一步约束的值集（例如 OSI 系统管理或使用 SA-P 交换）。

在出现选择保护级处，安全规则集将定义选择约束以满足所要求保护的不同质量。

当用于 NLSPE 间的操作时，需要建立该安全规则集的唯一标识符，它称为安全规则商定集（ASSR），ASSR 标识符可作为安全联系建立的一部分进行交换。

ISO/IEC TR 13594（低层安全模型）对安全规则作了进一步说明。

5.5 协议概述——保护功能

5.5.1 保护的范围

NLSP-CO 和 NLSP-CL 都有三种不同的操作方式以支持三种基本保护程度：

a）所有 NLSP 服务参数的保护

在本方式中，保护所有的 NLSP 服务参数，包括地址和全部用户数据，不包括那些要与服务提供者协商的参数（QOS、接收保密性选择、加快数据选择）。

由为 TRUE 的 SA 属性 Param_Prot（见 6.2）来选择本方式。

b）NLSP 用户数据保护

在本方式中保护用户数据但其他 NLSP 服务参数则不受保护。

由为 FALSE 的 SA 属性 Param_Prot 来选择本方式。

对于 NLSP-CO，NLSP 用户数据的保护有进一步的子方式，下列方式之一：

    1）保护所用的 NLSP 用户数据（包括在 NLSP-CONNECT、NLSP-DATA 和 NLSP-DISCON-NECT 服务原语中的 NLSP 用户数据）；

    2）保护在 NLSP DATA 中的 NLSP 用户数据。

由 SA 属性 Protect_Connect_Param（见 8.3）来进一步选择 NLSP 的子方式。若 Protect_Connect_Param 为 TRUE，则保护所有的 NLSP 用户数据，否则只保护在 NLSP-DATA 中的 NLSP 用户数据。若 Param_Prot 为 TRUE，则强迫 Protect_Connect_Param 为 TRUE（即保护所有的 NLSP 用户数据）。

c）无保护

在本方式中，所有的 NLSP 服务参数都直接复制成等价的 UN 服务参数，并旁路所有的 NLSP 规程。

在本地选择本方式是基于通信对等的地址和本地安全服务要求。

5.5.2 保护的质量

OSI 低层中的安全（保护）QOS 的实行通过实现来完成，这些实现选择了借助于本地受控的安全策略所施加的安全服务。通过隐式地使用安全标号或显式地用其他手段，以独立于通信实例的安全联系协议来运送选择的安全服务的任何带内指示。因此，任何与安全服务选择相关的交换独立于穿过服务接口边界的 QOS 参数的运输。

注：可能也有对高层指明安全服务的要求，但到目前为止，还没有建立特定保护 QOS 要求定义的直接要求。

5.5.3 数据保护功能

5.5.3.1 基于 SDT PDU

NLSP-CO 和 NLSP-CL 都能通过使用安全数据传送 PDU（SDT PDU）来保护 NLSP 服务参数。NLSP-CO 也有两种可供选择的保护 NLSP 用户数据的方法，它通过 SA 属性 No _ Header（见 8.3）为 TRUE 来选择。

使用基于规程的 SDT PDU 时通过下列方式保护 NLSP 服务参数：

a）将 NLSP 服务参数编码为封装前八位位组串；

b）若选择显式安全已加标号（SA 属性 Label 为 TRUE），则把安全标号放入封装前八位位组串中；

c）如适于已选择的安全服务，可应用支持下列机制的封装（和解封）功能。本功能提供受保护的八位位组串：

——通信流量保密性；

——完整性和数据原发鉴别；

——保密性。

6.4.1.1 和 6.4.2.1 定义通用的、用于 SDT PDU 的机制独立规程以保护数据。第 11 章定义对基于封装的 SDT PDU 的机制一级的支持。其他专门定义封装的规程可与 SDT PDU 一起使用。

5.5.3.2 无报头（仅 NLSP-CO）

NLSP CO 无报头方式通过封装功能来保护 NLSP 用户数据，该功能不更新被保护数据的长度。NLSP 不向所保护的数据上加任何协议控制信息，支持的安全服务将取决于使用的机制但封装功能应至少提供保密性。无报头方式只可用于保护单个服务参数（NLSP 用户数据），因而只有当 Param _ Prot 为 FALSE 时可用。

6.4.1.2 和 6.4.2.2 定义通用的、用于无报头方式的机制独立规程来保护数据。第 12 章定义对无报头封装机制一级的支持。其他专门定义封装规程可与无报头方式一起使用。

5.5.4 连接安全控制（仅 NLSP-CO）

当建立连接时，交换连接安全控制 PDU 来标志 NLSP 连接建立方式（或与带内 SA-P，或映射 NLSP CONNECT 原语到 UN-CONNECT 或 UN-DATA 原语）。此外，CSC PDU 可支持对等实体鉴别，并且建立动态 SA 属性值，如密钥和完整性顺序号。这就允许重用先前建立的 SA，而不会导致 SA-P 的额外开销。在重新鉴别（证明共享知识的）SA 的连接或更新动态属性的生命期中的任何时候它都可用。

CSC PDU 仅用于连接方式 NLSP，第 8 章定义了一般的机制独立的用于 CSC PDU 的规程。第 10 章定义对鉴别机制一级的支持和密钥管理。其他专门定义的支持机制其他级的规程可与 CSC PDU 一起使用。

注：当使用鉴别的可供选择的机制时，若用到第 11 章中定义的 ISN 机制，该选择的机制将建立 ISN 的初始值。

5.5.5 NLSP 使用的 PDU

NLSP 使用下列 PDU：

a）安全数据传送 PDU——通过 5.5.3.1 中概述的封装来保护 NLSP 服务原语参数和其他数据。13.3 中定义了该 PDU 的结构；

b）连接安全控制 PDU——如 5.5.4 中概述的控制 NLSP-CO 连接建立方式，任选地提供对等实体

鉴别及更新动态 SA 属性。13.5 中定义了该 PDU 的结构;

注:CSC PDU 仅适合于 NLSP-CO。

c）SA PDU——一种 PDU,该 PDU 允许如 5.4.1 中概述的为了 SA 管理目的的安全控制信息带内交换。13.4 中定义了该 PDU 的结构。

此外,对于 NLSP-CO,可无需任何额外的如 5.5.3.2 概述的协议控制信息(即不用 SDT PDU)来任选地保护数据。

5.6 协议概述——NLSP-CL

5.6.1 定义 NLSP-CL

第 6 章和第 7 章中定义了 NLSP-CL 规程,封装的任选机制特定规程定义在第 11 章中,这些规程使用如 13.3 中定义的 SDT PDU 和如 13.4 中定义的任选的 SA PDU。

下列条仅提供 NLSP-CL 操作的概述;上面标识的特定章定义 NLSP-CL 操作。

5.6.2 NLSP-CL 功能

要是 ASSR 中的访问控制规则允许,NLSP 支持在对等的 NLSP 用户间的传送保护能力或无保护的无连接数据的能力。NLSPE 本地确定是否需要保护(使用选择的安全服务,目的 NLSP 地址或其他管理信息),保护的数据传送可以是保护所有 NLSP 服务参数或只由 SA 属性 Param-Prot 确定的 NLSP 用户数据。

收到 NLSP-UNITDATA Request 时:

a）NLSP 实体检验 SA 并确定是否允许与目的地址的无保护通信,要是这样,是否要求保护;

b）若不要求保护,NLSP 实体把所有的 NLSP 原语和参数无改变地复制到对应的 UN 原语和参数;

c）若要求保护,NLSP 实体封装服务参数,形成 SDT PDU 并作为 UN-UNITDATA Request 的 UN 用户数据连同 UN 源地址、UN 目的地址和 UN QOS 参数传送。这样仅能保护 NLSP 用户数据或所有的 NLSP 服务参数。

收到 UN-UNITDATA Indication 时,NLSP 实体:

a）使用 UN 源地址和本地信息来确定是否允许与目的地址的通信,要是这样,是否要求保护;

b）若不要求保护,UN 服务参数无改变地复制到 NLSP 参数;

c）若要求保护,NLSP 实体检验 SDT PDU 并运用解封功能提取 NLSP 用户数据和其他任选的 NLSP 服务参数,用户数据、源地址、目的地址和 QOS 参数传递给 NLSP-UNITDATA Indication 中的 NLSP 用户。

注:传递 NLSP 可在 GB/T 17179.1(CLNP)协议功能保护 CLNP PDU 之后(接收之前)操作。传递 NLSP 也可在 CLNP 协议功能携带 CLNP PDU 数据字段的 NLSP PDU 之前(接收之后)操作,使用 NLSP 和 CLNP 的进一步的讨论见附录 E。

由于一些 CLNP 参数可能有安全相关性,NLSP 传递后对这些参数的选择必须考虑到本地安全策略。要考虑的一些任选参数为路由记录、部分和完全的源路由选择以及跳数。任何这些参数都可以给出该网络的信息,这些信息对于网络观察器不应该可用。

为了确定 CLNP PDU 中携带有 NLSP-CLPDU,在接收时,接收者将检验目的地址的选择符为 0 或 CLNP PDU 数据字段中的 NLSP 协议标识符如 13.3 中定义的,两种检验都可以用来指明与直接把它送到传输层相比,该 PDU 是由网络层处理的。

5.7 协议概述——NLSP-CO

5.7.1 定义 NLSP-CO

第 6 章和第 8 章中定义了基于无报头的 NLSP-CO 规程,封装的任选机制特定规程定义在第 12 章中,第 10 章中定义了连接安全控制规程,这些规程使用如 13.5 中定义的 CSC PDU 和 13.4 中定义的任选 SA PDU。

基于 SDT PDU 应用的 NLSP-CO 规程在第 6 章和第 8 章中定义,封装的任选机制特定规程定义在第 11 章中,第 10 章中定义了连接安全控制规程。这些规程使用 13.3 中定义的 SDTD PDU,13.5 中定义的 CSC PDUT 和 13.4 中定义的任选的 SA PDU。

下列条仅提供 NLSP-CO 操作的概述;上面标识的特定章定义 NLSP-CO 操作。

5.7.2 NLSP-CO 无保护连接

若在主叫和被叫地址间允许无保护通信,所有的 NLSP/UN 服务参数直接从 NLSP 服务接口拷贝到 UN 服务接口或直接从 UN 服务接口拷贝到 NLSP 服务接口。

5.7.3 NLSP-CONNECT

在接收 NLSP-CONNECT Request 时,NLSPE 检验具有要求特征的 SA 当前是否存在。若存在,即可用于保护连接。否则,带内建立新的 SA 作为 NLSP-CONNECT 功能的一部分或在给出的超时中带外建立。若这些都不能进行,则返回 NLSP-DISCONNECT。

支持两种建立 NLSP 连接的基本方式。一种是在 UN-CONNECT 服务原语中携带 NLSP CON-NECT 参数。另一种是在 SDT PDU 封装后携带 NLSP CONNECT 参数;在 UN 连接建立后的 UN-DATA 中,建立 NLSP 连接的两种方式有不同之处。一种用于同携带在 UN-DATD 中的带内 SA-P 进行交换(使用具有 SA-P 内容数据类型的 SA PDU 和/或 SDT PDU);另一种用于带外建立的 SA。

连接安全控制(CSC)PDU 用来标志连接建立的方式,若不携带带内 SA-P,CSC PDU 交换也用于:

a) 为使用保护连接(例如密钥、完整性顺序号)建立机制特定安全属性;

b) 执行对等实体鉴别。

对基于鉴别和密钥管理的简单要求响应机制的任选支持在第 10 章中定义。

在 NLSP-CONNECT 借助带内 SA-P 正在携带 UN-CONNECT 的情况下,在执行携带有 NLSP CONNECT 参数的 UN-CONNECT 交换之前,建立 UN 连接以携带 SA-P 然后释放。在第二次 UN-CONNECT 交换时使用 CSC PDU 以再鉴别对等 NLSP 实体。

通过交换 SA PDU 或带有建立要求的 SA 属性所需的信息的 SDT PDU 可完成 SA 建立。附录 C 定义了用于该用途的 SA 协议。

若要求保护 NLSP-CONNECT 参数,在传送前封装这些参数。

5.7.4 NLSP-DATA

接收 NLSP-DATA Request 时:

a) 若选择基于保护的 SDT PDU,NLSP 实体封装合适的服务参数形成 SDT PDU 并作为 UN-DATA 的 UN 用户数据传送它;

b) 若选择基于保护的无报头,加密 NLSP 用户数据并传送到 UN-DATA Request 的 UN 用户数据。

接收 UN-DATA Indication 时:

a) 若选择基于保护的 SDT PDU,NLSP 实体检验 PDU 并使用解封功能提取 NLSP 用户数据,也可能提取 NLSP 保密性请求;

b) 若选择基于保护的无报头,解密 UN 用户数据以获取 NLSP 用户数据;

c) NLSP 服务参数传递给 NLSP-DATA Indication 中的 NLSP 用户。

5.7.5 NLSP-EXPEDITED-DATA

以相似于 NLSP-DATA Request 的方法来处理。

注:当使用 SDT PDU 时,封装功能可能会扩大数据大小。因此,限制了用户数据字段的大小,可以要求保护的加快数据在通过底层网时进一步分段和重装。

5.7.6 NLSP-RESET

通过 NLSP 直接传递至底层网,重新鉴别安全连接,通过使用 UN-DATA 中携带的 CSC PDU 重建机制特定属性。

注：由于数据可能已丢失，可能需要重初始化某些安全机制。特别地，完整性序列机制必须在数据丢失后避免重演
攻击。

5.7.7 NLSP-DATA-ACKNOWLEDGE

若要保护所有的 NLSP 服务参数（即 Param-Prot 为 TRUE），封装该服务原语，置于 SDT PDU 中
并通过 NLSP 传递到 UN 子层。否则该服务原语直接映射到 UN-DATA-ACKNOWLEDGE。

5.7.8 NLSP-DISCONNECT

接收 NLSP-DISCONNECT Request 时，若选择的保护方式（见 5.5.1）要求保护服务参数，NLSP
实体建造了包含 NLSP-DISCONNECT Request、NLSP 用户数据和任选的其他参数的安全数据传送
PDU。该 PDU 在 UN 连接释放前，携带在 UN-DATA 中，或者若合适，SDT PDU 可携带在 UN-
DISCONNECT 的 UN 用户数据中。

若不要求保护 NLSP-DISCONNECT Request 的参数，则把它们传送到 UN-DISCONNECT
Request 中。

5.7.9 其他功能

NLSP 也支持下列功能，在超时或其他外部事件时，启动这些功能：

a）CSC PDU 交换以改变动态 SA 属性，如密钥；

b）安全测试交换以检验 SA 的加密特征正确建立；

c）SDT PDU 传送仅包含通信流量保密性的通信量填充字段。

6 NLSP-CL 和 NLSP-CO 公共的协议功能

6.1 导引

本章描述 NLSP 连接和无连接方式公共协议功能。它们的使用如第 7 章和第 8 章中所述。

6.2 公共 SA 属性

下列 SA 属性控制连接方式和无连接方式 NLSP 的操作。它们的描述包含在本规范内涉及这些属
性使用的助记符。

注 1：SA 属性是"ASSR 约束"的地方，该约束可定义单个值或值的集合。在 ASSR 定义值的范围中，可由 OSI 系统
　　　管理、SA-P 交换或本规范外的其他方法建立属性值。

a）SA 标识：

　　My_SA-ID：0 到（256 ** 最大长度）－1 范围的整数。

　　　　　　　　SA 的本地标识符，该属性的值应在 SA 建立时设置。

　　Your_SA-ID：0 到（256 ** 最大长度）－1 范围的整数。

　　　　　　　　SA 的远程标识符，该属性的值应在 SA 建立时设置。最大长度是 2 到 126 中的
　　　　　　　　一个整数。

注 2：SA 有多个相同本地标识符是个严重差错。

b）是启动 NLSPE 还是响应 SA 建立的指示符：

　　Initiator：布尔类型

　　　　　　　　该属性指明如何置启动者到响应者标志以检测转向的 PDU。

　　　　　　　　该属性的值应在 SA 建立时设置。

c）对等 NLSP 实体的 UN 地址：

　　Peer_Adr：八位位组串来格式化在 GB/T 15126 中的定义。该属性的值应在 SA 建立时设置。

d）通过远程对等服务实体的 NLSP 地址：

　　Adr_Served：八位位组串集，格式化在 GB/T 15126 中的定义。

　　　　　　　　该属性的值应在 SA 建立或预先建立时设置。

e）为 SA 选择的安全服务：

AC： ASSR 约束范围的整数。

TF _ Conf：ASSR 约束范围的整数。

f) 参数保护：

Param _ Prot：布尔类型。

保护所有的 NLSP 服务参数除了那些可被底层网更新的（即 QOS、接收证实选择和加快数据选择）。

g）标号机制属性：

Label：布尔类型

连接/无连接 PDU 的明显标号。

Label _ Set：

{Label _ Ref：整数。

Label _ Auth：客体标识符。

Label _ Content：格式化 Label _ Auth 定义的。}的集合

这些属性的值在 SA 建立或预先建立时设置。

注 3：根据国家标准定义的规程，期望这些标号要被登记。

6.3 通信实例请求的公共功能

6.3.1 初始检验

接收通信实例请求的 NLSPE（即 NLSP-CONNECT 或 UNITDATA Request）应检验：

a) NLSP 主叫或源地址是该 NLSPE 服务的 NLSP 地址；

b) 需要的安全服务可由该 NLSPE 提供。

6.3.2 安全联系的标识

接收通信实例请求的 NLSPE（即 NLSP-CONNECT 或 UNITDATA Request）在对它可用的 SA 间识别满足下列条件的 SA：

a）任何本地派生的安全服务要求适应为该 SA 选择的安全服务；

b）被叫 NLSP 或目的地址包含在 Adr-Served 中的 NLSP 地址集中；

c）没有 NLSP 连接正使用该 SA（仅 NLSP-CO）。

若不止一个 SA 满足这些条件，要遵循的规程是本地事情。若不存在这样的 SA 且支持带内 SA 建立，那么如第 7 章和第 8 章所定义的那样可能选择 SA-P(SA 协议)选项。否则，要遵循的是带外 SA 建立规程。若在本地定义的超时间隔内这些规程都不能成功地完成，那么如 7.4 和 8.4 中定义的，要执行适于通信方式的差错恢复规程。

6.4 安全数据传送协议功能

6.4.1 产生

6.4.1.1 基于 SAT PDU

如在第 7 章和第 8 章中使用的，应执行下列：

a）数据类型字段第 8 位置为 SA 属性启动者的值；

b）若从 8.6(NLSP-DATA)中调用这些规程，数据类型字段的第 7 位应根据这些规程设置，否则该位设置为指明的"last"值；

c）为了适于第 7 章和第 8 章中的规程，数据类型字段 1～6 位置为 13.3.4.2 中定义的值；

d）根据第 7 章和第 8 章中的规程，与 NLSP 服务参数或其他协议交换相关的数据（例如测试数据）按要求放在合适的内容字段中（见 13.3.4.3）；

e）若(Label 是 TRUE)并且在 NLSP-CO 情况下这是在当前连接上发送的第一个 SDT PFU 时，是下列之一：

1）一个安全标号，包括定义权限，应放置于标号内容字段中并包含在 PDU 中；

2）一个安全标号参考，应放置于标号参考内容字段中并包含在 PDU 中。

选择的标号应是 SA 属性 Label _ Set 中的一个值。

注 1：在 NLSP CO 的情况下，若 Protect _ Connect _ Param 仅 SDT PDU 携带的 NLSP CONNECT 参数将被加标号。否则，NLSP 数据传送阶段在任何方向发送的第一个 SAT PDU 将被加标号。

f）应调用封装功能（例如第 11 章中描述的）且传递下列自变量：

1）SA-ID 应置为 My _ SA-ID；

2）unit-data-type 应置为：

• "expedited"，若保护的数据来源于 NLSP-EXPEDITED-DATA 原语；

• "normal"，否则；

3）封装前八位位组串应被置为结构化的 PDU 字段。

g）封装功能应返回一个差错或封装的八位位组串。在封装功能成功地完成后，如 13.3.2 中描述的，应创建 SDT PDU 的无保护报头，且封装的八位位组串应添加到报头上。

注 2：NLSP-CO 中不出现 SA-ID。

6.4.1.2 无报头出现（仅 NLSP _ CO）

如第 8 章中使用的，应执行下列：

a）应调用不选择数据大小的封装功能（例如第 12 章中描述的）且传递下列自变量：

1）SA-ID 应置为 My _ SA-ID；

2）unit-data-type 应置为：

• "expedited"，若要保护的数据来源于 NLSP-EXPEDITED-DATA 原语；

• "normal"，否则；

3）封装前八位位组串置为 NLSP 用户数据参数。

b）封装功能应返回差错或封装的八位位组串。

6.4.2 检验

6.4.2.1 基于 SDT PDU

如第 7 章和第 8 章中使用的，应执行下列：

a）从 PDU 中丢弃无保护的报头；

b）应调用解封功能（例如第 11 章中描述的）且传递下列自变量：

1）SA-ID 应置为 My _ SA-ID；

2）unit-data-type 应置为：

• "expedited"，若要解封的数据来源于 UN-EXPEDITED-DATA 原语；

• "normal"，否则；

3）封装的八位位组串应置为 PDU 中的余下部分。

c）解封功能应返回差错或封装前八位位组串。在解封功能完成时，执行下列处理；

d）应检验数据类型字段第 8 位（启动者或响应者）标志 NOT 等于 SA 属性启动者的值；

e）要检验数据类型字段 1~6 位和第 7 位为适合于第 7 章和第 8 章中所给规程的值；

f）若（Label 为 TRUE），并在 NLSP-CO 的情况下，这是在当前连接上接收的第一个 SDT PDU，那么，应检验 PDU 以确保一个且仅一个标号或标号参考内容字段出现。若出现，应检验该标号的值以确保它包含在 Label _ Set 的集中；

g）应检验与 NLSP 服务参数相关的内容字段或其他协议功能，如第 7 章和第 8 章中的规程要求的那样出现。从这些字段中恢复数据并根据第 7 章和第 8 章中的规程处理。

6.4.2.2 无报头出现（仅 NLSP-CO）

如第 8 章中使用的，应执行下列：

a）应调用使用该 SA 定义的解封功能（例如第 12 章中描述的）且传递下列自变量：

1）SA-ID 应置为 My_SA-ID；

2）unit-data-type 应置为：

· "expedited"，若要解封的数据来源于 UN-EXPEDITED-DATA 原语；

· "normal"，否则；

3）封装的八位位组串应置为 UN 用户数据参数。

b）解封功能应返回差错或封装前八位位组串。

6.5 安全联系协议的使用

当两个 NLSPE 没有建立 SA 时，它们可能使用安全联系协议（SA-P）或其他方法建立 SA。SA-P 在 NLSPE 之间交换其内容数据类型置为 SA-P 的 SA PDU 或 SDT PDU，以建立、更新或终止 SA。

NLSP 第 7 章和第 8 章定义如何使用可能调用的 SA-P，但没有 SA-P 规程，SA-P 的规程和包含在 SA PDU/SDT PDU 中的 PCI 取决于用来提供 SA-P 的特定机制（附录 C 中定义了合适的协议机制）。任何 SA-P 应提供下列特征：

a）选择的保护形式所要求的所有 SA 属性的派生；

b）来自鉴别过的源的密钥；

c）若要求，用于鉴别和完整性的初始信息的建立。

若不支持特定的 SA-P，NLSPE 应丢弃 SA PDU。

SA-P 可能基于对称的或不对称的算法。建议使用不对称算法。附录 C 包含该机制的例子。

7 NLSP-CL 的协议功能

7.1 NLSP-CL 提供的服务

NLSP 提供的服务可用带前缀"NLSP"来引用。原语是：

原语	参数
NLSP-UNITDATA Request	NLSP Destination Address（目的地址）
Indication	NLSP Source Address（源地址）
	NLSP Quality of Service（服务质量）
	NLSP Userdata（用户数据）

服务原语和参数直接相当于 GB/T 15126 中定义的。

7.2 所承担的服务

由 NLSP 在其低边界上所承担的服务可用带前缀"UN"（即"底层网"）来引用。原语是：

原语	参数
UN-UNITDATA Request	UN Called Address（被叫地址）
Indication	UN Calling Address（主叫地址）
	UN Quality of Service（服务质量）
	UN Userdata（用户数据）

所承担的服务原语和参数相当于 CLNS 中定义的（见 GB/T 15126/ADI）。

7.3 安全联系属性

下列属性控制了 NLSP-CL 的操作。它们的描述包括在本规范内涉及这些属性使用的助记符。

注：SA 属性是"ASSR 约束"的地方，该约束可定义单个值或值的集合。在 ASSR 定义值的范围中，可由 OSI 系统管理、SA-P 交换或本规范外的其他方法建立属性值。

为 SA 选择的安全服务：

DOAuth：由 ASSR 数据原发鉴别级别约束范围的整数。

该属性的值应预先建立或在 SA 建立时设置。

CLConf：由 ASSR 无连接保密性级别约束范围的整数。

该属性的值应预先建立或在 SA 建立时设置。

CLInt：由 ASSR 无连接完整性级别约束范围的整数。

该属性的值应预先建立或在 SA 建立时设置。

7.4 检验

下列叙述的许多点中，NLSP-CL 实体检验一些被满足的条件。除非另外规定，每当这样的一个检验失败，NLSP-CL 实体应丢弃当前正在处理的数据。任选地，该实体也可以存档审计报告，要审计的故障被认为是本地事情。

7.5 带内 SA 建立

使用安全联系协议(SA-P)可以带内的建立一个 SA。本规范附录 C 定义了 SA-P。

注：目前，SA-P 不包括任何恢复规程，因此要小心当 NLSP-CL 使用本协议时提供的请求的可靠性。

7.6 处理 NLSP-UNITDATA Request

7.6.1 SA 的初始检验和标识

收到 NLSP-UNITDATA Request 时，NLSPE 检验是否允许基于本地安全服务要求和源/目的地址对的无保护通信。若允许无保护通信，NLSP 服务参数应直接拷贝到 UN-UNITDATA Request 中相同的 UN 服务参数上，并且 NLSPE 不再产生进一步动作。

若需要保护的通信，应执行 6.3 中所述的初始检验和 SA 规程的标识，并跟在下列规程后。

7.6.2 NLSP-UNITDATA 保护

NLSPE 应执行 6.4.1.1 定义的"产生 SDT PDU 功能"，其数据类型"NLSP-UNITDATA reg/in"包含：

a) 若 Param _ Prot 为 TRUE，源 NLSP 地址；

b) 若 Param _ Prot 为 TRUE，目的 NLSP 地址；

c) NLSP 用户数据参数。

Last/Not last 标志应置为 Last(即，数据类型字段的第 7 位＝0)。

7.6.3 网络请求

SDT PDU 应作为 UN-UNITDATA Request 的 UN 用户数据参数传递给下一低层协议。

若 Param _ Prot 为 TRUE，UN 源地址应是本地 NLSP 实体 UN 地址，否则 NLSP 源地址应拷贝到 UN 源地址。

若 Param _ Prot 为 TRUE，UN 目的地址应是 Peer _ Adr，否则 NLSP 目的地址应拷贝到 UN 目的地址。

UN QOS 应由本地策略确定，但可以从 NLSP QOS 拷贝来。

注：若记录路由和源路由参数在 NLSP QOS 参数中，且不作为 UN QOS 参数传递，那么规定的 QOS 不能提供源和
目的 NLSP-CL 实体间的路由部分。

7.7 处理 UN-UNITDATA Indication

7.7.1 初始检验和处理

若不出现 SDT PDU，NLSPE 检验是否允许基于本地安全服务请求和源/目的地址对的无保护通信。若允许无保护通信，UN 服务参数应直接拷贝到 NLSP UNITDATA Request 中相同的 NLSP 服务参数，并且 NLSP 不再产生进一步的动作。若不允许无保护通信，则执行 7.4 中描述的规程，NLSP 不再产生进一步动作。

若出现 SDT PDU，NLSP 应在 SA 之中识别对它可用的一个 SA，其 My _ SA-ID 等于收到的 SDT PDU 中的 SA-ID 字段。所有进一步的操作与该标识的 SA 相关。

NLSP 应执行 6.4.2.1 中定义的公共处理。此外，应执行下列检验：

a) 若数据类型字段"与任何 NLSP 服务原语无关"，则在这些规程下，应不再处理 SDT PDU。否则数据类型字段应检验为 NLSP-UNITDATA。

注

1 忽略"Last/Not last 标志"的值（即数据类型字段的第 7 位）。

2 对通信量填充或无连接方式中的测试交换的支持不在 NLSP 的范围内。

b）若 Param _ Prot 为 TRUE，应检验 SDT PDU 以确保出现下列字段：

   1）目的地址；

   2）源地址。

NLSP UNITDATA Indication 应被传递给 NLSP 用户，其参数设置和地址检验如 7.7.2 中定义。

7.7.2 NLSP-CL Indication 中的参数

7.7.2.1 地址参数

若 Param _ Prot 为 TRUE，则 NLSPE 应置 NLSP 服务参数为包含在 SDT PDU 中的值。

若 Param _ Prot 为 FALSE，则应从 UN 指示参数中取值如下：

a）NLSP 源地址＝UN 源地址；

b）NLSP 目的地址＝UN 目的地址。

检验上面置的 NLSP 目的地址是本地安全策略确定的该 NLSP 实体服务的 NLSP 地址。

检验上面置的 NLSP 源地址是包含在 SA 属性 Adr _ Served 中的 NLSP 地址。

7.7.2.2 QOS

QOS 参数从 UN 服务拷贝到 NLSP 服务。

7.7.2.3 用户数据

用户数据字段中的数据应从 SDT PDU 的封装前八位位组串中传递到 NLSP-UNITDATA Indication 的 NLSP 用户数据参数中的 NLSP 用户。

8 NLSP-CO 的协议功能

8.1 NLSP-CO 提供的服务

NLSP-CO 提供的服务原语是：

原语	参数
NLSP-CONNECT Request	NLSP Called Address（被叫地址）
Indication	NLSP Calling Address（主叫地址）
	NLSP Receipt Confirmation Selection（接收证实选择）
	NLSP Expedited Data Selection（加快数据选择）
	NLSP QOS Parameter Set（参数集）
	NLSP Userdata（用户数据）
NLSP-CONNECT Response	NLSP Responding Address（响应地址）
Confirm	NLSP Receipt Confirmation Selection（接收证实选择）
	NLSP Expedited Data Selection（加快数据选择）
	NLSP QOS Parameter Set（参数集）
	NLSP Userdata（用户数据）
NLSP-DATA Request	NLSP Userdata（用户数据）
Indication	NLSP Confirmation Request（证实请求）
NLSP-DATA-ACKNOWLEDGE Request	
Indication	
NLSP-EXPEDITED DATA Request	NLSP Userdata（用户数据）

	Indication
NLSP-RESET Request	NLSP Reason（原因）
NLSP-RESET Indication	NLSP Originator（原发者）
	NLSP Reason（原因）
NLSP-RESET Response	
Confirm	
NLSP-DISCONNECT Request	NLSP Originator（原发者）
Indication	NLSP Reason（原因）
	NLSP Userdata（用户数据）
	NLSP Responding Address（响应地址）

注：原发者不用于请求。

服务原语和参数直接相当于 GB/T 15126 中定义的那些。

8.2 所承担的服务

由 NLSP 在其低边界上所承担的服务可用带前缀"UN"（即"底层网"）来引用,这是概念接口（见 5.1）。

UN 接口被模型化为两部分：

a）UN 服务原语和参数的定义（见下）；

b）从 UN 服务（见 5.1）到标准网络服务或直接到 GB/T 16974 的映射。

附录 A 和附录 B 定义了从概念服务接口到网络服务和到 GB/T 16974 的映射。

NLSP-CO 假定的 UN 原语是：

原语	参数
UN-CONNECT Request	UN Called Address（被叫地址）
Indication	UN Calling Address（主叫地址）
	UN Receipt Confirmation Selection（接收证实选择）
	UN Expedited Data Selection（加快数据选择）
	UN QOS Parameter Set（参数集）
	UN Userdata（用户数据）
	UN Authentication（鉴别）[1]
UN-CONNECT Response	UN Responding Address（响应地址）
Confirm	UN Receipt Confirmation Selection（接收证实选择）
	UN Expedited Data Selection（加快数据选择）
	UN QOS Parameter Set（参数集）
	UN Userdata（用户数据）
	UN Authentication（鉴别）[1]
UN-DATA Request	UN Userdata（用户数据）
Indication	UN Confirmation Request（证实请求）
UN-DATA-ACKNOWLEDGE Request	
Indication	

---

[1] UN 鉴别参数用于运送 CSC PDU。当 NLSP 用于与 GB/T 16974 连接,而 DTE 保护设施字段可运送 UN 鉴别参数时,这是有效编码（见附录 B）。

UN-EXPEDITED-DATA Request	UN Userdata（用户数据）
Indication	
UN-RESET Request	UN Reason（原因）
UN-RESET Indication	UN Originator（原发者）
	UN Reason（原因）
UN-RESET Response	
Confirm	
UN-DISCONNECT Request	UN Reason（原因）
	UN Userdata（用户数据）
	UN Responding Address（响应地址）
UN-DISCONNECT Indication	UN Originator（原发者）
	UN Reason（原因）
	UN Userdata（用户数据）
	UN Responding Address（响应地址）

附录 A 和附录 B 定义 UN 鉴别到 GB/T 15126 和 GB/T 16974 上的映射。

注：当 NLSP 用于与 GB/T 16974 充分紧密耦合时，它可能使用能获得全部优点的底层协议的选择编码，而到 GB/T 15126 的不同映射假定只使用底层网服务。

8.3 安全联系属性

下列属性控制 NLSP-CO 的操作。它们的描述包括在本规范内涉及这些属性使用的助记符。

注：SA 的属性是"ASSR 约束"的地方，该约束可以定义单个值或值的集合。

在 ASSR 定义值的范围中，可由 OSI 系统管理、SA-P 交换或本规范外的其他方法建立属性值。

a）SA 选择的安全服务：

PE Auth：

ASSR 约束范围的整数；

对等实体鉴别级别。

CO Conf：

ASSR 约束范围的整数；

连接保密性级别。

CO Int：

ASSR 约束范围的整数；

无恢复的连接完整性。

这些属性的值应预先建立或在 SA 建立时设置。

b）相关的 CO 协议属性：

Retain _ On _ Disconnect：布尔类型

SA 属性是否保持在断开状态。

该属性的值应在 SA 建立时或预先建立设置。

Protect _ Connect _ Param：布尔类型

保护在 NLSP _ CONNECT 和 NLSP _ DISCONNECT 中 NLSP 用户数据，若 Param _ Prot 为 TRUE，也保护 NLSP-CONNECT 和 NLSP-DISCONNECT 中的其他服务参数。

ASSR 约束该属性的值。

注：若 Protect _ Connect _ Param 为 FALSE，Param _ Prot 不能为 TRUE。

No _ Header：布尔类型

若为真,基于无报头的保护将用于保护数据(例如使用第12章中定义的规程)。

ASSR 约束该属性的值。

8.4 检验和其他公共功能

在下列描述的许多点上,说明了要满足的一些条件。除非另有规定,每当 NLSP 连接或 NLSP 断开规程中的检验失败,应适当地发出 UN-DISCONNECT Request 和 NLSP-DISCONNECT Indication。若该情况发生在连接建立后面,NLSPE 应丢弃当前正在处理的数据,作为本地判定,应调用下列之一:

a) NLSP 启动如 8.8.5 中定义的 UN-RESET 规程;

b) UN-DISCONNECT Request 和 NLSP-DISCONNECT Indication。

实体也可以任选地存档审计报告。决定记录什么审计信息是本地事情。

类似的,事件的期望序列在下面描述的规程中给出。若不跟随该序列,则不期望事件应以与检验失败相同的方法处理。

在下列描述涉及的生成或 CSC PDU 检验或安全数据传送 PDU,应执行合适的机制特定规程,例如本规范中的第9章到第12章中描述的那些规程。

8.5 NLSP 连接功能

8.5.1 初始规程

8.5.1.1 初始检验——NLSP CONNECT Request

收到 NLSP-CONNECT Request,NLSPE 应检验是否允许基于本地安全服务要求和主叫/被叫地址对的无保护通信。若允许无保护通信,NLSP 和 UN 服务参数直接拷贝到所有后继 NLSP 和 UN 服务原语的相同的 UN 和 NLSP 服务参数,直到收到 UN-DISCONNECT Indication 后。NLSPE 在连接持续期间不产生进一步的动作。

若要求保护通信,NLSPE 应跟随初始检验规程和 6.3.1 及 6.3.2 中各自描述的安全联系的标识。8.5.2、8.5.3 或 8.5.4 中定义的规程跟随在这后,适当的规程取决于 8.5.1 中定义的选择的连接建立方式。UN 连接的后继 UN-CONNECT 和 NLSP-CONNECT 服务原语使用相同的条。

8.5.1.2 NLSP 连接建立方式

若 SA 当前存在具有要求的特性,则可用于保护连接。否则,应建立新的 SA,作为 NLSP-CONNECT 功能部分的带内或在给出的超时间隔内的带外。若这两者都不执行,应返回 NLSP-CONNECT。

有两种建立具有变化的 NLSP 连接的基本方式来支持下列带内 SA 建立:

a) UN-CONNECT 中的 NLSP-CONNECT,其中协议交换以提供鉴别,并且在 UN-CONNECT 参数中携带交换 NLSP-CONNECT 参数;

b) UN-CONNECT 中具有 SA-P 的 NLSP-CONNECT,在建立具有鉴别的第二 UN 连接前,其中在预先建立上的 UN-DATA 中携带带内 SA 建立,且如上面 a) 中的在 UN-CONNECT 中携带在 NLSP-CONNECT参数;

c) UN-DATA 中的 NLSP-CONNECT,其中鉴别交换携带在 UN-CONNECT 中,UN-DATA 中的 NLSP-CONNECT 参数的交换跟随着;

d) UN-DATA 中具有 SA-P 的 NLSP-CONNECT,其中 SA-P 交换携带在 UN-DATA 中,接着交换 UN-DATA 中的 NLSP-CONNECT 参数。

最合适的方式选择是基于 NLSP 连接建立要求(或期望的要求)主叫 NLSPE 和 NLSP 操作的轮廓环境做出的本地判定。

SA-P 的选择由 CSC PDU 中的 SA-P 标志指明,UN-CONNECT 中的 NLSP-CONNECT 或 UN-DATA 中 NLSP-CONNECT 的选择由 UNC-UND 标志(见表2)对远程 NLSPE 指明。

在后两种方式中(有或没有 SA-P 的 UN-DATA 中的 NLSP-CONNECT)在 SDT-PDU 中编码 NLSP-CONNECT 参数。因此,这些方式不能用于无报头方式。

在前两种方式中(有或没有 SA-P 的 UN-CONNECT 中的 NLSP-CONNECT),若 No _ Header 为

FALSE 且 Protect _ Connect _ Param 为 TRUE,在 SDT PDU 中要保护 NLSP-CONNECT 参数。但是,若结果的 SDT PDU 大于 UN-CONNECT UN 用户数据中的可用空间,这些方式不能使用。

表 1 指明了上面定义的连接建立的不同方式的限制,它可用于确定呼叫建立的哪些规程对给定的轮廓是合适的。

8.5.1.3 初始检验——UN-CONNECT Indication

收到在 UN 鉴别参数中不出现 CSC PDU 的 UN-CONNECT Indication,NLSPE 应检验是否允许基于本地安全服务请求和主叫/被叫地址对的无保护通信。若允许无保护通信,NLAP 和 UN 服务参数直接拷贝到所有后继 NLSP 和 UN 服务原语相同的 UN 和 NLSP 服务参数上,直到收到 UN-DISCON-NECT Indication 后。在连接持续阶段 NLSPE 不产生进一步的动作。

若不允许无保护通信且不出现 CSC PDU,则为检验故障执行 8.4 中定义的规程。

若出现 CSC PDU,则执行 8.5.2、8.5.3 或 8.5.4 中定义的规程,这取决于表 2 中给出的 PDU 类型字段中的 SA-P 和 UNC-UND 标志位的值。正设置的 SA-P 标志指示来指明带内 SA-P 交换要由 NLSP 携带。正设置的 UNC-UND 标志指明 NLSP-CONNECT 由 UN-DATA 携带而不是 UN-CONNECT。UN 连接的后继 UN-CONNECT 和 NLSP-CONNECT 服务原语使用相同的条。

表 1 给出 NLSP 连接建立方式限制的表

SAP	无报头	Protect _ Connect _ Params	SDT PDU 长度限制 (见注)	方　　式	连接建立 规程
TRUE	TRUE	EITHER		UN-CONNECT 中具有 SA-P 的 NLSP-CONNECT	先 8.5.2.2 8.5.2.4 后 8.5.3
	FALSE	TRUE	SDT〈＝最大 UN 用户数据	UN-CONNECT 中具有 SA-P 的 NLSP-CONNECT	先 8.5.2.2 8.5.2.4 后 8.5.3
TRUE	FALSE	FALSE		UN-CONNECT 中具有 SA-P 的 NLSP-CONNECT	先 8.5.2.2 8.5.2.4 后 8.5.3
TRUE	FALSE	EITHER		UN-DATA 中具有 SA-P 的 NLSP-CON-NECT	8.5.4
FALSE	TRUE	EITHER		UN-CONNECT 中的 NLSP-CONNECT	8.5.2
FALSE	FALSE	TRUE	SDT〈＝最大 UN 用户数据	UN-CONNECT 中的 NLSP-CONNECT	8.5.2
FALSE	FALSE	FALSE		UN-CONNECT 中的 NLSP-CONNECT	8.5.2
FALSE	FALSE	EITHER		UN-DATA 中的 NLSP-CONNECT	8.5.4

EITHER:表示在 Protect _ Connect _ Param 栏目下面的该处是 TRUE 或 FALSE。

注

1 SDT 涉及 SDT PDU 的最大可能长度,它可能在 NLSP 操作的轮廓环境的连接建立期间产生。

2 假定与 UN 用户数据相同的限制用于 NLSP 用户数据的长度。

3 对于映射到 GB/T 15126"最大用户数据"的 UN,可携带在网络服务 UN-CONNECT 服务原语中的最大用户数据(例如,对 GB/T 16976 和 GB/T 16974 为 128)小于 CSC PDU 的长度。

4 对于直接映射到 GB/T 16974"最大 UN 用户数据"的 UN 是 128。

表 2　识别 NLSP 连接建立规程的 CSC PDU 标志

UNC-UND 标志	SA-P 标志	NLSP 连接建立规程
置位	置位	8.5.4(UN-DATA 中的 NLSP-CONNECT)
置位	清除	8.5.4(UN-DATA 中的 NLSP-CONNECT)
清除	置位	8.5.3(UN-CONNECT 中具有 SA-P 的 NLSP-CONNECT)
清除	清除	8.5.2(UN-CONNECT 中的 NLSP-CONNECT)

8.5.2　UN-CONNECT 中的 NLSP-CONNECT

UN-CONNECT 中具有 NLSP-CONNECT 参数的 NLSP 连接建立期望的事件序列在图 1 中说明。

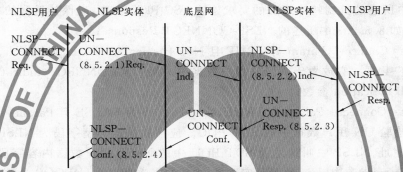

图 1　UN-CONNECT 中 NLSP-CONNECT 的服务原语时序图

8.5.2.1　NLSP-CONNECT Request

若 NLSP-CONNECT 参数携带在 UN-CONNECT 中,在 NLSP-CONNECT Request 上应执行下列规程:

a) 若 Protect_Connect_Param 为 TRUE 且 No_Header 为 TRUE,则如 6.4.1.2 中所述的那样封装任何 NLSP 用户数据,把它放置于 UN 用户数据中;

b) 若 Protect_Connect_Param 为 TRUE,No_Header 为 FALSE 且 Param_Prot 为 TRUE,则产生 SDT PDU,包含 6.4.1.1 中所述的被叫 NLSP 地址、NLSP 主叫地址和 NLSP 用户数据,它具有数据类型"NLSP-CONNECT req/ind"。把它放置于 UN 用户数据中;

c) 若 Protect_Connect_Param 为 TRUE,No_Header 为 FALSE 且 Param_Prot 为 FALSE,则产生 SDT PDU,若出现的话,包含 6.4.1.1 中所述的 NLSP 用户数据,它具有数据类型"NLSP-CONNECT req/ind",把它放置于 UN 用户数据中;

d) 若 Protect_Connect_Param 为 FALSE,则 NLSP 用户数据放置于 UN 用户数据中;

e) 准备 CSC PDU 且:

　1) UNC-UND 标志清除;

　2) 当前 SA 的 SA-ID 放在 SA-ID 字段中;

　3) SA-P 标志清除;

　4) 按机制特定规程的要求,CSC 内容置为 CSC 第一交换,如 10.3 中所述的。

f) 应调用 UN-CONNECT Request 且:

　1) 若 Param_Prot 为真则 UN 被叫地址置为 Peer_Adr,否则 NLSP 被叫地址置为 Peer_Adr;

　2) 若 Param_Prot 为真则 UN 主叫地址置为本地 NLSPE UN 地址,否则 NLSP 主叫地址置为本地 NLSPEUN 地址;

　3) UN 接收证实选择和加快数据选择置为从 NLSP 接收证实选择和加快数据选择本地确定的值;

　4) UN QOS 参数置为从 NLSP QOS 参数本地确定的值;

5) UN 用户数据置成如上面 a)至 d)中所述的；

6) UN 鉴别置成如上面 e)中所述的 CSC PDU。

g）主叫 NLSP 等待如 8.5.2.4 中所述的 UN-CONNECT Confirm 或如 8.10 中所述的 UN-DISCONNECT Indication。

8.5.2.2 UN-CONNECT Indication——UNC-UND 清除和 SA-P 清除

收到 UN-CONNECT Indication，其 UN 鉴别包含 CSC PDU，其 UNC-UND 标志清除且 SA-P 标志清除：

a）NLSPE 应在可用的 SA 间标识一个 SA，其 My _ SA-ID 等于收到的 CSC PDU 中的 SA-ID 字段，所有进一步的操作涉及该标识了的 SA；

b）按 10.3 中所述的机制特定规程的要求检验 CSC PDU 内容，应保持返回的响应 CSC PDU 内容，以便用于处理如 8.5.2.3 中所述的 NLSP-CONNECT Response；

c）若 Protect _ Connect _ Param 为 TRUE 且 No _ Header 为 TRUE，则如 6.4.2.2 中所述的那样解封任何 UN 用户数据。它放置于 NLSP 用户数据中。从 UN-CONNECT Indication 参数拷贝其他 NLSP-CONNECT Indication 参数；

d）若 Protect _ Connect _ Param 为 TRUE，No _ Header 为 FALSE 且 Param _ Prot 为 TRUE，则如 6.4.2.1 那样检验 UN 用户数据中的 SDT PDU。应检验数据类型字段为 NLSP-CONNECT req/ind。NLSP 被叫地址、NLSP 主叫地址及 SDT PDU 中的 NLSP 用户数据内容字段应放置于 NLSP-CONNECT Indication 参数中。UN 收到证实选择、加快数据选择以及 UN QOS 参数集应拷贝到相同的 NLSP-CONNECT Indication 参数中；

e）若 Protect _ Connect _ Param 为 TRUE，No _ Header 为 FALSE 且 Param _ Prot 为 FALSE，则 UN 用户数据中的 SDT PDU 若出现，按 6.4.2.1 所述检验。应检验数据类型字段为 NLSP-CONNECT req/ind。SDT-PDU 中的用户数据内容字段应放置于 NLSP 用户数据中。应从 UN-CONNECT Indication 参数拷贝其他 NLSP-CONNECT Indication 参数；

f）若 Protect _ Connect _ Param 为 FALSE，则所有的 UN-CONNECT Indication 参数拷贝到 NLSP-CONNECT Indication 参数中；

g）应检验如上所述设置的 NLSP 被叫地址是为本地确定的 NLSP 实体服务的 NLSP 地址；

h）应检验如上所述设置的 NLSP 主叫地址是 SA 属性 Adr _ Served 中的 NLSP 地址；

i）若为连接建立了任何安全标号，应检验它不是 SA 属性 Label _ Set 中授权的标号集；

j）NLSP-CONNECT Indication 应传递给 NLSP 用户；

注：在传递给 NLSP 用户之前，NLSP 接收证实选择、加快数据选择和 NLSP QOS 参数集可以被更新为本地确定的值。

k）被叫 NLSPE 等待 8.5.2.3 中所述的 NLSP-CONNECT Response 或 8.10 中所述的 NLSP-DISCONNECT Request 或 UN-DISCONNECT Indication。

8.5.2.3 LSP-CONNECT Response

收到 NLSP-CONNECT Response 时：

a）若 Protect _ Connect _ Param 为 TRUE 且 No _ Header 为 TRUE，则如 6.4.1.2 中所述那样封装 NLSP 用户数据，把它放置于 UN 用户数据中；

b）若 Protect _ Connect _ Param 为 TRUE，No _ Header 为 FALSE 且 Param _ Prot 为 TRUE，则产生 SDT PDU，包含 NLSP 响应地址以及 6.4.1.1 中所述的 NLSP 用户数据，它具有数据类型 "NLSP-CONNECT res/conf"，把它放置于 UN 用户数据中；

c）若 Protect _ Connect _ Param 为 TRUE，No _ Header 为 FALSE，Param-Prot 为 FALSE 且出现 NLSP 用户数据，则产生 SDT PDU，它包含 6.4.1.1 中所述的 NLSP 用户数据，具有数据类型 "NLSP-CONNECT res/conf"，把它放置于 UN 用户数据中；

d）若 Protect_Connect_Param 为 FALSE，则 NLSP 用户数据放置于 UN 用户数据中；

e）若在 UN 用户数据中不能符合上面 a）到 d）产生的数据，则如 8.4 中所述夭折这些规程；

f）应产生 CSC PDU 且：

　　1）SA-P 和 UNC-UND 标志清除；

　　2）SA-ID 到 SA-ID，如同 UN-CONNECT Indication 中接收 CSC PDU 中的；

　　3）CSC 内容置为从 8.5.2.2 b）中机制特定规程的先前调用所返回的值；

g）发送 UN-CONNECT Response 且：

　　1）若 Param_Prot 为 TRUE，UN 响应地址置为本地 NLSP 实体 UN 地址，否则为 NLSP 响应地址参数；

　　2）UN 接收证实选择和加快数据选择置为从 NLSP 接收证实选择和加快数据选择本地确定的值；

　　3）UN QOS 参数置为从 NLSP QOS 参数确定的值；

　　4）如上面 a）到 d）中所述的 UN 用户数据；

　　5）UN 鉴别置成上面 g）中所述的 CSC PDU；

h）若在机制特定规程下要求鉴别和 CSC 交换（如 10.3 中所述），在完成 NLSP 连接建立和从 NLSP 用户处理 NLSP-DATA 原语之前，被叫 NLSPE 可等待 UN-DATA 中的 SDT PDU。否则，被叫 NLSPE 现已完成 NLSP 连接建立规程，并可进入数据传送阶段。

注：若 CSC 交换机制要求多于两个 CSC-PDU 的交换，则连接建立完成前在 UN-DATA 中交换它们。

8.5.2.4　UN-CONNECT Confirm——UNC-UND 清除和 SA-P 清除

收到 UN-CONNECT Confirm，其 UN 鉴别包含 CSC PDU 同时 UNC-UND 和 SA-P 标志都清除：

a）用机制特定规程检验 CSC PDU 内容，如 10.3 中所述；

b）若 Protect_Connect_Param 为 TRUE，且 No_Header 为 TRUE，则如 6.4.2.2 中所述的那样解封任何 UN 用户数据。把它放置于 NLSP 用户数据中，其他 NLSP-CONNECT Confirm 参数从 UN-CONNECT Confirm 参数中拷贝；

c）若 Protect_Connect_Param 为 TRUE，No_Header 为 FALSE 且 Param_Prot 为 TRUE，则如 6.4.2.1 中所述那样检验 UN 用户数据中的 SDT PDU。检验数据类型字段为 NLSP-CONNECT res/conf。NLSP 响应地址和 SDT PDU 中的 NLSP 用户数据内容字段应放置于 NLSP-CONNECT Confirm 参数。UN 接收证实选择和加快数据选择参数及 UN QOS 参数集被拷贝到 NLSP-CONNECT Confirm 参数；

d）若 Protect_Connect_Param 为 TRUE，No_Header 为 FALSE 且 Param_Prot 为 FALSE，则若出现，UN 用户数据中的 SDT PDU 如 6.4.2.1 中所述那样检验。检验数据类型字段为 NLSP-CONNECT res/conf。SDT-PDU 中的用户数据内容字段应放置于 NLSP 用户数据。其他的 NLSP-CONNECT Confirm 参数应从 UN-CONNECT Confirm 参数拷贝；

e）若 Protect_Connect_Param 为 FALSE，则所有的 UN-CONNECT Confirm 参数应拷贝到 NLSP-CONNECT Confirm 参数；

f）若出现 NLSP 响应地址，应对包含在 SA 属性 Adr_Served 中的 NLSP 地址进行检验；

g）NLSP 连接证实应传递给 NLSP 用户；

h）若在机制特定规程下请求鉴别和 CSC 交换（如 10.3 中所述的），则如 6.4.1.1 所述那样创建 SDT PDU，其数据类型"与任何 NLSP 服务原语无关"不包含内容字段而不同于第 6 章中要求的那样。这应发送 UN-DATA 原语的 UN 用户数据。

注：若 CSC 交换机制要求多于两个 CSC-PDU 的交换，则在连接建立完成前在 UN-DATA 中交换它们。

现在，完成了 NLSP 连接建立规程。

8.5.3　UN-CONNECT 中具有 SA-P 的 NLSP-CONNECT

期望的事件序列在图 2 中说明。

8.5.3.1 NLSP-CONNECT Request

在 NLSP-CONNECT Request 上,若 NLSP-CONNECT 携带在 UN-CONNECT 中,且选择了带内 SA 建立,应执行下列规程:

　　a) 应准备 CSC PDU 且:

　　　　1) UNC-UND 标志清除;

　　　　2) 置 SA-P 标志且 SA-ID、内容长度和 CSC PDU 内容不出现;

　　b) 应发送 UN-CONNECT Request 且:

　　　　1) UN 被叫地址设为 Peer _ Adr;

　　　　2) UN 主叫地址置为本地 NLSP 实体 UN 地址;

　　　　3) UN 接收证实选择置为本地确定的值;

　　　　4) UN 加快数据选择置为本地确定的值;

　　　　5) UN QOS 参数置为本地确定的值;

　　　　6) UN 用户数据空;

　　　　7) UN 鉴别置为 CSC PDU;

　　c) 主叫 NLSPE 应等待 8.5.3.3 中所述的 UN-CONNECT Confirm 或 8.10 中所述的 UN-DISCONNECT Indication。

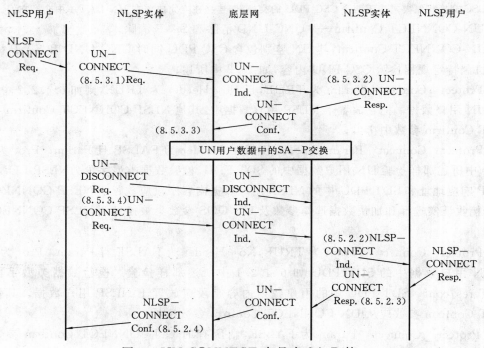

图 2　UN-CONNECT 中具有 SA-P 的
NLSP-CONNECT 的服务原语时序图

8.5.3.2 UN-CONNECT Indication——UNC-UND 清除和 SA-P 设置

收到其 UN 鉴别包含 CSC PDU 的 UN-CONNECT Indication,UNC-UND 标志清除且 SA-P 标志设置:

　　a) NLSP 应准备 CSC PDU 且:

　　　　1) UNC-UND 标志清除;

　　　　2) SA-P 标志设置;

　　　　3) CSC 内容空;

b）NLSPE 应接着应答 UN-CONNECT Response 且：

1）UN 响应地址置为本地 UN 地址；

2）UN 接收证实选择和加快数据选择置为从 UN-CONNECT Indication 中的参数本地确定的值；

3）UN QOS 参数置为从 UN-CONNECT Indication 中的 UN QOS 参数本地确定的值；

4）UN 用户数据空；

5）UN 鉴别置为 CSC PDU。

被叫 NLSPE 应等待 8.10 中所述的 SA-P 交换或 UN-DISCONNECT Indication，SA-P 中的任何差错应当作 8.4 中所述的差错处理。

8.5.3.3 UN-CONNECT Confirm——UNC-UND 清除和 SA-P 设置

收到其 UN 鉴别包含响应 CSC PDU 的 UN-CONNECT Confirm，UNC-UND 标志清除且 SA-P 标志设置：

a）应执行带内 SA-P；

b）主叫 NLSPE 等待如 8.5.3.4 中所述的 SA-P 完成或 8.10 中所述的 UN-DISCONNECT。

8.5.3.4 SA-P 完成

在 8.5.3.3 中所述的 SA-P 的完成中，主叫 NLSPE 应执行下列规程：

a）主叫 NLSPE 应发送 UN-DISCONNECT Request 且原因置为"disconnect-normal-condition"。接着，具有服务参数的 UN-DISCONNECT Request 设置如下；

b）若 Protect_Connect_Param 为 TRUE 且 No_Header 为 TRUE，则如 6.4.1.2 中所述封装任何 NLSP 用户数据。把它放置于 UN 用户数据中；

c）若 Protect_Connect_Param 为 TRUE，No_Header 为 FALSE 且 Param_Prot 为 TRUE，则产生 SDT PDU，包含 6.4.1.1 中所述的 NLSP 被叫地址、NLSP 主叫地址和 NLSP 用户数据，具有数据类型"NLSP-CONNECT req/ind"。把它放置于 UN 用户数据中；

d）若 Protect_Connect_Param 为 TRUE，No_Header 为 FALSE 且 Param_Prot 为 FALSE，则产生 SDT PDU，若出现的话，包含 6.4.1.1 中所述的 NLSP 用户数据，具有数据类型"NLSP-CON-NECT req/ind"。把它放置于 UN 用户数据中；

e）若 Protect_Connect_Param 为 FALSE，则 NLSP 用户数据放置于 UN 用户数据中；

f）准备 CSC PDU 且：

1）UNC-UND 标志清除；

2）当前 SA 的 SA-ID 放置于 SA-ID 字段中；

3）SA-P 标志被清除；

4）CSC 内容按机制特定规程的要求置为 CSC 第一交换，如 10.3 中所述；

g）应调用 UN-CONNECT Request 且：

1）若 Param_Prot 为 TRUE，则 UN 被叫地址置为 Peer_Adr，否则 NLSP 被叫地址置为 Peer_Adr；

2）若 Param_Prot 为 TRUE，则 UN 主叫地址置为本地 NLSP 实体 UN 地址，否则 NLSP 主叫地址置为本地 NLSP 实体 UN 地址；

3）UN 接收证实选择和加快数据选择置为从 NLSP 接收证实选择和加快数据选择本地确定的值；

4）UN QOS 参数置为从 NLSP QOS 参数本地确定的值；

5）UN 用户数据按上面 a）到 d）所述的设置；

6）UN 保密性置为如上面 e）中所述的 CSC PDU；

h）主叫 NLSPE 等待 8.5.2.4 中所述的 UN-CONNECT Confirm 和 8.10 中所述的 UN-DISCON-

NECT Indication。

在 SA-P 的完成中，NLSP 等待 UN-DISCONNECT，且原因置为"disconnect-normal-condition"。在该 UN-DISCONNECT Indication 上，被叫 NLSPE 接着等待 8.5.2.2 中所述的 UN-CONNECT Indication。

主叫和被叫 NLSPE 接着应处理 8.5.2.2 到 8.5.2.4 中所述的后继 NLSP 和 UN-CONNECT 原语。

8.5.4 UN-DATA 中的 NLSP-CONNECT

期望的事件序列在图 3 中说明。

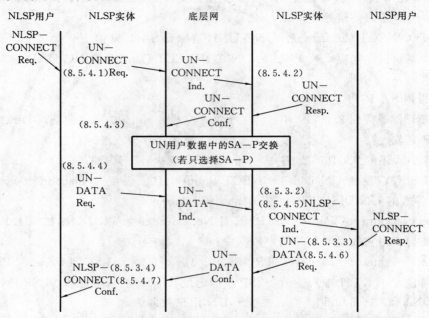

图 3 UN-DATA 中 NLSP-CONNECT 的服务原语时序图

8.5.4.1 NLSP-CONNECT Request

在 NLSP-CONNECT Request 中，若 NLSP-CONNECT 参数携带在 UN-DATA 中，应执行下列规程：

　　a）应准备 CSC PDU 且：

　　　1）UNC-UND 标志设置；

　　　2）若选择了带内 SA-P，则置 SA-P 标志且 SA-ID、内容长度和 CSC PDU 内容字段不出现；

　　　3）若不选择带内 SA-P，则 SA-P 标志清除，按照 10.3 中所述的机制特定规程的要求，SA-ID 置为 Your_SA-ID 且 CSC PDU 内容置为 CSC 第一交换；

　　b）应发送 UN-CONNECT Request 且：

　　　1）UN 被叫地址置为 Peer_Adr；

　　　2）UN 主叫地址置为本地 NLSP 实体 UN 地址；

　　　3）UN 接收证实选择置为从 NLSP 接收证实本地确定的值；

　　　4）UN 加快数据选择置为从 NLSP 加快数据选择本地确定的值；

　　　5）UN QOS 参数置为从 NLSP QOS 本地确定的值；

　　　6）UN 用户数据空；

　　　7）UN 鉴别置为 CSC PDU；

　　c）主叫 NLSPE 应等待 8.5.4.3 中所述的 UN-CONNECT Confirm 或 8.10 中所述的 UN-DISCONNECT Indication。

8.5.4.2 UN-CONNECT Indication——UNC-UND 设置

收到其 UN 鉴别包含 CSC PDU 的 UN-CONNECT Indication 时,标志设置:

a) 若 SA-P 标志清除,则:

　　1) NLSPE 应在可用的 SA 之间标识一个 SA,它的 My＿SA-ID 等于收到的 CSC PDU 中的 SA-ID 字段,所有进一步的操作涉及这个被标志了的 SA;

　　2) 应按 10.3 中所述的机制特定规程要求的检验 CSC PDU 内容。

若设置或清除 SA-P 标志,执行本条中的下列规程:

b) NLSPE 应准备 CSC PDU 且:

　　1) UNC-UND 标志设置;

　　2) 若选择了带内 SA-P,则应缺省 SA-ID 字段,否则它应置为 CSC PDU 中接收的 SA-ID;

　　3) 若选择了带内 SA-P,则设置 SA-P 标志,否则清除它;

　　4) 若选择了带内 SA-P,则不出现 CSC PDU 内容和内容长度字段,否则 CSC PDU 内容置为从 10.3 中定义的机制特定规程返回的 CSC 交换。

注:当前规程不提供比任选地跟随 SDT-PDU 的 CSC PDU 双向交换更多要求的 CSC 交换机制。

c) NLSPE 应响应 UN-CONNECT Response 且:

　　1) UN 响应地址置为本地 UN 地址;

　　2) UN 接收证实选择和加快数据选择置为从 UN-CONNECT Indication 中的参数本地确定的值;

　　3) UN QOS 参数置为从 UN-CONNECT Indication 中的 UN QOS 参数本地确定的值;

　　4) UN 用户数据空;

　　5) UN 鉴别置为 CSC PDU。

d) 被叫 NLSPE 应等待 SA-P 交换或 8.5.4.5 中所述的包含 SDT PDU 的 UN-DATA Indication 或 8.10 中所述的 UN-DISCONNECT Indication 或 8.9 中所述的 UN-RESET。

8.5.4.3　UN-CONNECT Confirm——UNC-UND 设置

收到其包含响应 CSC PDU 的 UN 鉴别的 UN-CONNECT Confirm,且 UNC-UND 标志设置:

a) 检验 CSC PDU 中的 SA-P 标志以匹配带内 SA-P 的选择;

b) 若不选择 SA-P:

　　1) 使用 10.3 中所述的机制特定规程检验 CSC PDU 内容;

　　2) 继续 8.5.4.4 中 c)所述的规程。

注:若不选择 SA-P 且 CSC 交换机制要求多于两个 CSC-PDU 的交换,则在连接建立规程继续之前,在 UN-DATA 中交换它们。

c) 选择带内 SA-P:

　　1) 应执行 SA-P 交换;

　　2) 主叫 NLSPE 等待 8.5.4.4 中所述的 SA-P 完成或 8.10 中所述的 UN-DISCONNECT Indication 或 8.9 中所述的 UN-RESET Indication。SA-P 中的任何差错应按 8.4 中所述的差错处理。

8.5.4.4　SA-P 完成/无 SA-P

在 SA-P 完成时:

a) 若 SA-P 成功,已建立的 SA 接着用于完成 NLSPE 连接建立和按下列条所述的安全通信;

b) 若 SA-P 不成功,主叫和被叫 NLSPE 应调用 UN-DISCONNECT 且应夭折 NLSP 连接建立规程;

SA-P 的完成或随后的 UN-CONNECT Confirm 没有如 8.5.4.3 b)中所述的 SA-P。

c) 下列 NLSP-CONNECT 参数被传递给 8.5.4.1 所述事件中主叫 NLSP,然后应放置于 6.4.1.1 所述的 SDT PDU,其数据类型为"NLSP-CONNECT req/ind":

1) NLSP 主叫地址；

2) NLSP 被叫地址；

3) NLSP 用户数据。

注 1：尽管 Param_Prot 为 FALSE,NLSP 地址参数携带在保护格式中。

d) SDT PDU 应传递给 UN-DATA Request 的 UN 用户数据中的 UN 服务提供者；

注 2：这可提供对等实体鉴别交换的第三部分。

e) 主叫 NLSPE 等待 8.5.4.7 中所述的包含 SDT PDU 的 UN-DATA Indication 或 8.10 中所述的 UN-DISCONNECT Indication 或 8.9 中所述的 UN-RESET Indication。

SA-P 完成时,被叫 NLSPE 应等待 8.5.4.5 中所述的包含 SDT-PDU 的 UN-DATA Indication 或 8.10 中所述的 UN-DISCONNECT Indication 或 8.9 中所述的 UN-RESET Indication。

8.5.4.5 在被叫 NLSPE 上包含 SDT PDU 的 UN-DATA

在被叫 NLSPE 上,收到包含安全数据传送 PDU 的 UN-DATA Indication 时,应如 6.4.2.2 中所述检验它。

注：这可提供对等实体鉴别交换的第三部分。

应检验 SDT PDU 中的数据类型字段是 NLSP-CONNECT req/ind。

应检验 NLSP 被叫地址是本地确定的 NLSP 实体服务的 NLSP 地址。

应检验 NLSP 主叫地址是包含在 SA 属性 Adr_Served 中的 NLSP 地址。

若有为连接建立的安全标号,则对照 SA 属性 Label_Set 中授权的标号集检验它。

NLSP-CONNECT Indication 应传递给被叫 NLSP 用户且参数设置如下：

a) NLSP 主叫地址、NLSP 被叫地址、NLSP 用户数据设置为收到的 SDT PDU 中的内容字段；

b) NLSP 接收证实选择和 NLSP 加快数据选择设置为在 8.5.4.2 规程下发送的 UN-CONNECT Response 中的相同的 UN 参数的设置；

c）"可用的"NLSP QOS 置为在 8.5.4.2 规程下发送的 UN-CONNECT Response 中由被叫 NLSPE"选择的"UN QOS,其"目标"和"最低可接收的"未规定。

被叫 NLSPE 应等待 8.5.4.6 中所述的 NLSP-CONNECT Response 或 8.10 中所述的 NLSP-KIDCONNECT Request 或 8.10 中所述的 UN-DISCONNECT Indication 或 8.9 中所述的 UN-RESET Indication。

8.5.4.6 NLSP-CONNECT Response

收到 NLSP-CONNECT Response 时,NLSP 响应地址、NLSP 用户数据参数应放置于 6.4.1.1 中所述的具有数据类型"NLSP-CONNECT res/conf"的 SDT PDU 中。

该 SDT PDU 应被传递给 UN-DATA Request 的 UN 用户数据中的 UN 服务提供者。

现在,被叫 NLSPE 已完成其 NLSP 连接建立规程。

8.5.4.7 在主叫 NLSPE 上包含 SDT PDU 的 UN-DATA

收到包含 SDT PDU 的 UN-DATA Indication 时,应按 6.4.2.1 中所述检验它,应检验数据类型字段是 NLSP-CONNECT res/conf。

应检验 NLSP 响应地址是包含在 SA 属性 Adr_Served 中的 NLSP 地址。

NLSP-CONNECT Confirm 被发送给 NLSP 用户且参数设置如下：

a) 若出现 NLSP 响应地址,NLSP 用户数据,则按接收的 SDT PDU 的内容字段设置；

b) NLSP 接收证实选择和 NLSP 加快数据选择置为在 8.5.4.3 的规程下发送的 UN-CONNECT Confirm 中相同的 UN 参数的设置；

c) NLSP QOS 置为在 8.5.3 的规程下接收的 UN-CONNECT Confirm 中接收的 UN QOS。

现在,主叫 NLSPE 已完成它的 NLSP 连接建立规程。

8.6 NLSP-DATA 功能

8.6.1 NLSP-DATA Request

收到 NLSP-DATA Request 时，若 No_Header 为 TRUE，则应如 6.4.1.2 中所述那样封装 NLSP 用户数据。把它放置于 UN-DATA Request 的 UN 用户数据中且 NLSP 证实请求参数拷贝到相同的 UN-DATA 参数。接着 UN-DATA 应被传递给 UN 服务提供者。

收到 NLSP-DATA Request 时，若 No_Header 为 FALSE，则：

a）作为本地事情，NLSPE 应对 NLSP 用户数据分段（若 SA 要求）；

b）对每段，如 6.4.1.1 中所述应产生 SDT PDU，且数据类型"NLSP-DATA req/ind"包含：

    1）NLSP 用户数据段；

    2）对最后段 Last/Not last 标志置为 0，对所有前面的段置为 1；

    3）NLSP 证实请求内容字段，若：

        i）在 NLSP-DATA Request 中出现 NLSP 证实请求指明"请求的接收证实"；

        ii）这是最后段；

        iii）Param_Prot 为 TRUE。

c）对每段，SDT PDU 应放置于 UN-DATA Request 的 UN 用户数据参数中；

d）UN-DATA 的 UN 证实请求参数应出现以指明"请求的接收证实"，若：

    1）在 NLSP-DATA Request 中指明 NLSP 证实请求；

    2）这是最后段；

    3）Param_Prot 为 FALSE；

    否则，UN 证实请求参数应指明"无请求的接收证实"。

e）每段的 UN-DATA Request 原语应被传递给 UN 服务提供者。

8.6.2 跟随连接建立的 UN-DATA Indication 中的保护数据

收到 UN-DATA Indication 时，若 No_Header 为 TRUE 则如 6.4.2.2 中所述那样应封装 UN 用户数据。把它放置于 NLSP-DATA Indication 中的 NLSP 用户数据且 UN 证实请求参数拷贝到等价的 NLSP-DATA Indication 参数。接着 NLSP-DATA Indication 应被传递到 NLSP 服务用户。

收到 UN-DATA Indication 时，若 No_Header 为 FALSE，则：

a）应如 6.4.2.1 所述检验 UN 用户数据中的 SDT PDU；

b）若数据类型字段"与任何 NLSP 服务原语无关"，则应如 8.11 中所述而不是下面所述那样处理 SDT PDU；

c）若数据类型字段是 NLSP-DATA-ACKNOWLEDGE req/ind，则应如 8.9.2 中所述而不是下面所述那样处理 SDT PDU；

d）若数据类型字段是 NLSP-DISCONNECT req/ind，则应按 8.10.2 中所述而不是下面所述那样处理 SDT PDU；

e）否则，应检验数据类型字段是 NLSP-DATA 并按下列处理；

f）若 SDT PDU 中的 Last/Not last 标志置为 1(Not Last)，则 SDT PDU 中的 NLSP 用户数据内容字段被添加到任何以前的 NLSP 用户数据，它是同一 NLSP-DATA req/ind 的一部分且由 NLSPE 保留给后来的使用；

g）若 SDT PDU 中的 Last/Not last 标志置为 0(Last)，则：

    1）SDT PDU 中的 NLSP 用户数据内容字段添加到任何以前的 NLSP 用户数据，它是同一 NLSP-DATA req/ind 的一部分且放置于 NLSP-DATA Indication 的 NLSP 用户数据参数中；

    2）若 Param_Prot 为 TRUE，则 NLSP-DATA Indication 中的 NLSP 证实请求应指明"接收的请求证实"，若在 SDT PDU 中出现证实请求内容字段；

    3）若 Param_Prot 为 FALSE，则接收 UN-DATA Indication 中的 UN 证实请求拷贝到 NLSP-

DATA Indication 中的等价的参数；

4）NLSP-DATA Indication 传递给 NLSP 用户。

8.7 NLSP-EXPEDITED-DATA 功能

8.7.1 NLSP-EXPEDITED-DATA Request

收到 NLSP-EXPEDITED-DATA Request 时，若 No_Header 为 TRUE，则应如 6.4.1.2 中所述那样封装 NLSP 用户数据。把它放置于 UN-EXPEDITED-DATA Request 的 UN 用户数据中。接着该 UN-EXPEDITED-DATA Request 应传递给 UN 服务提供者。

收到 NLSP-EXPEDITED-DATA Request 时，若 No_Header 为 FALSE，则：

a）作为本地事情，NLSPE 应对 NLSP 用户数据分段（若 SA 要求）；

b）对每一段，应如 6.4.1.1 所述产生 SDT PDU，且数据类型"NLSP-EXPEDITED-DATA req/ind"包含：

1）NLSP 用户数据段；

2）对于最后段 Last/Not last 标志置为 0，对于所有前面的段置为 1；

3）每一段的 SDT PDU 应放置于 UN-EXPEDITED-DATA 的 UN 用户数据参数中。

c）每段的 UN-EXPEDITED-DATA Request 原语应传递给 UN 服务提供者。

注：当使用 SDT PDU 时，因为封装功能可能扩展数据大小，因此用户数据字段的限制的大小可能要求保护的加快数据在通过底层网时进一步分段。

8.7.2 UN-EXPEDITED-DATA Indication

收到 UN-EXPEDITED-DATA Indication 时，若 No_Header 为 TRUE，则应如 6.4.2.2 所述那样解封 UN 用户数据。把它放置于 NLSP-EXPEDITED-DATA Indication 的 NLSP 用户数据中。接着应把 NLSP-EXPEDITED-DATA Indication 传递给 NLSP 服务提供者。

收到 UN-EXPEDITED-DATA Indication 时，若 No_Header 为 FALSE，则：

注：当使用 SDT PDU 时，因为封装功能可能扩大数据大小，因此，用户数据字段限制的大小可以要求从几个 NLSP-EXPEDITED-DATA Request 被全部处理之前重装 SDT PDU。

a）应如 6.4.2.1 所述检验 UN 用户数据中的 SDT PDU，应检验 SDT PDU 中的数据类型是 NLSP-WXPEDITED-DATA req/ind；

b）若 SDT PDU 中的 Last/Not last 标志置为 1（Not last）则 SDT PDU 中的 NLSP 用户数据内容字段添加到任何以前的 NLSP 用户数据，它是同一 NLSP-EXPEDITED-DATA req/ind 的一部分，并由 NLSPE 保留给后来的使用；

c）若 SDT PDU 中的 Last/Not last 标志置为 0（Last），则：

1）SDT PDU 中的 NLSP 用户数据内容字段添加给任何以前的 NLSP 用户数据，它是同一 NLSP-EXPEDITED-DATA req/ind 的一部分，并放置于 NLSP-EXPEDITED-DATA Indication 的 NLSP 用户数据参数中；

2）把 NLSP-EXPEDITED-DATA Indication 服务原语传递给 NLSP 用户。

8.8 RESET 功能

下面列出的任何与 NLSP 或 UN-RESET 相关的事件先占任何 CSC PDU 交换、SA-P 交换或正在进行中的 Test 交换。

8.8.1 NLSP-RESET Request

收到 NLSP-RESET Request 时，应发出具有相同的参数值的 UN-RESET Request。

应丢弃在 8.6 或 8.7 中所述的规程下保留的任何分段的 NLSP 用户数据。

NLSPE 应等待 8.8.2 中所述的 UN-RESET Confirm 或 8.10 中所述的 NLSP-DISCONNECT Request 或 UN-DISCONNECT Indication，LSPE 丢弃所有的 UN-DATA 和 UN-DATA-ACKNOW-LEDGE原语直到收到 UN-RESET Confirm 或 DISCONNECT。

8.8.2 跟随着 NLSP-RESET Request 的 UN-RESET Confirm

收到跟随 8.8.1 中所述的 NLSP-RESET Request 的 UN-RESET Confirm 时,应发出具有相同的参数值的 NLSP-RESET Confirm。

> 注:由于数据可能已丢失,可能需要重新初始化一些安全机制。尤其是完整性序列机制,甚至在数据丢失后必须能防止重演攻击。这可由使用下面所述的 CSC PDU 交换来完成。

若 SA 属性 Inititor 为 TRUE,则 NLSPE 应启动 8.12.1 中所述的 CSC 交换。否则 NLSPE 应等待 8.12.2 中所述包含 CSC-PDU 的 UN-DATA。

8.8.3 UN-RESET Indication

在 8.5 中所述的 NLSP 连接建立规程期间收到 UN-RESET Indication 时,应依照 OSI 网络服务发出 UN-DISCONNECT Request 和 NLSP-DISCONNECT Indication,且夭折连接建立规程。

收到 UN-RESET Indication,下列 NLSP 连接建立完成:

a) 应发出具有相同参数值的 NLSP-RESET Indication;

b) 应丢弃在 8.6 或 8.7 中所述的规程下保留的任何分段的 NLSP 用户数据;

c) NLSPE 应等待 8.8.4 中所述的 NLSP-RESET Response 或 8.10 中所述的 NLSP-DISCON-NECT Request 或 UN-DISCONNECT Indication。NLSPE 丢弃所有的 UN-DATA 和 UN-DATA-ACKNOWLEDGE 原语直到收到 NLSP-RESET Response 或 DISCONNECT。

8.8.4 跟随 UN-RESET Indication 的 NLSP-RESET Response

收到跟随 8.8.3 中所述的 UN-RESET Indication 的 NLSP-RESET Response 时,应发出 UN-RESET Response。

> 注:由于数据可能已丢失,可能需要重新初始化一些安全机制。尤其是完整性序列机制,甚至在数据丢失后必须能防止重演攻击。这可由使用下面所述的 CSC PDU 交换来完成。

若 SA 属性 Inititor 为 TRUE,则 NLSPE 应启动 8.12.1 中所述的 CSC 交换,否则 NLSP 应等待包含 8.12.2 中所述的 CSC-PDU 的 UN-DATA。

8.8.5 启动 NLSP 复位

由于与 NLSP 协议相关的事件(例如 8.4 中所述的检验失败)启动复位时:

a) 应丢弃 8.6 或 8.7 中所述的规程下保留的任何分段的 NLSP 用户数据;

b) NLSP-RESET Indication 应被传递给 NLSP 服务用户且 NLSP 原发者和 NLSP 原因置为本地确定的值;

c) UN-RESET Request 应被传递给 UN 服务提供者且 UN 原因置为本地确定的值;

d) NLSPE 应等待 8.8.6 中所述的 NLSP-RESET Response 和 8.8.7 中所述的 UN-RESET Confirm,也可能收到 8.10 中所述的 NLSP-DISCONNECT Request 或 UN-DISCONNECT Indication;

e) NLSPE 应丢弃所有的 UN-DATA 和 UN-DATA-ACKNOWLEDGE 原语直到收到 UN-RESET Confirm 或任何 DISCONNECT;

f) NLSPE 应丢弃所有的 NLSP-DATA 和 NLSP-DATA-ACKNOWLEDGE 原语直到收到 NLSP-RESET Response 或任何 DISCONNECT。

8.8.6 跟随 NLSP 启动复位的 NLSP-RESET Response

跟随 NLSP 启动复位的 NLSP-RESET 时不要求进一步的动作。

8.8.7 跟随 NLSP 启动复位的 NLSP-RESET Confirm

> 注:由于数据可能已丢失,可能需要重新初始化一些安全机制。尤其是完整性序列机制,甚至在数据丢失后必须能防止重演攻击。这可由使用下面所述的 CSC PDU 交换来完成。

跟随 NLSP 启动复位的 UN-RESET Confirm 时,若 SA 属性 Initiator 为 TRUE,则 NLSPE 应启动 8.12.1 中所述的 CSC 交换。否则 NLSPE 应等待包含 8.12.2 中所述的 CSC-PDU 的 UN-DATA。

8.9 NLSP-DATA-ACKNOWLEDGE

8.9.1 NLSP-DATA-ACKNOWLEDGE Request

收到 NLSP-DATA-ACKNOWLEDGE Request 时,若 No _ Header 为 TRUE 或 Param _ Prot 为 FALSE,则把 UN-DATA-ACKNOWLEDGE Request 传递给 UN 服务提供者。

收到 NLSP-DATA-ACKNOWLEDGE 时,若 No _ Header 为 FALSE 且 Param _ Prot 为 TRUE,则:

a) 如 6.4.1.1 所述产生 SDT PDU 且数据类型"NLSP-DATA-ACKNOWLEDGE req/ind"不包含附加内容字段;

b) 应把 SDT PDU 当作 UN-DATA Request 原语中的 UN 用户数据传递给 UN 服务提供者。

8.9.2 UN-DATA Indication 中保护的 NLSP-DATA-ACKNOWLEDGE

若在 UN-DATA Indication 中收到 SDT PDU,且数据类型置为 NLSP-DATA-ACKNOWLEDGE,如 8.6.2 c)中所述,则:

a) 应检验 SDT PDU,它并不包含与 NLSP 服务参数相关的内容字段;

b) 应把 NLSP-DATA-ACKNOWLEDGE Indication 传递给 NLSP 用户。

8.9.3 UN-DATA-ACKNOWLEDGE Indication

收到 UN-DATA-ACKNOWLEDGE 时:

a) NLSPE 应检验 No _ Header 为 TRUE 或 Param _ Prot 为 FALSE;

b) 应把 NLSP-DATA-ACKNOWLEDGE Indication 传递给 NLSP 用户。

8.10 NLSP-DISCONNECT

下面列出的任何与 NLSP 或 UN-DISCONNECT 相关的事件先占任何 CSC-PDU 交换、SA-P 交换或正在进行中的 Test 交换。

图 4 说明了 NLSP 用户启动的断开规程。

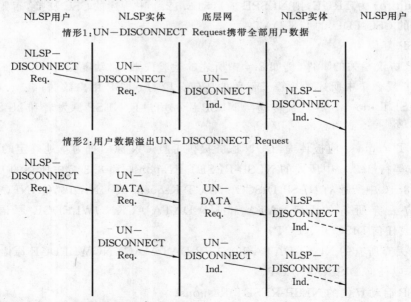

注:NLSP DISCONNECT 可能出现在指明的任何点上。

图 4 NLSP-DISCONNECT 的服务原语时序图

8.10.1 NLSP-DISCONNECT Request

8.5 所述的 NLSP 连接建立规程期间收到 NLSP-DISCONNECT Request 时,应依照 OSI 网络服务发出 UN-DISCONNECT Request(即若已开始建立 UN 连接),且夭折连接建立规程。若 Protect _ Connect _ Param 为 TRUE,应由本地确定任何 UN-DISCONNECT Request 的参数,否则应通过等价的 UN-DISCONNECT Request 参数拷贝 NLSP-DISCONNECT Request 参数。

注：若在连接建立期间出现 NLSP-DISCONNECT Request 且选择了 Protect_Connect_Param，则要丢弃 NLSP-DISCONNECT Request 参数。

收到跟随 NLSP 连接建立的 NLSP-DISCONNECT Request 时：

a）若 Protect_Connect_Param 为 TRUE 且 No_Header 为 TRUE，则应如 6.4.1.2 中所述那样封装任何 NLSP 用户数据。把它放置于 UN-DISCONNECT Request 的 UN 用户数据中。通过等价的 UN-DISCONNECT Request 参数拷贝其他的 NLSP-DISCONNECT Request 参数；

b）若 Protect_Connect_Param 为 TRUE，No_Header 为 FALSE 且 Param_Prot 为 TRUE，则产生 SDT PDU，它包含 6.4.1.1 中所述的所有 NLSP-DISCONNECT Request 参数，具有数据类型"NLSP-DISCONNECT req/ind"。把它放置于 UN 用户数据中。其他的 UN-DISCONNECT 参数由本地确定；

c）若出现 NLSP 用户数据，Protect_Connect_Param 为 TRUE，No_Header 为 FALSE 且 Param_Prot 为 FALSE，则产生 SDT PDU，它包含 6.4.1.1 中所述的 NLSP 用户数据，具有数据类型"NLSP-DISCONNECT req/ind"。把它放置于 UN 用户数据中。通过等价的 UN-DISCONNECT Request 参数拷贝其他的 NLSP-DISCONNECT Request 参数；

d）若 Protect_Connect_Param 为 FALSE，则通过等价的 UN-DISCONNECT Request 参数拷贝所有的 NLSP-DISCONNECT 参数；

注：假定 NLSP 用户数据的长度限制与 UN 用户数据的相同。

e）若跟随上面的 b）和 c），得到了 UN 用户数据参数比 UN-DISCONNECT Request 的 UN 用户数据的最大长度更大，则应代替在 UN-DATA Request 的 UN 用户数据参数发送它且传递给 UN 服务提供者。UN-DISCONNECT Request 的 UN 用户数据应为空；

注：一个实现将等待该 UN-DATA 以在进行下段中所述的 UN-DISCONNECT 之前通过底层网。该等待期间由本地确定。

f）应发送 UN-DISCONNECT Request 且如上所述设置参数。

8.10.2 UN-DATA Indication 中保护的 NLSP-DISCONNECT

若在 UN-DATA Indication 中收到 SDT PDU 且数据类型置为 NLSP-DISCONNECT，如 8.6.2 中 d）所述，则：

a）NLSPE 检验 Protect_Connect_Param 为 TRUE 且 No_Header 为 FALSE；

b）任何包含 NLSP 服务参数的内容字段拷贝到等价的 NLSP-DISCONNECT 参数，且 NLSP 原发者置为 NS 用户；

c）NLSPE 保留如上设置的 NLSP-DISCONNECT 参数，等待 UN-DISCONNECT Indication 或立即发出 NLSP-DISCONNECT Indication。该选择是一个本地判定。

8.10.3 UN-DISCONNECT Indication

在 8.5 中所述的 NLSP 连接建立规程期间收到 UN-DISCONNECT Indication 时，应依照 OSI 网络服务发出 NLSP-DISCONNECT Indication 且夭折连接建立规程。应通过任何 NLSP-DISCONNECT Indication 的等价参数拷贝 UN-DISCONNECT Indication 参数，或者若 Protect_Connect_Param 为 TRUE，它按本地确定来设置。

否则，在跟随着 NLSP 连接建立且 UN 用户数据非空的 UN-DISCONNECT Indication 上：

a）若 Protect_Connect_Param 为 TRUE 且 No_Header 为 TRUE 则应如 6.4.2.2 所述那样解封 UN 用户数据。把它放置于 NLSP-DISCONNECT Indication 的 NLSP 用户数据中。其他的 NLSP-DISCONNECT Indication 参数应被置为 UN-DISCONNECT Indication 的等价参数；

b）若 Protect_Connect_Param 为 TRUE，No_Header 为 FALSE 且 Param_Prot 为 TRUE，则如 6.4.2.1 中所述的那样检验 UN 用户数据中的 SDT PDU。应检验数据类型是 NLSP-DISCONNECT req/ind。通过这些参数拷贝与 NLSP-DISCONNECT 参数相关的任何内容字段；

c) 若 Protect _ Connect _ Param 为 TRUE,No _ Header 为 FALSE 且 Param _ Prot 为 FALSE,则如 6.4.2.1 中所述检验 UN 用户数据中的 SDT PDU。应检验数据类型是 NLSP-DISCONNECT。应检验用户数据内容字段的出现,接着通过 NLSP-DISCONNECT Indication 的 NLSP 用户数据拷贝用户数据内容字段。通过等价的 NLSP-DISCONNECT Indication 参数拷贝其他的 UN-DISCONNECT Indication 参数;

d) 若 Protect _ Connect _ Param 为 FALSE,则通过等价的 NLSP-DISCONNECT Indication 参数拷贝所有的 UN-DISCONNECT 参数;

e) NLSP-DISCONNECT Indication 应传递给 NLSP 用户。

否则,在跟随 NLSP 连接建立且 NLSP 用户数据为空的 UN-DISCONNECT Indication 上:

a) 若 NLSPE 在等待跟随 UN-DATA Indication[见 8.10.2 c)]中保护的 NLSP-DISCONNECT 之后的 UN-DISCONNECT Indication,则保护的 NLSP 参数字段应放置于 NLSP-DISCONNECT Indication 中。其他的 NLSP-DISCONNECT Indication 参数应置为 UN-DISCONNECT Indication 的等价参数;

b) 否则,应通过等价的 NLSP-DISCONNECT Indication 参数拷贝 UN-DISCONNECT Indication 参数;

c) NLSP-DISCONNECT Indication 应传递给 NLSP 用户,除非已发出了它。

若 Retain _ On _ Disconnect 为 FALSE,可能本地删除跟随任何 UN-DISCONNECT 的 SA 属性。

8.10.4 启动 NLSP 断开

在 SA-P 或任何其他的检验失败时,NLSP-DISCONNECT Indication 及 UN-DISCONNECT Request 被传递到如 8.4 中所定义的 NLSP 用户和底层网。

图 5 给出了由于不成功的 SA-P 启动的 NLSP 断开例子的说明。

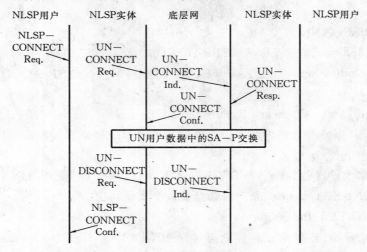

图 5 由于不成功的 SA-P 启动 NLSP 断开

8.11 其他功能

规定时间或外部事件上启动下列规程。

8.11.1 更新动态 SA 属性

NLSPE 可以在连接生命期中的任何时间更新动态 SA 属性(见附录 G)。对动态 SA 属性的任何改变应不更新提供的安全服务。这可通过 CSC PDU 交换或 UN-DATA 用户数据中的 SA-P 交换(使用 SA-PDU 或具有内容数据类型 SA 协议的 SDT PDU)或外部方法完成。该交换对 NLSP 用户是透明的且不定义 NLSP 原语来调用它。

注:例如,为了交换密钥,在连接中有规律地间隔地发生该交换(例如,每小时或每 10 000 安全数据 PSU)。

当执行数据传送且选择了无报头时,应在 8.8.5 中所定义的 CSC PDU 交换之前发送 UN-

RESET。

CSC-PDU 交换的规程应如 8.12 中描述的。附录 C 中给出了包含 SA 属性更新规程的 SA-P 的例子。

8.11.2 安全测试交换

这些规程应使用于测试 SA 的密码方面的操作。

在 NLSP-DATA 原语被发送到 UN-DATA 中的状态下，这些规程才可被调用（即在 NLSP 连接建立完成后，在任何断开规程前，不在复位规程期间）。

任何 DISCONNECT、RESET、CSC-PDU 交换或 SA-P 交换应先占测试交换。

注：这些功能的使用要被本地控制。使用的可能方式有：

　　a）不用；

　　b）跟随密钥的交换；

　　c）定期地在本地确定的时间上。

8.11.2.1 测试交换的调用

在调用测试交换时：

a）应创建测试数据字段且方向标志清除（置为 0），测试数据置为随机数据；

b）应如 6.4.1.1 中所述的产生 SDT PDU，且数据类型"与任何 NLSP 服务原语无关"，包含测试数据字段；

c）PDU 应发送至 UN-DATA 的 UN 用户数据且 UN 接收证实指明"不要求接收证实"。

8.11.2.2 具有 SDT PDU 的 UN-DATA 包含测试数据

收到 UN-DATA 包含其数据类型置为 0（与任何 NLSP 服务原语无关）的 SDT PDU 时，如 8.6.2 中 b）所述，若 SDT PDU 包含测试数据，则应按下列处理它：

a）若测试数据字段的方向标志被清除，应如 6.4.1.1 所述产生一个新的 SDT PDU，且数据类型"与任何服务原语无关"，并包含测试数据字段，它的方向标志和数据置为收到的随机数据。这应返回到 UN-DATA 的 UN 用户数据且 UN 接收证实指明"不要求接收证实"；

b）若设置测试数据中的方向标志，则接收到的测试数据应被检验以识别先前发送的测试数据。若不，NLSPE 应执行 8.4 中定义的差错功能。

8.11.3 通信量填充

附加 UN-DATA 原语包含安全数据传送 PDU，且仅通信量填充可被发送来隐藏用户数据的处理。

所有的 NLSP 实体必须能够接收具有该通信量填充的安全数据传送 PDU。该功能的使用是由本地 NLSP 实体自行处理且对 NLSP 服务用户是透明的。

8.11.3.1 通信量填充的调用

通信量填充调用时：

a）如 6.4.1.1 中所述应产生 SDT PDU，且数据类型"与任何服务原语无关"并不包含附加内容字段而不是 6.4.1.1 要求的那些；

b）该 PDU 应被发送至 UN-DATA 的 UN 用户数据且 UN 接收证实指明"不要求证实接收"。

8.11.3.2 具有 SDT PDU 的 UN-DATA 并不包含附加内容字段

收到 UN-DATA 包含其数据类型置为 0（与任何 NLSP 服务原语无关的）的 SDT PDU 时，如 8.6.2 中 b）所述，若 SDT PDU 并不包含内容字段而不是第 6 章中一般要求的那些，应忽略该 SDT PDU。

8.12 对等实体鉴别

8.12.1 和 8.12.2 中定义的规程能被调用：

a）跟随如 8.8 中所述的 UN-RESET 或 NLSP-RESET；

b）在本地确定的时间间隔。

为了执行对等实体鉴别或更新动态 SA 属性。

连接建立期间的 CSC-PDU 交换在 8.5 中描述。

NLSP-DATA 或 NLSP-EXPEDITED-DATA Request 应不进行服务直到 CSC 交换完成。

任何 RESET 或 DISCONNECT 原语应先占 CSC 交换。

8.12.1 CSC 交换的调用

调用 CSC 交换时,应创建 CSC 且:

a) UNC-UND 和 SA-P 标志清除;

b) SA-ID 置为 Your_SA-ID;

c) 按机制特定规程要求的内容置为 CSC 第一交换,如 10.3 中所述的那样。

该 CSC-PDU 应被发送至 UN-DATA 的 UN 用户数据且"不要求证实请求"。

调用 CSC 交换的 NLSPE 应等待包含 CSC PDU 的 UN-DATA。任选地,可由 8.8 中所述的 UN-RESET 或 NLSP-RESET,或 8.10 中所述的 UN-DISCONNECT 或 NLSP-DISCONNECT 先占 CSC 交换。

8.12.2 包含 CSC-PDU 的 UN-DATA

收到包含 CSC PDU 的 UN-DATA 时(在启动者或 CSC 交换的响应者),则按 10.3 中所述的机制特定规程的要求检验内容。

取决于机制特定规程,NLSPE 可以:

a) 返回 CSC-PDU 内容并要求指明进一步的 CSC 交换;

在这种情况下 CSC PDU UNC-UND 和 SA-P 标志应清除,SA-ID 置为 Your_SA-ID 且内容按机制特定规程的要求设置。CSC PDU 应被发送至 UN-DATA 用户数据。NLSPE 应等待另一个包含 CSC PDU 的 UN-DATA。任选地,由 8.8 中所述的 UN-RESET 或 NLSP-RESET,或 8.10 中所述的 UN-DISCONNECT 或 NLSP-DISCONNECT 先占 CSC 交换;

b) 返回 CSC-PDU 内容并指明要求的 SDT PDU 以完成交换;

在这种情况下,CSC UNC-UND 和 SA-P 标志应清除,SA-ID 置为 Your_SA-ID 且内容按机制特定规程的要求设置。CSC PDU 应被发送至 UN-DATA 用户数据。NLSPE 应等待另一个包含 SDT PDU 的 UN-DATA,如 8.6 中所述被处理。任选地,由 8.8 中所述的 UN-RESET 或 NLSP-RESET,或 8.10 中所述的 UN-DISCONNECT 或 NLSP-DISCONNECT 先占 CSC 交换。

注 1:鉴别不认为完成,因此在该 NLSPE 应不处理 NLSP-DATA Request(或 NLSP EXPEDITED),直到收到 SDT PDU。该 SDT PDU 可包含从远程 NLSP 用户来的 NLSP-DATA 或可与任何 NLSP 服务原语无关。

注 2:若 No_Header 为 TRUE,则不支持该选项。

c) 返回 CSC-PDU 内容并指明交换完成;

在这种情况下,CSC UNC-UND 和 SA-P 标志应清除,SA-ID 置为 Your_SA-ID 且内容按机制特定规程的要求设置。CSC PDU 应被发送至 UN-DATA 用户数据。

d) 指明要求 SDT PDU 发送以完成 CSC 交换;

在这种情况下,若 NLSP-DATA Request(或 NLSP-EXPEDITED-DATA)正等待被发送且 No_Header 为 FALSE,则应按 8.6 或 8.7 中所述的处理。否则,应如 6.4.1.1 中所述创建 SDT PDU,且数据类型"与任何 NLSP 服务原语无关",并不包含内容字段,而不是第 6 章中一般要求的那些,并发送至 UN-DATA 原语的 UN 用户数据。

e) 指明 CSC 交换完成。

在这种情况下不要求进一步的动作。

注 3:没有定义通用规程来解决同时启动的两个 CSC 交换间的冲突。

注 4:按照第 10 章中定义的鉴别机制,若使用封装/解封功能,如第 11 章中定义的,不提供不包含 ISN 全对等实体鉴别。此外,若使用如第 12 章中所述的 No_Header 封装机制,则不提供全对等实体鉴别。

9 使用机制概述

第 9 章至第 12 章定义了第 1 章至第 8 章中定义的通用协议使用的特定机制。这些机制不是用于通用 NLSP 中提供安全的仅有的机制。其他机制在将来也可能被标准化,并且 NLSP 使用专用机制是可能的。

9.1 安全服务和机制

若作出选择,NLSP-CL 支持下列安全服务及所述机制:

a) 数据原发鉴别——用于提供该服务机制是与密钥管理相结合的 ICV;

b) 访问控制——用于提供该服务的机制是安全标号,密钥的控制,鉴别地址的使用;

c) 无连接保密性——用于提供该服务的机制是加密。该保护任选地包括所有 NLSP 服务参数,这取决于所选择的安全服务;

d) 通信流量保密性——用于提供该服务的机制是通信量填充和/或隐藏 NLSP 地址;

e) 无连接完整性——用于提供该服务的机制是 ICV。该保护任选地包括所有 NLSP 服务参数,这取决于所选择的安全服务。

若作出选择,NLSP-CO 支持下列安全服务及所述机制:

a) 对等实体鉴别——用于提供该服务的机制是与密钥管理相结合的加密完整性顺序号的交换;

b) 访问控制——用于提供该服务的机制是安全标号,通过密钥控制,鉴别的地址;

c) 连接保密性——用于提供该服务的机制是加密。该保护任选地包括所有 NLSP 连接参数,这取决于所选择的安全服务;

d) 通信流量保密性——用于提供该服务的机制是通信量填充和/或地址隐藏;

e) 无恢复的连接完整性——用于提供该服务的机制是完整性检验值和完整性顺序号。该保护任选地包括所有 NLSP 连接参数,这取决于所选择的安全服务。

9.2 支持的功能

NLSP 支持机制的基本特征是:

a) 连接鉴别功能支持对等实体鉴别并建立支持安全数据传送的"动态"SA 属性的初始值。仅 NLSP-CO 使用该功能;

b) 通过使用下列机制,基于 SDT PDU 的封装功能支持安全数据传送:

　　1) 完整性顺序号;

　　2) 为通信流量保密性而进行填充、块完整性算法和块加密算法;

　　3) 完整性检验值;

　　4) 加密;

c) 基于无报头保护形式的封装功能使用不改变数据长度的加密机制。

按上面给出的顺序实现各种机制。

10 连接安全控制(仅 NLSP-CO)

10.1 导引

"连接安全控制"规程使用连接安全控制(CSC)PDU 的交换于:

a) 任选地,规定新的加密/完整性密钥;

b) 执行对等实体鉴别;

c) 建立完整性顺序号。

通过顺序号交换对鉴别机制的支持由本标准规定。当完成双向交换时,对于启动的实体,完成使用该机制的鉴别。对于响应实体,若选择了顺序完整性来保护重演攻击(即 ISN 为 TRUE),则仅当收到来自启动的实体的第一个 SDT PDU 时,完成鉴别。

10.2 SA 属性

下列安全属性用于支持连接安全控制规程：

a）为 SA 选择的机制：

鉴别：布尔类型

是否要用到使用加密 ISN 的对等实体鉴别。

这些属性的值由给定选择的安全服务的 ASSR 定义。

b）密钥分配机制属性：

kdm：要用到该 SA 的方式

该属性的值由给定选择的安全服务的 ASSR 定义。

它可有下列值：

kdm_mutual：按对称密钥分配。

kdm_asymmetric_single：使用接收者公开密钥的分配。

kdm_asymmetric_double：使用远程公开和本地专用密钥的分配。

kdm_distributed：参考预分配密钥或其他方法分配的密钥的分配。

kdm_other：使用专用定义的分配机制。

c）鉴别机制属性：

Auth_Alg：在 ISO/IEC 9979 下分配的客体标识符。

该属性的值由给定选择的安全服务的 ASSR 定义。

Enc_Auth_Len：CSC PDU 中加密 auth-data 字段的长度。

该属性的值由给定选择的安全服务的 ASSR 定义。

Auth_Gen_Key：由 ASSR 约束的形式。

该属性的初值在 SA 建立时设置并且在联系的生命期内可被改变。

Auth_Check_Key：由 ASSR 约束的形式。

该属性的初值在 SA 建立时设置并在联系的生命期内可被改变。

安全数据传送机制使用的下列属性可由连接鉴别机制来建立：

a）ISN 机制属性：

Data_My_ISN

Data_Your_ISN

Exp_My_ISN

Exp_Your_ISN

b）加密机制属性：

Data_Enc_Key

Data_Dec_Key

Exp_Enc_Key

Exp_Dec_Key

c）ICV 机制属性：

Data_ICV_Gen_Key

Data_ICV_Check_Key

Exp_ICV_Gen_Key

Exp_ICV_Check_Key

注：附加机制特定属性可能在本标准的将来版本中标识，对专用机制也一样。

10.3 规程

NLSP 实体在每个连接建立时或跟随复位或其他的外部定时事件时，交换连接安全控制（CSC）

PDU 以：

  a）任选地，规定加密或完整性密钥；

  b）执行对等实体鉴别；

  c）建立完整性顺序号。

  可按下面定义来提供对等实体鉴别。若要求连接完整性时，任何可供选择的方法必须产生完整性顺序号。

  加密/完整性密钥由下列任一项来规定：

  a）要使用存在的密钥的指示；

  b）传递一个采用加密密钥相互密钥进行加密的新密钥；

  c）传递一个采用接收者的公开密钥进行加密的新密钥；

  d）参考先前分配的密钥。

  注 1：加密密钥的派生提供少量的完整性检验，其中用以防止用不同密钥保护的密码文本的重演。将在每个加密算法上规定密钥派生算法以防止弱密钥的意外派生。

  NLSP 使用基于交换初始完整顺序号的对等实体鉴别方法，该顺序号用鉴别密钥加密。即使顺序号不用于完整性服务，也可使用该方法。

  连接安全控制规程是基于交换两个 CSC PDU 和安全数据传送 PDU，如下所述。

  CSC PDU 由安全交换的启动者准备：

  a）加密的 Auth-Data 置为本地选择的 My-Initial-ISN 值，Your-Initial-ISN 置为 0，两者都用 Auth_Gen_Key 加密，选择的 ISN 对鉴别和完整性密钥必须是唯一的；

  b）按照密钥分配机制的要求设置密钥信息。

  当并非 CSC PDU 交换的启动者的 NLSP 实体收到 CSC PDU 时：

  a）加密的 Auth-Data 用 Auth_Check_Key 解密；

  b）检验 Your-Initial 字段为 0；

  c）本地 SA 属性 Data_Your_ISN 和 Exp_Your_ISN 被置为收到的 My-Initial-ISN 字段；

  d）按密钥分配机制的要求处理密钥信息。

  接着准备 CSC PDU 且：

  a）加密的 Auth-Data 置为本地选择的 My-Initial-ISN 值，Your-Initial-ISN 具有收到的 My-Initial-ISN 的值，两者都用 Auth_Gen_Key 加密。对于鉴别和完整性密钥，选择的 ISN 必须是唯一的；

  b）按密钥分配机制的要求设置密钥信息。

  在 CSC 交换的启动者收到 CSC PDU 时：

  a）加密的 Auth-Data 用 Auth_Check_Key 解密；

  b）对照先前发送的 My-Initial-ISN 检验 Your-Initial 字段；

  c）本地 SA 属性 Data_Your_ISN 和 Exp_Your_ISN 被置为收到的 My-Initial-ISN 字段；

  d）按密钥分配机制的要求处理密钥信息。

  跟随着响应成功检验，若 NLSP 实体没有数据在等待且为 SDT PDU 的封装选择 ISN 机制（见第 11 章），则不包含数据但包括 ISN 的安全数据传送 PDU 应被发送以完成鉴别。

  注 2：即使有数据正在等待，也可能发送 SDT PDU 以完成鉴别规程而无需要实现正常数据传送规程。

  若鉴别失败，则取决于本地判定，可能要采用带内或带外方式重建安全联系，并执行 8.4 中所述的差错恢复规程。

10.4 使用的 CSC-PDU 字段

  本章中的规程使用 13.5.6 中定义的下列机制特定 CSC 内容字段：

  a）加密的 Auth-Data；

  b）密钥信息。

11 基于 SDT PDU 的封装功能

11·1 导引

NLSP-CL 和任选的 NLSP-CO 使用基于 SDT PDU 的封装功能来保护用户数据和相关的协议控制信息,本章定义了这样的封装功能,该封装功能基于四个功能:

——ISN;

——填充;

——ICV;

——加密。

使用特定功能的判定应基于 SA 的属性。

若选择了顺序号,应加上 ISN 字段。

注 1:不期望该保护机制用于 NLSP-CL。

若选择了通信量填充,可加上通信量填充字段。

若使用了块完整性算法,可加上完整性填充字段。

若选择了完整性检验,可计算出 ICV 并加到上面的字段。

注 2:ICV 也可用来提供数据原发鉴别。

若使用块加密算法,可加上加密填充字段。

若选择了加密,对安全联系使用加密密钥来加密上面的字段。

用上面所述的规程封装用户数据和其他 NLSP 协议参数来为网上的传送提供保护。在远端,安全数据传送 PDU 的接收者用相反的规程顺序来移去和检验保护部分。

11·2 SA 属性

a) 为 SA 选择的机制:

ISN:布尔类型

在每个封装八位位组串中包括的完整性顺序号。

Padd:布尔类型

在封装的八位位组串中进行填充以支持通信量填充机制。

ICV:布尔类型

使用完整性检验值的封装八位位组串内容的完整性和/或数据原发鉴别。

Encipher:布尔类型

加密封装八位位组串以提供保密性。

这些属性的值由给定选择目标安全服务的 ASSR 定义。

b) ISN 机制属性:

ISN _ Len:整数

该属性的值应由给定选择的安全服务的 ASSR 定义。

Data _ My _ ISN:发送的最后正常数据的 ISN。

Data _ Your _ ISN:收到的最后正常数据的 ISN。

Exp _ My _ ISN:发送的最后加快数据的 ISN。

Exp _ Your _ ISN:收到的最后加快数据的 ISN。

这些"关键"属性的初值应在 SA 建立时设置,并能在联系的生命期内改变。

注 1:加快数据 ISN 属性仅适用于 NLSP-CO。

c) 填充机制属性:

Traff _ Padd:受 ASSR 约束的形式。

通信量填充需求。

d) ICV 机制属性：

ICV_Alg：客体标识符

该属性的值应受给定选择的安全服务 ASSR 约束。该属性暗指完整性机制的某些属性，如单独生成和检验算法、初始化向量等。

ICV_Blk：整数

ICV 算法操作的基本块大小。

该属性的值应受给定选择的安全服务的 ASSR 约束。

ICV_Len：整数

ICV 机制的输出长度。

该属性的值应受给定选择的安全服务的 ASSR 定义。

ICV_Len 不必等于 ICV_Blk。

Data_ICV_Gen_Key：受 ASSR 约束的形式。

正常数据的 ICV 生成密钥参考。

Data_ICV_Check_Key：受 ASSR 约束的形式。

正常数据的 ICV 检验密钥参考。

Exp_ICV_Gen_Key：受 ASSR 约束的形式。

加快数据的 ICV 生成密钥参考。

Exp_ICV_Check_Key：受 ASSR 约束的形式。

加快数据的 ICV 检验密钥参考。

这些"关键"属性的初值应在 SA 建立时设置，并能在联系生命期内改变。

注 2：加快数据密钥属性仅适用于 NLSP-CO。

e) 加密机制属性：

Enc_Alg：在 ISO/IEC 9979 下分配的客体标识符。

该属性的值应受给定选择的安全服务的 ASSR 约束。该属性暗指加密机制的某些属性，如任何同步字段的形式和长度、单独的加密和解密算法、初始化向量等。

Enc_Blk：整数

加密算法的块大小。

该属性的值应受给定选择的安全服务的 ASSR 约束。

Data_Enc_Key：受 ASSR 约束的形式。

正常数据的加密密钥参考。

Data_Dec_Key：受 ASSR 约束的形式。

正常数据的解密密钥参考。

Exp_Enc_Key：受 ASSR 约束的形式。

加快数据的加密密钥参考。

注 3：仅由 NLSP-CO 使用。

Exp_Dec_Key：受 ASSR 约束的形式。

加快数据的解密密钥参考。

注 4：仅由 NLSP-CO 使用。

这些"关键"属性的初值应在 SA 建立时设置，并能在联系的生命期内改变。

注 5：附加机制特定属性将在本标准的将来版本中被标识，专用机制也一样。

11.3 规程

在进行封装中，通过添加或前置的一些字段来形成 PDU。这些字段是任选的。部分形成的 PDU 下面称作"现存的字段"。在解封时，应通过移走一些字段来分解 PDU。部分分解的 PDU 下面称作"保留的数据"。

注

1 对添加和前置的字段的描述并不意味着约束 NLSP 的实现,而是明确地规定协议。

2 封装功能不处理无报头选项。它由第 12 章中定义的规程来处理。

11.3.1 封装功能

SA-ID 应用于引用一个安全联系。若安全联系不存在,则差错 SA-not-available 应被返回而封装的八位位组串的值不定。

若(ISN 为 TRUE)则:

a)若(data-unit-type＝normal),则应增进 Data＿Your＿ISN 并放置于顺序号内容字段内,添加到封装前八位位组串中的现存字段;

b)若(data-unit-type＝expedited),则应增进 Exp＿Your＿ISN 并放置于顺序号内容字段内,添加到封装前八位位组串中的现存字段。

注

1 ISN 可通过增加顺序号或从非重复的序列中选取下一个号码来增进。时间戳也能被认为是非重复的序列。

2 不期望 ISN 机制会用于 NLSP-CL。

3 Exp＿My＿ISN 仅适用于 NLSP-CO。

若(Padd 为 TRUE),则按照 Traff＿Padd 中涉及的 ASSR 规则由本地确定的一定数量和形式的填充应被放置于通信量填充内容字段并添加到封装前八位位组串中的现存字段。若要求填充单个八位位组,则应使用单个八位位组填充内容字段。

若(ICV 为 TRUE)且(ICV＿Blk＞1),则在必须时,完整性填充字段应被添加到现存字段,以使具有完整性填充字段(包括被保护的内容字段)的现存字段的长度是 ICV 块大小(即 ICV＿Blk)的整数倍。若出现这种字段,则由本地确定的一定数量和形式的填充应被放置于完整性填充内容字段。若要求填充单个八位位组,则应使用单个八位位组填充内容字段。内容长度值应增加所加的填充数量。

应在现存字段之前放置于内容长度。所有现存字段的长度应被确定并放置于内容长度。

若(ICV 为 TRUE)则长度 ICV＿Len 的 ICV 应被计算出来,并添加到现存字段。应采用 ICV＿Alg 来标识使用的算法,所用的密钥应是:

a) Data＿ICV＿Gen＿Key,若 data-unit-type＝normal;或

b) Exp＿ICV＿Gen＿Key,若 data-unit-type＝expedited。

若(Encipher 为 TRUE),则具有由 Enc＿Alg 确定的形式和长度的密码同步字段应被产生并前置于现存字段。

若(Encipher 为 TRUE),则加密填充应被添加到现存字段,以使现存字段的长度(即被保护数据长度,封装前八位位组串;ISN,完整性填充和 ICV 字段)加上加密填充的长度是加密块大小(即 Enc＿Blk)的整数倍。若出现这种加密填充,则由本地确定的一定数量和形式的填充应放置于加密填充内容字段内。若要求填充单个八位位组,则应使用单个八位位组填充内容字段。

若(Encipher 为 TRUE),则加密现存字段。Enc＿Alg 应标识使用的算法,使用的密钥应是:

a) Data＿Enc＿Key,若 data-unit-type＝normal;或

b) Exp＿Enc＿Key,若 data-unit-type＝expedited。

所构成的 PDU 应作为封装的八位位组串中的结果返回。

11.3.2 解封功能

若下列检验中的任何一项失败,除了警告、审计和/或帐户信息外,所有的安全相关状态信息都应被置为接收该信息前的安全状态信息。

应使用 SA-ID 自变量来引用安全联系。若安全联系不存在,则应返回差错 SA-not-available 而封装前八位位组串的值不定。

若(Encipher 为 TRUE),则执行下列步骤:

a) 封装的八位位组串应被解密。Enc＿Alg 应标识使用的解密算法。使用的密钥应是:

    1) Data＿Dec＿Key,若 data-unit-type＝normal;或

    2) Exp＿Dec＿Key,或 data-unit-type＝expedited。

b) 由 Enc＿Alg 确定,从加密数据的前部,丢弃若干八位位组来移走密码同步字段;

c) 通过将内容长度和 ICV＿Len 相加,然后丢弃任何超出计算长度的保留加密数据的八位位组来移走加密填充或单个八位位组填充内容字段。

若(ICV 为 TRUE),则执行下列步骤:

a) 通过检验保留数据的最后 ICV＿Len 八位位组来验证 ICV 字段。用 ICV＿Alg 来标识使用的算法,若基于密码时,用于计算 ICV 的密钥应是:

    1) Data＿ICV＿Check＿Key,若 data-unit-type＝normal;或

    2) Exp＿ICV＿Check＿Key,若 data-unit-type＝expedited。

b) 若 ICV 验证失败,则应返回差错 data-unit-integrity-failure,而封装前八位位组串的值不定。

通过丢弃在内容长度字段之后的超出内容长度中指明长度的保留数据中的任何八位位组来移走 ICV。

通过丢弃保留数据的头两个八位位组来移走内容长度字段。

通过移走在封装前八位位组串之外的数据,应从保留数据中移走任何通信量填充、完整性填充或单个八位位组填充内容字段。

注 1:用对封装前八位位组串的内容进行解码来定位内容字段,它是后接若干 TLV 字段的一个八位位组类型字段。

若(ISN 为 TRUE)则应检验保留数据以确保有且只有一个 ISN 内容字段出现;或者,通过检验保留数据来确保没有 ISN 内容字段存出现。若出现 ISV 内容且:

a) 若(data-unit-type＝normal)则应增进 Data＿My＿ISN 并且对照 Data＿My＿ISN 确定的期望值窗口来检验其值;

b) 若(data-unit-type＝expedited)则应增进 Exp＿My＿ISN 并且对照 Exp＿My＿ISN 确定的期望值窗口来检验其值。

在 a)和 b)中,在检验前先增进 ISN。

注 2:可通过增加顺序号或从一个伪随机、非重复序列中选取下一个数来完成增进。

封装前八位位组串的值应作为封装前八位位组串中的结果返回。

11.4 使用的 PDU 字段

这些规程使用 13.3 中定义的 SDT PDU 的下列字段:

a) 封装的八位位组串;

b) 密码同步;

c) ICV;

d) 内容字段:

    1) 加密填充;

    2) 顺序号;

    3) 单个八位位组填充;

    4) 通信量填充;

    5) 完整性填充。

12 无报头封装功能(仅 NLSP-CO)

12.1 导引

NLSP-CO 仅能通过使用无报头选项提供用户数据保密性。无报头选项使用如本章中描述的封装

功能。该封装功能应基于封装机制。

使用无报头选项暗指加密机制是在一个八位位组的块长度上操作,且算法不改变加密数据的大小。

12.2 SA 属性

a) 为 SA 选择的机制:

Encipher:布尔类型

封装的八位位组串的加密以提供保密性。

该属性的值应由给定选择的安全服务的 ASSR 定义。

b) 加密机制属性:

Enc _ Alg:在 ISO/IEC 9979 下分配的客体标识符。

该属性的值由给定选择的安全服务的 ASSR 定义。该属性暗指加密机制的某些属性,如任何同步字段的形式和长度、独立的加密和解密算法、初始化向量等。

Data _ Enc _ Key:受 ASSR 约束的形式

正常数据的加密密钥参考。

Data _ Dec _ Key:受 ASSR 约束的形式

正常数据的解密密钥参考。

Exp _ Enc _ Key:受 ASSR 约束的形式

加快数据的加密密钥参考。

Exp _ Dec _ Key:受 ASSR 约束的形式

加快数据的解密密钥参考。

这些"关键"属性的初值应在 SA 建立时设置,且在联系生命期内可改变。

注:附加的机制特定属性将在本标准的将来版本中标识,专用机制也一样。

12.3 规程

12.3.1 封装功能

SA-ID 用于引用安全联系。若安全联系不存在,应返回差错 SA-not-available 而封装的八位位组串的值不定。

若(Encipher 为 TRUE),则应加密封装前八位位组串,Enc _ Alg 应标识使用的算法且使用的密钥应是:

a) Data _ Enc _ Key,若 data-unit-type＝normal;或

b) Exp _ Enc _ Key,若 data-unit-type＝expedited。

加密数据应作为封装的八位位组串中的结果而返回。

12.3.2 解封功能

若下列检验任何一项失败,除了警告、审计和/或帐户信息外,所有的安全相关状态信息都将被置为接收该信息前的安全状态信息。

SA-ID 自变量应用于引用安全联系。若安全联系不存在,则应返回差错 SA-not-available 且封装前八位位组串的值应不定。

若(Encipher 为 TRUE),则应解密封装的八位位组串,Enc _ Alg 应标识使用的解密算法,且使用的密钥应是:

a) Data _ Dec _ Key,若 data-unit-type＝normal;或

b) Exp _ Dec _ Key,若 data-unit-type＝expedited。

解密数据的值应作为封装前八位位组串的结果而返回。

13 PDU 的结构和编码

13.1 导引

NLSP 协议使用 3 种 PDU 类型：

a）安全数据传送 PDU；

b）安全联系 PDU；

c）连接安全控制 PDU。

无 PCI 的非结构化数据格式与保护数据的 No＿Header 选项一起使用。

所有的 PDU 应包含整数个八位位组。PDU 中八位位组从 1 开始编号，并按序增加，按照这个顺序把它们放入合适的"底层网"请求。当相邻的八位位组用于表示二进制数时，低八位位组数有最有意义的值。八位位组中的位从 1 到 8 编号，这里 1 是低序位。

当在本章中用图解表示 PDU 的编码时，

a）用最低编号的八位位组在左或在上来显示八位位组；

b）在八位位组中，用第八位在左及第 1 位在右来显示位。

方框下的记法显示八位位组中每个字段的长度；"可变"指明该字段长度是可变的。

安全联系中包含的属性应规定"任选的"字段出现或不出现。

注：任选字段之所以是任选的，在于给出的安全联系应要求某些字段出现，其他字段不出现。一旦决定了安全联系，每个字段的出现或不出现由 SA 属性来确定。

13.2 内容字段格式

内容字段是把数据值放置于本章定义的 PDU 中的一般字段格式（见图 6）。

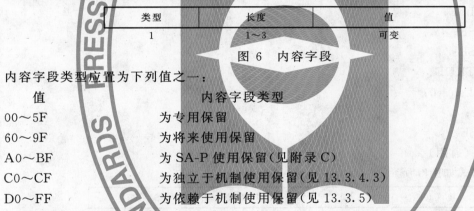

类型	长度	值
1	1～3	可变

图 6 内容字段

内容字段类型应置为下列值之一：

值	内容字段类型
00～5F	为专用保留
60～9F	为将来使用保留
A0～BF	为 SA-P 使用保留（见附录 C）
C0～CF	为独立于机制使用保留（见 13.3.4.3）
D0～FF	为依赖于机制使用保留（见 13.3.5）

内容字段长度应包含八位位组中内容字段值的长度。内容字段长度应是 1 个、2 个或 3 个八位位组长：

a）若 1 个八位位组长，则第 8 位为 0，余下的 7 位定义长度值，可达 127 个八位位组；

b）若 2 个八位位组长，则第一个八位位组按 10000001 编码，余下的 1 个八位位组定义的字段长度达 255 个八位位组；

c）若 3 个八位位组长，则第一个八位位组按 10000010 编码，余下的两个八位位组定义字段长度达 65535 个八位位组。

第一个八位位组的其他值保留给将来使用。

内容字段值应包含 PDU 字段的数据。

13.3 保护的数据

本条描述传送保护数据用的 PDU。它包括 PDU 的两个方面：那些独立于使用的机制（标上通用）和那些特定于第 11 章中定义的封装规程所支持的机制的（标上机制特定）。那些包括通用和机制特定方面的标上混合。

13.3.1 基本 PDU 结构（通用）

为传送安全数据定义了两种数据结构。第一种对 NLSP-CL 是强制的，NLSP-CO 必须支持两者之一。

a）格式化的安全数据传送 PDU 如图 7 所示。

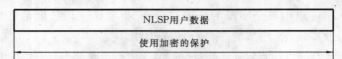

图 7　通用安全数据传送 PDU 结构

在 13.3.2 定义了无保护报头的结构。封装的八位位组串字段应包含来自封装功能的输出（例如，在第 11 章所述的使用 13.3.3 中定义的结构），该封装功能在按 13.3.4 中所述结构化的封装前八位位组串上操作。

支持形成该 PDU 的字段的条件（强制/任选的等）在 D5.3、D5.4（机制特定字段）、D6.4（仅 NLSP-CL）和 D7.6（仅 NLSP-CO）中定义。

b）无报头保密性选项格式的非结构位串如图 8 所示。不加上 PCI。

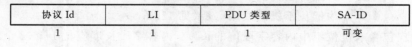

图 8　仅使用无报头选项的保密性

当下列所有条件满足时，仅使用无报头选项：

a）No _ Header 为 TRUE；

b）Lable 为 FALSE；

c）ICV 为 FALSE；

d）ISN 为 FALSE；

e）Encipher 为 TRUE；

f）Enc _ Sync _ Len＝0；

g）Enc _ Blk＝1；

h）Pad 为 FALSE。

13.3.2　无保护报头（通用）

无保护报头的格式如图 9 所示。

协议 Id	LI	PDU 类型	SA-ID
1	1	1	可变

图 9　无保护报头

13.3.2.1　协议 Id（通用）

该字段包含 NLSP 协议标识符，值为 10001011。

13.3.2.2　LI（通用）

该字段包含 PDU 类型字段加上 SA-ID 的长度。

对于 NLSP-CO，不要求 SA-ID 字段。因此，应如象 SA-ID 字段不出现那样设置该字段（即值为 00000001）。

13.3.2.3　PDU 类型（通用）

该字段包含值为 01001000 的 PDU 类型以指明安全数据传送 PDU。

13.3.2.4　SA-ID（通用）

SA-ID 字段应包含远程实体的安全联系标识符（即 SA 属性 Your _ SA-ID）。NLSP-CO 不要求该字段。

13.3.3　封装的八位位组（机制特定）

第 13 章中定义的使用机制特定规程的 SDT PDU 的结构如图 10 所示。

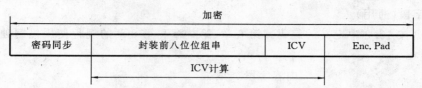

图 10　封装的八位位组的结构

13.3.3.1　密码同步（机制特定）

这是任选的字段，它可包含特定的加密算法的同步数据。它的出现、形式、长度由 Enc_Alg 暗指。

13.3.3.2　完整性检验值（机制特定）

该字段包含完整性检验值（ICV）。安全联系属性中包含的 ICV 算法标识符定义该字段的长度。

13.3.3.3　加密填充（机制特定）

该字段包含加密填充（Enc.Pad），用来支持保密性的块加密算法。填充值的选择是本地事性。所有的 NLSPE 必须能丢弃该字段。该字段的格式应按 13.2 中定义的编码或按加密算法定义。TLV 字段的类型码如 13.3.5 中定义的。若要求 2 个八位位组的填充，长度应为 0 且无值。若要求单个八位位组的填充，应使用单个八位位组填充字段而不是加密 PAD 字段。

该字段的使用取决于加密算法是否要求独立的加密填充。

13.3.4　封装前八位位组串（混合）

图 11 显示了封装前八位位组串的格式，它包含任意数目的通用和机制特定内容字段。

应至少出现内容长度和数据类型。

内容长度	数据类型	内容字段 （通用）		内容字段 （机制特定）	
2	1	可变		可变	

图 11　封装前八位位组串

13.3.4.1　内容长度（通用）

该字段应包含所有内容字段和数据类型的联合长度。

注：它不包括 ICV 或加密填充字段。

13.3.4.2　数据类型（通用）

该字段的第 8 位是"启动者到响应者"标志。值 1 指明启动者到响应者，值 0 指明从响应者到启动者。

该字段的第 7 位是"Last/Not Last"标志。当 SDT PDU 包含序列的最后一段时，该位取 0 值。否则为 1。对于 NLSP-CL，它一直为 0。

该字段的第 1 至第 6 位被编码来标识如下的 NLSP 服务原语：

值	服务原语
000000	与任何 NLSP 服务原语无关（例如，测试数据）
000001	NLSP-UNITDATA req/ind
000010	NLSP-CONNECT req/ind
000011	NLSP-CONNECT resp/conf
000100	NLSP-DATA req/ind
000101	NLSP-DATA-ACKNOWLEDGE req/ind
000110	NLSP-EXPEDITED DATA req/ind
000111	NLSP-DISCONNECT req/ind
001000	SA 协议
001001～011111	为将来使用保留
100000～111111	为专用使用保留

13.3.4.3 内容字段(通用)

内容字段类型按 13.2 中定义的编码。第 6 章、第 7 章和第 8 章的规程使用机制独立内容字段(即 CO-CF)在下面给出:

值	内容字段类型
OO～BF	保留
CO	用户数据
C1	测试数据
C2	主叫/源 NLSP 地址
C3	被叫/目的 NLSP 地址
C4	证实的 NLSP 地址
C5	不用
C6	标号
C7	标号参考
C8	证实请求
C9	断开原因
CA～CF	为将来使用保留
DO～FF	保留

13.3.4.3.1 NLSP 用户数据

该字段包含从服务原语中来的 NLSP 用户数据。

13.3.4.3.2 测试数据

测试数据的结构如图 12 所示。

测试控制	测试数据
1	可变

图 12 测试数据

测试控制包含下列分配的一系列位:

a) 第 1 位——方向标志。0 表示源,1 表示转向的测试数据;

b) 第 2 位至第 4 位——为将来使用保留;

c) 第 5 位至第 8 位——为专用使用保留。

13.3.4.3.3 主叫/源 NLSP 地址

该字段包含以 GB/T 15126/AD2 中所述的形式之一编码的网络层地址。

13.3.4.3.4 被叫/目标 NLSP 地址

该字段包含以 GB/T 15126/AD2 中所述的形式之一编码的网络层地址。

13.3.4.3.5 响应 NLSP 地址

该字段包含以 GB/T 15126/AD2 中所述的形式之一编码的网络层地址。

13.3.4.3.6 标号

该字段用来携带 PDU 的安全标号。若出现标号参考内容字段,则不出现该字段(见图 13)。

权限长度	定义权限	标号的内容
1～3	可变	可变

图 13 标号的值

定义的权限应作为客体标识符值的内容被编码,使用 GB/T 16263 的第 22 章中定义的客体标识符的基本编码规则。

各种定义权限定义了标号内容的结构和说明。

注：期望在国家标准定义的规程下登记这些标号。定义权限将作为客体标识符登记,使用 ISO/IEC 9834 中定义的规程。

13.3.4.3.7 标号参考

该字段标识 SA 属性 Label-Set 中定义的一系列安全标号之一。当出现时该字段总是应编码,这样字段的值部分为 2 个八位位组,若标号内容字段出现,则不出现该字段。

13.3.4.3.8 证实请求

当出现时,该字段指明请求接收的证实。该字段应作为一个八位位组类型码被编码(无长度或值)。

13.3.4.3.9 断开原因

该字段应携带 NLSP-DISCONNECT 原因服务参数,按底层网中携带的编码。

注：在底层网是 GB/T 16974 网络的情况下,第一个八位位组是原因的值,若出现,第二个八位位组是从 NLSP-DIS-CONNECT 原因映射的诊断码,如 GB/T 16976 中定义的。

13.3.5 内容字段(机制特定)

内容字段编码如 13.2 中定义的。下面给出了机制特定内容字段的内容字段类型编码:

值	内容字段类型
OO~CF	保留
D0	顺序号
D1	单个八位位组填充
D2	通信量填充
D3	完整性填充
D4	加密填充
D5~FF	保留给将来使用

13.3.5.1 顺序号

该字段包含 Your _ ISN(即,PDU 完整性顺序号),它在当前密钥中对数据类型(加快或正常)应是唯一的。

注：在 NLSP CO 中,加快和正常数据流之间的唯一性(因此重演保护)由不同的数据类型字段(见 13.3.4.2)来提供。

13.3.5.2 单个八位位组填充

该字段是通用填充(例如支持完整性填充的单个八位位组)的一个八位位组类型(没有长度和值)字段。该八位位组可以使用一次或多次,代替 TLV 编码完整性、加密或通信量填充字段来提供完整性、加密或通信量填充。所有的 NLSPE 应检测并丢弃该字段。

13.3.5.3 通信量填充

该字段包含用于通信流量保密性的填充。填充值的选择是本地事情。所有的 NLSPE 应检测并丢弃该字段。若要求 2 个八位位组填充,长度应为无值的 0。若要求单个八位位组填充,应使用单个八位位组填充代替通信量填充。

13.3.5.4 完整性填充

该字段包含用于支持块完整性算法的填充。填充值的选择是本地事情。所有的 NLSPE 必须能丢弃该字段。若要求 2 个八位位组,长度为无值的 0,若要求单个八位位组填充,应使用单个八位位组填充代替完整性填充。

该字段也可用来满足加密填充要求。

13.4 安全联系 PDU

安全联系 PDU 格式如图 14 所示。

支持形成该 PDU 字段的条件(强制/任选的等)在 D5.5 和 D5.6(机制特定字段)中定义。

协议 Id	LI	PDU 类型	SA-ID	SA-P 类型	SA-PDU 内容
1	1	1	可变	可变	可变

图 14　安全联系 PDU 结构

13.4.1　协议标识符(PID)

该字段包含 NLSP 协议标识符,值为 10001011。

13.4.2　LI

该字段包含 PDU 类型字段加上 SA-ID 字段的长度。

若 SA-P 需要告知它不知道其对等的 SA-ID(例如建立新的 SA 时),该字段应设置为 00000001,指明 SA-ID 字段不出现。

13.4.3　PDU 类型

该字段包含 PDU 类型,值为 01001001,指明安全联系 PDU。

13.4.4　SA-ID

SA-ID 字段包含远程实体的安全联系标识符(即 SA 属性 Your_SA-ID)。当 SA-P 被用来建立一个新的 SA 时,不要求该字段(即接收方还未分配 SA-ID)。

13.4.5　SA-P 类型

该字段包含客体标识符,指明用于提供 SA 协议的机制。使用 GB/T 16263 中第 22 章定义的基本编码规则把该客体标识符编码为客体标识符值的内容,单个八位位组长度指示符在前。

分配的下列客体标识符用于通用 SA-P,它具有附录 C 中定义的密钥令牌交换规程和附录 H 中描述的指数密钥交换算法:

　　　join-ccitt-iso nlsp (22) sa-p-eke(1)

具有附录 C 中定义的 SA-P 的其他 SA 协议或算法的使用可根据 ISO/IEC 9834-1 分配的更多的客体标识符来指明。

13.4.6　SA-PDU 内容

该字段的内部结构取决于如上面 13.4.5 中规定的提供 SA 协议的机制。附录 C 定义了一个这样的 SA 协议。

13.5　连接安全控制 PDU

连接安全控制 PDU 的格式如图 15 所示。

支持形成该 PDU 字段的条件(强制/任选的等)在 D7.7、D7.8(机制特定字段)中定义。

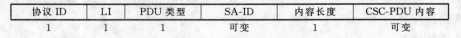

协议 ID	LI	PDU 类型	SA-ID	内容长度	CSC-PDU 内容
1	1	1	可变	1	可变

图 15　连接安全控制 PDU

13.5.1　协议标识符

该字段包含 NLSP 协议标识符,值为 10001011。

13.5.2　LI

该字段包含 PDU 类型字段加上 SA-ID 字段的长度。

13.5.3　PDU 类型

该字段包含值为 xx111111 的 PDU 类型,指明连接安全控制 PDU。该字段的位置应如下:

a) 第 1 位至第 6 位——包含值为 111111 的 PDU 类型,指明安全服务控制 PDU;

b) 第 7 位——UNC-UND 标志,若设置它则指明 UN-Data 中携带着 NLSP-CONNECT,否则,若清除它,则指明 UN-CONNECT 中携带着 NLSP-CONNECT;

c) 第 8 位——SA-P 标志,指明该连接中正调用 SA-P,若设置第 8 位,则该 PDU 中不再出现更多的字段。

13.5.4　SA-ID

SA-ID 字段包含远程实体的安全联系标识符(即 SA 属性 Your_SA-ID)。若设置 SA-P 标志,该字段不出现。

13.5.5 内容长度

它包含八位位组中 CSC-PDU 内容的长度。若设置 SA-P 标志,该字段不出现。

13.5.6 CSC-PDU 内容

该字段的内部结构应取决于支持连接鉴别的机制。若设置 SA-P 标志,则不出现该字段。第 10 章中给出的特定安全控制机制要求的字段如下(见图 16)。

封装权限数据	密钥信息
(注 1)	(注 2)

注

1 封装权限数据的长度取决于使用的加密算法,并由 SA 属性 Enc_Auth_Len 定义。

2 密钥信息的长度取决于使用的密钥分配方法。若不改变密钥,则不包括它。

图 16 CSC-PDU 内容

13.5.7 加密的 Auth-Data(机制特定)

见图 17。

该字段包含的编号用于鉴别,若被选择,作为完整性顺序号,它的长度被定义为 SA 属性的一部分。当从主叫方送到被叫 NLSP 实体时,Your-initial ISN 为 0。

My-Initial ISN	Your-Initial ISN
可变	可变

图 17 加密的 Auth-Data

13.5.8 密钥信息(机制特定)

取决于为安全联系选择的密钥分配方法,该参数不出现,指明一个存在着的密钥应被使用,或包含取决于 SA 属性 kdm 的下列之一:

kdm_mutual-	使用多重 KEK 的加密密钥
kdm_asymmetric_single-	具有接收者公开密钥的加密密钥
kdm_asymmetric_double-	具有发送者的专用密钥和接收者的公开密钥的加密密钥
kdm_distributed-	密钥参考
kdm_other-	专用定义的内容

该字段的出现意味着内容长度与 SA-属性 Enc_Auth_Len 的比较。

14 一致性

14.1 静态一致性要求

14.1.1 一致性类

系统应支持一致性的下列类中的一个或两个:

a) NLSP-CL 方式;

b) NLSP-CO 方式。

对这些一致性类的支持按照 14.1.2 和 14.1.3 中定义的性能定义。

使用本标准支持的安全机制,对一致性的每一类的支持是任选的。

本标准支持的安全机制的使用按照 14.1.5 中定义的安全机制的要求定义。

14.1.2 NLSP-CL 方式能力

14.1.2.1 安全服务

与 NLSP-CL 方式一致的系统应支持下列服务;

a) 一个或多个下列服务:

1) 无连接保密性;

　　2）无连接完整性；

　　3）数据原发鉴别。

b）任选地，访问控制；

c）任选地，通信流量保密性。

14.1.2.2　保护的范围

声称与 NLSP-CL 一致的系统应支持一个或两个：

a）所有 NLSP 服务参数的保护；

b）NLSP 用户数据的保护；

声称与 NLSP-CL 一致的系统任选地支持：

c）无保护。

14.1.2.3　其他能力

当支持 NLSP-CL 方式时，系统可传送和/或接收 SDT PDU。

14.1.3　NLSP-CO 方式能力

14.1.3.1　安全服务

与 NLSP-CO 方式一致的系统应支持下列安全服务：

a）一个或多个下列服务：

　　1）连接保密性；

　　2）无恢复的连接完整性；

　　3）对等实体鉴别。

b）任选地，访问控制；

c）任选地，通信流量保密性。

14.1.3.2　保护的范围

声称与 NLSP-CO 一致的系统应支持一个或多个：

a）保护所有 NLSP 服务参数；

b）保护 NLSP 用户数据，包括 NLSP-CONNECT 和 NLSP-DISCONNECT 中的 NLSP 用户数据；

c）在数据传送中保护 NLSP 用户数据；

声称与 NLSP-CL 一致的系统任选地支持：

d）无保护。

14.1.3.3　其他能力

当支持 NLSP-CO 方式时，系统应能够：

a）启动和/或接受连接；

b）传送并收到 CSC PDU；

c）传送和或收到至少一个：

　　1）使用基于无报头的封装机制保护的数据，如 6.4.1.2 和 6.4.2.2 中定义的；

　　2）基于 SDT PDU 的封装，如 6.4.1.1 和 6.4.2.1 中定义的。

d）至少在 8.5 中定义的 NLSP 连接建立方式之一；

e）任选地，支持测试交换；

f）任选地，支持带内 SA 协议。

14.1.4　对 PDU 的支持

表 3 显示给定的 PDU 的支持对于给定的操作是强制的还是任选的。

14.1.5　机制静态要求

声称支持本标准中定义的安全机制的系统应满足下列要求，就选择的机制而论：

a）声称支持连接或无连接保密性安全服务的每个系统应通过使用加密机制提供那些服务；

b）声称支持无连接完整性或无恢复的连接完整性安全服务的每个系统应提供使用机制的那些服务，机制使用 13.3.3.2 中定义的 ICV 字段和任选地在 13.3.5.1 中定义的 ISN 字段；

c）声称支持通信流量保密性安全服务的每个系统应提供使用机制的服务，该机制使用 13.3.5.3 中定义的通信量填充字段；

d）声称支持数据原发鉴别安全服务的每个系统应提供使用加密机制或密码机制的服务。该机制使用 13.3.3.2 中定义的 ICV 字段；

e）声称支持对等实体鉴别安全服务的每个系统应支持 13.5.7 中定义的加密的 authdata 字段。

表 3 对 PDU 的 NLSP 支持

PDU	支持条件
SDT PDU	强制的，对 CL
	强制的，若支持基于封装的 CO 和 SDT PDU
SA PDU	任选的，若支持 SA-P
CSC PDU	强制的，对 NLSP-CO

14.2 动态一致性要求

14.2.1 一般要求

a）系统应正确地产生、接收和响应所有的有效协议元素，它们支持声称一致性的每个类和操作方式；

b）系统应正确响应 NLSP 协议元素的所有不正确序列。

14.2.2 特定要求

对每个声称一致性的一致性类和实现静态一致性要求的每个选项，系统应展示外部行为与下列正实现的相一致：

a）第 6 章中定义了公共协议功能；

b）对于 NLSP 方式，第 7 章中定义的协议功能；

c）对于 NLSP-CO 方式，第 8 章中定义的协议功能；

d）对于支持机制特定规程的 NLSP-CL 系统，第 11 章中定义的协议功能；

e）对于支持机制特定规程的 NLSP-CO 系统，第 10 章中定义的协议功能，对于连接安全控制和封装协议功能，在第 11 章和第 12 章中定义；

f）对于 PDU 的结构和编码，如第 13 章中所述的 PDU 的结构和编码。

14.3 协议实现一致性声明

实现本标准的一致性的任何声称应完成附录 D 中给出的协议实现一致性声明（PICS），应根据相关的 PICS 形式表来产生 PICS。

附 录 A

（标准的附录）

映射 UN 原语至 GB/T 15126

表 A1

UN 原语	由下列原语传送	注　释
UN-UNITDATA	N-UNITDATA	从 UN 原语到 GB/T 15126 AD1 N-UNITDATA 原语的简单映射
UN-CONNECT	N-CONNECT	参数映射到等价的 GB/T 15126 参数上，只是： UN 鉴别与 UN 用户数据连在一起被映射到 N-CONNECT 原语的用户数据中
UN-DATA	N-DATA	简单映射：全部参数映射到等价的 GB/T 15126 参数上
UN-EXPEDITED-DATA	N-EXPEDITED-DATA	简单映射
UN-DATA-ACKNOWLEDGE	N-DATA-ACKNOWLEDGE	简单映射
UN-DISCONNECT	N-DISCONNECT	简单映射

附 录 B

（标准的附录）

映射 UN 原语至 GB/T 16974

　　在 OSI 环境中，在 UN 服务原语与 GB/T 16974 之间的映射如同在 GB/T 16976 为等价的网络层服务原语一样定义，DTE"保护设施"中传送的 UN-CONNECT UN 鉴别参数除外。

　　表 B1 中间一栏描述了用来传送 UN 原语的 GB/T 16974。在这种情况下，GB/T 16974 可以以本标准允许的任何方式使用。例如，可以调用 Q-bit。这样的GB/T 16974的特定性质通过 NLSP 无改变地传递。

表 B1

UN 原语	由下列原语传送	注　释
UN-UNITDATA	N/A	
UN-CONNECT	CALL	除 DTE"保护设施"中传送的 UN 鉴别参数之外，所有参数映射到等价的 GB/T 16974 CALL包设施中。
UN-DATA	DATA	简单映射
UN-EXPEDITED-DATA	INTERRUPT	简单映射
UN-DATA-ACKNOWLEDGE	RR 或 RNR	简单映射
UN-DISCONNECT	CLEAR	简单映射

附　录　C

（标准的附录）

使用密钥令牌交换和数字签名的安全联系协议

C1　导引

本附录为使用不对称机制执行 SA 的建立和夭折/释放而定义了一个协议，它允许通信 NLSP 实体以便：

a）两实体互相鉴别；

b）初始化包括密钥的 SA 属性；

c）建立初始信息以在提供完整性时使用。

本附录描述了一个 SA 协议，它逻辑地执行下列明显功能：

a）使用密钥令牌交换建立一个共享秘密。它支持密钥令牌交换，这些令牌的形式是机制特定的。附录 H 略述了一个机制特定密钥令牌的例子，它支持指数密钥交换，也称为 Diffie Hellman 交换；

b）证书、数字签名和来自于密钥令牌交换的元素都用来获取鉴别；

c）协议交换用来协商 SA 属性；

d）协议交换发出 SA 正被释放的信号。

使用本 SA 协议建立 SA 之前每个 NLSP 实体必须预先建立下列信息：

a）它支持的机制，表达为：

1）支持的 ASSR 列表；

2）为上面标识的每个 ASSR 支持的安全服务集。

b）每个被支持的非对称算法的非对称密钥对可被 NLSP 实体使用以便为了鉴别目的而加标志数据；

c）每个被支持的非对称算法的信任权限的证书，为鉴别目的，它标识了 NLSP 实体及其公开非对称密钥；

d）任何信任证书权限的公开密钥和暗指的非对称算法，它将给 NLSP 实体发出证书，该 NLSP 实体将与之通信。

本 SA 协议动态地建立了下列安全信息，它需要这些信息以保证它的通信：

a）加密算法的协商，以保护 SA 协议通信；

b）非对称算法的协商及用来提供 SA 协议鉴别的数字签名模式；

c）加密算法必需的密钥信息的生成，以保护 SA 协议通信。

本 SA 协议在两个 NLSP 实体间建立下列共享信息：

a）本地和远程 SA-ID；

b）用在通信实例的联系实体间的安全服务；

c）机制及其通过选择的安全服务暗指的参数；

d）通信实例的完整性、加密机制及鉴别的初始共享密钥；

e）可在访问控制联系上使用的安全标号集。

一个 SA 可使用与先前已建立的 SA 选择相同的安全服务、机制及其参数和安全标号集来建立。在这种情况下，只有 SA-ID 和密钥被改变，所有其他属性应保持原样。

每当建立一个新 SA，就应建立新的密钥值。

在无连接方式 NLSP 中，一个 SA 被释放后，SA-ID 应放置于冻结状态，在冻结状态，SA-ID 不应被重用。SA-ID 被冻结的期限应比底层网中 PDU 的最大生命期更长。

259

SA 属性 Adr_Served 用本协议外的方法建立。

SA 属性 Initiator 为 SA 协议交换启动者置为真,为 SA 协议交换响应者置为假。

C2 密钥令牌交换(KTE)

NLSP 实体用密钥令牌交换开始其 SA 协议以在实体间生成一个共享秘密(即一个位串)。NLSP 实体接着用该秘密位串的一个子集与专用密钥算法一起在它们之间加密通信剩余部分。因此就对 SA 协议交换的剩余部分提供了保密性。

KTE 涉及到 Key-Token-1 与 Key-Token-2 两个值的交换。该两值是由机制特定参数连同如附录 H 略述的机制特定算法本地生成的数字一同计算出的,被交换的值然后由两个通信实体使用以产生共享秘密位串。

该位串的子集连同一个专用密钥算法一起用于加密支持 SA 协议鉴别和 SA 属性协商的 SA 协议交换的剩余部分。另外,该位串的子集也被引用来作为正在建立的安全联系的密钥和 ISN 属性,这被下列之一引用:

1) 由 SA 属性 Negotiation 中的交换位置信息;

2) 通过先验的知识。

C3 SA 协议鉴别

一个 NLSP 实体为了在 SA 建立期间鉴别另一个,它需要鉴别证书及公开密钥对。

NLSP 实体交换证书及数字签名(如 GB/T 16264.8 定义的)以核实每一实体的身份。一个证书至少包含一些 NLSPE 标识信息加上该实体的公开密钥。

证书由信任权限证明,并使用 NLSP 协议范围外的规程来提供给 NLSP,证书携带信任权限的鉴别签名,参与该 SA 协议的 NLSP 实体应具有发出证书的信任权限的公开密钥,用于获得此信任权限的公开密钥的方法在本标准范围之外。NLSP 实体要证明它拥有特别证书,它必须证明它知道相应证书中的公开密钥的秘密密钥。

适时证明和防止重演攻击是由加标志数据编址的,该数据由共同确定的特定数值和对该协议的特定操作组成,对两个通信实体 A(SA 的启动者)和 B(响应者),按下列去做:

a) 创建 SA 内容,包括 A 的证书和 Key-Token-3(用附录 H 中描述的算法计算出)接着签名(例如,使用在 GB/T 16264.8 中定义的鉴别签名)。这个签名不包括交换 ID 和内容长度。然后加密,包括签名和内容长度但不包括交换 ID 的 SA 内容。加密密钥就是 KTE 交换产生的位串的头 n 位,其中 n 为所用算法要求的位数;

b) 创建携带 SA 属性协商(见 C4)或夭折/释放原因(见 C5)的 SA 内容,然后如上面 a),使用与实体 B 相关的等价信息和 Key-Token-4 而不是 Key-Token-3 来签名和加密。

每个实体通过首先对接收的交换解密来核实对等实体的鉴别签名,然后核实签名及检验密钥令牌以保护不被重演攻击,核实需要使用对等实体公开密钥,以及核实签名的商定过程。

C4 SA 属性协商

C4.1 安全服务选择

作为本地判定,启动的 NLSP 实体发出一个或多个可接受的安全服务选择集,该集中的每一元素包含下列:

a) ASSR_ID,它为集中的该元素定义了所选择的安全服务的语义;

b) 每一个保密性、鉴别、访问控制、完整性及通信流量保密性的服务选择值(由 ASSR_ID 定义的语义)。

作为本地判定,接收者 NLSP 实体将给原发者返回下列 PCI:

a）若提出的服务集之一是可接受的，接收者将返回单个所选择的服务元素；

b）若提出的服务集无一个可接受，接收者将拒绝该 SA，并返回一个状态指明拒绝 SA 的原因。

注：该协商允许两个 NLSP 实体选择与其本地安全策略一致的安全服务。

C4.2 标号集协商

基于它的本地安全策略，启动的 NLSP 实体发出一个安全标号和参考的集，该集要在该 SA 的保护之下传送，集中的每一元素包含：

a）在 SA 的生命期间为了效率的缘故为代替标号而携带的一个参考；

b）标号的全语义。

基于它的本地安全策略，接收者 NLSP 实体将确定要在该 SA 保护之下传送哪一个提出的标号集，接收者 NLSP 实体将给原发者返回下列 PCI：

a）若提出的集中的一个或多个标号是可接受的，接收者将返回提出的参考集的一个子集，不允许空集；

b）若提出的集中没有可接受的标号，接收者应拒绝该 SA，通过返回一个状态指明拒绝 SA 的原因。

注：该协商允许 NLSP 实体双方选择一个与其本地安全策略一致的标号集。

C4.3 密钥和 ISN 选择

作为本地判定，启动的 NLSP 实体在向接收者 NLSP 实体通信期间（即 NLSP 通信而非 SA 协议通信）选择由 KTE 导致的位串的那些部分用作密钥和/或 ISN。该密钥/ISN 通过 EKE 结果位串中的起始位位置的通信来标识。该密钥/ISN 长度由与选择服务联系的参数确定，发送到接收者 NLSP 实体的指针集为下列：

a）正常数据加密密钥；

b）加快数据加密密钥；

c）正常数据完整性检验生成密钥；

d）加快数据完整性检验生成密钥；

e）正常数据的 My ISN；

f）加快数据的 My ISN；

g）鉴别生成密钥。

类似地，接收者 NLSP 实体将本地确定它将把 EKE 结果位串的哪一部分用作其密钥/ISN，接收者 NLSP 将给原发者返回下列 PCI：

a）若接收者选择使用与启动的 NLSP 实体提出的相同的位位置，则返回不明确的 PCI；

b）若接收者由于其他协商失败而拒绝 SA，则返回不明确的 PCI；

c）若接收者为其密钥/ISN 选择不同的位位置，它将返回一个指针集。

注

1 通过为多于一个密钥/ISN 提供同一指针，同一密钥值可用于多种目的。

2 若先验地知道选择的密钥和 ISN 的位置，不需使用该规程。

C4.4 杂项 SA 属性协商

作为本地判定，启动的 NLSP 实体为建立 SA 确定下列 SA 属性值：

a）在无连接时保留这些 SA 属性（仅 NLSP-CO）；

b）保护 CO 参数（仅 NLSP-CO）；

c）使用无报头选项（仅 NLSP-CO）。

启动的 NLSP 实体发送接收者 NLSP 实体在杂项标志字段中提出的 SA 属性集。

作为本地判定，接收者 NLSP 实体将对原发者返回下列 PCI：

a）若接收者接受所有提出的 SA 属性，则返回不明确的 PCI，若接收者不拒绝该 SA，则暗指该 SA

属性对接收者 NLSP 实体是可接受的；

　　b）若任何属性之一不可接受，接收者拒绝 SA 并通过返回一个状态来指明哪一个属性导致拒绝。

C4.5　重定密钥

　　若为重定密钥一个旧 SA 而建立 SA，则仅执行密钥和 ISN 选择。并把要继承这些属性的旧 SA 的引用放置于 Old-Your-SA-ID 中，而不是服务标号集及杂项 SA 属性协商。

C5　SA 夭折/释放

　　实体可指明，通过 SA PDU 与一个使用 C3 中定义的规程签名和加密原因码的双向交换，它不再使用安全联系。

C6　SA 协议功能到协议交换的映射

　　本 SA 协议在三个独特的协议交换期间执行前述的三个功能：

　　a）第一交换，由 EKE 和证书交换组成，且没有应用加密；

　　b）第二交换，由被保护的安全协商组成以提供 C3 定义的鉴别；

　　c）分离的交换，当不再要求 SA 时被启动，由被保护的原因码组成，以提供 C3 定义的鉴别。

C6.1　KTE（第一）交换

C6.1.1　请求启动 SA 协议

　　NLSP 实体或本地安全管理启动 SA 协议。

　　启动的 NLSP 实体执行下列功能并给接收者发送下列信息：

　　a）可获得的 SA-ID 作为原发者的 My＿SA-ID 被选择和放置；

　　b）开始 KTE，并发送 Key-Token-1；

　　c）提出保密性机制的列表，可用来保护第二 SA 协议交换。该列表被表达为包括下列一个或多个元素的集合：ASSR＿ID 和所选择的保密性安全服务。若机制事先已商定，则不发送该列表；

　　d）提出完整性机制的列表。其中之一可用于数字签名第二 SA 协议交换。该列表被表达为一个或多个包括下列元素的集合：ASSR＿ID 和所选择的完整性安全服务。若机制事先已商定，则不发送该列表。

　　注

　　1　选择的保密性安全服务将只标识一个对称加密算法及其操作方式。选择的完整性安全服务将只标识一个非对称算法及其联系的数字签名模式。

　　2　项目 c）和 d）可先验地知道。

　　在 CO 情况下，若超时后不为第一交换返回 PDU，则不建立 SA，并不做进一步尝试。

　　在 CL 情况下，若超时后不为第一交换返回 PDU，启动的 NLSP 实体再传送其第一交换 PDU，再传送限于本地定义的有限数。

C6.1.2　接收者接收的第一个 SA PDU

　　接收第一个 SA PDU 时，接收者 NLSP 实体执行下列功能并对启动者发送下列信息：

　　a）接收的 My＿SA-ID 被放置于 13.4 中描述的通用报头的 Your＿SA-ID 字段中；

　　b）选择可用的 SA-ID，并作为原发者的 My＿SA-ID 发送；

　　c）作为本地判定，接收者 NLSP 将给原发者返回下列 PCI：

　　　　1）若接收者接受了提出的保密性机制之一，则它返回选择的机制，若启动者提出单个机制，则返回不明确的 PCI；

　　　　2）若所有的保密性机制都不可接受，接收者拒绝该 SA 并通过返回一个状态指明拒绝的原因。

　　d）作为本地判定，接收者 NLSP 实体将对原发者返回下列 PCI：

　　　　1）若接收者接受提出的完整性机制之一，则它返回选择的机制。若启动者提出单个机制，则返回不明确的 PCI；

　　　　2）若所有的完整性机制都不可接受，接收者拒绝该 SA 并通过返回一个状态指明拒绝的原因。

　　e）假若保密性和完整性机制都被选择，则开始 KTE 计算并发送 Key-Token-2。

　　在 CO 情况下，若超时后不返回来自第二交换的 PDU，则不建立 SA 且不做进一步的尝试。

　　在 CL 情况下，若超时后不返回来自第二交换的 PDU，启动的 NLSP 实体则再传送其第一交换 PDU，再传送限于本地定义的有限数。

　　在 CL 情况下，若再次收到来自第一交换的 PDU，则重发送返回的 PDU。

C6.2　鉴别和安全协商(第二)交换

C6.2.1　启动者接收的第一个 SA PDU

　　接收第一个 SA PDU 时，启动的 NLSP 实体执行下列功能：

　　a）接收的 My_SA-ID 被放置于如 13.4 所述的通用报头的 Your_SA-ID 字段中；

　　b）与选择的完整性机制联系的启动者证书被放置于内容字段证书中；

　　c）启动者生成 Key-Token-3；

　　d）用于保护 NLSP 通信的安全服务而提出的列表被放置于内容字段服务选择中；

　　e）在 NLSP 通信期间用于该 SA 保护而提出的标号集被放置于 Label_Def 中；

　　f）密钥/ISN 选择集被放置于密钥选择中；

　　g）该 SA 需求的杂项 SA 属性被放置于 SA 标志中；

　　h）若 SA 建立要重定密钥一个旧 SA，则为了旧 SA 被重定密钥而 Old Your SA-ID 置为 SA-ID；若执行该处理，则不应执行上述 d)、e)和 g)；

　　i）保护如 C3 所述的 SA 内容。

　　在 CO 情况下，若来自第二交换的 PDU 在超时后无返回，则不建立 SA，且不做进一步尝试。

　　在 CL 情况下，若来自第二交换的 PDU 在超时后无返回，启动的 NLSP 实体再传送其第二交换 PDU，再传送限于本地定义的有限数。

　　在 CL 情况下，若再次收到来自第一交换的 PDU，则再发送第二交换 PDU。

C6.2.2　接收者接收的第二交换 PDU

　　收到第二交换 PDU 时，接收者 NLSP 实体执行下列功能并给启动者发送下列信息：

　　a）接收的 My_SA-ID 被放置于如 13.4 所述的通用报头 Your_SA-ID 字段中。

　　b）检验下列项目，若任何项目检验失败，则拒绝 SA 并返回一个状态字段指明拒收原因：

　　　　1）接收的数字签名检验为有效；

　　　　2）接收的 Key-Token-3 检验为有效；

　　　　3）提出的安全服务集检验为确定是否有可接受的。只选择一种提出的安全服务；

　　　　4）提出的标号集检验为确定是否有可接受的；

　　　　5）杂项 SA 属性检验为确定是否全部可接受。

　　c）若接收 PDU 中出现 Old Your SA-ID，则从被引用的 SA-ID 中拷贝合适的 SA，在这种情况下，不能发送下面 c)、d)所述字段的使用。

　　假若所有检验通过，则发送下列项目：

　　a）发送与选择的完整性机制联系的启动者证书；

　　b）发送用来保护 NLSP 通信的选择安全服务，若提出的服务集只包括一个元素，则不返回 PCI；

　　c）接收者生成 Key-Token-4；

d）发送在 NLSP 通信期间使用该 SA 保护提出的标号选择子集；

e）发送 Key/ISN 指针集，若启动者为响应者使用而提出的密钥是可接受的，则不发送新值；

f）保护如 C3 所述的 SA 内容。

在 CL 情况下，若再次收到来自第二交换的 PDU，接收者重发送其第二交换 PDU。

C6.3 SA 释放/夭折交换

C6.3.1 启动 SA 释放/夭折请求

NLSP 实体或本地安全管理启动 SA 释放/夭折，SA 夭折/释放的启动者不必是 SA 建立的启动者。

a）若本地实体是 SA 建立的启动者，则生成 Key-Token-3，否则生成 Key-Token-4。在两种情况下生成的令牌都放置于 SA 内容中；

b）合适的原因码被放置于 SA 内容字段夭折/释放原因中；

c）保护如 C3 所述的 SA 内容。

在 CO 情况下，若超时后未返回来自夭折/释放请求的证实 PDU，则不建立该 SA，并且不做进一步尝试。

在 CL 情况下，若超时后未返回来自夭折/释放交换的证实 PDU，则启动的 NLSP 实体再传送其 SA 释放/夭折请求 PDU，再传送限于本地定义的有限数。

C6.3.2 SA 夭折/释放请求的接收

在接收 SA 夭折/释放证实 PDU 时，接收者 NLSP 实体执行下列功能并且给启动者发送下列信息：

a）若本地实体是 SA 建立的启动者，则生成 Key-Token-3，否则生成 Key-Token-4，在两种情况下生成的令牌都放置于 SA 内容中；

b）合适的原因码被放置于 SA 内容字段夭折/释放原因中；

c）保护如 C3 所述的 SA 内容。

在 CL 情况中，若再次收到来自夭折/释放请求的 PDU，则接收者重发送其第二交换 PDU 直至给定的有限次数。

C7 SA PDU-SA 内容

13.4 中为本特定 SA 协议定义的 SA PDU 的 SA 内容字段的格式如图 Cl 所示：

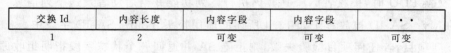

交换 Id	内容长度	内容字段	内容字段	···
1	2	可变	可变	可变

图 C1　SA 内容

C7.1 交换 ID

若 PDU 与第一密钥令牌交换联系，该字段包含的值为 00000000，若 PDU 与第二鉴别/协商交换联系，该字段包含的值为 00000001，若 PDU 与 SA 夭折/释放请求联系，该字段包含的值为 10000000，若 PDU 与 SA 夭折/释放证实联系，该字段包含的值为 10000001。

C7.2 内容长度

除了内容长度字段外的所有内容字段按八位位组计的长度。

C7.3 内容字段

内容字段类型编码在 13.2 中定义，由本附录中规程使用的 SA-P 内容字段（即 A0-BF）在下面给出：

值	内容字段类型
A0	My SA-ID
A1	Old Your SA-ID
A2	Key-Token-1
A3	Key-Token-2
A4	鉴别数字签名
A5	鉴别证书
A6	服务选择
A7	SA 拒绝原因
A8	SA 夭折/释放原因
A9	Label-Def
AA	SA 标志
AB	密钥选择
AC	ASSR
AD	Key-Token-3
AE	Key-Token-4
AF-BF	为将来使用保留

注：在本标准的 13.2 中，为专用使用而保留了相应代码。

服务选择、SA 拒绝原因、Label-Def、SA 标志及密钥选择等字段在本特定的 SA 协议内容定义中都是任选的。

C7.3.1　My SA-ID

该必选字段仅用于第一交换，该参数是安全联系的本地标识符。

C7.3.2　Old Your SA-ID

若除了密钥要从旧 SA 继承属性，则在第二交换中使用该字段。

C7.3.3　Key-Token-1、Key-Token-2、Key-Token-3 及 Key-Token-4

这些必选字段用于支持如本附录早先所述的 KTE 及鉴别。

C7.3.4　鉴别数字签名——证书

这些必选字段用于支持如本附录早先所述的鉴别。

C7.3.5　服务选择

该任选字段在第一及第二交换中都使用：

a）若在第一交换期间使用，它用来标识在第二 SA 协议交换期间要使用的保密性和/或完整性机制，在这情况中，仅前两个八位位组出现；

b）若在第二交换期间使用，它用来提出正在建立的 SA 保护的 NLSP 通讯期间要使用的所有机制。

该字段应跟在 ASSR 参数出现之后，可被一次或多次包括在第一或第二交换 PDU 中，以便为协商形成一个安全服务提出集，每个参数与直接的前导 ASSR 参数相关。

该参数包含指明要求选择安全服务级的八位位组序列，级别的语义定义为部分安全策略。每个安全服务八位位组以下面指明的顺序出现。若被截掉的八位位组都与值为 0 的服务相关，八位位组序列可被截短。一个值为 255 的八位位组指明选择的安全服务已被预先建立。

八位位组	含义
1	无连接保密性/连接保密件
2	无连接完整性/无恢复的连接完整性
3	数据原发鉴别/对等实体鉴别
4	访问控制
5	通信流量保密性

C7.3.6 SA 拒绝原因

该任选字段可出现在第一或第二交换 PDU 中。它的出现指明在 SA 建立期间的 SA 拒绝,它包含下列拒绝原因:

值	含义
1	不支持保密性机制
2	不支持完整性机制
3	不支持访问控制机制
4	不支持鉴别机制
5	不支持通信流量保密性机制
6	拒绝保密性机制
7	拒绝完整性机制
8	拒绝访问控制机制
9	拒绝鉴别机制
10	拒绝通信流量保密性
11	无效的鉴别签名
12	无效证书
13	拒绝提出标号集
14	拒绝 Retain_on_Disconnect
15	拒绝 Param_Prot
16	拒绝 No_Header

C7.3.7 SA 夭折/释放原因

该必选字段出现在 SA 夭折/释放请求和指示中,它用来指明 SA 夭折/释放的原因。

该字段置 0 表示夭折,置 1 表示正常释放,2 到 127 为将来使用保留。其他值可为专用定义的原因码用。

C7.3.8 Label-Def

该任选字段仅用于第二交换中。可一次或多次包括 Label-Def 字段:

a）若原发者使用,提出安全标号集,启动者应一直使用两个子字段;

b）若接收者使用,选择已提出的标号集的子集,接收者应仅使用 Label_Ref 子字段。

Label-Def 字段被分成两个子字段:

a）两个八位位组的 Label_Ref 子字段(不使用 FFFF 值,因为该值为 NULL 标号参考保留);

b）Label 子字段,其内容在 13.3.4.3.7 中定义。

Label_Ref 是一个与 Label 子字段中定义的安全标号联系的数,Label_Ref 用于其他 PDU 中作为携带联系的安全标号的替换。

C7.3.9 密钥选择

该任选字段仅用于第二交换 PDU 中,在 SCI-Contents 中它可出现任何次。

该字段分为三个子字段:

a）用法标志（两个八位位组）；

b）密钥选择信息（两个八位位组）；

c）密钥参考（可变长）。

C7.3.9.1　用法标志

该子字段包含一些标志，它指明要用到前面的子字段中定义的密钥的安全目的。各个位编码为：0 表示 FALSE，1 表示 TRUE。可为下列目的任意组合而使用该密钥，允许的组合将取决于本地安全策略。

位编号	服务	数据	数据源
第一个八位位组			
1	保密性	正常	SA 启动者
2	保密性	正常	SA 响应者
3	保密性	加快	SA 启动者
4	保密性	加快	SA 响应者
5	ICV 生成	正常	SA 启动者
6	ICV 生成	正常	SA 响应者
7	ICV 生成	加快	SA 启动者
8	ICV 生成	加快	SA 响应者

位编号	服务	数据	数据源
第二个八位位组			
1	鉴别		SA 启动者
2	鉴别		SA 响应者
3	ISN	正常	SA 启动者
4	ISN	正常	SA 响应者
5	ISN	加快	SA 启动者
6	ISN	加快	SA 响应者

响应者为了自己使用而使选择无效。

C7.3.9.2　密钥选择信息

该字段指明 EKE 结果位串中的位置，其中选择的密钥要取其值。密钥的长度由标识关联算法的关联选择安全服务确定。多密钥可使用相同的位位置（即相同密钥），允许的组合将取决于本地安全策略。

C7.3.9.3　密钥参考

该任选子字段使该密钥以后能够参考，例如它可用于审查目的或为使用连接安全控制 PDU 的连接的新密钥选择，该参考值对安全联系应是唯一的。

C7.3.10　SA 标志

该任选字段仅用于第二交换 PDU，下列位位置用来标记识别的 SA 属性，0 表示 FALSE，1 表示 TRUE。

位	SA 属性
1	Retain-on-Disconnect
2	Param _ Prot
3	No _ Header
4～8	保留给将来使用

4～8 位在传送时置为 0，接收时被忽略。

C7.3.11　ASSR

若服务选择字段出现，则 ASSR 字段必出现。它是客体标识符（如 ISO/IEC 9834-3 所定义），用来标识安全规则集,它对给定选择服务保护质量定义了要应用的机制。

该字段可多次出现。在这种情况下服务选择参数跟在紧接相关前导 ASSR 参数的每次出现之后。

附 录 D

(标准的附录)

NLSP PICS 形式表[1]

D1 导引

声称与本标准一致的协议实现的供应者应填写下列协议实现一致性声明(PICS)形式表。

已填写的 PICS 形式表是对该实现的 PICS。PICS 是对已实现协议的能力和选项的声明。PICS 可有多种用途,包括:

a) 对协议实现者,用作检验清单以便通过监督来减少与本标准不一致的风险;

b) 对实现的供应者和获得者或潜在获得者,说明了它与标准的 PICS 形式表所提供的公共理解基础的相对关系;

c) 对实现的用户或潜在的用户,用作初始检验与另一个实现进行互工作的可能性的基础(注意,尽管互工作从来未能保证,但对互工作的故障往往能从不兼容的 PICS 中预测出来);

d) 对协议测试者,用作选择合适的测试的基础,根据这些测试来对实现一致性声称进行评估。

D2 缩略语和特殊符号

D2.1 状态符号

M 必选

O 任选

O.<n> 任选,但要求至少有一组由相同数字<n>标记的选项。

X 禁止

<item> 条件限制项符号,它取决于对<item>标记的支持(见 D3.4)

D2.2 一般缩略语

N/A 不适用

PICS 协议实现一致性声明

D3 填写 PICS 形式表的说明

D3.1 PICS 形式表的通用结构

PICS 形式表的第一部分——标识和协议概要——要按照指明的充分标识供应者和实现两者所必需的信息来填写。

PICS 形式表的主要部分是分为三个主要条目的固定格式的调查表,覆盖了 NLSP-CL 和 NLSP-CL 的公共特征,后跟这两种操作方式每种的特定特征;它们被分为若干条,每条包含一组项目。对调查表各项目的答案放在最右端一栏,它或者是简单地标出一个答案以指明受限制的选择(常为"是"或"否")或者是输入一个值或值的集合或数值范围。注意,对某些项目,从一组可能的答案中能适用两个或多个选择;所有相关选择都要作出标记。

每个项目通过引用项目被标识在第一栏;第二栏中包含要答复的问题;第三栏包含本标准的正文中

---

1) 关于 PICS 形式表的版权放弃:

本标准的用户可自由复制本附录中的 PICS 形式表,以便可为特定目的使用和进一步出版已填写的 PICS。

规定该项目的一个或几个引用材料。其余各栏记录了项目的状态——不管该支持是必选的、任选的、禁止还是有条件的——并提供一定的空格以供答复；见下面的 D3.4。

供应者可提供或可要求提供进一步的信息，这些信息可分为附加信息或异常信息。若提供时，每种进一步的信息为互相引用而分别标以 A＜i＞或 X＜i＞项目的另一条中提供。其中 i 是对该项目的明确标识（如简单数字）；其格式或展示没有其他限制。

包括任何附加信息和异常信息的一份已填好的 PICS 形式表是对该实现的协议实现一致性声明。

> 注：实现可以用一种以上的方法配置时，按照 D5.1 的项目，一个单独的 PICS 可以描述全部这样的配置。然而，若使信息展示更容易和更清楚，提供者有提供多个 PICS 的选择能力，每一个 PICS 都涉及该实现的配置能力的某一子集。

D3.2 附加信息

附加信息项允许供应者提供进一步的预期的信息以帮助解释 PICS。不打算或不期望它供给大量的信息，在没有任何这种信息的情况下，也可认为 PICS 是完整的。一些例子可以表达若干方法的一种概括，用这些方法单个实现可能被建立起来，以便在各种环境和配置下操作；或者，这些例子也可以表达也许在特定应用需要时排除若干特征（尽管是任选的特征）的简短理由，而这些特征在网络层安全协议实现中通常仍然是存在的。

对附加信息项的引用可放入调查表任何答案的下一位置上，也可包括在异常信息项中。

D3.3 异常信息

偶尔发生供应者希望用与指明的要求相冲突的方式（在应用了任何条件后）来答复带有必选或禁止状态的项目。在支持栏里对此找不到预先写出的答案；而是要求供应者在支持栏里写入异常信息项目的引用 X＜i＞，并在异常项一栏里提供合适的理由。

以这种方法要求异常项的实现不一致于本标准。

> 注：上述情况的一个可能原因是本标准已报告了某种缺陷，期望为此而纠正以改变实现未满足的要求。

D3.4 条件状态

PICS 形式表包含了许多条件项。这些是项本身的可适用性及它所适用的状态——必选、任选或禁止——取决于是否或不确定支持其他项。

由状态栏中形式为＜item＞：＜s＞的条件符号指明的单独条件项，其中＜item＞为在其他项目表中第一栏出现的项引用，＜s＞是一状态符号 M、O、O.n 或 X 之一。

若支持涉及条件符号的项，则条件项是可用的，其状态由＜s＞给出，支持栏以通常方法填写。否则，与条件项无关且要标上不适用（N/A）答案。

在条件符号中使用的每个项目引用都在项目栏中用星号指明。

D4 标识

D4.1 实现标识

供应者	
询问有关 PICS 的联系点	
实现名称和版本	
对整个标识所需的其他信息——例如机器和或操作系统名称和版本；系统名	
注 1 对所有实现只要求前三项，在满足整个标识的情况下可适当给出其他信息。 2 项目名和版本将作适当解释以符合供应者的术语（例如类型、系列、模型）。	

D4.2 协议摘要

协议规范的标识		GB/T 17963	
该 PICS 已填写的 PICS 形式表的修正案和勘误表的标识		GB/T 17963	
		修正案：	勘误表：
		修正案：	勘误表：
		修正案：	勘误表：
		修正案：	勘误表：
要求有任何异常项（见 D3.3）？ 注：答案"是"意味着该实现与本标准不一致。		是 □　　　　否 □	
声明日期			

D5　NLSP-CO 和 NLSP-CL 公共特征

D5.1　主要能力（公共）

项目	问题/特征	引用条号	状态	支持	
CO*	支持连接方式？	5.1	O.1	是 □ 否 □	
CL*	支持无连接方式？	5.1	O.1	是 □ 否 □	
AC	支持访问控制？	5.2	O	是 □ 否 □	
TFC*	支持通信流量保密性？	5.2	O	是 □ 否 □	
ParamProt*	支持所有 NLSP 服务参数的保护？	5.5.1a	O.2	是 □ 否 □	
UserDatProt	支持所有 NLSP 用户数据的保护？	5.5.1b	O.2	是 □ 否 □	
NoProt*	支持无保护？	5.5.1c	O	是 □ 否 □	
SdtBase*	支持基于任何 SDT PDU 的封装功能？	5.5.3	CO:O.3 CL:M ParamProt:M	是 □ 否 □	
NoHead	支持任何无报头封装功能？	5.5.3	CO:O.3 CL:X ParamProt:X	是 □ 否 □ N/A □	
SA-P*	支持任何带内 SA-P？	5.4.1	O	是 □ 否 □	
LabMech*	支持标号机制？	6.2g, 6.4.1.1e 6.4.2.1f	SdtBase:O	是 □ 否 □ N/A □	
SDTMech*	支持基于标准化 SDT PDU 的封装功能	11	SdtBase:O	是 □ 否 □ N/A □	
NoHeadMech	支持标准化无报头封装功能？	12	NoHead:O	是 □ 否 □ N/A □	

D5.2 PDU（公共）

项目	问题/特征	引用条号	状态	发送时支持	接收时支持
SDT*	在发送/接收时支持安全数据传送 PDU？	6.4.1.1 13.3	SdtBase:M	是 ☐ N/A ☐	是 ☐ N/A ☐
SA*	在发送/接收时支持安全联系 PDU？	5.4.1, 13.4	SA-P:O	是 ☐ N/A ☐	是 ☐ N/A ☐

D5.3 对 CO 和 CL 公共，对机制通用的 SDT PDU 字段

项目	问题/特征	引用条号	状态	发送时支持	接收时支持
SdtPID	每个 SDT PDU 中 PID 字段值 10001011	13.3.2.1	SDT:O	是 ☐ N/A ☐	是 ☐ N/A ☐
SdtLI	每个 SDT PDU 中长度指示符字段	13.3.2.2	SDT:M	是 ☐ N/A ☐	是 ☐ N/A ☐
SdtPDUType	每个 SDT PDU 中其值为 01001000 的 PDU 类型字段	13.3.2.3	SDT:M	是 ☐ N/A ☐	是 ☐ N/A ☐
SdtContLen	每个 SDT PDU 中内容长度	13.3.4.1	SDT:M	是 ☐ N/A ☐	是 ☐ N/A ☐
DataType	每个 SDT PDU 中数据类型字段	13.3.4.2	SDT:M	是 ☐ N/A ☐	是 ☐ N/A ☐
UserData	内容字段类型 CO——用户数据	13.3.4.3	SDT:O	是 ☐ 否 ☐ N/A ☐	是 ☐ 否 ☐ N/A ☐
CSAddr	内容字段类型 C2——主叫/源 NLSP 地址	13.3.4.3	ParamProt:M	是 ☐ N/A ☐	是 ☐ N/A ☐
CDAddr	内容字段类型 C3——主叫/目的 NLSP 地址	13.3.4.3	ParamProt:M	是 ☐ N/A ☐	是 ☐ N/A ☐
Label	内容字段类型 C6——标号	13.3.4.3	LabMech:O.4	是 ☐ 否 ☐ N/A ☐	是 ☐ 否 ☐ N/A ☐
LabRef	内容字段类型 C7——标号参考	13.3.4.3	LabMech:O.4	是 ☐ 否 ☐ N/A ☐	是 ☐ 否 ☐ N/A ☐
LabelExc	任何强制 SDT PDU 中标号和标号参考相互排斥？	13.3.4.3	LabMech:M	是 ☐ N/A ☐	是 ☐ N/A ☐

D5.4 具有基于特定 SDT 的封装机制的 CO 和 CL 的公共 SDT PDU 字段

项目	问题/特征	引用条号	状态	发送时支持	接收时支持
Synch	密码同步	11.3，13.3.3.1	O	是 □ 否 □ N/A □	是 □ 否 □ N/A □
ICV	ICV 字段	11.3，13.3.3.2	COInteg:M CLInteg:M	是 □ N/A □	是 □ N/A □
EncPad	加密填充	11.3，13.3.3.3	COConf:O CLConf:O	是 □ 否 □ N/A □	是 □ 否 □ N/A □
SeqNo	顺序号内容字段	11.3，13.3.5.1	COInteg:O CLInteg:O	是 □ 否 □ N/A □	是 □ 否 □ N/A □
SinglePad	单个八位位组通用填充字段	11.3，13.3.5.2	O	是 □ 否 □ N/A □	是 □ 否 □ N/A □
TFCPad	通信量填充	11.3，13.3.5.3	TFC:M	是 □ N/A □	是 □ N/A □
IntegPad	完整性填充	11.3，13.3.5.4	COInteg:O CLInteg:O	是 □ 否 □ N/A □	是 □ 否 □ N/A □

注：所有上述字段以所选择的 SDT Mech 为条件。

D5.5 SA-P 通用的 SA PDU 字段

项目	问题/特征	引用条号	状态	发送时支持	接收时支持
SaPID	每个 SA PDU 中 PID 字段的值为 10001011	13.4.1	SA:M	是 □ N/A □	是 □ N/A □
SaLI	每个 SA PDU 中发送长度指示符字段？	13.4.2	SA:M	是 □ N/A □	是 □ N/A □
SaPDUType	每个 SA PDU 中其值为 01001001 的 PDU 类型字段	13.4.3	SA:M	是 □ N/A □	是 □ N/A □
SaSA-ID	SA-ID 字段	13.4.4	SA:M	是 □ N/A □	是 □ N/A □
SA-PTtype	SA-P 类型字段	13.4.5	SA:M	是 □ N/A □	是 □ N/A □
SAKTE*	支持使用密钥令牌交换的 SA 协议例子？	附录 C	SA:O	是 □ 否 □ N/A □	是 □ 否 □ N/A □

D5.6 密钥令牌交换 SA-P 特定的 SA PDU 内容字段

项目	问题/特征	引用条号	状态	发送时支持	接收时支持
SAExchId	交换 ID	C7.1	SAKTE:M	是 ☐ N/A ☐	是 ☐ N/A ☐
ContLen	每个 SA PDU 发送长度指示符字段?	C7.2	SAKTE:M	是 ☐ N/A ☐	是 ☐ N/A ☐
MySA-ID	My SA-ID 内容字段	C7.3.1	SAKTE:M	是 ☐ N/A ☐	是 ☐ N/A ☐
OldYrSA-ID	Old Your SA-ID 内容字段	C7.3.2	SAKTE:M	是 ☐ N/A ☐	是 ☐ N/A ☐
KeyTokens	Key-Token-1，Key-Token-2，Key-Token-3，Key-Token-4 内容字段	C7.3.3	SAKTE:M	是 ☐ N/A ☐	是 ☐ N/A ☐
AuthFields	鉴别数字签名和鉴别证书内容字段	C7.3.4	SAKTE:M	是 ☐ N/A ☐	是 ☐ N/A ☐
ServSel*	服务选择内容字段	C7.3.5	SAKTE:O	是 ☐ 否 ☐ N/A ☐	是 ☐ 否 ☐ N/A ☐
SARejReas	SA 拒绝原因内容字段	C7.3.6	SAKTE:O	是 ☐ 否 ☐ N/A ☐	是 ☐ 否 ☐ N/A ☐
SAAbReas	SA 夭折/释放原因内容字段	C7.3.7	SAKTE:M	是 ☐ 否 ☐ N/A ☐	是 ☐ 否 ☐ N/A ☐
LabDef	标号定义内容字段	C7.3.8	SAKTE:O	是 ☐ 否 ☐ N/A ☐	是 ☐ 否 ☐ N/A ☐
KeySel*	密钥选择内容字段	C7.3.9	SAKTE:O	是 ☐ 否 ☐ N/A ☐	是 ☐ 否 ☐ N/A ☐
KeyUse	标志用法子字段	C7.3.9.1	KeySel:M	是 ☐ N/A ☐	是 ☐ N/A ☐
KeySelInfo	密钥选择信息子字段	C7.3.9.2	KeySel:M	是 ☐ N/A ☐	是 ☐ N/A ☐
KeyRefx	密钥参考子字段	C7.3.9.3	KeySel:O	是 ☐ 否 ☐ N/A ☐	是 ☐ 否 ☐ N/A ☐

表（完）

项目	问题/特征	引用条号	状态	发送时支持	接收时支持
SAFlags	SA 标志内容字段	C7.3.10	SAKTE:O	是　□ 否　　□ N/A　□	是　□ 否　　□ N/A　□
ASSR	ASSR 内容字段	C7.3.11	ServSel:M	是　□ N/A　□	是　□ N/A　□

D5.7　支持的算法

项目	问题/特征	引用条号	状态	支持
RegKTE	支持登记密钥令牌交换算法列表	—	O	名： 客体标识符：
UnRegKTE	支持未登记指数密钥交换算法列表	—	O	名：
RegICV	支持登记 ICV 算法名列表	—	O	名： 客体标识符：
UnRegICV	支持未登记 ICV 算法列表	—	O	名：
RegConf	支持登记保密性算法名列表	—	O	名： 客体标识符：
UnRegConf	支持未登记保密性算法列表	—	O	名：

D6　NLSP-CL 的特定特征

D6.1　主要能力(NLSP-CL)

项目	问题/特征	引用条号	状态	支持
CLConf*	支持无连接保密性？	5.2	CL:O.5	是　□ 否　　□ N/A　□
CLInteg*	支持无连接完整性？	5.2	CL:O.5	是　□ 否　　□ N/A　□
DOA	支持数据原发鉴别？	5.2	CL:O.5	是　□ 否　　□ N/A　□

D6.2　启动者/响应者(无连接方式)

项目	问题/特征	引用条号	状态	支持
CLXmtProt	该实现能发送保护的无连接数据单元？	7.6	CL:O.6	是　□ 否　　□ N/A　□

表（完）

项目	问题/特征	引用条号	状态	支持
CLRcvProt	该实现能接受保护的输入无连接数据单元？	7.7	CL:O.6	是 ☐ 否 ☐ N/A ☐
CLXmt	该实现能发送无保护的无连接数据单元？	7.6.1	NoProt:M	是 ☐ N/A ☐
CLRcv	该实现能接受无保护的输入无连接数据单元？	7.7.1	NoProt:M	是 ☐ N/A ☐

D6.3 环境（无连接方式）

项目	问题/特征	引用条号	状态	支持
CL1	支持 GB/T 15126 ADI 强制性元素？	5.2	CL:M	是 ☐ N/A ☐

D6.4 SDT PDU 字段（无连接方式）

项目	问题/特征	引用条号	状态	支持
SdtSA-ID	在每个 SDT PDU 中发送 SAID 字段？	13.3.2.4	CL:M	是 ☐ N/A ☐

D7 NLSP-CO 的特定特征

D7.1 主要能力（NLSP-CO）

项目	问题/特征	引用条号	状态	支持
SNAcP	该协议直接映射到 GB/T 16974	5.3, 附录 B	CO:O.7	是 ☐ 否 ☐
SNISP*	该协议映射到 GB/T 15126？	5.3, 附录 A	CO:O.7	是 ☐ 否 ☐
COConf*	支持连接保密性？	5.2	CO:O.8	是 ☐ 否 ☐ N/A ☐
COInteg*	支持无恢复连接完整性？	5.2	CO:O.8	是 ☐ 否 ☐ N/A ☐
PEA	支持对等实体鉴别？	5.2	CO:O.8	是 ☐ 否 ☐ N/A ☐
ExCSC*	支持 NLSP 中定义的 CSC PDU 规程的例子？	10	CO:0	是 ☐ 否 ☐ N/A ☐

D7.2 PDU(连接方式)

项目	问题/特征	引用条号	状态	发送时支持	接收时支持
CSC*	连接安全控制 PDU	8.5, 13.5	CO:M	是 □ N/A □	是 □ N/A □

D7.3 连接方式的建立/释放

项目	问题/特征	引用条号	状态	主叫实体 支持	被叫实体 支持
UNConn	UN-CONNECT 中的 NLSP-CONNECT	8.5.1.2	CO:O.9	是 □ 否 □ N/A □	是 □ 否 □ N/A □
UNConnSAP	具有 SA-P 的 UN- CONNECT 中的 NLSP- CONNECT	8.5.1.2	CO:O.9	是 □ 否 □ N/A □	是 □ 否 □ N/A □
UNData	UN-DATA 中的 NLSP- CONNECT	8.5.1.2	CO:O.9	是 □ 否 □ N/A □	是 □ 否 □ N/A □
UNDataSAP	具有 SA-P 的 UN-DATA 中 的 NLSP-CONNECT	8.5.1.2	CO:O.9	是 □ 否 □ N/A □	是 □ 否 □ N/A □
DUNDisc	UN-DISCONNECT 中的 NLSP-DISCONNECT	8.10	CO:O.10	是 □ 否 □ N/A □	是 □ 否 □ N/A □
DUNData	UN-DATA 中的 NLSP- DISCONNECT	8.10	CO:O.10	是 □ 否 □ N/A □	是 □ 否 □ N/A □

D7.4 环境(连接方式)

项目	问题/特征	引用条号	状态	支持
CO1	支持 GB/T 15126 的强制性元素?	5.3	SNISP:M	是 □ N/A □
CoNopt1	该实现提供加快数据?	8.7	CO:O	是 □ 否 □ N/A □
CoNopt3	该实现提供接收证实?	8.9	CO:O	是 □ 否 □ N/A □

D7.5 定时器和参数(连接方式)

项目	问题/特征	引用条号	状态	支持
T1	支持在发送 NLSP-DISCONNECT 和发出 UN-DISCONNECT 之间的定时器?	8.10	CO:O	是 □ 否 □ N/A □

D7.6 SDT PDU 字段(连接方式)

项目	问题/特征	引用条号	状态	发送时支持	接收时支持
TestData	内容字段类型 C1——测试数据	13.3.4.3	O	是 □ 否 □ N/A □	是 □ 否 □ N/A □
RAdrr	内容字段类型 C4——响应 NLSP 地址	13.3.4.3	ParamProt:M	是 □ N/A □	是 □ N/A □
ConfReq	内容字段类型 C8——证实请求	13.3.4.3	ParamProt:O	是 □ 否 □ N/A □	是 □ 否 □ N/A □
Reason	内容字段类型 C9——断开连接原因	13.3.4.3	ParamProt:O	是 □ 否 □ N/A □	是 □ 否 □ N/A □

注:D7.6 中所有项目都以所支持的 SDT 为条件。

D7.7 CSC PDU 字段——通用(连接方式)

项目	问题/特征	引用条号	状态	发送时支持	接收时支持
CscPID	每个 CSC PDU 中 PID 字段的值为 10001011	13.5.1	CSC:M	是 □ N/A □	是 □ N/A □
CscLI	每个 CSC PDU 中长度指示符字段	13.5.2	CSC:M	是 □ N/A □	是 □ N/A □
CscPTyp	每个 CSC PDU 中 PDU 类型字段具有 xx111111 的值	13.5.3	CSC:M	是 □ N/A □	是 □ N/A □
UNC-UNDFlg	每个 CSC PDU 中发送 PDU 类型字段的 UNC-UND 标志?	13.5.3	CSC:M	是 □ N/A □	是 □ N/A □
SA-PFlg	每个 CSC PDU 中发送 PDU 类型字段的 SA-P 标志?	13.5.3c	CSC:M	是 □ N/A □	是 □ N/A □
CscSA-ID	SA-ID 字段	13.5.4	CSC:O	是 □ 否 □ N/A □	是 □ 否 □ N/A □
ContLen	每个 CSC PDU 中内容长度字段	13.5.5	CSC:M	是 □ N/A □	是 □ N/A □

D7.8 CSC PDU 内容举例（连接方式）

项目	问题/特征	引用条号	状态	支持
CscInit	实现能启动 CSC PDU 交换？	10.3	ExCSC:O.11	是 ☐ 否 ☐ N/A ☐
CscResp	实现能对对等实体启动的 CSC PDU 交换进行响应？	10.3	ExCSC:O.11	是 ☐ 否 ☐ N/A ☐
EncAuth	加密 AUTH-DATA 字段	13.5.7	ExCSC:M	是 ☐ N/A ☐
KeyInfox	密钥信息字段	13.5.8	ExCSC:O	是 ☐ 否 ☐ N/A ☐

附 录 E

（提示的附录）

NLSP 基本概念指导

E1 保护的基础

NLSP 用户数据的保护基础是安全数据传送 PDU(SDT PDU)或无报头保护。SDT PDU 通过添加完整性检验值(ICV)的封装功能来保护数据，然后为了保密性对该数据进行加密。填充字段可与被保护数据一同放置以支持通信流量保密性和块 ICV 机制。单独的填充字段为了块加密机制可置于块加密机制的 ICV 之后。

SDT PDU 中附加安全控制信息（例如标号，顺序号）受保护之前可与用户数据一起存放，以产生封装前八位位组串。然后使用上面描述的封装功能保护封装前八位位组串。在 PDU 的前部置有一个清除头，以标识 PDU 类型及"安全属性"集（密钥等等见第 5 章）用来保护数据单元。SDT PDU 的建构如图 E1 所示。

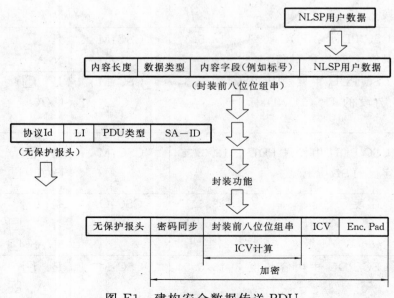

图 E1 建构安全数据传送 PDU

NLSP-CO 支持第二种任选的方法以保护称为 No _ Header 的 NLSP 用户数据。用这种方法对 NLSP数据可直接加密而不用附加任何安全控制信息或清除头。

E2 底层服务与 NLSP 服务

NLSP 有两个概念的服务接口，一个称为 NLSP 服务，是对"上面""NLSP"的协议提供的接口（即利用被保护通信的协议），另一个称为 UN（底层网）服务，是 NLSP 用来调用底层通信协议的。NLSP 可在不影响高于和低于 NLSP 协议的操作而透明地加入，NLSP 接口反映了上述协议期望的服务，而 UN 服务映射到底层协议提供的服务形式上。

NLSP 服务接口处的用户数据，在它下行传递到底层 UN 服务接口之前受到保护（例如将它封装在 SDT PDU 中）

除了在一个主要方面外，NLSP 和 UN 服务接口两者都与 OSI 网络服务相似。受 NLSP 服务的实体并不总是运输实体，并且 UN 服务从不直接与运输实体接口。如后面描述的，在某些情况下（见图 E2）NLSP 服务可接口到中间系统内的中继和路由选择功能或甚至接口到支持网络层协议的实体。使用 UN 服务时，从底层协议的角度看，服务接口可能就好象它是网络服务，但从整个 OSI 栈的观点看，它接口到网络层内的 NLSP 实体上，因此它不是一个纯 OSI 网络服务。

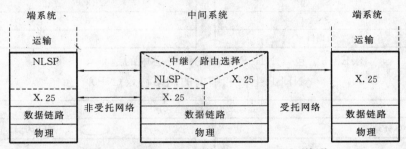

图 E2　具有中间系统的 NLSP-CO 说明

E3　NLSP 寻址

NLSP 实体（NLSPE）被嵌入在 NLSP 服务用户和底层网之间，相应的服务访问点为 NLSP-SAP 及 UN-SAP。在 NLSP 当前支持的配置中（见图 E3-1 及注），标识连接到 NLSP-SAP 的实体地址（例如 NLSP 服务用户）是 NLSP 地址，标识连接到 UN-SAP 的实体地址（例如 NLSPE）是 UN 地址。对等 NLSPE 在网络层中形成一个子层。其上边界和下边界是交换地址的交互点。下图描绘了服务访问点及相应的地址。

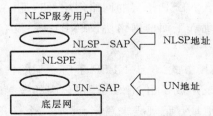

注：在中继 CO 方式 N 服务的配置中，NLSP 地址可能标识端系统中的 NSAP 地址，而不是中间系统中的 NLSP-
　　SAP（见图 E4 和图 E5）。

图 E3-1　高层和低层 SAP 及其地址

NLSP 位于网络层内部，它可置于下边界、上边界或中间任何地方。NLSP 及其较低的 UN 服务边界以不同角色进行动作，这取决于放置。类似地，所用的地址也根据放置而具有不同的语义。图 E3-2 显示了 NLSPE 在网络层中的可能放置。

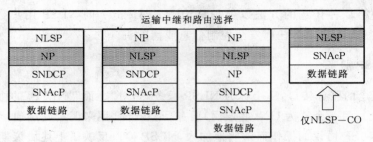

图 E3-2　网络层内 NLSP 的放置

图 E3-3 及图 E3-4 标识了不同放置中包含的 NLSP 子层的网络层内使用的地址形式。

图 E3-3　包含 NLSP 子层的网络层中的地址——带有
NLSP 上面和下面的网络协议(NP)

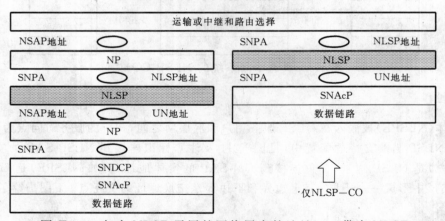

图 E3-4　包含 NLSP 子层的网络层中的地址——带有 NLSP
上面和下面的网络协议(NP)——没有网络协议

　　在网络协议(连接方式或无连接方式)位于 NLSP 子层之下的情况下,NLSP 使用 NSAP 地址(UN地址)在底层网中寻址。NSAP 地址形成了由 NLSP 子层包围的被封装的寻址域。NSAP 地址同 NSAP地址有相同的语法并且用 NSAP 地址登记规程来登记。形成一个受托网络域的 NSAP 地址仅仅用在由NLSP 子层保护的域中。

　　SNPA 可能与上层 NP 实体确定的 SNPA 相同。然而,根据对等 NLSPE 的定位,SNPA 地址可能不同。

　　封装的寻址域可看作是 OSIE 中的虚拟子网,它由 ES 或 IS 中的一组 NLSP 实体定界,这些实体每一个都有相同的依赖于技术子网协议的 N-Layer 栈(SNACP,依赖于子网网络收敛协议),因此这些NLSPE 在网络层内有相同的放置。

　　图 E3-5 显示了可能的 OSIE 的方案。该 OSIE 包含了 ES 和 IS 内的 NLSP 实体所包围成的虚拟

UN。

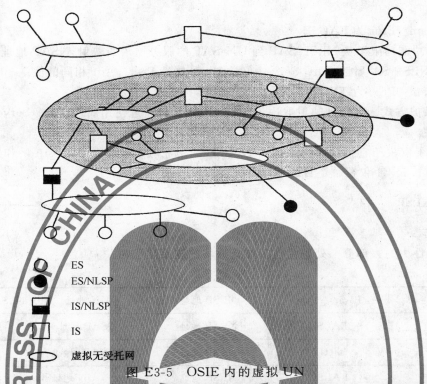

图 E3-5　OSIE 内的虚拟 UN

网络层协议栈和 NLSP 实体的放置取决于子层中使用的协议及其配置。选择处理由定义受托和无受托网络组合静态配置的"权限"完成,这要求在本标准的范围之外附加安全管理和路由选择功能。

取决于网络层内的 NLSPE 放置,NLSP 地址和 UN 地址有不同的语义。概念上,两种放置是不同的(见图 E3-6)。

——放置 A——对应于 OSI NSAP 的 NLSP_SAP,NLSP 服务的用户是运输实体,标识运输实体的地址被定义为 NSAP 地址且与 NLSP 地址相同。

底层网被看作是无保护的网络域。它实际上是 OSI 网络。因此标识 NLSPE 的地址对应于 OSI NSAP 地址。然而,若 NLSP 服务参数被保护(Param_Prot 为 True),经由 NLSP_SAP 和 UN_SAP 边界在服务原语中传送的参数可能不同。

——放置 B——NLSPE 放置于两个网络子层之间。顶部的子层描绘了被保护的网络域,而底层子网代表无保护的网络域。

在端系统中,NSAP 地址标识了在端系统中配置的不同网络服务用户。NLSP 地址标识了端系统路由选择实体,该实体对 ES 路由选择功能负责。

在中间系统中,NSAP 地址包含了被保护的网络域中的中继 NPDU 的路由选择信息,NLSP 地址标识了 IS 中的 ES/IS 路由选择实体,UN 地址标识了连接到 UN 上的 NLSPE。

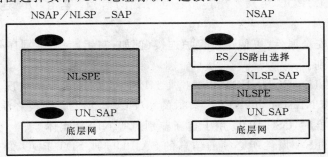

图 E3-6　网络层内的 NLSPE 的放置

由远程 NLSPE 服务的 NLSP 地址持有 SA 属性 Adr_Served。远程 NLSPE 的 UN 地址持有 SA 属性 Peer_Adr。

——若 Param_Prot 为 FALSE

NLSP 功能局限于从 NLSP-SAP 到 UN-SAP 的服务原语的映射,NSAP 地址直接映射成 UN 地址,NLSP SA 属性 Adr_Served 保持和 SA 属性 Peer_Adr 相同的值。

——若 Param_Prot 为 TRUE

保护方式——地址映射取决于 NLSPE 放置并通过使用属性 Adr_Served 和 Peer_Adr 来提供。

表 E1 包括了取决于它们的不同放置的 NLSPE 的功能映射地址及 Peer_Adr 和 Adr_Served 属性之间的对应性。表 E1 仅覆盖了目的地址。

E4　连接方式 NLSP

E4.1　基本操作

NLSP 复杂性中的大部分与处理为连接方式通信的连接建立相关。

表 E1

放置	Param_Prot	NLSP 地址	UN 地址	NLSP 地址与 UN 地址
A	FALSE	NSAP 地址	NSAP 地址	相同
A	TRUE	NSAP 地址	对等 UN 地址	不同
B:端系统	FALSE	NLSP 地址（注）	对等 UN 地址	相同
B:端系统	TRUE	NLSP 地址（注）	对等 UN 地址	不同
B:中间系统	FALSE	NLSP 地址（注）	对等 UN 地址	相同
B:中间系统	TRUE	NLSP 地址（注）	对等 UN 地址	不同
注: 从 NLSP 地址到 NSAP 地址或从 NSAP 地址到 NLSP 地址的映射是与高于 NLSP 的协议相关的路由选择功能所关注的。				

支持两种 NLSP 连接建立基本方式。在一种方式中,NLSP-CONNECT 参数携带于 UN-CONNECT 服务原语中。在另一种方式中,NLSP-CONNECT 参数被封装进 SDT PDU 之后,在建立了 UN 连接之后,携带于 UN-DATA 中。两种 NLSP 连接建立方式有不同的变种,一种变种用于带内 SA-P,另一种用于带外建立的 SA。

"连接安全控制"(CSC)PDU 用来发出连接建立方式的信号。若在 UN 连接上不携带带内 SA-P,CSC PDU 交换也用于:

a) 建立机制特定的安全属性,以便用于保护连接(例如:密钥,完整性顺序号);

b) 执行对等实体鉴别。

在带有带内 SA-P 的 UN-CONNECT 中要携带 NLSP-CONNECT 的情况下,建立 UN 连接用来携带 SA-P,然后在执行携带 NLSP-CONNECT 参数的 UN-CONNECT 交换之前,将该 UN 连接释放。第二次 UN-CONNECT 交换时,CSC PDU 用于重新鉴别对等 NLSP 实体。

通过携带设置要求的 SA 属性所必须的信息的 SA PDU 或 SDT PDU 的交换来获得 SA 的建立。附录 C 为该目的定义了 SA 协议。

若要求保护 NLSP-CONNECT 参数,这些参数将被封装进 SDT PDU 中或在传送之前予以加密(选择无报头)。

一旦建立了连接,通过把用户数据封装进 SDT PDU 中来保护它,或者若选择了无报头方式,仅通过加密 NLSP 用户数据即可保护它。

E4.2 放置

连接方式 NLSP 可被放置在网络层中的不同位置。它对 NLSP 用户或者提供 OSI 网络服务接口(此时用户对应于运输实体),或者若用户是附加网络协议实体(例如 GB/T 17179.1CLNP),该服务对应于子网接口。NLSP 之下的接口实际上与 OSI 网络服务完全相同,除了服务用户是 NLSP 而不是运输服务外,该服务可在端系统操作或在中间系统操作。在 NLSP 之下操作的协议进行操作好象它曾在提供 OSI 网络服务的两个端系统之间进行操作。尽管全面地看,它仅可在中间系统上操作,不能直接与运输服务接口。带有中间系统和端到端的 NLSP-CO 操作在图 E4-1、E4-2、E4-3 和 E4-4 中说明。NLSP 的其他放置也有可能。

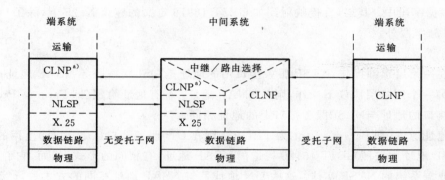

a) 这包括 CO 方式收敛功能。

图 E4-1　多网络环境中 NLSP 的说明

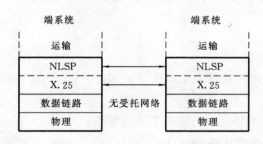

图 E4-2　端系统之间的 NLSP-CO 说明

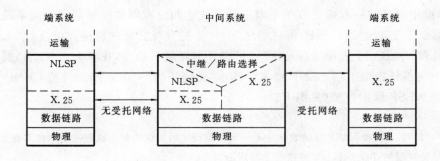

图 E4-3　无受托网络的 NLSP-CO

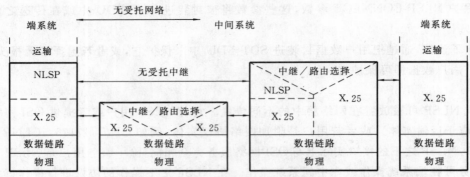

图 E4-4 无受托中继系统的 NLSP-CO 说明

E4.3 NLSP/UN 服务接口映射

在端系统中,NLSP 服务直接映射到 OSI 网络服务上。

支持两种 UN 服务映射,其一,UN 服务接口映射到等价的 OSI 网络服务上,其 CSC PDU 携带在 UN 连接用户数据字段中。其二,直接映射到如 GB/T 16976 定义的建议 X.25 上,除了 CSC PDU 携带在 X.25 保护设施字段外。

E4.4 寻址

若 NLSP 在网络层顶部操作,NLSP 服务接口用的地址是 OSI 网络服务 NSAP 地址;或者若 NLSP 在如 CLNP 的另一个网络层协议下操作,则是 SNAP 地址。若有地址隐藏(即 Param_Prot 为 FALSE)则在 UN 服务接口的地址与 NLSP 服务接口上的地址相同。

若提供了地址隐藏(即 Param_Prot 为 TRUE),则在 UN 服务接口(UN 地址)上用的地址与 NLSP 地址(例如 NLSP 地址为按照 GB/T 15126 构造的 NSAP 地址)有相同的形式。然而,它们用于标识可能位于中间系统或端系统的 NLSP 实体。这些 UN 地址可与 NSAP 地址相同的方式进行管理。相同的登记模式可用于分配地址,同样的路由选择协议可用于管理路由选择。但是,它们在隔离路由选择域中。从 NSAP 地址到 UN 地址的映射通过使用 Adr_Served 安全联系属性的 NLSP 来处理,以便标识在 Peer_Adr 安全联系属性中保持的 UN 地址服务的 NSAP 地址。

E5 无连接方式 NLSP

E5.1 基本操作

通过在 SDT PDU 中封装用户数据来简单地提供 NLSP-CL 的保护。

E5.2 放置

无连接方式的 NLSP 可在下列之一的情况下进行操作:

a) 在网络层顶部,在被无连接网络协议(GB/T 17179.1)处理之前将 NSDU 封装在 SDT PDU 中(见图 E5-1)。该栈仅可用于两个端系统之间;

b) 在无连接网络协议之下,在无连接协议 PDU 被映射到底层子网之前封装它们(见图 E5-2)。该栈可与"受托"中继中间系统一起使用或用于两通信系统之间没有网络中继的端对端系统;

c) 在一个 GB/T 17179.1(CLNP)协议层之下对"受托"/"红"域进行操作以及对"无受托"/"黑"域映射到另一个 CLNP 协议层。该栈是最灵活的,可在任何环境下操作,在移去由 NLSP 提供的安全保护之后,"受托的"中间系统中继上层 CLNP 协议。其他"无受托的"中继系统在低层 CLNP 协议上进行中继,并透明地传递 NLSP 保护数据(见图 E5-3)。

注

1 两个 GB/T 17179.1 层和 NLSP 层的表示并不一定暗指独立的协议机制。这取决于本地实现策略。

2 两个 CLNP 协议层的存在并不一定暗指独立实现的存在。

E5.3 NLSP/UN 服务接口映射

NLSP 在网络层顶部操作的情况下,NLSP 服务接口与 OSI 网络服务相同,除了它与 NLSP 实体接口而不是运输服务之外,UN 服务接口也相同。

第二种情况,NLSP 在 CLNP 之下操作,NLSP 服务接口与 CLNP 之下操作的子网络提供的服务等价,UN 服务与子网络服务相同。

最后一种情况,NLSP 之上的接口在其上的 CLNP 协议看来好像它是一个子网,UN 接口对于其下的 CLNP 协议看来好像该接口是 OSI 网络服务。

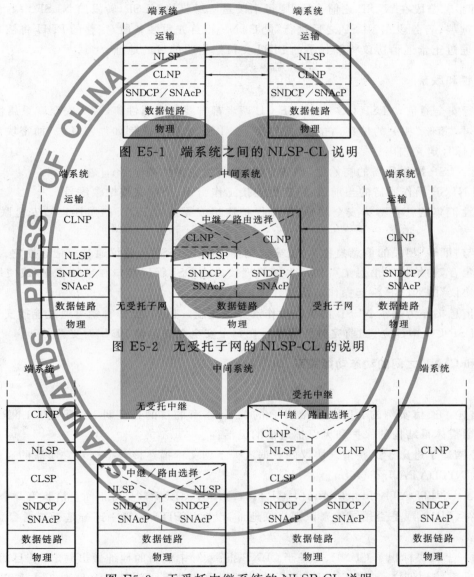

图 E5-1   端系统之间的 NLSP-CL 说明

图 E5-2   无受托子网的 NLSP-CL 的说明

图 E5-3   无受托中继系统的 NLSP-CL 说明

E5.4   寻址

NLSP 在网络层顶部操作情况下,NLSP 使用的地址是 OSI 网络 NSAP 地址,NLSP 在映射到底层子网络之前,在 GB/T 17179.1(CLNP)下面操作情况下,NLSP 上面和下面接口使用的地址是一个子网地址(例如局域网 MAC 地址),NLSP 在两个 CLNP 层之间操作的情况下,传递到 NLSP 实体的地址是子网地址。

若有地址隐藏(即 Param_Prot 为 FALSE),则在 UN 服务接口上的地址与 NLSP 服务接口上的地址相同。

若提供隐藏地址(即 Param_Prot 为 TRUE),UN 服务接口(UN 地址)使用的地址与 NLSP 地址形式相同。然而它们用于标识可能位于中间或端系统的 NLSP 实体。这些 UN 地址可用 NSAP 地址相同的方式管理。相同的登记模式可用于分配地址,相同的路由选择协议可用于管理路由选择。然而它们在隔离路由选择域中。从 NSAP 地址到 UN 地址到映射由 NLSP 使用 Adr _ Served 安全联系属性处理,标识在 Peer _ Adr 安全联系属性中保持的 UN 地址服务的 NSAP 地址。

E5.5 分段

分段和重装由 GB/T 17179.1(CLNP)处理。可在 NLSP 处理之前或之后进行分段,取决于 PDU 越过的底层子网,若分段在 NLSP 之前进行,则每个段是所封装的 NLSP,转发给 NLSP 解封设备解封,然后被 CLNP 重装。若分段在 NLSP 之后进行,则 CLNP 将首先重装各段,完整的 PDU 将被 NLSP 解封,然后 CLNP 通过正常通信协议将解封了的 PDU 交付给指明的目的地址。

E6 安全属性和联系

为了进行安全通信,NLSP-CO 和 NLSP-CL 两者都需要相应属性集,称为安全联系属性,包括:

a) 与基本"策略"相关的信息,它定义或约束了 NLSP 的操作。例如加密算法、加密块大小、完整性顺序号长度、标号定义权限;

b) 控制 NLSP 操作所需的初始值,例如主密钥、初始完整性顺序号;

c) 控制 NLSP 操作所需的当前值:特定的连接工作密钥、当前完整性顺序号。

相应属性汇集的存在称为安全联系,用于保护连接或无连接 PDU 的属性集被安全联系标识符来引用。

第一个与"策略"相关的信息集称为"安全规则商定集"(ASSR),建议通过登记建立它。

第二个集合,初始控制信息集可使用本地管理接口或 OSI 管理接口在带外建立,或使用与称为"安全联系建立协议"的 NLSP 一起操作的协议在带内建立。

第三个信息集作为基本 NLSP 协议的操作部分被更新。例如,工作密钥可通过连接安全控制 PDU 的交换在 NLSP-CO 中建立;当前完整性顺序号在每个安全数据运输 PDU 时更新。

E7 NLSP 和 CLNP 之间的动态功能关系

E7.1 导引

E5.2 描述了通信实例的 NLSP 和 CLNP 的关系,本章的目的是证明 NLSP 与 CLNP 一起使用以支持独立于通信体系结构的保护和无保护通信的灵活性。

图 E7-1 描述了进出于这些组合协议的数据流。下列文本描述该数据流和它所需的通信参数。

E7.2 SU-UNITDATA Indication

a) 在 SN-UNITDATA Indication(1)[GB/T 17179.1(CLNP)(见 5.5)]上检验第一个八位位组中的协议标识符(PID)(或是否用寻址来识别协议地址)以标识 PDU 的第一部分是否包括 CLNP 或 NLSP 报头(2);

b) 若第一个报头标识了 CLNP,则基于 CLNP 报头(3)中的目的地址做出判定。若目的地址被认作该系统自身端系统地址之一,则 CLNP PDU 被发送到重装进程(4)[CLNP(见 6.8)],若它不是端系统地址之一,则 CLNP 报头按 E6.4 所述的转递处理(8);

c) 若第一个报头标识了 NLSP,则子网服务参数和用户数据由 NLSP 作为 UN-UNITDATA 处理,然后检验结果 NLSP-UNITDATA 用户指示,看第一个八位位组是否为 CLNP PID(8),若是,NLSP-UNITDATA 如上面 b)处理(3),否则,NLSP-UNITDATA Indication 映射到 N-UNITDATA Indication(7);

d) 在 CLNP 重装之后(若需要)(4),则需要另一个判定(5)。若 CLNP PDU 包含 NLSP PDU(即第一个八位位组包含 NLSP PID)则 CLNP 服务参数和用户数据由 NLSP 作为 UN-UNITDATA Indication 处理(6),否则将它直接映射到 N-UNITDATA Indication(7)。然后,检验结果 NLSP-UNITDATA

用户指示,看第一个八位位组是否为 CLNP PID(8)(或是否用寻址来识别检验协议地址),若是,NLSP-UNITDATA 如上面 b)处理(3),否则 NLSP-UNITDATA Indication 映射到 N-UNITDATA Indication(7)。

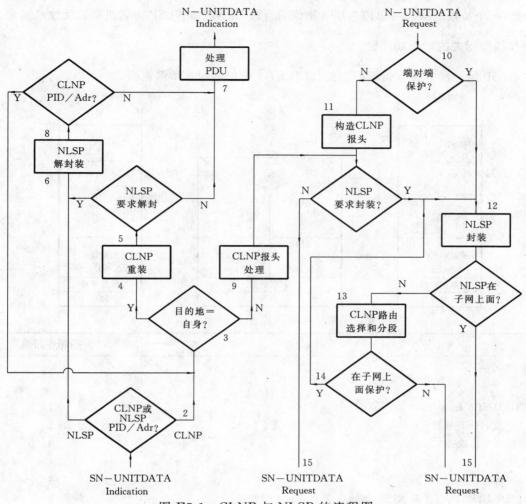

图 E7-1 CLNP 与 NLSP 的流程图

E7.3 N-UNITDATA Request

　　a) 在 N-UNITDATA Request(10)上,取决于服务参数(例如源和目的地址)及本地安全策略,请求或者直接映射到 CLNP(见 5.4)(11)上或者映射到 NLSP-UNITDATA Request 并进行相应的处理(12);

　　b) 若 N-UNITDATA 被 CLNP 处理(11),结果 CLNP PDU 或者直接映射到 SN-UNITDATA Request上(15)或者映射到 NLSP-UNITDATA Request(10)以便由 NLSP 处理;

　　c) 若 N-UNITDATA 或者 CLNP PDU 被 NLSP 处理(12),结果 UN-UNITDATA Request 或者直接映射到 SN-UNITDATA Request(15),或者映射到 CLNP,好象它是 N-UNITDATA(13)一样处理,这取决于服务参数和本地安全策略。紧接 CLNP 处理之后,若要求子网之上的附加保护(14),可能提供进一步的 NLSP 保护。否则 CLNP PDU 被映射到 SN-UNITDATA。

E7.4 CLNP PDU 的转发

　　保护转发的 CLNP PDU 的判定是基于 CLNP PDU 报头和用户数据中的信息以及本地安全策略。若要求保护,CLNP PDU 被映射到 NLSP-UNITDATA Request 以便由 NLSP 处理(12),取决于服务参数和本地安全策略要求,结果保护的 UN-UNITDATA 或者直接映射到 SN-UNITDATA Request〔CLNP(见 6.5)〕(15)或者映射到 CLNP,以便好象是 N-UNITDATA 一样处理(13),这取决于服务参数和本地安全策略要求。

E7.5 CLNP NLSP-CL 接口摘要说明

前面说明了 NLSP-CL 和 CLNP 之间的功能关系。为简单起见,这些协议的操作由服务接口显示为明显的分离,两个协议的操作可以按单层 3 协议组合的 CLNP 和 NLSP 协议机制功能性来实现。

E8 与分层模型相关的动态功能性

描述 NLSP 的分层方法与流程图相关,以图 E7-2 给出的配置举例说明。

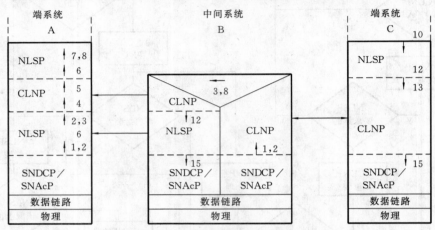

图 E7-2 与流程图相关的分层模型

动　作	流程图引用编号
在端系统 A 中	
SN-UNITDATA Indication 在端系统 C 中	1
若 CLNP 或 NLSP 检验	2
若目的地是本地检验	3
CLNP 重装	4
若 NLSP 检验	5
映射到 UN-UNITDATA 和 NLSP 解封上	6
映射到 N-UNITDATA Indication	7
若 CLNP 检验	8
在中间系统 B 中	
SN-UNITDATA Indication 在中间系统 B 中	1
若 CLNP 或 NLSP 检验	2
若目的地是本地检验	3
处理 CLNP 转发	8
映射到 NLSP-UNITDATA 和 NLSP 封装上	12
映射 UN-UNITDATA 到 SN-UNITDATA Request 上	15
在端系统 C 中	
N-UNITDATA Request 在端系统 A 中	10
映射到 NLSP-UNITDATA 和 NLSP 封装上	12
映射 UN-UNITDATA 到如 N-UNITDATA 处理的 CLNP 上	13
映射 CLNP 到 SN-UNITDATA Request	15

附　录　F
（提示的附录）
安全规则商定集的例

安全规则商定集（ASSR）建立了要使用的安全机制，包括对给定所选择的安全服务而定义机制操作所必需的所有参数。本附录的例说明可能由 ASSR 建立的 SA 属性的值是如何按形式表写出的。

ASSR-ID　　　　XYZ（客体标识符）　　　--给出 SA-P 中使用的客体引用

SA-ID ＿ Length　　　4

选择的安全服务定义方式　　　　　-- 指明可能在安全规则下支持的安全服务，并给出使用不同算法、密钥长度等支持的保护级别名。

　　PE Auth：无，低，高

　　AC：　　　无，低，高

　　Confid：　无，低，高

　　Integ：　　无，低，高

安全标号映射　　　　　　　　--把服务标号映射到安全服务选择。

　　Label ＿ Def ＿ Auth　　XYZ

　　Label-Sensitivity＝无级

　　　暗指：

　　　PE Auth 无，AC 无，Confid 无，Integ 无

　　Label-Sensitivity＝机密的

　　　暗指：

　　　PE Auth 低，AC 低，Confid 低，Integ 无

　　Label-Sensitivity＝秘密

　　　暗指：

　　　PE Auth 高，AC 高，Confid 高，Integ 高

Param ＿ Prot　　　　　　TRUE　　　--选择了要求保护所有服务参数的保护级别。

　　选择的安全服务：Integ＝高或 Conf＝高

机制模块——访问控制的安全标号

　　选择的安全服务：AC＝高或 Conf＝高

　　　　　　　　　　　　　　　　--指明安全服务选择要求安全标号。

Label ＿ Def ＿ Auth　　　　XYZ

　　（注意这必须如保护 QOS 标号 Auth 一样）

　　明确指示　　是

机制模块——完整性检验值

　　选择的安全服务：Integ＞无或 PE Auth＝高或机制安全标号

　　ICV ＿ Alg　　　　XYZ

　　重密钥后　　　　　　　　　10000PDUs

　　密钥分配机制　　　　　非对称

机制模块——完整性顺序号

选择的安全服务：Integ＝高或 Auth＝高

ISN＿Len　　　　总计 8 个八位位组

顺序号　　　4 个八位位组

　　　　　　增加 1

时间戳　　　4 个八位位组

　　　　　　来自同步点的毫秒

收到 ISN 窗口丢弃以前的顺序号

　　时间戳应在 2＊maximum 内

　　在网络内变更

　　若在外边，延迟

　　然后窗口重演攻击。

机制模块——封装

选择的安全服务：　　　Conf＞低

Enc＿Alg＿ID　　　　XYZ

方式　　　　　　　　链式

Enc＿Blk　　　　　　8 个八位位组

密钥交换信息　　　　（例如，素数 P，生成器 a）

重密钥后　　　　　　1000 PDU

密钥分配机制　　　　非对称

机制模块——无报头

选择的安全服务：　　　Conf＝低和 Integ＝无和非标号机制

机制模块——连接鉴别

选择的安全服务：　　　AC＞低或 PE Auth＞低

Enc＿Alg＿ID　　　　XYZ

机制模块——非对称密钥分配

机制封装或完整性检验值

Enc＿Alg　　　　　　RSA

附　录　G

（提示的附录）

安全联系和属性

　　为了保护通信实例（无连接或连接 SDU），必须在通信实体之间建立信息汇集（控制安全操作所必需的密钥和其他属性）。该信息汇集就是安全联系（SA）。

　　形成 SA 的信息或者是静态信息，当建立 SA 时，它可被"定做"，然后在联系期间保护固定；或者是动态信息，可在安全联系生命期内更新。

　　SA 可以在带外建立，或者对 NLSP-CO，由 SA PDU 的交换在带内建立。当使用带内方法时，实现 SA-P 的特定的机制可以是如本标准定义的机制或者可以是专用机制的。

　　在建立 SA 之前，每个 NLSP 实体须预先建立：

　　a）公共安全规则集。给定了所选择的安全服务，规定要使用的安全机制，包括定义机制操作所需的所有参数（例如算法、密钥长度、密钥生命期）。这些安全规则通过通信实体相互商定并唯一地被标识，安全规则及其标识符可由第三方登记，安全规则集的例子见附录 F。

b) 安全服务及因此可能使用的安全机制。

若要使用带内方法建立 SA,则下列须预先建立:

c) 初始选择的安全服务及因此在建立 SA 时要使用的安全机制。

d) 建立 SA 所需的基本密钥信息。

在 SA 建立时,NLSP 实体建立下列与其远程对等实体共享的信息:

e) 本地和远程 SA-ID。

f) 通信实例联系的实体之间使用的安全服务。

g) 安全服务选择所暗指的机制及其参数。

h) 通信实例的完整性、加密机制和鉴别用的初始共享密钥。

i) 在该联系上为访问控制而可能使用的地址及安全标号集。

SA 引用及共享密钥[上述 e),h)]必须建立在每个联系基础上,其他信息可预先建立且对几个联系是公共的,另外,作为建立定做 SA 的一部分,必须鉴别远程对等实体的识别,附录 C 定义了一个机制,可用于密钥分配和鉴别。

通信实例可动态地更新下列信息:

j) 每个方向的正常和加快数据所需要的完整性顺序号。

k) 安全标号。

l) 加密/完整性机制的重密钥信息。

为获得鉴别,需要在每个通信实例上应用鉴别机制。

表 G1 说明可在安全联系的不同阶段建立的不同的 SA 属性。

表 G1 三层安全联系的说明

预 先 建 立	静 态	动 态
安全服务选择的范围	初始密钥	ISN
初始选择的安全服务	SA-ID	鉴别
基本密钥信息	鉴别	SA-ID
安全规则商定集	安全标号	重密钥信息
选择的安全服务		
选择的机制		
安全标号集/地址集		

附 录 H
（提示的附录）
密钥令牌交换——EKE 算法的例

下面是密钥令牌交换算法的一个例子,它可与附录 C 中定义的安全联系协议一同使用。

EKE 要求两个参数。一个是大素数 P(如此 P-1 有一个大素数因子),另一个数"a",其范围是 $1 < a < P-1$。

设 A 和 B 是两个通信部分(见图 H1)。EKE 开始时,A 选择一个大随机数 X,B 选择一个大随机数 Y,然后 A 计算(a * * X mod P),且将 a,P 及(a * * X mod P)发送给 B,B 计算(a * * Y mod P)并将它发送给 A,A 和 B 都计算(a * * XY mod P)。窃听者只看到(a * * X mod P)和(a * * Y mod P)而不能知道 X 和 Y,因此无法计算(a * * XY mod P)。

A 和 B 随后将(a * * XY mod P)中位的子集用作密钥并在第二交换上用作防止重演攻击的信息。

际录 C 定义的 SA 协议中描述的值是:

——共享 KTE 位串为(a＊＊XY mod P)；

——Key-Token-1 为 a、P、(a＊＊X mod P)，其中"a"，"P"及(a＊＊X mod P)编码为并置的八位位组串；

——Key-Token-2 为(a＊＊X mod P)；

——Key-Token-3 为来自防止重演攻击的共享 KTE 位串(a＊＊XY mod P)派生的信息；

——Key-Token-4 为来自防止重演攻击的共享 KTE 位串(a＊＊XY mod P)派生的信息。

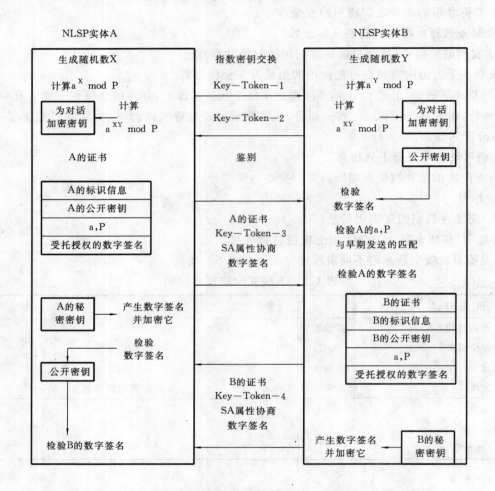

图 H1　联机密钥推导和使用 EKE 推导的说明

前　言

本标准等同采用国际标准 ISO/IEC 10745:1995《信息技术　开放系统互连　高层安全模型》。

本标准的附录 A 和附录 B 是提示的附录。

本标准由中华人民共和国信息产业部提出。

本标准由中国电子技术标准化研究所归口。

本标准起草单位:中国电子技术标准化研究所。

本标准主要起草人:徐云驰、罗韧鸿、郑洪仁。

ISO/IEC 前言

　　ISO(国际标准化组织)和 IEC(国际电工委员会)是世界性的标准化专门机构。国家成员体(它们都是 ISO 或 IEC 的成员国)通过国际组织建立的各个技术委员会参与制定对特定技术范围的国际标准。ISO 和 IEC 的各个技术委员会在共同感兴趣的领域内进行合作。与 ISO 和 IEC 有联系的其他官方和非官方国际组织也可参与国际标准的制定工作。

　　对于信息技术,ISO 和 IEC 建立了一个联合技术委员会,即 ISO/IEC JTC1。由联合技术委员会提出的国际标准草案需分发给国家成员体进行表决。发布一项国际标准,至少需要 75% 的参与表决的国家成员体投票赞成。

　　国际标准 ISO/IEC 10745 是由 ISO/IEC JTC1"信息技术"联合技术委员会的 SC21"开放系统互连、数据管理和开放分布式处理"分委员会与 ITU-T 共同制定的。等同文本为 ITU-T X.803。

　　本标准的附录 A 和附录 B 仅提供参考信息。

引　言

　　OSI 安全体系结构(GB/T 9387.2)定义了当开放系统环境中要求安全保护时对应用适用的、与安全有关的体系结构元素。

　　本标准描述 OSI 参考模式高层(应用、表示和会话)中选择、放置和使用安全服务和机制。

中华人民共和国国家标准

信息技术 开放系统互连
高 层 安 全 模 型

GB/T 17965—2000
idt ISO/IEC 10745:1995

Information technology—Open Systems
Interconnection—Upper layers security model

---

1 范围

1.1 本标准定义一个体系结构模型,以此为基础:

    a) 开发OSI高层独立于应用的安全服务和协议;

    b) 利用这些服务和协议满足各种应用的安全要求,以便使包含内部安全服务的应用特定的ASE的需求最少。

1.2 本标准特别规定:

    a) OSI高层中通信的安全;

    b) 高层中对开放系统OSI安全体系结构和安全框架中定义的安全服务的支持;

    c) 根据GB/T 9387.2和GB/T 17176,高层中安全服务和机制的放置及其之间的关系;

    d) 提供和使用安全服务时,高层之间的交互及高层和低层之间的交互;

    e) 高层中管理安全信息的要求。

1.3 在访问控制方面,本标准的范围包括控制访问OSI资源和通过OSI可接近的资源的服务和机制。

1.4 本标准不包括:

    a) OSI服务的定义或OSI协议的规范;

    b) 安全技术和机制、它们的操作及其协议要求的规范;或

    c) 与OSI通信无关的保证安全的内容。

1.5 本标准既不是系统的实现规范也不是评价实现一致性的依据。

    注:本标准的范围包括无连接应用和分布式应用(如:存储和转发应用、链接应用及代表其他应用的应用)的安全。

2 引用标准

    下列标准所包含的条文,通过在本标准中引用而构成为本标准的条文。本标准出版时,所示版本均为有效。所有标准都会被修订,使用本标准的各方应探讨使用下列标准最新版本的可能性。

    GB/T 9387.1—1998 信息技术 开放系统互连 基本参考模型 第1部分:基本模型
        (idt ISO/IEC 7498-1:1994)

    GB/T 9387.2—1995 信息处理系统 开放系统互连 基本参考模型 第2部分:安全体系结构
        (idt ISO/IEC 7498-2:1989)

    GB/T 9387.4—1996 信息处理系统 开放系统互连 基本参考模型 第4部分:管理框架
        (idt ISO/IEC 7498-4:1989)

    GB/T 15695—1995 信息处理系统 开放系统互连 面向连接的表示服务定义
        (idt ISO 8822:1988)

国家质量技术监督局2000-01-03批准   2000-08-01实施

GB/T 16688—1996 信息处理系统 开放系统互连 联系控制服务元素服务定义 (idt ISO 8649:1988)

GB/T 17176—1997 信息技术 开放系统互连 应用层结构(idt ISO/IEC 9545:1994)

ISO/IEC 10181-2:1996 信息技术 开放系统的安全框架:鉴别框架

ISO/IEC 10181-3:1996 信息技术 开放系统的安全框架:访问控制框架

3 定义

3.1 本标准采用 GB/T 9387.1 中定义的下列术语:

a) 抽象语法 abstract syntax;

b) 应用实体 application-entity;

c) 应用进程 application-process;

d) 应用进程调用 application-process-invocation;

e) 应用协议控制信息 application-protocol-control-information;

f) 应用协议数据单元 application-protocol-data-unit;

g) 本地系统环境 local system environment;

h)（N）功能 （N)-function;

i)（N）中继 （N)-relay;

j) 开放系统 open system;

k) 表示上下文 presentation context;

l) 表示实体 presentation-entity;

m) 开放实系统 real open system;

n) 系统管理 system-management;

o) 传送语法 transfer syntax。

3.2 本标准采用 GB/T 9387.2 中定义的下列术语:

a) 访问控制 access control;

b) 鉴别 authentication;

c) 机密性 confidentiality;

d) 数据完整性 data integrity;

e) 数据原发鉴别 data origin authentication;

f) 解密 decipherment;

g) 加密 encipherment;

h) 密钥 key;

i) 抗抵赖 non-repudiation;

j) 公证 notarization;

k) 对等实体鉴别 peer-entity authentication;

l) 安全审计 security audit;

m) 安全管理信息库 Security Management Information Base;

n) 安全策略 security policy;

o) 选择字段保护 selective field protection;

p) 签名 signature;

q) 流量机密性 traffic flow confidentiality;

r) 可信功能 trusted functionality。

3.3 本标准采用 GB/T 9738.4 中定义的下列术语:

a）管理信息　Management Information；

b）OSI 管理　OSI Management。

3.4 本标准采用 GB/T 17176 中定义的下列术语：

a）应用联系　application-association；

b）应用上下文　application-context；

c）应用实体调用（AEI）　application-entity-invocation（AEI）；

d）应用服务元素（ASE）　application-service-element（ASE）；

e）ASE 类型　ASE-type；

f）应用服务客体（ASO）　application-service-object（ASO）；

g）ASO 联系　ASO-association；

h）ASO 上下文　ASO-context；

i）ASO 调用　ASO-invocation；

j）ASO 类型　ASO-type；

k）控制功能（CF）　control function（CF）。

3.5 本标准采用 GB/T 15695 中定义的下列术语：

表示数据值　presentation data value。

3.6 本标准采用 ISO/IEC 10181-2 中定义的下列术语：

a）鉴别交换　authentication exchange；

b）声称鉴别信息　claim authentication information；

c）声称体　claimant；

d）交换鉴别信息　exchange authentication information；

e）实体鉴别　entity authentication；

f）本体　principal；

g）验证鉴别信息　verification authentication information；

h）验证者　verifier。

3.7 本标准采用 ISO/IEC 10181-3 中定义的下列术语：

a）访问控制证书　access control certificate；

b）访问控制信息　access control information。

3.8 本标准采用下列定义：

3.8.1 联系安全状态　association security state：

与安全联系有关的安全状态。

3.8.2 保护表示上下文　protecting presentation context

使保护传送语法和抽象语法联系在一起的表示上下文。

3.8.3 保护传送语法　protecting transfer syntax

以采用安全变换的编码/解码过程为基础的传送语法。

3.8.4 密封　seal

支持完整性但不能避免接收者伪造的密码检验值（即不支持抗抵赖）。

3.8.5 安全联系　security association

两个或多个实体间的一种关系。这些实体具有管理包含这些实体本身的安全服务的属性（状态信息和规则）。

3.8.6 安全通信功能　security communication function

支持开放系统之间传送与安全有关的信息的功能。

3.8.7 安全域　security domain

一组元素、一项安全策略、一个安全机构和一组与安全有关的活动。在安全域中,对于特定的活动,该组元素受到安全策略约束,并由安全机构管理。

3.8.8 安全交换 security exchange

作为一个或多个安全机制的操作的一部分,开放系统之间应用协议控制信息的一次传送或一系列传送。

3.8.9 安全交换项 security exchange item

安全交换中,对应于单个传送(在一系列传送中)的信息的逻辑独特片断。

3.8.10 安全交换功能 security exchange function

位于应用层的,为 AE 调用间通信安全信息提供方法的安全通信功能。

3.8.11 可靠交互规则 secure interaction rules

为在安全域之间发生交互必需的公共规则。

3.8.12 安全状态 security state

开放系统中保持且为提供安全服务所要求的状态信息。

3.8.13 系统安全功能 system security function

开放系统进行有关安全处理的能力。

3.8.14 系统安全客体 system security object

代表一组有关系统安全功能的客体。

3.8.15 安全变换 security transformation

通信或存储期间,以特殊的方式组合起来在用户数据项上操作以保护这些数据项的一组功能(系统安全功能和安全通信功能)。

注:系统安全功能和系统安全客体的规范不是 OSI 层服务定义或协议规定的一部分。

4 缩略语

本标准采用下列缩略语:

ACSE 联系控制服务元素

AE 应用实体

AEI 应用实体调用

ASE 应用服务元素

ASN.1 抽象语法记法一

ASO 应用服务客体

CF 控制功能

FTAM 文件传送、访问和管理

OSI 开放系统互连

PE 表示实体

PEI 表示实体调用

PDV 表示数据值

SEI 安全交换项

SSO 系统安全客体

5 概念

本安全模型阐述了安全服务措施,以抵御 GB/T 9387.2—1995 附录 A 中描述的那些与 OSI 高层有关的威胁。它包括保护通过应用中继系统的信息。

5.1 安全策略

如果两个或多个开放实系统要安全地通信，它们必须遵循在各自安全域中有效的安全策略；如果通信发生在不同的安全域之间，还要遵循安全交互策略。安全交互策略体现不同安全域中安全策略的共同方面并决定它们之间发生通信的条件。

一组安全交互规则可以描述安全交互策略措施。这些规则还用于特殊通信实例的 ASO 上下文（包括应用上下文）的选择。

5.2 安全联系

安全联系是两个或多个实体间的关系，即管理包含这些实体安全服务的属性（状态信息和规则）。安全联系隐含着在两个系统中存在安全交互规则和保持一致的安全状态。

从 OSI 高层的角度来看，安全联系可映射到 ASO 联系。两种特殊的情形是：

——应用联系安全联系：两个系统之间的安全联系通过应用联系来支持被保护的通信。

——中继安全联系：两个系统之间通过应用中继来支持被保护的通信的安全联系（如：在存储转发或链接应用中）。

不同类型安全联系的其他例子是：

——通过多个应用联系和/或多个无连接数据单元通信彼此直接通信的两个系统之间的安全联系。

——一个将被保护的信息写入数据存储（如：文件存储或目录）的实体和读取此信息的所有实体之间的安全联系。

——两个对等低层安全协议实体之间的安全联系。

在应用进程内，一个安全联系可能依赖于保持另一个系统（例如：鉴别服务器或其他类型的可信任第三方）的另一个安全联系。

5.3 安全状态

安全状态是开放实系统中保持且为安全服务措施所要求的状态信息。两个应用进程之间存在安全联系隐含存在共享的安全状态。试图建立通信之前，一个或多个应用进程里可能要求某些安全状态信息，通信进行时状态信息应予以保持，和/或通信结束后仍保留。这一状态信息的确切特性依赖特殊的安全机制和应用。

两种安全状态类型是：

a）系统安全状态：不考虑是否存在任何通信行为及其状态。在开放实系统中建立和保持的与安全有关的状态信息；

b）联系安全状态：与安全联系有关的安全状态。在 OSI 的高层中，共享安全状态决定 ASO 调用之间的 ASO 上下文（的安全特性）和/或新建立的应用联系的初始安全状态。两种特殊的情形是：

——当安全联系映射到单一应用联系时：安全状态代表"应用联系安全状态"。它与控制那一应用联系的通信安全有关。

——当安全联系映射到通过应用中继系统在两个终端用户系统之间的信息传送的 ASO 联系时：共享安全状态与端用户系统之间使用的安全机制有关，而独立于与用应用中继系统建立的单个应用联系有关的安全机制。

安全状态的例子包括：

a）与密码链接或完整性恢复相关联的状态信息；

b）允许交换信息的一组安全标记；

c）高层中安全服务措施采用的密钥或密钥标识符。这可能包括已知可信的认证机构密钥（见GB/T 16264.8）或使其能和密钥分发中心通信的密钥；

d）前面已鉴别的身份；

e）顺序号和密码同步变量。

安全状态可以不同的方式初始化，例如：

a）采用安全管理功能，这种情况下，安全信息驻留在安全管理信息库中；

b）初始化层前面通信行为的残留信息；

c）OSI 之外的手段。

5.4 应用层要求

为了使应用进程安全通信，它们在采用的 ASO 上下文（或应用上下文）中必须有适当的安全措施。ASO 上下文定义可包括：

a）要求用来支持安全协议的 ASO 类型和/或 ASE 类型；

b）协商和选择与应用和表示层有关的安全功能的规则；

c）选择底层安全服务的规则；

d）将特殊安全服务用于特殊交换信息类别的规则；

e）整个联系生存期间重新鉴别有关身份的规则；

f）（如果采用基于密钥的机制）整个 ASO 联系生存期间改变密钥的规则；

g）通信失败或检测出安全冲突时采取的规则。

注：可参考 ASO 类型定义来定义 ASO 上下文。

应用上下文是 ASO 上下文的特殊情形，它描述 ASO 上下文参与应用联系的两个 ASO 调用可能的一组通信行为。本条中描述的安全方面的内容适用于应用上下文。

6 体系结构

6.1 总体模型

OSI 安全服务措施包括根据特定安全机制的规程产生、交换和处理安全信息。包含的两个独特功能类型是：

a）系统安全功能：系统执行与安全有关的处理能力，这类处理如：加密/解密、数字签名或产生或处理在鉴别交换中运送的安全权标或证书。这些实现功能不是 OSI 层服务或协议的实现部分；

b）安全通信功能：支持开放系统之间传送与安全有关的信息的功能。这种功能在 OSI 应用实体或表示实体中实现，安全通信功能的例子有：

——安全交换功能，如 6.3 中描述；

——制定用来传递加密或数字签名信息的表示层协议元素的编码/解码；

——与安全服务器（如：鉴别服务器或密钥分发中心）进行通信的协议。

系统安全功能和安全通信功能之间有两方面重大差别。首先，它描述了标准的两种不同类型。系统安全功能在安全机制或安全技术标准中规定。这些标准常常制订为通用的且不必与任何特定通信协议和层关联。系统安全功能标准可能对非通信安全有用。另一方面，安全通信功能是特殊通信协议规范（如：OSI 高层）的一部分且不必与特定安全机制或技术关联。

另一重大差别是：它用模型来分开实现中的安全功能和通信功能。系统安全功能的集合将当作典型的可靠模型实现，如：作为可用的软件子系统或防干扰的硬件模块，易于用到各种通信或其他环境。因此，系统安全功能和安全通信功能之间的边界可为定义标准化的实现界面（如：安全应用程序界面（API））提供一个有力的开始点。

在体系结构方面，引入了"系统安全客体"（SSO）的概念。一个 SSO 是一组有关的系统安全功能的客体。

SSO 能通过一个抽象的服务边界（界面）和安全通信功能交互来提供要求的安全服务。SSO 产生和处理在应用和表示层中用 OSI 协议交换的安全信息。交换的安全信息的逻辑结构可在 OSI 中标准化，因此，它能在 OSI 协议交换中表出。

一个 SSO 调用是一个执行 SSO 实例。动态模型中，SSO 调用可以和 OSI 实体调用（如：AE 调用）交互。

SSO 的操作可包括：

——从代表 SSO 可发送和/或接收信息的 OSI 安全通信功能中接收信息或向它提供信息;

——导致和其他开放系统(如:第三方鉴别服务器)建立应用联系,并在 SSO 系统安全功能的措施中使用此应用联系;

——建立一个随后在安全服务中要使用的安全联系。

注

1　特殊系统安全功能、SSO 或抽象服务边界等的规范不在本安全模型的范围内。

2　实现 SSO 可用于非 OSI 安全的目的,然而,任一这种应用都超过了本安全模型的范围。

图 1 给出与应用和表示层有关的安全功能的基本模型。模型中的客体包括应用实体(AE)、表示实体(PE)、SSO 和支持 OSI 服务(OSI 第1~5 层中)。支持 OSI 服务为交换与安全有关的(及非安全有关的)信息提供基本的通信基础结构。

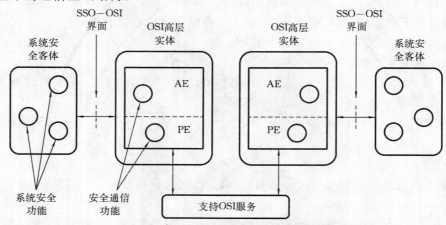

图 1　与 OSI 高层有关的安全功能

高层中的 OSI 层实体在安全服务措施中起如下作用:

——在应用层,各 AE 将应用进程通信方面模型化并且能按照 ASE、ASO 来精炼,还要控制 GB/T 17176 中描述的功能。AE 可含有安全通信功能措施的多个 ASE 和/或 ASO。各 ASE 和/或 ASO 也可能过采用安全变换(见 6.4)和/或要求来自下层的合适的服务质量对被保护信息加以排列。

——在表示层,表示实体提供安全通信功能。这些功能可以和将抽象语法映射到传送语法(见 6.4)中使用的系统安全功能(如:加密)一起工作。

——在会话层中不提供安全服务。然而,6.2.1 指出了在 OSI 环境内可能对安全措施产生影响的会话层操作的某些方面。

上面的基本模型有利于 OSI 部件和 SSO 之间抽象服务边界的一般定义,并允许安排/使用各种信任方案(如:如 ISO/IEC 10181-2 中规定的)。

注 3:图 1 所示的 AE 和 PE 之间的交互在 6.4 和 8.1 中讨论。

6.2　安全联系

高层中,安全联系要映射到 ASO 联系。本安全模型不为建立或终止安全联系规定特定的方法。通常,这种建立/终止可和标准化的 ASO 联系建立过程一起获得,或者通过其他方法获得。特殊的体系结构考虑将用于 5.2 中所确定的两种特殊类型的安全联系。

6.2.1　应用联系安全联系

应用联系安全联系映射到一个应用联系。安全服务通过使用下列功能和服务来实现:

a) 应用层中的安全通信功能及相关的系统安全功能;

b) 表示层中的安全通信功能及相关的系统安全功能;

c) 低层提供的安全服务。

注 1:正如 GB/T 9378.2 中指出的,会话层中没有安全机制。然而,设计高层安全协议时要考虑会话层操作的两个

方面:用可能引起数据不传送的会话服务的潜在影响(见 8.2),和连续重用支持几个会话连接(见 8.3)的运输

连接。

某些情况下，可能要求组合应用层和表示层中及与系统安全功能相关的安全通信功能来提供安全服务。

应用上下文规定欲在应用联系中使用的安全服务和安全机制。个别或组合地使用与一个或多个ASE 和/或 ASO 有关的功能可提供这些安全服务。

在联系建立期间，需按以下任一方式或两种方式考虑应用联系的安全要求：

a) 通过使用安全服务来保护应用联系建立；

b) 通过选择包括合适安全服务的应用上下文。

ACSE 提供的服务用来建立应用联系和选择合适的应用上下文。所选择的应用上下文规则可包括与安全有关的规则。这些规则可能要求其他（在其他事情中）可能提供安全服务的 ASE 在联系建立时与ACSE 一起操作。

注 2：在表示层中的安全通信功能和有关的系统安全功能可用作应用联系建立规程的一部分。

初始联系安全状态由应用联系建立规程决定。它可能依赖于系统安全状态和/或任何围绕安全联系的联系安全状态。应用上下文的规则可能允许或要求 ASE 之间进一步的协议交换来改变这一联系安全状态。这些变化可能作为应用联系建立之后初始化进程的一部分和/或并入 AE 调用的正常操作的完整部分实现。

在安全联系生命期内，可允许修改某些种类的安全状态信息。（如：完整性顺序号），而其他种类的安全状态信息可能不允许修改（如：安全标签）。

ACSE 提供的服务用来终止应用联系。应用联系应用上下文的规则可要求可提供安全服务的其他ASE 在应用联系终止时与 ACSE 一并操作。

6.2.2 中继安全联系

在存储和发送应用或链接应用等分布式应用中可能会出现中继安全联系。中继安全联系很可能和图 2 所示的应用联系安全联系一起出现。

被保护的中继信息是通往中继安全联系各方（图 2 中的系统 A 和 C）之间传递的信息。用 SSO z1 和z2 中的系统安全功能来提供保护。被保护的中继信息嵌入在系统 A 和 B 之间的应用联系中传递的PDVs 中，并且也嵌入在系统 B 和 C 之间的应用联系中传递的 PDVs 中。当被保护的中继信息在应用联系中传递时，它可受到进一步的保护，如：在系统 A 和 B 之间传递时，它将使用 SSO x1 和 x2 中的安全功能。当传递被保护的中继信息的 PDV 嵌入到另一个按应用联系安全联系保护的 PDV 中时，含出现这种情况。

应用中继系统可以不具有必要的参数（如：密码密钥）使开放系统中的表示实体解码/编码传递被保护中继信息的表示数据值。在这种类型的开放系统中。编码表示数据值可以保留以便随后传输。后面的传输限制在具有和收到的表示数据值相同的抽象和传送语法的表示上下文。因此，识别抽象语法和传送语法的信息必须和中继系统中的编码一起保存。

当中继系统具有解码中继信息必需的信息时上面的情形可能会出现变化。例如：它可能具有用来验证那一信息上签名的公开密钥（如：支持数据原发鉴别）。然而，编码需要按上面的描述保存时，可能必须将签名的信息中继到另一个系统上。

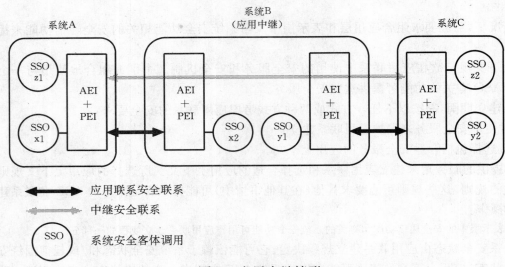

图 2 应用中继情形

6.3 安全交换功能

安全交换功能是一类应用层的安全通信功能,它为 AE 调用之间安全信息通信提供手段。安全交换功能产生和处理应用协议控制信息来支持这种信息的通信。

这些功能由 ASO 或 ASE 提供。

这一功能的一个例子是如 ISO/IEC 10181-2 中描述的对鉴别交换的通信支持,在这里,声称体 AE 调用处产生的一条交换鉴别信息被传递到验证 AE 调用处。

6.3.1 安全交换

安全交换使开放系统之间作为成为安全机制操作部分传送应用协议控制信息模型化。

安全交换可能包括下面二者之一:

a) 一个开放系统和另一个开放系统之间传输单条信息;例如:

——访问控制证书;

——公开密钥证书;或

——安全权标。

b) 开放系统之间构成安全机制操作部分的全顺序中的信息传输顺序;例如:

——与 2-向或 3-向鉴别交换有关的信息传输;或

——双向会话密钥约定(如:Diffie-Hellman 指数密钥交换[1])。

给不同类型的安全交换分配唯一的标识符以使在协议中指明它们的作用。

6.3.2 安全交换信息

安全交换信息是安全交换中开放系统间通信的信息。

对应于单个传送(可能在传送顺序中)的安全交换信息的逻辑区别部分称为安全交换项(SEI)。为了数据定义目的,SEI 可被分解成较小的元素。

当没有为定义安全交换信息规定特定的抽象语法记法时,如果对该信息使用和其他抽象语法相同的记法,含有安全交换信息的完整抽象语法的结构将简化。ISO/IEC 11586-1 提供了与 ASN.1 记法一起使用的记法工具。

6.3.3 安全交换功能

为给任意给定的 ASO 上下文的安全交换提供支持,必须在该 ASO 上下文中的某些 ASE 和/或 ASO 中加入安全交换功能。它包括:

---

1) DIFFIE(W.),HELLMAN(M.):密码学的新方向,IEEE 信息理论会刊,IT-22 卷,1976 年第 6 号第 644-645 页。

a）在抽象语法中加入 SEI 型定义；

b）在 ASE 型或 ASO 型定义中，或 ASO 上下文定义里的其他地方加入任意程序或关于操作安全交换的其他规则；

c）若有必要，在 CF 规范中加入与安全交换有关的协调规则的定义。

通常，安全交换可加入到任何 ASE 和/或 ASO 中，而且应表达出 SEI 定义以便于它们加到尽可能多的不同 ASE 和/或 ASI 中。

ISO/IEC 11586-2 和 ISO/IEC 11586-3 定义了专门为传送安全交换而设计的一个 ASE。

6.4 安全变换

安全变换是在用户数据项上组合地运作以便在通信或存储期间以特殊方式保护这些数据的一系列功能（系统安全功能和安全通信功能）。

安全变换包括对于由 OSI 高层协议传送的用户信息所作的与安全相关的处理。它们可能构成提供机密性、完整性、或数据原发鉴别服务的主要方法，和/或有助于提供包含实体鉴别、访问控制和抗抵赖的其他安全服务。

安全变换采用多种类型的系统安全功能，例如：

a）加密/解密功能（如：对机密性服务）；

b）密封或签字功能（如：对完整性或数据原发鉴别服务）。

安全变换可以采用单系统安全功能或不同类型组合成的多系统安全功能。当系统安全功能组合地应用时，不存在需要先采用那种类型的体系结构限制。

安全变换也采用位于高层内的安全通信功能。

注

1　上面 a）、b）的例子并没有给出系统安全功能类型的详尽清单。

2　希望限制已定义的系统安全功能的数量，并将它们应用到更大范围的安全需要。

3　构成安全变换一部分的安全通信功能涉及信息的表示法，因而逻辑上也和表示层相关。然而，这些功能以各种不同的粒度应用。有时，它们应用到由表示协议识别的完整表示数据值。有时，它们适用于应用层信息的选择片段。在后一种情况下，从实现者的角度看，将这些安全通信功能看成是处在应用层内可能更方便一些。

为不同类型的安全变换分配唯一的标识符，以便在协议中指出它们的作用。

指明使用安全变换的规范应包括：

a）对特定的安全变换的指示或将确定特定安全变换的手段；

b）安全变换适用的信息项规范；

c）如果在抽象语法层规定被保护的信息项，可能也需确定在应用安全变换之前/后要使用的编码/解码规则；

d）采用的算法的标识和任何所要求参数（如：密钥）的来源。

注 4：用于产生/检验完整性校验值或数字签名的编码/解码规则必须具有抽象信息值和编码值之间一一映射的特点。ASN.1 独特和经典的编码规则具有这一特性，而 ASN.1 基本编码规则没有。

有两种规定安全变换适用的信息项的途径：

a）在抽象语法规范内指出选择字段；

b）特定类型的安全变换与一个表示上下文中传送的全部信息项相关联；这一情况下，在抽象语法规范之外规定安全变换要求。

这两种情况在下面详细解释。

6.4.1 在抽象语法规范中选择字段指示

当对抽象语法内选定的领域采用了保护时，抽象语法规范必须指出要用合适记法保护的项。如果选择字段机密性和/或完整性是以小于抽象语法产生的完整表示数据值的粒度来应用时，必须用这一方法。

规定抽象语法中选择使用安全变换的记法的例子是 GB/T 16264.8 中定义的签名和加密功能，以及 ISO/IEC 11586-1 中定义的"被保护的"记法。

6.4.2 保护表示上下文

当安全变换一致地应用于抽象语法的所有信息项时,它包括建立和使用保护表示上下文。

建立任何表示上下文包括建立给定出抽象语法要使用的传送语法。具有保护表示上下文且称为**保护传送语法**的传送语法是用于安全变换的编码/解码过程的基础。建立保护表示上下文包括确定安全变换(及隐含的系统安全功能),这些安全变换将形成在表示上下文中的所有表示数据值发送/接收时抽象语法和传送语法之间编码/解码过程的一部分。

建立保护表示上下文后,处理出数据的系统安全功能可能要将参数信息传送到它对应的系统安全功能。例如,它可能包括:

a) 首次使用表示上下文时的初始参数,诸如密码过程的初始化矢量或密钥识别符;

b) 在连续保护的表示数据值内发出参数改变信号的信息,如:改变到一个新键。

因此,除传送表示服务用户信息表示法外定义保护传送语法还需要包括传送变换参数数据的手段。

系统安全功能要求的参数信息(如:密钥)可分别采用如下手段获得:

a) 较早应用层协议交换的结果,如:产生于密钥衍生安全交换的密钥;

b) 本地手段,如:手工插入。

ISO/IEC 11586-4 规定一种类属保护传送语法,该语法能支持各种不同的安全变换。

注:可以将一个表示数据值嵌入到另一个内,而且安全变换在两个层次都可应用。在这种情况下,内部(嵌入)表示数据值(编码过程中使用安全变换)编码也将在用于外部表示数据值编码的安全变换下受到保护。当两个系统间转发的数据(组成内部表示数据值)需要签名以便鉴别数据的起点时,且当通过密封用于外部表示数据值或表示上下文中的所有表示数据值来防止两个系统间的重用时,就有了这样的例子。

7 服务和机制

OSI 安全体系结构(GB/T 9387.2)规定:

—— 应用层可提供基本集中的一项或多项安全服务:鉴别、访问控制、机密性、数据完整性和抗抵赖;

—— 表示层不提供安全服务,但是支持应用层安全服务的安全机制可位于表示层;

—— 会话层不提供安全服务且不包含安全机制。

7.1 鉴别

7.1.1 实体鉴别

7.1.1.1 实体鉴别中高层的作用

鉴别的目的是为识别实体身份提供保证。应用层的作用是为应用层已知的实体提供鉴别。这种鉴别在 ASO 联系建立时和使用 ASO 联系期间都存在。

应用层允许较大范围的本体被鉴别。它依赖于应用的特性及现行的安全策略。

注:GB/T 9387.2 中定义的对等实体鉴别概念是 ISO/IEC 10181-2 中定义的实体鉴别的一种特殊情况。

高层不为应用层以下的任何实体提供鉴别。

7.1.1.2 实体鉴别措施

实体鉴别可以在应用层中由鉴别信息通信来提供,该通信可采用符合 6.3 的安全交换功能。

实体鉴别仅提供瞬时实体保证。要在整个 ASO 联系期间保持这种保证,要求使用连接完整性服务(如 GB/T 9387.2 中定义的)。在某些情况下,在附加鉴别交换的一段时间之后获得对实体身份的进一步保证可能是必要。

7.1.1.3 实体鉴别的管理

当提供实体鉴别时,要求对宣称鉴别信息和/或验证鉴别信息(如:密码密钥)进行管理。如 ISO/IEC 10181-2 描述的,它可包括任何下列程序:

——安装，定义宣称鉴别信息和证明鉴别信息；

——改变鉴别信息，负责人或管理者声明鉴别信息和改变验证鉴别信息；

——发布，任何实体可获得足够的用于验证交换鉴别信息的验证鉴别信息；

——失效，建立起的、暂时不能被以前鉴别的负责人鉴别的状态；

——重新有效，终止无效程序中建立的状态；

——卸装，从可鉴别的负责人群中移去负责人。

当使用 OSI 协议实现这些规程时，它可能包括符合 6.3 的安全交换功能。这些程序也可利用 OSI 安全管理服务。

有效的安全策略也可要求报告失败的鉴别企图以便在安全审计跟踪中产生警告和/或记录。

7.1.2 数据原发鉴别

7.1.2.1 数据原发鉴别中高层的作用

数据原发鉴别与鉴别被声称为产生了一组特定数据的实体有关。在一个通信实例中它不一定是直接对等，因此数据原发鉴别与实体鉴别有不同的目的。

通信时数据的每个元素可能有也可能没有数据原发鉴别作用于它。为保证及时收到数据，数据原发鉴别需要能使原发时间及源头也有效。

7.1.2.2 数据原发鉴别措施

应用层的数据原发鉴别通过交换安全信息来提供，这种安全信息可以传送如以数据和数据原发的标识符为基础的数字签名。数据原发鉴别可以在 ASO 联系建立时或在 ASO 联系期间的任意时刻提供。

数据原发鉴别服务使用典型利用加密或数字签名机制的安全变换。

7.1.2.3 数据原发鉴别管理

通常，管理数据原发鉴别和管理实体鉴别相同（见 7.1.1.3）。

7.2 访问控制

7.2.1 概述

应用层协议可进行访问控制信息交换，如：访问控制证书。它传送与给予、加强和/或收回访问控制权有关的信息。

访问控制信息可以在 ASO 联系建立时或 ASO 联系期间的任意其他时候交换。ASO 联系期间的访问权可以修改（增加或减少）权力为对其他 ASO 联系有效，或者仅对规定的请求有效。

访问控制可用于许多不同级别的粒度。这里要区别两个称为 ASO 联系和源的层次，但是要认识到特别的协议可将额外的层次引入到源类型中。

7.2.2 ASO 联系访问控制

7.2.2.1 ASO 联系访问控制中高层的作用

ASO 联系访问控制应用于 ASO 联系层，并且与控制访问系统和过程（如：应用进程）有关，而与系统内的客体无关。它关注具有被请求 ASO 上下文的特殊远程系统是否真被请求 ASO 联系，如果在 ASO 联系建立之后采用，安全特性是否允许发生或继续。

7.2.2.2 ASO 联系访问控制措施

6.3 中描述的安全交换功能可支持 ASO 联系访问控制。这些功能可支持 ISO/IEC 10181-3 中定义的任一类机制。

这样的安全交换功能可由与 ACSE 一起使用的 ASE 提供，以便在应用联系建立时提供访问控制。另外，这时的安全交换能保留某些访问控制信息以便在后面整个应用联系期间用来决定访问控制。

7.2.2.3 ASO 联系访问控制管理

系统中有效的安全策略可能要求报告每次访问企图，尤其是每次失败的访问企图，以便产生警告和/或作为安全检查跟踪的一部分记录。OSI 安全管理服务提供保留访问控制信息的手段。

7.2.3 资源访问控制

7.2.3.1 资源访问控制中高层的作用

资源访问控制是控制访问特定的资源，如：信息库中的一个或多个客体。当信息客体由部件构成时，要提供深一层的访问控制。这种资源的一个例子是文件。可用访问控制确定访问发起者是否有权在文件上进行特定操作，如：读或修改。

7.2.3.2 资源访问控制措施

资源访问控制可能是一个特定的 ASE 或 ASO 范围，它为特定资源提供交换操纵调用和响应的协议。例如：文件访问控制是 FTAM（GB/T 16505《信息处理系统　开放系统互连　文卷传送、访问和管理》）的范围。

这些 ASE 或 ASO 可以利用 ISO/IEC 10181-3 中定义的一类或多类机制。它们可以利用使用 ASO 联系访问控制产生的保留访问控制信息。

7.2.3.3 资源访问控制管理

系统中有效的安全策略可能要求报告每次访问意图，特别是每次失败的访问意图，以便产生警告和/或作为安全审计跟踪的一部分的记录。通过特定的应用协议或通用的应用层管理协议可管理访问控制信息本身。

7.3 抗抵赖

7.3.1 抗抵赖中高层的作用

抗抵赖是应用层服务。它包括，但不是限于，下面情形（见 GB/T 9387.2 中的描述）：

a) 有原发证明的抗抵赖；

b) 有交付证明的抗抵赖。

在有原发证明的抗抵赖中，为信息接收者提供它的原发证明。这将防止任何以后的发送者谎称未发送过那一信息的企图不能得逞。有原发证明的抗抵赖中高层的作用是证明特定应用实体发送了一条特定信息。

在有交付证明的抗抵赖中，为信息发送者提供交付那一信息的证明。这将防止任何以后的接收者谎称未接收那一信息的企图不能得逞。有交付证明的抗抵赖中高层的作用是提供特定应用实体收到特定信息的证明。

7.3.2 抗抵赖措施

抗抵赖服务措施能用数字签名或加密机制。这可包括使用 6.4 中描述的安全变换。根据有效的安全策略，抗抵赖可使用公证机制。

有原发证明的抗抵赖可要求与可信第三方交互，而有交付证明的抗抵赖总是要求这样。

发送者和/或接收者可能需要在与如签名产生服务、时间记录服务和/或目录服务等的交互中使用多重 ASO 联系。

7.3.3 抗抵赖管理

如果用数字签名和/或加密机制提供抗抵赖服务，对这些机制管理可包括：

——密钥管理；

——建立密码参数和算法。

如果用公证机制提供抗抵赖服务，那么对这些服务管理可包括：

——分发有关公证的信息；

——与公证交互。

7.4 完整性

7.4.1 完整性中高层的作用

完整性可作为应用层服务提供。提供这一服务可采用表示层中的安全通信功能及相关的系统安全功能。可提供下面的服务：

a）带恢复的连接完整性；

b）不带恢复的连接完整性；

c）选择字段连接完整性；

d）无连接完整性；

e）选择字段无连接完整性。

除选择字段完整性外，各种类型的完整性服务应在低层提供。

下面任一个可作为完整性适用的粒度：

a）单个表示数据值；

b）一个表示上下文中的表示数据值系列；

c）单个表示数据值的一部分或几部分。

7.4.2 完整性措施

可用 6.4 中描述的安全变换提供完整性服务。

发出检测表示层内的完整性侵害信号作为接收应用实体的标志。然而，分析接收的数据是不可行的，使它明确地为表示服务用户所得到也是不可行的。不过，可疑的数据可在接收者开放系统中进行分析/审计。根据这样的分析，可以在 OSI 环境中等取进一步的有关动作。

7.4.3 完整性管理

管理完整性可包括密钥资料的通信。当 ASO 联系（可能是在其上利用完整性服务的同一个 ASO 联系）中出现这样的通信时，那么可利用符合 6.3 的安全交换功能。某些密钥材料的通信可以包括 OSI 安全管理服务。

7.5 机密性

7.5.1 机密性中高层的作用

机密性可作为应用层服务提供。提供这一服务可利用应用层中的安全通信功能及相关的系统安全功能。可提供以下服务：

a）连接机密性；

b）无连接机密性；

c）选择字段机密性；

d）流量机密性。

除选择字段机密性外，各种类型的机密性服务应在低层提供。

下面任一个可作为机密性适用的粒度：

——单个表示数据值；

——一个表示上下文中的系列表示数据值；

——单个表示数据值的一部分或几部分。

7.5.2 机密性措施

用 6.4 中描述的安全变换可提供机密性服务。

7.5.3 机密性管理

管理机密性可包括密钥资料的通信。当这一通信在 ASO 联系（可能是在其上利用机密性的同一 ASO 联系）中出现时，那么，它可利用符合 6.3 的安全交换功能。某些密钥资料的通信可能包括 OSI 安全管理功能。

8 层交互

8.1 应用层和表示层间的交互

8.1.1 调用安全变换

建立表示上下文时，可通过本地方式规定将安全变换应用到采用那一表示上下文传送的应用数据值上,详细的保护表示上下文见 6.4.2。

抽象语法规范中的记法也含有使用安全变换的意思。详见 6.4.1。

当应用了变换的表示数据值嵌入表示数据值时,变换也应用到了这些表示数据值上。

检测完整性侵害是作为对接收应用实体的指示而发出信号。

8.1.2 表示层要求的支持信息

原发表示实体从**安全管理信息库**或间接地从用于表示上下文的传送语法中获得要求的安全变换的身份。

安全变换参数,包括加密密钥,可通过来自安全管理信息基础内信息的本地方式获得或通过嵌入到保护传送语法中的数据交换确定。参数信息也可在同一 ASO 联系中的其他被保护的表示数据值中传送。确定参数值时可要求使用包括原发和响应表示服务访问点身份的连接的各种属性。

注:这一信息可包括状态或顺序相关的信息。可能需要系统安全功能来修正这一信息。

8.1.3 分布式应用方面

某些分布式应用,如:存储和转发应用或链接应用,要求有应用协议数据单元或通过作为应用中继(见 6.2.3)的开放系统诸部分。在这种类型的应用中继系统中,编码的表示数据值可保持用于以后传输。对收到的表示数据值有同样抽象和传送语法的表示上下文上以后的传输受到限制。

8.2 表示层和会话层之间的交互

当**会话层**不含有任何安全服务或机制时,**会话层**内的操作会影响**表示层**中某些安全机制的操作。特别是,如重新同步等丢弃数据的破坏性**会话**服务的操作将影响**表示层**中的加密机制的操作和对数据完整性的支持。**表示层**可以含有处理这些效果的规程。

例如,当会话重新同步出现时,**表示层**密码链接过程(如:支持完整性服务)是十分必要的重新同步。

8.3 低层服务的使用

安全交互规则可要求用低层的安全特性来保护 OSI 通信。可以要求的这些安全特性既可作为高层安全措施的补充也可作为替代品。

低层的安全服务能提供一些在高层中不能提供的保护。特别是,可用低层安全服务来保护所有高层的协议控制信息和提供较高程度的通信业务流机密性。

GB/T 12453《信息处理系统 开放系统互连 运输服务定义》用保护服务质量参数定义了运输服务提供的安全特性的要求,质量参数是用作运输连接建立服务一部分。该参数为运输服务用户和运输服务提供者之间提供通信安全服务要求的方法。

选择运输服务安全特性(根据保护服务质量参数)的全部或部分可由本地系统管理确定而勿需高层协议机制。

注:保护服务质量的概念正在进行研究,可能在本标准的下一版本发布之前在低层标准中会有变更(可能废除)。

附 录 A
（提示的附录）
与 OSI 管理的关系

A1 安全服务和机制管理

OSI 安全管理服务可用来管理安全服务和机制。安全服务管理涉及到对实体鉴别和访问控制等特定安全服务的管理，通过使用一种或多种安全机制来提供安全服务。安全机制管理又涉及到这些机制监测和控制。

典型的安全管理活动有：

a）安全策略管理；

b）安全功能和其他 OSI 功能（如：配置管理）之间的交互；

c）安全服务管理和安全机制管理功能之间的交互；

d）安全告警报告和安全审计跟踪管理；

e）访问控制信息的管理。

A2 安全客体、属性和事件报告

OSI 管理提供能管理与安全有关的客体和属性的功能，而且能产生与安全有关的事件报告。这些客体、属性和事件报告包括：

a）关于如 GB/T 17143.7 中定义的安全警告的事件报告；

b）关于如 GB/T 17143.8 中定义的安全审计跟踪的客体、属性和事件报告；

c）关于如 ISO/IEC 10164-9 中定义的 OSI 管理访问控制的客体和属性。

A3 特定的安全管理功能

检测安全攻击和危害之后，每个 OSI 层内的管理实体可产生报告，报告正常和非正常的事件，包括服务激活和停活。OSI 中事件处理管理方面包括远程攻击系统安全的报告或明显企图的事件报告。GB/T 17143.7 中定义的安全告警报告功能支持这些要求。

安全审计包括所选事件的审计跟踪信息的日志和/或远程收集、所选的检查记录的远程收集及编制安全审计报告。GB/T 17143.8 中定义的安全审计跟踪功能支持这些要求。

A4 其他管理方面

可以建立和删除与安全有关的客体，而且那些客体的属性可由 GB/T 17143.1 中规定的客体管理功能操纵。例如：可以建立访问控制清单并且可以管理它们中规定的安全信息。

GB/T 17143.3 中规定的关系管理功能可以管理代表 OSI 应用和安全有关客体的客体之间的关系。

附 录 B
（提示的附录）
参 考 文 献

GB/T 16264.8—1996 信息技术 开放系统互连 目录 第 8 部分：鉴别框架
（idt ISO/IEC 9594-8:1995）

GB/T 17143.1—1997　信息技术　开放系统互连　系统管理　第1部分:客体管理功能
　　　　(idt ISO/IEC 10164-1:1993)

GB/T 17143.3—1997　信息技术　开放系统互连　系统管理　第3部分:表示关系的属性
　　　　(idt ISO/IEC 10164-3:1993)

GB/T 17143.7—1997　信息技术　开放系统互连　系统管理　第7部分:安全告警报告功能
　　　　(idt ISO/IEC 10164-7:1992)

GB/T 17143.8—1997　信息技术　开放系统互连　系统管理　第8部分:安全审计跟踪功能
　　　　(idt ISO/IEC 10164-8:1993)

ISO/IEC 10164-9:1995　信息技术　开放系统互连　系统管理:客体和属性的访问控制

ISO/IEC 11586-1:1996　信息技术　开放系统互连　通用高层安全:概述、模型和记法

ISO/IEC 11586-2:1996　信息技术　开放系统互连　通用高层安全:安全交换服务元素(SESE)
服务定义

ISO/IEC 11586-3:1996　信息技术　开放系统互连　通用高层安全:安全交换服务元素(SESE)
协议规定

ISO/IEC 11586-4:1996　信息技术　开放系统互连　通用高层安全:安全交换服务元素(SESE)
保护传输语法规定

前　言

本标准等同采用国际标准 ISO/IEC TR 13594:1995《信息技术　低层安全模型》。

为适应信息处理的需要,本标准依据 OSI 参考模型的层次结构,它描述了这些层公共体系结构概念、与层间安全有关的交互作用的基础和低层中安全协议的放置。在制定标准时,根据正文内容,在引用标准中增加了两项标准。本标准在技术内容上与国际标准保持一致。

本标准的附录 A 是提示的附录。

本标准由中华人民共和国信息产业部提出。

本标准由中国电子技术标准化研究所归口。

本标准起草单位:西安交通大学。

本标准主要起草人:邓良松、冯惠、邓勇。

ISO/IEC 前言

ISO(国际标准化组织)和IEC(国际电工委员会)是世界性的标准化专门机构。国家成员体(它们都是ISO或IEC的成员国)通过国际组织建立的各个技术委员会参与制定针对特定技术范围的国际标准。ISO和IEC的各技术委员会在共同感兴趣的领域内进行合作。与ISO和IEC有联系的其他官方和非官方国际组织也可参与国际标准的制定工作。

对于信息技术领域,ISO和IEC建立了一个联合技术委员会,即ISO/IEC JTC1。

技术委员会的主要任务是制定国际标准,但在特殊情况下技术委员会可以建议以下类型之一的技术报告的出版:

——类型1,当经多次努力,仍得不到出版国际标准所需要的支持时;

——类型2,当主题仍处于技术开发,或者由于其他某原因,存在将来而非即刻就国际标准达成协议的可能性时;

——类型3,当技术委员会从正式出版(例如,"最新出版")的国际标准中已收集了不同种类的数据时。

类型1和2的技术报告在出版后三年内应该经受复查,以决定它们是否能被转换为国际标准。类型3的技术报告没有必要复查直到它们提供的数据被认为不再有效或有用。

ISO/IEC TR 13594是类型3的技术报告,它由联合技术委员会ISO/IEC JTC 1"信息技术"与ITU-T合作制定。相同的文本作为ITU-T建议X.802出版。

引　　言

本标准描述了在 OSI 参考模型低层(运输、网络、数据链路和物理层)中提供安全服务的跨层的内容。它描述了这些层的公共体系结构概念、与层间安全有关的交互作用的基础和低层中安全协议的放置。

中华人民共和国国家标准

信息技术 低层安全模型

GB/T 18231—2000
idt ISO/IEC TR 13594:1995

Information technology—Lower layers security model

1 范围

本标准描述了在OSI参考模型低层(运输、网络、数据链路和物理层)中提供安全服务的跨层的内容。

本标准描述:

a) 基于GB/T 9387.2中定义的低层公共的体系结构概念;

b) 低层协议之间与安全有关的交互作用的基础;

c) OSI的低层和高层之间与安全有关的任何交互作用的基础;

d) 与其他低层安全协议有关的安全协议的放置以及这种放置的有关作用。

在低层安全协议和本标准中描述的模型之间不应该存在冲突。

GB/T 16264.1标识了与OSI参考模型的每个低层有关的安全服务。

2 引用标准

下列标准所包含的条文,通过在本标准中引用而构成为本标准的条文。本标准出版时,所示版本均为有效。所有标准都会被修订,使用本标准的各方应探讨使用下列标准最新版本的可能性。

GB/T 9387.1—1998 信息技术 开放系统互连 基本参考模型 第1部分:基本模型
(idt ISO/IEC 7498-1:1994)

GB/T 9387.2—1995 信息处理系统 开放系统互连 基本参考模型 第2部分:安全体系结构
(idt ISO 7498-2:1989)

GB/T 15274—1994 信息处理系统 开放系统互连 网络层的内部组织结构(idt ISO 8648:1988)

GB/T 16262—1996 信息处理系统 开放系统互连 抽象语法记法一(ASN.1)规范(idt ISO/IEC 8824:1990)

GB/T 16263—1996 信息处理系统 开放系统互连 抽象语法记法一(ASN.1)基本编码规则规范(idt ISO/IEC 8825:1990)

GB/T 16264.1—1996 信息技术 开放系统互连 目录 第1部分:概念、模型和服务的概述(idt ISO/IEC 9594-1:1990)

GB/T 16723—1996 信息技术 提供OSI无连接方式运输服务的协议(idt ISO/IEC 8602:1995)

GB/T 16974—1997 信息技术 数据通信 数据终端设备用X.25包层协议(idt ISO/IEC 8208:1995)

GB/T 17179.1—1997 信息技术 提供无连接方式网络服务的协议 第1部分:协议规范
(idt ISO/IEC 8473-1:1994)

GB/T 17180—1997 信息处理系统 系统间远程通信和信息交换 与提供无连接方式的网络服务协议联合使用的端系统到中间系统路由选择交换协议(idt ISO/IEC 9542:

1988)

GB/T 17963—2000 信息技术 开放系统互连 网络层安全协议(idt ISO/IEC 11577:1995)

GB/T 17965—2000 信息技术 开放系统互连 高层安全模型(idt ISO/IEC 10745:1995)

ISO/IEC 8073:1992 信息技术 系统间远程通信和信息交换 开放系统互连 用于提供连接方式运输服务的协议

ISO/IEC 9979 数据加密技术 加密算法的登记规程

ISO/IEC 10181-1 信息技术 开放系统互连 开放系统中的安全框架:安全框架概述

ISO/IEC 10181-3 信息技术 开放系统互连 开放系统中的安全框架:访问控制框架

ISO/IEC 10589:1992 信息技术 系统间远程通信和信息交换 与提供无连接方式网络服务协议(ISO 8473)一起使用的中间系统到中间系统域内路由选择信息交换协议

ISO/IEC 10736:1995 信息技术 系统间远程通信和信息交换 运输层安全协议

ISO/IEC 10747:1994 信息技术 系统间远程通信和信息交换 为支持转发 ISO 8473PDU 在中间系统之间交换域内路由选择信息的协议

3 定义

3.1 OSI 参考模型定义
本标准采用 GB/T 9387.1 中定义的下列术语:
—— 服务质量 quality of service

3.2 开放系统安全框架定义
本标准采用 ISO/IEC 10181-1 中定义的下列术语:
—— 安全域 security domain

3.3 网络层内部组织结构定义
本标准采用 GB/T 15274 中定义的下列术语:

a)子网访问协议 subnetwork access protocol;

b)端系统 end system;

c)中间系统 intermediate system。

3.4 附加定义
本标准采用下列定义。

3.4.1 转向保护 reflection protection
当协议数据单元已被返回原发者时用于检测的保护机制。

3.4.2 安全联系属性 security association attributes
为了控制一个实体与其远程对等实体之间的通信安全所需要的信息汇集。

3.4.3 安全联系 security association
存在相应安全联系属性的低层通信实体之间的关系。

3.4.4 安全规则 security rules
本地信息,给定所选择的安全服务规定了要使用的低层安全机制,包括该机制的操作所需要的所有参数。

注:安全规则是如高层安全模型 GB/T 17965 中定义的安全交互作用规则的形式。

4 缩略语

ISN   完整性顺序号

SSAA   SA 属性集

NLSP	网络层安全协议
NLSP-CO	连接方式 NLSP
NLSP-CL	无连接方式 NLSP
QoS	服务质量（如 GB/T 9387.1 中定义）
SA	安全联系
SA-ID	安全联系标识符
SNAcP	子网访问协议（如 GB/T 15274 中定义）
SNISP	独立于子网安全协议
TLSP	运输层安全协议

5 安全联系

5.1 概述

5.1.1 任何安全协议都利用许多安全机制为上层提供安全服务。高层所要求的安全服务可以通过使用本地安全管理功能被指明给低层。安全协议及它的每个安全机制要求除 PDU 中编码的信息之外的信息能够安全通信。这种附加信息的例子有协议将要使用的机制的规范以及每个机制的特定信息，诸如加密机制所要求的密钥信息。每条附加信息被看作为安全联系属性。

5.1.2 安全联系属性可以使用许多机制放置于协议实体中。一些放置机制的例子是：

    a）设备制造期间放置；

    b）设备初始化期间放置；

    c）通过手动接口（如面板控制）放置；

    d）由 OSI 系统安全管理放置；

    e）由 OSI 层安全管理放置；

    f）由 OSI 操作安全管理放置。

5.1.3 SA 属性可以在与它们有关的通信前的任何时候放置。当相容的 SA 属性集（SSAA）放置到每一个协议实体中的相应位置时，一个安全联系就存在于协议实体之间了。

5.1.4 SSAA（和安全联系）可以以不同的粒度存在。有时候能引用具有不同粒度的 SSAA 是有用的。例如，由安全规则商定集（ASSR）定义的 SSAA 能以 SSAA ASSR 表示。或者可以在两个协议实体之间建立配对密钥以用于许多公共的源目的地址对实例。类似的，用于某一通信实例的 SSAA 能由通信的 SSAA 实例引用。同样，用于面向连接 PDU 的 SSAA 能由 SSAA CO PDU 引用。

5.1.5 通常，SA 属性必须通过安全手段放置于协议实体中以维护安全。这隐含 SA 属性或者使用物理安全手段放置，或者可以利用一个现有的、为此而预先放置的安全联系来放置。

5.1.6 属于安全联系一部分的 SSAA，经常由一个具有本地意义并认为是 SA-ID 的标识符引用。在任何时刻，SA 属性集的一些成员可以无定义。典型的是在一个安全通信的初始化期间，SSAA 将不会完全在其中，同时在用户数据交换前，初始交换将被用来完整地放入 SSAA 中。

5.1.7 为了提供重播保护，必须对 SA-ID、它们引用的 SSAA 和 SA 属性的使用加以限制。

    a）SA-ID 不可以以相同的加密密钥重用；

    b）当任何 SA 属性已放入到由 SA-ID 引用的 SSAA 中后，除非安全协议有某种方法示意通信实体之间的改变，否则该 SA 属性不应被改变。这隐含了为使密钥能换用，必须以旧 SA 属性的拷贝及一个新密钥来使用新的 SA-ID，除非安全协议有一个示意密钥改变的替换办法（例如，由 NLSP-CO CSC PDU 支持）。

5.1.8 从 SSAA 中去除任何 SA 属性将有效地关闭安全联系。

5.1.9 一些 SA 属性对于通信实例（无连接 PDU 或连接）具有重要意义。其他 SA 属性对连接上的单个 PDU 具有重要意义。完整性顺序号和安全标记是这样的 SA 属性的例子。它可以表现为这些 SA 属性的改变违反了上述 5.1.7b)中的限制。然而,逻辑上包括这些 SA 属性的安全联系,仅在单个 PDU 的生命期中有效。ISN 成为 SA-ID 的一个逻辑扩展,从而改变了有效的 SA-ID。标记仅对扩展的 SA-ID 实例有效。因此,那些限制得以维护。这些 SA 属性有时称为"动态"SA 属性。

5.1.10　部分安全策略将限制协议实体的操作。这部分安全策略称为"协议实体的安全规则集"。协议实体的安全规则集可以限制诸如要使用的安全机制和 SA 属性的值与放置机制之类的事情。安全规则集也将定义所选择的安全服务映射到安全协议所用的安全机制。安全规则集是安全交互作用规则的一种形式。

5.1.11　当用于域内或域间操作时,对于该安全规则集需要建立一个唯一标识符并被称为安全规则商定集。ASSR 标识符可以作为安全联系建立的一部分被交换,以此定义或限制在安全规则集中定义的 SSAA ASSR。其余的 SA 属性,如果有的话,必须使用上述 5.1.2 中所列的其他方法建立。

5.2　为低层建立安全联系

5.2.1　为了保护通信实例(无连接 PDU 或连接),必须在通信实体之间建立安全联系。

5.2.2　形成的 SA 信息要么是静态信息,它在 SA 建立时可以"协商",然后在联系存在期间保持不变,要么是动态信息,它可在通信实例中被更新。

5.2.3　作为 OSI 的 1 层至 4 层协议,通过安全联系协议数据单元(PDU)的交换或 OSI 低层范围之外的机制来建立一个 SA。

5.2.4　在建立 SA 前,每个实体必须预先建立一个公共的、相互商定和唯一标识的安全规则集以及可以被选择的安全服务。

5.2.5　如果 SA 是通过安全联系 PDU 的交换来建立,那么下列内容也必须预先建立:

　　a) 安全服务的初始选择以及建立 SA 时要应用的安全机制;

　　b) 建立 SA 所需的基本定密钥信息。

5.2.6　建立 SA 时,实体建立下列与其远程对等实体共享的信息,该远程对等实体在联系的生命期必须保持不变(即静态):

　　a) 本地和远程 SA-ID;

　　b) 用于通信实例的联系实体之间的所选择的安全服务;

　　注:要使用的安全服务可以在预先建立的安全服务中选择。

　　c) 通过所选择的安全服务隐含将要使用的机制及其特性;

　　d) 用于通信实例的完整性、加密机制和鉴别的初始共享密钥;

　　e) 为访问控制而在本联系上使用的安全标记与地址集。

5.2.7　SA-ID 和共享密钥[上述 a)和 d)项]必须基于每一个联系来建立。其他信息可以预先建立。另外,作为建立 SA 的一部分,远程对等实体的身份必须被鉴别以提供对等实体鉴别。

5.2.8　可为通信实例动态地更新下列信息:

　　a) 每个方向的正常和加速数据所需的完整性顺序号;

　　b) 从静态安全标记集中动态地选择安全标记;

　　c) 用于安全协议中加密/完整性机制的重密钥信息,该安全协议支持联系内的重新定密钥(例如,连接方式网络层安全协议)。

5.2.9　为获得对等实体鉴别或数据原发鉴别,每一通信实例都需要应用鉴别机制。

5.2.10　可以在安全联系的不同阶段建立不同的 SA 属性,如图 1 所示。前面条目中描述的有关安全联系使用预先建立项、静态项和动态项。所使用的项和鉴别形式如前面条目中描述的那样。

5.2.11　实体将识别使用 SA-ID 的必要 SA 属性。

5.2.12　SA 应在保护通信实例前建立。

预先建立	静　态	动　态
安全规则商定集 可能的安全服务 初始安全服务 基本密钥信息	SA-ID 初始密钥 鉴别	ISN 安全标记 重密钥信息 鉴别
选择保护 QoS 的级 选择的机制 安全标记/地址集		

图 1　安全联系的属性说明

5.3　安全联系关闭

当 SA 不再有效时，关闭由 SA-ID 指明的 SA。

安全联系能用下列方法关闭：

a) 作为 OSI 的 1 层至 4 层协议，通过安全联系协议数据单元(PDU)的交换；

b) 使用 OSI 低层范围之外的外部机制；

c) 用关闭一个连接(该方法仅对连接方式适用)而隐式关闭；

d) 当一个密钥处于 SA 期满时而隐式关闭。

注：因为每一个对等实体中可以产生显著差异的值，方法 d)具有由对等实体间传送/接收数据包数目定义的密钥生存期，因此，使用方法 d)应谨慎。在使用上述 c)方法前，安全联系的属性必须指明本联系将通过关闭使用该联系的连接而关闭。

5.4　连接中的属性的修改

对于每一通信实例(无连接 PDU·或连接)，只能建立一个 SA。

在连接存在期间，用于该连接的安全服务和机制不能被修改(注意，这并不排斥改变密钥)。

新密钥的使用指示应由安全协议描述。

6　对现存协议的影响

6.1　总则

原则上，安全协议对现存协议的影响应为最小。

6.2　无连接 SDU 大小

在数据传送期间，根据所选择的安全机制，安全对于(N)层协议有下列影响：

a)(N)用户数据以及某些情况下(N)协议控制信息由运输前后的密码变换来操作。这样可能改变(N)用户数据的长度；

b)与(N)用户数据有关的协议控制信息(例如安全联系标识符、密码检验代码)可能需要由(N)协议携带。

注：这将对由 GB/T 15126—1994 的 15.2.3 及 GB/T 12453—1990 中定义的最大用户数据大小有影响。

6.3　PDU 的链接

只有在相同安全联系下被保护的 PDU 才可以被链接。

6.4　算法和机制独立性

低层安全协议被规定为独立于算法。而且，NLSP 已采用把安全协议分为依赖于机制部分和独立于机制部分的方法。预计将来的低层安全协议可以通过将通用抽象服务用于 OSI 的高层和低层公共安全来达到这一点。

7　公共安全 PDU 结构

7.1　公共的一般 PDU 结构将用于在低层安全协议中保护数据 PDU。虽然一般 PDU 结构对于所有低层安全协议是相同的，但这些低层安全协议却由于不同原因而不同，其中最主要的原因则是由特定的协议层所施加的格式限制。

7.2 低层安全协议中 PDU 结构的公共部分可以是：

a) PDU 尾部的完整性检验值(ICV)(除任何加密填充外,见下面);

b) 为实现通信流量保密性、完整性和加密机制所进行的填充可以放置于个别的字段内;

c) 顺序完整性使用的可变长数目;

d) 使用类型/长度/值的字段的灵活编码方法,该方法允许容易扩展并给予字段顺序的限制最小;

e) 由被保护 SA 的启动者对响应者方向标志提供的转向保护。

8 安全服务和机制的确定

安全协议要应用的安全服务如第 9 章中描述的那样来确定。给定选择的安全服务,通过使用第 10 章中描述的安全规则来确定要应用的安全机制。

9 保护 QoS

保护 QoS 是指服务提供者试图使用那些应用于低层的安全服务来防御安全威胁的程度。

保护 QoS 服务参数的处理是根据有效的安全策略来控制的本地事情。保护 QoS 不在服务用户之间协商。对于通信实例,服务用户可以向服务提供者指明其保护 QoS 要求。服务提供者可以指明在通信实例中提供给服务用户的保护 QoS。服务提供者提供的保护 QoS 不必和服务用户要求的相同。

开放系统之间传送有关被选择的安全服务信息的任何低层协议交换(指"带内"协议交换),在独立于通信实例的安全联系协议内进行。这可以通过安全标记隐式进行,也可以通过其他方法显式进行。

10 安全规则

给定选择的安全服务,安全规则规定了要使用的安全机制,包括该机制操作所需的所有参数。可以被登记为团体使用的安全规则例子的说明在附录 A 中给出。

由安全标记隐含选择的安全服务的情况下,安全规则也规定了从安全标记到所隐含的保护要求的映射。

注:目前,GB 没有将安全规则标准化。

11 低层中安全的放置

为了在运输层和网络层中的使用,当前定义了安全协议[运输层安全协议(TLSP 见 ISO/IEC 10736)和网络层安全协议(NLSP)]。

对于连接方式通信,TLSP 与 ISO/IEC 8073 连同运行(见图 2)。对于无连接方式通信,TLSP 与 GB/T 16723 连同运行(见图 3)。

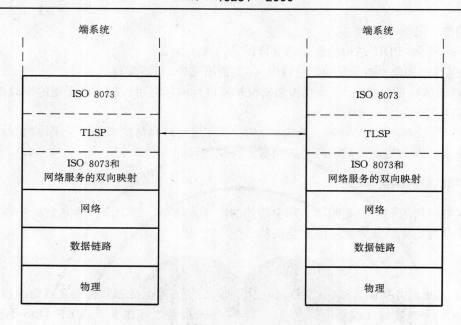

图 2 TLSP 与 ISO/IEC 8073 连同运行的说明

网络层中的安全可以由独立于子网安全协议(SNISP)提供,除了 GB/T 15274 中标识的任务外该 SNISP 完成独立于子网安全任务。下面描述中,对如像 NLSP 的 SNISP 和提供其他网络层协议任务(如 GB/T 15274 中标识)的协议之间的不同关系,存在许多选项。

对于端系统之间的无连接方式通信,NLSP 能运行在"正常"网络层协议之上。如图 4 所示,这样保护了网络服务数据单元。

另外,对于两个端系统之间、端系统和中间系统之间或两个中间系统之间的无连接方式通信,NL-SP 运行在无连接网络协议(见 GB/T 17179.1)之下以及在子网收敛协议或者 GB/T 17179.1 之上。这在图 5 和图 6 中说明。两个 GB/T 17179.1 层和一个 NLSP 层的表示不必隐含分隔的协议机。这依赖于本地实现策略。这样保护了网络协议数据单元。

对于连接方式通信,NLSP 总是运行在独立于子网协议或者如 GB/T 16974 那样的子网访问协议之上。这在图 7、图 8 和图 9 中说明。这样保护了网络服务数据单元。NLSP 不必定位在网络层顶部。

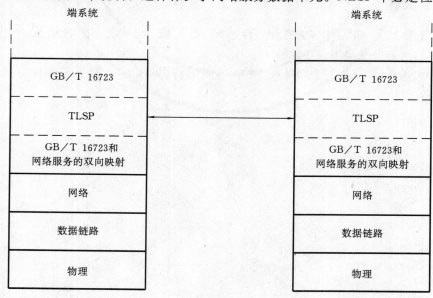

图 3 TLSP 与 GB/T 16723 连同运行的说明

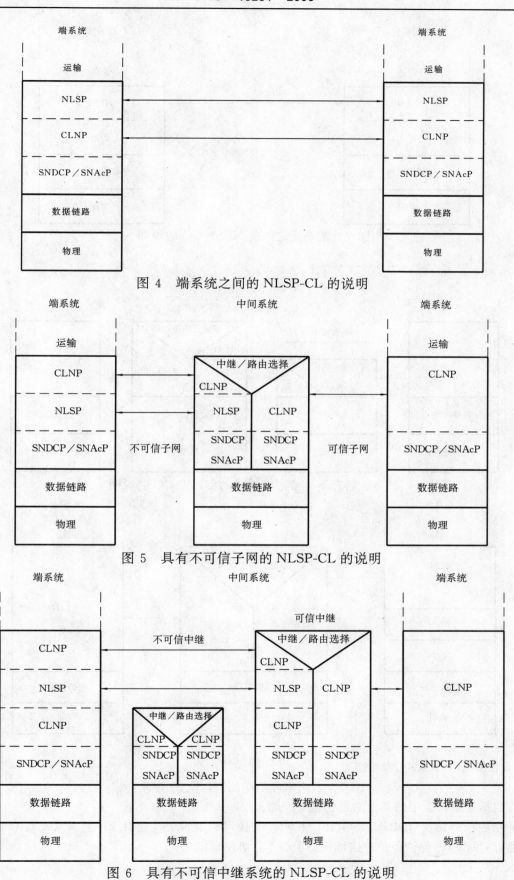

图 4　端系统之间的 NLSP-CL 的说明

图 5　具有不可信子网的 NLSP-CL 的说明

图 6　具有不可信中继系统的 NLSP-CL 的说明

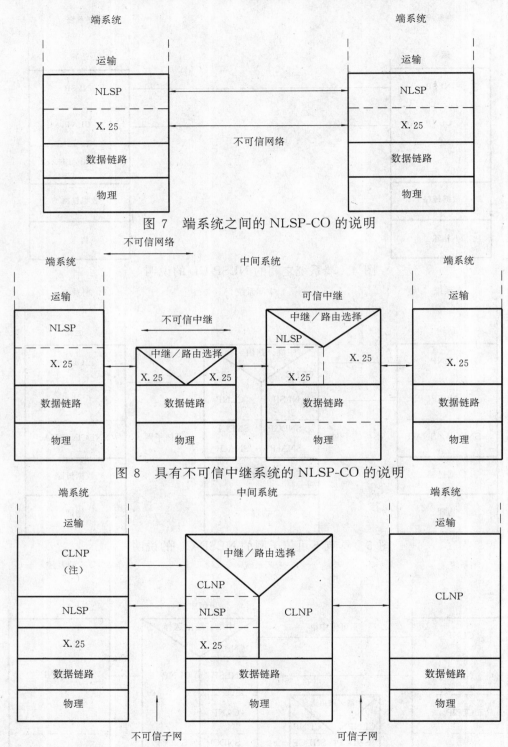

图 7 端系统之间的 NLSP-CO 的说明

图 8 具有不可信中继系统的 NLSP-CO 的说明

注：这包括对 CO 方式的收敛功能。

图 9 多网络环境中的 NLSP 的说明

没有包括在该模型中的其他放置也是可能的。

域间路由选择协议(IDRP)(ISO/IEC 10747)交换可利用 NLSP 在 IDRP 之下以及 GB/T 17179.1 之上的运行(见图10)得以保护。这样保护了 IDRP 协议数据单元。

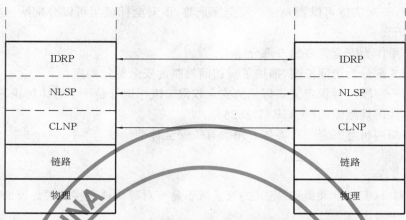

图 10　与 IDRP 连同运行的 NLSP 的说明

为了使用定义于 GB/T 15629 中的局域网(LAN)协议那样的链路层协议,可以定义 NLSP 低层网络服务原语到数据链路服务的映射(见图 11)。

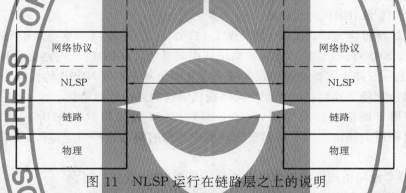

图 11　NLSP 运行在链路层之上的说明

GB/T 9387.2 包括了数据链路层中的保密性要求。对于数据链路安全协议,要求保护 LAN 环境下 2 层网桥之间的通信(见图 12)。

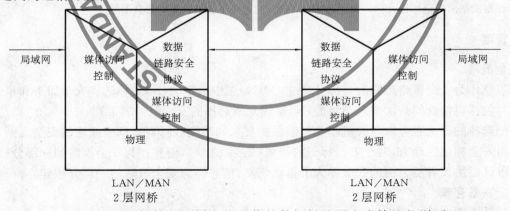

图 12　用于保护两网桥之间通信的数据链路层安全协议的说明

12　为提高(N)层安全而使用的(N−1)层

在给定层中提供安全功能时,可能要利用该层下面提供的安全服务。提供给(N)层用户的所有安全服务能由低层中的机制实现。

13　安全标记

安全标记可以用于指明所选择的安全服务的要求(见第 9 章)以及访问和路由选择控制。

在安全联系下,一对实体可以预先建立安全标记集,该安全标记集可以分配给两实体之间的连接/无连接协议数据单元。

安全标记的使用作为安全策略的一部分定义。

安全框架的第 3 部分为访问控制,描述了对访问控制的安全标记的应用。

安全标记的第一字段应标识定义该标记的安全权限。该标识符是一个客体标识符(如 GB/T 16262 中定义),采用基本编码规则编码(见 GB/T 16263)。

安全标记一般结构将与安全信息客体方面的有关安全标准一致。

14 安全域

ISO/IEC 10181-1(安全框架概述)定义的安全域不是与对等协议直接相关。然而,对域的使用将在安全管理的上下文中考虑。

15 路由选择安全

15.1 网络层安全协议(NLSP)(见 GB/T 17963)能用来保护域间路由选择协议数据单元(ISO/IEC 10747)的交换(见第 11 章 IDRP 的放置)。

15.2 像不支持多对等通信一样,NLSP(如 GB/T 17963 定义)不能用于支持基于 ISO/IEC 10589(中间系统到中间系统,IS-IS)和 GB/T 17180(端系统到中间系统,ES-IS)的域内路由选择交换的安全。可以为 IS-IS 域内及 ES-IS 路由选择交换协议的安全定义一个基于扩展 NLSP 的标准协议。任何关于 IS-IS 域内和 ES-IS 路由选择交换协议的标准协议将独立于这些路由选择协议。

15.3 要注意,应用于通信的访问控制(例如 GB/T 16974 封闭用户群,GB/T 17179.1 安全标记,NLSP)可以影响可利用的路由。为了得到安全环境中使用的路由选择信息,可以要求关于路由安全状况的信息。

15.4 此外,有必要考虑路由选择的要求以支持访问控制/路由选择控制。

> 注:GB/T 9387.2 将路由选择控制定义为"在路由选择进程期间规则应用以避免特定的网络、链路或中继"。例如,路由选择控制可以基于地址,并且禁止所有数据到某一子网的路由选择,除给定的授权地址以外。另外,路由选择控制能基于安全标记,例如,加标记"商业秘密"的包将不会被发送到公共网络。

16 安全管理

16.1 安全策略

下列信息作为安全策略准则的一部分建立,为(N)层中给定的(N)实体选择安全服务和机制:

——为包括可接受的最大和最小级的(N)层建立所选择的安全服务的准则;

——把选择的安全服务映射到机制和低层保护要求的准则(即第 10 章中描述的安全规则)。

在使用安全标记的地方,对于安全标记的使用(见第 13 章),信息作为安全策略的一部分被建立。

为了审计层协议有关方面的安全并为了提供恢复,信息作为安全策略的一部分被建立。

16.2 安全联系管理

安全联系管理在第 5 章中讨论。

16.3 密钥管理

密钥的分配与选择可以由下列方式(方法)之一来完成:

a) 作为 SA 的一部分建立;

b) 在一个安全协议内;

c) 通过 OSI 低层范围之外的机制。

16.4 安全审计

安全审计信息的收集与分析在 ISO/IEC 10181 中有关安全框架的第 7 部分即安全审计中描述。

17 通信流量保密性

通信量填充的处理未被很好地理解。在CONS环境中可以提供与通信流量保密性相关联的三种类型的填充：

a）填充存在的安全数据 PDU；

b）生成伪安全数据 PDU；

c）生成与其他 NLSP 对等实体的伪连接。

必须定义每种类型填充的可能的参数（例如，所有 PDU 将有 1 024 个八位位组的长度；每 500 毫秒在连接处将有一个 PDU；当该 NLSP 实体与特定对等 NLSP 实体连接时，这 6 个 NLSP 实体也将被连接并且与它们交换等量的通信量）。这些参数未被很好地理解，但在前两种填充情形中，它们应包括作为安全联系的一部分。因此布尔属性是不够的。有关所需参数的类型要进一步的研究。

18 SA 属性定义的准则

SA 属性是控制通信安全及其远程对等实体要求的一个信息项。第 5 章中描述了三种不同类别的 SA 属性。

控制安全协议要求的 SA 属性被定义为安全协议的一部分。该定义应包括：

a）用于引用安全协议中的属性的助记符；

b）属性的数据类型；

c）属性语义的描述；

d）如何建立属性值的描述。

安全协议要求的许多属性将依赖于支持的机制。

SA 属性定义的例子是：

Encipher：	布尔类型
	使用加密来提供保密性
	给定所选择的安全服务，该属性的值由安全规则商定集定义。
Enc-Alg：	ISO 9979 分配的客体标识符
	加密算法
	给定所选择的安全服务，该属性的值由安全规则商定集定义。
Enc-key：	安全规则商定集定义的形式
	加密密钥
	由安全联系建立设定的值

19 差错处理

当安全协议中发生差错时采取的动作由本地安全策略决定。选项包括：

——丢弃差错中的 PDU；

——发布差错 PDU；

——执行重置或断开规程；

——提出审计报告。

附 录 A

（提示的附录）

安全规则商定集示例

安全规则商定集（ASSR）建立了要使用的安全机制，包括对给定所选择的安全服务而定义机制的操作所必需的全部参数。

ASSR-ID   OBJECT IDENTIFIER

SA-ID-Length   4

所选择的服务定义模块

        PE Auth：   无，低，高

        AC：   无，低，高

        Confid：   无，低，高

        Integ：   无，低，高

        安全标记映射

        Lable _ Def _ Auth   XYZ

        Lable->Sensitivity=Unclass

        隐含

                PE Auth 无，AC 无，Confid 无，Integ 无

        Lable-Sensitivity=Confidential

        隐含

                PE Auth 低，AC 低，Confid 低，Integ 无

        Lable-Sensitivity=Secret

        隐含

                PE Auth 高，AC 高，Confid 高，Integ 高

所有服务参数的保护

        对所选择的安全服务：   Integ=高或 Conf=高

机制模块——访问控制的安全标记

        对所选择的安全服务：   AC=高或 Conf=高

        Lable _ Def _ Auth   XYZ

        明确指示   是

机制模块——完整性检验值

        对所选择的安全服务：   Integ>无或 PE Auth=高

                       或机制安全标记

        ICV _ Alg _ Id   XYZ

        ICV _ Block _ Size   8 个八位位组

        Re-key after   10,000PDU

        密钥分配机制   非对称

机制模块——完整性顺序号

        对所选择的安全服务：   Integ=高或 Auth=高

        ISN _ Len   4 个八位位组

机制模块——加密

对所选择的安全服务： Conf＞低

Enc ＿ Alg ＿ ID XYZ

方式 链接

Enc ＿ Block ＿ Size 8 个八位位组

Re-key after 1,000PDU

密钥分配机制 非对称

机制模块——无报头

对所选择的安全服务： Conf＝低且 Integ＝无且无标记机制

机制模块——连接鉴别

对所选择的安全服务： AC＞低或 PE Auth＞低

Enc ＿ Alg ＿ ID XYZ

机制模块——非对称密钥分配

对于机制加密或完整性检验值

PKC ＿ Alg ＿ ID RSA

前　　言

　　本标准等同采用国际标准 ISO/IEC 11586-1:1996《信息技术　开放系统互连　通用高层安全:概述、模型和记法》。

　　GB/T 18237 在《信息技术　开放系统互连　通用高层安全》的总标题下,目前包括以下几个部分:

第 1 部分(即 GB/T 18237.1):概述、模型和记法

第 2 部分(即 GB/T 18237.2):安全交换服务元素(SESE)服务定义

第 3 部分(即 GB/T 18237.3):安全交换服务元素(SESE)协议规范

第 4 部分(即 GB/T 18237.4):保护传送语法规范

本标准的附录 A 到附录 F 是标准的附录。

本标准的附录 G 到附录 J 是提示的附录。

本标准由中华人民共和国信息产业部提出。

本标准由中国电子技术标准化研究所归口。

本标准起草单位:中国电子技术标准化研究所。

本标准主要起草人:郑洪仁、张莺。

ISO/IEC 前言

ISO(国际标准化组织)和 IEC(国际电工委员会)是世界性的标准化专门机构。国家成员体(他们都是 ISO 或 IEC 的成员国)通过国际组织建立的各个技术委员会参与制定针对特定技术范围的国际标准。ISO 和 IEC 的各技术委员会在共同感兴趣的领域内进行合作。与 ISO 和 IEC 有联系的其他官方和非官方国际组织也可参与国际标准的制定工作。

对于信息技术,ISO 和 IEC 建立了一个联合技术委员会,即 ISO/IEC JTC 1。由联合技术委员会提出的国际标准草案需分发给国家成员体进行表决。发布一项国际标准,至少需要 75％的参与表决的国家成员体投票赞成。

国际标准 ISO/IEC 11586-1 是由 ISO/IEC JTC 1"信息技术"联合技术委员会的 SC21"开放系统互连、数据管理和开放分布式处理"分技术委员会与 ITU-T 共同制定的。等同文本为 ITU-T 建议 X.830。

ISO/IEC 11586 在《信息技术 开放系统互连 通用高层安全》总标题下,目前包括以下 6 个部分:
——第 1 部分:概述、模型和记法
——第 2 部分:安全交换服务元素(SESE)服务定义
——第 3 部分:安全交换服务元素(SESE)协议规范
——第 4 部分:保护传送语法规范
——第 5 部分:安全交换服务元素协议实现一致性声明(PICS)形式表
——第 6 部分:保护传送语法协议实现一致性声明(PICS)形式表
附录 A 到附录 F 构成为本标准的一部分。附录 G 到附录 J 仅提供参考信息。

引　言

　　本标准是系列标准的一部分,这个系列标准给出了一组设施,以帮助构造支持提供安全服务的高层协议。本系列标准的各部分如下:
　　——第 1 部分:概述、模型和记法;
　　——第 2 部分:安全交换服务元素服务定义;
　　——第 3 部分:安全交换服务元素协议规范;
　　——第 4 部分:保护传送语法规范;
　　——第 5 部分:安全交换服务元素 PICS 形式表;
　　——第 6 部分:保护传送语法 PICS 形式表。
　　本标准为该系列标准的第 1 部分。
　　在本系列标准中描述的全部设施的应用方面的信息指南见附录 G。
　　重要的是要注意到,一般安全设施本身不提供安全服务;它们只是与安全有关的协议的构造工具。而且,这些设施并不是必需给应用的全部安全通信需求提供独立解释。应用标准仍需要在其规范内体现安全特征,以便与通用高层安全设施提供的通用安全服务一起工作。

中华人民共和国国家标准

信息技术 开放系统互连 通用高层安全
第1部分：概述、模型和记法

Information technology—Open Systems
Interconnection—Generic upper layers security—
Part 1：Overview，models and notation

GB/T 18237.1—2000
idt ISO/IEC 11586-1：1996

1 范围

1.1 本系列标准定义了一组用于辅助在 OSI 应用中提供安全服务的通用设施。它们包括：

a）一组记法工具，这组工具支持抽象语法规范中的选择字段保护需求的规范，并支持安全交换和安全变换规范；

b）应用服务元素（ASE）的服务定义、协议规范和 PICS 形式表，它们支持在 OSI 的应用层内提供安全服务；

c）安全传送语法的规范和 PICS 形式表，这些语法与支持应用层中的安全服务的表示层相关。

1.2 本标准定义了如下内容：

a）基于 OSI 高层安全模型（GB/T 17965）中描述的概念的安全交换协议功能和安全变换的通用模型；

b）一组记法工具，这组工具支持抽象语法规范中的选择字段保护需求的规范，并支持安全交换和安全变换规范；

c）由本系列标准包含的通用高层安全设施的应用方面的一组信息性指南。

1.3 本标准没有定义如下内容：

a）可能由其他标准要求的一组完备的高层安全设施；

b）适于特定应用的一组完备的安全设施；

c）用作支持安全服务的机制。

1.4 安全交换模型和支持记法既打算用作为定义本系列标准所属各部分中的安全交换服务元素的基础，又用于欲将安全交换引入到其自身规范的任何其他 ASE。

2 引用标准

下列标准所包含的条文，通过在本标准中引用而构成为本标准的条文。本标准出版时，所示版本均为有效。所有标准都会被修订，使用本标准的各方应探讨使用下列标准最新版本的可能性。

GB/T 9387.1—1998 信息技术 开放系统互连 基本参考模型 第1部分：基本模型
(idt ISO/IEC 7498-1：1994)

GB/T 9387.2—1995 信息处理系统 开放系统互连 基本参考模型 第2部分：安全体系结构
(idt ISO/IEC 7498-2：1989)

GB/T 12453—1990 信息处理系统 开放系统互连 运输服务定义(idt ISO/IEC 8072：1986)

GB/T 15695—1995 信息处理系统 开放系统互连 面向连接的表示服务定义

(idt ISO/IEC 8822:1988)

GB/T 15696—1995　信息处理系统　开放系统互连　面向连接的表示协议规范
　　　　　　　　　（idt ISO/IEC 8823:1988）

GB/T 16264.3—1996　信息技术　开放系统互连　目录　第3部分:抽象服务定义
　　　　　　　　　（idt ISO/IEC 9594-3:1990）

GB/T 16264.8—1996　信息技术　开放系统互连　目录　第8部分:鉴别框架
　　　　　　　　　（idt ISO/IEC 9594-8:1990）

GB/T 16688—1996　信息处理系统　开放系统互连　联系控制服务元素协议规范
　　　　　　　　　（idt ISO/IEC 8649:1988）

GB/T 17176—1997　信息技术　开放系统互连　应用层结构(idt ISO/IEC 9545:1994)

GB/T 17965—2000　信息技术　开放系统互连　高层安全模型(idt ISO/IEC 10745:1995)

GB/T 17969.1—2000　信息技术　开放系统互连　OSI登记机构的操作规程　第1部分:一般规
　　　　　　　　　程(idt ISO/IEC 9834-1:1993)

ISO/IEC 8824-1:1995　信息技术　抽象语法记法1(ASN.1):基本记法规范

ISO/IEC 8824-2:1995　信息技术　抽象语法记法1(ASN.1):信息客体规范

ISO/IEC 8824-3:1995　信息技术　抽象语法记法1(ASN.1):约束规范

ISO/IEC 8824-4:1995　信息技术　抽象语法记法1(ASN.1):ASN.1规范的参数化

ISO/IEC 8825-1:1995　信息技术　ASN.1编码规则:基本编码规则(BER)、典型编码规则(CER)
　　　　　　　　　和区分编码规则(DER)规范

ISO/IEC 10181-2:1996　信息技术　开放系统互连　开放系统安全框架:鉴别框架

ISO/IEC 10181-3:1996　信息技术　开放系统互连　开放系统安全框架:访问控制框架

3　定义

3.1　本标准采用 GB/T 9387.1 中定义的下列术语:

　　——传送语法　transfer syntax。

3.2　本标准采用 GB/T 9387.2 中定义的下列术语:

　　——访问控制　access control;

　　——机密性　confidentiality;

　　——数据源鉴别　data origin authentication;

　　——解密　decipherment;

　　——数字签名　digital signature;

　　——加密　encipherment;

　　——完整性　integrity;

　　——密钥　key;

　　——密钥管理　key management;

　　——选择字段保护　selective field protection。

3.3　本标准采用 GB/T 15695 中定义的下列术语:

　　——抽象语法　abstract syntax;

　　——表示上下文　presentation context;

　　——表示数据值　presentation data value。

3.4　本标准采用 GB/T 17176 中定义的下列术语:

　　——应用联系　application-association;

　　——应用上下文　application-context;

——应用服务元表（ASE） application-service-element（ASE）。

——应用服务客体联系（ASO 联系） application-service-association（ASO-association）；

3.5 本标准采用 ISO/IEC 10181-2 中定义的下列术语：

——鉴别交换 authentication exchange；

——请求者 claimant；

——实体鉴别 entity authentication；

——验证者 verifier。

3.6 本标准采用 ISO/IEC 10181-3 中定义的下列术语：

——访问控制证书 access control certificate。

3.7 本标准采用 GB/T 17965 中定义的下列术语：

——安全联系 security association

——安全通信功能（SCF） security communication function（SCF）

——安全交换 security exchange

——安全交换项 security exchange item

——安全交换功能 security exchange function

——安全变换 security transformation

——系统安全客体（SSO） system security object （SSO）

3.8 本标准采用下列定义：

3.8.1 表示上下文结合安全联系 presentation context-bound security association

一种安全联系，同保护表示上下文一起建立，它用于该保护表示上下文中向一个方向发送的全部表示数据值；这种安全联系的属性与保护表示上下文中第一个表示数据值的编码一起被显式地指出。

3.8.2 单项结合安全联系 single-item-bound security association

一种安全联系，它用于与表示上下文无关的单个独立保护的表示数据值；这种安全联系的属性与表示数据值编码一起被显式地指出。

3.8.3 外部建立的安全联系 externally-established security association

一种安全联系，它是不依赖于其使用实例建立的，并具有使其能在使用时被引用的全局唯一性的标识符。

3.8.4 初始编码规则 initial encoding rules

当 ASN.1 类型值使用安全变换进行保护时，用于从 ASN.1 类型的值生成无保护位串的 ASN.1 编码规则。

3.8.5 保护表示上下文 protecting presentation context

使保护传送语法和抽象语法相联系的表示上下文。

3.8.6 保护传送语法 protecting transfer syntax

使用安全变换的传送语法。

3.8.7 保护映射 protection mapping

使由抽象语法规范中的名字标识的保护需求与为满足这种需求欲使用的具体安全变换相关联起的规范。

4 缩略语

ACSE 联系控制服务元素

ASE 应用服务元素

ASO 应用服务客体

GULS 通用高层安全

OSI　　开放系统互连

PDU　　协议数据单元

PDV　　表示数据值

PICS　　协议实现一致性声明

SCF　　安全通信功能

SEI　　安全交换项

SESE　　安全交换服务元素

SSO　　系统安全客体

5　一般概述

通用高层安全(GULS)标准定义了一组用于支持提供适于多种应用的安全保护的协议构造工具和协议成分。这些设施支持 OSI 高层(应用层,有时连同表示层的支持)中提供的安全服务。

> 注:可以在高层或低层用安全机制为 OSI 应用提供安全服务。在低层情况下,这种保护通过在建立应用联系时规定相应的 ACSE 保护服务质量(在 GB/T 12453 中定义)获得。这种保护服务质量通过表示层和会话层透明地传给运输服务。低层中提供的安全服务不在本标准范围之内。

在 GULS 标准中提供的设施包括:

——构建用于支持在成对通信的应用实体调用之间交换安全相关信息的应用层协议成分的通用手段(由 SESE 支持的安全交换概念);这些设施在第 6 章中描述;

——为保护信息项而使用表示层设施执行信息项上的安全相关变换的通用方法(由一般保护传送语法支持的安全变换概念);这些设施在第 7 章中描述;

——抽象语法记法工具,以便对应用协议的设计者在规定用于这种协议可选字段(PROTECTED 参数化类型,以及这种类型的 PROTECTED-Q 变量)的安全保护时有所帮助;这些设施在第 8 章中描述。

安全交换被用作实体鉴别和密钥管理目的。安全变换(以及通用保护传送语法和/或 PROTECTED 参数化类型或其变种)被用作完整性、机密性、数据源鉴别和/或抗抵赖目的。

高层安全模型(GB/T 17965)为 GULS 规范提供了一个体系结构模型。它描述了安全交换功能和安全变换的作用。

安全交换功能为作为安全机制操作一部分的应用实体调用之间的安全信息交流提供了手段,即它们生成和处理与安全相关目的的应用协议控制信息。安全交换可以用本标准中的记法规定,然后可引入任何抽象语法规范。安全交换服务元素(SESE)是一种 GB/T 18237.2 和 GB/T 18237.3 中定义的应用服务元素(ASE)。SESE 提供了运送安全交换的途径,它支持生成与所用安全机制无关的应用特定的 ASE 的目标。然而,直接体现安全条款的应用规范的某些内容应依赖机制。

安全变换由 GB/T 18237.4 中描述的通用保护传送语法支持。

6　安全交换

6.1　安全交换模型

本标准定义了 GB/T 17965 中介绍的安全交换规程模型。

安全交换发生在 A 和 B 两个实体之间。它包含一个从 A 传送到 B 的安全交换项,可能后随 A 和 B 之间以任一方向传送的一个或多个 SEI 的序列。传送的个数取决于特定的安全交换。每一个 SEI 可由用任意 ASN.1 类型表示的任意复合数据结构构成。它可包括使用第 8 章中描述的 PROTECTED 记法单个保护的若干成分。

图 1 中的时序图说明了用于 n 次安全交换的 SEI 传送序列,以及在 GB/T 18237.2 中定义的相应 SESE 服务原语调用。

注：双向箭头指出该传送可由 A 或 B 发送。

图 1 安全交换模型

存在以下两类交换：

——交替的：在交替的方向上进行的连续的项传送，并且在任何时刻仅有一个传送有效；

——任意的：对任何传送的方向都不加限制，并且在两个方向的传送都可以同时有效。

当安全交换正在进行时，其他信息传送也可以进行，并且其他安全交换可以在同一个应用联系上进行。然而，应用上下文规则通常会限制这类重叠活动。运送 SEI 的表示数据值可以同其他表示数据值拼接、交错，或嵌入其他表示数据值中。

6.2 规定安全交换用的记法

安全交换的规范包括可被交换的 SEI 的类型的规范、用于这些 SEI 的传送的次序限制的声明、可由每个 SEI 的传送造成的差错条件的声明，以及相关语义（或引用相关语义）的声明。

安全交换定义包括：

a) 分配给安全交换的全局客体标识符或局部整数值，以便使其使用在协议中被无二义性地进行标识；

b) SEI 的抽象语法规范和安全交换中传送的差错通知。

为了支持以 SESE 协议能使用的形式表示的信息的规范，因而提供了以下三种 ASN.1 信息客体类定义（见 ISO/IEC 8824.2）。

——SECURITY-EXCHANGE 信息客体类用于规定特定的安全交换；这类信息客体包含一个或多个 SEC-EXCHG-ITEM 信息客体；

——SEC-EXCHG-ITEM 信息客体类用于定义一个 SEI；这类信息客体可以包含一个或多个 ER-ROR 信息客体；

——SEC-ERROR 信息客体类用来定义可由 SEI 的传送造成的差错条件。

注：附录 G 中提供了如何在完整的应用上下文中使用这些信息客体类的指南。

```
SECURITY-EXCHANGE::=CLASS
--这个信息客体类定义用于规定安全交换的特定实例。
    {
    &SE-Items        SEC-EXCHG-ITEM,
    --这是 ASN.1 信息客体的集合,由一组安全交换项构成。
    &sE-Identifier    Identifier    UNIQUE
    --用于特定安全交换的局部或全局标识符
    }
WITH SYNTAX
--下列语法用于规定特定安全交换。
    {
    SE-ITEMS        &SE-Items
    IDENTIFIER      &sE-Identifier
    }
Identifier::=CHOICE
```

```
{
    local      INTEGER,
    global     OBJECT IDENTIFIER
}
SEC-EXCHG-ITEM::=CLASS
{
    &Item Type,
    --用于本交换项的 ASN.1 类型。
    &itemId    INTEGER,
    --用于本项的标识符,例如 1、2、3……。
    &Errors    SE-ERROR    OPTIONAL
    --由本项的传送造成的差错可选列表。
}
WITH SYNTAX
{
    ITEM-TYPE     &ItemType
    ITEM-ID       &itemId
    [ERRORS       &Errors]
}
SE-ERROR::=CLASS
{
    &ParameterType    OPTIONAL,
    --与返送给 SEI 发送者的差错条件通知相伴的参数的 ASN.1 类型。
    &errorCode    Identifier UNIQUE
    --用于将差错条件返送给 SEI 发送者的标识符
}
WITH    SYNTAX
}
    [PARAMETER    &Parameter-Type]
    ERROR-CODE    &errorCode
}
```

使用本记法的例子在附录 C 中给出。

7 安全变换

7.1 安全变换模型

安全变换是为保护通信或存储期间的用户数据而施用于用户数据的安全函数(或安全函数的组合)。安全变换包含通信或存储前施用的编码过程,以及收到或检索时可(但不必总是)用的解码过程。安全变换的例子有:

a) 在数据编码时应用一个加密过程和解码时应用一个对相的应解密过程。

b) 在编码时生成密封或签名,并将其附加到数据上;在解码时检查和去除附加的密封或签名;

c) 将 a)和 b)中的函数组合成为一种安全变换。

使用 7.2 中的记法定义的安全变换适用于 OSI 应用(连同 GB/T 18237.4 中定义的一般保护传送语法)或其他目的,包括局部存储和非 OSI 通信时的脱机保护。

注：7.1.5描述了安全变换在 OSI 表示连接上的使用。7.1.6描述了其与 OSI 表示协议无关的使用。

安全变换可以构成提供安全服务（例如机密性、完整性、数据源鉴别）的主要手段，或者他们有助于提供安全服务（例如实体鉴别、访问控制、抗抵赖）。

图2说明了对于传送或存储时的保护数据项中包含的步骤。

在编码系统中，导出未保护数据项的变换（被保护）表示的过程是：

a）如果未保护项是如抽象语法记法中规定的 ASN.1 类型的值，则使用初始编码规则对位串表示进行编码；然后

b）将安全变换的编码过程用于未保护项的位串表示，也可使用附加的本地输入信息，以获得已变换的项，它是 ASN.1 类型 XformedDataType（该精确类型被指定为安全变换定义的一部分）的值；然后

c）对由 b）产生的 ASN.1 值进行编码（也许是构成 ASN.1 值的编码过程的一部分，诸如 GB/T 18237.4 中定义的保护传送语法结构）。

在解码系统中，恢复未保护数据项和/或对安全泄露进行检查的过程是：

d）对收到的或检索到的已变换项进行解码，这种项是类型 XformedDataType 的 ASN.1 值（这种解码过程可以形成构成 ASN.1 值解码的一部分，诸如 GB/T 18237.4 中定义的保护传送语法结构）；然后

e）将安全变换的解码过程用于收到或检索到的值，也可使用附加的本地输入信息，并根据那种解码过程产生输出（依据特定的变换，输出可以包括已恢复的未保护项的拷贝、签名或密封验证成功/失败的指示，和/或局部存储作为今后使用的签名的拷贝）；然后

f）如果步骤 e）的输出是已恢复的未保护项的拷贝，并且如果那个项是抽象语法记法中规定的 ASN.1 类型的值，则使用与步骤 a）相同的初始编码规则对那个数据项解码。

步骤 a）和 f）中的初始编码规则的确定在 7.1.4 中描述。注意，安全变换通常可能操作在数据项而不是 ASN.1 类型的值（例如任意位串），所以这种编码过程未必总是需要的。

步骤 c）和 d）的编码规则的确定应取决于存储或通信环境，而不取决于所使用的特定安全变换。

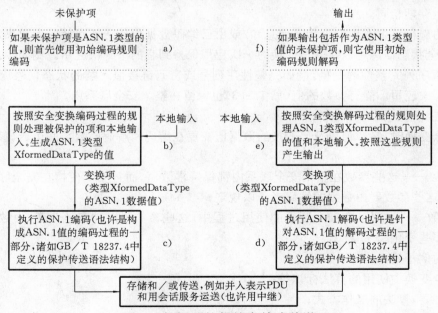

图 2 数据项的保护存储或传送

7.1.1 安全变换在 OSI 高层中的体系定位

安全变换在两个或多个系统之间的安全联系上下文中操作。在每一个系统中都有支持这种安全联系的系统安全客体（SSO）。这些 SSO 执行安全变换编码/解码过程（例如加密、数字签名的生成/验证），并存储必要的安全状态信息（例如密钥、算法、参数、链接状态）。这种 SSO 的内部行为由特定的安全变

换规范以及支持规范,例如算法(它超出了本标准的范围)决定。根据图 2,在框 b)和 e)中指出的功能以 SSO 为模型。

在编码和解码系统的表示实体中还有安全通信功能(SCF)。这些 SCF 支持 SSO 的通信需求。根据图 2,在框 a)、c)、d)和 f)中指出的功能以 SCF 为模型。SCF 行为的定义在本标准的第 8 章和 GB/T 18237.4 中给出。

7.1.2 安全联系

安全变换可以反复用于逻辑上有序的数据值序列,例如在两个系统之间以一个方向顺序地传送的表示数据值。相同的保护用于每一个数据值。安全变换对那种序列的应用由安全联系决定。一个以上的安全联系可以同时存在于在一对系统之间,典型情况是提供不同类型的保护。

本标准涉及与高层通信或信息存储相关的安全联系的几个方面。从 OSI 高层角度看,安全联系是 ASO 联系的一种形式。

本标准给出以下三种安全联系:

a) 外部建立安全联系——一种安全联系,其建立与其使用的实例无关,并且具有能使它在使用时引用的全局唯一性的标识符。建立这种安全联系的方法不在本标准中规定,而且它的生存期不受本标准限制。外部建立的安全联系的标识符包括一个整数值,以及分配那个整数值的系统身份。(这个身份可能是隐式已知的,例如发送者或接收者,因此,这个身份并不是总要在协议中出现。)

b) 单项结合安全联系——用于单一独立保护表示数据值的一种安全联系,它与表示上下文没有联系;安全联系的属性与表示数据值编码一起被显式指出。单项结合安全联系的生存期受表示数据值生存期限制。

c) 表示上下文结合安全联系——一种安全联系,它与保护表示上下文的建立一起建立,并且用于那个保护表示上下文中某一方向发送的全部表示数据值集;安全联系的属性与保护表示上下文中的第一个表示数据值编码一起被显式指出。只有当保护与使用的 OSI 表示服务和协议(分别在 GB/T 15695 和 GB/T 15696 中规定)一起提供时,这种安全联系类型才能适用。这种安全联系的生存期与相应保护表示上下文的生存期相同。

安全变换的施行可由本地安全状态信息和/或由已编码数据值传送或存储的参数决定。在一个安全联系内,本地安全状态信息可以从安全变换的一次应用保持到它的下一次应用。例如,对于提供安全联系内表示数据值序列完整性的变换,诸如完整性序列号或密码链接值之类的状态信息应从变换的一次应用保留到下一次应用。静态参数的值(见 7.1.3)也保留在整个安全联系内。

7.1.3 安全变换参数

当使用安全变换时,参数值以及已变换的数据值需要在编码和解码函数之间运送。参数具有以下两种类型:

a) 静态参数——这些参数在整个安全联系内都保持常数值,而且安全变换在安全联系中第一次应用时或应用前,这些参数要由数据的编码者予以规定;

b) 动态参数——当变换在安全联系的使用过程中,这些参数可以动态地改变;由数据的编码者指出数据流内的那些变化。

静态参数的例子是:

——在安全变换中使用的算法标识符;

——如有必要,算法的操作方式;

——与上述提到的算法一起使用的密钥或密钥标识符;

——如有必要,初始化向量的值。

动态参数的例子是在一段使用期后会发生变化的密钥。

参数值可以编码成未保护的,或者它们本身可以要求保护。未保护参数在支持安全变换的保护传送语法的显式字段中运送。保护参数以及被保护的值被当作安全变换编码过程的输入。在安全变换规则中必须规定这些参数是如何表示的,它们的表示是如何与已编码的抽象语法规则结合的,并且如何使这种结果生成传送或存储用的 ASN.1 数据值。

注:作为运送被保护参数的一个例子,见第 D4 章中 GULS SIGNED 安全变换的定义。

安全变换所要求的参数数据(例如密钥)也可以由其他方法获得,包括:

—— 更早的应用层协议交换(例如由 SESE 运送的密钥推导安全交换);

—— 本地方法(例如密钥的人工插入)。

7.1.4 初始编码规则的确定

以图 2 中框 a)和 f)为模型的初始编码(和最终解码)过程的规则以下列方法之一确定:

a) 安全变换可以提供作为安全变换(被保护或未被保护的)静态参数的初始编码规则的指示运送;

b) 作为缺省,每个安全变换规范都要确定缺省初始编码规则。

注:当数字签名用于抗抵赖时,被变换项(即已签名的数据)可能需要存储在接收方系统中,和/或中继给其他实体。在这种情况下,计算签名时使用的初始编码规则知识必须保留。对于数字签名,建议使用安全变换规范中确定的缺省编码规则。于是,所要求的知识能够通过存储/转换安全变换标识符和签名保留。

7.1.5 OSI 表示连接上安全变换的用法

OSI 表示层将传送语法与所使用的每个抽象语法相联系。当使用安全变换时,传送语法就代表保护传送语法。

按照 ISO/IEC 8824,表示数据值可以在下述两种情况之一传送:

a) 在已协商的表示上下文内;

b) (作为使用 ASN.1 EXTERNAL 或 EMBEDDED PDV 记法时的选项)在表示上下文之外。

在这两种情况下,被保护的表示数据值用保护传送语法表示。GB/T 18237.4 所定义的保护传送语法支持静态和动态安全变换参数的通信。

上述 a)包括保护表示上下文。在保护表示上下文内沿一个方向传送的全部表示数据值都使用相同的安全变换来保护,并由一种安全联系来控制。当保护表示上下文建立时(使用 GB/T 15695 和 GB/T 15696中规定的建立表示上下文的规程),则在这种表示上下文的每个方向上的第一个表示数据值应是下列之一:

a) 引用外部建立的安全联系;

b) 定义新的表示上下文结合安全联系。

当表示数据值在表示上下文之外被编码时,则表示数据值应是下列之一:

a) 引用外部建立的安全联系;

b) 定义新的单项结合安全联系。

在 OSI 表示连接上,不同的安全联系用于每个流向。这些安全联系可使用相同的安全变换,但并不要求这样做。

注:上述限制(即当使用 OSI 表示协议时,不同的安全联系用于每一个流向)确保了在两个不同流向之间没有共享的公共密码状态变量。如果这种共享的状态能存在,则需要一种处理诸如会话层重新同步一类事件的表示层中复杂的状态维护协议元素。实际上,两个方向分开的安全联系很可能具有从一个包含安全联系中派生出来的共同属性。

7.1.6 与 OSI 表示协议无关的安全变换的用法

安全变换可以独立于 OSI 表示协议使用,例如用于存储保护。在 7.1.2 至 7.1.5 中描述的概念和规程施用时具有下列限制。

全部被保护表示数据值都在表示上下文之外表示。

可以使用单项结合安全联系或外部建立的安全联系。不能用表示上下文结合安全联系。在被保护信息未被交换,但仅对由始发者的使用予以保护的地方,则安全变换也可以在没有安全联系时使用。

如果使用外部建立的安全联系,则外部建立的安全联系的生存期必须复盖被保护数据的存储生存期。

7.2 规定安全变换用的记法

安全变换规范包括需由保护传送语法结构识别的数据项的规范。为此,提供了下列 ASN.1 信息客体类定义(见 ISO/IEC 8824-2):

SECURITY-TRANSFORMATION::=CLASS

--这个信息客体类定义在规定安全变换的特定实例时使用。

{

&sT-Identifier　　　　OBJECT IDENTIFIER UNIQUE,

--用未指示特定安全变换应用的标识符。

&initialEncodingRules OBJECT IDENTIFIER,

　　DEFAULT{joint-iso-ccitt asnl(1) ber-derived(2)

　　canonical-encoding(0)}},

--在用安全变换的编码过程之前

--用于生成位串的缺省初始编码规则。

&StaticUnprotectedParm OPTIONAL,

--用于运送静态未保护参数的 ASN.1 类型。

&DynamicUnprotectedParm OPTIONAL,

--用于运送动态未保护参数的 ASN.1 类型。

&XformedDataType,

--由安全变换编码过程产生的

--ASN.1 值的 ASN.1 类型。

&QualifierType OPTIONAL

--&QualifierType 规定与 PROTECTED-Q 记法

--一起使用的限定符参数的 ASN.1 类型。

WITH SYNTAX

--下列语法用来规定特定的安全变换

{

IDENTIFIER　　　　　　　　&sT-Identifier

[INITIAL-ENCODING-RULES　&initialEncodingRules]

[STATIC-UNPROT-PARM　　　&StaticUnprotectedParm]

[DYNAMIC-UNPROT-PARM　　&DynamicUnprotectedParm]

XFORMED-DATA-TYPE　　　　&XformedDataType

[QUALIFIER-TYPE　　　　　&QualifierType]

}

使用这种记法的例子在附录 D 中给出。

安全变换规范还需要规定下列细节(尽管在本标准中没有提供支持这种规范的正式记法):

——编码过程:在编码端,一种变换过程的描述,该过程用于未保护项和被传送的保护参数,以生成最终的变换值(它是类型 &XformedDataType 的 ASN.1 值)。

——编码过程本地输入:本地衍生的输入到编码过程的列表。

——解码过程:在解码端,一种变换过程的描述,该过程用于接收到的或检索到的变换值(它具有类型 &XformedDataType),以生成未保护数据位串(若有的话)和被传送的保护参数的值。

——解码过程本地输入:本地衍生的输入到解码过程的列表。

——解码过程输出:解码过程输出的列表(可以包括,也可以不包括未保护项的已被复原的值)。

——参数:全部参数的语义含义、参数的缺省值,以及动态参数应发生变化情况的描述。

——变换限定符:用于这种变换的、调用者指定变换限定符的规则描述。

——差错:在解码过程中可以检测到的差错条件的描述。

8 选择字段保护用的抽象语法记法

下面的抽象语法记法用于选定的 ASN.1 数据类型的抽象保护需求规范。所要求的保护被映射到提供(在抽象级)要求的保护形式的安全变换集之一。某些安全变换接受输入限定符以控制所要求保护的操作,例如,对于用于保护的安全联系的标识符。对于这些情况,要定义基本记法的扩充,以便能由记法的用户来规定限定符。

本章规定:

a) 基本保护抽象语法记法,它用来规定抽象语法规范中所选字段的抽象保护需求;

b) 限定的保护抽象语法记法,它用来规定抽象语法规范中所选字段的抽象保护需求以及相关的限定符;

c) 保护映射记法,它用来规定提供所需保护的一个或多个安全变换的可能映射。

8.1 基本记法

为了帮助抽象语法的编制者指定选择字段保护需求,定义了下列 ASN.1 参数化类型(见 ISO/IEC 8824-4):

PROTECTED{BaseType,PROTECTION-MAPPING:protectionReqd}::=

CHOICE

{

  dirEncrypt BIT STRING (CONSTRAINED BY{BaseType

    --dirEncrypt 只能与 dirEncryptedTransformation 一起使用,

    --并生成像 GB/T 16264.8 ENCRYPTED 类型一样的编码--}),

  dirSign   SEQUENCE

    {

      baseType BaseType OPTIONAL,

      --在 dirSignedTransformation 中必须出现,

      --并且在 dirSignatureTransformation 必须省略

algorithmId AlgorithmIdentifier,

encipheredHash BIT STRING (CONSTRAINED BY

    {BaseType--包含 BaseType 值的已加密散列--})

    }

      --dirSign 只能与 dirSignedTransformation 或

      --dirSignatureTransformation 一起使用,

      --并生成像相应 GB/T 16264.8 SIGNED 或 SIGNATURE 一样的编码,

noTransform[0]Base Type,

      --noTransform 表示没有安全变换。

      --受安全策略的影响,如果适当的保护由低层提供,

      --并且数据可以通过的任何应用中继对于维护所要求的

      --保护是可信的,则可使用 noTransform。

      --只有在 protectionReqd.&bypassPermitted 为 TRUE 时

      --才能使用这个选择方式,

direct [1]SyntaxStructure

```
{{protectionReqd. &SecurityTransformation}},
    --direct 产生保护传送语法值,
    --它使用类似 ASN.1 的相同编码规则来编码
    --(类型 SyntaxStructure 引自 GB/T 18237.4),
embedded [2]EMBEDDED PDV(WITH COMPONENTS{
        identification (WITH COMPONENTS{
            presentation-context-id,
            context-negotiation(WITH COMPONENTS{
                transfer-syntax(CONSTRAINED BY
                    {OBJECT IDENTIFIER:
                    protectionReqd. &protTransferSyntax})})),
            transfer-syntax(CONSTRAINED BY
                {OBJECT IDENTIFIER:
                protectionReqd. &protTransferSyntax})})),
        data-value(WITH COMPONENTS{notation(BaseType)})
        --该编码的数值是类型 BaseType 的值
        })
    }
    --BaseType 是被保护的类型,并且 protectionReqd 是
    --PROTECTION-MAPPING 类的 ASN.1 客体。
    --使用的 PROTECTED 要引入到 PROTECTED 参数化类型
    --以及必要的 PROTECTION-MAPPING 客体定义的用户模块。
```

PROTECTION-MAPPING 客体类以及其含义在 8.3 中描述。对于"protectionReqd"允许的客体的集合在不同的抽象语法规范中是不同的,它依所要求的不同变换的范围而定。从 PROTECTION-MAPPING 客体到变换的映射应包含在 PROTECTION-MAPPING 客体定义集合中。该集合的定义可以在不依赖于(机制独立的)抽象语法规范和(应用独立的)变换定义的 ASN.1 模块中规定。

CHOICE 中的各种选择方式可用于下列不同情况:

——dirEncrypt 和 dirSign:这些选择方式生成所用安全变换的 &XformedDataType。这些选择方式可用来提供某种手段,PROTECTED 记法能利用这种手段生成 GB/T 16264.8 中规定的 ENCRYPT-ED、SIGNED 和 SIGNATURE 参数化类型的相同位编码。

—— noTransform:这种选择方式不使用安全变换。如果使用的保护映射(见 8.3 和 8.4)指示 &bypassPermitted=TRUE,则它就是允许的。该项以其未保护形式编码。按照安全策略,如果适当的保护由低层提供,并且数据可以通过的任何应用中继对于维护所要求的保护是可信的,则可使用 no-Transform。

——direct:按照 GB/T 18237.4 的规定,这种选择方式保护将传送语法值直接引入到所包含的 ASN.1 规范中。它支持使用外部建立的安全联系或单项结合安全联系。它不允许使用已协商的表示上下文。对于保护传送语法结构[以 7.1 中图 2 的框 c)和 d)为模型]编码所使用的编码规则必须与包含 PROTECTED 记法的 ASN.1 类型所使用的规则相同。

——embedded:这个选择方式提供了最大的灵活性,包括将保护与已协商表示上下文相关联的能力以及对 ISO/IEC 11586-4 中定义的已协商表示上下文使用不同保护传送语法的能力。

注:建议按如下选择使用的这些选项:

a) 如果不用 b)、c)或 d),则用直接选项;

b）当为了逆向兼容性的原因要求同 ENCRYPTED、SIGNED 或 SIGNATURE 参数化类型具有位兼容性时,则使用合适的 dirEncrypt 或 dirSign。

c）如果使用的保护映射指示 &bypassPermitted=TRUE,并且安全策略允许,则使用 noTransform。

d）当存在将保护与已协商表示上下文相关联的要求时,则使用 embedded 选项。

差错条件可以在处理被保护字段的值的解码系统中检测到。ISO/IEC 8824-3 中规定的 ASN.1 例外处理记法可用于处理这类差错条件。

使用这种记法的例子在附录 I 的 I1 章中给出。

8.2 带变换限定符的记法

作为对 8.1 中描述的 PROTECTED 记法的选择方式,PROTECTED-Q 记法允许其用户额外提供限定符参数。这些限定符参数被用于下面的一个或二个目的:

a）标识特定的外部建立的安全联系;

b）提供安全变换使用的一个或多个参数,例如算法、操作方式和/或密钥标识符。

注：某些算法标识符可能隐含特殊的操作方式。在其他情况下,操作方式可作为附加参数规定。

多重限定符可以用相应的 ASN.1 SEQUENCE 或 SET 类型来规定。在编码系统内,限定符由本地系统功能用来确定相应的 SSO 和/或向那个 SSO 运送的参数。运送给 SSO 的限定符需要与安全变换规范中规定的、正在使用的安全变换相兼容。当规定的保护映射允许选择安全变换时,任何使用实例所选择的安全变换都必须是一个具有与 PROTECTED-Q 记法的用户规定的值一致的 &QualifierType 的安全变换。限定符的值可以（但不是必须）运送到保护传送语法内的解码系统（例如外部建立的安全联系标识符,或者安全变换参数）。

规定了下列 ASN.1 参数化类型（见 ISO/IEC 8824-4）:

PROTECTED-Q{BaseType,PROTECTION-MAPPING:protectionReqd,

PROTECTION-MAPPING.&SecurityTransformation.&QualifierType:qualifier}::=

PROTECTED{BaseType,protectionReqd}(CONSTRAINED BY

{PROTECTION-MAPPING.&SecurityTransformation.&QualifierType:qualifier

--限定符值必须为所用的安全变换可用

})

--BaseType 是被保护的类型,并且 protectionReqd 是

--PROTECTION-MAPPING 类的客体。

--使用 PROTECTED 要求引入 PROTECTED 参数化类型的用户模块

--以及必要的 PROTECTION-MAPPING 客体定义。

使用这种记法的例子在 I2 和 I3 中给出。

8.3 保护需求到安全变换的映射

保护映射使得由抽象语法规范中的名字标识的保护需求与用来满足这种要求的特定变换相关联。引入这个概念是允许这类映射与主要的抽象语法规范分别规定,因而与机制无关。对于在抽象语法中已命名的保护,所使用的实际变换可依不同的应用上下文而不同。

保护映射可以用下列方法限制安全变换的选择:

——通过给出安全变换的列表:在使用时,根据本地安全策略和其他本地系统因素来从这种列表中选择特定的安全变换;

——通过说明专门的选择规则。

保护映射的例子都在附录 E 中定义,它们是:

——confidentiality（机密性）:通过加密/解密的机密性保护数据,但是如果安全策略如此规定,则允许忽略加密/解密。

——encrypted（加密）:用未特别指定的算法类型来执行加密/解密。

——signed(已签名)：生成/验证附加到被签名数据上的数字签名。

——signature(签名)：产生/验证独立于签名数据传送的数字签名。

也可能有其他保护映射，例如用于公钥加密、对称加密、密封、散列或单向加密变换的特定映射。

8.4 规定保护映射的记法

为了定义特定的保护映射，提供了下面的 ASN.1 信息客体类定义（见 ISO/IEC 8824-2）：

PROTECTION-MAPPING::=CLASS

{

&SecurityTransformation SECURITY-TRANSFORMATION，

--&SecurityTransformation 规定了 SECURITY-TRANSFORMATION 类

--的 ASN.1 客体集合。使用特定的保护映射

--隐含着使用特定的变换之一以及

--留待编码系统的选择。对于在这些安全变换

--之间进行选择的规则可以在注释中规定。

&protTransferSyntax OBJECT IDENTIFIER

DEFAULT {joint-iso-ccitt genericULS(20)

generalTransferSyntax(2)}，

--标识出在嵌入选项的 EMBEDDED PDV 编码中使用的

--特定的保护传送语法。

&bypassPermitted BOOLEAN DEFAULT FALSE

--指出是否允许忽略保护。

}

WITH SYNTAX

{

SECURITY-TRANSFORMATION &SecurityTransformation

[PROTECTING-TRANSFER-SYNTAX &protTransferSyntax]

[BYPASS-PERMITTED &bypassPermitted]

}

9 一致性

声称与本标准一致的系统应满足附录 C 和附录 D 中规定的 GULS 安全交换或安全变换使用的要求：

a）当使用附录 C 中规定的任一种安全交换时，如附录 C 中给出的用于"GulsSecurityExchanges"模块的 ASN.1 客体标识符所标识的，该系统应支持附录 C 中可适用的 ASN.1 和任何关联的约定。

b）当使用附录 D 中规定的任一种安全变换时，如附录 D 中给出的用于"GulsSecurityTransformation"模块的 ASN.1 客体标识符所标识的，该系统应支持附录 D 中可适用的 ASN.1 和任何关联的约定。

特定的静态和动态一致性要求在附录 C 和附录 D 的有关各条中给出。

是否实现附录 C、附录 D 和附录 E 中定义的构造由本标准用户选择，这不是必备的一致性要求。

附 录 A

（标准的附录）

ASN.1 定义

下列 ASN.1 模块为本标准的正文提供了明确的 ASN.1 规范。

```
Notation {joint-iso-ccitt genericULS(20)
        Modules(1)notation(1)}
DEFINITIONS AUTOMATIC TAGS::=
BEGIN


--全部 EXPORTS--


IMPORTS
  --引自目录标准--
  informationFramework,selectedAttributeTypes,
  authenticationFramework
      FROM UsefulDefinitions{joint-iso-ccitt ds(5)moduls(1)
              usefulDefinitions(0)2}
  Name
      FROM InformationFramework          informationFramework
  UniqueIdentifier
      FROM SelectedAttributeTypes        selectedAttributeType
  AlgorithmIdentifier
      FROM AuthenticationFramework       authenticationFramework
  --引自其他 GULS 模块：
  genericProtectingTransferSyntax
      FROM ObjectIdentifiers{joint-iso-ccitt genericULS(20)
      modules(1)objectIdentifiers(0)}
  SyntaxStructure{}
      FROM GenericProtectingTransferSyntax
              genericProtectingTransferSyntax;
  -- * * * * * * * * * * * * * * * * * * * * * * * * *--
  --安全身份和 SA 标识符用的记法--
  -- * * * * * * * * * * * * * * * * * * * * * * * * *--
  --SecurityIdentity 类型的值用于标识赋予了
  --外部建立的安全联系标识符的实体，
  --并用于要求全局唯一性标识符的其他安全相关目的。
  SecurityIdentity::=CHOICE
  {
  directoryName          Name,
  objectIdentifier       OBJECT IDENTIFIER
  }
```

ExternalSAID::=SEQUENCE

{

　localSAID　　　　　　　　　INTEGER，

　assignerIdentity SecurityIdentity OPTIONAL

　　--赋予了整数值的系统的身份

}

　-- *--

　--规定安全交换用的记法--

　-- *--

SECURITY-EXCHANGE::=CLASS

--这个信息客体类定义用于规定安全交换的特定实例。

　{

　&SE-Items　　　　SEC-EXCHG-ITEM，

　--这是 ASN.1 信息客体的集合,由一组安全交换项构成。

　&sE-Identifier　　Identifier　　UNIQUE

　--用于特定安全交换的局部或全局标识符

　}

　WITH SYNTAX

　--下列语法用于规定特定安全交换。

　{

　　SE-ITEMS　　　　&SE-Items

　　IDENTIFIER　　　　&sE-Identifier

　}

　Identifier::=CHOICE

　{

　　local　　　　INTEGER，

　　global　　　　OBJECT IDENTIFIER

　}

　SEC-EXCHG-ITEM::=CLASS

　{

　　&Item Type，

　　--用于本交换项的 ASN.1 类型。

　　&itemId　　　INTEGER，

　　--用于本项的标识符,例如 1、2、3……。

　　&Errors　　　SE-ERROR　　　OPTIONAL

　　--由本项的传达造成的差错可选列表。

　}

　WITH SYNTAX

　{

　　ITEM-TYPE　　　　&ItemType

　　ITEM-ID　　　　&itemId

　　〔ERRORS　　　　&Errors〕

```
}
SE-ERROR::=CLASS
{
  &ParameterType      OPTIONAL,
  --与返送给 SEI 发送者的差错条件通知相伴的参数的 ASN.1 类型。
  &errorCode      Identifier UNIQUE
  --用于将差错条件返送给 SEI 发送者的标识符
}
WITH SYNTAX
}
  [PARAMETER &Parameter-Type]
  ERROR-CODE &errorCode
}


-- * * * * * * * * * * * * * * * * * * * * * * * * * * * --
--规定安全变换用的记法--
-- * * * * * * * * * * * * * * * * * * * * * * * * * * * --
SECURITY-TRANSFORMATION::=CLASS
--这个信息客体类定义在规定安全变换的特定实例时使用。
{
&sT-Identifier      OBJECT IDENTIFIER UNIQUE,
--用来指示特定安全变换应用的标识符。
&initialEncodingRules OBJECT IDENTIFIER,
  DEFAULT{joint-iso-ccitt asnl(1)ber-derived(2)
  canonical-encoding(0)}},
--在用安全变换的编码过程之前
--用于生成位串的缺省初始编码规则。
&StaticUnprotectedParm OPTIONAL,
--用于运送静态未保护参数的 ASN.1 类型。
&DynamicUnprotectedParm OPTIONAL,
--用于运送动态未保护参数的 ASN.1 类型。
&XformedDataType,
--由安全变换编码过程产生的
--ASN.1 值的 ASN.1 类型。
&QualifierType OPTIONAL
--&QualifierType 规定与 PROTECTED-Q 记法
---一起使用的限定符参数的 ASN.1 类型。
WITH SYNTAX
--下列语法用来规定特定的安全变换
{
IDENTIFIER                &sT-Identifier
[INITIAL-ENCODING-RULES    &initialEncodingRules]
[STATIC-UNPROT-PARM        &StaticUnprotectedParm]
```

```
[DYNAMIC-UNPROT-PARM  &DynamicUnprotectedParm]
XFORMED-DATA-TYPE        &XformedDataType
[QUALIFIER-TYPE          &QualifierType]
}
```

```
-- * * * * * * * * * * * * * * * * * * * * * * * --
--规定选择字段保护的记法--
-- * * * * * * * * * * * * * * * * * * * * * * * --
PROTECTED{BaseType,PROTECTION-MAPPING:protectionReqd}::=
CHOICE
{
    dirEncrypt BIT STRING(CONSTRAINED BY{BaseType
        --dirEncrypt 只能与 dirEncryptedTransformation 一起使用,
        --并生成像 GB/T 16264.8 ENCRYPTED 类型一样的编码--}),
    dirSign SEQUENCE
        {
            baseType BaseType OPTIONAL,
            --在 dirSignedTransformation 中必须出现,
            --并且在 dirSignatureTransformation 必须省略
            algorithmId AlgorithmIdentifier,
            encipheredHash BIT STRING(CONSTRAINED BY
                {BaseType --包含 BaseType 值的已加密散列--})
        }
        --dirSign 只能与 dirSignedTransformation 或
        --dirSignatureTransformation 一起使用,
        --并生成像相应 GB/T 16264.8 SIGNED 或 SIGNATURE 一样的编码,
    noTransform[0]Base Type,
        --noTransform 表示没有安全变换。
        --受安全策略的影响,如果适当的保护由低层提供,
        --并且数据可以通过的任何应用中继对于维护所要求的
        --保护是可信的,则可使用 noTransform。
        --只有在 protectionReqd.&bypassPermitted 为 TRUE 时
        --才能使用这个选择方式,
    direct [1]SyntaxStructure
        {{protectionReqd.&SecurityTransformation}},
        --direct 产生保护传送语法值,
        --它使用类似 ASN.1 的相同编码规则来编码
        --(类型 SyntaxStructure 引自 GB/T 18237.4),
    embedded [2]EMBEDDED PDV(WITH COMPONENTS{
            identification(WITH COMPONENTS{
            presentation-context-id,
            context-negotiation(WITH COMPONENTS{
                transfer-syntax(CONSTRAINED BY
```

```
                {OBJECT IDENTIFIER：
                protectionReqd. &protTransferSyntax})})),
        transfer-syntax(CONSTRAINED BY
                {OBJECT IDENTIFIER：
                protectionReqd. &protTransferSyntax})})),
    data-value(WITH COMPONENTS{notation(BaseType)})
    --该编码的数值是类型 BaseType 的值
    })
}
```

--BaseType 是被保护的类型，并且 protectionReqd 是

--PROTECTION-MAPPING 类的 ASN.1 客体。

--使用的 PROTECTED 要引入到 PROTECTED 参数化类型

--以及必要的 PROTECTION-MAPPING 客体定义的用户模块。


```
PROTECTED-Q{BaseType,PROTECTION-MAPPING：protectionReqd,
    PROTECTION-MAPPING. &Security Transformation. &QualifierType：qualifier} ::＝
      PROTECTED{BaseType,protectionReqd}(CONSTRAINED BY
      {PROTECTION-MAPPING. &SecurityTransformation. &QualifierType：qualifier
        --限定符值必须为所用的安全变换可用
      })
```

--BaseType 是被保护的类型，并且 protectionReqd 是

--PROTECTION-MAPPING 类的客体。

--使用 PROTECTED 要求引入 PROTECTED 参数化类型的用户模块

--以及必要的 PROTECTION-MAPPING 客体定义。


```
-- * * * * * * * * * * * * * * * * * * * * * * * --
--规定保护映射用的记法--
-- * * * * * * * * * * * * * * * * * * * * * * * --
PROTECTION-MAPPING::＝CLASS
{
  &SecurityTransformation SECURITY-TRANSFORMATION，
```

--&SecurityTransformation 规定了 SECURITY-TRANSFORMATION 类

--的 ASN.1 客体集合。使用特定的保护映射

--隐含着使用特定的变换之一以及

--留待编码系统的选择。对于在这些安全变换

--之间进行选择的规则可以在注释中规定。

```
&protTransferSyntax OBJECT IDENTIFIER
        DEFAULT {joint-iso-ccitt genericULS(20)
        generalTransferSyntax(2)},
```

--标识出在嵌入选项的 EMBEDDED PDV 编码中使用的

--特定的保护传送语法。

```
&bypassPermitted BOOLEAN DEFAULT FALSE
```

--如果允许忽略保护，则应指出。

```
}
WITH SYNTAX
{
    SECURITY-TRANSFORMATION          &SecurityTransformation
    [PROTECTING-TRANSFER-SYNTAX      &protTransferSyntax]
    [BYPASS-PERMITTED                &bypassPermitted]
}
END
```

附 录 B
（标准的附录）
安全交换和安全变换的登记

B1 引言

对于按照通用高层安全规范的不同部分使用的安全交换和安全变换标识要求那类信息客体无二义性的命名。本附录规定了分配这类名字的规程。

B2 登记规程

本章对按以下规定的安全交换和安全变换规定了登记规程：

a）在 CCITT 建议和国际标准中；

b）由需要的某个组织。

B2.1 用 CCITT 建议和国际标准登记

在某些情况下,安全交换和安全变换的名称是在引用我国标准、本 ITU-T 建议和国际标准的具体 ITU-T 建议和国际标准中规定的。该名称应按 CCITT X.660 和 ISO/IEC 9834-1 定义。目前还未打算设置覆盖这些信息客体类的国际登记机构。

引用 ITU-T 建议和国际标准应按 CCITT X.660 和 ISO/IEC 9834-1 分配名称,但不是必须引用 CCITT X.660 和 ISO/IEC 9834-1。

B2.2 由所需的某个组织登记

对安全交换和安全变换规范的名字分配应按照通用规程进行,并具有 GB/T 17969.1 或 CCITT X.660 和 ISO/IEC 9834-1 中规定的形式。

希望分配这种名称的组织应找到 GB/T 17969.1 或 CCITT X.660 和 ISO/IEC 9834-1 命名树中的相应上级,并请求给它们分配一个弧。

注：这种组织包括我国的登记机构、ISO/IEC 国家成员体、具有按 ISO 6523 分配国际代码指示符的组织、远程通信管理机构,以及已登记的操作代理机构(ROA)。

B3 其他有关登记表

安全变换的定义可以,但不要求,使用按 ISO/IEC 9979 建立的密码算法登记表中给出的登记表项,这些项可能用作为安全变换参数。

附　录　C
（标准的附录）
安全交换规范

　　安全交换可以在 ITU-T 建议和国际标准中定义，也可以在建议和国际标准之外定义，并由能分配客体标识符的任何组织登记。安全交换定义应尽可能广泛适用，以便它们能在多种应用中重用。本附录定义了某些广泛使用的安全交换。并不隐含其应用或实现要求使用了这里定义的特定安全交换而不用其他安全交换。

C1　目录鉴别交换（一次）

　　对于简单的或强的单方实体鉴别，"目录鉴别交换（一次）"安全交换要基于目录协议（GB/T 16264.3）中使用的鉴别交换。对于凭证数据项的细节见 GB/T 16264.3，对于相关语义的描述见GB/T 16264.8。

```
dirAuthenticationOneWay SECURITY-EXCHANGE::=
{
    SE-ITEMS    {credentials}
    IDENTIFIER global:{securityExchanges dir-authent-one-way(1)}
}
credentials SEC-EXCHG-ITEM::=
{
    ITEM-TYPE DirectoryAbstractService.Credentials
    ITEM-ID  1
}
```

　　这种安全交换包括从申请者传送到验证者的单个 SEI。没有定义差错；差错情况的信令留给其他应用协议定义。

C1.1　一致性

　　声称与本安全交换定义一致的实现应满足下列一致性要求：

　　——声明要求：实现者应声明该实现是作为发起者（发起安全交换），还是作为响应者（对来自另一个系统的发起予以响应），还是两者兼有。

　　——静态要求：作为发起者的实现应能产生的安全交换项：凭证。作为响应者的实现应能处理的安全交换项：凭证。

　　——动态要求：一种实现必须完成本附录、GB/T 16264.3 和 GB/T 16264.8 中描述的相应规程。

C2　目录鉴别交换（两次）

　　对于简单的或强的相互实体鉴别，"目录鉴别交换（两次）"安全交换要基于目录协议（GB/T 16264.3）中使用的鉴别交换。对于凭证数据项的细节见 GB/T 16264.3；对于相关语义的描述见GB/T 16264.8。

```
dirAuthenticationTwoWay    SECURITY-EXCHANGE::=
{
    SE-ITEMS    {initiatorCredentials|responderCredentials}
    IDENTIFIER    global:{securityExchanges dir-authent-two-way(2)}
```

```
}
initiatorCredentials   SEC-EXCHG-ITEM::=
{
    ITEM-TYPE DirectoryAbstractService.Credentials
    ITEM-ID   1
    ERRORS{authenticationFailure}
}
responderCredentials   SEC-EXCHG-ITEM::=
{
    ITEM-TYPE   DirectoryAbstractService.Credentials
    ITEM-ID   2
}
authenticationFailure   SE-ERROR::=
{
    PARAMETER   DirectoryAbstractService.见 SecurityProblem
    ERROR-CODE   local:1
}
```

这种安全交换包括两个安全交换项,其中第一个是从发起者传送到响应者。如果在第一次传送之后检测到差错,则响应者应使这个安全交换夭折。它可以有选择地使用 authenticationFailure 差错代码,或者不指明差错原因就将其夭折。如果在第一次传送后未检测到差错,则将 responderCredentials SEI 从响应者传送到发起者。没有对第二个 SEI 传送的差错进行定义,差错条件的信令留待其他应用协议中规定。

C2.1 一致性

声称与本安全交换定义一致的实现应满足下列一致性要求:

——声明要求:实现者应声明该实现是作为发起者(发起安全交换),还是作为响应者(对来自另一个系统的发起予以响应),还是两者兼有。

——静态要求:作为发起者的实现应能产生的安全交换项 initiatorCredentials,并能处理的安全交换项 responderCredentials。作为响应者的实现应能产生的安全交换 responderCredentials,并应能处理的安全交换项 initiatorCredentials。

——动态要求:实现必须完成本附录、GB/T 16264.3 和 GB/T 16264.8 中描述的相应规程。

C3 简单协商安全交换

一个应用上下文可以包括对多个安全交换的支持,以便通过不同的协议或安全机制提供相同的安全服务。对选择安全交换或安全机制的支持允许与实现了任意选择方式的对等进行互操作。

为确定其使用时所用的安全交换,则要提供 Negotiation-SE。Negotiation-SE 是 SECURITY-EX-CHANGE 类客体,它用来协商特定的安全交换;这种信息客体由一个或多个安全交换标识符组成。Ne-gotiation-SE 由发起应用用来建议一个或多个安全交换,并且由响应应用用来指示哪些建议的选择会在后续操作中使用。Negotiation-SE 可以在任何时候用来改变正在使用的安全交换。

要求协商的应用上下文必须规定 Negotiation-SE 的用法。

Negotiation-SE 由二个 SEI 组成,即"offeredIds"和"acceptedIds",现示于下:

simpleNegotiationSE SECURITY-EXCHANGE::=

```
{
```

```
SE-ITEMS {offeredIds|acceptedIds}
IDENTIFIER global:{securityExchanges simple-negotiation-se(3)}
}
offeredIds   SEC-EXCHG-ITEM ::=
{
ITEM-TYPE Negotiation-SEI
ITEM-ID   1
}
acceptedIds   SEC-EXCHG-ITEM ::=
{
ITEM-TYPE Negotiation-SEI
ITEM-ID   2
}
Negotiation-SEI::=SEQUENCE OF OBJECT IDENTIFIER
```

C3.1　一致性

声称与本安全交换定义一致的实现应满足下列一致性要求：

——声明要求：实现者应声明该实现是作为发起者（发起安全交换），还是作为响应者（对来自另一个系统的发起予以响应），还是两者兼有。

——静态要求：作为发起者的实现应能产生的安全交换项：offeredIds，并能处理的安全交换项：acceptedIds。作为响应者的实现应能产生的安全交换项：acceptedIds，并能处理的安全交换项：offeredIds。

——动态要求：实现必须完成本附录中描述的相应规程。

C4　确定的 ASN.1 规范

```
GulsSecurityExchanges{joint-iso-ccitt genericULS(20)
        Modules(1)gulsSecurityExchanges(2)}
DEFINITIONS AUTOMATIC TAGS::=
BEGIN
--全部 EXPORTS--
IMPORTS
  securityExchanges,notation
    FROM ObjectIdentifiers{joint-iso-ccitt genericULS(20)
    modules(1)objectIdentifiers(0)}
SECURITY-EXCHANGE,SEC-EXCHG-ITEM,SE-ERROR
    FROM Notation notation
Credentials,SecurityProblem
    FROM DirectoryAbstractService{joint-iso-ccitt ds(5)
    Module(1) directoryAbstractService(2)2};
-- * * * * * * * * * * * * * * * * * * * * * * * * * --
--目录鉴别交换(一次)--
-- * * * * * * * * * * * * * * * * * * * * * * * * * --
dirAuthenticationOneWay   SECURITY-EXCHANGE::=
{
```

```
    SE-ITEMS   {credentials}
    IDENTIFIER   global:{securityExchanges dir-authent-one-way(1)}
}
credentials   SEC-EXCHG-ITEM::=
{
  ITEM-TYPE   DirectoryAbstractService.Credentials
  ITEM-ID     1
}


-- * * * * * * * * * * * * * * * * * * * * * * * * * * --
--目录鉴别交换(两次)--
-- * * * * * * * * * * * * * * * * * * * * * * * * * * --
dirAuthenticationTwoWay   SECURITY-EXCHANGE::=
{
  SE-ITEMS   {initiatorCredentials|responderCredentials}
  IDENTIFIER   global:{securityExchanges dir-authent-two-way(2)}
}
initiatorCredentials   SEC-EXCHG-ITEM::=
{
  ITEM-TYPE   DirectoryAbstractService.Credentials
  ITEM-ID     1
  ERRORS{authenticationFailure}
}
responderCredentials   SEC-EXCHG-ITEM::=
{
  ITEM-TYPE   DirectoryAbstractService.Credentials
  ITEM-ID     2
}
authenticationFailure   SE-ERROR::=
{
  PARAMETER   DirectoryAbstractService.见 SecurityProblem
  ERROR-CODE   local:1
}


-- * * * * * * * * * * * * * * * * * * * * * * * * * * --
--简单协商交换--
-- * * * * * * * * * * * * * * * * * * * * * * * * * * --
simpleNegotiationSE SECURITY-EXCHANGE::=
{
  SE-ITEMS   {offeredIds|acceptedIds}
  IDENTIFIER   global:{securityExchanges simple-negotiation-se(3)}
}
offeredIds   SEC-EXCHG-ITEM::=
```

```
{
    ITEM-TYPE   Negotiation-SEI
    ITEM-ID     1
}
acceptedIds   SEC-EXCHG-ITEM::=
{
    ITEM-TYPE   Negotiation-SEI
    ITEM-ID     2
}
Negotiation-SEI::=SEQUENCE OF OBJECT IDENTIFIER

END
```

附 录 D
（标准的附录）
安全变换规范

安全变换可以在 ITU-T 建议和国际标准中定义，也可以在建议和国际标准之外定义，并由附录·B 中给出的任何组织登记。安全变换定义应尽可能广泛适用，以便它们能在多种应用中重用。本附录定义了某些广泛使用的安全变换。并不隐含其应用或实现要求使用了这里定义的特定安全变换而不用其他安全变换。

D1 Directory ENCRYPTED 安全变换

Directory Encrypted 安全变换在功能上等效于 GB/T 16264.8 中定义的 ENCRYPTED 参数化类型。它提供加密和解密。

```
dirEncryptedTransformation SECURITY-TRANSFORMATION::=
{
IDENTIFIER{securityTransformations dir-encrypted(1)}
--这种变换用加密过程将八位位组串变成新的位串。
INITIAL-ENCODING-RULES{joint-iso-itu-t asnl(1)ber(1)}
XFORMED-DATA-TYPE BIT STRING
}
```

D1.1 其他细节

编码过程：

　　　基于任何被选算法的加密过程。

编码过程本地输入：

　　　算法、算法参数、加密密钥信息。

解码过程：

　　　基于同一算法的解密过程。

解码过程本地输入：

　　　算法、算法参数、解密密钥信息。

解码过程输出：

待保护的已恢复项，作为 ASN.1 类型值。

参数：

无。

变换限定符：

无。

差错：

没有规定差错行为。

安全服务：

机密性。

D1.2 一致性

声称与本安全变换定义一致的实现应满足下列一致性要求：

——声明要求：实现者应声明该实现是作为编码器，还是译码器，还是两者兼有。

——静态要求：作为编码器的实现应能产生已变换项。作为译码器的实现应能处理已变换项。

——动态要求：实现必须完成本附录中描述的相应的规程。

D2 Directory SIGNED 安全变换

Directory SIGNED 安全变换在功能上等效于 GB/T 16264.8 中定义的 SIGNED 参数化类型。它为数字签名提供具有变换项的附件，该附件包括待签名的未保护数据和签名附件两项内容。

dirSignedTransformation SECURITY-TRANSFORMATION∷=

{

IDENTIFIER{security Transformations dir-signed(2)}

INITIAL-ENCODING-RULES{joint-iso-itu-t asnl(1)ber-derived(2)

distinguished-encoding(1)}

XFORMED-DATA-TYPE SEQUENCE

{

toBeSigned　ABSTRACT-SYNTAX.&Type(CONSTRAINED BY{

--这种类型被限制为待签名的类型--}),

algorithmId　AlgorithmIdentifier,

--用来计算签名的算法的--

encipheredHash　BIT STRING

}

}

D2.1 其他细节

编码过程：

编码过程是对单个 ASN.1 类型（未保护项）的值的整个（标签长度值）ASN.1 DER 编码进行运算，并产生"已变换项"（按上面定义的 SEQUENCE 类型的值）。这个已编码的未保护项受控于能生成中间结果的八位位组串的函数（例如散列）。该中间结果的八位位组串使用基本编码规则进行编码，并将这个结果加密以得到位串"encipheredHash"。于是构成已变换项。

编码过程本地输入：

散列和加密算法的标识符、算法参数、加密密钥信息。

解码过程：

未保护项的值从已变换项和输出中抽取出来。如果签名要得到验证，则执行下列过程。签名验证要求未保护项的 DER 编码。它能从已变换项得到，但可要求用 DER 解码和重编码。这些八位位组受控于能生成一个中间结果八位位组串的函数（例如散列）。encipheredHash 值使用 ASN.1 基本编码规则解密和解码，并将这个结果与中间结果八位位组串进行比较。如果它们相同，则签名验证是正确的。否则就给出一个差错信号。

解码过程本地输入：

散列和加密算法的标识符、算法参数、解密密钥信息。注意，算法和算法参数能从已变换项得到，但它们已被未保护地存储/被传送。因此建议以本地输入方式获得这些值，也可以从在未保护项内运送的字段中导出。

解码过程输出：

作为 ASN.1 类型值的被恢复的未保护项。另外，可以有选择地产生下面的任一种或两种输出：

    a）签名是否已被验证正确的指示符；

    b）为可能的后续签名验证而存储在本地的已变换项或 encipheredHash 值的拷贝。

参数：

无。

变换限定符：

无。

差错：

如果签名验证失败，就会出现差错条件。

安全服务：

数据源鉴别、数据完整性，以及（在特定情形下）抗抵赖。

D2.2 一致性

声称与本安全变换定义一致的实现应满足下列一致性要求：

——声明要求：实现者应声明该实现是作为编码器，还是译码器，还是两者兼有。

——静态要求：作为编码器的实现应能产生已变换项。作为译码器的实现应能处理已变换项。

——动态要求：实现必须完成本附录中描述的相应的规程。

D3 Directory SIGNATURE 安全变换

Directory SIGNATURE 安全变换在功能上等效于 GB/T 16264.8 中定义的 SIGNATURE 参数化类型。它为数字签名提供具有变换项的附件，该附件包括签名附件，但不包括已签名的未保护数据。

dirSignatureTransformation SECURITY-TRANSFORMATION::=
{
IDENTIFIER{securityTransformation dir-signature(3)}
INITIAL-ENCODING-RULES{joint-iso-itu-t asnl(1)ber-derived(2)
       distinguished-encoding(1)}
XFORMED-DATA-TYPE SEQUENCE
{
algorithmId AlgorithmIdentifier,
--用来计算签名的算法的--
encipheredHash BIT STRING

```
    }
  }
```

D3.1 其他细节

编码过程：

编码过程是对单个 ASN.1 类型（未保护项）的值的整个（标签长度值）ASN.1 DER 编码进行运算，并产生"已变换项"（按上面定义的 SEQUENCE 类型的值）。这个已编码的未保护项受控于能生成中间结果的八位位组串的函数（例如散列）。该中间结果的八位位组串使用基本编码规则进行编码，并将这个结果加密以得到位串"encipheredHash"。于是构成已变换项。

编码过程本地输入：

散列和加密算法的标识符、算法参数、加密密钥信息。

解码过程：

如果签名要得到验证，则执行下列过程。签名验证要求未保护项的 DER 编码。它在本地输入时得到。这些八位位组受控于能生成一个中间结果的八位位组串的函数（例如散列）。encipheredHash 值使用 ASN.1 基本编码规则解密和解码，并将这个结果与中间结果的八位位组串进行比较。如果它们相同，则签名验证是正确的。否则就给出一个差错信号。

解码过程本地输入：

未保护项、散列和加密算法的标识符、算法参数、解密密钥信息。注意，算法和算法参数能从已变换项得到，但它们已被未保护地存储/被传送。因此建议以本地输入方式获得这些值，也可以从在未保护项内运送的字段中导出。

解码过程输出：

可以有选择地产生下面的任一种或两种输出：

a）签名是否已被验证正确的指示符；

b）为可能的后续签名验证而存储在本地的已变换项或 encipheredHash 值的拷贝。

参数：

无。

变换限定符：

无。

差错：

如果签名验证失败，就会出现差错条件。

安全服务：

数据源鉴别、数据完整性，以及（在特定情形下）抗抵赖。

D3.2 一致性

声称与本安全变换定义一致的实现应满足下列一致性要求：

——声明要求：实现者应声明该实现是作为编码器，还是译码器，还是两者兼有。

——静态要求：作为编码器的实现应能产生已变换项。作为译码器的实现应能处理已变换项。

——动态要求：实现必须完成本附录中描述的相应的规程。

D4 GULS SIGNED 安全变换

GULS SIGNED 安全变换为数字签名或密封提供具有变换项的附件，该变换项包括待签名的未保护数据和签名/密封附件两项内容。它执行类同于 Directory SIGNED 安全变换的功能，但具有以下特征：

——它能支持任意基于附件的签名或密封技术，即它不限于像 Directory SIGNED 一样的加密散列技术；

——它取消了仅使用可区分编码规则的限制；可以使用任何单值编码规则（包括典型的编码规则）；

——它支持用于指出初始编码规则、算法标识符、算法参数和密钥信息的被保护参数；

——它提供按不同算法标识符确定的数字签名算法和散列函数；

——它确保签名是以已签名数据项在其被传送时的相同编码来计算的，从而避免了译码器在验证签名时解码器对数据进行解码和重编码的潜在需求。

保护映射的其他方式在附录 E 中定义，它使记法 PROTECTED{BaseType,signed}能映射到 Directory SIGNED 安全变换或 GULS SIGNED 安全变换。

```
gulsSignedTransformation {KEY-INFORMATION:SupportedKIClasses}
        SECURITY-TRANSFORMATION::=
{
    IDENTIFIER{securityTransformations guls-signed(4)}
    INITIAL-ENCODING-RULES{joint-iso-itu-t asnl(1)ber-derived(2)
                canonical-encoding(0)}
    --初始编码规则的这个缺省值可用
    --静态保护参数(initEncRules)代替。
XFORMED-DATA-TYPE SEQUENCE
{
    intermediateValue EMBEDDED PDV(WITH COMPONENTS{
        identification(WITH COMPONENTS
        {transfer-syntax(CONSTRAINED BY{
        --要使用的传送语法是由中间值内的 initEncRules 值
        --指出的语法--})PRESENT})
        data-value(WITH COMPONENTS{notation/IntermediateType
        {{SupportedKIClasses}})})
            --已编码的数据值是类型 IntermediatedType 的值
});
appendix   BIT STRING(CONSTRAINED BY{
    --附件值必须按第 D4 章中定义的规程生成--})
    }
}
IntermediateType(KEY-INFORMATION:SupportedKIClasses)::=SEQUENCE
{
unprotectedItem ABSTRACT-SYNTAX.&Type
    --这种类型被限制为未保护项的类型，
    --或者，如果未保护项不是从 ASN.1 抽象语法导出的，
    --则被限制为 BIT STRING--
initEncRules   OBJECT IDENTIFIER DEFAULT
        {joint-iso-itu-t asnl(1)ber-derived(2)
        canonical-encoding(0)},
signOrSealAlgorithm AlgorithmIdentifier OPTIONAL,
    --标识签名或密封算法，并能运送算法参数--
hashAlgorithm AlgorithmIdentifier OPTIONAL,
```

--如果要求散列函数，并且

--signOrSealAlgorithm 标识符未隐含特定散列函数时，

--则标识一个散列函数。也能运送算法参数。--

keyInformation SEQUENCE

        {

        kiClass   KEY-INFORMATION.&kiClass

                              ({SupportedKIClasses}),

        keyInfo   KEY-INFORMATION.&KiType

                              ({SupportedKIClasses}

                              {@.kiClass})

        }OPTIONAL

--密钥信息可以呈现各种不同格式，

--这些格式是由 KEY-INFORMATION 信息客体类

--(在限定的 ASN.1 模块的开头定义的)所支持的成员控制

}

D4.1 其他细节

编码过程：

    编码过程是对单个 ASN.1 类型(未保护项)的值进行运算，并产生"已变换项"(按上面定义的 SEQUENCE 类型的值)。(如果未保护项不是从 ASN.1 抽象语法导出的，则可以考虑 ASN.1 BIT STRING 类型的值。)首先生成 ASN.1 类型 IntermediateType 的"中间值"。使用 7.1.4 中规定的初始编码规则对其进行编码。将得到的结果八位位组(整个标签长度值的编码)提供给签名或密封过程，签名或密封过程可以使用散列函数，也可以不使用散列函数。这一过程生成位串形式的附件值。于是构成已变换项。

    注：对于不同的算法，"签名或密封过程"的例子有：

        a) 按照 ISO 8730 计算消息的鉴别码(这是密封类型)；

        b) 将包含秘密密钥值的 BIT STRING 编码拼接到 IntermediateType 的编码上，然后将散列函数用于其结果(这是密封类型)；

        c) 将散列函数用于 IntermediateType 的编码，然后使用数字签名或公钥加密算法对最终散列值签名。

编码过程本地输入：

    签名或密封算法的标识符、散列算法的标识符(可选的)、算法参数、签名/密封密钥信息。

解码过程：

    未保护项的值从已变换项和输出抽取出来。如果签名要得到验证，则执行下列过程。签名验证要求使用初始编码规则得到的中间值的编码。这能从已变换项得到。执行签名或密封验证过程。

解码过程本地输入：

    签名/密封验证密钥信息。签名或密封算法的标识符、散列算法的标识符、和/或算法参数，假如它们不作为被保护参数运送的话。

解码过程输出：

    作为 ASN.1 类型值的被恢复的未保护项。另外，可以有选择地产生下面的任一种或两种输出：

    a) 签名是否已被验证正确的指示符；

    b) 为可能的后续签名验证而存储于本地的已变换项或附件值的拷贝。

参数：

可选择的静态保护参数有：初始编码规则、签名/密封算法的标识符、签名/密封算法的参数、散列算法的标识符、散列算法的参数、密钥信息。

变换限定符：

无。

差错：

如果签名/密封验证失败，就会出现差错情况。

安全服务：

数据源鉴别、数据完整性，以及（在特定情形下）抗抵赖。

D4.2 一致性

声称与本安全变换定义一致的实现应满足下列一致性要求：

——声明要求：实现者应声明该实现是作为编码器，还是译码器，还是两者兼有。

——静态要求：作为编码器的实现应能产生已变换项。作为译码器的实现应能处理已变换项。

——动态要求：实现必须完成本附录中描述的相应的规程。

D5 GULS SIGNATURE 安全变换

GULS SIGNATURE 安全变换为数字签名或密封提供具有变换项的附件，该变换项包括签名/密封附件，但不包括待签名的未保护数据。它执行类同于 Directory SIGNATURE 安全变换的功能，但具有以下特征：

——它能支持任意基于附件的签名或密封技术，即它不限于像 Directory SIGNATURE 一样的加密散列技术；

——它取消了仅使用可区分编码规则的限制；可以使用任何单值编码规则（包括典型的编码规则）；

——它支持用于指出初始编码规则、算法标识符、算法参数和密钥信息的被保护参数；

——它提供按不同算法标识符确定的标出数字签名算法和散列函数；

——解码和编码过程已被简化。

选择方式的保护映射在附录 E 中定义，它使记法 PROTECTED{BaseType，signed}能映射到 Directory SIGNATURE 安全变换或 GULS SIGNATURE 安全变换。

```
gulsSignatureTransformation {KEY-INFORMATION:SupportedKIClasses}
        SECURITY-TRANSFORMATION::=
{
    IDENTIFIER{securityTransformations guls-signature(5)}
    INITIAL-ENCODING-RULES{joint-iso-itu-t asnl(1)ber-derived(2)
            canonical-encoding(0)}
        --初始编码规则的这个缺省值可用
        --静态保护参数(initEncRules)代替。
XFORMED-DATA-TYPE SEQUENCE
{
    initEncRules   OBJECT IDENTIFIER DEFAULT
            {joint-iso-itu-t asnl(1)ber-derived(2)
            canonical-encoding(0)},
    signOrSealAlgorithm AlgorithmIdentifier OPTIONAL，
        --标识签名或密封算法，并能运送算法参数--
```

```
hashAlgorithm AlgorithmIdentifier OPTIONAL，
        --如果要求散列函数，并且
        --signOrSealAlgorithm 标识符未隐含特定的散列函数时，
        --则标识一个散列函数。也能运送算法参数--
keyInformation   SEQUENCE
        {
            kiClass         KEY-INFORMATION.&kiClass
                            ({SupportedKIClasses}),
            keyInfo         KEY-INFORMATION.&KiType
                            ({SupportedKIClasses}
                            {@.kiClass})
        }OPTIONAL
        --密钥信息可以呈现各种不同的格式，
        --这些格式是由 KEY-INFORMATION 信息客体类
        --(在限定的 ASN.1 模块的开头定义的)
        --所支持的成员控制
appendix   BIT STRING{CONSTRAINED BY{
    --生成的附件值必须遵循第 D4 章中定义的规程--}}
    }
}
```

D5.1   其他细节

编码过程：

编码过程是对单个 ASN.1 类型(未保护项)的值进行编码，并产生"已变换项"(按上面定义的 SEQUENCE 类型的值)。(如果未保护项不是从 ASN.1 抽象语法导出的，则可以考虑 ASN.1 BIT STRING 类型的值。)首先生成第 D4 章中规定的 ASN.1 类型 IntermediateType 的"中间值"。使用 7.1.4 中规定的初始编码规则对其进行编码。将得到的结果八位位组(整个标签长度值的编码)提供给签名或密封过程，签名或密封过程可以使用散列函数，也可以不使用散列函数。这一过程生成位串形式的附件值。于是构成已变换项。

注：对于不同的算法，"签名或密封过程"的例子有：

    a) 按照 ISO 8730 计算消息的鉴别码(这是密封类型)；

    b) 将包含秘密密钥值的 BIT STRING 编码拼接到 IntermediateType 的编码上，然后将散列函数用于其结果(这是密封类型)；

    c) 将散列函数用于 IntermediateType 的编码，然后使用数字签名或公钥加密算法对最终散列值签名。

编码过程本地输入：

签名或密封算法的标识符、散列算法的标识符(可选的)、算法参数、签名/密封密钥信息。

解码过程：

如果签名要得到验证，则执行下列过程。签名验证要求使用初始编码规则对中间值编码。这要求未保护项的值，它在本地输入时得到。保护参数值能从已变换项得到，但可要求使用所要求的编码规则进行解码和重编码。执行签名或密封验证过程。

解码过程本地输入：

未保护项、签名/密封验证密钥信息。签名或密封算法的标识符、散列算法的标识符、和/或算法参数，假如它们不作为被保护参数运送的话。

解码过程输出：

可以有选择地产生下面的任一种或二种输出：

a）签名是否已被验证正确的指示符；

b）为可能的后续签名验证而存储于本地的已变换项或附件值的拷贝。

参数：

可选择的静态保护参数有：初始编码规则、签名/密封算法的标识符、签名/密封算法的参数、散列算法的标识符、散列算法的参数、密钥信息。

变换限定符：

无。

差错：

如果签名/密封验证失败，就会出现差错条件。

安全服务：

数据源鉴别、数据完整性，以及（在特定情形下）抗抵赖。

D5.2　一致性

声称与本安全变换定义一致的实现应满足下列一致性要求：

——声明要求：实现者应声明该实现是作为编码器，还是译码器，还是两者兼有。

——静态要求：作为编码器的实现应能产生已变换项。作为译码器的实现应能处理已变换项。

——动态要求：实现必须完成本附录中描述的相应的规程。

D6　定义的 ASN.1 规范

GulsSecurityTransformations{joint-iso-itu-t genericULS(20)

　　Modules(1)gulsSecurityTransformations(3)}

DEFINITIONS AUTOMATIC TAGS::=

BEGIN

--全部 EXPORTS--

IMPORTS

　SecurityTransformations,notation

　　FROM ObjectIdentifiers{joint-iso-itu-t genericULS(20)

　　Modules(1)objectIdentifiers(0)}

　SECURITY-TRANSFORMATION,SecurityIdentity

　　FROM Notation notation

　AlgorithmIdentifier

　　FROM AuthenticationFramework{joint-iso-itu-t ds(5)

　　Module(1)authenticationFramework(7)2};

-- *--

--规定密钥信息的记法--

-- *--

KEY-INFORMATION::=CLASS

--这个信息客体类定义用于规定与保护机制（例如对称、非对称）

--的特定类别有关的密钥信息。

--它可能有助于定义各种不同的安全变换。

{

```
        &kiClass
          CHOICE
            {local   INTEGER
--局部客体只能在这种 ASN.1 模块内定义。
global OBJECT IDENTIFIER
--全局客体在别处定义。
}UNIQUE，
    &KiType
}
WITH SYNTAX
{
KEY-INFO-CLASS   &kiClass
KEY-INFO-TYPE    &KiType
}


symmetricKeyInformation KEY-INFORMATION::={
   KEY-INFO-CLASS   local:0
   KEY-INFO-TYPE SEQUENCE
   {
     entityId           SecurityIdentity，
     keyIdentifier      INTEGER
   }
}


asymmetricKeyInformation   KEY-INFORMATION::={
   KEY-INFO-CLASS   local:1
   KEY-INFO-TYPE SEQUENCE
   {
   issuerCAName       SecurityIdentity OPTIONAL，
   certSerialNumber     INTEGER OPTIONAL，
   signerName         SecurityIdentity OPTIONAL，
   keyIdentifier      BIT STRING OPTIONAL
   }
}


-- * * * * * * * * * * * * * * * * * * * * * *--
--Directory ENCRYPTED 安全变换--
-- * * * * * * * * * * * * * * * * * * * * * *--
   dirEncryptedTransformation SECURITY-TRANSFORMATION::=
      {
   IDENTIFIER{securityTransformations dir-encrypted(1)}
   --这种变换用加密过程将八位位组串变成新的位串。
   INITIAL-ENCODING-RULES{joint-iso-itu-t asnl(1)ber(1)}
```

```
 XFORMED-DATA-TYPE BIT STRING
  }


-- * * * * * * * * * * * * * * * * * * * * * * *--
--Directory SIGNED 安全变换--
-- * * * * * * * * * * * * * * * * * * * * * * *--
dirSignedTransformation SECURITY-TRANSFORMATION∷=
  {
  IDENTIFIER{security Transformations dir-signed(2)}
  INITIAL-ENCODING-RULES{joint-iso-itu-t asnl(1)ber-derived(2)
          distinguished-encoding(1)}
  XFORMED-DATA-TYPE SEQUENCE
  {
  toBeSigned      ABSTRACT-SYNTAX.&Type(CONSTRAINED BY{
  --这种类型被限制为待签名的类型--}),
  algorithmId      AlgorithmIdentifier,
  --用来计算签名的算法的--
  encipheredHash BIT STRING
  }
}


-- * * * * * * * * * * * * * * * * * * * * * * *--
--Directory SIGNATURE 安全变换--
-- * * * * * * * * * * * * * * * * * * * * * * *--
dirSignatureTransformation SECURITY-TRANSFORMATION∷=
{
  IDENTIFIER{securityTransformation dir-signature(3)}
  INITIAL-ENCODING-RULES{joint-iso-itu-t asnl(1)ber-derived(2)
          distinguished-encoding(1)}
  XFORMED-DATA-TYPE SEQUENCE
  {
  algorithmId AlgorithmIdentifier,
  --用来计算签名的算法的--
  encipheredHash BIT STRING
  }
}


-- * * * * * * * * * * * * * * * * * * * * * *--
--GULS SIGNED 安全变换--
-- * * * * * * * * * * * * * * * * * * * * * *--
gulsSignedTransformation {KEY-INFORMATION∶SupportedKIClasses}
      SECURITY-TRANSFORMATION∷=
{
```

IDENTIFIER{securityTransformations guls-signed(4)}

INITIAL-ENCODING-RULES{joint-iso-itu-t asnl(1)ber-derived(2)

canonical-encoding(0)}

--初始编码规则的这个缺省可用

--静态保护参数(initEncRules)代替。

XFORMED-DATA-TYPE SEQUENCE

{

intermediateValue EMBEDDED PDV(WITH COMPONENTS{

identification (WITH COMPONENTS

{transfer-syntax(CONSTRAINED BY{

--要使用的传送语法是由中间值内的 initEncRules 值

--指出的语法--})PRESENT})

data-value(WITH COMPONENTS{notation/IntermediateType

{{SupportedKIClasses}})})

--已编码的数据值是类型 IntermediatedType 的值

});

appendix BIT STRING (CONSTRAINED BY{

--附件值必须按第 D4 章中定义的规程生成--})

}

}

IntermediateType(KEY-INFORMATION:SupportedKIClasses)::=SEQUENCE

{

unprotectedItem ABSTRACT-SYNTAX. &Type

--这种类型被限制为未保护项的类型,

--或者,如果未保护项不是从 ASN.1 抽象语法导出的,

--则被限制为 BIT STRING--

initEncRules OBJECT IDENTIFIER DEFAULT

{joint-iso-itu-t asnl(1)ber-derived(2)

canonical-encoding(0)},

signOrSealAlgorithm AlgorithmIdentifier OPTIONAL,

--标识签名或密封算法,并能运送算法参数--

hashAlgorithm AlgorithmIdentifier OPTIONAL,

--如果要求散列函数,并且

--signOrSealAlgorithm 标识符未隐含特定的散列函数,

--则标识一个散列函数。也能运送算法参数。--

keyInformation SEQUENCE

{

kiClass   KEY-INFORMATION. &kiClass

({SupportedKIClasses}),

keyInfo   KEY-INFORMATION. &KiType

({SupportedKIClasses}

{@. kiClass})

}OPTIONAL

--密钥信息可以呈现各种不同的格式，

--这些格式是由 KEY-INFORMATION 信息客体类

--(在限定的 ASN.1 模块的开头定义的)所

--支持的成员控制

}

-- * --

--GULS SIGNATURE 安全变换--

-- * --

gulsSignatureTransformation {KEY-INFORMATION :SupportedKIClasses}

　　　　SECURITY-TRANSFORMATION::=

{

　IDENTIFIER {securityTransformations guls-signature(5)}

　INITIAL-ENCODING-RULES{joint-iso-itu-t asnl(1)ber-derived(2)

　　　　canonical-encoding(0)}

　　--初始编码规则的这个缺省可用

　　--静态保护参数(initEncRules)代替。

XFORMED-DATA-TYPE SEQUENCE

{

　initEncRules　OBJECT IDENTIFIER DEFAULT

　　　　{joint-iso-itu-t asnl(1)ber-derived(2)

　　　　canonical-encoding(0)},

　signOrSealAlgorithm AlgorithmIdentifier OPTIONAL,

　　　　--标识签名或密封算法，并能运送算法参数--

　hashAlgorithm AlgorithmIdentifier OPTIONAL,

　　　　--如果要求散列函数，并且

　　　　--signOrSealAlgorithm 标识符未隐含特定的散列函数，

　　　　--则标识一个散列函数。也能运送算法参数--

　keyInformation　SEQUENCE

　　　　{

　　　　kiClass　　　　KEY-INFORMATION.&kiClass

　　　　　　　　({SupportedKIClasses}),

　　　　keyInfo　　　　KEY-INFORMATION.&KiType

　　　　　　　　({SupportedKIClasses}

　　　　　　　　{@.kiClass})

　　　　}OPTIONAL

　　　　--密钥信息可以呈现各种不同的格式，

　　　　--这些格式是由 KEY-INFORMATION 信息客体类

　　　　--(在限定的 ASN.1 模块的开头定义的)所

　　　　--支持的成员控制

　appendix　BIT STRING{CONSTRAINED BY{

　　--附件值必须按第 D4 章中定义的规程生成--}}

　}

}

END

附　录　E
（标准的附录）
保护映射规范

保护映射在 ASN.1 模块中定义。任何这类模块可以在 ITU-T 建议和国际标准中定义，也可以在建议和国际标准之外定义，并由能分配客体标识符的任何组织登记。保护映射定义应尽可能广泛适用，以便使其能在多种应用中再用。本附录定义的某些保护映射就考虑了要广泛使用的问题。未隐含对应用或实现有所要求，因此使用这里定义的特定保护映射而不用其他保护映射。

```
DirectoryProtectionMappings{joint-iso-itu-t genericULS(20)
    Modules(1)dirProtectionMappings(4)}
DEFINITIONS AUTOMATIC TAGS::=
BEGIN
--这些保护映射生成到为目录鉴别框架中的
--参数化类型位兼容编码。
--全部 EXPORTS--
IMPORTS
  notation,gulsSecurityTransformations
    FROM ObjectIdentifiers{joint-iso-itu-t genericULS(200
    modules(1)objectIdentifiers(0)}
  PROTECTION-MAPPING
    FROM Notation notation
dirEncryptedTransformation,dirSignedTransformation,
dirSignatureTransformation
    FROM GulsSecurityTrasformations
      gulsSecurityTransformations;


-- * * * * * * * * * * * * * * * * * * * * * * * * * * --

--目录加密 Protection Mapping--

-- * * * * * * * * * * * * * * * * * * * * * * * * * --

--这种保护映射能使记法 PROTECTED {BaseType,encrypted}
--取代由 GB/T 16264.8 提供的
--记法 ENCRYPED{BaseType},并生成等同的位编码。
--安全服务:机密性。
encrypted PROTECTION-MAPPING::=
{
  SECURITY-TRANSFORMATION{dirSignedTransformation}
}

-- * * * * * * * * * * * * * * * * * * * * * * * * * * --
```

--目录已签名 Protection Mapping--

--＊＊＊＊＊＊＊＊＊＊＊＊＊＊＊＊＊＊＊＊＊--

--这种保护映射能使记法 *PROTECTED*｛BaseType,signed｝

--取代由 GB/T 16264.8 提供的

--记法 SIGNED｛BaseType｝,并生成等同的位编码。

--安全服务:数据源鉴别、数据完整性,

--以及(在某些情形下)抗抵赖。

signed PROTECTION-MAPPING::＝

｛

   SECURITY-TRANSFORMATION｛dirSignedTransformation｝

｝

--＊＊＊＊＊＊＊＊＊＊＊＊＊＊＊＊＊＊＊＊＊--

--目录签名 Protection Mapping--

--＊＊＊＊＊＊＊＊＊＊＊＊＊＊＊＊＊＊＊＊＊--

--这种保护映射能使记法 *PROTECTED*｛BaseType,signature｝取代

--由 GB/T 16264.8 提供的记法 SIGNATURE｛BaseType｝,两功能等效。

--安全服务:数据源鉴别、数据完整性,

--以及(在某些情形下)抗抵赖。

signature PROTECTION-MAPPING::＝

｛

   SECURITY-TRANSFORMATION ｛dirSignatureTransformation｝

｝

END

GULSProtectionMappings｛joint-iso-itu-t genericULS(20)

     modules(10gulsProtectionMappings(5))

DEFINITIONS AUTOMATIC TAGS::＝

BEGIN

--这些保护映射比上述专为生成像目录鉴别框架参数化类型

--一类的等同位编码而设计的保护映射更通用。

--全部 EXPORTS--

IMPORTS

  notation,gulsSecurityTransformations

    FROM ObjectIdentiiers｛joint-iso-itu-t genericULS(20)

    modules(1)objectIdentifiers(0)｝

  PROTECTION-MAPPING

    FROM Notation notation

  dirEncryptedTransformation,gulsSignedTransformation,

  gulsSignatureTransformation,symmetricKeyInformation

  asymmetricKeyInformation

    FROM GulsSecurityTransformations

       gulsSecurityTransformations;

```
-- * * * * * * * * * * * * * * * * * * * * * * --
--机密性 Protection Mapping--
-- * * * * * * * * * * * * * * * * * * * * * * --
--这种保护映射能使记法 PROTECTED{BaseType,confidentiality}
--在选择编码系统时映射到 dirEncryptedTransformation
--或不映射到变换上,这取决于本地
--安全策略或其他本地环境考虑。
--安全服务:机密性。
confidentiality PROTECTION-MAPPING::=
{
    SECURITY-TRANSFORMATION{dirEncryptedTransformation}
    BYPASS-PERMITTED TRUE
}


-- * * * * * * * * * * * * * * * * * * * * * * --
--GULS 已签名 Protection Mapping--
-- * * * * * * * * * * * * * * * * * * * * * * --
--这种保护映射能使记法 PROTECTED{BaseType,signed}
--映射到 gulsSignedTransformation。
--安全服务:数据源鉴别、数据完整性,
--以及(在某些情形下)抗抵赖。
signed PROTECTION-MAPPING::=
{
    SECURITY-TRANSFORMATION{gulsSignedTransformation
       {{symmetricKeyInformation|asymmetricKeyInformation}}}
}


-- * * * * * * * * * * * * * * * * * * * * * * --
--GULS 签名 Protection Mapping--
-- * * * * * * * * * * * * * * * * * * * * * * --
--这种保护映射能使记法 PROTECTED{BaseType,signature}
--映射到 gulsSignatureTransformation。
--安全服务:数据源鉴别、数据完整性,
--以及(在某些情形下)抗抵赖。
signature PROTECTION-MAPPING::=
{
    SECURITY-TRANSFORMATION{gulsSignatureTransformation
       {{symmetricKeyInformation|asymmetricKeyInformation}}}
}


END
```

附　录　F

（标准的附录）

客体标识符用法

本附录以文件形式给出了客体标识符子树的上部,在本系列规范中分配的全部客体标识符都属于这个子树。它由称作 ObjectIdentifiers 的 ASN.1 模块提供,其中子树的全部无叶结点都被分配了名称。在本系列标准中定义的全部 ASN.1 模块也都被标识。

```
ObjectIdentifiers{joint-iso-itu-t genericULS(20)
      Modules(1)objectIdentifiers(0)}
DEFINITIONS AUTOMATIC TAGS::=
BEGIN
--全部 EXPORTS--
genericULS            OBJECT IDENTIFIER::=
                      {joint-iso-itu-t genericULS(20)}
--信息客体的种类--
modules               OBJECT IDENTIFIER::={genericULS1}
generalTransferSyntax OBJECT IDENTIFIER::={genericULS2}
specificTransferSyntax OBJECT IDENTIFIER::={genericULS3}
securityExchanges     OBJECT IDENTIFIER::={genericULS4}
securityTransformations OBJECT IDENTIFIER::={genericULS5}
--ASN.1 模块--
objectIdentifiers     OBJECT IDENTIFIER::={modules 0}
notation              OBJECT IDENTIFIER::={modules 1}
gulsSecurityExchanges OBJECT IDENTIFIER::={modules 2}
gulsSecurityTransformations OBJECT IDENTIFIER::={modules 3}
dirProtectionMappings OBJECT IDENTIFIER::={modules 4}
gulsProtectionMappings OBJECT IDENTIFIER::={modules 5}
seseAPDUs             OBJECT IDENTIFIER::={modules 6}
genericProtectingTransferSyntax OBJECT IDENTIFIER::={modules 7}
END
```

附　录　G

（提示的附录）

通用高层安全设施使用指南

G1　引言

本附录解释了如何使用 GULS 标准对特定应用提供安全的,假定 GULS 工具适合为那种应用提供安全。

任何 OSI 应用协议的设计者最好是使用与其他 OSI 应用协议中所使用的相同的安全解决方案。通常,这不能完全达到目的,因为不同的应用具有不同的安全需要,并且安全解决方案要求某些剪裁以满足不同应用的需要。但是,对于不同的应用通常可能采用基于公共安全需求确定的公共解决方案。

这个系列标准的目的是提供一组安全协议设施,这组设施能有助于将安全解决方案引入任何应用协议,并促使不同的应用采用公共安全解决方案。但是,这些规范本身没有提供公共安全解决方案的全部规范。

G2 提供的通用设施

在 GULS 标准中提供的设施包括:

——为支持成对通信的应用实体调用之间的安全相关信息交换(安全交换概念,它由 SESE 支持),构建应用层协议成份的通用方法。

——为保护信息项(通用保护传送语法)使用表示层设施来对这些信息项执行与安全有关的变换的通用手段。

——辅助应用协议设计者规定安全保护时,用于其协议的选择字段的抽象语法记法工具(PRO-TECTED 参数化类型,以及这种类型的 PROTECTED-Q 变量)。

另一种通用安全设施是 ACSE 的鉴别功能单元。当这种设施不是在本标准中规定,而是在 GB/T 16688 和 GB/T 16687 中定义时,本附录应论述对应用编制安全解决方案时这个设施的用法。

当论述其应用的安全需求时,盼望将所描述设施为新应用的设计者使用。但是,这些设施也可以用来增加安全特性到现有的 OSI 应用协议中去。在某种程度上,这可以通过构建含有这些设施的新应用上下文来达到,不必修改现有的 ASE 规范。但是,为了提供某些安全服务(例如选择字段的机密性或完整性),则有必要修改其他 ASE 规范。

G3 在本标准中未提供安全解决方案的情况

本标准的范围被限制在与提供安全服务相关的信息通信,即没有给出提供任何安全服务或实现任何安全机制的全部细节。安全机制的一般情况在安全框架标准(ISO/IEC 10181)中描述。对于某些专门安全机制或支持安全技术的标准则由 ISO/IEC JTC 1/SC27 制定。

特别是,在本标准中描述的通用设施的实现要取决于下面中的一点或两点:

——特定安全交换规范,为支持专门的安全机制而设计(例如专门的鉴别交换);

——特定安全变换规范,它是为了保护目的,以某些特定方法(例如加密过程)变换用户数据。

在本标准中没有提供这些规范(在附录 C 和附录 D 中定义的某些通用事例除外)。但是,本标准没有包括辅助产生这种规范的各种工具和指南。应注意的是,在编制这些规范时,这些规范连同本标准中描述的设施应能用于多种不同应用。

此外,本标准没有对外部建立的安全联系规定的规程。

本标准不包括与所用安全机制无关的安全交换的服务接口定义。

G4 GULS 设施在提供安全服务时的用法

下面指出,在这些标准中描述的通用设施怎样用来支持为应用层提供 GB/T 9387.2 中确定的安全服务。这些服务将对抗由特定应用组列出的脆弱性。

下面给出提供这些安全服务的细节,使用 GULS 工具则可在其他标准中分别定义。

G4.1 实体鉴别

实体鉴别(在 ISO/IEC 10181-2 中描述)通常包含鉴别交换,它是双方间鉴别信息的 n 次交换(典型的 n 是 1、2 或 3,但可以更大)。因此,鉴别交换可被认为是安全交换的一种特殊情况。

使用通用高层安全设施所支持的鉴别交换有以下两种可能方式。

——在鉴别交换被限于一次或两次的特定情况下,并且鉴别交换被限于仅发生在与 OSI 应用联系建立相关的地方,于是鉴别交换能用 ACSE 鉴别功能单元运送。

——在所有情况下(上面的限制不适用),鉴别交换能用 SESE 运送。

注意,正被鉴别的身份类型是不重要的,并且不限于正被鉴别的任何 OSI 实体的身份。同样,实体鉴别不限于发生在联系开始时(例如,它可以在 TP 对话开始时,或在联系内的任何时刻)。

实体鉴别也可以包含与第三方的通信。这种用途的协议可能是应用协议,在此情况下,安全交换也可以在这种协议中使用。

G4.2 数据源鉴别

数据源鉴别的普通方法是附一个签名或密封到其源是正被鉴别的项上。这能通过运送使用安全变换的签名或密封类型的安全联系中的项来实现。

为了用这种方法保护完整的 PDU 分类,该应用上下文规范应包含用以指出这种 PDU 需要在保护表示上下文中被运送的规则。为了保护抽象语法内的个别信息,则可能使用 PROTECTED 参数化类型。

G4.3 访问控制

许多访问控制都是特定应用,并且不能用通用方式来处理。但是,访问控制信息(与访问控制权的授与、实施和撤销有关)的通信可以使用安全交换实现。例如,访问控制证书的传送可看作是简单的(一次)安全交换。于是,通过使用 SESE 的安全交换服务来运送证书,就能将这类证书附到任何其他 PDU 上。为此目的而使用 SESE 的例子已在附录 I 的 I4 中给出。

被交换的访问控制信息的完整性和/或数据源鉴别通常也是非常重要的。提供的必要保护可以通过运送使用安全变换的签名或密封类型的安全联系中的访问控制信息来实现。

G4.4 连接和无连接机密性

一个完整的 PDU 的机密性能通过运送使用安全变换的加密类型的安全联系中的 PDU 来达到。为了用这种方法保护这一类完整 PDU,该应用上下文规范应包含用以指出这类 PDU 需要在保护表示上下文中被运送的规则。

G4.5 选择字段机密性

任何协议字段的机密性都能通过运送使用安全变换的加密类型的安全联系中的字段来实现。为标识在抽象语法内哪个信息项要求这种保护,可以使用 PROTECTED 参数化类型。

G4.6 业务流机密性

变换编码过程可使填充数据附加到被保护项上,但不产生只包含填充数据的 PDU。

G4.7 连接和无连接完整性

一个完整的 PDU 的完整性能通过运送使用安全变换的签名或密封类型的安全联系中的 PDU 来实现。为了用这种方法保护这一类完整的 PDU,该应用上下文规范应包含用以指出这种 PDU 需要在保护表示上下文中被运送的规则。

G4.8 选择字段完整性

任何协议字段的完整性都能通过运送使用安全变换的签名或密封类型的安全联系中的字段来实现。为确定在抽象语法内哪个信息项要求这种保护,可以使用 PROTECTED 参数化类型。

G4.9 抗抵赖

提供的抗抵赖服务(具有源证明或交付证明)典型的要求是用于被通信数据的完整性和/或数据源鉴别。提供的必要保护可以通过运送使用安全变换的签名或密封类型的安全联系中的数据来实现。

某些抗抵赖机制是基于用到被通信数据的抗抵赖签名的使用。这能通过使用非对称加密技术的运送使用安全变换的签名类型的安全联系中的数据来实现。

G4.10 审计

提供的安全审计服务一般要求除 G4.1 到 G4.9 中描述的那些服务之外的其他安全服务。SESE 能用于交换信息,例如各实体之间的安全告警和审计消息。(但是,也有一些给出了信息交换的其他标准,例如 GB/T 16264.7 和 GB/T 16264.8。）

G5 密钥管理

密钥管理是一个复杂领域，它的许多方面都超出了 OSI 的范围。但是，在表示层中使用的许多变换功能类型都依赖于业已建立的密钥。

存在可以建立密钥的许多不同方法，例如：

a) 人工分发，或完全超出 OSI 范围的其他手段；

b) 以单独（更早的或重叠的）联系中建立密钥，例如使用 OSI 系统管理服务；

c) 在同一联系内建立密钥，但在经变换要求密钥之前。这可以包含，例如 Diffie-Hellman 密钥推导交换或为机密性目的而在其他某些变换和/或其他某些密钥保护下的密钥发送。

在情况 c)中，密钥推导或分发变换可被作为是安全交换应用，并且可以使用 SESE 的安全变换服务。这可以作为支持外部建立的安全联系建立协议的一部分。

密钥推导或分发可作为支持另一服务（例如实体鉴别）的安全交换的有机组成部分提供。

在安全传送语法中运送的安全变换动态参数也可属于密钥管理，例如通过指出特定的密钥从给定处起使用。

G6 规定应用上下文的指南

通常，SESE 的使用要求有专门的规则，这些规则不是 ASE 规范的一部分，而被列入应用上下文规范中。这些规则需要规定：

a) ASEs——包括 SESE，它是应用上下文中的一种 ASE；

b) 安全交换——欲支持的一组特定的安全交换，它隐含特定的 SESE 抽象语法；

c) SESE PDU 映射——SESE PDU 到其他服务的映射，即 P-DATA 服务，或作为另一个 ASE 的 PDU 中被嵌入的表示数据值；

d) PDV 拼接约束——对特定的 SESE PDU 与其他 ASE 的表示数据值进行拼接的要求；

e) PDV 嵌入约束——对在 SESE PDU 中嵌入其他表示数据值的要求；

f) 规程上的约束——有关 SESE 状态机与其他 ASE 状态机交互的规则，例如，为确保其他 ASE 协议机的状态，在每个安全交换的成功时终止或夭折是完备定义的，且非死锁的。

g) 表示上下文约束——对特定的抽象语法建立特定传送语法的要求。

G7 示例

假设期望为 GB/T 16505 中定义的文卷传送、访问和管理（FTAM）建立新的应用上下文，则要将以下三个安全特性附加到基本的 FTAM 协议中：

a) 欲与联系建立一起使用的强相互鉴别交换；

b) 访问控制证书，其格式在其他某些标准中定义，被限于每个 F-SELECT 或 F-CREATE request；

c) 用于传输的全部文卷内容数据的机密性和完整性保护。

希望不修改 FTAM ASE 抽象语法而实现这点。

第一步是确定，或者规定（若需要）所要求的安全交换。对特性 a)需要二次安全交换，而对特性 b)则需要一次安全交换。如果只要求鉴别，则 a)使用附录 C 中定义的安全交换 dirAuthenticationTwoWay。另一方法是可以使用兼有鉴别和密钥建立的安全交换，而在这种情况下从交换导出的密钥能用于特性 c)。对于这个例子，应采用 dirAuthenticationTwoWay 安全交换。特性 b)的安全交换应是附录 I 中示例 I4 定义的 boundAccessControlCert 安全交换。

第二步是规定用来支持这些安全交换的 SESE 抽象语法。这些规范第 3 部分中后面的例子将示出如何完成这一步。

最后一步是规定所需要的应用上下文。按照 G6 中的指南,本规范应包括下列规则:

a) ASEs——一组 ASE,它包括 SESE,以及(未修改的)FTAM 和 ACSE ASE;

b) 安全交换——支持 dirAuthenticationTwoWay 和 boundAccessControlCert 安全交换;

c) SESE PDU 映射——将运送 dirAuthenticationTwoWay 安全交换的 SE-TRANSFER PDU 分别映射到 A-ASSOCIATErequest 和 response PDU(例如用户信息字段的附加成分);将运送 boundAccessControlCert 安全交换的 SE-TRANSFER PDU 映射到 P-DATA;

d) PDV 拼接约束——无;

e) PDV 嵌入约束——在运送 boundAccessControlCert 安全交换的 SE-TRANSFER PDU 中嵌入包含 F-SELECT request 或 F-CREATE request 的每一个 FTAM PDU(或 PDU 组);

f) 规程上的约束——在 dirAuthenticationTwoWay 安全交换中遇到的任何差错条件都会导致应用联系夭折。

g) 表示上下文约束——用来传送文卷内容数据的表示上下文必须使用具有保护映射的保护传送语法,且该保护映射蕴涵了机密性和完整性保护。

给这种应用上下文分配了新的客体标识符。

附 录 H
(提示的附录)
与其他标准的关系

本附录解释了 GULS 规范与其他标准的关系,并假定这些 GULS 工具适合为特定应用提供安全。图 H1 说明将安全引入应用协议标准的全部过程。

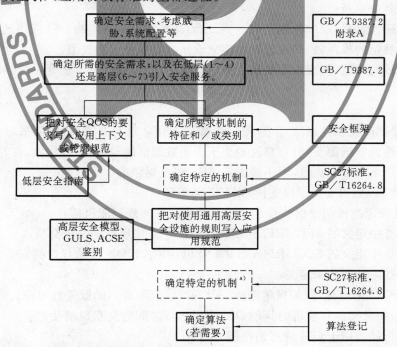

a) 在协议建立后,机制确定的某些问题要服从轮廓建立阶段。

图 H1　将安全引入应用层协议的指南

图 H2 示出适合于这个全部过程的 GULS 设施。下面有一些说明,它们是针对图 H2 中的具体框而论的。

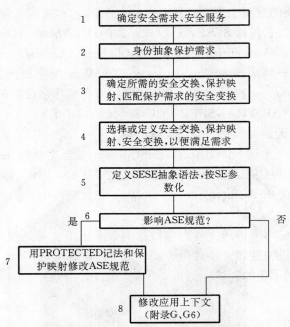

图 H2　将 GULS 引入 OSI 应用协议

框 4：

安全交换、安全变换和保护映射可由多个不同类型的组织规定。一般是，在不同的应用中重用已有的那些规范要比重新制定执行相同基本功能的新规范好。应用协议的制定者应从下面的资料中查找现有的规范：

——本标准的各个附录；

——在其他国际、国内标准中的规范，它们可作为某些应用或特定的 OSI 应用的规范；

——现有业已登记的规范，例如通过轮廓建立论坛制定或登记的规范。

如果未发现合适的规范，则应由需要规范的组织制定规范，并且为了在今后的其他应用中使用而予以标准化或登记。

框 6：

通常，如果有必要改变抽象语法规范，则只需修改 ASE。这只要求在，如果采用了选择的字段安全功能（机密性、完整性或数据源鉴别）在粒度上小于表示数据值的粒度，才这样做。在其他情况下，新的安全服务能通过改变应用上下文规范，而不是影响 ASE 规范提供的。

为了规定对 OSI 应用的安全予以支持，则有必要编制：

a）为支持通过特定类机制使用的安全的协议规范。这些规范能包括：

——能使用 6.2 中定义的 SECURITY-EXCHANGE 记法规定的安全交换；

——能使用 7.2 中定义的 SECURITY-TRANSFORMATION 记法规定的安全变换。

也需要编制一些附加规范来定义：

——由其他 OSI 应用进程，例如目录进程、密钥管理进程，提供的服务的用法；

——安全变换、安全交换和使用的其他 OSI 应用进程之间的交互和相互关系。

这些规范应尽可能适用于 OSI 应用的范围之内。

b）与 OSI 应用协议规范合为一体的规范，以便使提供的安全与专门客体的应用协议相关。这些规范能包括：

——为应用数据客体所要求的选择字段保护；它可以使用 8.1 和 8.2 中定义的 PROTECTED 或 PROTECTED-Q 记法规定。

——用于建立安全联系的要求：这些要求规范用的工具是其后标准研究的课题。

在措词上尽可能与特定类型机制无关。

c）对特定类机制的应用的规范，以便保证特定 OSI 应用的安全性。这些规范能包括：

——ASO 上下文，它规定了 ASE/ASO（例行 SESE）与其他 ASE/ASO 的安全的用法。

——从所要求的保护类型到使用 8.4 中定义的 PROTECTION-MAPPING 记法规定的安全变换的映射。

——用特定安全变换到用于特定抽象语法的全部 PDV 的要求。

附 录 I
（提示的附录）
使用通用高层安全设施的例子

I1 使用嵌套 PROTECTED 记法的例子

作为使用 PROTECTED 参数化类型的一个说明性例子，假定应用协议的设计者需规定具有下列特征的 PDU：

a）整个 PDU 是在完整机制下密封的；

b）该 PDU 包含具有下列性能的独立字段：

1）一个字段（类型 TypeOne 的）未要求进一步的安全保护；

2）另一个字段（类型 TypeTwo 的）则是欲使用对称算法的机密性被保护；加密密钥也是用 PDU 运送，使用接受者的公开密钥和非对称算法加密的。

3）还有一个字段（类型 TypeThree 的）则将使用发送者的私有密钥签名的。

规定这种 PDU 的 ASN.1 类型如下：

SecurePDU::=PROTECTED
{
　SEQUENCE
　{
　　　encipheredConfKey　　　EncipheredConfKey,
　　　confidentialInfo　　　ConfidentialInfo,
　　　signedInfo　　　SignedInfo,
　　　clearInfo　　　TypeOne
　},
　sealed
}
EncipheredConfKey::=PROTECTED{ConfKey,enciphereKey}
ConfidentialInfo::=　　PROTECTED{TypeTwo,enciphered}
SignedInfo::=　　PROTECTED{TypeThree,signed}

ConfKey::=BUT STRING
--已发送的值是由用于对称加密保护映射的
--安全变换提供和使用的随机发生的值。

对于 PROTECTED 类型的每个实例，该 ASN.1 应按第 8 章中的规定生成编码。整个 PDU 就是一个这样的编码。其他三个编码在第一个编码中是嵌套的。每个编码使用不同的变换类型。由外部编码提供的保护用于整个内部内容。

这种规范取决于保护映射"encipheredKey"、"enciphered"、"signed"和"sealed",都将它们映射到变换。后一种定义可位于 SecurePDU 的同一 ASN.1 模块中,也可以是在开发整个应用上下文的后一阶段提供的那个模块的参数。

一组 PROTECTION-MAPPING 定义的例子如下:
```
encipheredKey PROTECTION-MAPPING::=
{   --使用接受者的公开密钥和非对称算法加密
    SECURITY—TRANSFORMATION{dirEncryptedTransformation}
}
enciphered PROTECTION-MAPPING::=
{   --使用对称算法加密,使用的密钥是在保护映射
    --"pk-enciphered"下交付的最大值
    SECURITY—TRANSFORMATION{dirEncryptedTransformation}
}
signed PROTECTION-MAPPING::=
{   --使用发送者的私有密钥签名
    SECURITY—TRANSFORMATION{dirSignedTransformation}
}
sealed PROTECTION-MAPPING::=
{   --在完整性机制下密封
    SECURITY—TRANSFORMATION{sealedTransformation}
    --sealedTransformation 目前在本规范中
    --没有定义
}
```

I2 带变换限定符的 PROTECTED 记法的用法——例1

下面说明了基于 I1 中的例子的 PROTECTED-Q 参数化类型的用法,但带有由安全变换对用法规定的限定符。这些限定符指出了每个安全变换用的特定算法或算法来源,以及将用于每个安全变换的密钥类型。

PDU 的 ASN.1 类型如下:
```
SecurePDU::=PROTECTED-Q
{
    SEQUENCE
    {
        encipheredConfKey       EncipheredConfKey,
        confidentialInfo        ConfidentialInfo,
        signedInfo              SignedInfo,
        clearInfo               TypeOne
    },
    sealed,{sealAlgorithm,preEstablishedKey}
}
EncipheredConfKey::=PROTECTED-Q{ConfKey,encipheredKey,
```

```
                                    {rsaAlgorithm,receiverAsymKeyPair}}
ConfidentialInfo::=             PROTECTED-Q{TypeTwo,enciphered,
                                    {deaAlgorithm,accompanyingEncipheredKey}}
SignedInfo::=                   PROTECTED-Q{TypeThree,signed,
                                    {signAlgorithm,senderAsymKeyPair}}
ConfKey::=BIT STRING


rsaAlgorithm AlgorithmSelector    ::=specificAlorithm:{iso…}
deaAlgorithm AlgorithmSelector    ::=specificAlorithm:{iso…}
signAlgorithm AlgorithmSelector   ::=algorithmSource:userDependent
sealAlgorithm AlgorithmSelector   ::=algorithmSource:systemDefault
```

在这个例子中,所有限定符的 ASN.1 类型是:

```
QualifierType::=SEQUENCE
{
    algorithmSelector    AlgorithmSelector,
    keySelector          KeySelector
}
AlgorithmSelector::=CHOICE
{
    specificAlgorithm    OBJECT IDENTIFIER,
    algorithmSource      BIT STRING
    {
        systemDefault(0),
        --待使用的标准系统缺省算法。
        userDependent(1)
        --基于本地用户信息的算法选择。
    }
}
KeySelector::=BIT STRING
{
    preEstablishedKey              (0),
    --在双方间以前已建立的密钥。
    userSuppliedKey                (1),
    --由发送用户提供的密钥。
    accompanyingEncipheredKey    (2),
    --密钥伴随被保护字段,该字段是在
    --使用 encipheredKey 保护映射的
    --另一个 PROTECTED 字段中运送的,
    --作为同一包含 ASN.1 构造的另一成分。
    senderAsymKeyPair              (3),
    --编码密钥是发送者的私有密钥;
    --解码密钥是相应的公开密钥;
    receiverAsymKeyPair            (4)
```

　　--编码密钥是接收者的公开密钥，

　　--解码密钥是相应的私有密钥

}

保护映射定义需反映变换限定符的可能用法,例如:

encipheredKey PROTECTION-MAPPINGV∷=

{ --对另一个保护字段中使用的密钥加密

SECURITY-TRANSFORMATION{qualEncryptedTransformation}

--不同的 dirEncryptedTransformation,

--它接受类型 QualifierType 的算法和/或密钥源标识符

}

enciphered PROTECTION-MAPPING∷=

{ --通用的加密

SECURITY-TRANSFORMATION{qualEncryptedTransformation}

--不同的 dirEncryptedTransformation,

--它接受类型 QualifierType 的算法和/或密钥源标识符

}

signed PROTECTION-MAPPING∷=

{ --通用的数字签名

SECURITY-TRANSFORMATION{qualSignedTransformation}

--不同的 gulsSignedTransformation,

--它接受类型 QualifierType 的算法和/或密钥源标识符

}

sealed PROTECTION-MAPPING∷=

{ --在完整性机制下密封

SECURITY-TRANSFORMATION{qualSealedTransformation}

--不同的 gulsSignedTransformation,

--它接受类型 QualifierType 的算法和/或密钥源标识符

}

I3　带变换限定符的 PROTECTED 记法的用法——例 2

　　下面说明了 PROTECTED-Q 参数化类型的用法,它使用安全联系标识符作为"机密性"保护需求(见附录 E 中 E4)的限定符。

　　在对数据进行"机密性"保护之前,在两个通信系统之间要建立由外部建立的安全联系。这就建立了安全变换和为控制其操作所需的静态参数,从而提供了所需的机密性保护(即算法、操作模型和密钥需求)。例如,这可以通过使用 OSI 应用层协议(它用 SESE 来支持必要的安全变换)来实现。除建立静态参数以外,这种安全联系建立协议还要建立安全联系标识符 sa-id,它能在编码系统和解码系统中用来引用静态参数集。

　　类型 ClearInfo 的数据项是使用由 pc-id 标识的参数保护的"机密性"的规范应具有下列形式:

PROTECTED—Q{ClearInfo,confidentiality,sa-id}

　　在这个例子中,限定符的类型是:

securityAssociationId ∷=ExternalSAID

　　如在附录 A 的记法 ASN.1 模块中定义的。

I4 安全交换与 PROTECTED 记法组合使用的例子

在这个例子中,系统 A 使用访问控制证书将访问请求发送给系统 B。该访问控制证书防止 ISO/IEC 10181-3(访问控制框架)的附录 B 中描述的方法进行的非授权使用。访问控制证书包含与控制值(CV)有关的保护值(PV),其关系如下:

$$PV = OWF(CV)$$

式中,OWF 表示单向函数。CV 的知识证明访问控制证书的所有关系。这意味着 CV 需要被加密地发送给 B。假定 A 和 B 都具有公开密钥对。于是,必须发送在 B 的公开密钥下加密的 CV。此外,访问控制证书和请求也要在 A 的公开密钥下发送、密封。

这种需求能通过定义安全交换得到满足,这种安全交换运送必要的安全信息,以及在安全交换中嵌入的访问请求(典型的是特定应用 ASE 的表示数据值)。安全交换定义如下:

```
boundAccessControlCert   SECURITY-EXCHANGE::=
{
  SE-ITEMS       {boundACC}
  IDENTIFIER              {…object identifier…}
}
boundACC   SEC-EXCHG-ITEM::=
{
  ITEM-TYPE              PROTECTED{SealedSequence,sealed}
  ITEM-ID   1
}
SealedSequence::=SEQUENCE]
{
  accessControlCert   AccessControlCert,
  encipheredCV        EncipheredCV,
  accessRequest       EMBEDDED PDV
        --访问请求 PDU 已嵌入在这里
}
AccessControlCert   ::=PROTECTED{…certificate contents…,signed}

EncipheredCV        ::=PROTECTED{BIT STRING,encrypted}
```

附 录 J
(提示的附录)
参 考 资 料

GB/T 16505—1996 信息处理系统 开放系统互连 文本传送、访问和管理(idt ISO 8571:1988)

GB/T 16687—1996 信息处理系统 开放系统互连 联系控制服务元素协议规范
(idt ISO 8650:1988)

GB/T 17143.7—1997 信息技术 开放系统互连 第7部分:安全告警报告功能
(idt ISO/IEC 10164-7:1992)

GB/T 17143.8—1997 信息技术 开放系统互连 第8部分:安全审计跟踪功能
(idt ISO/IEC 10164-8:1993)

SJ/Z 9090—1987　数据交换　组织标识用的结构(idt ISO 6523:1991)

ISO 8730:1990　银行　对消息鉴别(成批)的要求

ISO/IEC 9979:1991　数据加密技术　加密算法的登记规程

ISO/IEC 10181-4:1997　信息技术　开放系统互连　开放系统的安全框架:抗抵赖框架

ISO/IEC 10181-5:1996　信息技术　开放系统互连　开放系统的安全框架:机密性框架

ISO/IEC 10181-6:1996　信息技术　开放系统互连　开放系统的安全框架:完整性框架

前　言

本标准等同采用国际标准 ISO/IEC 11586-2：1996《信息技术　开放系统互连　通用高层安全：安全交换服务元素(SESE)服务定义》。

GB/T 18237 在《信息技术　开放系统互连　通用高层安全》的总标题下,目前包括以下几个部分：

第 1 部分(即 GB/T 18237.1)：概述、模型和记法

第 2 部分(即 GB/T 18237.2)：安全交换服务元素(SESE)服务定义

第 3 部分(即 GB/T 18237.3)：安全交换服务元素(SESE)协议规范

第 4 部分(即 GB/T 18237.4)：保护传送语法规范

本标准由中华人民共和国信息产业部提出。

本标准由中国电子技术标准化研究所归口。

本标准起草单位：中国电子技术标准化研究所。

本标准主要起草人：郑洪仁、张　莺。

ISO/IEC 前言

ISO(国际标准化组织)和 IEC(国际电工委员会)是世界性的标准化专门机构。国家成员体(他们都是 ISO 或 IEC 的成员国)通过国际组织建立的各个技术委员会参与制定针对特定技术范围的国际标准。ISO 和 IEC 的各技术委员会在共同感兴趣的领域内进行合作。与 ISO 和 IEC 有联系的其他官方和非官方国际组织也可参与国际标准的制定工作。

对于信息技术,ISO 和 IEC 建立了一个联合技术委员会,即 ISO/IEC JTC 1。由联合技术委员会提出的国际标准草案需分发给国家成员体进行表决。发布一项国际标准,至少需要 75% 的参与表决的国家成员体投票赞成。

国际标准 ISO/IEC 11586-2 是由 ISO/IEC JTC 1"信息技术"联合技术委员会的 SC 21"开放系统互连、数据管理和开放分布式处理"分技术委员会与 ITU-T 共同制定的。等同文本为 ITU-T 建议 X.831。

ISO/IEC 11586 在《信息技术 开放系统互连 通用高层安全》总标题下,目前包括以下 6 个部分:

——第 1 部分:概述、模型和记法

——第 2 部分:安全交换服务元素(SESE)服务定义

——第 3 部分:安全交换服务元素(SESE)协议规范

——第 4 部分:保护传送语法规范

——第 5 部分:安全交换服务元素协议实现一致性声明(PICS)形式表

——第 6 部分:保护传送语法协议实现一致性声明(PICS)形式表

引　言

　　本标准是系列标准的一个部分,这个系列标准给出了一组设施,以帮助构造支持提供安全服务的高层协议。本系列标准的各部分如下:

　　——第 1 部分:概述、模型和记法;

　　——第 2 部分:安全交换服务元素服务定义;

　　——第 3 部分:安全交换服务元素协议规范;

　　——第 4 部分:保护传送语法规范;

　　——第 5 部分:安全交换服务元素 PICS 形式表;

　　——第 6 部分:保护传送语法 PICS 形式表。

　　本标准为该系列标准的第 2 部分。

中华人民共和国国家标准

信息技术　开放系统互连　通用高层安全
第 2 部分：安全交换服务元素（SESE）
服 务 定 义

GB/T 18237.2—2000
idt ISO/IEC 11586-2:1996

Information technology—Open Systems Interconnection—
Generic upper layers security—Part 2：Security Exchange
Service Element（SESE）service definition

1　范围

1.1　这个系列标准定义了一组用于辅助在应用层协议中提供安全服务的通用设施。它们包括：

a）一组记法工具，这些工具用来支持抽象语法规范中的选择字段保护需求的规范，以及支持安全交换和安全变换规范；

b）应用服务元素（ASE）的服务定义、协议规范和 PICS 形式表，它们支持在 OSI 的应用层内提供的安全服务；

c）安全传送语法的规范和 PICS 形式表，这些语法与支持应用层中的安全服务的表示层相关。

1.2　本标准定义了由安全交换服务元素（SESE）提供的服务。该 SESE 是一个允许安全信息通信以支持在应用层内提供安全服务的 ASE。

2　引用标准

下列标准所包含的条文，通过在本标准中引用而构成为本标准的条文。本标准出版时，所示版本均为有效。所有标准都会被修订，使用本标准的各方应探讨使用下列标准最新版本的可能性。

GB/T 17965—2000　信息技术　开放系统互连　高层安全模型（idt ISO/IEC 10745:1995）

GB/T 18237.1—2000　信息技术　开放系统互连　通用高层安全　第 1 部分：概述、模型和记法
（idt ISO/IEC 11586-1:1996）

3　定义

本标准采用 GB/T 17965 中定义的下列术语：

——安全交换　security exchange

——安全交换项　security exchange item

4　缩略语

本标准使用下列缩略语：

ASE　应用服务元素

OSI　开放系统互连

PICS　协议实现一致性声明

SEI　安全交换项

SESE   安全交换服务元素

5   约定

第 7 章使用表格形式来表示 SESE 服务原语参数。每个参数使用下列符号表示：

M   参数的出现是必备的

O   参数的出现是 SESE 协议机选项

U   参数的出现是 SESE 服务用户选项

C   参数的出现是有条件的

（＝）   这个参数的值与前面 SESE 服务原语的相应参数的值等同

6   服务概述

安全交换服务元素保证与任何安全交换(已在第 1 部分中描述)有关的信息通信。这种服务一般用于鉴别、访问控制、抗抵赖或安全管理信息的传送。

6.1   特定的服务设施

定义了下列服务设施：

a) SE-TRANSFER；

b) SE-U-ABORT；

c) SE-P-ABORT。

SE-TRANSFER 服务设施被用于发起特定类型的安全交换，传送第一个安全交换项(SEI)，以及传送安全交换的其他 SEI。它是完成安全交换所要求的唯一安全设施。

SE-U-ABORT 服务设施由 SESE 服务用户使用以指出差错已出现。这种服务被用于非正常地终止进程中的安全交换。这种服务也可以有选择地非正常终止 ASO 联系。

SE-P-ABORT 服务设施由 SESE 服务提供者使用以指出差错已出现。这种服务被用于非正常地终止进程中的安全交换。这种服务也可以有选择地非正常终止 ASO 联系。

6.2   SE-TRANSFER 服务设施的规程模型

本系列标准的第 1 部分定义了下列安全交换的规程模型：

初始安全交换项(SEI)从 A 传送到 B。根据 SE-TRANSFER 中标识的具体安全交换，可选择后随一个还是多个 A 与 B 间的 SEI 传送。当收到由服务用户或服务提供者任一方生成的差错指示时，序列可在收到任何 SEI 时终止。

下面时序图举例说明了 n 次安全交换在交替方向上 SEI 传送序列的特例。(这是在 GB/T 18237.1的 6.1 中定义的"交替的"交换类例子)。

SE-TRANSFER request

——>

SE-TRANSFER indication

SE-TRANSFER request

<——

SE-TRANSFER indication

·
·
·

SE-TRANSFER request

——>

SE-TRANSFER indication

7 服务定义

SESE 服务原语具有下列类型：

SE-TRANSFER　　　　非证实型
SE-U-ABORT　　　　　非证实型
SE-P-ABORT　　　　　提供者发起型

7.1 服务原语的参数

下面描述了服务原语参数。

7.1.1 安全交换标识符

这个参数标识出正被发起的特定安全交换类型。该标识符是使用第 1 部分中定义的 SECURITY-EXCHANGE 信息客体类在定义安全交换时确定的。

7.1.2 调用标识符

这个参数标识出特定的安全交换调用。它被用于在 SE-TRANSFER、SE-U-ABORT，或 SE-P-ABORT 原语中进行后续相关调用的查询。

调用标识符在处理上下文内的多重安全交换调用（例如应用联系）时特别有用。

调用标识符是由发起安全交换的服务用户提供的，并且确保这些标识符在所有活跃安全交换调用范围内的无二义性是这些用户的职责。

7.1.3 安全交换项

由安全交换标识符隐含的待运送项。

7.1.4 项标识符

在 SE-TRANSFER 原语中，这个参数指出这个原语正在运送哪个安全交换项。在 SE-U-ABORT 或 SE-P-ABORT 原语中，这个参数指出已检测到差错条件的安全交换项。

安全交换规范可以对"项标识符"的使用给出具体限制。确保这些限制得到满足是 SESE 用户的职责。

7.1.5 起始标志

在 SE-TRANSFER 原语中，这个参数用来指出安全交换的第一个安全交换项的传送。

7.1.6 结束标志

在 SE-TRANSFER 原语中，这个参数用来指出这个安全交换对应于满足该安全机制所要求的最后一个安全交换。需要提供要求 n 次交换的那些机制，其中 n 是预先不知道的。

7.1.7 差错表

这个参数是一个或多个差错代码（具有可选差错参数）的列表。该差错代码指出 SE-U-ABORT 生成的原因。当定义安全交换时，使用第 1 部分中定义的 SE-ERROR 信息客体类来建立差错代码。可选差错参数提供了描述夭折原因的附加信息。

7.1.8 问题代码

这个参数指出 SE-P-ABORT 生成的原因。在第 3 部分的第 6 章中规定了一组可能的值。

7.1.9 严重性指示符

在 SE-U-ABORT request 原语中，这个参数用来向 SESE 服务提供者指示是否必须终止 ASO 联系（例如应用联系）。

在 SE-U-ABORT indication 和 SE-P-ABORT indication 原语中，这个参数用来向 SESE 服务用户指示是否必须终止 ASO 联系（例如应用联系）。

7.2 服务原语

所提供的 SESE 服务原语参数如下（对 SESE 服务的定义参见 6.1，对专门参数的描述参见 7.1）。

7.2.1 SE-TRANSFER 服务

SE-TRANSFER 服务的参数如下：

参 数 名	Req	Ind
安全交换标识符	M	M（＝）
调用标识符	U	C（＝）
安全交换项	M	M（＝）
项标识符	U	C（＝）
起始标志	U	C（＝）
结束标志	U	C（＝）

7.2.2 SE-U-ABORT 服务

SE-U-ABORT 服务的参数如下：

参 数 名	Req	Ind
调用标识符	U	C（＝）
项标识符	U	C（＝）
差错表	U	C（＝）
严重性指示符	U	C（＝）

7.2.3 SE-P-ABORT 服务

SE-P-ABORT 服务的参数如下：

参 数 名	Ind
调用标识符	O
项标识符	O
问题代码	M
严重性指示符	O

8 排序信息

在本服务定义中规定的唯一排序限制是，具有相同调用标识符的 SE-TRANSFER 原语调用必须与 7.1.2 一致。

前　　言

　　本标准等同采用国际标准 ISO/IEC 11586-3:1996《信息技术　开放系统互连　通用高层安全:安全交换服务元素(SESE)协议规范》。

　　GB/T 18237 在《信息技术　开放系统互连　通用高层安全》的总标题下,目前包括以下几个部分:

第 1 部分(即 GB/T 18237.1):概述、模型和记法

第 2 部分(即 GB/T 18237.2):安全交换服务元素(SESE)服务定义

第 3 部分(即 GB/T 18237.3):安全交换服务元素(SESE)协议规范

第 4 部分(即 GB/T 18237.4):保护传送语法规范

附录 A 和附录 B 是标准的附录。

本标准由中华人民共和国信息产业部提出。

本标准由中国电子技术标准化研究所归口。

本标准起草单位:中国电子技术标准化研究所。

本标准主要起草人:郑洪仁、张　莺。

ISO/IEC 前言

ISO(国际标准化组织)和 IEC(国际电工委员会)是世界性的标准化专门机构。国家成员体(他们都是 ISO 或 IEC 的成员国)通过国际组织建立的各个技术委员会参与制定针对特定技术范围的国际标准。ISO 和 IEC 的各技术委员会在共同感兴趣的领域内进行合作。与 ISO 和 IEC 有联系的其他官方和非官方国际组织也可参与国际标准的制定工作。

对于信息技术,ISO 和 IEC 建立了一个联合技术委员会,即 ISO/IEC JTC 1。由联合技术委员会提出的国际标准草案需分发给国家成员体进行表决。发布一项国际标准,至少需要 75% 的参与表决的国家成员体投票赞成。

国际标准 ISO/IEC 11586-3 是由 ISO/IEC JTC 1"信息技术"联合技术委员会的 SC 21"开放系统互连、数据管理和开放分布式处理"分技术委员会与 ITU-T 共同制定的。等同文本为 ITU-T 建议 X.832。

ISO/IEC 11586 在《信息技术 开放系统互连 通用高层安全》总标题下,目前包括以下 6 个部分:
——第 1 部分:概述、模型和记法
——第 2 部分:安全交换服务元素(SESE)服务定义
——第 3 部分:安全交换服务元素(SESE)协议规范
——第 4 部分:保护传送语法规范
——第 5 部分:安全交换服务元素协议实现一致性声明(PICS)形式表
——第 6 部分:保护传送语法协议实现一致性声明(PICS)形式表
附录 A 和附录 B 构成为本标准的一部分。

引　　言

　　本标准是系列标准的一个部分,这个系列标准给出了一组设施,以帮助构造支持提供安全服务的高层协议。本系列标准的各部分如下:

　　——第1部分:概述、模型和记法;

　　——第2部分:安全交换服务元素服务定义;

　　——第3部分:安全交换服务元素协议规范;

　　——第4部分:保护传送语法规范;

　　——第5部分:安全交换服务元素PICS形式表;

　　——第6部分:保护传送语法PICS形式表。

　　本标准为该系列标准的第3部分。

中华人民共和国国家标准

信息技术 开放系统互连 通用高层安全
第3部分：安全交换服务元素（SESE）
协 议 规 范

GB/T 18237.3—2000
idt ISO/IEC 11586-3：1996

Information technology—Open Systems Interconnection—
Generic upper layers security—Part 3：Security Exchange
Service Element（SESE）protocol specification

1 范围

1.1 本系列标准定义了一组用于辅助在应用层协议中提供安全服务的通用设施。它们包括：

a）一组记法工具，这组工具用来支持抽象语法规范中的选择字段保护需求的规范，以及支持安全交换和安全变换规范；

b）应用服务元素（ASE）的服务定义、协议规范和 PICS 形式表，它们支持在 OSI 的应用层内提供的安全服务；

c）安全传送语法的规范和 PICS 形式表，这些语法与支持应用层中的安全服务的表示层相关。

1.2 本标准定义了由安全交换服务元素（SESE）提供的协议。该 SESE 是一个允许安全信息通信以支持在应用层内提供安全服务的 ASE。

2 引用标准

下列标准所包含的条文，通过在本标准中引用而构成为本标准的条文。本标准出版时，所示版本均为有效。所有标准都会被修订，使用本标准的各方应探讨使用下列标准最新版本的可能性。

GB/T 17965—2000 信息技术 开放系统互连 高层安全模型（idt ISO/IEC 10745：1995）

GB/T 18237.2—2000 信息技术 开放系统互连 通用高层安全 第2部分：安全交换服务元素（SESE）服务定义（idt ISO/IEC 11586-2：1996）

ISO/IEC 8824-2：1995 信息技术 抽象语法记法1（ASN.1）：信息客体规范

ISO/IEC 8824-4：1995 信息技术 抽象语法记法1（ASN.1）：ASN.1 规范的参数化

3 定义

本标准采用 GB/T 17965 中定义的下列术语：

——安全交换 security exchange

——安全交换项 security exchange item

4 缩略语

ACSE 联系控制服务元素

APDU 应用协议数据单元

ASE 应用服务元素

国家质量技术监督局 2000-10-17 批准　　　　　　　　　　　　　　　　　　2001-08-01 实施

ASO　应用服务客体

OSI　开放系统互连

PICS　协议实现一致性声明

SEI　安全交换项

SEPM　安全交换协议机

SESE　安全交换服务元素

5　协议概述

5.1　服务措施

本规范中定义的协议提供了 GB/T 18237.2 中定义的服务。这些服务如下：

SE-TRANSFER　　　　非证实型

SE-U-ABORT　　　　 非证实型

SE-P-ABORT　　　　 提供者发起型

5.2　下层服务的用法

这种 SESE 协议定义了一组 APDU,根据有效的 ASO 上下文或应用上下文规则,其中每一个 AP-DU 可能映射到运送用户数据的任何表示层服务,或者其可以被嵌入进或拼接到其他任何应用 PDU。

第 8 章定义了一些到表示服务和 ACSE 的有用映射。

6　规程的元素

6.1　使用的 APDU

SESE 协议规定了下列 APDU：

SE-TRANSFER APDU(SETR)

SE-U-ABORT APDU(SEAB)

SE-P-ABORT APDU(SEPA)

6.2　传送规程

这种规程由请求者 SEPM 用来发起要求传送一个或多个安全交换项的安全交换。这种规程也可以由请求者 SEPM 或响应者 SEPM 用来传送由请求者启动的另外的安全交换项。

一旦收到 SE-TRANSFER request 原语,SEPM 就保留安全交换标识符,并生成一个 SE-TRANS-FER APDU (SETR)。

一旦收到 SE-TRANSFER APDU (SETR),SEPM 就保留安全交换标识符,并发出 SE-TRANS-FER indication 原语。

如果安全交换属于"交替"类,并且该交替不遵循预期的顺序,则 SEPM 生成 SE-P-ABORT APDU (SEPA),并发出 SE-P-ABORT indication 原语。

6.3　用户发起型夭折规程

这种规程由一个 SESE 用户使用以向对等的 SESE 用户和 SEPM 指出差错已出现,并且在进程中的任何安全交换都被非正常终止。此外,它可能会导致具有传送中信息丢失的 ASO 联系的非正常释放。它是由 SE-U-ABORT request 原语发起的。

一旦收到 SE-U-ABORT request 原语,SEPM 就生成 SE-ABORT APDU(SEAB)。

一旦收到 SE-ABORT APDU (SEAB),SEPM 就发出 SE-U-ABORT indication 原语。

6.4　提供者发起型夭折规程

这种规程由 SEPM 使用以向 SESE 用户指出差错已出现,并且在进程中的任何安全交换都被非正常终止。此外,它可能导致在传送中出现信息丢失的 ASO 联系的非正常释放。

一旦检测到差错,SEPM 就发出 SE-P-ABORT indication 原语,并生成 SE-P-ABORTAPDU

（SEPA）。如果差错严重到要求终止 ASO 联系，则 SEPA APDU 被映射到 ASO 联系夭折服务。在收到具有 SEPA APDU 的 ASO 联系夭折指示时，SEPM 便发出具有严重性指示符置位的 SE-P-ABORT indication。

引起 SE-P-ABORT 生成的差错条件具有相关的问题代码，它可以向两端指示。指示的问题分为如下几类：

　　a）一般问题——不限于任一特定的 APDU 类型；

　　b）传送问题——由收到 SE-TRANSFER APDU 引起的问题；

　　c）夭折问题——由收到 SE-ABORT APDU 引起的问题。

特定的差错条件，以及联系的问题代码叙述如下：

6.4.1 一般问题

无效 APDU——APDU 的结构和/或编码与 SETR、SEAB 或 SEPA APDU 都不符。

6.4.2 传送问题

　　a）重复的调用标识符——与另一个活跃的安全交换调用正在使用的标识符相同的调用标识符；

　　b）不可识别的安全交换——所标识的安全交换对这个 ASO 上下文无效；

　　c）错误类型的项——SEI 的类型与客体类定义中的类型不符；

　　d）不适当的调用标识符——该调用标识符不属于为这个 ASO 上下文规定的标识符；

　　e）交替顺序错——所收到的 SETR 没有遵循安全交换"交替"类的顺序。

6.4.3 夭折问题

　　a）不可识别的调用标识符——调用标识符未标识出活跃的或刚刚完成的安全交换传送；

　　b）非预期夭折——所标识的安全交换未生成这个安全交换项的夭折；

　　c）不可识别的差错——所标识的安全交换未生成这种差错；

　　d）非预期的差错——所标识的安全交换未生成这个安全交换项的差错；

　　e）错误类型的差错参数——差错参数的类型与该差错定义的类型不符。

7 SESE APDU 的结构和编码

通用 SESE APDU 的参数化数据类型是使用 ASN.1（见 ISO/IEC 8824-4）在 7.1 中规定的。支持特定安全交换集构造 SESE 抽象语法的方法在 7.2 中描述。

7.1 通用 APDU 规范

下面的参数化 APDU 规范支持用于特定的 SESE 的抽象语法定义，且该 SESE 支持使用本系列标准第 1 部分中的规范框架定义的任一组安全交换。在下面，参数 ValidSEs 标识了被支持的一组安全交换。参数 InvocationIdSet 定义了一些可用值，这些值用来标识可以同时活跃的不同安全交换调用，并且用来使随后的响应和差错指示与现行安全交换调用相关。如果这种相关在某些实现中是不需要的（例如，不同的安全交换调用不会重叠），则 InvocationIdset 应被置成设定的值 NoInvocationId。

SeseAPDUs{joint-iso-ccitt genericULS(20)modules(1)seseAPDUs(6)}
DEFINITIONS AUTOMATIC TAGS::=
BEGIN
——全部 EXPORTS——
IMPORTS
　　　Notation
　　　　FROM ObjectIdentifiers {joint-iso-ccitt genericULS(20)
　　　　　modules(1)objectIdentifiers(0)}
　　　dirAuthenticationTwoWay

FROM GulsSecurity Exchanges{joint-iso-ccitt genericULS(20)
    modules(1)gulsSecurityExchanges(2)}
  SECURITY-EXCHANGE{},SE-ERROR{}
  FROM NOTATION notation;
SESEapdus{SECURITY-EXCHANGE:ValidSEs,InvocationId:InvocationIdSet}::=
  CHOICE{
     se-transfer   SETransfer{{ValidSEs},{InvocationIdSet}},
     se-u-abort   SEUAbort{{ValidSEs},{InvocationIdSet}},
     se-p-abort   SEPAbort{{ValidSEs},{InvocationIdSet}}
    }
SETransfer{SECURITY-EXCHANGE:ValidSEs,InvocationId:InvocationIdSet}::=
  SEQUENCE{
     seIdentifier   SECURITY-EXCHANGE. &SE-Identifier{ValidSEs}),
               ——它标识出由特定 SESE 抽象语法
               ——所支持的安全交换之一
     itemIdentifier   SECURITY-EXCHANGE. &SE-Items. &itemId
               ({ValidSEs}{@seIdentifier}),
               ——它标识出由"seIdentifier"指出的
               ——安全交换的安全交换项之一
     seItem   SECURITY-EXCHANGE. &SE-Items. &ItemType
               ({ValidSEs}{@seIdentifier,@itemIdentifier}),
     invocationId   InvocationId(InvocationIdSet)
               (CONSTRAINED BY{——如果起始标志不为真,则它必须与活跃安
               全交换的 invocationId 相同})
               DEFAULT noInvocationId,
     startFlag   BOOLEAN DEFAULT FALSE,
               ——仅当作为传送安全交换的第一个安全交换项时
               ——才设置此字段。
     endFlag   BOOLEAN DEFAULT FALSE
               ——当作为传送安全交换的最后一个安全交换项时
               ——设置此字段。需要提供需求 n 次交换的这些机制,
               ——其中 n 是事先未知的——}
SEUAbort{SECURITY-EXCHANGE:ValidSEs,InvocationId:InvocationIdSet}::=
  SEQUENCE{
     InvocationId   InvocationId{InvocationIdSet}
               (CONSTRAINED BY{——它必须与活跃或刚完成的
               ——安全交换的 invocationId 相同——})
               DEFAULT noInvocationId,
     ItemIdentifier   SECURITY-EXCHANGE. &SE-Items. &itemId
               ({ValidSEs. &SE-Items})OPTIONAL,
               ——这个成份仅当在收到 SETransferAPDU 之后
               ——生成夭折时才出现,

```
        errors              SEQUENCE OF SEerror{{ValidSEs}} OPTIONAL
                            ——需要处理多个差错代码——}
SEPAbort {SECURITY-EXCHANG:ValidSEs,InvocationId:InvocationIdSet}::=
SEQUENCE{
        invocationId        InvocationId(InvocationIdSet)OPTIONAL,
        itemIdentifier      SECURITY-EXCHANGE.&SE-Items.&itemId
                            ({ValidSEs,&SE-Items})OPTIONAL,
                                ——这个成份仅当在收到SETransferAPDU之后
                                ——生成夭折时才出现,
        problemCode         ProblemCode}
INVOCATIONId::=CHOICE{
        present             INTEGER,
        absent              NULL}
noInvocationId InvocationId::=absent:NULL
NoInvocationId InvocationId::={noInvocationId}
SEerror{SECURITY-EXCHANGE:ValidSEs}::=SEQUENCE{
        errorCode           SE-ERROR.&errorCode
                            ({Errors{{ValidSEs}}})OPTIONAL,
        errorParam-         SE-ERROR.&ParameterType
        eter                ({Errors{{ValidSEs}}}{@errorCode})OPTIONAL}
    Errors {SECURITY-EXCHANGE:ValidSEs} SE-ERROR::= {ValidSEs.&SE-Items.
&Errors}
ProblemCode::=CHOICE{
        general             GeneralProblem,
        transfer            TransferProblem,
        abort               AbortProblem}
GeneralProblem::=ENUMERATED{
        invalidAPDU(0)}
TransferProblem::=ENUMERATED{
        duplicateInvocationId(0),
        unrecognizedSecurityExchange(1),
        mistypedItem(2),
        inappropriateInvocationId(3),
        alternatingSequenceError(4)}
AbortProblem::=ENUMERATED{
        unrecognizedInvocationId(0),
        abortUnexpected(1),
        unrecognizedError(2),
        unexpectedError(3),
        mistypedErrorParameter(4)}
        END
```

7.2 抽象语法的构造

用于支持给定安全交换集的 SESE 的抽象语法可使用 ISO/IEC 8824-2 附录 B 中定义的 AB-

STRACT-SYNTAX 信息客体类来规定。

例如,为了规定支持本系列标准第 1 部分的附录 D 和附录 I 中定义的其中两种安全交换的 SESE 抽象语法,对于不要求调用标识符的实现,应使用下列记法:

```
AccCtl-Authentication-Abstract-Syntax
ABSTRACT-SYNTAX::=
    {SESEapdus{
        {boundAccessControlCert|dirAuthenticationTwoWay},
        NoInvocationId}
    IDENTIFIED BY{…Abstract Syntax ObjectIdentifier…}
```

8 到下层服务的映射

8.1 概述

SESE 协议定义了一组 APDU,根据有效的 ASO 上下文或应用上下文的规则,其中每一个 APDU 可能映射到运送用户数据的任何表示层服务,或者其可以嵌入进或拼接到其他任何 APDU。

除非在 ASO 上下文(或应用上下文)定义中另有规定,当 SETR 映射到 P-DATA 服务时,则具有严重性指示符置位的 SEAB 或具有严重到要求非正常终止联系的差错的 SEPA 被映射到 A-ABORT 服务。

如果应用上下文规范中业已包括 SESE,则在这个应用上下文中既不要求,也不阻止包括 ACSE 鉴别功能单元。

SESE 不能直接使用其他 ASE,但只能借助于控制功能间接使用其他 ASE(像在应用层结构中指出的那样)。已规定的一些有用的映射例子如下。

8.2 到 ACSE 服务的映射

8.2.1 SE-TRANSFER 到 A-ASSOCIATE 的映射

当最前面一个或两个安全交换传送与联系建立一同出现时,则 SE-TRANSFER APDU 可被映射到 A-ASSOCIATErequest/indication 的鉴别值字段或用户信息字段。

当 SE-TRANSFER APDU 是应答 A-ASSOCIATE request/indication 运送的 SE-TRANSFER APDU 时,则前面的 SE-TRANSFER APDU 可被映射到 A-ASSOCIATEresponse/confirm 的鉴别值字段或用户信息字段。

当 SE-TRANSFER APDU 被映射到 A-ASSOCIATE 的鉴别值字段时,则应使用 EXTERNAL 选项,且不应使用鉴别机制名字段。

8.2.2 附加 SE-TRANSFER 的映射

当与联系建立一同出现的安全交换要求传送两个以上的安全交换项时,则第三个和第三个以上的传送(SE-TRANSFER)可被映射到 P-DATA。在这种情况下,该应用上下文可能具有这样一个规则,那就是,即使这一联系在前两个传送之后被成功地建立起来,但直到成功地完成安全交换时才可由其他 ASE 使用。

9 一致性

声称实现本标准中规定的规程的系统应符合 9.1 到 9.3 中的各项要求。

9.1 声明要求

实现者应声明如下内容:

a) 所提供的一组安全交换;

b) 对于所提供的每一个安全交换,该系统是否能发起该安全交换和/或响应由另一端发起的安全交换;

c）能同时生成/活跃的调用标识符的范围；

d）该系统是否能支持安全交换的"交替"和/或"任意"类。

9.2 静态要求

该系统应：

a）对一个或多个安全交换起发起者和/或响应者的作用；

b）（至少）要支持通过把基本 ASN.1 编码规则施用于第 7 章中规定的 ASN.1 而进行的编码，以达到交换 SESE APDU 的目的。

9.3 动态要求

该系统应遵守第 6 章中规定的全部规程。

附 录 A

（标准的附录）

SEPM 状态表

A1 概述

本附录以状态表形式定义了定全交换协议机（SEPM）。这种状态表示出了 SEPM 状态、协议中的入事件、采取的动作，以及与 SEPM 结果状态之间的相互关系。

该 SEPM 状态表没有建立 SEPM 的形式定义。它包含比第 6 章中规定的规程元素更明确的规范。这个附录与第 6 章同等重要。该规范中的任何一个冲突都应作为一个差错来对待。

本附录包括下列几种表：

a）表1 规定了每个入事件的缩写名、源和名称。这些源是：

　　1）SEPM 服务用户（SE 用户）；

　　2）对等 SEPM（SE 对等）。

b）表2 规定了每个出事件的缩写名、目标和名称。这些目标是：

　　1）SEPM 服务用户（SE 用户）；

　　2）对等 SEPM（SE 对等）。

c）表 3 规定了所使用的谓词。

d）表 4 规定了每个状态的缩写名和说明。

e）表 5 规定了使用上述各表缩编而成的 SEPM 状态表。

A2 约定

入事件（状态表中的行）和状态（状态表中的列）的交叉处形成一个单元。

在状态表中，空白单元表示入事件与状态的组合没有对 SEPM 进行定义。

非空白单元表示入事件和状态已对 SEPM 进行了定义。这种单元应包含一个动作列表（必备的和/或有条件的）。

A3 表

表 A1　入事件列表

缩 写 名	源	名
SE-TRANSFERreq	SE 用户	SE-TRANSFERreq 原语
SETR	SE 对等	SE-TRANSFER APDU
SE-U-ABORTreq	SE 用户	SE-U-ABORTreq 原语
SEAB	SE 对等	SE-U-ABORT APDU
SEPA	SE 对等	SE-P-ABORT APDU
无效 APDU	SE 对等	无效 APDU

表 A2 出事件列表

缩 写 名	目标	名
SE-TRANSFERind	SE 用户	SE-TRANSFERind 原语
SETR	SE 对等	SE-TRANSFER APDU
SE-U-ABORTind	SE 用户	SE-U-ABORTind 原语
SEAB	SE 对等	SE-U-ABORT APDU
SEPA	SE 对等	SE-P-ABORT APDU
SE-P-ABORTind	SE 用户	SE-P-ABORTind 原语

表 A3 谓词

代 码	含 意
p1	EndFlag＝真
p2	检测到的传送问题
p3	检测到的夭折问题

表 A4 SEPM 状态

缩写名	说 明
STA 0	空闲状态
STA 1	交换状态

表 A5 SEPM 状态表

	STA 0 空闲状态	STA 1 交换状态
SE-TRANSFERreq	p1 SETR STA0 ^p1 SETR STA1	p1 SETR STA0 ^p1 SETR STA1
SETR	p2 SE-P-ABORTind SEPA STA0 ^p2&p1 SE-TRANSFERind STA0 ^p2&^p1 SE-TRANSFERind STA1	p2 SE-P-ABORTind SEPA STA0 ^p2&p1 SE-TRANSFERind STA0 ^p2&^p1 SE-TRANSFERind STA1

表 A5(完)

	STA 0 空闲状态	STA 1 交换状态
SE-U-ABORTreq		SEAB STA0
SEAB		p3 SE-P-ABORTind SEPA STA0 ⌃ p3 SE-U-ABORTind STA0
SEPA	SE-P-ABORTind STA0	SE-P-ABORTind STA0
无效 APDU	SE-P-ABORTind SEPA STA0	SE-P-ABORTind SEPA STA0

注：未在表 5 中反映出的其他所有情况均作为对 SEPM 的本地情况来处理。

附 录 B
(标准的附录)
基本 SESE 应用上下文定义

本附录定义了仅包含 ACSE 和 SESE 的应用上下文。这种应用上下文在开发安全服务器应用时是有用的。

B1 应用上下文名

{joint-iso-itu-t genericULS(20)application-contexts(7)basic(1)}

B2 应用服务元素

ACSE 和 SESE。

B3 SESE APDU 映射

a) SE-U-ABORT 和 SE-P-ABORT APDU 总会引起下层应用联系的非正常终止，并且总是映射到 A-ABORT 服务原语的用户信息参数；

b) 对于一次安全交换，发起者应将 SE-TRANSFER APDU 映射到 A-ASSOCIATErequest 服务原语的用户信息参数。响应者应按下列之一处理：

——发送具有"拒绝(瞬时)"结果的 A-ASSOCIATEresponseAPDU，指示在没有建立联系的情况下就成功地完成了交换；

—— 在差错时，夭折与上述(在 a)中)SE-U-ABORT 或 SE-P-ABORT APDU 的联系；注意，A-ABORT 服务规程碰撞是不可能的，因为发起者在这种情形下不会发出 A-ABORT。

c) 对于所有其他情况，发起者应将 SE-TRANSFER APDU 映射到 A-ASSOCIATErequest 服务原语的用户信息参数。响应者应按下列之一处理：

——发送具有空(如果发起者是发送下一个 SEI)或(更通常)包含 SE-TRANSFER APDU 的用户信息字段,以及"接受"结果的 A-ASSOCIATE response APDU。

——在差错时,规程同上述 b)的第二段。

其余 SE-TRANSFER APDU 被映射到 P-DATA;注意,SESE 是 P-DATA 服务的唯一用户。

使用上述 a)的 SE-U-ABORT 和 SE-P-ABORT 指出各种差错。注意,某些安全交换可以允许异步发送 SEI(即不执行严格的乒乓式排序)。在这种情况下,能够发生 A-ABORT 服务规程碰撞,而在这种情况下,SE-U-ABORT 或 SE-P-ABORT APDU 不应被交付给对等实体。但是,要使两个实体都意识到,该联系已被释放。

B4 PDV 拼接限制

不适用;SESE 是 P-DATA 服务的唯一用户。

B5 PDV 嵌入限制

因为 SESE 是 P-DATA 服务的唯一用户,所以只有在 SESE APDU 中嵌入的 PDV 是因使用 PRO-TECTED 参数化类型引起的。

B6 规程限制

除了对 ACSE 规程有限制外,没有其他限制。

B7 表示上下文限制

没有。

注:对 SESE APDU 的上下文局限于 BER 是合理的,以便简化软件开发者的任务。当然,在由 PROTECTED 类型产生的 EMBEDDED PDU 内,任何上下文都能使用。

ICS 35.100.01
L 79

中华人民共和国国家标准

GB/T 18237.4—2003/ISO/IEC 11586-4:1996

信息技术 开放系统互连 通用高层安全
第4部分:保护传送语法规范

Information technology—Open systems interconnection—
Generic upper layers security—
Part 4:Protecting transfer syntax specification

(ISO/IEC 11586-4:1996,IDT)

2003-07-02 发布　　　　　　　　　　　　2003-10-01 实施

中 华 人 民 共 和 国
国家质量监督检验检疫总局 发 布

前　言

GB/T 18237 在《信息技术　开放系统互连　通用高层安全》的总标题下，目前包括以下几个部分：

第 1 部分（即 GB/T 18237.1）：概述、模型和记法；

第 2 部分（即 GB/T 18237.2）：安全交换服务元素（SESE）服务定义；

第 3 部分（即 GB/T 18237.3）：安全交换服务元素（SESE）协议规范；

第 4 部分（即 GB/T 18237.4）：保护传送语法规范。

本部分为 GB/T 18237 的第 4 部分，本部分等同采用国际标准 ISO/IEC 11586-4：1996《信息技术　开放系统互连　通用高层安全：保护传送语法规范》（英文版）。

本部分由中华人民共和国信息产业部提出。

本部分由中国电子技术标准化研究所（CESI）归口。

本部分起草单位：中国电子技术标准化研究所（CESI）。

本部分主要起草人：郑洪仁。

ISO/IEC 前言

  ISO(国际标准化组织)和 IEC(国际电工委员会)是世界性的标准化专门机构。国家成员体(他们都是 ISO 或 IEC 的成员国)通过国际组织建立的各个技术委员会参与制定针对特定技术范围的国际标准。ISO 和 IEC 的各技术委员会在共同感兴趣的领域内进行合作。与 ISO 和 IEC 有联系的其他官方和非官方国际组织也可参与国际标准的制定工作。

  对于信息技术,ISO 和 IEC 建立了一个联合技术委员会,即 ISO/IEC JTC1。由联合技术委员会提出的国际标准草案需分发给国家成员体进行表决。发布一项国际标准,至少需要 75% 的参与表决的国家成员体投票赞成。

  国际标准 ISO/IEC 11586-4 是由 ISO/IEC JTC1"信息技术"联合技术委员会的 SC21"开放系统互连、数据管理和开放分布式处理"分技术委员会与 ITU-T 共同制定的。等同文本为 ITU-T 建议X.833。

  ISO/IEC 11586 在《信息技术 开放系统互连 通用高层安全》总标题下,目前包括以下 6 个部分:

——第 1 部分:概述、模型和记法;

——第 2 部分:安全交换服务元素(SESE)服务定义;

——第 3 部分:安全交换服务元素(SESE)协议规范;

——第 4 部分:保护传送语法规范;

——第 5 部分:安全交换服务元素协议实现一致性声明(PICS)形式表;

——第 6 部分:保护传送语法协议实现一致性声明(PICS)形式表。

引　言

本部分是系列标准的一部分,该系列标准给出了一组设施,以帮助构造能支持提供安全服务的高层协议。本系列标准的各部分如下:
——第 1 部分:概述、模型和记法;
——第 2 部分:安全交换服务元素服务定义;
——第 3 部分:安全交换服务元素协议规范;
——第 4 部分:保护传送语法规范;
——第 5 部分:安全交换服务元素 PICS 形式表;
——第 6 部分:保护传送语法 PICS 形式表。
本部分为该系列标准的第 4 部分。

信息技术 开放系统互连 通用高层安全
第4部分:保护传送语法规范

1 范围

1.1 GB/T 18237 定义了一组在 OSI 应用中帮助提供安全服务的通用设施。它们包括:

    a) 一组记法工具,这组工具支持抽象语法规范中的选择字段保护需求的规范,并支持安全交换和安全变换规范;

    b) 应用服务元素(ASE)的服务定义、协议规范和 PICS 形式表,它们支持在 OSI 的应用层内提供安全服务;

    c) 安全传送语法的规范和 PICS 形式表,这些语法与支持应用层中的安全服务的表示层相关。

1.2 GB/T 18237 的本部分定义了保护传送语法,这种语法与用来支持应用层中的安全服务的表示层有关。

2 规范性引用文件

下列文件中的条款通过 GB/T 18237 的本部分的引用而构成为本部分的条款。凡是注日期的引用文件,其随后所有的修改单(不包括勘误的内容)或修订版均不适用于本部分,然而,鼓励根据本部分达成协议的各方研究是否可使用这些文件的最新版本。凡是不注日期的引用文件,其最新版本适用于本部分。

GB/T 9387.1—1998 信息技术 开放系统互连 基本参考模型 第1部分:基本模型(idt ISO/IEC 7498-1:1994)

GB/T 15695—1995 信息技术 开放系统互连 面向连接的表示服务定义(idt ISO/IEC8822:1994)

GB/T 15696—1995 信息技术 开放系统互连 面向连接的表示协议:协议规范(idt ISO 8823:1988)

GB/T 17965—2000 信息技术 开放系统互连 高层安全模型(idt ISO/IEC 10745:1995)

GB/T 18237.1—2000 信息技术 开放系统互连 通用高层安全 第1部分:概述、模型和记法(idt ISO/IEC 11586-1:1996)

ISO/IEC 8824-1:1995 信息技术 抽象语法记法1(ASN.1):基本记法规范

ISO/IEC 8824-2:1995 信息技术 抽象语法记法1(ASN.1):信息客体规范

ISO/IEC 8824-3:1995 信息技术 抽象语法记法1(ASN.1):约束规范

ISO/IEC 8824-4:1995 信息技术 抽象语法记法1(ASN.1):ASN.1 规范的参数化

ISO/IEC 8825-1:1995 信息技术 ASN.1 编码规则:基本编码规则(BER)、典型编码规则(CER)和区分编码规则(DER)规范

3 术语和定义

3.1 本部分采用 GB/T 9387.1—1998 中定义的下列术语:

    ——传送语法 transfer syntax。

3.2 本部分采用 GB/T 15695—1995 中定义的下列术语:

    ——抽象语法 abstract syntax;

　　——表示上下文　presentation context；

　　——表示数据值　presentation data value。

3.3　本部分采用 GB/T 17965—1995 中定义的下列术语：

　　——安全联系　security association；

　　——安全变换　security transformation。

3.4　本部分采用 GB/T 18237.1—2000 中定义的下列术语：

　　——表示上下文结合安全联系　presentation context-bound security association；

　　——单项结合安全联系　single-item-bound security association；

　　——外部建立的安全联系　externally-established security association；

　　——初始编码规则　initial encoding rules；

　　——保护表示上下文　protecting presentation context；

　　——保护传送语法　protecting transfer syntax。

4　缩略语

　　GULS　　通用高层安全

　　OSI　　 开放系统互连

　　PDU　　 协议数据单元

　　PDV　　 表示数据值

　　PICS　　协议实现一致性声明

5　一般概述

　　保护传送语法概念已在 GB/T 18237.1—2000 中作了介绍。本部分定义了通用保护传送语法。本部分能与特定的安全变换定义一起使用，以生成满足特定应用保护要求的特定保护传送语法。

　　注：为了与非安全有关的目的，该通用保护传送语法在提供数据压缩时也可能是有用的，然而，这种使用不在本部分的范围之内。

　　该通用保护传送语法以 GB/T 18237.1—2000 中描述的安全变换模型为基础。保护传送语法的目的是为了传送而对下列信息项提供一种标准手段：

　　——将安全变换的编码过程用于待保护的未保护项表示所产生的已变换项；

　　——要保护的安全变换静态和动态参数，它们通过安全变换的编码过程而得到保护（以及未保护项的表示）；

　　——未保护的安全变换静态和动态参数；

　　——在下列情况之一的保护表示上下文的第一个 PDV，或除表示上下文之外发送的要保护的 PDV：

　　a)　在表示上下文结合安全联系或单项结合安全联系情况下的安全变换标识符；

　　b)　在外部建立安全联系情况下的该安全联系的标识符。

　　保护传送语法的用法由表示协议协商或在 ASN.1 EXTERNAL 或 EMBEDDED PDV 结构中给出。它适用于任何抽象语法，这可以使用 ASN.1 或由其他方法规定。对协商或给出的保护传送语法的客体标识符在第9章中规定。

　　保护传送语法是与上下文有关的传送语法，即在编码器和解码器中保留状态。

5.1　保护传送语法的模型

　　图1说明了与编码系统中的保护传送语法有关的操作步骤（当然要遵循编码系统中的相应操作步骤），该图比 GB/T 18237.1—2000 中的图更详细。

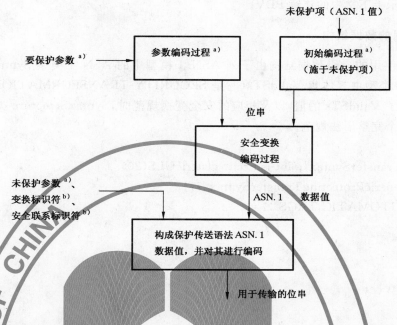

a)　当适用时。

b)　这两种编码过程可以合并。

图 1　在编码系统中的保护传送语法结构

5.2　初始编码规则

初始编码过程(在编码系统中)和相应的解码过程(在解码系统中)在抽象语法与未保护语法之间进行映射。适用于这种过程的规则被称作是初始编码规则。

注:对于以 ASN.1 为基础的抽象语法,这种映射一般要使用各种不同的 ASN.1 编码规则。

单值编码规则(例如 ASN.1 典型编码规则或区分编码规则)应适用于变换是数据功能的地方(它也可以分别发送),特别是使用中继系统时。

供保护传送语法用的初始编码规则如下:

a)　如果在使用中的安全变换提供以状态(要保护或未被保护的)参数形式用来运送一组特定编码规则的标识符,而且,如果该参数存在于可用的第一个 PDV 字段中,则使用这些编码规则;否则

b)　使用由可用的安全变换定义的 &initialEncodingRules 字段提出的编码规则。

5.3　安全变换

所使用的安全变换按下列两种方法之一确定:

a)　当 PDV 传送与表示上下文结合安全联系或单项结合安全联系有关时,则该安全变换标识符以传送语法结构的形式连同该安全联系中的第一个 PDV 一起运送;

b)　当 PDV 传送与外部建立的安全联系有关时,则安全变换标识符就是该安全联系的一个属性。

安全变换的这些规则指出,为了传送,用户数据的位串和保护参数值集是如何映射到 ASN.1 值的。

5.4　语法结构

保护传送语法定义了用来运送安全变换编码过程得到的数据结构,以及安全变换或安全联系(适用时)未保护参数和标识符。被传送的数据结构具有下列各种不同情况:

a)　在表示上下文结合安全联系中的保护表示上下文的第一个 PDV,或单项结合安全联系中的某一个 PDV;

b)　在外部建立安全联系的情况下,保护表示上下文的第一个 PDV,或除表示上下文之外发送的要保护 PDV;

c) 在保护表示上下文中的连续 PDV。

6 保护传送语法用的数据结构

保护传送语法使用的一组数据结构由下列 ASN. 1 模型中的 ASN. 1 类型 SyntaxStructure 定义。该 SyntaxStructure 类型由客体集 ValidSTs(它是 SECURITY-TRANSFORMATION 客体的结合)进行参数化。当提供了 ValidSTs 的值,以及相应的安全变换规范时,SyntaxStructure 类型就变成为具体保护传送语法的一个完整语法规范。

```
GenericProtectingTransferSyntax{joint-iso-ccitt genericULS(20)
    modules(1) genericProtectingTransferSyntax(7)}
DEFINITIONS AUTOMATIC TAGS ::=
BEGIN

EXPORTS
    SyntaxStructure{};
IMPORTS
    notation
        FROM ObjectIdentifiers{joint-iso-ccitt
        genericULS(20) modules(1) objectIdentifiers(0)}
    SECURITY-TRANSFORMATION,ExternalSAID
        FROM Notation notation;
SyntaxStructure{SECURITY-TRANSFORMATION:ValidSTs}::=CHOICE
{
    firstPdvExplicit FirstPdvExplicit{{ValidSTs}},
    ——用于表示上下文结合或单项结合安全联系情况下的,
    ——保护表示上下文的第一个 PDV 或
    ——除表示上下文之外发送的要保护 PDV。
    firstPdvExternal FirstPdvExternal{{ValidSTs}},
    ——用于外部建立安全联系情况下的,
    ——保护表示上下文的第一个 PDV 或
    ——除表示上下文之外发送的要保护 PDV。

    subsequentPdv SubsequentPdv{{ValidSTs}}
    ——用于保护表示上下文中的连续 PDV。
}
FirstPdvExplicit {SECURITY-TRANSFORMATION:ValidSTs)::=SEQUENCE
{
    transformationId SECURITY-TRANSFORMATION. &sT-Identifier
            ({ValidSTs}),
    staticUnprotParm
        SECURITY-TRANSFORMATION. &StaticUnprotectedParm
            ({ValidSTs}{@transformationId})
        OPTIONAL,
```

```
        dynamicUnprotParm
            SECURITY-TRANSFORMATION. & DynamicUnprotectedParm
                ({ValidSTs}{@transformationld})
                OPTIONAL,
        xformedData SECURITY-TRANSFORMATION. & XformedDataType
                ({ValidSTs}{@transformationld})
}
FirstPdvExternal{SECURITY-TRANSFORMATION:ValidSTs}::=SEQUENCE
{
        externalSAID ExternalSAID,
        dynamicUnprotParm
            SECURITY-TRANSFORMATION. & DynamicUnprotectedParm
                ({ValidSTs})OPTIONAL,
            ——ValidSTs 的实际成分隐含在 externalSAID 中
        xformedData SECURITY-TRANSFORMATION. & XformedDataType
                ({ValidSTs})
            ——ValidSTs 的实际成分隐含在 externalSAID 中
}
SubsequentPdv{SECURITY-TRANSFORMATION:ValidSTs}::=SEQUENCE
{
        dynamicUnprotParm
            SECURITY-TRANSFORMATION. & DynamicUnprotectedParm
                ({ValidSTs})OPTIONAL,
        xformedData SECURITY-TRANSFORMATION. & XformedDataType
                ({ValidSTs})
            ——ValodSTs 的实际成分隐含在表示上下文中
}
END
```

7 与下层协议合用

当在表示 PDU 中直接运送时(如在 GB/T 15696—1995 中规定的那样),或当在 EXTERNAL 或 EMBEDDED PDV ASN.1 结构中嵌入时(如在 ISO/IEC 8824-1:1995 中规定的那样),则 SyntaxStructure 类型的合适的值使用由传送语法客体标识符隐含的编码规则进行编码,如果由缺省隐含(见第 9 章),则使用 ASN.1 基本编码规则编码。

当与 GB/T 18237.1—2000 中描述的 PROTECTED 或 PROTECTED-Q 记法的直接选项一起使用时,则作为 SyntaxStructure 类型的 ASN.1 就引入到外围协议的 ASN.1,因此使用决定该协议的编码规则来编码。

8 同步规程

当按照会话服务规范建立同步点时,就应将全部状态信息保存起来。当发生再同步时,就应恢复状态信息。

注 1:本部分规定了关于再同步的"状态恢复"。无表示上下文恢复的等效操作没有在本部分中给出。

注 2:就接收和作用于所有新的动态参数变化的接收实体而言,对该同步点的再同步可以导致发送实体不可靠。如果发生这种情况，则要对发送实体再同步，以便使动态参数重新建立起正确的值。

9 客体标识符分配

给本部分中定义的保护传送语法分配如下客体标识符：

{joint-iso-itu-t genericULS(20)generalTranferSyntax(2)}

这种客体标识符的用法没有要求一组特定编码规则用来对 SyntaxStructure ASN.1 值进行编码，但 ASN.1 基本编码规则应按缺省使用。

当一组特定编码规则必须用来对 SyntaxStructure ASN.1 值进行编码时，为了使用，则要给本部分中定义的保护传送语法分配附加客体标识符。可以约定标准 ASN.1 编码规则规范（例如在 ISO/IEC 8825-1：1995 中定义的那些规范）中的任一个。应使用下列约定。该客体标识符用下列前缀开始：

{joint-iso-itu-t genericULS(20)specificTranferSyntax(3)…}

其余字段的值是相同的，在通常的 ASN.1 编码规则情况下，这些值的前缀均为：

{joint-iso-itu-t asn1(1)…}

注：例如，客体标识符{joint-iso-itu-t genericULS(20)specificTranfer Syntax(3)ber(1)}约定采用基本编码规则，而客体标识符{joint-iso-ccittgenericULS(20)specificTranferSyntax(3)ber-deried(2)distinguished-encoding(1)}则约定采用区分编码规则。

10 一致性

声称与本部分一致的系统，当使用由 ASN.1 客体标识符对第 6 章中给出的"GenericProtecting TransferSyntax"模块标识的保护传送语法时，应支持合适的 ASN.1 以及任何相关的约定。

前　　言

　　本标准等同采用国际标准 ISO/IEC 10181-1:1996《信息技术　开放系统互连　开放系统安全框架:概述》。

　　GB/T 18794 在《信息技术　开放系统互连　开放系统安全框架》总标题下,目前包括以下几个部分:

　　第 1 部分(即 GB/T 18794.1):概述

　　第 2 部分(即 GB/T 18794.2):鉴别框架

　　本标准的附录 A、附录 B 都是提示的附录。

　　本标准由中华人民共和国信息产业部提出。

　　本标准由中国电子技术标准化研究所归口。

　　本标准起草单位:信息产业部电子第十五研究所。

　　本标准主要起草人:郑磊、张莺、周珍妮。

ISO/IEC 前言

ISO(国际标准化组织)和 IEC(国际电工委员会)是世界性的标准化专门机构。国家成员体(它们都是 ISO 或 IEC 的成员国)通过国际组织建立的各个技术委员会参与制定针对特定技术范围的国际标准。ISO 和 IEC 的各技术委员会在共同感兴趣的领域内进行合作。与 ISO 和 IEC 有联系的其他官方和非官方国际组织也可参与国际标准的制定工作。

对于信息技术,ISO 和 IEC 建立了一个联合技术委员会,即 ISO/IEC JTC1。由联合技术委员会提出的国际标准草案需分发给国家成员体进行表决。发布一项国际标准,至少需要 75% 的参与表决的国家成员体投票赞成。

国际标准 ISO/IEC 10181-1 是由 ISO/IECJTCI"信息技术"联合技术委员会的 SC21"开放系统互连、数据管理和开发分布式处理"分技术委员会与 ITU-T 共同制定的。等同文本为 X.810。

ISO/IEC 10181 在《信息技术 开放系统互连 开放系统安全框架》总标题下,目前包括以下七个部分:
——第 1 部分:概述
——第 2 部分:鉴别框架
——第 3 部分:访问控制框架
——第 4 部分:抗抵赖框架
——第 5 部分:保密性框架
——第 6 部分:完整性框架
——第 7 部分:安全审计和告警框架
本标准的附录 A 和附录 B 仅提供参考信息。

引　言

　　很多应用具有安全需求以防范信息通信中遇到的威胁。一些共识的威胁及对付这些威胁可以使用的安全服务和机制在 GB/T 9387.2 中描述。

　　本标准定义了开放系统安全服务中的框架。

中华人民共和国国家标准

信息技术　开放系统互连
开放系统安全框架　第1部分：概述

GB/T 18794.1—2002
idt ISO/IEC 10181-1：1996

Information technology—Open Systems Interconnection—
Security frameworks for open systems—Part 1：Overview

1　范围

　　安全框架涉及在开放系统环境中安全服务的应用,其中术语"开放系统"系指包括诸如数据库、分布式应用、ODP 和 OSI 一类的领域。安全框架主要用来提供在系统内和系统间交互时对系统和客体的保护方法。安全框架不考虑用于构造系统或者机制的方法学。

　　安全框架涉及用于获取具体安全服务所使用的数据元素和操作序列(但不是协议元素)。这些安全服务可适用于系统的通信实体,也可以用于系统间交换的数据和由系统管理的数据。

　　安全框架提供了进一步标准化的基础,对特定安全需求的通用抽象服务接口提供了一致性的术语和定义。安全框架还对能够用于实现这些需求的机制进行了分类。

　　一种安全服务经常依赖于其他的安全服务,使得安全的一部分与其他的部分进行隔离很困难。安全框架述及特定的安全服务,描述能够用于提供这些安全服务的机制范围,并标识这些服务和机制间的相互关系。这些机制的描述可能涉及对不同安全服务的依赖关系,安全框架用此方式描述一个安全服务对另一个安全服务的依赖关系。

　　安全框架的本部分包括：

　　——描述安全框架的整体组织；

　　——定义多个安全框架中所需要的安全概念；

　　——描述在框架的其他部分中所标识的服务和机制间的相互关系。

2　引用标准

　　下列标准所包含的条文,通过在本标准中引用而构成为本标准的条文。本标准出版时,所示版本均为有效。所有标准都会被修订,使用本标准的各方应探讨使用下列标准最新版本的可能性。

　　GB/T 9387.1—1998　信息技术　开放系统互连　基本参考模型　第1部分：基本模型
　　　　　　　　　　(idt ISO/IEC 7498-1：1994)

　　GB/T 9387.2—1995　信息处理系统　开放系统互连　基本参考模型　第2部分：安全体系结构
　　　　　　　　　　(idt ISO/IEC 7498-2：1989)

3　术语和定义

　　下列术语和定义可用于本概述或安全框架的其他部分。

3.1　基本参考模型定义

　　本标准采用 GB/T 9387.1 中定义的下列术语：

　　——(N)层(N)-layer；

——(N)实体 (N)-entity；

——(N)协议数据单元 (N)protocol-data-unit；

——应用进程 application process；

——实开放系统 real open system；

——实系统 real system；

3.2 安全体系结构定义

本标准采用 GB/T 9387.2 中定义的下列术语：

——访问控制 access control；

——可用性 availability；

——密文 ciphertext；

——密码校验值 cryptographic checkvalue；

——解密 decipherment；

——拒绝服务 denial of service；

——数字签名 digital signature；

——加密 encipherment；

——内部威胁 insider threat；

——密钥 key；

——密钥管理 key management；

——明文 plaintext；

——外部威胁 outsider threat；

——安全审计 security audit；

——安全标签 security label；

——安全政策 security policy；

——敏感性 sensitivity；

——威胁 threat；

3.3 补充定义

本标准采用下列定义。

3.3.1 非对称密码算法 asymmetric cryptographic algorithm

在执行加密或与之相应的解密中用于加密和解密的密钥是不相同的算法。

注：使用某些非对称密码算法，密文的解密或数字签名的生成要求使用一个以上的私有密钥。

3.3.2 证书机构 certification authority

创建包含一类或多类安全相关数据的安全证书的可信实体（在安全政策上下文中）。

3.3.3 条件可信实体 conditionally trusted entity

在安全政策上下文中的可信实体，但其不能违犯安全政策且未被发现。

3.3.4 密码编链 cryptographic chaining

用于密码算法的一种方式，其中由算法执行的变换依赖于前一过程的输入或输出的值。

3.3.5 数字指纹 digital fingerprint

数据项的一种特性，诸如密码校验值或对数据执行单向散列函数的结果，其足以代表数据项的独特性，试图找出拥有相同特性的另一数据项在计算上是不可行的。

3.3.6 可区分标识符 distinguishing identifier

唯一标识一个实体的数据。

3.3.7 散列函数 hash function

将一个（可能非常）大量的值映射到较小范围的值的（数学）函数。

3.3.8 单向函数 one-way function

一种易于计算,但如果知道结果,不可能通过计算找出得到该结果的值的(数学)函数。

3.3.9 单向散列函数 one-way hash function

一种既是单向函数又是散列函数的(数学)函数。

3.3.10 私有密钥 private key

在非对称密码算法中使用的并且其拥有者是受限制(通常只能由一个实体拥有)的密钥。

3.3.11 公开密钥 public key

在非对称密码算法中使用的并且可以被公开的密钥。

3.3.12 撤消证书 revocation certificate

为表明某个特定的安全证书已经撤消而由某个安全机构颁发的安全证书。

3.3.13 撤消列表证书 revocation list certificate

用于识别一个已撤消安全证书列表的安全证书。

3.3.14 封印 seal

一种支持完整性但不能防止由接收者伪造的密码校验值(即它不提供抗抵赖)。当封印与一个数据元素相关联时,该数据元素被称为已被封印。

注:尽管封印自身不提供抗抵赖,但某些抗抵赖机制可以使用封印提供的完整性服务,如用可信第三方保护通信。

3.3.15 秘密密钥 secret key

用于对称密码算法的密钥。秘密密钥的拥有者是受限制的(通常仅限两个实体)。

3.3.16 安全管理员 security administrator

负责定义或实施一部分或多部分安全政策的人员。

3.3.17 安全机构 security authority

负责定义、实现或实施安全政策的实体。

3.3.18 安全证书 security certificate

由安全机构或可信第三方颁发的一组安全相关的数据和用于为这些数据提供完整性和数据源鉴别服务的安全信息。

注:所有的证书实际都是安全证书(见 GB/T 9387.2 中的相关定义)。安全证书术语的采用是为了避免与 GB/T 16264.8(目录鉴别标准)的术语相冲突。

3.3.19 安全证书链 security certificate chain

一组有序的安全证书序列,其中的第一个安全证书包含安全相关的信息,每一后续的安全证书包含可用来验证前一个安全证书的安全信息。

3.3.20 安全域 security domain

由若干元素、一个安全政策、一个安全机构和一组安全相关的活动构成的集合,在其中这组元素受控于适于某些具体活动的安全政策,并且安全政策由安全域的安全机构所管理。

3.3.21 安全域机构 security domain authority

负责实现安全域中安全政策的安全机构。

3.3.22 安全信息 security information

实现安全服务所需要的信息。

3.3.23 安全恢复 security recovery

当发现或怀疑已经发生安全违规时所采用的动作和执行的规程。

3.3.24 安全交互规则 secure interaction rules

规定安全域间交互的安全政策规则。

3.3.25 安全政策规则 security policy rules

在实系统中安全域的安全政策的表示法。

3.3.26 安全权标 security token

在通信实体间被传送的,由一个或多个安全服务保护的一组数据以及提供那些安全服务所使用的安全信息。

3.3.27 对称密码算法 symmetric cryptographic algorithm

在加密或与之对应的解密中使用相同密钥进行加密和解密的算法。

3.3.28 信任 trust

当且仅当实体 X 依赖于实体 Y 以特定的方式行事时,实体 X 被称为信任实体 Y 的一组活动。

3.3.29 可信实体 trusted entity

假设执行了其不会执行的动作,或是未能够成功地执行假设其会执行的动作而违犯安全政策的实体。

3.3.30 可信第三方 trusted third party

就某些安全相关的活动而言(在安全政策的上下文中)是可信的安全机构或其代理。

3.3.31 无条件可信实体 unconditionally trusted entity

可违犯安全政策而不被发现的可信实体。

4 缩略语

本标准定义了如下缩略语:

ACI 访问控制信息 (Access Control Information)

OSI 开放系统互连 (Open Systems Interconnection)

ODP 开放分布式处理 (Open Distributed Processing)

SI 安全信息 (Security Information)

TTP 可信第三方 (Trusted Third Party)

5 记法

本标准所使用的层记法与 GB/T 9387.1 定义相同。

如果术语"服务"未做限定,则指安全服务。

如果术语"证书"未做限定,则指安全证书。

6 组织结构

本安全框架是 GB/T 18794 系列标准的一部分。这些安全框架在下面描述。其他的安全框架可能在将来说明。密钥管理框架不是 GB/T 18794 的一部分,但它的范围与本文类似,为完整起见本文也包含对它的描述。

6.1 第 1 部分:概述

见第 1 章。

6.2 第 2 部分:鉴别

本框架描述了提供给开放系统的鉴别的所有方面,并描述了鉴别与其他安全功能如访问控制的关系,鉴别的管理需求等内容。

本框架:

a) 定义鉴别的基本概念;

b) 确定可能的鉴别机制类;

c) 定义用于这些鉴别机制类的服务;

d) 确定为支持这些鉴别机制类的协议的功能需求;

e) 确定鉴别的通用管理需求。

鉴别框架是位于提供概念、术语和鉴别方法分类的鉴别标准的层次结构的最顶层。直接位于其下的标准如 GB/T 15843(实体鉴别机制)提供了一套对这些方式更详细的特殊说明。在层次结构的最低层，如 GB/T 16264.8(目录鉴别框架)等标准在具体应用或需求的上下文中使用这些概念和方法。

鉴别框架描述了鉴别的模型，鉴别活动可被分类成的一些阶段，可信第三方的使用，为交换鉴别信息而使用的鉴别证书，基于这些阶段的通用鉴别服务，以及提供这些通用鉴别服务的至少五类鉴别机制。这些鉴别机制包括防止鉴别信息泄露的机制，在相同(和/或不同)验证者的防泄露和防重发保护机制。

6.3 第 3 部分：访问控制

本框架描述开放系统中的全部访问控制(如用户到进程，用户到数据，进程到进程，进程到数据)，以及与其他安全功能如鉴别和审计的关系和访问控制的管理需求。

本框架：

a) 定义访问控制的基本概念；

b) 举例说明用于支持一些公认的访问控制服务和机制的访问控制的基本方式；

c) 定义这些服务和相应的访问控制机制；

d) 确定为支持这些访问控制服务和机制的协议的功能需求；

e) 确定为支持这些访问控制服务和机制的管理需求；

f) 述及访问控制服务和机制与其他安全服务和机制的交互。

本安全框架描述了访问控制的模型，在其中访问控制活动可以分类成的一些阶段，基于这些阶段的通用访问控制服务，以及这些通用访问控制服务的至少三类访问控制机制。这些访问控制机制包括访问控制表、能力和标签。

6.4 第 4 部分：抗抵赖

本框架细化和扩充了 GB/T 9387.2 中描述的抗抵赖服务的概念，并且提供了开发和提供这些服务的框架。

本框架：

a) 定义抗抵赖的基本概念；

b) 定义通用抗抵赖服务；

c) 确定提供抗抵赖服务的可能的机制；

d) 确定抗抵赖服务和机制的通用管理需求。

6.5 第 5 部分：保密性

保密性服务的目的是保护信息免于非授权的泄露。本框架述及在恢复、传送以及管理中的信息保密性。

本框架：

a) 定义保密性的基本概念；

b) 确定可能的保密性机制类；

c) 定义每一类保密性机制的设施；

d) 确定为支持保密性机制类的管理需求；

e) 述及保密性机制和其支撑服务与其他安全服务和机制的相互关系。

在安全框架中描述的某些规程通过密码技术的应用实现保密性。使用本框架不依赖于特定密码或其他算法的使用，尽管某种保密性机制类可能依赖于特定的算法性质。

6.6 第 6 部分：完整性

数据未被以非授权的方式改变或毁坏的性质被称为完整性。本框架述及信息恢复、传送和管理中的数据完整性。

本框架：

a）定义完整性的基本概念；

b）确定可能的完整性机制类；

c）定义每一类完整性机制的设施；

d）确定为支持完整性机制的管理需求；

e）述及完整性机制和其支撑的服务与其他安全服务和机制的相互关系。

本框架中描述的某些规程通过密码技术的应用实现完整性。使用本框架不依赖于特定密码或其他算法的使用，尽管某种完整性机制类可能依赖于特定的算法性质。

本框架述及的完整性是指数据值的不变性，而不是数据被认为所代表的信息的不变性。其他形式的不变性亦排除在外。

6.7　第7部分：安全审计和告警

本框架：

a）定义安全审计和告警的基本概念；

b）提供安全审计和告警的通用模型；

c）确定安全审计和告警服务与其他安全服务的关系。

正如其他安全服务一样，安全审计只能在已定义安全政策的上下文中提供。安全政策将由安全域中的安全机构定义。基于本框架的标准所说明的机制应该能够支持各种的安全政策。

6.8　密钥管理

密钥管理框架（GB/T 17901.1）与其他安全框架间的特殊关系在于其涉及到那些并非直接与GB/T9387.2中确定的安全服务有关的功能。那些功能适用于加密或数字签名适用的任何信息技术环境。

本框架：

a）确定密钥管理的目的；

b）描述密钥管理机制基于的通用模型；

c）定义对于这个多部分标准各部分公用的密钥管理的基本概念；

d）定义密钥管理服务；

e）确定密钥管理机制的特征；

f）规定密钥在其生存期内的管理需求；

g）描述密钥在其生存期内的管理框架。

7　公共概念

许多概念被用于多个安全框架中。本标准定义这些概念以用于本系列标准其余的部分中。

7.1　安全信息

安全信息（SI）是实现安全服务所需要的信息。安全信息包括：

——安全政策规则；

——实现具体安全服务的信息，如鉴别信息（AI）和访问控制信息（ACI）；

——与安全机制相关的信息，如安全标签、密码校验值、安全证书和安全权标。

多个安全框架公共 SI 的类型在第 8 章中讨论。

7.2　安全域

安全域是由单个安全机构为特定的与安全相关的活动制定的安全政策下的元素集合。安全域的活动包括来自于该安全域的、或可能来自于其他安全域的一个或多个元素。

活动包括：

——对元素的访问；

——OSI（N）层连接的建立或使用；

——与具体管理功能相关的操作;

——包含公证的抗抵赖操作。

活动可以是安全相关的,即使它现在不是能够强制实施有关其使用的任意政策的机制的主体。特别是,不能防止发生在任意元素组的活动能够是与安全相关的,并且将来可以变成为控制机制的主体。

开放系统环境中安全域元素的例子包括逻辑元素和物理元素,如实开放系统、应用进程、(N)实体、(N)协议数据单元、中继以及人类用户的实开放系统等。存在安全域中的人类用户必须与其他元素区分开的某些情形。在这类情况下,为区分非人类元素,将使用术语"数据客体"。

7.2.1 安全政策和安全政策规则

安全政策以通用术语表达了安全域的安全需求。例如,安全政策可以确定应用于在具体环境下操作的安全域中所有成员的需求,或应用于安全域中所有信息的需求。安全政策的实现将导致满足这些安全政策的安全服务被确定,并且将会选择若干安全机制以便实现这些安全服务。选择哪些安全机制的决策受到所预见的威胁和所保护的资源价值的影响。

安全政策一般被描述成类似自然语言中的普遍原则。这些原则反映了特定组织或安全域成员的安全需求。在这些安全需求被反映在实开放系统之前,安全政策必须被细化以便能够从中推导出一组安全政策。作为安全政策规则解释这些需求是一项工程活动。安全政策通过允许使用某种行动或禁止特定行为来限制违背该安全政策的元素的行为。安全政策还可以给予元素参与特定活动的许可。这是一个较包含在 GB/T 9387.2 中的安全政策更广义的安全政策解释,GB/T 9387.2 中的安全政策只与 OSI 有关。特定安全服务相关的安全政策将在那些服务的安全框架中讨论。

安全域的安全政策规则包括两种类型,即在安全域之内活动的安全政策规则和安全域之间活动的安全政策规则。后种类型的安全政策规则被称之为安全的交互规则。安全政策还可以定义哪些规则应用于与其他所有安全域的关系,哪些规则应用于与特定安全域的关系。

安全域的安全政策规则必须在系统变化或这些活动和安全域的安全政策被修改时仍保持有效。

注:安全框架不涉及安全政策的下列方面:

——建立或维护安全政策一方本身;

——建立或维护安全政策的过程;

——安全政策的内容;

——绑定安全政策到安全域的规程。

7.2.2 安全域机构

安全域机构是负责实现安全域的安全政策的安全机构。

安全域机构:

——可以是一个复合实体;这种实体必须是可标识的;

——取决于安全域可能遵守的任何安全政策,可以委派实现这个安全政策的责任给一个或多个实体;

——具有对安全域中元素的权威。

注:如果安全域权威已经决定不强加任何约束,安全政策可以为空。

如果两个安全域机构是被约束而协调其安全政策,则他们被称为是相互链接。

7.2.3 安全域间相互关系

安全域概念之所以被认为重要在于两个原因。即:

——它可以被用来描述安全如何被管理和实施;

——它可用作为构造包含在不同安全机构的元素的与安全相关活动的模型的构件。

安全域可以以一种或多种方式相关。这里讨论一些可能的联系。安全域的关系必须被反映在由其安全机构商定的安全域的安全政策中。这些关系以这些安全域的元素和活动的方式被说明,并且被反映在每一个相关的安全域的安全交互规则中。某些特殊的安全域的关系在本条的剩余部分描述。许多其他的安全域关系也是可能的。

a）两个安全域被称为相互孤立的，如果他们没有公共的数据客体，没有公共的行为，即没有相互作用；

b）两个安全域被称为相互独立的，如果：

——它们没有公共的数据客体；

——每一个安全域内的活动只由其自身的安全政策（和相应的安全政策规则组）所约束；

——这些安全域的安全机构未被限定协调其安全政策。

两个或多个独立的安全域可以选择达成一个协调其间信息共享的协定。

c）安全域 A 被称为是另外一个安全域 B 的安全子域，当且仅当：

——A 的元素集合是 B 的元素集合的子集，或是与 B 的元素集合相同；

——A 中的活动集合是 B 中的活动集合的子集，或是与 B 的活动集合相同；

——A 的控制权限是由 B 的安全机构委派给 A 的安全机构的；

——A 的安全政策与 B 的安全政策无冲突。如果需要并且为 B 的安全政策所允许，A 可以引入新的安全政策。

注：子集可以等于全集。安全子域可以形成于某些活动类的安全超域元素全集的这种极端情况下，或形成于安全超域元素全集的某些子集的所有活动类的另一种极端情况下。在这两种极端情况之间可能存在很多变种。

d）当且仅当 B 是 A 的安全子域时，安全域 A 被称为另一个安全域 B 的安全超域。

注：安全框架不要求任意特殊协议、规范或实现支持孤立、独立、子域或超域的概念。

7.2.4 安全交互规则的建立

为了能够在安全域间交换信息，必须存在一组商定的用于该交换的安全政策规则。这些安全政策规则被称为安全交互规则。它们是每个安全域的安全政策规则的一部分。安全交互规则能够使公共的安全服务和机制通过协商被选择，并且能够使每一个安全域的安全信息项通过映射相互相关。为支持安全交互规则所需安全管理信息可以在安全域间交换。依赖于安全域间的关系不同，安全交互规则可以由不同方式决定。

对于独立安全域间的安全交互，安全交互规则必须由安全域的安全机构商定。

对于安全子域间的安全交互，安全交互规则必须由安全超域的安全机构建立。如果为安全超域的安全政策所允许，安全子域可以建立自己的安全交互规则。

7.2.5 域间的安全信息传送

安全交互规则自身可以构成安全信息，并且这种安全信息可能需要在安全域间传送。应考虑下列情况：

——安全信息在每个安全域中的语义和代表意义相同，即不需要翻译。

——安全信息在每个安全域中的语义是等同的，但代表的意义不同。即安全信息的描述方式不同，语法翻译是必需的。

——安全信息在每个安全域中的语义和代表意义都不同，即安全交互规则必须规定一个安全域中的安全信息如何被翻译成另一个安全域中的安全信息。语法翻译可能也是需要的。

7.3 具体安全服务的安全政策的考虑

访问控制机制可以被用于某些保密性服务或完整性服务的实现中。在这种情况下，涉及保密性服务或完整性服务的实现的安全政策规则必须描述访问控制机制将如何被使用。访问控制机制以发起方和目标（定义于本系列标准的第 3 部分，即 ISO/IEC 10181-3）形式描述。安全政策规则定义了完整性和保密性政策中的实体、信息和数据项是如何与访问控制机制中的发起方和目的方相关的。

保密性政策以哪些实体可以检查信息项的形式定义。由发起方到目的方的动作信息被显现给第三方有两种途径：首先动作的结果可能给发起方提供一些目的方的信息；其次动作的请求可能给目的方提供发起方的信息。当访问控制机制被用于提供保密性服务时，试图获取信息的实体被认为是发起方，信息项被认为是目的方。

完整性政策以哪些实体可以修改数据项的形式定义。有两种途径使发起方到目的方的动作可能会引起数据被修改：首先这个动作可能直接引起包含在目的方内的数据被修改；其次动作的结果可以引起包含在发起方内的数据被修改。当访问控制机制被用于提供完整服务时，试图修改数据的实体被认为是发起方，数据项被认为是目标。

7.4 可信实体

一个实体在安全政策的上下文中被称之为对于某些活动类是可信，如果这个实体或是通过执行了其被认为不会执行的动作，或是未成功执行其被认为会执行的动作而违犯了安全政策。安全政策定义哪些实体是可信的，并且对于每一个实体定义了对于其是可信的活动集合。对于特定集合被认为是可信的实体不必要对于一个安全域中的所有活动集合都是可信的。

安全政策中对于一个实体应该以特定方式行事的声明不绝对保证这个实体将会以那种方式表现该行为。因此，安全政策可能需要检测由可信实体误操作导致的安全政策违规的动作的手段。能够误操作而不被发现的可信实体被称作**无条件的可信实体**。可能违犯安全政策，但不可能不被检测到的可信实体被称为**有条件的可信实体**。

一个可信实体可以对于其一个活动子集是无条件可信的而对于其另外一个活动子集是有条件可信的。这种实体在某些方面能够不被发现地违犯安全政策，但在另外某些方面可被发现违犯安全政策。

安全域的安全政策可以说明为非这个安全域的某个元素对这个安全域内的某些活动集合是可信的。安全交互规则（正如7.2.4中所讨论）可以定义安全域中的实体如何与安全域之外的可信实体交互。

7.5 可信

实体 X 被称为对实体 Y（对于某个活动集合）可信的当且仅当在特定情况下对于某些行为 X 依赖于 Y。

可信未必是相互的。一个非可信的实体可以利用可信实体提供的服务。可信是相互情形的一个例子是：两个可信实体在合作执行一个活动时，并且两个中的每一个实体都依赖于对方以辅助其实施安全政策。

可信未必是可传递的。安全政策可以定义在具体实例中可信关系的传递性。如果实体 A 依赖于由可信的实体 B 提供的服务，实体 B 依赖于由可信的实体 C 提供的服务，则实体 A 可能在特定方式不直接地依赖于实体 C 行事。在某种情况下，可信是传递的。但在其他情形下，B 可以采取某种方式确保 C 的误操作不影响 A 的活动。在这种情况下，可信是不传递的。

7.6 可信第三方

可信第三方是一个就某些安全相关活动而言是可信的（在安全政策的上下文中）安全机构或其代理。

可信第三方的例子包括：

——鉴别中的可信第三方；

——抗抵赖中的公证或时间戳服务；

——密钥管理中的密钥分发中心。

8 通用安全信息

在多个安全框架中使用某些类型的安全信息要求。本章描述安全信息的这些类型。

在安全框架中所描述的安全机制通常包括需相互交换的安全信息，如在交互中需要安全服务的实体之间的安全信息，或在安全机构和交互的实体间的安全信息。这些框架描述的机制所使用的安全信息的四种公共格式如下：

——用于指示适用于某个元素、通信信道或数据项的安全标签；

——用于检测数据项变化的密码校验值；

——用于保护从安全机构或从由一个或多个交互方使用的 TTP 获取的安全信息的安全证书；

——用于保护在交互方之间传递的安全信息的安全权标。

注：安全信息能够用几种不同的安全机制保护。某些安全机制是基于密码算法的使用，而另一些则使用物理方式。

8.1 安全标签

安全标签是用以联编某个元素、通信信道或数据项的安全属性集合。安全标签还显式地或隐含地指示安全机构负责创建和联编这个标识和适用于这个标签使用的安全政策。安全标签能够被用来支持安全服务的组合。

使用安全标签的例子包括：

——支持基于标签的访问控制方案，包括以提供完整性和/或保密性的访问控制应用；

——指示能够对于这种数据和其处理需求寄予的信任程度；

——指示对于这种数据和其处理需求的敏感性；

——指示保护、处置和其他处理需求。

8.2 密码校验值

密码校验值是通过对数据单元执行密码变换中推导出的信息。封印、数字签名和数字指纹是密码校验值的三个例子。

封印是通过使用对称密码算法和通信实体间共享的秘密密钥而计算出来的一种密码校验值的形式。封印被用来检测数据传送期间的修改。

数字签名是防止接收者进行伪造密码校验值，它使用私有密钥和非对称密码算法计算。数字签名的有效性验证要求使用相同的密码算法和相应的公开密钥。

> 注 1：尽管存在其他可以防止接收者伪造密码校验值的手段，（如使用防篡改的密码模块），但安全框架使用的术语数字签名是指使用非对称密码算法产生的密码校验值。

> 注 2：在一些非对称密码算法中，数字签名的计算要求使用一个以上的私有密钥。当使用这类算法时，每个私有密钥的拥有者可以被限定为不同的实体。这确保了实体间必须合作以生成数字签名。

数字指纹是数据项的足以代表其独特性的一种特征，试图找出拥有相同数字指纹的另一数据项在计算上是不可行的。某些形式的密码校验值（如：给数据提供单向函数的结果）能够用来提供数字指纹。数字指纹能够由除密码算法外的其他手段提供。例如，数据项的拷贝就是一种数字指纹。

> 注 3：单向函数不等价于数字指纹。某些单向函数不适合创建数字指纹；同样，某些数字指纹不是使用单向函数生成。

> 注 4：使用非对称算法的数字签名的计算需花费很长时间因为一般来说非对称算法是计算密集型的。数字签名从数据的数字指纹计算要比从数据本身计算简单。这能够使性能得到改善，因为计算一个短的数字指纹的数字签名比计算一个长报文的数字签名更快。

密码校验值未必防止单个数据单元被重发。重发保护可以通过在数据中包含一些能够用来检测重发的信息的方法，如序列号或时间戳，或通过运用密码编链来实现。为提供防重发保护，该信息必须由被保护数据单元的接收者来检查。

8.3 安全证书

8.3.1 安全证书介绍

安全证书是由安全机构或可信第三方颁发的安全相关数据以及用于提供数据的完整性和数据源鉴别服务的安全信息的集合。安全证书包含一个对时间期间的标示以说明数据是否合法。

安全证书被用于把安全信息从安全机构（或可信第三方）传送到需要该信息执行安全功能的实体。安全证书可能包含用于一个以上安全服务的安全信息。

如其他安全框架中所描述，安全证书可以包含用于如下用途的 SI：

——访问控制；

——鉴别；

——完整性；

——保密性；

——抗抵赖；

——审计；

——密钥管理。

8.3.2 安全证书验证和编链

安全证书的验证包括核实其完整性、验证所声称的安全证书颁发者的身份、检查这个颁发者是否被授权创建这个安全证书。这些操作可能需要更多的 SI。

如果安全证书的验证者没有为验证安全证书所需的 SI，则来自另一个安全机构的安全证书可以被用来提供必需的 SI。这个过程可以被重复以提供安全证书链。安全证书链载有提供从某个已知安全机构（即其 SI 已经被建立的安全机构）到要求签发 SI 的实体间安全路径的 SI。

安全证书链应该仅当其符合由所有相关安全政策强加的限制时才能使用。链的存在是不充分的。只有其使用是为链的验证者和创建链中证书的安全机构间的可信关系所允许并且还为这些安全机构间的可信关系所允许时，链才应该被使用。这些信赖关系由证书链的验证者的安全政策和安全机构的安全政策定义。特别是，某些安全机构被认为可以可信地为另一些安全机构颁发安全证书，而另一些安全机构只被认为可信地为其所管理的实体颁发安全证书。

8.3.3 安全证书的撤消

包含在安全证书中的 SI 可能不再有效。例如，如果私有密钥被泄露，则相应的公开密钥便不能再使用，因此包含该公开密钥的安全证书应被撤消。

能够用于撤消安全证书的机制包括撤消证书和撤消列表证书。撤消证书是表明特定证书已被撤消的安全证书。撤消列表证书是确定已撤消安全证书的列表。

8.3.4 安全证书的重用

某些安全证书打算被用来支持一次以上的通信实例，同时其他证书只打算被使用一次。打算被使用多次的证书的例子定义于 GB/T 16264.8 中的鉴别证书。打算只被使用一次的安全证书的例子是授权单个访问的访问控制证书。打算只被使用一次的证书可以包含防止重用的信息（如一个唯一性编号）。

8.3.5 安全证书结构

安全证书的通用格式具有以下三个组成部分：

——所有安全证书需要的信息；

——特定于一个或多个安全服务的安全信息；

——控制或限制安全信息使用的信息。

所有安全证书需要的信息分为两类：

a）提供完整性和数据源鉴别的信息（如密码校验值和被用来验证的显示信息）。由于提供了数据源鉴别服务，所以也必须提供安全证书所声称的源的身份指示。

b）从其能够确定（如显式的有效期）或者推导出（如创建时间和隐式的有效期）有效期的信息。这可以避免安全证书的无限的重用，尽管安全证书在其有效期内可以被多次重用。

用于控制或限制安全信息使用的信息分为三类：

a）用于保护安全证书免受非授权使用的信息，例如：

——标识其 SI 被包含在安全证书中的某个特定实体或者某些实体的信息（如可区分的标识符）；

——标识其被允许利用包含在这个安全证书中的 SI 的实体的信息；

——控制证书可以被使用的次数的信息；

——标识在其下这个安全证书必须被使用的安全政策的信息；

——为防止安全证书被盗的保护方法和相关参数（请参见附录 A 中的例子）；

——用于防止重发（如唯一性编号或盘问口令）的信息。

b）能够被用于辅助安全审计的信息，例如：

——就由同一安全机构或代理而言,所颁发的所有安全证书是唯一的安全证书引用标识符(如序列号);

——最初为其颁发安全证书的实体的身份(用于审计目的)。

c) 能够被用于辅助安全恢复的信息,例如:

——能够用于撤消具体安全证书的安全证书引用标识符;

——能够用于撤消一组安全证书的安全证书组标识符。

8.4 安全权标

安全权标是由一个或多个安全服务保护的数据以及用于提供这些安全服务的安全信息的集合,其在通信实体间传送。安全权标可以根据由谁创建和哪些安全服务被用于保护其内容而分类。

由安全机构颁发和由完整性和数据源鉴别服务保护的安全权标被称为安全证书(见 8.3)。

许多安全机制要求在两个通信实体间的安全信息的完整性—保护交换,其中通信实体都不是安全机构。用于实现这种完整性—保护的交换的安全权标不是安全证书,因为生成它们的实体不是安全机构。这类安全权标被称为**完整性保护安全权标**。

所有的完整性保护安全权标都包含下列信息:

——既提供完整性也提供数据源鉴别的信息(如密码校验值和用于验证它的信息的指示)。

一个完整性保护安全权标可以包含一个或多个如下的附加信息项:

——从其能够确定有效期的信息;

——用于重发保护的信息(如唯一性编号)。

9 通用安全设施

许多设施被要求用于多个安全框架中。本章定义在其他的安全框架中使用的这些设施。

9.1 与管理相关的设施

本条确定管理设施的通用类型。这些管理设施的子类可能存在,其可以特定于某些特定的安全机制。

9.1.1 安装 SI

这个设施建立一个绑定到某个元素的 SI 的初始集合。

9.1.2 卸载 SI

这个设施引起某个实体从安全域中被去除,通过撤消声明这个实体是这个安全域成员的 SI。

9.1.3 更改 SI

这个设施被引用以便修改与某个元素相关的 SI。

9.1.4 确证 SI

这个设施将 SI 集合绑定到某个元素。确证 SI 设施由安全机构或其代理引用。

9.1.5 非确证 SI

本设施使与某个元素相关的任何 SI 的使用都被失能。非确证 SI 设施由安全机构或其代理调用。为审计的目的和确保其一直是失能的,被非确证 SI 设施失能的 SI 可以一直保留在系统中。

9.1.6 失能/重使能安全服务

本设施失能/重使能安全服务的已确定方面。

9.1.7 注册

本设施使安全机构记录某些与某个实体相关的安全信息。注册设施可以由非安全机构的某个实体调用。例如,如果一个希望加入到安全域中的实体能够使用注册设施去通知安全机构其希望加入到这个安全域中。

9.1.8 取消注册

本设施使某个元素被从安全域中删除且与其相关的 SI 被撤消。此设施由安全机构或其代理使用。

安全政策可以要求一些类型的 SI 永远不被销毁。

9.1.9　分发 SI

本设施由安全机构或其代理用于制造其他实体可用的项。

9.1.10　列表 SI

此设施列出绑定到给定元素的 SI。

9.2　操作相关的设施

9.2.1　确定可信的安全机构

本设施确定那些在某个具体元素的并且对于给定的安全活动(如为提供密码密钥,为提供访问控制安全证书,或为提供鉴别安全证书)的安全政策上下文中是可信的安全机构。

9.2.2　确定安全交互规则

本设施识别要使用的安全交互规则。可以通过重新建立信息或 7.2.4 中所描述的相互间联系的域的元素间的协商来实现。

> 注：安全交互规则是由安全域间协商建立的,非用本设施所建。本设施用于说明已建立的安全交互规则如何在特殊
> 　　行为下应用。

9.2.3　获取 SI

本设施在活动之前获取安全信息。

本设施的子类包括：

——访问控制：得到发起者 ACI,得到目标 ACI;

——鉴别：得到。

9.2.4　生成 SI

本设施生成用于具体的安全相关活动的 SI。此 SI 可以被绑定到数据。

此设施的子类包括：

——访问控制：绑定动作的 ACI;

——鉴别：生成;

——抗抵赖：生成证据。

9.2.5　验证 SI

这个设施验证由对生成 SI 设施的引用所产生的 SI 的有效性。验证 SI 设施本身可以产生传回给另一个验证 SI 设施的引用的 SI。

此设施的子类包括：

——访问控制：验证动作 ACI;

——鉴别：验证;

——抗抵赖：核查证据。

验证 SI 设施的输出被传递回用于进一步验证的情况的例子是相互鉴别的两次协议。假设实体 A 和实体 B 希望相互鉴别,且 A 发起协议交换。A 调用生成设施去创建既包含 A 的身份证明又包含期望 B 回答的盘问的鉴别信息。B 调用验证设施去检查这个盘问来自于 A,并且还创建一个新的包含 B 的身份证明和对 A 的盘问答复的鉴别信息项。A 然后调用验证设施处理 B 的应答。验证设施检查应答来自于 B 并且其与原来的盘问相匹配。

10　安全机制间的交互

通常的情况是,若干不同的安全服务为单个通信实例所要求。这种安全需求可以或者通过使用单个提供多重安全服务或者通过同时使用若干不同的安全机制来满足。

当不同的安全机制被同时使用时,有时的情况是这些机制以能够为攻击者所利用的有害方式交互。也就是说,能提供可接受安全级别的机制,当其孤立使用时,可以变得比其与其他机制组合使用时更加

脆弱。通常的情况是,两种安全机制能够以若干不同的方式组合使用;组合在一起的机制的脆弱性可以依其组合方式的不同而不同。

两个密码机制组合在一起时形成的机制间的交互是一种特别重要的情行(如完整性机制与保密性机制,或抗抵赖机制与保密性机制)。组合在一起的机制的安全性质依赖于两种密码变换被施用的顺序。

一般而言,当使用非对称密码算法时,完整性或抗抵赖变换应被施于明文,然后最后的已签名或已封印数据应该被加密。

需要以反向顺序施用两个服务的情况(即先用保密性)的例子是,当这些服务施用于不同的实体间且其中一个实体需要在不允许知道明文的情况下验证密文的完整性的情况。这种情行可以出现在信息处理系统中,在其中信息传送代理可能需要在不知道报文的明文的情况下验证报文的完整性和报文的源点。

以这种反向顺序使用保密性服务和完整性服务会带来一种风险即完整性服务不能支持抗抵赖。如果所有这三种服务都需要,且保密性和完整性是必需反向顺序的,那么施用两次完整性机制是可能的,一次在保密性机制之前并且一种次其后。信报处理系统中出现这种情况的例子是,如果提供了保密性,那么两个不同的数字签名可以被放置在报文中(一个在密文上计算出来提供给信文传送代理使用的,一个在明文中计算出来提供给带源点的抗抵赖的接收者)。

11 拒绝服务和可用性

拒绝服务发生在服务的级别低于所要求的级别的任何时候,包括服务已成为不可用的情况。这种拒绝服务可能是由于蓄意的攻击或者由于诸如风暴或地震等一类偶然的情况而引起的。可利用性是指在其中无拒绝服务或降级的通信质量的情况。

拒绝服务情况并非总是可以被避免的。安全服务能够被用来检测拒绝服务以便可以采取正确措施。这种检测可能不能确定这种情况是否是攻击或者是偶然情况的结果。某个特定的安全政策可能要求,当其被确定时,拒绝服务情况应予以记录(为审计目的)并且告警应该被发送给告警处理器。

一旦拒绝服务情况被确定后,安全服务还可以被用于纠正它并返回到一个可接受的服务级别。这种确定和纠正性活动可以包括安全服务和非安全服务的使用(如重新路由通信到其他链接,转接到备份存储设施,或启动在线备份过程)。

许多不同类型的服务会受到拒绝服务攻击,并且用于防止它们的机制依每一种被保护应用类型的不同而不同。这意味着以通用方式分类防备拒绝服务的保护机制是不可能的并且因此单个安全框架不会进一步述及其。

12 其他需求

除这些框架描述的之外可能还需要其他一些安全措施(如物理和人事的安全措施)。为支持这些措施所需的安全服务定义不在本标准范围之内。这些其他的安全措施的使用可以不需要本框架中描述的安全服务。

附 录 A

（提示的附录）

有关安全证书保护机制的例子

一种对安全证书的潜在危胁是攻击者假装声称其是安全证书所指的那个实体的威胁。这种安全证书非授权使用被称为盗窃安全证书。

这种威胁既能够是内部的也能够是外部的。外部威胁是攻击者可以通过窃听它本不该参与在其中的通信来获取安全证书。内部威胁是具有获取安全证书合法身份的实体（如为了建立与其通信的实体的SI）错误地声称其是这个证书中所指的实体。

安全证书可以直接使用 OSI 通信的安全服务或使用其他要求额外安全证书权利的一个实体内部和外部参数的保护方法进行保护以免受盗窃。

如果具有使用这个安全证书权限的实体可以将权限传送给另一个实体，则对安全证书的一种保护机制被称为支持委派。本附录将描述一些支持委派的机制。

A1 使用 OSI 通信安全服务的保护

当安全证书在通信实体间传送时，通过使用保密性服务可以对抗外部的窃取威胁。

A2 安全证书内使用参数的保护

有一系列可选择的安全证书防盗方法。其中每种方法都依赖于其证书中的内部参数以及其相关的外部参数。所使用的某些特定方法可以在安全证书中加以指示。

这些方法包括：
—— 鉴别方法；
—— 秘密密钥方法；
—— 公开密钥方法；
—— 单向函数方法。

一个安全证书可以使用若干方法的组合。

A2.1 鉴别方法

在这种方法中，其内部参数是被允许使用这个证书的实体的可区分标识符，其外部参数是试图使用这个证书的实体的可区分标识符。外部参数由鉴别服务提供。可选择地，证书也可以包括诸如用于鉴别过程的鉴别证书的序列号一类的其他内部参数。

鉴别方法为安全证书提供了下列保护：
—— 它限制了安全证书仅能由其区分标识符被包含在这个安全证书中的那些实体使用。

这种方法不允许证书的已授权用户将这个权限传给另一实体，因为可以使用证书的这些实体在证书生成时已固定。这即是说，本方法不支持委派。

A2.2 秘密密钥方法

在这种方法中，整个证书是使用对称加密算法加密的。在此方法中的外部参数是过去用于加密这个证书的秘密密钥。

秘密密钥方法为安全证书提供了下列保护：
—— 它限制了安全证书仅能由其知道这个秘密密钥值的那些实体（并且因此这些实体能够解密已加密的证书）所使用。

这种方法支持委派，因为证书的已授权用户可以通过给予其秘密密钥或已解密的证书而将这个权限传给这些实体。

A2.3 公开密钥方法

在这种方法中,内部参数是公开密钥。外部参数是与公开密钥相对应的私有密钥。

公开密钥方法为安全证书提供了下列保护:

——它限制了安全证书仅能由其知道私有密钥值(并因此可以用该私有密钥计算数字签名)的那些实体所使用。

这种方法支持委派,因为证书的已授权用户可以通过给予其私有密钥而将这个权限传给这些实体。

A2.4 单向函数方法

在这种方法中,内部参数是施用单向函数于外部参数的结果。这个内部参数被称为保护密钥,这个外部参数被称为控制密钥。

单向函数方法为安全证书提供了下列保护:

——它限制了安全证书仅能由其知道控制密钥值(并因此能够通过暴露其值以证明自己知道控制密钥)的那些实体所使用。

这种方法支持委托,因为证书的已授权用户可以通过给予其控制密钥而将这个权限传给这些实体。

A3 传送中的内部参数和外部参数的保护

存在四种要考虑的情况:

——在证书创建之前,将内部参数传送给颁发机构。这种情况只出现在内部参数和外部参数不是由颁发机构生成时。

——在证书创建之后,从颁发机构传送外部参数。这种情况只出现在内部参数和外部参数是由颁发机构生成时。

——当证书的使用权限被维护时,在实体间传送外部参数。

——当证书的使用权限被委派时,在实体间传送外部参数。

A3.1 将内部参数传送给颁发证书的权威机构

在鉴别方法、公开密钥方法、单向函数方法中,内部参数可以在被放置到安全证书中之前将其传给安全机构。在内部参数被传送给安全机构过程中,这个内部参数必须被完整性保护。

在秘密密钥方式,外部参数(如秘密密钥)可能在证书生成前被传给安全机构。这种传送需要完整性和保密性保护。

A3.2 实体间外部参数的传送

在鉴别方法中,外部参数(证书用户的身份识别符)由鉴别机制提供。

在秘密密钥方法和单向函数方法中,当这个证书被使用时,这个外部参数必须在实体间传送。这就限制了安全证书只能由那些知道这个秘密密钥或这个控制密钥正确值的实体使用。当其在实体间进行交换时,这个外部参数必须被保密性保护。

这两种方法间的区别是,在秘密密钥方法中,这个外部参数的值必需在安全证书的密码校验值被验证之前暴露,而在单向函数方法中,这个安全证书的校验值可以在这个外部参数暴露之前被验证。

在私有密钥法中,当使用这个证书时,这个外部参数不需要在实体间传送,因为某个实体能够证明他知道这个私有密钥而勿需暴露他(用数字签名)。使用这种方法,这个外部参数(私有密钥)只需在这个证书的使用权限被委派时才被传送。当其在实体间传送时,这个私有密钥必需被保密性保护。

A4 由单个实体或一组实体使用的安全证书

如上描述的保护方法可以用来限制安全证书只能为单个实体或能够为一组实体所使用:

——安全证书可能被绑定于某个实体;秘密密钥、私有密钥或控制密钥以加密方式传送给这个单个实体,并且实体的可区分标识符或安全属性出现于这个安全证书中。

——安全证书可能被绑定于一组命名实体;秘密密钥、私有密钥或控制密钥以加密方式被传送给组员,并且组的可区分标识名或安全属性出现于这个安全证书中。以此方式,任何组员都可以使用这个安全证书。

A5 访问安全证书的链接

安全证书能够用作访问控制。在这种情况下,在安全证书和其支持的访问请求间建立安全链接是重要的。如果不存在这种安全链接,那么这个安全证书则容易受到在其中攻击者发送一个后随伪造访问请求的真实安全证书拷贝的重发攻击。

这种攻击可以使用与安全证书、外部参数和访问请求绑定到在一起的完整性服务来防止。

当使用鉴别方法时,这种绑定能够通过链接鉴别交换与完整性机制来实现。此部分在鉴别框架(见本系列标准的第2部分,即GB/T 18794.2)中描述。

当使用秘密密钥方法时,这种绑定能够通过在安全证书体中包含一个用于完整性目的的密钥和通过使用该密钥封印访问请求来实现。另一种办法是,秘密密钥(或其变体)可以被用作为完整性机制目的的密钥。

注:既作为完整性机制又作为保密性机制的同一密码密钥可能会遭到某些攻击。为保护免受这种威胁,必须使用密钥变体。密码密钥的变体是从原来的密钥推导出来的但又不同于原来的密钥的另一个密码密钥。

当使用单向函数方法时,这种绑定能够通过使用作为基于单向函数的完整性机制的密钥的控制密钥来实现。

当使用公开密钥方法时,这种绑定能够通过使用私有密钥签名访问请求来实现。

使用所有这些方法,对安全证书、外部参数和访问请求之间的绑定还可以通过使用作为OSI通信服务一部分的完整性服务来实现。

附　录　B
（提示的附录）
参　考　资　料

GB/T 15843.1—1999　信息技术　安全技术　实体鉴别　第1部分:概述(idt ISO/IEC 9798-1:1997)

GB/T 16264.8—1996　信息技术　开放系统互连　目录　第8部分:鉴别框架(idt ISO/IEC 9594-8:1990)

GB/T 17901.1—1999　信息技术　安全技术　密钥管理　第1部分:框架(idt ISO/IEC 11770-1:1996)

GB/T 18794.2—2002　信息技术　开放系统互连　开放系统安全框架　第2部分:鉴别框架(idt ISO/IEC 10181-2:1996)

ISO/IEC 10181-3:1996　信息技术　开放系统互连　开放系统安全框架　第3部分:访问控制框架

前　　言

本标准等同采用国际标准 ISO/IEC 10181-2:1996《信息技术　开放系统互连　开放系统安全框架:鉴别框架》。

GB/T 18794 在《信息技术　开放系统互连　开放系统安全框架》总标题下,目前包括以下几个部分:

第 1 部分(即 GB/T 18794.1):概述

第 2 部分(即 GB/T 18794.2):鉴别框架

在 ISO/IEC 10181-2 中缺 5.2.3 条,因此,将原标准的 5.2.4～5.2.8 条分别改为本标准的 5.2.3～5.2.7 条。

本标准的附录 A 至附录 G 都是提示的附录。

本标准由中华人民共和国信息产业部提出。

本标准由中国电子技术标准化研究所归口。

本标准起草单位:信息产业部电子第十五研究所。

本标准主要起草人:张莺、王雨晨、杜春燕、周珍妮。

ISO/IEC 前言

ISO(国际标准化组织)和 IEC(国际电工委员会)是世界性的标准化专门机构。国家成员体(他们都是 ISO 或 IEC 的成员国)通过国际组织建立的各个技术委员会参与制定针对特定技术范围的国际标准。ISO 和 IEC 的各技术委员会在共同感兴趣的领域内进行合作。与 ISO 和 IEC 有联系的其他官方和非官方国际组织也可参与国际标准的制定工作。

对于信息技术,ISO 和 IEC 建立了一个联合技术委员会,即 ISO/IEC JTC1。由联合技术委员会提出的国际标准草案需分发给国家成员体进行表决。发布一项国际标准,至少需要 75% 的参与表决的国家成员体投票赞成。

国际标准 ISO/IEC 10181-2 是由 ISO/IEC JTC1"信息技术"联合技术委员会的 SC21"开放系统互连、数据管理和开放分布式处理"分技术委员会与 ITU-T 共同制定的。等同文本为 X.811。

ISO/IEC 10181 在《信息技术 开放系统互连 开放系统安全框架》总标题下,目前包括以下七个部分:

——第 1 部分:概述
——第 2 部分:鉴别框架
——第 3 部分:访问控制框架
——第 4 部分:抗抵赖框架
——第 5 部分:保密性框架
——第 6 部分:完整性框架
——第 7 部分:安全审计和告警框架

本标准的附录 A 至附录 G 仅提供参考信息。

引　言

　　很多应用具有安全需求以防范信息通信中遇到的威胁。一些共识的威胁及对付这些威胁可以使用的安全服务和机制在 GB/T 9387.2 中描述。

　　很多开放系统应用具有安全需求,具体需求依赖于正确识别应用所包含的主角。这些需求可能包括防止未经授权的访问以保护财产和资源,基于访问控制机制的身份鉴别可用于这种情况,和/或强制实施保持相关活动的审计日志,以用于记录和告诫目的。

　　确认身份的过程称为鉴别。本标准定义了鉴别服务规定的一般框架。

中华人民共和国国家标准

信息技术　开放系统互连
开放系统安全框架
第 2 部分：鉴别框架

GB/T 18794.2—2002
idt ISO/IEC 10181-2:1996

Information technology—Open Systems
Interconnection—Security frameworks for
open systems—Part 2：Authentication framework

1　范围

关于开放系统安全框架的本标准系列涉及在开放系统环境中的安全服务应用,术语"开放系统"系指包括诸如数据库、分布式应用、开放分布式处理和 OSI 一类的领域。安全框架主要用来提供在系统内和系统间交互时对系统和客体的保护方法。安全框架不考虑用于构造系统或者机制的方法学。

安全框架涉及用于获取具体安全服务所使用的数据元素和操作序列(但不是协议元素)。这些安全服务可适用于系统的通信实体,也可以用于系统间交换的数据和由系统管理的数据。

本标准：

——定义鉴别的基本概念；

——确定可能的鉴别机制类；

——定义用于这些鉴别机制类的服务；

——确定为支持这些鉴别机制类的协议的功能需求；

——确定鉴别的通用管理需求。

能够使用本框架的标准类型包括：

1)　符合鉴别概念的标准；

2)　提供鉴别服务的标准；

3)　使用鉴别服务的标准；

4)　规定在开放系统体系结构内提供鉴别手段的标准；

5)　规定鉴别机制的标准。

注：2)、3)和 4)中的服务可以包括鉴别,但可以具有不同的初衷。

上述标准能以下列方式使用本框架：

——标准类型 1)、2)、3)、4)和 5)能够使用这个框架的术语；

——标准类型 2)、3)、4)和 5)能够使用本框架第 7 章定义的服务；

——标准类型 5)能够基于本框架第 8 章定义的机制。

正如其他安全服务一样,鉴别只能够在为特定应用所定义的安全政策的上下文中被提供。安全政策的定义不属于本标准的范围。

本标准的范围不包括为取得鉴别所需执行的协议交换细节的规范。

本标准不规定用于支持这些鉴别服务的特定机制。其他标准(如 GB/T 15843)更详细地制定了具体的鉴别方法。此外,这类方法的例子被收编在其他标准中(如 GB/T 16264.8)以便涉及具体的鉴别需求。

中华人民共和国国家质量监督检验检疫总局 2002-07-18 批准　　　　　　　2002-12-01 实施

本框架中所描述的某些规程通过应用密码学技术来达到安全性。尽管某些鉴别机制类可以依赖于特定的算法特性,例如非对称特性,但本框架的使用不依赖于特定密码或者其他算法。

注:尽管 ISO 不对密码学算法进行标准化,但在 ISO/IEC 9979 中对用于注册算法的规程进行了标准化。

2 引用标准

下列标准所包含的条文,通过在本标准中引用而构成为本标准的条文。本标准出版时,所示版本均为有效。所有标准都会被修订,使用本标准的各方应探讨使用下列标准最新版本的可能性。

GB/T 9387.2—1996 信息处理系统 开放系统互连 基本参考模型 第 2 部分:安全体系结构
(idt ISO/IEC 7498-2:1989)

GB/T 17964—2000 信息技术 安全技术 n 比特块密码算法的操作方式(idt ISO/IEC 10116:1997)

GB/T 18794.1—2002 信息技术 开放系统互连 开放系统安全框架 第 1 部分:概述(idt ISO/IEC 10181-1:1996)

ISO/IEC 9979:1991 信息技术 加密技术 密码算法登记规程

3 术语和定义

本标准采用 GB/T 9387.2 中定义的下列术语:

—— 审计 audit;

—— 审计跟踪 audit trail;

—— 鉴别信息 authentication information

—— 保密性 confidentiality;

—— 密码学 cryptography;

—— 密码校验值 cryptographic checkvalue;

—— 数据源鉴别 data origin authentication;

—— 数据完整性 data integrity

—— 解密 decipherment

—— 数字签名 digital signature;

—— 加密 encipherment;

—— 密钥 key;

—— 密钥管理 key management;

—— 冒充 masquerade;

—— 口令 password;

—— 对等实体鉴别 peer-entity authentication;

—— 安全政策 security policy;

本标准采用在 GB/T 17964 中定义的下列术语:

—— 块链接 block chaining

本标准采用 GB/T 18794.1 中定义的下列术语:

—— 数字指纹 digital fingerprint;

—— 散列函数 hash function;

—— 单向函数 one-way function;

—— 私有密钥 private key;

—— 公开密钥 public key;

—— 封印 seal

——秘密密钥 secret key；

——安全机构 security authority；

——安全证书 security certificate；

——安全域 security domain；

——安全权标 security token；

——信任 trust；

——可信第三方 trusted third party。

本标准定义下列术语：

3.1 非对称鉴别方法 asymmetric authentication method

并非所有鉴别信息都由双方实体共享的一种鉴别方法。

3.2 已鉴别的身份 authenticated identity

通过鉴别保证的主角的可区分标识符。

3.3 鉴别 authentication

提供对于某个实体自称身份的保证。

3.4 鉴别证书 authentication certificate

由鉴别机构担保的并且可以被用于保证某个实体身份的安全证书。

3.5 鉴别交换 authentication exchange

一个或者多个用于执行鉴别目的的交换鉴别信息(AI)的传送序列。

3.6 鉴别信息 authentication information

用于鉴别目的的信息。

3.7 鉴别发起方 authentication initiator

发起鉴别交换的实体。

3.8 盘问 challenge

由验证者生成的时间变量参数。

3.9 申请鉴别信息(申请 AI) claim authentication information(claim AI)

由申请者用于生成为鉴别某个主角所需要的交换 AI 的信息。

3.10 申请者 claimant

本身就是或代表用于鉴别目的的主角的实体。申请者包括为代表主角从事鉴别交换所必须的函数。

3.11 可区分标识符 distinguishing identifier

在鉴别过程中无歧义地区分实体的数据。本标准要求这类标识符至少在安全域内是无歧义的。

3.12 交换鉴别信息(交换 AI) exchange authentication information(exchange AI)

鉴别主角过程中在申请者和验证者之间交换的信息。

3.13 离线鉴别证书 off-line authentication certificate

关联了可区分标识符到验证 AI 的鉴别证书，可能对所有实体都可用。

3.14 在线鉴别证书 on-line authentication certificate

由申请者直接从担保它的机构获得的用于鉴别交换的鉴别证书。

3.15 主角 principal

其身份能够被鉴别的实体。

3.16 对称鉴别方法 symmetric authentication method

双方实体共享公共鉴别信息的一种鉴别方法。

3.17 时间变量参数 time variant parameter

由实体用于验证某个报文不是一个重发报文的数据项。

3.18 唯一编号 unique number

由申请者生成的时间变量参数。

3.19 验证鉴别信息(验证 AI) verification authentication information(verification AI)

由验证者用于验证通过交换 AI 所声称的身份的信息。

3.20 验证者 verifier

本身就是或者代表要求鉴别身份的实体。验证者包括从事鉴别交换所必须的函数。

4 缩略语

本标准定义下列缩略语:

AI 鉴别信息(Authentication Information)

OSI 开放系统互连(Open Systems Interconnection)

5 鉴别的概述性讨论

5.1 鉴别的基本概念

鉴别提供了对某个实体自称身份的保证。鉴别仅在主角和验证者关系的上下文中才有意义。两个重要的案例是:

——主角由某个与验证者具有某种具体通信关系的申请者所代表(实体鉴别);

——主角是验证者可用的数据项的源(数据源鉴别)。

本标准区分这两种形式的鉴别。

实体鉴别在通信关系的上下文中提供主角身份的证明。主角的可鉴别身份仅当这种服务被引用时才被保证。鉴别连续性的保证可以按 5.2.7 中所描述的方式获取。例如 GB/T 9387.2 中定义的 OSI 对等实体鉴别。

数据源鉴别提供负责具体数据单元的主角身份的证明。

注

1 当使用数据源鉴别时,还必须具有关于数据未曾被修改过的适当保证。这可以通过使用完整性服务实现。

例如:

a) 使用数据不能被篡改的环境;

b) 验证所接收的数据匹配所发送数据的数字指纹;

c) 使用数字签名机制;

d) 使用对称密码学算法。

2 定义实体鉴别中使用的术语通信关系可以被广义地解释和能够被引用,例如:OSI 连接、进程间通信或用户和终端间的交互。

5.1.1 身份和鉴别

主角是其身份能够被鉴别的实体。主角具有一个或多个与其相关联的可区分标识符。鉴别服务可以被实体用于验证主角身份。已被验证的主角身份称为已鉴别的身份。

能够被识别并因此能够被鉴别的主角的例子包括:

——人类用户;

——进程;

——实开放系统;

——OSI 层实体;

——企业。

可区分标识符必须在给定的安全域内无歧义性。可区分标识符以下列两种方式之一,区分在一个相同的域中的不同主角与在相同域中的其他主角:

——在粗粒度级别上,依靠在鉴别方面被认为是等价的一组实体的成员关系(在此情况下整个组被认为是一个主角并且具有可区分标识符);

——在最细粒度等级上,只标识一个实体。

当鉴别发生在不同的安全域实体之间时,可区分标识符可能不足以无歧义地标识一个实体,因为不同的安全域机构可能使用相同的可区分标识符。在此情况下,可区分标识符必须与安全域的标识符联合使用以便为实体提供一个无歧义性的标识符。

可区分标识符的典型例子有:

——目录名(GB/T 16264.8);

——网络地址(GB/T 15126);

——AP 标题和 AE 标题(GB/T 17176);

——客体标识符(GB/T 16262);

——人名(在域的上下文内无歧义);

——护照或社会安全号。

5.1.2 鉴别实体

术语"申请者"被用于描述其本身就是或者代表用于鉴别目的的主角的实体。申请者包括代表主角为从事鉴别交换所必须的函数。

术语"验证者"被用于描述其本身就是或者代表要求鉴别身份的实体。验证者包括从事鉴别交换所必须的函数。

参与双向鉴别(见 5.2.3)的实体将被认为既担当申请者又担当验证者角色。

术语"可信第三方"被用于描述安全机构或者其代理,这些安全机构或者其代理是由参与安全相关活动的其他实体所信任的。在本标准的上下文中,可信第三方是由用于鉴别目的的申请者和/或验证者所信任的。

注:申请者或验证者可以被细化为多重功能部件,可能驻留于不同的开放系统中。

5.1.3 鉴别信息

鉴别信息的类型有:

——交换鉴别信息(交换 AI);

——申请鉴别信息(申请 AI);

——验证鉴别信息(验证 AI);

术语鉴别交换被用于描述一个或者多个用于执行鉴别目的的交换鉴别信息(AI)的传送序列。

图 1 说明了申请者、验证者和可信第三方之间的关系以及鉴别信息的三种类型。

在某些情况下,为生成交换 AI,申请者可能需要与可信第三方交互。类似地,为验证交换 AI,验证者可能需要与可信第三方交互。在这些情况下,可信第三方可以保存与主角相关的验证 AI。

可信第三方还可能被用于交换 AI 的传送。

实体也可能需要保存将被用于鉴别可信第三方的鉴别信息。

三种类型鉴别信息的例子在 6.1 中给出。

注:因为术语凭证在其他标准中并非总是以一致的方式使用,因此本安全框架不使用这个术语。GB/T 9387.2 所定义的术语凭证可能被当作交换 AI 的例子。

5.2 鉴别服务的有关方面

5.2.1 对鉴别的威胁

鉴别的目标在于提供主角身份的保证。提供鉴别的机制通常必须消除冒充和重发威胁。

冒充系指一个实体作为另一个不同的实体出现。也就是说,实体以特定的方式(例如:通过数据源或通过通信关系)装作与验证者相关的另一个实体。这些类型包括重发、中继和申请 AI 泄露。

冒充威胁发生在由申请者或验证者发起的活动(例如:通过数据源或通过通信关系)的上下文中。防止对于某个活动的冒充威胁要求使用关联这些数据项与鉴别交换的完整性服务。为对抗与冒充相关的威胁,鉴别必须与某种形式的完整性服务一起使用,这样就把被鉴别的身份与这个活动关联起来。

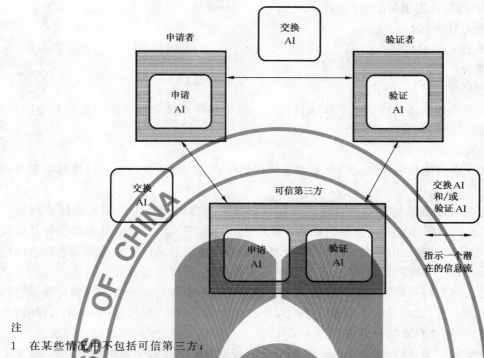

注
1 在某些情况中不包括可信第三方;
2 验证 AI 可能是主角的 AI 或者可信第三方的 AI(详见 5.5)

图 1 申请者、验证者和可信第三方之间关系以及鉴别信息类型的说明

重发系指交换 AI 的重复,以产生非授权的效果。重发通常与其他攻击组合使用,诸如数据修改。并非所有鉴别机制都同等地能抗御重发。重发能够威胁其他安全服务。鉴别能够用于对抗重发,因为它提供了确定被交换信息的来源的手段。

5.2.2 鉴别转发

在某些情形下,主角可以具有在某个系统之内间接行事的要求。在此情况下,主角在该系统内的表示将必须被创建。此外,主角在该系统内的表示被创建之前,主角必须被鉴别。

当代表该主角行事时,代替主角身份的表示将被鉴别。由于主角的表示好似其作为主角本身一样行事,因而主角的行为能够在该系统内被执行而无需主角直接参与。其例子见附录 A。

当主角是人类用户时,可以使用这样的机制,即把该表示的生命期限制在该用户在特定位置实际出现的时间段内。

在代表主角行事中,申请者可以访问另一个在鉴别之后创建了其自己的主角表示的系统。这个表示的创建被称之为鉴别转发。

以这种方式转发鉴别的能力可能为安全政策所影响。

5.2.3 单向和双向鉴别

鉴别可以是单向或双向的。单向鉴别仅提供一个主角身份的保证。双向鉴别提供双方主角身份的保证。

实体鉴别可以是单向或双向的。就其本质而言,数据源鉴别总是单向的。

5.2.4 鉴别交换的发起

鉴别交换可以由申请者或验证者发起。开始交换的实体被称之为鉴别发起者。

5.2.5 鉴别信息的撤消

鉴别信息的撤消系指验证 AI 的永久性失效。

政策可以要求在特定情形下的鉴别信息撤消。撤消鉴别信息的决定可以基于检测到安全违规事件,政策的更改或其他原因。鉴别信息的撤消可以或不可以隐含现有访问的撤消,或具有其他引出效果。

此外,可以采取下列与管理相关的动作:

a) 在审计跟踪中记录事件;

b) 事件的本地报告;

c) 事件的远地报告;

d) 拆除通信关系的连接。

对于每个事件所采取的具体动作依赖于所执行的安全政策和与通信关系状态相关的其他因素,例如:当主角被登录和活动时是否发生了更新。

5.2.6 鉴别连续性的保证

实体鉴别仅提供一瞬间的身份保证。获取鉴别连续性的保证的一种方式是通过链接鉴别服务和数据完整性服务。

当主角最初使用鉴别服务来被鉴别并且使用完整性服务使更多的代表主角被发送的数据与交换AI被关联在一起时,鉴别服务和完整性服务则称之为被链接。这确保了后来的信息不被任何其他实体篡改,因此必须来自于最初被鉴别的主角。重要的是完整性服务是在信息从该主角到验证者经过的整个路径上提供。例如:如果其中某些信息能够由未被鉴别的主角产生,则可能是冒充。

获取后来出现的仍然是相同的远地实体保证的另一种方式是不断执行进一步的鉴别交换。然而,这样不能防止间歇期间的入侵,因此无法获取连续性的保证。例如:下列攻击是可能的:某个入侵者,当被调用进行进一步鉴别时,允许有效的一方进行鉴别动作;在这些动作完成之后,该入侵者再次接管。

如果完整性机制要求密钥,该密钥可以从在鉴别交换期间所规定的参数中派生出来。由于确立了密钥是与已鉴别主角相关联的,其在完整性机制中的使用将用于链接如上述提供的两个服务。

为完整性派生密钥的方式能够作为指定哪种方法和算法应该被用于整个鉴别交换的参数的一部分被规定。

注:当使用其他安全服务时,还可能从鉴别交换期间指定的参数派生出服务信息,例如:保密性密钥。

5.2.7 跨多重域鉴别组件的分布

有可能使安全域进入一种这样的关系,使得一个域的申请者能够被另一个域的验证者所鉴别。多重安全域可以是交错的,包括:

——发起者驻留的安全域;

——验证者驻留的安全域;

——可信第三方驻留的安全域。

这些域不需要各不相同。

在鉴别能够在不同的安全域进行之前,有必要建立安全交互政策。

5.3 用于鉴别的原则

一般而言,特定的鉴别方法将依赖于与一个或多个原则相关的一系列假设或期望。

使用原则包括:

a) 某些已知的东西,例如:口令;

b) 某些已拥有的东西,例如:磁卡或智能卡;

c) 某些永远不变的东西,例如:生物标识符;

d) 接受第三方(可信第三方)已经确立的鉴别;

e) 上下文,例如:主角的地址。

应该注意到所有原则都有固有的弱点。例如:已拥有某些东西的鉴别通常是拥有客体而非其持有者的鉴别。在某些情况下,这些弱点可以由多个原则的组合所克服。例如,当使用智能卡(已拥有的东西)时,通过增加 PN 来实现用户到卡的鉴别(某些已知的东西)这样就可以克服弱点。此外,原则 e)特别弱并且实际上总是与其他原则一起使用。

注意 在 d)中存在两种类型的递归:

——为被标识第三方实体可能要求其自身被鉴别；

——第三方建立的鉴别可以使用第四个实体。

结合这些原则的实际鉴别方法的分析将指出被包含的实体、被使用的原则和被鉴别的主角。

5.4 鉴别的阶段

鉴别可以包括下列阶段：

——安装阶段；

——更改鉴别信息阶段；

——分发阶段；

——获取阶段；

——传送阶段；

——验证阶段；

——关闭阶段；

——重开启阶段

——卸载阶段。

这里所描述的阶段并非必须在时间上不同，即它们可以重叠。

并非所有这些阶段都为鉴别方法所要求。同样，在某些情况下，阶段的排序可能不同于由下列规则所隐含的顺序。

5.4.1 安装

在安装阶段，申请 AI 和验证 AI 被定义。

5.4.2 更改鉴别信息

在更改鉴别信息阶段，主角或管理员使申请 AI 和验证 AI 发生改变（例如：口令被改变）。

5.4.3 分发

在分发阶段，验证 AI 被分发给验证交换 AI 中使用的实体（例如：申请者或验证者）。例如：在离线方式中，实体可以获取鉴别证书、证书撤消列表和机构撤消列表。分发阶段可以在传送阶段之前、期间或之后。

5.4.4 获取

在获取阶段，申请者或验证者可以获取为生成用于鉴别实例的具体交换 AI 所需的信息。不同的规程可以通过与可信第三方的交互或通过鉴别实体间的报文交换获取不同的交换 AI。

例如：当使用在线密钥分发中心时，申请者或验证者可以从密钥分发中心获取某些信息，诸如鉴别证书（见 6.1.3），以便能够进行与其他实体的鉴别。

5.4.5 传送

在传送阶段，交换 AI 在申请者和验证者间被传送。

5.4.6 验证

在验证阶段，交换 AI 与验证 AI 进行对比检查。在这个阶段，不能验证交换 AI 本身的实体可以与将执行交换 AI 验证的可信第三方联系。在此情形下，可信第三方将送回一个肯定或否定响应。

5.4.7 关闭

在关闭阶段，先前已经能够被鉴别的主角临时不能被鉴别的状态被建立。

5.4.8 重开启

在重开启阶段，关闭阶段所建立的状态被终止。

5.4.9 卸载

在卸载阶段，一个主角从众多主角中消除。

5.5 可信第三方参与

鉴别机制能够由一系列参与其中的可信第三方的特征所表示。

5.5.1 无可信第三方参与的鉴别

在最简单的情形,申请者和验证者在生成和验证交换 AI 过程中都得不到其他任何实体的支持。在此情况下,用于主角的验证 AI 必须已经安装在验证者中。

除非大多数实体被限于少数几个可能的通信伙伴,否则这类方法在大规模通信环境中的使用是有限的。在最坏情形,验证者被要求具有用于安全域中所有主角的验证 AI,其全部信息需求随参与实体个数的平方而快速增长(见图 2)。

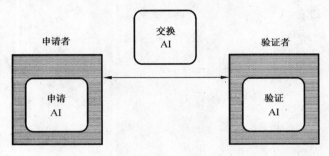

图 2　无可信第三方参与的鉴别

5.5.2 可信第三方参与的鉴别

验证 AI 能够通过与可信第三方的交互而获得。这个信息的完整性必须得到保证。假如申请 AI 可以从其中推导出的话,它也是维护可信第三方的申请 AI 的保密性和验证 AI 的保密性所必需的。

正如 5.3 的原则 d)所述及的,鉴别可以包含一个可信第三方或者一个可信第三方链。额外可信第三方的引入使得在众多实体间的鉴别中每一个实体只维护了有限个实体(非所有实体)的信息。因此,全部信息可以随参与的实体个数呈线性增长。

多重实体关系可以依据通信需求(包含的活跃链接的数目)和其所具有的管理控制程度(例如:取消鉴别信息过程中的固有的延迟)来表示。

5.5.2.1 内线

在内线鉴别情况下,可信第三方(中间者)直接介入申请者和验证者间的鉴别交换。主角由在后续内线鉴别交换中担保其身份的中间者鉴别。

内线鉴别要求验证者信任中间者能够正确鉴别主角,并且要求通过鉴别向验证者保证中间者的身份。

鉴别能力的撤消可以被控制到下一次鉴别尝试的粒度上。假如申请者已经撤消其鉴别信息,中间者能够立即更新申请者的状态并且拒绝任何进一步的鉴别尝试。

个别情况下,该方式能够被扩展以便包含可信中间者链的保证可以被接收。基于生效的安全政策,链上的验证者或者最后的 TTP 负责决定中间者链是否有效。

图 3　内线鉴别

5.5.2.2 在线

在在线鉴别情况下,一个或多个可信第三方被包含在某个鉴别交换的每一个实例中。但是,与内线鉴别不同,在线可信第三方不直接位于申请者和验证者鉴别交换的路径上。在线可信第三方能被申请者

GB/T 18794.2—2002

要求生成交换 AI 以便能帮助交换 AI 进行交换验证。在线可信第三方能够生成在线鉴别证书（见6.1.3）。

在线鉴别要求在验证者和能够证明主角申请 AI 有效性的可信第三方之间，存在一个在生成交换 AI 过程中所包含的可信第三方链。在最简单的情形下，只需要一个可信第三方直接与申请者或验证者交互。然而，这能够被扩展到直接或者间接与申请者或验证者通信的可信第三方链。

鉴别能力的撤消可以被控制到下一次鉴别尝试的粒度上。

在线可信第三方的例子有在线可信服务器或密钥分发中心。

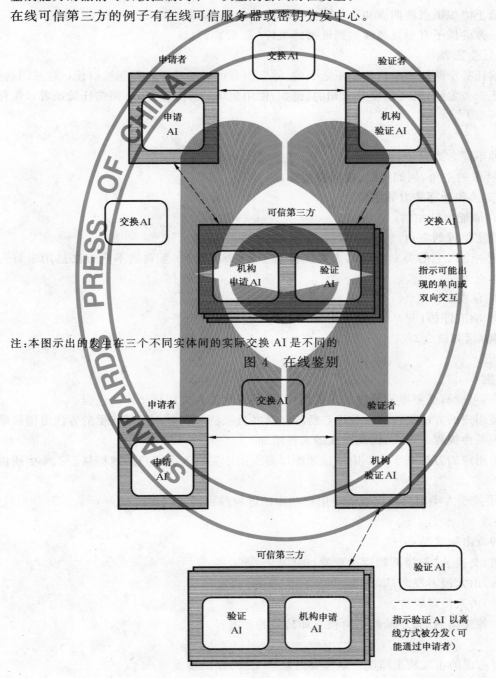

注:本图示出的发生在三个不同实体间的实际交换 AI 是不同的

图 4　在线鉴别

图 5　离线鉴别

5.5.2.3 离线

离线鉴别是由需要使用撤消证书的签发列表、撤消证书的证书列表、证书超时、或用于验证 AI 撤

449

消的其他非直接方法所表示的。

在离线鉴别情况下,一个或多个可信第三方支持鉴别而无需参与其中的每一个鉴别实例。离线可信第三方提前生成和分发被验证者以后用于验证鉴别交换有效性的离线鉴别证书。鉴别交换因此自治地进行,而无需机构的介入。

由于可信第三方不能在鉴别发生时直接与申请者或验证者交互,这种途径就所需的交互次数而言可以更加有效。

撤消必须依赖于诸如证书的期满和更新等一类的额外条文,以及撤消证书的签发列表。

离线可信第三方的例子有颁发离线鉴别证书的机构(见 6.1.3)。

5.5.3 申请者信任验证者

在其中必须信任某个验证者的机制是不适当的,除非所有可能的验证者都能被信任。这是因为,假如验证者的身份还未被鉴别,其可信度是未知的。例如:使用简单的口令鉴别,必须信任验证者未保存和重用某个口令。

5.6 主角类型

主角可以多种不同方式分类,如:

a) 具有被动特征的主角,例如指纹、视网膜特征;

b) 具有信息交换和处理能力的主角;

c) 具有信息存储能力的主角;

d) 具有唯一固定位置的主角。

主角可能适于一个以上的类别,例如:人类实体适于 a)、b)和 c)。鉴别的不同方法适用于每一种情况:

a) 被动特征的量度;

b) 复杂盘问和响应评估;

c) 秘密的存储(诸如口令);

d) 位置的确定。

5.7 人类用户鉴别

在鉴别实例中,可能有必要鉴别最终的人类用户,而不是代表人类用户动作的进程。

用于鉴别人类用户的方法必须为人类用户所能接受并且经济和安全。不可接受的方法可能鼓励人类用户去寻找避免某种规程的方式,因此潜在的入侵增加。

用于鉴别人类用户的方法基于 5.3 中所描述的原则。用于鉴别人类用户的规程基于 5.4 中所描述的阶段。

附录 A 提供了关于人类用户和代表人类用户动作的进程鉴别的进一步信息。

5.8 鉴别攻击类型

所考虑的三种攻击形式是:

——重发攻击,交换 AI 被读并随后被重发;

——中继攻击,由入侵者发起;

——中继攻击,由入侵者响应。

中继攻击是一种交换 AI 被中断然后再被立即转发的攻击。

5.8.1 重发攻击

存在两种将要考虑的重发攻击情况。这些都是某些交换 AI 的重发:

——在相同的验证者上的重发;

——在另一个验证者上的重发。

当主角的(相同的)验证 AI 为若干验证者所知时可能出现后一种情况。当一个成功的重发可以被完成时,这是一种冒充的特例。

使用盘问则能够对抗两种重发情况。盘问是由验证者生成。相同的盘问决不能由相同的验证者颁发两次。这能够以若干方式实现(见附录C)。

5.8.1.1 相同的验证者上的重发

相同的验证者上的重发可以使用唯一编号或盘问对抗。

唯一编号是由申请者生成的。相同的唯一编号决不可被相同的验证者接收两次。这能够以若干方式实现(见附录C)。

5.8.1.2 不同的验证者上的重发

不同的验证者上的重发可以使用盘问对抗。在交换AI计算中可采用的对抗不同的验证者上的重发的其他方法是使用对验证者具有唯一性的特征。这类特征可以是验证者名字,其网络地址或任何就共享验证鉴别信息的验证者而言是唯一的属性。

5.8.2 中继攻击

5.8.2.1 入侵者发起的中继攻击

这类攻击包含了作为鉴别发起者的入侵者。这个攻击仅当申请者和验证者双方都能发起这个鉴别时才可能。这个攻击使得申请者和验证者在未意识到的情况下通过入侵者交换鉴别信息,即入侵者相对于申请者假装验证者并且相对于验证者假装这个申请者。

例如:假定C想向验证者B冒充其是申请者A。C开始与A和B双方的交互。C告诉A其是B,要求A去鉴别B,并且还告诉B其是A和其想鉴别自身(见图6)。

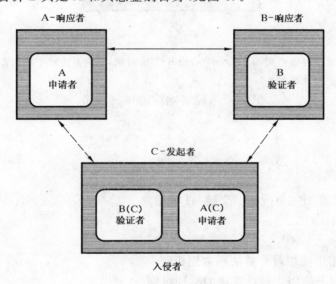

图 6 入侵者发起的中继攻击

在鉴别期间,A作为相对于B的申请者(实际上C假扮B),并且,因此向B提供C能够用于鉴别的信息。B作为验证者并且还提供C需要起验证者作用的信息。按照这个鉴别,对B而言,入侵者C看似已鉴别的A。

这种攻击类型可以被对抗,假如:

a) 发起交互的实体或者总是申请者或者总是验证者(注意这在使用双向鉴别时也许是不可能的);

b) 由申请者提供的交换AI根据其作为鉴别请求发起者或对鉴别邀请的响应者作用的不同而不同。这些差别允许验证者发现所描述的截获。进一步的细节见附录D。

5.8.2.2 入侵者响应的中继攻击

在这类攻击中,入侵者位于鉴别交换中间,截获并且转发鉴别信息,接管发起者的位置。这类攻击可能发生于巧合,在此情况下入侵者等待以被误认作响应者;或通常,在此情况下入侵者宣称自己作为响应者(例如在集中式资源位置表中)。

对抗这类攻击的通用方法是要求使用用于进一步数据交换的补充服务(完整性或保密性)。交换 AI 与某些使得假定是合法者的申请者或验证者能够导出密钥的其他信息相结合。导出的密钥于是能够用作基于密码学的完整性或保密性机制的密钥。

对抗这类攻击的另一种方式是在通信网络不受控于内部截获时,即其总是给正确的地址投递未更改的数据。在这种情形下,这种攻击可通过把网络地址集成到交换 AI 来对抗(例如:签名网络地址)。

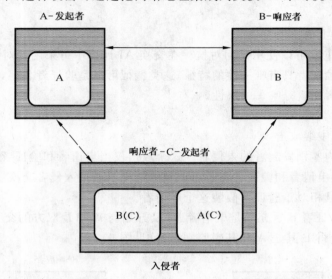

注
1 即使攻击者发起的攻击可以使用 5.8.2.1 的 a)或 b)方法对抗,鉴别方法对于攻击者响应攻击仍将是脆弱的。
2 记号 X(Y)指示 Y 企图冒充 X。

图 7 入侵者响应的中继攻击

6 鉴别信息和设施

6.1 鉴别信息

6.1.1 申请鉴别信息

申请 AI 是用于生成鉴别主角所需的交换 AI 的信息。

申请 AI 的例子包括:

a)口令;

b)秘密密钥:这是用于使用对称算法的鉴别机制;

c)私有密钥:这是用于使用非对称算法的鉴别机制。

6.1.2 验证鉴别信息

验证 AI 是用于验证通过交换 AI 所声称的某个身份的信息。

验证 AI 的例子包括:

a)口令:与某个主角身份相关。

b)秘密密钥:与某个主角或机构的身份相关。这是用于使用对称算法的鉴别机制。

c)私有密钥:与某个主角或机构的身份相关。这是用于使用非对称算法的鉴别机制。

验证 AI 可以以鉴别表和/或离线鉴别证书的形式提供(见 6.1.4.2)。

鉴别表是一组可以直接由验证者访问的项。用于访问此表的路径受到完整性保护,另外使用对称算法时,还受到保密性保护。

鉴别表项可包含元素的例子有:

——主角的身份;

——验证 AI,例如口令、秘密密钥或者公开密钥;

——项的有效期；

——项适用的安全政策；

——对项负责的机构。

6.1.3 交换验证信息

交换 AI 是在验证主角的过程中申请者和验证者之间交换的信息。交换验证信息的例子包括：

——申请者可区分标识符；

——口令；

——盘问；

——对盘问的响应；

——唯一编号；

——验证者可区分标识符；

——用于或者使用申请 AI 和其他数据（例如：时戳、随机数、计数器、盘问、验证者身份、数字指纹、申请者身份）的传送函数的返回值；传送函数范例应包含一个单向函数，非对称加密函数，和对称加密函数；

——在线证书；

——离线证书。

传送过程中部分或全部的交换 AI 应该是安全权标的形式。

6.1.4 鉴别证书

鉴别信息的一般形式是鉴别证书。鉴别证书是一种特殊类型的安全证书，由可信机构签发，用于鉴别。

不同类型的鉴别证书有：

——在线鉴别证书；

——离线鉴别证书；

——鉴别撤销证书；

——撤销鉴别证书列表。

离线证书（见 6.1.4.2）通常适用于与公开密钥相关的验证 AI。离线证书的有效性可以通过使用撤销证书或者撤销证书列表而使其无效。

鉴别证书可包含的元素的例子有：

——用于生成密码校验值的方法和/或密钥的标识；

——鉴别机构的身份和发布鉴别证书的代理的身份（当机构由几个代理所代表时，代理身份允许他精确的知道是哪个代理的密钥被使用了）；

——鉴别证书的生成时间（生成时间可以用于审计或者在鉴别证书的有效期没有被标明时使用；在经过一段时间后，时间长度依赖于安全政策，旧的鉴别证书可能被拒绝）；

——鉴别证书的有效期（既不能提前，也不能推后。这个时间值只有在接收者的安全政策允许时才会被考虑，否则过期时间将根据接收者的安全政策由生成时间导出）；

——适用于鉴别证书的安全政策；

——证书引用数字，对于鉴别证书而言，它必须是唯一的，且关系到同一机构代理的所有鉴别证书；

——证书类型；

——验证者（验证证书意指的对象）的身份或属性（如果此项值存在，实体可以检查此项值，并且不正确的值将会被拒绝。身份/属性可以是，例如：用户姓名、应用程序进程和物理机器标识）。

不同鉴别证书的附加元素将在后面的项中加以说明。

配置文件用于确定哪些元素是强制的，哪些是可选的，配置文件可以在应用程序标准中加以定义。

6.1.4.1 在线鉴别证书

在线鉴别证书由申请者直接提出请求,由可信第三方生成。在线鉴别证书通常作为交换 AI 的一部分传送至验证者。

在线鉴别证书可包含的附加元素的例子有:

——主角的可区分标识符;

——在使用数据源鉴别时,数据的数字指纹;

——分配给主角的用于鉴别的对称密钥,它与算法标识联合在一起使用。所以要保证此项信息的保密性;

——用于获得鉴别证书的鉴别方法;

——使用鉴别证书的鉴别方法;

——用于在传送过程中保护鉴别证书的算法标识,和要获得保护所需要的任何相关参数(这类保护相关参数的例子有:盘问、唯一数字和保护密钥)。

6.1.4.2 离线鉴别证书

离线鉴别证书通常将身份证明绑定到一个密码密钥。它由机构生成,申请者与验证者不需要直接和机构交互。离线鉴别证书通常应用于非对称算法的鉴别机制。离线鉴别证书可以作为交换 AI 的一部分传送至验证者。

离线鉴别证书可包含的附加元素的例子有:

——主角的可区分标识符;

——由鉴别机构分配给该主角的公开密钥,它与算法标识联合在一起使用。

离线鉴别证书可以在它的有效期之内通过使用撤销证书或撤销证书列表被撤消。

6.1.4.3 撤销证书

撤销证书是一种由机构发布的安全证书,用于指明某一离线鉴别证书已经被撤销。这一信息将被保存并且可以被随时引用来确定当前的鉴别证书是否仍然有效。

撤销证书可包含的附加元素的例子有:

——主角、主角组或机构的身份;

——离线鉴别证书被撤销的时间和日期;

——被撤销证书的引用数字。

6.1.4.4 撤销证书列表

撤销证书列表是一个包含所有被一个特定安全机构撤销的鉴别证书的列表,同时还包括此列表发布的时间和日期。这一信息将被保存并且可以被随时引用来确定当前的鉴别证书是否仍然有效。

撤销证书列表可以由以下元素组成:

——撤销证书;

——撤销证书的引用标识符;

——被撤销的鉴别证书;

——被撤销的鉴别证书的引用标识符;

——列表的发布日期;

——下一列表将要发布的日期。

6.1.4.5 证书链

鉴别证书总被保护,可信第三方可以使用它来提供数据源鉴别。如果验证者没有检查证书源的验证AI,那么一个证书链将被使用。由另一个机构签发的证书来证明用于源鉴别的第一个证书的验证AI。

证书链可以被递归使用,每一个验证 AI 都用于验证前一个证书的来源。这个链提供了一个由验证者到申请者的证书验证路径。验证者必须根据自己所拥有的信息或从可信第三方获得的信息自己作决定是否信任链中的每一个证书。

6.2 设施

本条以通用设施的方式提供了一般鉴别模型。

6.2.1 鉴别状态信息

鉴别状态信息代表在鉴别服务调用中所保留的信息。鉴别状态信息应包含：

——会话加密密钥；

——消息队列号。

鉴别状态信息需要被安全的存储。鉴别状态信息由服务的提供者保存。

6.2.2 与管理相关的服务

鉴别管理相关设施可能涉及把描述信息、口令，或密钥(使用密钥管理)分发到需要进行鉴别的实体。它也可以涉及通信实体和提供鉴别服务的其他实体之间使用的协议。鉴别管理还可以涉及鉴别信息的撤销。

6.2.2.1 安装

安装设施安装申请 AI 和鉴别 AI。此设施将在注册、确证和证实设施中做进一步定义。

6.2.2.1.1 注册

注册设施能够让安全机构记录下与某个主角相关联的验证鉴别信息。此类信息包含一个由主角本身或由安全机构提供的可区分标识符。此设施由主角、其他实体或安全机构调用。(记录安全机构可能会要求主角提供对注册有效性的担保。)此时，主角只是进入安全域的候选人，而不能被视作此安全域的成员。此时安全鉴别是不能进行的。

6.2.2.1.2 确证

确证设施由安全域机构执行，用于介绍主角加入安全域。

对与一个主角相关的验证 AI 的批准可能涉及到安全机构和其他实体间的通信，这部分通信不需要遵循 OSI 的通信标准。确证设施使得可区分标识符被绑定到验证 AI。

6.2.2.1.3 证实

证实设施在确证设施之后被调用。它给主角或其他实体返回特定的信息。最简单的返回信息形式是对安装的确认或拒绝。其他形式有：

——离线鉴别证书；

——已被接收的可区分标识符；

——申请 AI。

证实后，主角就可以被鉴别了。

6.2.2.2 更改 AI

更改 AI 由主角或管理者调用，用于更改鉴别信息。

6.2.2.3 分发

分发设施使得任何实体都可以获得足够的验证 AI 用于验证交换 AI。

6.2.2.4 失能

失能设施，由安全机构调用，可导致建立起一种状态使得主角暂时不能被鉴别。

6.2.2.5 重使能

重使能设施，由安全机构调用，可使得由失能服务建立的状态被终止。

6.2.2.6 卸载

卸载设施可以将一个主角从其他可被鉴别的主角群中去除。此设施将在非确证、通知、取消注册中作进一步定义。

6.2.2.6.1 非确证

非确证设施是由安全机构所执行的活动，由撤消验证 AI 和/或改变主角相关信息组成。非确证设施使得主角不能被鉴别。

6.2.2.6.2 通知

通知设施由安全机构在调用非确证后被调用。它向主角返回一个通知，告知主角其本身目前处于无效状态，以及如何重新注册的可能的信息。

6.2.2.6.3 取消注册

取消注册设施使得在主角从安全域中被禁止。相应的,它将删除主角的身份以及相关的验证 AI。此设施由安全机构调用。

6.2.3 与操作相关的设施

6.2.3.1 获取

获取设施使得申请者或验证者可以获得为某一个鉴别实例生成特定的交换 AI 所需要的信息。这可能需要与可信第三方进行交互(例如:鉴别服务器)。

候选输入包括:

——鉴别交换类型;

——主角的可区分标识符;

——验证者身份;

——申请 AI 类型(例如:口令、密钥);

——申请 AI(例如:口令值);

——交换 AI 类型;

——有效期(开始/过期时间)。

候选输出包括:

——状态(成功或失败);

——生成交换 AI 所需信息;

——有效期(开始/过期时间)。

6.2.3.2 生成

生成设施由申请者调用,用于生成交换 AI,和/或处理收到的交换 AI。

候选输入包括:

——鉴别交换类型;

——主角的可区分标识符;

——由获取设施输出的生成交换 AI 所需的信息;

——用于保持鉴别状态信息的引用;

——从验证者处收到的交换 AI;

——交换 AI 类型;

——验证者身份;

——申请 AI。

候选输出包括:

——状态(成功、需要进一步传送或失败);

——用于保持鉴别状态信息的引用;

——用于传送至验证者的交换 AI。

当申请者作为鉴别的发起者时,在鉴别交换中首次调用生成设施时,鉴别交换类型可以作为输入提供。在相同的调用中,对所保留鉴别状态信息的引用被作为输出返回。在后续的为同一鉴别交换的生成设施的调用中,这个输入和输出不需要出现,但是对保留鉴别状态信息的引用可以作为输入提供。

鉴别状态信息被保存在设施内部,此信息将在以后的鉴别中不断用到,直到鉴别成功或失败。

如果返回的是"需要进一步传送"申请者则需要在从其他实体接收到交换 AI 后继续调用生成设施。申请者可能被要求多次执行此类操作(例如:根据以前的鉴别状态信息和收到的交换 AI 调用生成设施)直到返回成功或失败。在此种情况下,该设施适用于多种方案,其中包括 N 路盘问-响应交换,以及零知识方案所要求的交换。

6.2.3.3 验证

验证者调用验证设施,用以验证从申请者收到的交换 AI,和/或生成传送给申请者的交换 AI。

候选输入包括:

——鉴别交换类型;

——由获取设施输出的生成交换 AI 所需要的信息;

——用于保留鉴别状态信息的引用;

——从申请者处收到的交换 AI;

——验证 AI。

候选输出包括:

——状态(成功、需要进一步传送或失败);

——用于保留鉴别状态信息的引用;

——用于传送至申请者的交换 AI(如果状态是"需要进一步传送");

——主角的可区分标识符(如果状态是"成功");

——有效期(开始/过期时间);

——双向鉴别指示器。

当验证者作为鉴别的发起者时,在鉴别交换中首次调用验证设施时,鉴别交换类型可以作为输入提供。在相同的调用中,对所保留鉴别状态信息的引用作为输出被返回。在后续的为同一鉴别交换的验证设施的调用中,这个输入和输出不需要出现,但是对保留鉴别状态信息的引用可作为输入提供。

鉴别状态信息被保存在设施内部,此信息将在以后的鉴别中不断用到直到鉴别成功或失败。

如果返回的是"成功",主角的被鉴别的身份也被返回。

6.2.3.4 生成和验证

在双向鉴别的情况下,生成设施和验证设施可以被合并成一个设施。候选的输入和输出则是这两个设施输入、输出的联和。

注:生成设施和验证设施并不传送任何数据。数据传送依赖于鉴别所处的环境。这部分不包含在本标准范围内。

6.2.3.5 信息流范例

图 8 给出了一个与调用获取、生成、验证设施相关的信息流例子,(例如:应用进程),当用作建模的鉴别。

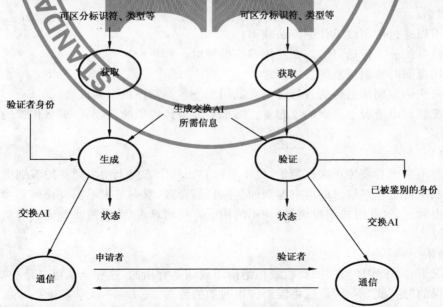

注:在此例中,申请者和验证者都调用了获取服务。实际上,它通常只被二者之一调用,或根本不被调用。尽管图中显示信息在生成和验证之间流动,但是这两个服务都不会调用通信原语。

图 8　在操作相关服务中的信息流动示例

457

7 鉴别机制特征

在本标准范围内,鉴别机制是基于 5.3 中提到的原则 a)、d)和 e)。原则 d)涉及可信第三方的使用,这部分在 5.5.2 中作了进一步描述,但是这些原则最终依赖于原则 a)或 e)。否则,在开放系统中,远端主角的鉴别通常是基于原则 a)的,在这种情况下,秘密通常以密钥或口令的形式使用。

7.1 对称/非对称

远端主角的鉴别通常是基于采用密钥或口令形式的秘密。鉴别包括证明对于秘密的知晓。这种证明的方法主要可以归结为两类:

——对称,此类中鉴别双方共享公共鉴别信息;

——非对称,此类中不是所有鉴别信息都被鉴别双方所共享。

对称鉴别方法的例子是:

——口令;

——使用对称密钥技术加密的盘问。

非对称鉴别方法的例子是:

——非对称密钥技术;

——能够在不泄露其中任何一部分信息的情况下而验证信息的拥有技术。

7.2 使用密码/非密码技术

基于某些可知信息(见 5.3)的鉴别机制可以用它们所使用的用于保护鉴别信息的密码算法对其进行进一步描述。对称、非对称或密码技术的混合都可以用来提供完整性,以及在某种情况下,对鉴别信息的保密性保护。

非密码技术包括口令、或盘问和响应表的使用。密码技术的例子包括在传送过程中使用密码以保护口令。

7.3 鉴别的类型

实体鉴别涉及到两个实体。在单向鉴别中,一个实体扮演申请者,另一个实体扮演验证者。在双向鉴别中,每个实体都同时扮演着申请者与验证者的角色。双向鉴别可以通过在每个方向上使用同样或不同的鉴别机制来获得。

7.3.1 单向鉴别

单向鉴别可以通过使用以下任一方法获得:

——鉴别信息的一次传送,例如:在使用唯一编号时;

——在使用盘问时鉴别信息的三次传送;

——多于三次的鉴别信息传送。这种情况适用于一些零知识技术的机制。

以上的情况假设申请者是鉴别的发起者。如果验证者是鉴别的发起者,那么传送的次数将不同,具体见 8.2。

7.3.2 双向鉴别

双向鉴别并不意味着将传送次数翻倍,也不意味着在两个方向上使用同样的鉴别机制。

对于需要三次传送鉴别信息的单向鉴别的鉴别机制而言,双向鉴别不需要任何更多的交换;这个盘问申请可以与由验证者(此时扮演申请者)使用的用于鉴别请求者(此时扮演验证者的角色)的盘问相结合,并一起发送。

7.3.3 鉴别确认

在某些情况下,对于实体鉴别的接收或拒绝给予确认是有用的。这种确认可以是被担保的或是简单的没有任何担保的"是"或"不是"。这将需要一次附加的传送。

8 鉴别机制

8.1 依脆弱性分类

鉴别机制本身对于攻击可能是脆弱的,这将限制它们的有效性(见 5.8)。

本条中,用于在传送过程中支持鉴别的鉴别机制将根据其对攻击的抵抗性进行分类。此处所描述的机制都是基于"某些已知"的原则(见 5.3 a)。

此处所描述的所有机制都适用于实体鉴别,其中一些也适用于数据源鉴别,例如,鉴别交换过程中数据的数字指纹。

鉴别机制被定义为以下几个等级:

——等级 0:不被保护的;

——等级 1:抗泄露的保护;

——等级 2:抗泄露和对不同的验证者重发的保护;

——等级 3:抗泄露和对同一验证者重发的保护;

——等级 4:抗泄露和对不同或同一验证者重发的保护。

注:在等级 1 至等级 4 中,"抗泄露的保护"意为保护申请 AI 不被泄露。

如果需要可以定义附加等级。某些等级的鉴别机制的子等级是相同的。子等级不必是完备的。

每个机制等级的交换 AI 如图例所示。

当加密函数作为生成设施的一部分被使用时,申请 AI,也许加之其他信息,被用于生成密钥。在解密函数作为验证设施的一部分被使用时,验证 AI,也许加之其他信息,被用于生成密钥。

以下对鉴别交换的描述是从申请者的角度进行描述的并且总是由申请者发起的。对于由验证者发起的交换见 8.2。以下所描述的交换适用于单向鉴别。对于适用于双向鉴别的交换见 8.4。在某些情况下,对于鉴别成功或不成功的确认是必要的。可能因此需要一次附加的数据传送。此次传送没有在本条中描述。本条中所引用的设施在 6.2 中定义。

在以下所示的图例中,一对方括号[]用于指示传送信息中的可选组件,只在某些情况下被包含。

可选组件[数字指纹]只在数据源鉴别时被使用,在其他情况下不需要。数字指纹可以通过,例如:使用非对称加密算法,或者简单的加密数据,或者提供使用签发者的私有密钥生成的数据的密码校验值来获得。对于数据源鉴别,数据(用于生成数字指纹的数据)的传送可以完全独立于,或者共享部分用于后续鉴别的通信方法。

8.1.1 等级 0(不被保护的)

在等级 0 中,申请 AI 与可区分标识符一起,只是简单的作为申请者到验证者交换 AI 被发送,主要的例子是发送一个口令。等级 0 是对称鉴别。此等级的机制对于鉴别信息泄露和重发攻击是脆弱的。

生成设施直接根据输入生成交换 AI,如图 9 所示。

验证设施验证所接收到的申请 AI(例如:口令)是否与所收到的可区分标识符相关的验证 AI 相符合。

等级 0 机制适用于数据源鉴别和实体鉴别。

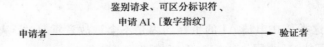

图 9 等级 0 机制(不被保护)

8.1.2 等级 1(抗泄露的保护)

此等级的机制提供了抗申请 AI 泄露的保护。等级 1 机制适用于数据源鉴别和实体鉴别。

这种类型的机制使用了一个转换函数,通过它使用申请 AI,也许加之可区分标识符被转换,并且与可区分标识符一起被传送。而实际的申请 AI 并没有通过通信信道传送。范例包括:

——发送经过单向函数转换了的口令(例如:密码校验值或散列函数);

——发送由秘密密钥加密后的数字指纹;

——发送由保密性密钥加密的口令;

——发送由私有密钥签发的数字指纹。

此类型的机制既适用于数据源鉴别也适用于实体鉴别。它们对于重发攻击而言是脆弱的，但是提供了抗申请 AI 泄露的保护，例如：转换后的口令可以在协议交换级被重发，但明文口令尽管在系统接口级别是可用的，却不会被泄露出去。

生成设施使用申请 AI，如果需要，加之可区分标识符和/或数字指纹作为密码学变换的输入来生成交换 AI，如图 10 所示。

鉴别请求、可区分标识符、

F（申请 AI、[可区分标识符][数字指纹]）

申请者 ——————————————————————————→ 验证者

图 10　等级 1 抗泄露的保护机制

转换函数（F）包括：

a）在单向函数的情况下，验证设施重复施用单向函数于验证 AI 而不是申请 AI，并且将其与所接收到的交换 AI 相匹配。

b）在使用对称加密时，验证设施使用验证 AI 来解密所收到的交换 AI，然后通过检查交换 AI 中包含的可区分特征如申请者的可区分标识符、数字指纹的正确性、口令或一个不变值来验证解密的正确性。

c）在使用数字签名时，验证设施用所接收到的数据重新计算数字指纹，并且使用验证 AI 来验证所收到的数字签名对于本数字指纹而言是有效的。

另外，对于数据源鉴别，交换 AI 中的数字指纹应该同从数据申请鉴别中重新生成的数字指纹相符合。

注：当主角的可区分标识符与申请 AI 相结合时，这使得一个彻底的攻击变得更加困难。一次仅能够攻击某一特定主角而不是同时攻击所有主角。

为了提供保密性，转换函数必须或者没有逆反函数，或者，在有逆反函数时，此逆反函数必须从计算角度来看对于以机密形式存放着申请 AI（和数字指纹）当事人而言是不可追踪的。

8.1.3　等级 2（抗泄露和对不同的验证者重发的保护）

此等级机制提供了对不同的验证者抵抗申请 AI 泄露和重发的保护，但是不能抵抗对同一验证者的重发攻击。此等级的机制与等级 1 是相同的，除了此等级包含对于验证者而言独特的数据项作为转换函数的输入。这提供了附加的保护。

8.1.4　等级 3（抗泄露和对同一验证者重发的保护）

此类型机制提供了抗泄露和对同一验证者重发的保护。

此类型中的唯一编号机制通过使用转换函数与唯一性的信息相结合来提供对同一验证者重发的保护。申请 AI 和唯一编号被转换，并与可区分标识符一起被传送。

唯一编号的来源包括：

a）随机或伪随机数：这类数在申请 AI 的生存期内是不会被故意重复的。从一个足够大的范围内获得随机或伪随机数能够（可能）减少同一数字被重复使用的可能性；

b）时戳：唯一编号可以是一个时戳，从可信来源获得，它在申请 AI 的生存期内是唯一的。旧的时戳或者以前使用过的时戳将会被拒绝；

c）计数器：唯一编号可以是计数器的值，只要同一个申请 AI 还在使用它就会不断的增长。

d）密码编链：唯一编号可以是从较早的在申请者和验证者之间以块编链方式交换的数据的内容派生而来。

在申请者之外这个数字的唯一性可以通过将它与对于申请者而言唯一的数据（例如它自己的可区分标识符）相关联的方式来保证。

使用这些技术来生成一个唯一编号也是有可能的。

转换函数的三个范例:

a) 单向函数:唯一编号、申请 AI 和可选的可区分标识符通过单向函数转换。唯一编号同时也被传送,这样,验证者就可以执行同样的转换;

b) 非对称算法:当申请 AI 是私有密钥时,唯一编号要被私有密钥签发;

c) 对称算法:当申请 AI 是秘密密钥时,唯一编号要被秘密密钥加密。

此子等级适用于数据源鉴别和实体鉴别。

生成设施生成唯一编号,然后它使用以下信息作为输入进行加密:

——唯一编号;

——申请 AI;

——可区分标识符(可选);

——数字指纹(如果是数据源鉴别)。

并且生成交换 AI 如图 11 所示。

图 11   子等级 3——唯一编号机制

与在等级 1 中描述的方法相同,验证设施解密并且用验证 AI 来验证交换 AI 的正确性。它也检查所收到的唯一数是否是以前从没有被接收过的。如果这个数字以前曾经收到过,这说明这是一个重发。另外,对于数据源鉴别,交换 AI 中的数字指纹要和从所获得的数据中重新生成的数字指纹相匹配。

注:此处术语"密码编链"的使用对应于 GB/T 17964 中"块链"的定义。

8.1.5   等级 4(抗泄露和对不同或同一验证者重发的保护)

8.1.5.1   子等级 4a——唯一编号机制

除了有一个包含对预定的验证者唯一的数据项作为交换过程中转换函数的输入外,此子等级机制与等级 3 一样。这提供了额外的保护。

8.1.5.2   子等级 4b——盘问机制

盘问机制的目的是对抗重发攻击,例如:任何使用重发交换 AI 来获得鉴别的尝试都将失败。在回应鉴别请求时,验证者以具有唯一值的数据项的形式向申请者发布一个盘问。申请者使用某些特定函数对盘问信息和申请 AI 进行转换,然后将转换结果返回给验证者。

盘问机制因此包括三次信息传送:

——发送鉴别请求;

——发布盘问;

——发送响应,响应应包括将申请 AI,也许还包括可区分标识符,以及和盘问信息相结合,经过适当的函数进行转换后获得的值。

通常情况下,可区分标识符应该或者与鉴别请求一起发送,或者与最后的响应一起发送。

用于盘问机制的三个转换函数:

a) 单向函数:盘问和申请 AI 通过单向函数进行转换;

b) 非对称算法:当申请 AI 是私有密钥时,盘问要被私有密钥签发;

c) 对称算法:当申请 AI 是秘密密钥时,盘问要被秘密密钥加密。

作为盘问机制的特例,盘问的生成要依赖于从鉴别请求中所获得的身份。此种机制被称为专用盘问机制。在这种情况下,可区分标识符必须强制的包含在鉴别请求中。此外,第四个可能的转换函数是:

d) 非密码:一个例子是使用盘问响应对列表;盘问实体要求特定的响应。另一个例子是生物方案,例如:声音重复系统。

此子系统适用于数据源鉴别和实体鉴别。

生成设施生成鉴别请求(在特定盘问情况下,此申请必须与可区分标识符一起)。接收到鉴别请求后,验证设施生成唯一的盘问,如交换 AI。

生成设施然后生成交换 AI 用它作为转换的输入信息,如图 12 所示。

在使用单向函数的情况下,验证设施使用验证 AI 代替申请 AI 来重复转换,并且使用它来检验所收到的交换 AI。为了重复这个函数,可区分标识符和此项服务需要用到的数据对验证者而言必须是可用的。在其他的转换过程中,验证设施或者重复转换或者使用反函数,并且使用验证 AI 来检查其内容。

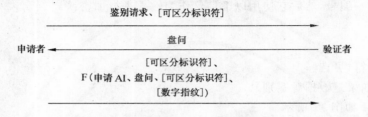

图 12　子等级 4b——盘问机制

8.1.5.3　子等级 4c——专用加密盘问机制

专用加密盘问机制同样也包含三次信息传送:
——发送鉴别请求和可区分标识符;
——发布经某些函数(F)转换的盘问和验证 AI,可能还包含可区分标识符;
——发送由盘问信息组成的响应。

专用加密盘问机制的两个范例:

a) 非对称算法:当申请 AI 是私有密钥时,盘问要使用相应的公有密钥加密;

b) 对称算法:当申请 AI 是秘密密钥时,盘问要用秘密密钥加密。盘问要由盘问实体加密。

此类型机制只适用于实体鉴别,不适用与数据源鉴别。

生成设施生成鉴别请求。在接收到鉴别请求和可区分标识符后,验证设施生成一个不可预测的盘问。此盘问经由转换设施生成交换 AI,如图 13 所示。

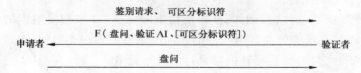

图 13　子等级 4c——专用加密盘问机制

生成设施然后使用申请 AI 代替验证 AI 来进行相反的转换,以获得作为交换 AI 返回的盘问。注意此方案只与加密转换相关。

验证设施最后检查此盘问是否与较早生成的盘问一样。

8.1.5.4　子等级 4d——计算响应机制

此等级的机制同样也包含三次信息传送:
——将鉴别请求与备选的可选值和身份信息一起发送;
——发布盘问,此盘问指明验证者选择了哪个值;
——发送一个由唯一编号、盘问,或用于计算响应的所选择的值,和申请 AI 组成经过适当函数转换后的响应。

一个例子是零知识技术,验证者从一系列的"问题"中选择一个,申请者必须在没有泄露如何解答的情况下解答这个问题。

为了提供更高层次的身份确证,交换可能需要重复。这样可以防止此类冒充攻击,象攻击者可以计算出某些验证者选择值的正确响应,但不是全部。如果只有一次交换,验证者可能凑巧选择了一个攻击者知道正确响应的值。增加交换的次数可以减少此类型攻击成功的可能性。

生成设施首先生成一个唯一编号和备选值,然后将这些放入交换 AI,如图 14 所示。

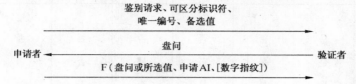

图 14　子等级 4d——计算响应机制

验证设施然后从备选值中选择多个值并且生成盘问后组成第二个交换 AI。

生成设施使用申请 AI 来执行对盘问或者所选值的转换。

验证设施最后使用验证 AI 执行一个相反的转换并检查所收到的值。

8.2　传送的开始

在 8.1 中,交换被描述为申请者使用鉴别请求发起交换。然而,对于实体鉴别,同样的子等级可能包含有验证者使用鉴别邀请来发起交换的情况。在这种情况下,传送的次数会不同。8.5 中的表 1 给出了各种情况下的传送次数。

8.3　鉴别证书的使用

鉴别机制可以根据获得验证 AI 的方法来分类。方法有:

——在线鉴别证书;

——离线鉴别证书;

——提前提供的验证 AI,例如通过使用安全通道。

验证证书可以被用作提供使用在 5.3 d)中定义的规则鉴别证据。鉴别证书可以证明可信第三方已经将一个给定的可区分标识符与某个验证 AI 联系在一起。

8.4　双向鉴别

对于包括单向交换(例如:子等级 1、2、3 和 4a)在内的子等级,同样形式的交换可以在交互鉴别中用在任一方向。

对于子等级 4b,同类型的机制可以被用在两个方向上。第一个盘问可以和鉴别请求一起被传送,并且转换后的第一个盘问可以和第二个盘问一起传送(见图 15)。这要求与单向鉴别同样的交换次数。

同样,对于子等级 4c,第一个盘问可以和鉴别请求一起被传送,并且转换后的第二个盘问可以和第一个盘问一起传送。

子等级 4b 可以与 4c 结合起来使用。两个盘问被放在经转换后的数据中。在对称加密的情况下,两端的申请 AI 和验证 AI 是相同的,并且转换只执行一次。在非对称加密的情况下,每端都要执行两次转换。

对于子等级 4d,单向鉴别需要三次或更多次的传送。双向鉴别需要四次或更多次的传送。

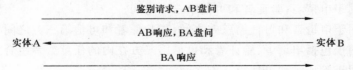

实体 A——鉴别发起者;

实体 B——鉴别响应者。

注:对于可区分标识符的响应和传送细节见子等级描述和图示。

图 15　使用盘问机制的双向鉴别

8.5　等级特征总结

表 1 总结了不同等级和子等级的脆弱性和特征。这些特征在第 7 章中作了描述。

表 1 机制的脆弱性和特征

子等级	0	1	2	3	4a	4b	4c	4d
脆弱性								
泄漏	是	否	否	否	否	否	否	否
对不同验证者的重发	是	是	否	是	否	否	否	否
对同一验证者的重发	是	是	是	是	否	否	否	否
攻击者发起中继攻击	否	否	否	否	否	否	否	否
攻击者响应中继攻击	是	否	否	否	否	否	否	否
特征								
对称/非对称	对称	任意	任意	任意	任意	任意	任意	非对称
加密(是)/不加密(否)	否	任意	任意	任意	任意	任意	是	是
传送次数								
——申请者发起	1	1	1	1	1	3	3	3
——验证者发起	2	2	2	2	2	2	4	4
支持数据源鉴别	是	是	是	是	是	是	否	是

8.6 依配置分类

当实体希望被鉴别时,可能需要涉及到一个或多个可信第三方。因而每个实体和任意可信第三方的信任属性必须被定义。最简单的模型仅涉及到一个单一的可信第三方。其他的模型可能会使用到多个双向信任的可信第三方,而最通用的模型会涉及到一组双向间无信任关系的可信第三方集合。

8.6.1 需涉及到可信第三方主角的建模表示

有些情况下,验证者只有在通过多个可信第三方得到对主角的身份进行确认后,才会对其身份进行确认。

使用三个或更多的可信第三方进行确认的意义在于,当发生了一个或多个可信第三方被破坏情况时,依然可能保证安全性。在一些安全政策里,使用服从多数原则。

以下示例仅对最简单的情况进行考虑。即:仅涉及到单一的可信第三方时的情况。

在申请者、验证者和单一的可信第三方实体之间的关系模式可如此划分:

——阶段,如同在5.4中所描述的(具体来说,分为分发、获取、传送和验证几个阶段);

——初始信息知识。

8.6.1.1 阶段模型

各个阶段与以下不同实体相关:

——分发阶段适用于申请者、验证者和可信第三方之间;

——获取阶段适用于申请者和可信第三方之间,或验证者和可信第三方之间;

——传送阶段适用于包括申请者、验证者和可信第三方在内的任意二者组合之间;

——验证阶段适用于验证者和可信第三方之间。

在获取、传送、验证几个阶段中会用到在8.1中描述的不同等级的验证机制。

分发阶段可以是在线的或离线的。在离线状态下,分发阶段通常发生在验证交换之前,在这些情况下,不能保证申请AI依然是有效的(也就是说,还没有被撤销)。

需要在此对许多不同的鉴别策略进行明确。如在图16中所示。在此图中,实体 A 对应于申请者,实体 B 对应于验证者。该图的目的仅仅用于阐述大意因而并不详尽。

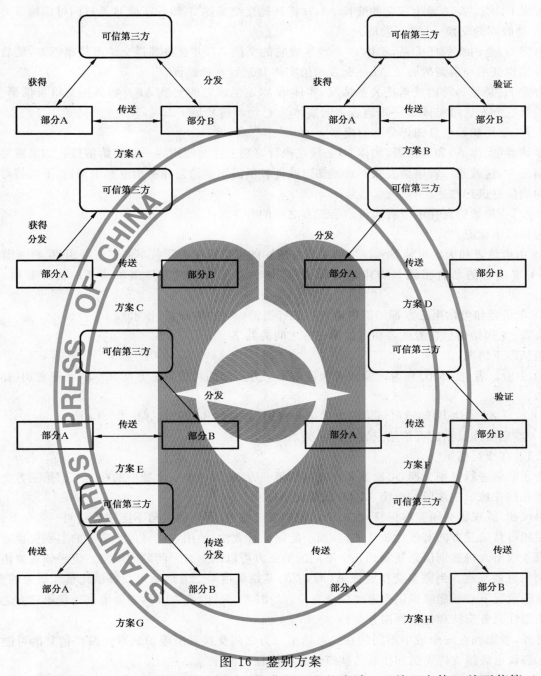

图 16 鉴别方案

　　方案 A：实体 A 通过与可信第三方的鉴别交换获得了它的申请 AI，并且实体 B 从可信第三方处获得了验证 AI。随后实体 B 在本地执行验证。

　　方案 B：实体 A 通过与可信第三方的鉴别交换获得了它的申请 AI，并且实体 B 通过向可信第三方提交由实体 A 处获得的交换 AI 来进行验证。

　　方案 C：实体 A 通过与可信第三方的鉴别交换获得了它的申请 AI，同时也获得了验证 AI，它用于实体 B 执行本地验证。

　　方案 D：实体 A 获得验证 AI，它是实体 B 执行本地验证所必须的，并且于本地生成交换 AI。将交换 AI 和验证 AI 一起提交给实体 B。

　　方案 E：实体 A 本地生成它的交换 AI，并将其提交给实体 B，然后实体 B 从可信第三方处获得必要的验证 AI，随后在本地执行验证。

方案 F:实体 A 本地生成它的交换 AI,并将其提交给实体 B,然后实体 B 通过向可信第三方提交由实体 A 处收到的交换 AI 进行验证。

方案 G:是内线信任关系,实体 A 本地生成它的交换 AI,并且将其提交给可信第三方,随后可信第三方将鉴别证书和所需的验证 AI 一起发送给实体 B 进行本地验证。

方案 H:是另一种内线信任关系情况,实体 A 本地生成它的交换 AI 并将其提交给可信第三方,随后可信第三方发送给实体 B 一则通告表明实体 A 已经经过验证了。

8.6.1.2 使用初始信息知识分类的模型

申请者(实体 A)和验证者(实体 B)必须在执行鉴别交换前使用到一些初始信息。如果需要涉及到可信第三方,这就意味着申请者并不直接知道验证者所需用到的公开密钥或秘密密钥。下面将对不同种类的初始信息进行描述。

8.6.1.2.1 初始信息在申请者和可信第三方之间的共享

包括以下情况:

a) 由申请者和为该申请者和该可信第三方所知的可信第三方所共享的秘密密钥(秘密密钥技术)。

b) 申请者的私有密钥只有申请者知道(实体 A);可信第三方知道申请者的公开密钥(非对称技术);

c) 申请者和可信第三方都知道申请者的私有密钥(某些"零知识"技术)。

8.6.1.2.2 初始信息在验证者和可信第三方之间的共享

包括以下情况:

a) 由验证者(实体 B)和为该验证者和可信第三方所知的可信第三方所共享的秘密密钥(秘密密钥技术);

b) 验证者(实体 B)知道可信第三方的公开密钥(非对称和"零知识"技术)。

8.6.2 鉴别所涉及到的可信第三方之间的关系

8.6.2.1 在线可信第三方

为了能够进行鉴别交换,可能需要在线可信第三方。在同一个安全域中的在线可信第三方会持有各个实体先前在该域中注册的申请 AI 和/或验证 AI。

协议和/或规程必须能够保证,在一个给定的安全域中,不同的主角不能注册到同一名称下。

在线可信第三方的有效性非常关键,如不能保证有效性,使用在线可信第三方的鉴别交换容易受到拒绝服务攻击。将鉴别信息复制到几个不同的第三方可以减少这种问题的风险。也必须需要协议来支持鉴别信息的复制。当需要交换验证 AI 时,需要鉴别可信第三方之间可以提供完整性服务的支持,以及在某些情况下必须能够提供保密性服务支持。当需要交换申请 AI 时,需要鉴别可信第三方之间可以提供完整性服务支持和保密性服务支持。

另外,考虑到在安全域中不同的在线可信第三方之间交换其所维护的审计跟踪信息的可能也是必要的。协议也必须支持发送和接收这些审计跟踪信息。

8.6.2.2 离线可信第三方

离线可信第三方指的是那些可发送鉴别证书的验证机构。无需对离线鉴别证书提供特殊的保护,因为它们具备自保护功能。在线可信任第三方的有效性非常关键,如不能保证有效性,使用离线可信第三方的鉴别交换易于受到拒绝服务攻击。将信息复制到几个不同地点存放(比如:目录)可以减少这种问题。

9 与其他安全服务/机制交互

9.1 访问控制

用户在获得允许对那些受到访问控制政策保护的资源进行访问的必要信息之前,必须通过鉴别。因此,鉴别服务会把鉴别的结果提交给访问控制服务,这些信息会被访问控制服务使用。

撤销鉴别信息即意味着撤销现有的访问。

9.2 数据完整性

鉴别有时需要与数据完整性机制相结合,以保证鉴别的连续性以及数据源的真实可信。

一些鉴别机制可以使用隐含的或者明确的方式分发那些可用于完整性服务的密钥原材料。当这些密钥原材料为隐含定义时,由数据传送中获取密钥原材料的方法必须是已知的或者必须在鉴别交换中指定;当这些密钥原材料为明确定义时,还需要参与鉴别交换的双方交换一些额外的必要数据。

9.3 数据保密性

一些鉴别机制可以使用隐含的或者明确的方式分发那些可用于保密性服务的密钥原材料。当这些密钥原材料为隐含定义时,由数据传送中获取密钥原材料的方法必须是已知的或者必须在鉴别交换中指定;当这些密钥原材料为明确定义时,还需要参与鉴别交换的双方交换一些额外的必要数据。

9.4 抗抵赖

一些鉴别机制可以使用隐含的或者明确的方式分发那些可用于抗抵赖服务的密钥原材料。当这些密钥原材料为隐含定义时,由数据传送中获取密钥原材料的方法必须是已知的或者必须在鉴别交换中指定;当这些密钥原材料为明确定义时,还需要参与鉴别交换的双方交换一些额外的必要数据。

9.5 审计

在与鉴别相关的信息中,需要用于审计的部分包括:

a) 鉴别结果(即:被确认的标识);

b) 与撤销鉴别信息有关的信息;

c) 保证鉴别的连续性有关的信息;

d) 与鉴别过程有关的其他信息。

附 录 A
（提示的附录）
人类用户鉴别

A1 总述

当开放系统支持人的行为时，人类用户的正确鉴别会成为开放系统安全的基本要素。在人类用户和计算机系统之间的会话过程中可能会发生冒充的入侵行为。鉴别的方法对于人类用户来说必须是可以接受的，同时必须是经济合理与安全的。不够方便的方法有时反而会促使人类用户寻找避免此安全鉴别过程的使用途径，这样入侵威胁的可能性就会增加。

对人类用户的鉴别依靠下列几类鉴别要素中的一种或多种：

a）已知的某些东西；

b）所拥有的某些东西；

c）某人所独有的特征；

d）接受一个经认证的可信第三方已经确定人类用户的身份的结果；

e）上下文（比如：根据申请的源地址）。

总的来说，人类用户的鉴别过程就是将用户所提交的凭证与在安装阶段获得的鉴别信息相匹配的过程。

A1.1 依靠已知的某些东西鉴别

在此种类型中，最常用的鉴别信息是口令。当访问一个系统时，人类用户提交一个口令，鉴别系统通过将其与系统口令列表中的相应值进行比较，从而确定人类用户的身份。口令应难于猜测并且要保管好，否则可能会不小心被泄露。

A1.2 依靠所拥有的某些东西鉴别

在此种类型中，需要使用一个物理凭证，比如：

a）磁卡；

b）IC 卡。

使用磁卡的情况下，当访问一个系统时，人类用户提交该物理凭证，鉴别系统从该物理凭证中读取鉴别信息，并将其与系统中保存的相应信息进行比较，从而确定用户的身份。

磁卡的最大缺陷在于他很容易被复制。另一个缺陷是，如果合法用户以外的其他人持有该磁卡，就可以骗过鉴别机制。

使用 IC 卡的情况下，当访问一个系统时，人类用户提交该物理凭证，鉴别系统用该物理凭证存储的信息生成交换 AI，为了确定用户的身份，IC 卡的好处在于它们不容易被复制。

必须考虑以下两种情况，这决定了 IC 卡是否能够对该卡的持有者进行鉴别：

——当 IC 卡能够对该卡持有者进行鉴别时，在验证者对用户鉴别之处存在双重鉴别方案；这相当于先要通过再直接对用户鉴别；

——当 IC 卡不能对该卡持有者进行鉴别时，如果合法用户以外的其他人持有此卡，这就会骗过鉴别机制。

A1.3 基于时间的口令生成器

手持设备是人类用户鉴别机制中的一种，该设备是一个基于时间的口令生成器。通过以下方式的组合产生交换 AI：

——秘密信息在设备内部存储；

——时间；

——用户直接从设备上的个人标识代码读取面板(PIN-Pad)输入用户的个人标识代码。

生成的交换 AI 显示在设备上。然后被用户(以文本表格的形式)发送到验证系统。该系统需要保持与卡在时间上同步。在该种类型的人类用户鉴别机制对持有设备的用户进行鉴别时,还要求用户具备以下条件:

    a) 持有正确的设备;

    b) 知道 PIN。

A1.4　使用某人所独有的特征进行鉴别

如果不小心口令是很容易被泄露的,而物理凭证容易被偷,对于磁卡来说,易被非法复制。有一类人类用户鉴别方法没有以上这些缺点,这就是使用某人所独有的特征进行鉴别的方式,比如:

——手写签名识别;

——指纹;

——嗓音模式;

——视网膜模式;

——动态击键特征。

有静态的和动态的两种重要的手写签名识别系统。对于后者而言,签名时的压力、时间和方向信息都是可以使用的参数。

对于动态击键特征的分析提供了一种持续形式的鉴别方式。

在登记阶段,一个人类用户将他或她的身份标识在一个登记系统中进行注册。用户被要求执行一些所需的过程,比如在一个垫板上签名,在一个垫板上按手印,或朗读指定的一些单词。这些过程会被要求重复若干次,以便能从中提取可靠的参考信息。系统会分析人类用户行为的特征值,并记录为一个参考原型。

在传送/验证阶段,人类用户提交他的身份标识,并再次执行所需的过程。验证系统会将从用户处获得的模式与所保存的对应于该用户的参考原型相比较,进行验证。

A2　人类用户过程代理

在某些具体情况下,用户会希望在用户并不在场时进行操作。在这种情况下,该用户在系统中会保存一个生存期独立于该用户有效存在期的代表。

因为这个代表的行为如同用户一样,用户的行为可以继续而不再需要用户的直接参与。比如一个用户在登录一次后可以无需再次登录去使用别的计算机。

代表除了可以独立于用户有效生存期而代表该用户外,也可以被某些额外的机制使用,在这些机制中,代表的生存期也可以依赖于用户的有效存在期。

附　录　B

(提示的附录)

OSI 模型中的鉴别

OSI 参考模型与安全服务之间的关系在 GB/T 9387.2 中定义。本附录对有关鉴别的部分进行了概述。

考虑以下两种安全服务:

——对等实体鉴别;

——数据源鉴别。

B1 对等实体鉴别

对等实体鉴别用于建立，或者连接的数据传送阶段，可确保一个或多个实体与另外的一个或多个实体相连接时对身份的确认。该服务可用于面向连接的以及无连接的协议。可以实现单向和对等实体间双向的鉴别。

B2 数据源鉴别

数据源鉴别可为数据单元的来源提供认证。该服务不能保护数据单元不被复制。

B3 在 OSI 各层中对鉴别的使用

对等实体鉴别和数据源鉴别只与 OSI 以下各层相关：
——网络层（第三层）
——运输层（第四层）
——应用层（第七层）

B3.1 在网络层中使用鉴别

当在网络层中使用对等实体鉴别时，可以实现对网络实体身份的确认。该服务允许对网络节点、子网或中继进行鉴别。

当在网络层中使用数据源鉴别时，可以实现对数据单元所属的数据源身份进行确认。源可以是网络节点、子网或中继。

被网络层使用的此种机制局限于该层内部。

B3.2 在运输层中使用鉴别

当在运输层中使用对等实体鉴别时，可以实现对运输实体身份的确认。该服务允许对端系统进行鉴别。不对由相同的端系统所支持的不同应用分别进行鉴别。

当在运输层中使用数据源鉴别时，可以对数据单元所属的数据源的身份进行确认。数据源为端系统。

被运输层使用的此种机制局限于该层内部。

B3.3 在应用层中使用鉴别

当在应用层中使用对等实体鉴别时，可以实现对被端系统所支持的应用实体身份的确认。该服务允许对应用实体或应用进程进行鉴别。会对由相同的端系统所支持的不同应用或应用过程分别进行鉴别。

当在应用层中使用数据源鉴别时，可以对数据单元所属的数据源的身份的确认。数据源可以是应用实体或应用过程。

被应用层使用的此种机制存在于应用层或表示层。当在应用层中进行鉴别时，也会使用到在网络层或运输层中提供的鉴别服务。

附 录 C

（提示的附录）

使用唯一编号或盘问来阻止重发攻击

C1 唯一编号

唯一编号是由申请者生成的。相同的唯一编号不可能被同一个验证者接受两次。这可以通过几种途径来实现。但某些在理论上可行的技术在实践中可能无法实现。比如其中最典型的想法是明确纪录在鉴别交换中已被成功使用过的所有唯一编号。这会导致当成功鉴别的数目增多时消耗越来越多的内存。从价格和/或性能上考虑是不现实的。

一种减少验证者一方内存消耗量的方法是记录在某一个时期内,在鉴别交换中被成功使用过的唯一编号。这就使时间戳被引入到唯一编号中成为其组成部分,使得验证者可以只记住"最近"的那些唯一编号。在实际使用中,一个几分钟大小的时间窗口就可以起到限制内存用量的作用,并且可以简化当主角和验证者之间使用不同参考时间情况下的同步问题。

为了防止受到拒绝服务攻击,最好能够避免两个不同主角所产生的唯一编号之间出现冲突的情况。为此,产生唯一编号的可选范围必须足够大。产生唯一编号的范围大小随验证者的具体情况而定,与验证者在某个特定时间内(如一秒内)受到的鉴别请求的最大数目相关。当这个时间参考已用的主要参量不能提供足够大的编号,一个随机数可以被加到时间量中以便扩大唯一编号的范围。

C2 盘问

盘问是由验证者产生的。相同的盘问不可能被同一个验证者发送两次。这可以通过几种途径来实现。

某些在理论上可行的技术在实践中可能无法实现。比如其中最典型的想法是明确纪录所有发送过的盘问字。这会导致随着使用盘问字的成功鉴别次数的增多,会耗费掉越来越多的内存。从价格和/或性能上考虑这是不现实的。

有以下几种途径可以减少验证者一端的内存消耗量:

——发送连续的数字作为盘问字,只保留顺序中最后的数值。

——发送随机数字作为盘问字。这虽然违背了"相同的盘问字不可能被同一个验证者发送两次"的原则,但是如果随机数是在一个足够大的范围中选取的,那么违背该原则的情况的出现机会是足够少的。

——以时间戳作为盘问字。

——以时间戳结合随机数生成盘问字。

附 录 D
(提示的附录)
根据针对鉴别的几种攻击提供相应保护

D1 监听并重发攻击

考虑以下两种重发情况。下面这些都是对于交换 AI 的重发:

——对同一个验证者;

——对另一个验证者。

对于后一种重发攻击,一旦一个主角的 AI 被多个验证者所知,就有可能发生。重发如果有效,就是实现了伪装攻击中的一种。

两种重发攻击都可以使用盘问来防范。盘问是由验证者产生的。相同的盘问不可能被同一个验证者发送两次。这可以通过几种途径来实现(见附录 C)。

D2 针对同一验证者的重发

针对同一验证者的重发攻击可以使用唯一编号或盘问来防范。

唯一编号是由申请者生成的。相同的唯一编号不可能被同一个验证者接受两次。这可以通过几种途径来实现(见附录 C)。

D3 针对不同验证者的重发

针对不同验证者的重发攻击可以使用盘问来防范。也可以通过使用在计算生成交换 AI 过程中产生的,对于验证者来说是唯一的任意标志,来代替盘问字进行防范。这些标志可以是验证者的名称,它的网络地址或任何在相同验证鉴别信息中共有的,同时为验证者所特有的任意属性。

D4 拦截监听并中继攻击

D4.1 直接攻击

此种类型的攻击(直接攻击)是入侵者是鉴别的发起者。此种攻击只有在申请者和验证者都被允许发起鉴别的情况下才可以实现。在攻击过程中,申请者和验证者是在通过入侵者进行鉴别信息的交换,而它们本身并没有意识到这一点,比如:入侵者伪装成对应的验证者来欺骗申请者,又伪装成申请者欺骗验证者。

例如,假设入侵者 C 想伪装成申请者 A 来欺骗验证者 B。C 开始与 A 和 B 交互,C 告诉 A 它是 B,申请 A 对 B 进行验证,再告诉 B 它是 A,并说希望鉴别它自己。

这样,在鉴别过程中,A 作为 B(实际上是伪装为 B 的 C)的申请者,把 B 所需的鉴别信息提供给了 C。于是 B 作为验证者又把扮演 B 的角色时所必须的信息提供给了 C。根据这一鉴别过程,入侵者 C 在 B 看来就变成了经过鉴别的 A。

抵御此种类型攻击的办法是在不同的验证者之间采用重发保护机制:

a) 开始一个交互的实体一直是申请者身份;

b) 申请者提供的交换 AI 根据它在一个鉴别中的不同角色而不同。比如作为发起者,鉴别的申请者或响应者都不同。这种差异可使验证者检测到拦截监听攻击。进一步的细节见附录 D。

D4.2 投机攻击

这种攻击手段为入侵者位于鉴别交换的中间位置,截获并转发验证信息,接管申请者的身份。

通常,需要辅助的服务(如完整性服务和保密性服务)来抵抗这种攻击。即把交换 AI 与一些可以证明申请者和验证者合法身份的其他信息相结合,从中提取一个密钥,并以此作为保证完整性服务和保密性服务所需的加密算法的密钥。

另一种抵御此种攻击的方法是使用不可能被中途拦截的通信网络,比如,将数据完整的传送到正确的地址。在这种情况下,可以通过将地址作为一般服务的额外输入,以此抵御此种攻击。此时交换 AI 是依赖于网络地址的。

D5 防止入侵者攻击的有限保护形式

如果使用盘问或唯一编号,在 D4 中所描述的攻击方法就有可能成功。保护的方法是,在申请者一方设置一个指示器,用于指示响应后跟随的是鉴别邀请或鉴别请求。比如,根据指示器的状态(比如为 1)来表明响应随后为鉴别邀请,(比如为 0)来表明响应随后为鉴别请求。由于指示器为响应结果的一部分,这表明由申请者发出的响应值依赖于指示器的值。因此,该指示器被称为邀请/申请指示器。

D6 使用盘问的协议

当使用盘问进行鉴别时,攻击者 C 伪装为 A 向 B 发送鉴别请求(第一次传送),B 会将盘问提供给 C(第二次传送),C 向 A 发送鉴别邀请指令并将从 B 处获得的盘问传送给 A(第三次传送)。A 根据从 C 处获得的盘问和设置为"邀请"状态的邀请/申请指示器来计算出它的响应值。C 将由 A 处获得的响应转发给 B。B 检查响应。由于 B 已经接受过了一个由 C 发起的鉴别请求,它会等待邀请/申请指示器设置为"申请"。而这时它收到的是一个与设置为"邀请"状态的接受/申请指示器相计算得来的响应,因而 B 会拒绝此次鉴别。(见图 D1)

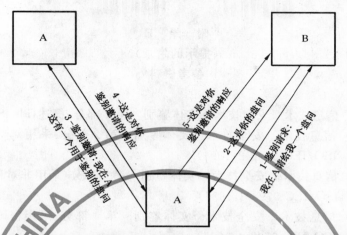

注:直接攻击,如 D4.1 中的解释,即使遇到使用方法 a)或 b)的情况,对于机会攻击也是脆弱的。

图 D1　使用盘问抵御入侵者攻击

如果 B 既支持鉴别请求又支持鉴别邀请,B 就必须使用额外的手段了;对于由 B 发出的每一个鉴别邀请,B 必须记住已经将哪一个盘问发给了哪一个申请者,这样,C 在发送它的鉴别邀请时(第三次传送)就不能对另一个申请者使用同一个盘问了。

D7　使用唯一编号的协议

当使用唯一编号进行鉴别时,攻击者 C 伪装为 B 向 A 发送鉴别邀请(第一次传送)。A 根据它的唯一编号和设置为"接受"状态的接受/申请指示器的值来计算出它的响应(第二次传送)。C 将由 A 处获得的响应转发给 B(第三次传送)。B 检查响应。而此时它收到的是一个与设置为"接受"状态的接受/申请指示器相计算得来的响应,但是由于 B 从未发送过任何的鉴别邀请指令,因而会拒绝此次鉴别。(见图 D2)

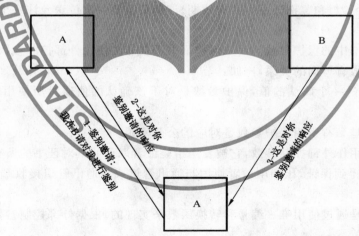

图 D2　使用唯一数抵御入侵者攻击

附 录 E

（提示的附录）

参考资料

GB/T 15843.1—1999 信息技术 安全技术 实体鉴别 第 1 部分:概述(idt ISO/IEC 9798-1:1997)

GB/T 15843.2—1997 信息技术 安全技术 实体鉴别 第 2 部分:采用对称加密算法的机制(idt ISO/IEC 9798-2:1994)

GB/T 15843.3—1998 信息技术 安全技术 实体鉴别 第 3 部分:采用非对称签名技术的机制(idt ISO/IEC 9798-3:1997)

GB/T 15843.4—1999 信息技术 安全技术 实体鉴别 第 4 部分:采用密码校验函数的机制(idt ISO/IEC 9798-4:1995)

GB/T 16264.8—1996 信息技术 开放系统互连 目录 第 8 部分:鉴别框架(idt ISO/IEC 9594-8:1990)

附 录 F

（提示的附录）

鉴别机制特例

本附录提供了两个使用鉴别机制的特例。

F1 唯一编号机制与在线鉴别证书结合的例子

该例解释了在 8.1.3 中所描述的唯一编号机制的使用。在该例中使用到在线鉴别证书,判别标识,一种保护方法,一种保护参数和鉴别证书中的有效期。该例只需要一次传送允许一个给定的证书被多次使用。

保护方法描述了证书中的保护参数与用来保护证书不被非法使用外部控制参数之间的关系。外部控制参数可能与保护参数有单向的关系,比如:

——外部控制参数是一个确认的值,保护参数是对于该确认的值通过所使用的单项函数产生的结果。

——外部控制参数是私有密钥保护参数是对应的公开密钥。

当一个确认的值被用作外部控制参数,它被发送给验证者以证明其对证书的所有权。在传送中,该确认的值的保密性必须得到保证,比如申请者使用与通讯管道或与通讯管道接收端相关的机密密钥来对其加密。

所有权及重发保护是通过使用唯一编号和转换函数来实现的。根据外部控制参数的特性,可以选用三种不同的转换函数(F)。

a) 单向函数:当外部控制参数是确认的值,唯一编号和该确认的值被使用单向函数来转换。转换结果和唯一编号被传送,因此验证者也可执行相同的转换。

b) 非对称算法:当外部控制参数是私有密钥,唯一编号彼此私有密钥所签署。

c) 对称算法:外部控制参数为秘密密钥,以确认的值作为秘密密钥来加密或封装唯一编号。

此例被用于数据源或实体鉴别。对于数据源鉴别、数据或数字指纹,也可用函数 F 来转换。获取服务,用于获得在线证书和外部控制参数。生成服务生成唯一编号并通过以下输入完成转换:

——唯一编号;

——外部控制参数;

——可区分标识符(可选);

——数字指纹(如果是数据源鉴别);

另外,当外部控制参数是确认的值或密秘控制密钥时,生成服务以加密的方式发送之,这样只有相关的验证者可以解密,并产生交换 AI 如图 14 所示。

鉴别服务使用包含在鉴别证书中的保护值来检查交换 AI 的有效性。另外,当使用确认值或秘密控制密钥时,验证服务会对确认值或秘密控制密钥解密,并根据保护值来校验。并且还要检查确认以前没有正确收到过该唯一编号。

鉴别请求、[唯一编号],

AUC(可区分标识符、[保护方法]、保护值,……)

[C(控制值,……)],

F(控制值、唯一编号、[数字指纹])

申请者 ————————————————————————→ 验证者

注:

1 AUC(……)用来表示一个包含所提供参数的线鉴别证书。

2 C(……)用来表示保密性服务应用程序,当控制参数是有效值时适用。

图 F1　使用在线鉴别证书的唯一编号机制

F2　使用在线证书的盘问机制

该机制通过在 5.3d)中所描述的原则和在 8.1.5.2 中描述的盘问机制,使用鉴别证书对验证提供保护。鉴别证书保证可信第三方已经使用特定的可区分标识符对其所持有的证书提供鉴别。该机制可以保证申请者持有关于一个给定区别标识的证书。

在该例中使用到在线鉴别证书、可区分标识符、保护方法、保护参数和鉴别证书中的有效期,该例允许一个给定的证书被多次使用。

保护方法描述了证书中的保护参数与用来保护证书不被非法使用外部控制参数之间的关系。外部控制参数可能与保护参数有单向的关系,比如:

——外部控制参数是一个确认的值,保护参数是对于该确认的值通过所使用的单向函数产生的结果;

——外部控制参数是私有密钥保护参数是对应的公开密钥。

当一个确认值被用作外部控制参数,它被发送给验证者以证明其对鉴别证书的所有权。在发送中,该确认值的保密性必须得到保证,比如申请者使用与通讯管道或与通讯管道接收端相关的机密密钥来对其加密。

所有权及重发保护是通过使用唯一编号和转换函数来实现的。根据外部控制参数的特性,可以选用三种不同的转换函数(F)。

a) 单向函数:当外部控制参数是确认的值,唯一编号和该确认的值被使用单向函数来转换,所转换的结果和唯一编号被传送,因此验证者也可执行相同的转换;

b) 非对称算法:当外部控制参数是私有密钥,盘问被此私有密钥所签署;

c) 对称算法:外部控制参数为秘密密钥,盘问会以确认的值作为秘密密钥来加密或封装;

此例适用于数据源和实体鉴别。对于数据源鉴别,数据或数字指纹也可用函数 F 来转换。

获取服务:用于获得在线证书和外部控制参数。生成服务生成一个鉴别请求。在接收到鉴别请求后,验证服务生成盘问以作为交换 AI。生成服务通过以下输入执行转换:

——盘问;

——外部控制参数;

——区别标识(可选);

——数字指纹(如果是数据源鉴别)。

　　另外,当外部控制参数是确认的值或密秘控制密钥时,生成服务将此值以加密的方式发送,这样只有相关的验证者可以解密,并产生交换 AI 如图 16 所示。

　　验证服务使用包含在鉴别证书中的保护值来检查交换 AI 的有效性。另外,当使用确认值或秘密控制密钥时,验证服务会对确认值或秘密控制密钥解密,并根据保护值来校验。并且还要检查确认以前没有正确收到过该盘问。

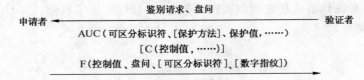

注:

1　AUC(……)用来表示一个包含所提供参数的线鉴别证书。

2　C(……)用来表示保密性服务应用程序,当控制参数是有效值时适用。

图 F2　使用在线鉴别证书的盘问机制

附　录　G
（提示的附录）
鉴别设施列表

鉴别设施列表		元素	实体:申请者、验证者、可信第三方、主角,管理者。
			信息对象:鉴别信息
		实体目的:对于实体的申请身份做出保证。	
活 动	实　体	安全机构、主角、管理者	
	函　数		
	管理相关活动	—— 安装 —— 更改 AI —— 分发 —— 重起 —— 卸载	
	实　体	—— 申请者 —— 验证者 —— 可信第三方	
	函　数		
	操作相关活动	—— 获取 —— 生成 —— 验证 —— 生成 —— 再验证	
信 息	被 SDA 管理的 输入/输出元素	描述信息,如口令、密钥、对协议的使用、盘问和响应表、接受或拒绝、 离线证书、状态信息、AI	
	在操作中使用的信息类型	申请 AI 交换 AI 验证 AI	
	控制信息	有效期 鉴别状态信息	

ICS 35.100.01
L 79

中华人民共和国国家标准

GB/T 18794.3—2003/ISO/IEC 10181-3:1996

信息技术　开放系统互连
开放系统安全框架
第 3 部分：访问控制框架

**Information technology—Open Systems Interconnection—
Security frameworks for open systems—
Part 3：Access control framework**

（ISO/IEC 10181-3:1996，Information technology—
Open Systems Interconnection—
Security frameworks for open systems：
Access control framework，IDT）

2003-11-24 发布　　　　　　　　　　2004-08-01 实施

中 华 人 民 共 和 国
国家质量监督检验检疫总局　发布

前　言

GB/T 18794《信息技术　开放系统互连　开放系统安全框架》目前包括以下几个部分：

——第 1 部分（即 GB/T 18794.1）：概述

——第 2 部分（即 GB/T 18794.2）：鉴别框架

——第 3 部分（即 GB/T 18794.3）：访问控制框架

——第 4 部分（即 GB/T 18794.4）：抗抵赖框架

——第 5 部分（即 GB/T 18794.5）：机密性框架

——第 6 部分（即 GB/T 18794.6）：完整性框架

——第 7 部分（即 GB/T 18794.7）：安全审计和报警框架

本部分为 GB/T 18794 的第 3 部分，等同采用国际标准 ISO/IEC 10181-3：1996《信息技术　开放系统互连　开放系统安全框架：访问控制框架》（英文版）。

按照 GB/T 1.1—2000 的规定，对 ISO/IEC 10181-3 作了下列编辑性修改：

a)　增加了我国的"前言"；

b)　"本标准"一词改为"GB/T 18794 的本部分"或"本部分"；

c)　对"规范性引用文件"一章的导语按 GB/T 1.1—2000 的要求进行了修改；

d)　删除"规范性引用文件"一章中未被本部分引用的标准；

e)　在引用的标准中，凡已制定了我国标准的各项标准，均用我国的相应标准编号代替。对"规范性引用文件"一章中的标准，按照 GB/T 1.1—2000 的规定重新进行了排序。

本部分的附录 A 至附录 G 都是资料性附录。

本部分由中华人民共和国信息产业部提出。

本部分由中国电子技术标准化研究所归口。

本部分起草单位：四川大学信息安全研究所。

本部分主要起草人：刘嘉勇、周安民、戴宗坤、陈麟、罗万伯、屈立笛、谭兴烈。

引　言

本部分定义一个提供访问控制的通用框架。访问控制的主要目标是对抗由涉及计算机或通信系统的非授权操作所造成的威胁;这些威胁经常被细分为非授权使用、泄露、修改、破坏和拒绝服务等类别。

信息技术　开放系统互连
开放系统安全框架
第3部分:访问控制框架

1　范围

本开放系统安全框架的标准论述在开放系统环境中安全服务的应用,此处术语"开放系统"包括诸如数据库、分布式应用、开放分布式处理和开放系统互连这样一些领域。安全框架涉及定义对系统和系统内的对象提供保护的方法,以及系统间的交互。本安全框架不涉及构建系统或机制的方法学。

安全框架论述数据元素和操作的序列(而不是协议元素),这两者可被用来获得特定的安全服务。这些安全服务可应用于系统正在通信的实体,系统间交换的数据,以及系统管理的数据。

就访问控制而言,访问既可以是对一个系统(即对系统内正在通信部分的实体)的访问,也可以是对一个系统内部的访问。获取访问所要出示的信息项,以及请求该访问的顺序和该访问结果的通知都在本安全框架的考虑范围之内。不过,任何只依赖于特定应用的和严格限制在一个系统内的本地访问的信息项和操作,则不在本安全框架考虑范围之内。

许多应用要求安全措施来防止对资源的威胁,这些资源包括由开放系统互连所产生的信息。在OSI环境中,一些众所周知的威胁以及可用于防范这些威胁的安全服务和机制在GB/T 9387.2中都有所描述。

决定开放系统环境中允许使用何资源,以及在适当地方防止未授权访问的过程称作访问控制。本部分为提供访问控制服务定义通用框架。

本安全框架:

a)　定义访问控制的基本概念;

b)　示范将访问控制的基本概念具体化来支持一些公认的访问控制服务和机制的方法;

c)　定义这些服务和相应的访问控制机制;

d)　识别为支持这些访问控制服务和机制的协议的功能需求;

e)　识别为支持这些访问控制服务和机制的管理需求;

f)　阐述访问控制服务和机制与其他安全服务和机制的交互。

和其他安全服务一样,访问控制只能在为特定应用而定义的安全策略上下文内提供。访问控制策略的定义不属于本部分的范围,但本部分将会讨论到访问控制策略的一些特征。

本部分不规定提供访问控制服务可能要执行的协议交换的细节。

本部分不规定支持这些访问控制服务的具体机制,也不规定安全管理服务和协议的细节。

很多不同类型的标准能使用本框架,包括:

1)　体现访问控制概念的标准;

2)　规定含有访问控制的抽象服务的标准;

3)　规定使用访问控制服务的标准;

4)　规定在开放系统环境中提供访问控制方法的标准;

5)　规定访问控制机制的标准。

这些标准能按下列方式使用本框架:

——标准类型1)、2)、3)、4)和5)能使用本框架的术语;

——标准类型2)、3)、4)和5)能使用在本框架第7章定义的设施;

——标准类型5)能基于第8章定义的机制类别。

2 规范性引用文件

下述文件中的条款通过 GB/T 18794 的本部分的引用而成为本部分的条款。凡是注日期的引用文件,其随后所有的修改单(不包括勘误的内容)或修改版均不适用于本部分,然而,鼓励根据本部分达成协议的各方研究是否可使用这些文件的最新版本。凡是不注日期的引用文件,其最新版本适用于本部分。

GB/T 9387.1—1998 信息技术 开放系统互连 基本参考模型 第1部分:基本模型(idt ISO/IEC 7498-1:1994)

GB/T 9387.2—1995 信息处理系统 开放系统互连 基本参考模型 第2部分:安全体系结构(idt ISO 7498-2:1989)

GB/T 18794.1—2002 信息技术 开放系统互连 开放系统安全框架 第1部分:概述(idt ISO/IEC 10181-1:1996)

GB/T 18794.2—2002 信息技术 开放系统互连 开放系统安全框架 第2部分:鉴别框架(idt ISO/IEC 10181-2:1996)

3 术语和定义

下列术语和定义适用于 GB/T 18794 的本部分。

3.1 安全体系结构定义

在 GB/T 9387.2—1995 确立的下列术语和定义适用于 GB/T 18794 的本部分。

a) 访问控制 access control;
b) 访问控制列表 access control list;
c) 可确认性 accountability;
d) 鉴别 authentication;
e) 鉴别信息 authentication information;
f) 授权 authorization;
g) 权力 capability;
h) 基于身份的安全策略 identity-based security policy;
i) 基于规则的安全策略 rule-based security policy;
j) 安全审计 security audit;
k) 安全标签 security label;
l) 安全策略 security policy;
m) 安全服务 security service;
n) 灵敏性 sensitivity。

3.2 安全框架概述定义

在 GB/T 18794.1 确立的下列术语和定义适用于 GB/T 18794 的本部分。

a) 安全交互策略 secure interaction policy;
b) 安全证书 security certificate;
c) 安全域 security domain;
d) 安全域机构 security domain authority;
e) 安全信息 security information;
f) 安全策略规则 security police rules;
g) 安全权标 security token;

h)　信任 trust。

3.3　基本参考模型定义

在 GB/T 9387.1—1998 中确立的下列术语和定义适用于 GB/T 18794 的本部分。

——实系统 real system。

3.4　附加定义

下列术语和定义适用于 GB/T 18794 的本部分。

3.4.1

访问控制证书　access control certificate

包含 ACI 的安全证书。

3.4.2

访问控制判决信息　Access control Decision Information（ADI）

在作出一个特定访问控制判决时可供 ADF 使用的部分（也可能是全部）ACI。

3.4.3

访问控制判决功能　Access control Decision Function（ADF）

一种特定功能，它通过对访问请求、ADI（发起者的、目标的、访问请求的或以前决策保留下来的 ADI）以及该访问请求的上下文，使用访问控制策略规则而做出访问控制判决。

3.4.4

访问控制实施功能　Access control Enforcement Function（AEF）

一种特定功能，它是每一访问请求中发起者和目标之间访问路径的一部分，并实施由 ADF 做出的决策。

3.4.5

访问控制信息　Access Control Information（ACI）

用于访问控制目的的任何信息，其中包括上下文信息。

3.4.6

访问控制策略　access control policy

定义可发生访问控制条件的规则集。

3.4.7

访问控制策略规则　access control policy rules

与提供访问控制服务有关的安全策略规则。

3.4.8

访问控制权标　access control token

一个包含 ACI 的安全标记。

3.4.9

访问请求　access request

操作和操作数，它们构成一个试图进行的访问的基本成分。

3.4.10

访问请求访问控制判决信息（访问请求 ADI）　access request access control decision information（access request ADI）

由访问请求绑定 ACI 导出的 ADI。

3.4.11

访问请求访问控制信息（访问请求 ACI）　access request access control information（access request ACI）

有关访问请求的 ACI。

3.4.12

绑定访问请求访问控制信息（访问请求绑定 ACI） access request-bound access control information（access request-bound ACI）

绑定到访问请求的 ACI。

3.4.13

许可权 clearance

能用来与目标安全标签进行比较的发起者绑定 ACI。

3.4.14

上下文信息 context information

与进行访问请求的环境有关的信息或由其导出的信息（如时间）。

3.4.15

发起者 initiator

一个试图访问其他实体的实体（如人类用户或基于计算机的实体）。

3.4.16

发起者访问控制判决信息（发起者 ADI） initiator access control decision information（initiator ADI）

由发起者绑定 ACI 导出的 ADI。

3.4.17

发起者访问控制信息（发起者 ACI） initiator access control information（initiator ACI）

有关发起者的 ACI。

3.4.18

发起者绑定访问控制信息（发起者绑定 ACI） initiator-bound access control information（initiator-bound ACI）

绑定到发起者的 ACI。

3.4.19

操作数访问控制判决信息（操作数 ADI） operand access control decision information（operand ADI）

由操作数绑定 ACI 导出的 ADI。

3.4.20

操作数访问控制信息（操作数 ACI） operand access control information（operand ACI）

有关访问请求操作数的 ACI。

3.4.21

操作数绑定访问控制信息（操作数绑定 ACI） operand-bound access control information（operand-bound ACI）

绑定到访问请求操作数的 ACI。

3.4.22

保留的 ADI retained ADI

为用于将来的访问控制判决而被 ADF 从以前的访问控制判决中保留下来的 ADI。

3.4.23

目标 target

被试图访问的实体。

3.4.24

目标访问控制判决信息（目标 ADI） target access control decision information（target ADI）

由目标绑定 ACI 导出的 ADI。

3.4.25

目标访问控制信息（目标 ACI）　target access control information（target ACI）

有关目标的 ACI。

3.4.26

目标绑定访问控制信息（目标绑定 ACI）　target-bound access control information（target-bound ACI）

绑定到目标的 ACI。

4　缩略语

ACI　　访问控制信息（Access Control Information）

ADI　　访问控制判决信息（Access Control Decision Information）

ADF　　访问控制判决功能（Access Control Decision Function）

AEF　　访问控制实施功能（Access Control Enforcement Function）

SI　　　安全信息（Security Information）

SDA　　安全域机构（Security Domain Authority）

5　访问控制的一般性论述

5.1　访问控制的目标

作为安全框架，访问控制的主要目标是对抗涉及计算机或通信系统的非授权操作的威胁。这些威胁经常被细分为下列几类：

——非授权使用；

——泄露；

——修改；

——破坏；

——拒绝服务。

本安全框架的子目标是：

——通过（可以是代表人类或其他进程的行为的）进程，对数据、不同进程或其他计算资源访问的控制；

——在一个安全域内，或跨越一个或多个安全域的访问控制；

——按照其上下文（例如，根据试图访问的时间、访问者地点或访问路由等因素）的访问控制；

——在访问期间对更改授权做出反应的访问控制。

5.2　访问控制的基本方面

下面的列项描述抽象的访问控制功能，大多数与访问控制策略和系统设计无关。实系统中的访问控制与多种类型的实体有关，例如：

——物理实体（如实系统）；

——逻辑实体（如 OSI 层实体、文件、组织机构，以及企业）；

——人类用户。

实系统中的访问控制可能需要复杂的活动集。这些活动包括：

——建立访问控制策略的表示；

——建立 ACI 的表示；

——将 ACI 分配给元素（发起者、目标或访问请求）；

——将 ACI 绑定到元素；

——使 ADI 对 ADF 可用；

——执行访问控制功能；

——修改 ACI(在分配 ACI 值以后的任何时间,其中包括撤销)；

——撤销 ADI。

这些活动可分为两组：

——操作活动(使 ADI 对 ADF 可用和执行访问控制功能)；

——管理活动(其余的所有活动)。

上面的有些活动可编组成为实系统中单个可识别的活动。虽然有些访问控制活动需要先于其他活动,但是它们常常是互相交叠的,并且有些活动还可以重复执行。

下面首先详细讨论执行访问控制功能中所涉及的概念,因为所有其他活动都支持这一做法。

5.2.1 执行访问控制功能

本条款的目的是用图 1 和图 2 说明访问控制的基本功能。就访问控制整体运行而言,其他功能可能也是必要的。在后面的讨论中,将介绍可能实现这些功能的种种方式,其中包括分布访问控制功能和 ACI 的不同方式,以及在同一个或合作安全域中访问控制功能之间通信的不同格式。

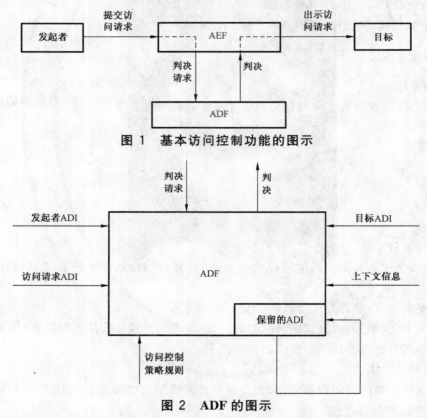

图 1　基本访问控制功能的图示

图 2　ADF 的图示

访问控制中涉及的基本实体和功能是发起者、访问控制实施功能(AEF)、访问决策功能(ADF)和目标。

发起者代表访问或试图访问目标的人和基于计算机的实体。在一个实系统中,发起者由一个基于计算机的实体来代表,尽管基于计算机的实体代表该发起者所做的访问请求可受到该基于计算机的实体的 ACI 的进一步限制。

目标代表被发起者所访问或试图访问的基于计算机或通信的实体。例如,目标可能是一个 OSI 层实体,一个文件,或一个实系统。

访问请求代表操作和操作数,它们构成一个试图进行的访问的基本成分。

AEF 确保发起者在目标上只能执行由 ADF 确定而允许的访问。当发起者做出在目标上执行特定访问的请求时，AEF 就通知 ADF，需要进行判决以便能做出决定。

为了做出这一判决，要给 ADF 提供访问请求（作为该判决请求的一部分）和下列几种访问控制判决信息（ADI）：

——发起者 ADI（由绑定到该发起者的 ACI 所导出的 ADI）；

——目标 ADI（由绑定到该目标的 ACI 所导出的 ADI）；

——访问请求 ADI（由绑定到该访问请求的 ACI 所导出的 ADI）。

ADF 的其他输入是访问控制策略规则（来自该 ADF 的安全域机构），以及解释 ADI 或策略所需的任何上下文信息。上下文信息的示例包括发起者的位置，访问时间，或使用的特殊通信路径。

基于这些输入，可能还有以前判决中保留下来的 ADI，ADF 可以做出允许或禁止发起者试图对目标进行访问的判决。该判决被传递给 AEF，然后 AEF 或者允许将访问请求传给目标，或者采取其他适当的动作。

在许多情况下，发起者对一个目标所做出的连续访问请求是相关的。一个典型的示例是，在一个应用中打开与对等目标应用进程的连接后，试图用同一（保留的）ADI 执行几个访问。对有些随后通过该连接进行通信的访问请求，可能需要给 ADF 提供附加的 ADI 以便它允许访问请求。在另一些情况中，安全策略可要求一个或多个发起者与一个或多个目标之间的某些相关访问请求受到限制。在这种情况下，ADF 可使用先前涉及多个发起者和目标的判决中所保留的 ADI 来对特定访问请求做出判决。

对于本条款，一个访问请求如果得到 AEF 允许，它只涉及一个发起者与一个目标的一个交互。尽管发起者和目标之间的有些访问请求与其他访问请求完全无关，但常常会存在这样的情况，即两个实体进入一个相关的访问请求集合中，如询问一响应模式。在这样的情况下，实体根据需要同时或交替承担发起者和目标角色，并可能采用各自的 AEF 组件、ADF 组件和访问控制策略来对每一个访问请求执行访问控制功能。

5.2.2 其他访问控制活动

5.2.2.1 建立访问控制策略的表示

通常用自然语言将访问控制策略陈述为概括性的原则，例如，只允许某一级别以上的管理者才能检查雇员的工资信息。将这些原则转换成规则是一项工程设计活动，它必须在其他访问控制活动之前进行，但它不属于本安全框架的范畴。第 6 章中将概述访问控制策略的概念。

5.2.2.2 建立 ACI 的表示

在这项活动中，要对实系统（数据结构）中的 ACI 表示和实系统之间的交换（语法）做出选择。在本安全框架中讨论了一系列可能的表示。ACI 的表示必须能够支持特定访问控制策略的需求。有些 ACI 表示可能在实系统中和实系统之间都适用。不同的 ACI 表示可用于不同的目的以及用于特定的元素中间。

经选择的 ACI 表示可看成模板，为安全域中的元素赋以特定的 ACI 值（如下一条款中讨论的那样）。建立 ACI 表示的一个方面就是决定可被指定给安全域中元素的 ACI 值的类型和范围（而不是哪种类型可以指定给特定的元素）。

为进行访问控制管理或实现实体和访问控制功能之间的 ACI 交换，而在实系统之间进行交换的 ACI 的表示是候选的 OSI 标准化对象。但 OSI 标准化并不关心在实系统中如何表示 ACI 或如何将 ACI 递交给本地 ADF。保护 ACI 的交换在 7.2 中讨论。就 OSI 应用（以及可能的其他应用）而言，合适的做法是把 ACI 表示看作由属性类型—属性值对组成的属性。

5.2.2.3 给发起者和目标分配 ACI

在这一活动中，分配给一个元素的 ACI 具体属性类型和属性值是由 SDA、SDA 代理或其他实体（如资源拥有者）指定的。这些实体可根据安全域策略指定或修改 ACI 的分配。由一个实体分配的 ACI 可通过由另一个实体已经绑定到它的 ACI 加以限制。当有新元素添加到安全域中时，给元素分配

ACI 是一个不间断的活动。

　　注：授予"访问权"的管理活动有时就是指授权。在给发起者或目标分配 ACI 时就包含这一层意思。

　　ACI 可以是关于单一实体的信息，也可以是关于实体间关系的信息。分配给一个发起者的 ACI 可以完全是关于那个发起者的，或者是关于那个发起者和特定目标之间的关系，或者是关于那个发起者与可能的上下文之间的关系。于是，分配给一个发起者的 ACI 可以包括发起者 ACI，目标 ACI，或上下文信息。类似地，分配给目标的 ACI 可以包括目标 ACI，发起者 ACI（对于一个或多个发起者），或上下文信息。

　　在实际操作中，ACI 必须被绑定到一个元素上（见 5.2.2.4），使得一个采用从绑定 ACI 导出 ADI 的 ADF 信任那条信息。因此，尽管给元素分配 ACI 对构造绑定 ACI 而言是先决条件，但只有绑定到一个元素的 ACI 才实际出现在实开放系统中。

5.2.2.4　绑定 ACI 到发起者、目标和访问请求

　　将 ACI 绑定到一个元素（即发起者、目标或访问请求）会在元素和分配给该元素的 ACI 之间创建一个安全链接。绑定对访问控制功能和其他元素都提供保证，该 ACI 确实是指定给这一特定元素的，且绑定后没有发生任何更改。绑定通过使用完整性服务而获得。可能有几种绑定机制，其中有些依赖于元素和 ACI 的位置，而另一些可能依靠一些密码签名或封印处理。将 ACI 绑定到元素的完整性需要在发起者和目标系统内受到保护（例如，依赖诸如文件保护和进程分离之类的操作系统功能），并且在 ACI 交换中也是这样。既然一个元素的 ACI 可存在几种可能的表示（包括在系统中以及系统之间），那么对同一个 ACI 可使用不同的绑定机制。在某些安全策略下，还需要维护 ACI 的机密性。

　　当有新元素添加到安全域中时，对元素的 ACI 绑定是一种不间断的活动。一个 SDA，它的代理或其他允许的实体，可根据适用的安全策略任意删除或添加 ACI 绑定。在需要表达对安全策略或属性的变更时，SDA 可对绑定到元素的 ACI 进行修改。绑定 ACI 可包括有效期指示器，从而使以后可能需要撤销的 ACI 量减到最少。

　　ACI 绑定到一个元素的时机以及使该绑定机制被引用的实体，与元素类型有关。发起者将通过一个 SDA 或 SDA 的代理在它们有能力进行访问时把 ACI 绑定到它们上面。

　　所有目标将通过一个 SDA 或 SDA 的代理在可访问前把 ACI 绑定到它们上面。那些由代表一个用户的应用或另一个应用创建的目标，将在创建时或创建之后把 ACI 绑定到它们上面。绑定到这种目标的 ACI 可受到绑定到该用户或该应用的 ACI 的局限性的限制。

　　在试图访问前，由一个用户或应用、或者由代表用户或应用的 SDA 或 SDA 的代理，把 ACI 绑定到一个访问请求上。而且，绑定到该访问请求的 ACI 可受到绑定到该用户或应用的 ACI 的局限性的限制。通常的情况是访问请求导致创建一个新的目标实体（例如，在某些系统间传送一个文件时）。可在绑定到该访问请求的 ACI 中指定（或由此导出）这样的一个目标 ACI。

5.2.2.5　使 ADI 对 ADF 可用

　　如果访问控制策略允许以及使用中的绑定机制认可的话，可由发起者或目标选择一个绑定到发起者或目标的 ACI 子集，在 ADF 中进行特定访问控制判决时使用。绑定到一个元素的 ACI 可暂时绑定到另一个元素，例如，当一个实体代表另一个实体行动时。

　　为了完成它的功能，图 2 的各种 ADI 必须对 ADF 可用。注意本条款中对实体、功能或 ADI 的物理分布没有做任何假设，也没有假设怎样输入才可对 ADF 可用。在 5.3、5.4 和附录 D 中将讨论实体和分布式访问控制组件间可能的一些关系。

　　对发起者 ADI、目标 ADI 或访问请求 ADI，存在三种可能性：

　　a)　在分配 ACI 值后，ADI 可被预置到一个或多个 ADF 组件；

　　b)　ADI 可由在访问控制进程（可能与试图进行的访问连同）中递交给 ADF 组件的绑定 ACI 导出；

　　c)　ADI 可由从其他来源（例如，一个目录服务代理）所获得的绑定 ACI 导出。根据需要，或者由

发起者或目标获得绑定 ACI[对 ADF 来说，这一点不与 b)区分]，或者由 ADF 获得绑定 ACI
[对发起者或目标来说，这一点不与 a)区分]。

没有规定 ADF 通过何种方法获得绑定 ACI 和导出这个 ADI。发起者绑定 ACI 没有必要由发起者
递交，目标绑定 ACI 没有必要由目标递交，访问请求绑定 ACI 也不必与访问请求一道递交。

ADF 必须能够明确地确定 ADI 已由适当的 SDA 从绑定到元素的 ACI 导出。在 7.2 中讨论提供
此保证的方法。

5.2.2.6 修改 ACI

SDA 可根据需要修改已分配并绑定到一个元素的 ACI，以表示变化中的安全属性。ACI 可在分配
给元素后的任何时间被修改。如果修改降低了发起者对目标访问的可允许度，则这种变更有可能要求
撤销该 ACI 以及由其导出而可被 ADF 保留的 ADI。

5.2.2.7 撤销 ADI

撤销 ACI 后，任何试图使用由该 ACI 导出的 ADI 必然引起访问不被接受。在撤销 ACI 之前，应防
止进一步使用由该 ACI 导出的 ADI，否则试图使用它必然引起访问遭到拒绝。当撤销 ACI 时如果基于
以前导出 ADI 的一个访问正在继续，那么，正在起作用的访问控制策略有可能要求终止该访问。

5.2.3 ACI 转发

在分布式系统中，常见的需求是一些实体请求其他实体代表它们去执行访问。发起者和目标是由
实体所承担的角色，尽管并不是所有的实体都可承担这两个角色。一个实体在它本身担当另一个作为
发起者的实体的目标的时候，还可同时承担对一个实体的发起者。

图 3 示出实体 A 请求实体 B 对另一个实体 C 实施访问的基本概念。在图 3 中没有说明在这样一
种链式访问中可能涉及的一些访问控制组件。

图 3 ACI 转发

这一基本概念有许多变种。这些变种在策略所要求的 ACI 的组合上有着明显的不同，这些策略必
须存在，以允许进行这样的链接访问，并表明如何使该 ACI 对合适的访问控制组件可用。在某些策略
下，除为了 A 而执行访问已将 ACI 绑定到 B 以外，B 可以不需要 ACI；在另一些策略下，B 将仅使用从
A 得到的与该访问相关的 ACI，而在一般情况下，必须使用绑定到 A 和 B 的 ACI。

下面的示例将说明可能的一些变种：

a) 在最简单的可能性中，A 可要求 B 执行一次访问，因为 B 的 ACI 对执行 A 的那个访问请求是
    充分的。

b) 对适当的访问控制组件所批准的访问请求，A 可能需要提供部分或全部 ACI：

    1) A 可提供 ACI，办法是把它与访问请求一起传给 B；

    2) 在请求 B 执行访问之前，A 可请求来自 C 的预先授权。在这种情况下，A 应将 ACI 提供
        给 C，而 C 接着给 A 提供一个权标。A 将这个权标随同请求的访问一道发送给 B，然后 C
        将这个权标识别为先前授权的一个记录。(参见附录 F 对这种情况的更详细描述。)

图 3 可推广到任何数量的具有最终目标实体 AEF 的中间实体，这些 AEF 主要以从序列中的一个
或多个实体中所获得的 ACI 为依据做出访问判决。附录 B 对复杂的间接访问链中发起者和目标之间
的交互有更详细的描述。

注：访问控制策略的设计者应意识到，稍不留意，这种传递访问可能使那些原本并不被直接许可的访问获得许可的
访问。

5.3 访问控制组件的分布

AEF 或 ADF 可由一个或多个访问控制组件构成。访问控制功能可分布在访问控制策略允许的组
件中。上面所提出的基本访问控制功能是与组件位置、它们之间的通信或它们的可能分布方面的考虑

无关的。

AEF 配置在每个发起者—目标实例之间，以便发起者仅通过 AEF 就能作用于目标。AEF 和 ADF 组件有几种可能的物理示例。ADF 组件可以与，也可以不与一个 AEF 组件搭配使用。ADF 组件可为一个或多个 AEF 组件服务。同样，AEF 组件可使用一个或多个 ADF 组件。

一个 AEF 组件和一个 ADF 组件的搭配可能在效率和及时性（减少延迟）方面有优势，并且也可以免除 AEF 和 ADF 之间通信保护的需求。为几个 AEF 组件服务的 ADF 组件可能在减少分发 ACI 的需求和使相关安全功能如审计之类减少复杂程度方面有优势。

在附录 D 中有 ADF 和 AEF 组件、位置以及关系示例的讨论，它们是应用于单个发起者和单个目标的。组件位置的安排可能基于下列一种或多种的考虑。

5.3.1 入访问控制

SDA 可认为，在一个目标上有入访问控制就足够了。在这种情况下，一个目标 AEF 组件实施一个入访问控制策略，并且目标不能接收与该目标的访问控制策略不一致的访问请求。这就意味着由发起者发送的访问请求将到达目标 AEF，并将受到目标 AEF 的检查以证实它们满足 ADF 组件实施的访问控制策略。

5.3.2 出访问控制

SDA 可认为，重要的是使用发起者本地的访问控制组件来防止对目标的非授权访问（例如，当目标访问控制系统实现的质量不高时，或者，如果没有首先检测该请求的访问已经获得了授权，就不应该消耗可用的网络资源），在这种情况下，发起者 AEF 对出访问控制是必要的。此时，发起者不能实现与发起者安全域的访问控制策略不一致的访问。

5.3.3 插入访问控制

SDA 可认为，重要的是对发起者和目标之间的访问进行过滤，在这种情况下，AEF 可插在发起者和目标之间。插入的 AEF 然后可实施出和入两种访问控制策略。这些访问控制策略可与发起者的及目标的安全域访问控制策略无关。

5.4 跨多个安全域的访问控制组件分布

安全域之间也许会形成关联，使得在一个安全域的资源能被别的安全域访问。可能涉及到多个安全域的情况，但在许多实例中并不是所有的安全域都很明确。一些安全域提供 ACI，一些对一个访问实施控制，还有一些则两者都做。这样的安全域可包括：

——将 ACI 绑定到该发起者的安全域；

——发起者所在的安全域；

——将 ACI 绑定到该访问请求的安全域；

——将 ACI 绑定到该目标的安全域；

——目标所在的那个安全域；

——做出访问控制判决的安全域；

——执行访问控制判决的安全域。

访问控制过程类似于在同一 SDA 下的全部 AEF 和 ADF 组件的情况，如 5.3 所述，其中附加了 SDA 间和域间关系以及域间通信的复杂性。

域间通信包括：

——SDA 之间的通告，或者进行了新的绑定 ACI 操作或 ACI 修改操作的 SDA 代理之间的通告；

——在试图访问时为证实并转换 ACI 和访问控制策略的表示而进行的请求，以及对这些请求作出的响应；

——访问请求以及对这些请求的响应。

5.5 对访问控制的威胁

ACI 和访问控制功能可分布在若干实系统和安全域中。ACI 可能通过不安全的通信设施进行通信,并且它可能被不同 SDA 下运行的组件进行处理。当涉及不同的 SDA 时,需要在 SDA 间建立信任关系。在这些情况下应该考虑的威胁是:

——由一个貌似适当的 AEF 或 ADF 的实体进行假冒;

——绕过一个 AEF;

——拦截、重放和修改 ACI 或其他与访问控制相关的通信;

——由别的、而不是预期的发起者使用 ACI;

——由别的、而不是预期的目标使用 ACI;

——由别的、而不是预期的访问请求使用 ACI;

——在错误的 ADF 上使用 ACI;

——预期的约束范围外使用 ACI。

在 7.2 中给出了可能的实现防止访问控制威胁的方法。

6 访问控制策略

访问控制策略表示一个安全域中的某种安全需求。访问控制策略是 ADF 行动的一组规则。若干考虑因素可包括在安全控制策略中和作为规则包括在其表达式中。这些考虑中的一种或多种可应用到特定的安全策略中。有些访问控制机制比其他一些更容易适应特定的考虑(见第 8 章)。

注:在这里不考虑那些虽满足安全策略、但却与其他安全服务(如机密性、完整性)有关的访问控制机制。

访问控制策略的两个重要而有区别的方面是它的表示方式和管理方式(6.1 和 6.2)。通常,行政管理强加的访问控制策略使用安全标签来表示和实现,而用户挑选的访问控制策略则按可选择的方式来表示和实现。不过,访问控制策略的表示、它的管理、以及用来支持它的机制,在逻辑上是相互独立的。

6.1 访问控制策略表示

6.1.1 访问控制策略分类

在 GB/T 9387.2—1995 中识别了基于规则和基于身份这两类安全策略。基于规则的访问控制策略是想让这种策略应用于由安全域中任意发起者对任何目标的所有访问请求。而基于身份的访问控制策略是基于一些特定的规则,这些规则是针对单个发起者、一组发起者、代表发起者进行行动的实体、或扮演一个特定角色的原发者的。上下文能修改基于规则或基于身份的访问控制策略。上下文规则可有效定义整体策略。实系统通常将使用这些策略类型的组合;如果使用基于规则的策略,那么基于身份的策略通常也有效。

6.1.2 组和角色

按照发起者组或按照扮演特定角色的发起者来陈述的访问控制策略,是基于身份策略的特殊类型。

组是一群发起者,当执行一个特定的访问控制策略时,认为其成员是平等的。组允许一群发起者访问特定的目标,不必在目标 ACI 中包括单个发起者的身份,也不必显式地将相同的 ACI 分配给每个发起者。组的组成由管理行为确定,创建或修改组的能力必须取决于访问控制。可能需要也可能不需要不区分其成员而按组来审计访问请求。

对允许一个用户在组织内执行的功能则用角色来表示其特征。一个给定的角色可适用于某一个人(例如部门经理)或几个个人(例如出纳员,信贷员,董事会成员)。

可按层次使用组和角色以组合发起者身份、组和角色。

6.1.3 安全标签

按照安全标签表达的访问控制策略是基于规则的安全策略的特殊类型。发起者和目标分别与命名的安全标签相关联。访问决策则基于发起者与目标安全标签的比较。这些策略通过规则来表达,而规则则描述在具有特定安全标签的发起者和目标之间可以发生的访问。

利用安全标签的访问控制策略表示,在用于提供完整性和机密性(保护)形式时特别有用。

6.1.4 多个发起者的访问控制策略

有许多按照多个发起者陈述的访问控制策略。这些策略可以识别单个发起者，或同一组或不同组成员的发起者，或担当不同角色的发起者，或这些发起者的若干组合。这种多参与者的访问控制策略示例包括：

——被特别识别的那些个体必须同意拟完成的访问。通常必须同意担当特定角色的发起者的访问，如公司董事长和财务部长。

——不同组的两个成员必须都同意访问，如公司的任何官员和董事会的任何成员。此示例中，策略很可能要求同一个体不能在两个组中充当角色，这样个体的身份和组的成员关系就能成为被 ADF 使用的 ADI 部分。

——一定数量的组成员（可能是大多数）必须都同意访问。

6.2 策略管理

本条识别三个方面的策略管理。

6.2.1 固定的策略

固定的策略是那些一直应用又不能被更改的策略，例如，那些被构建在系统内的策略。

6.2.2 行政管理强加的策略

行政管理强加的策略是那些一直应用，并且只有被适当授权的人才可更改的策略。

6.2.3 用户选择的策略

用户选择的策略是那些可为发起者和目标的请求所用的，并且只应用于这样的访问请求：涉及发起者的，或者目标的，或者发起者或目标的资源的。

6.3 粒度和容度

访问控制策略可在不同的粒度级别上定义目标。每一个粒度级别可有它自己的逻辑上的分离策略，并可限定使用不同 AEF 和 ADF 组件（虽然它们可能使用同样的 ADI）。例如，对一个数据库服务器的访问可被控制为该服务器仅作为一个整体的访问；也就是说，要么完全拒绝发起者访问，要么允许访问服务器上的任何东西。另一种选择是，访问可控制到对单个文件，文件中的记录，或者甚至是记录中的数据项。特定的数据库可以是目录信息树，对其访问控制粒度可以在整个树一级，或树内的子树，或树的条目，或者甚至是条目的属性值。粒度的另一个示例是计算机系统和该系统中的应用。

通过规定一种策略，容度可用来对一个目标集实施访问控制，只有在对包含这些目标的一个目标被允许访问时，该策略才允许访问这些目标。容度也应用在包含于大组里的发起者子组。容度概念常常应用在互相关联的目标中，例如数据库中的文件或记录中的数据项。在一个元素被包含在另一个元素之中的情况下，在试图访问经密封的元素之前，有必要给发起者赋予"通过"该密封元素的访问权力。除非这些安全策略的设计者谨慎使用，否则，为一个策略所拒绝的访问实际上却可能意外地被另一个策略所允许。

6.4 继承规则

新元素可通过拷贝一个现存元素、或修改一个现存元素、或合并现存元素、或构造来进行创建。新元素的 ACI 可依赖于这样的一些因素：创建者的 ACI，或被拷贝、修改或合并元素的 ACI。继承规则规定了这些 ACI 的依赖性，当然可以允许该元素的创建者进一步限制它的 ACI。

继承规则是访问控制策略的组成部分，它们决定 ACI 的创建和修改，或者基于在安全域中的成员关系或通过一个目标包容在另一个安全域中来决定间接应用 ACI 于一个元素。

继承规则本身可以、也可以不被拷贝、修改或合并的元素所继承。可允许一个发起者为了自己的使用而拷贝一个目标，但是禁止做进一步的拷贝或允许其他发起者拷贝或使用它。另一种选择是，一旦进行了拷贝，就可能对将来的使用失去控制。

当一个元素包容在另一个元素之中时，根据继承规则，包容元素的 ACI 可隐含它的一部分（或全部）ACI。这样的继承规则能使应用于大量元素的一致性策略管理得到简化。

6.5 访问控制策略规则中的优先原则

访问控制策略规则有可能相互冲突。优先规则规定所应用的访问控制策略的次序以及哪些规则比其他优先。例如,如果访问控制策略的规则 A 和规则 B 可分别使一个 ADF 对一请求访问做出不同的决策,优先规则可将优先权赋予规则 A,在这种情况下就不会考虑 B 中的规则,或者优先规则可要求两个规则都允许请求访问得到许可。

当发起者作为组成员或特定角色时,优先规则可能需要应用于发起者绑定 ACI 的使用中。优先规则可允许发起者自己的 ACI 与组或角色的 ACI 结合起来,在这种情况下,还必须指定怎样对有冲突的 ACI 进行组合。另一种选择是,优先规则可要求只将组或角色的 ACI 应用于特定的访问请求。

当访问请求涉及多个安全域时,必须遵守 GB/T 18794.1—2002 关于安全交互策略中所描述的原则。

6.6 默认访问控制策略规则

访问控制策略可包括默认的访问控制策略规则。当一个或多个发起者没有被明确地允许或拒绝对一个特定目标的访问时,可以使用这些规则。例如,如果用于有关 ADI 的其他访问控制策略没有明确地作出禁止访问,默认访问控制策略将允许对该目标的访问。

6.7 通过合作安全域的策略映射

在合作安全域间为访问请求提供访问控制时,有时将需要映射或转化绑定到该访问请求的 ACI。这可能是由于具有不同的 ACI 表示的合作安全域所引起,或者是由于对同一 ACI 的不同的安全策略解释所造成。可在合作安全域间映射的信息示例包括:

——个体、组或角色标识符(例如,在安全域 X 的个人 JSmith 可被识别为安全域 Y 的个人 XJ-Smith);

——角色及其属性(例如,连接到公共载体的私有网络中的安全管理员在公共载体网络中可被识别为用户安全管理员);

——对角色或组的个体标识符(例如,私有网络中的所有个体可被映射到公共载体网络中的用户个体的角色中)。

7 访问控制信息和设施

7.1 ACI

如本章所述,ACI 的类型包括发起者、目标、访问请求、操作、操作数和上下文信息。作为访问控制功能的组成部分,ACI 可能需要在实系统之间进行交换。当发生这样的交换时,合作实体对抽象语法有一致的理解是必要的。本章中对 ACI 的讨论为详细描述第 8 章的特定访问控制方案提供了基础。

注:为了使实系统间的互操作性最大化,需要对 ACI 的表示进行标准化。本章不包括那些不需要进行标准化的其他 ACI(例如,保留的 ADI)。

根据所选择的安全策略,对所需要的 ACI 进行定义是必要的。

7.1.1 发起者 ACI

发起者 ACI 是关于一个发起者的 ACI。

发起者 ACI 的示例内容包括:

a) 个体的访问控制身份;

b) 用以认定成员关系的层次组标识符;

c) 用以认定成员关系的功能组标识符;

d) 可担当的角色的标识符;

e) 敏感性标记;

f) 完整性标记。

注:个体访问控制身份不一定与用于鉴别、审计或计费的身份一样。个体访问控制身份在 SDA 命名空间内是惟一

的(参见附录 C)。

7.1.2 目标 ACI

目标 ACI 是关于一个目标的 ACI。

目标 ACI 的示例包括：

a) 目标访问控制身份；

b) 敏感性标记；

c) 完整性标记；

d) 包含一个目标的容纳者标识符。

7.1.3 访问请求 ACI

访问请求 ACI 是关于一个访问请求的 ACI。

访问请求 ACI 的示例包括：

a) 允许的操作种类(例如，读，写)；

b) 使用操作所要求的完整性等级；

c) 操作的数据类型。

7.1.4 操作数 ACI

操作数 ACI 是关于一个访问请求操作数的 ACI。

操作数 ACI 的示例包括：

a) 敏感性标记；

b) 完整性标记。

7.1.5 上下文信息

上下文信息的示例包括：

a) 时期：仅在用天、周、月、年等指定的精确时期内可准许访问；

b) 路由：仅在使用的路由具有指定的特征时才准许访问；

c) 位置：仅对在指定的系统、工作站或终端上的发起者，或仅对在指定的物理位置上的发起者，才准许访问；

d) 系统状态：仅当系统处于一个特定状态时(例如，灾难恢复期间)，对特定的 ADI 才准许访问；

e) 鉴别强度：仅当使用的鉴别机制至少具有一个给定的强度时才准许访问；

f) 当前为这些或其他发起者启用的其他访问。

7.1.6 发起者绑定 ACI

发起者绑定 ACI 可包括发起者 ACI、某些目标 ACI 和选择的上下文信息。在第 8 章讨论发起者绑定 ACI 的形式，诸如安全标签、权力和访问控制证书。示例包括：

a) 发起者 ACI；

b) 目标访问控制身份和允许的对该目标的访问(即权力)；

c) 发起者位置。

7.1.7 目标绑定 ACI

目标绑定 ACI 可包括某些发起者 ACI、目标 ACI 和选择的上下文信息。在第 8 章讨论目标绑定 ACI 的形式，诸如标签和访问控制列表。示例包括：

a) 个体发起者的访问控制身份和他们被允许或拒绝对该目标的访问；

b) 层次组成员的访问控制身份和他们被允许或拒绝对该目标的访问；

c) 功能组成员的访问控制身份和他们被允许或拒绝对该目标的访问；

d) 角色的访问控制身份和他们被允许或拒绝对该目标的访问；

e) 授权当局和对他们授权的访问。

7.1.8 访问请求绑定 ACI

访问请求绑定 ACI 可包括发起者 ACI、目标 ACI 和上下文信息。示例包括：

a) 允许参与访问的发起者/目标对；

b) 允许参与访问的目标；

c) 允许参与访问的发起者。

7.2 ACI 的保护

7.2.1 访问控制证书

实系统之间交换的 ACI 需要加以保护，以对抗 5.5 中所描述的对访问控制的各种威胁。发布 ACI 的机构必须是能由 ADF 可验证的，该 ADF 使用从 ACI 导出的 ADI 进行验证。一种提供这种验证的方法是将 ACI 封装在由发布机构所签署或封印的安全证书里面。这样的数据包称为访问控制证书。

访问控制证书可包含各种形式的信息。许多信息都共同用于安全证书的通用保护，并在 GB/T 18794.1—2002 中进行讨论。

下述信息项是指定给发起者的：

——发起者 ACI；

——证实方法，证实访问控制证书绑定到一个指定的发起者已不可能被另一个发起者所使用；

——账户标识符，能用来对访问计费；

——实体标识符，追溯或审计需要时可用以审核其对访问的责任；

——访问控制证书可被一个特定发起者使用的次数。

下述信息项是指定给目标的：

——目标 ACI；

——证实方法，证实访问控制证书绑定到一个指定的目标已不可能被另一个目标所使用；

——访问控制证书可被一个特定发起者使用的次数。

下述信息项是指定给访问请求的：

——证实方法，证实访问控制证书绑定到一个指定的访问请求已不可能被另一个访问请求所使用；

——证实方法，证实将访问控制证书绑定到一个或多个访问请求已不可能被其他访问请求所使用（例如，为了访问控制转发）；

——访问控制证书可被用来访问一个特定目标的次数；

——访问请求 ACI。

7.2.2 访问控制权标

保护 ACI 的另一种通用方法是把它放在一个安全权标中。与安全机构签署或封印的访问控制证书不同，安全权标能够由发起者产生。在访问控制情况下，安全权标特别适合于访问请求绑定 ACI。

访问控制证书可从一个 SDA 获得，用于多个访问请求中。然而，发起者可生成一个安全权标来将该访问控制证书绑定到一个指定的访问请求上。

安全权标可包括多种形式的信息。许多信息都共同用于安全权标的通用保护，在 GB/T 18794.1—2002 中对其进行了讨论。

被指定给包含在一个访问控制证书中的发起者、目标和访问请求的相同信息项，可以包含在一个访问控制权标当中。

7.3 访问控制设施

本条标识出一系列可用来在实系统中提供访问控制的访问控制设施。所给出的访问控制设施是一般性描述，与具体的机制无关。对用于特定实系统的具体接口原语则不作规定。

> 注：尽管对访问控制设施进行了一般性描述，但它们意在说明一种普遍的方法，以提供许多可能的访问控制服务。并不排斥本条款未曾提到的其他方法。

访问控制设施可被分类成与管理相关（例如由安全管理员调用）的设施和与访问控制操作相关的设

施。尤其是,与管理相关的设施支持的活动有 5.2.2.4 描述的"绑定 ACI 到元素",5.2.2.6 描述的"修改 ACI",和 5.2.2.7 描述的"撤销 ACI"。与操作有关的设施支持的活动有 5.2.2.5 描述的"使 ADI 对 ADF 可用",5.2.1 描述的"执行访问控制功能"。当不同实系统或安全域使用不同的 ACI 表示时,需要附加设施把 ACI 表示映射到它们中去。

7.3.1 与管理相关的设施

5.2.2 描述的活动中,关于策略和 ACI 表示的建立以及将 ACI 分配给元素的活动并不在此处理。安装 ACI 设施与将 ACI 绑定到元素的过程有关。变更 ACI 设施和撤销 ACI 设施与 ACI 的修改和撤销活动有关。使访问控制组件启用与禁用的设施以及列表元素的 ACI 的设施,附加在 5.2.1 中所识别的活动中。

——安装 ACI:这个设施将一组初始 ACI(例如,发起者使用的权力,发起者和目标使用的安全标签,以及目标用的 ACL)绑定到一个元素。

——变更 ACI:这个设施修改(例如,添加或删除)绑定到一个元素的 ACI。

——撤销 ACI:这个设施撤销绑定到一个元素的 ACI 的使用,从而使 ACI 不再与那个元素有关;不同于变更 ACI 的地方在于任何与该 ACI 相关的 ADI 也要被撤销。

——撤销保留的 ADI:这个设施撤销保留的 ADI 的有效性。

——列表 ACI:这个设施列出绑定到一个给定元素确定的 ACI。

——使组件禁用:该设施使访问控制功能组件不起作用。就 AEF 组件而言,该设施禁止所有的访问通过该 AEF 组件(即阻止对专门由该 AEF 组件服务的这些目标进行的任何访问)。

——使组件重新启用:该设施重新启用访问控制的功能组件。

7.3.2 与操作相关的设施

与操作相关的设施希望按下列步骤使用,但并非每个访问控制的交互都要求使用所有这些步骤:

a) 一次活动的首次访问请求的发起者,通过使用**识别可信安全机构**设施为介入该活动的元素确定 SDA(见 GB/T 18794.1—2002);

b) 建立安全交互策略,以用于该活动中(见 GB/T 18794.1—2002);

c) 使用**获取和生成 ACI** 设施将 ACI 绑定到元素,如 5.2.2.4 描述那样;

d) 通过使用**验证绑定 ACI 和导出 ADI** 设施,使 ADI 对 ADF 可用;

e) 使用**获取上下文信息**设施,获得在安全交互策略下所需的上下文信息;

f) 通过**访问判决**设施获得访问控制的判决。

下面描述的许多设施使用 7.2 中讨论的受保护 ACI(按安全策略要求确保完整性或机密性)。

7.3.2.1 获取发起者绑定 ACI

这个设施获得发起者绑定 ACI,或者在一个访问请求之前获得包含发起者绑定 ACI 的一个访问控制证书或访问控制权标。

由发起者或 ADF 调用。

候选输入有:

——已鉴别的发起者身份(比如从 GB/T 18794.2—2002 定义的**验证设施**所获得的身份);

——发起者绑定 ACI 选择准则;

——有效期;

——目标或目标组的身份;

——安全交互策略。

候选输出有:

——状态(获取发起者绑定设施成功或失败);

——发起者绑定 ACI,或者包含发起者绑定 ACI 的访问控制证书或访问控制权标。

7.3.2.2 获取目标绑定 ACI

这个设施获得目标绑定 ACI。

由 ADF 调用。

候选输入有：

——目标身份；

——目标绑定 ACI 选择准则；

——有效期；

——安全交互策略。

候选输出有：

——状态；

——目标绑定 ACI。

7.3.2.3 生成访问请求绑定 ACI

这个设施将发起者绑定 ACI、访问请求 ACI 和操作数绑定 ACI 绑定到一个访问请求，这是做出访问控制判决所需要的。

由发起者调用。

候选输入有：

——发起者绑定 ACI（一个包含发起者绑定 ACI 或保留 ADI 的访问控制证书）；

——操作数绑定 ACI；

——目标身份；

——操作和操作数；

——有效期；

——安全交互策略。

候选输出有：

——状态；

——访问请求绑定 ACI；

——访问控制权标；

——访问控制证书（由一个代表该发起者的 SDA 所生成）；

——保留的 ADI。

注：访问请求序列的第一个操作可返回保留的 ADI，它可用来替代发起者绑定 ACI。

7.3.2.4 验证绑定 ACI 和导出 ADI

这个设施验证绑定 ACI 的有效性并从它导出 ADI。在将部分或全部 ADI 预先存储在 ADF 的情况下，通过恢复预先存储的 ADI 可扩大或替换这个服务。

由 ADF 调用。

候选输入有：

——绑定 ACI（发起者、目标、访问请求或操作数）；

——访问控制权标；

——访问控制证书；

——操作和操作数；

——有效期；

——安全交互策略。

候选输出有：

——状态；

——操作和操作数；

——ADI(发起者、目标、访问请求或操作数)。

7.3.2.5 获取上下文信息

这个设施获得做出访问控制判决所需的上下文信息。

由发起者或 ADF 调用。

候选输入有:

——操作和操作数;

——需要的上下文信息;

——安全交互策略。

候选输出有:

——状态;

——上下文信息。

7.3.2.6 访问判决

这个设施确定是否允许一个访问。

由 ADF 调用。

候选输入有:

——操作和操作数;

——发起者 ADI;

——操作数 ADI;

——目标 ADI;

——上下文信息;

——保留的 ADI;

——安全交互策略。

候选输出有:

——访问控制判决;

——判决的有效期;

——授权的访问请求序列;

——保留的 ADI。

8 访问控制机制分类

8.1 引言

访问控制机制由一个访问控制方案(例如,基于访问控制列表、权力、标签和上下文的方案)以及为该方案向 ADF 提供 ADI 的支持机制所组成。本章描述一系列访问控制方案和通用的支持机制,这些方案根据那些需要保存于不同位置(主要是在发起者或目标)的 ACI 来定义,而通用支持机制则用于7.3.2.6中的访问判决设施。基本方案和一些常用方案或可能的变种方案都要进行描述。

本章讨论访问控制方案和机制的主要类型;其目的在于说明不同的方案有各自的优势和劣势,它们都能拼凑进一个统一的框架。典型的访问控制方案能通过如下方式,根据发起者绑定和目标绑定 ACI 来定义:

  a) 如果将一组〈目标身份,操作类型〉对看作发起者绑定 ACI,且将目标身份看作目标绑定 ACI,那么在一定的访问控制策略下,本质上所获得的是一个权力方案。

  b) 如果将通常称为"许可(权)"和"分类"的东西分别看作发起者绑定 ACI 和目标绑定 ACI,那么在一定的访问控制策略下,本质上所获得的是一个基于标签的方案。

  c) 如果将发起者身份看作发起者绑定 ACI,且将一组〈发起者身份,操作类型〉对看作目标绑定 ACI,那么在一定的访问控制策略下,本质上所获得的是一个访问控制列表方案。

d) 涉及上下文信息的规则通常与其他访问控制方案结合使用,但也可单独用于创建基于上下文的访问控制方案。上下文信息可以是发起者绑定 ACI、访问请求绑定 ACI 或目标绑定 ACI 的一部分,或者它可单独对 ADF 可用,而与其他 ACI 无关。

很容易设计出上述 a)的更精细的方案变种,其中目标身份变为拥有给定"类型"属性和更广泛适用能力的多目标类型。如果再进一小步将这个"类型"属性看作一个与安全标签相匹配的"许可权",那么就获得上述 b)的方案。类似地,前三个方案中的每一个都能看作邻接方案的案例。每一个方案都能被想像成是一个连续统一体的交叉方案的不同部分,但又不是完全分离的。

当把发起者名用作目标绑定 ACI 而保持在目标中时(例如在 ACL 条目中),对于发起者总数是动态变化的系统而言,目标绑定 ACI 的逐日管理是困难的。相反,将目标名保持为发起者绑定 ACI 时(例如在权力条目中),对目标总数是动态变化的系统而言,发起者绑定 ACI 的逐日管理是困难的。

因此,管理显然是应当影响策略表示选择的一个因素,并且,要为基于一种或另一种方法的所有系统定义一个标准是不合适的。一个实际的系统可能需要来自一系列方案中的不同点的若干访问控制方案。

8.2 访问控制列表(ACL)方案

8.2.1 基本特性

访问控制列表方案的基本特性是:

a) 访问控制把〈发起者限定符,操作限定符〉对作为目标绑定 ACI 列表,而个体、组或角色标识符则作为发起者绑定 ACI 来进行管理;

b) 当需要很细的访问控制粒度时,这类访问控制方案是方便的;

c) 当只有少许发起者或发起者组时,这类访问控制方案是方便的;

d) 这类访问控制方案对于撤销对目标或目标群组的访问是方便的;

e) 在访问控制管理是以每个目标而不是以每个发起者为基础的地方,这类访问控制方案是方便的;

f) 当发起者个体或发起者组的总数频繁改变时,这类访问控制方案是不方便的,但当目标总数是动态变化的时候却是方便的。

8.2.2 ACI

8.2.2.1 发起者绑定 ACI

在 ACL 方案中,个体、组或角色标识符是初始的发起者绑定 ACI。

8.2.2.2 目标绑定 ACI

在 ACL 方案中,ACL 是初始的目标绑定 ACI。ACL 是一个条目集或条目序列。每个条目都具有两个字段:

a) 发起者限定符

在一个简单的 ACL 中,该限定符是发起者的辨别标识符,有一"操作限定符"(见下条)应用于它。然而,发起者限定符可以不具体到能表示更为一般的发起者 ACI,比如它的角色或组成员;

b) 操作限定符

操作限定符描述操作或操作类(在访问请求中的),它们被允许或拒绝授予关联的发起者限定符。

注:除了操作或操作类之外,也可对操作数取值加以限定,以细化所希望的访问条件。

8.2.3 支持机制

有两种机制可用以获取发起者绑定 ACI,由此可导出**访问判决**设施中要求的 ADI:

a) 使用鉴别

如果访问控制是基于单个发起者的身份,则无论是直接地或间接地使用鉴别机制,都能证实此身份的有效性；

如果访问控制是基于一个组或角色的身份，则被鉴别的身份是**获取**发起者绑定 ACI 设施的一个参数，用以获得一个有效组或角色；

b) 使用访问控制证书或访问控制权标

发起者使用**获取**发起者绑定 ACI 设施以获得一个访问控制证书或访问控制权标（或两者）。然后这个访问控制证书或权标由发起者使用**生成访问请求绑定 ACI 设施**绑定到一个访问请求上，并最终由 ADF 使用**验证绑定 ACI 和导出 ADI** 设施进行验证；

在访问控制证书中被识别的证书机构的可接受性，或者访问控制权标情况中的发起者的可接受性，被确定为**验证绑定 ACI 和导出 ADI** 设施的一部分。

发起者 ADI（即个体、组或角色标识符）、访问请求和目标 ADI（即访问请求限定符）是**访问判决**设施的参数。使用适当的匹配算法，将发起者 ADI 和由访问请求导出的操作与访问控制列表的每一个（发起者限定符、访问请求限定符）条目进行比较。访问控制判决则根据是否匹配而做出。返回的判决将指示：如果与一个排他式列表匹配，或者与一个包含式列表不匹配时，该访问应该被拒绝。否则，返回的判决将指示该访问应被准许。

8.2.4 方案的变种

本条描述以上给出的基本访问控制列表方案的常见变种。

8.2.4.1 排序的 ACL

在一些使用条目序列的 ACL 中，搜索规则是当遇到第一条合格的条目时即终止搜索。因此这样的 ACL 条目的排序是重要的许可的策略表示，依据这种表示方法，单个发起者可能被特别地拒绝访问，尽管它们满足更一般的匹配，例如对一个组内的发起者来说，这些发起者都已被授予了访问的权利。

8.2.4.2 带编组发起者的 ACL

对一个发起者集，能够将 ACL 信息构建成体现按类似访问权的编组。另外，当目标本身已是编组的时候，ACL 可以与目标组相关联。可以使用一种 ACL 层次，其顶层的 ACL 提供对大目标组的粗粒度访问控制信息，它可被目标子组的 ACL 所覆盖。

8.2.4.3 带目标限定符的 ACL

在访问控制列表并未与一具体目标搭配的地方，这种扩展是特别合适的。但必须在 ACL 的每一个条目中确定一个目标。ACL 条目结构具有如下三元素：

——发起者限定符；

——访问请求限定符；

——目标限定符。

匹配算法将发起者 ACI、请求的访问以及目标 ACI 与访问控制列表中的每个发起者限定符、行为限定符以及目标限定符条目进行比较。

8.2.4.4 带编组目标的 ACL

这种扩展涉及在多个目标间共享单个 ACL，以便使一个 ACL 做出的判决可提交给多个目标。当单个目标服从于多个 ACL 的判决准则时，ACL 机制的访问控制策略必须规定组合这些作出判决所需要的规则。

8.2.4.5 带上下文限定符的 ACL

这种扩展涉及到上下文相关信息的使用。ACL 条目结构具有如下三元素：

——发起者限定符；

——访问请求限定符；

——上下文限定符。

上下文限定符是一个附加限定符，为该条目描述上下文限制。匹配算法将发起者 ACI、请求的访问以及上下文信息与访问控制列表中的每个发起者限定符、访问请求限定符和上下文限定符条目进行比较。

8.2.4.6 带部分匹配的 ACL

在某些实现中支持部分匹配限定符，其中，部分身份或其他发起者 ACI 与发起者限定符相匹配。例如，如果发起者有一个名字，它是按组件名的层次序列构建的（比如国家、组织、部门、人名），那么就能构造出 ACL 来识别一个或多个被视为组身份的组件。

8.2.4.7 不带访问请求限定符的 ACL

在这种 ACL 方案的变种中，一个 ACL 中的条目集合或序列不包含访问请求限定符。在**访问判决**设施中不涉及访问请求限定符。如果允许发起者的一个访问，则允许其所有的访问请求。

8.3 权力方案

8.3.1 基本特性

权力方案的基本特性是：

a) 访问控制是用发起者绑定 ACI（一种权力）来管理的，该 ACI 定义一个被识别的目标集上允许的操作集；

b) 当目标很少时，这种访问控制方案是方便的；

c) 要在一个目标上撤销对该目标的访问，这种访问控制方案是不方便的，除非有可能单独地鉴别曾经授予发起者的那种权力。但对发起者的 SDA 撤销那个发起者的访问权而言却是方便的；

d) 在访问控制管理是在发起者处实施的场合，这种访问控制策略是方便的；

e) 在有"许多"用户或"许多"用户组访问"很少的"目标，并且目标和用户处于不同安全域时，权力方案是方便的。

注：对访问控制而言，口令的使用与权力相似，但有显著区别。口令的基本特性是：

——访问控制是基于发起者和目标之间共享的 ACI；

——访问控制依赖于由发起者和目标共同维护的 ACI 的机密性和传输中的 ACI 的机密性（但通常要维护口令的机密性是困难的）；

——如果几个发起者共享同一口令，则更改口令可能会十分困难。

8.3.2 ACI

8.3.2.1 发起者绑定 ACI

发起者绑定 ACI 是一个权力集。

权力具有两个主要组件：

a) 目标或目标集的名字；

b) 对目标的授权操作的列表。

权力可通过 SDA 机构签署或封印的访问控制证书传递。

8.3.2.2 目标绑定 ACI

目标绑定 ACI 是一个条目集。每个条目具有两个组件：

a) SAD 的身份；

b) SDA 可能授权的操作。

8.3.3 支持机制

发起者使用**获取**发起者绑定 ACI 设施获得访问控制证书或权标，然后发起者使用**生成访问请求绑定 ACI** 设施将其绑定到一个访问请求上，最后，通过 ADF 使用**验证绑定 ACI** 和**导出 ACI** 设施对其进行验证。

发起者 ADI（即权力内容）、操作名以及目标 ADI 是**访问判决**设施的输入参数。检查目标 ADI 以验证它是在权力中的一个目标的名字，以及对操作进行检查以验证它是在权力中所命名的一个操作。如果两种检查均成功，则允许访问。

当发生下列情况时，**访问判决**设施将指示该访问应被拒绝：

a) 出示的权力不能被识别为一个有效的权力；

b) 对目标的访问被断定是 SDA 不适当地允许的操作(即不允许 SDA 启用这些操作)；

c) 由访问请求导出的操作与权力不匹配。

8.3.4 方案变种——不带具体操作的权力

在这种权力方案的变种中,在权力中没有包含可允许的操作集,并且没有给**访问判决**设施提供操作名。如果允许一个发起者的访问,则允许其所有操作。

8.4 基于标签的方案

8.4.1 基本特性

基于标签的方案的基本特性是：

a) 该方案使用能分配给发起者、目标以及传输于系统之间的数据的安全标签；

b) 在有很多发起者对很多目标进行访问而又只需要粗粒度访问控制时,该方案最方便；

c) 给定某种策略限制,这种方案能用于控制安全域内的数据流。安全标签对提供安全域之间的访问控制可能也很方便；

d) 允许的操作并不显式地包括在发起者绑定或目标绑定 ACI 中,但作为部分安全策略进行定义。

注 1：标签结构并不一定很简单。

注 2：当发起者是一个人类用户(或代表一个人类用户的发起者进程),绑定于发起者的标签常被称为许可权。在这种情况下,绑定于目标的标签称为密级。

8.4.2 ACI

8.4.2.1 发起者绑定 ACI

发起者绑定 ACI 是一个安全标签。

8.4.2.2 目标绑定 ACI

目标绑定 ACI 是一个安全标签。

注：通常以便于比较的方式来构造发起者绑定 ACI 和目标绑定 ACI 的表示,然而并不需要两种 ACI 的表示采用相同的表示方法。关于安全信息表示的转换在 GB/T 18974.1—2002 中讨论。

8.4.2.3 操作数绑定 ACI

可以有标签绑定到访问请求的操作数。加标签的操作数是加标签的数据的特例。

必须确保加标签的数据的两个安全特性：将标签绑定到数据的(过程)完整性,以及发起者用该标签创建数据的权利。

给定某种策略限制,安全标签可用来为一个安全域内或不同安全域间的数据提供通用的访问控制。

加标签的数据示例包括：

——文档；

——消息；

——无连接数据单元；

——传送中的文件。

8.4.3 支持机制

可用四种机制来获取用于**访问判决**设施中的发起者绑定 ACI 或操作数绑定 ACI。

a) 使用访问控制证书或者访问控制权标

见 8.2.3；

b) 使用鉴别和查阅

ADF 得到一个已鉴别的发起者身份并用它来查阅它的许可(权)。

c) 使用一个加标签的信道

用于运送访问请求的信道标签可以隐含发起者许可(权)或数据的标签。通过使用完整性服务可以确保将标签绑定到信道的(过程)完整性。通过委托通信服务提供者对信道进行验证,能够确保该信道被"正确地"分配。类似地,通过委托通信服务提供者在一个信道建立之前验证其授权,能够确保目标实体是被授权接受该信道。

d) 使用加标签的数据

访问请求的操作数标签可以隐含发起者的许可(权)。通过底层信道的完整性,或者通过使用数据的完整性检查代码或数据的数字签名以及 SDA 产生的安全标签,能提供将标签绑定到数据的完整性。

安全标签能作为目标 ACI 用来保护一个目标。访问规则定义访问许可(操作),准许给予发起者安全标签以及分配给目标的安全标签。

如果安全策略需要持有安全标签的 ACI 用作目标 ACI,则进出该目标的所有数据都能受到控制。因此,对使用相同安全策略的安全域可分析进出目标的总数据流。

可在其他目标中创建目标。在适当的安全策略规则下,包含目标的安全标签限制着可分配给被包含目标的安全标签。

可应用标签的目标示例包括:

——OSI 的 n 实体;

——目录服务条目;

——保留在存储体中的文件;

——数据库条目。

8.4.4 将信道标记为目标

信道的创建者(如一个 SDA)分配一个安全标签给信道。为使用此信道,发起者 ACI 和分配给此信道的安全标签被输入到访问判决设施。就是说,信道被作为目标来处理。信道中载运数据的标签必须与该信道的标签相一致。

分配给信道的标签也能用来控制信道的路由。用 OSI 术语来说,N 层实体和中继系统访问 N−1 层连接或无连接数据单元,因此,N 层实体必须服从 N−1 层连接或无连接数据单元的访问规则。

加标签的信道实例包括:

——A 联系;

——OSI 的 N 层连接;

——进程间的信道。

8.5 基于上下文的方案

8.5.1 基本特性

在某些情况下,ADF 可需要上下文信息来解释 ADI 或安全策略规则。基于上下文的方案的基本特性是:

a) 访问控制根据发起者绑定 ACI 或目标绑定 ACI 进行管理,或者作为 ADF 获得的信息独立地管理;

b) 这种方案便于迫使规则适用于所有的发起者。

8.5.2 ACI

8.5.2.1 上下文控制列表

上下文控制列表是条目的集合或序列。每个条目具有两个字段:

a) 上下文限定符

上下文限定符是一个上下文条件序列(如时间、路由、位置),有一操作限定符应用于它。每个上下文条件单独地与一个真或假的陈述相关联;

b) 操作限定符

操作限定符描述关联的上下文限定符所允许的操作。

8.5.2.2 上下文信息

这些信息从实施访问请求之处的上下文获得。

上下文依赖于 ADF 接受访问请求之处的环境。获取上下文信息有多种途径,比如,可以从一个低层的服务接口或一个本地管理接口。

8.5.3 支持机制

ADF 使用获取上下文信息设施来得到上下文信息。上下文信息和访问请求是判决访问设施的输入。由访问请求导出的所请求的操作以及所提供的上下文信息,分别与操作限定符和上下文限定符进行匹配,以决定接受或拒绝访问。

8.5.4 方案变种

在一些使用条目序列的上下文控制列表中,搜索规则是,发现第一个合格的条目就终止搜索。对每一条目而言其规则是,如果上下文信息与所有上下文条件都不一致,则访问被拒绝。例如,可能允许这样的策略,它们只允许在某些时期来自某些场所而又不使用特定路由的一个特定操作。

9 与其他安全服务和机制的交互

本章描述如何使用其他安全服务和机制支持访问控制。此处不描述利用访问控制来支持其他安全服务的问题。

9.1 鉴别

访问控制与鉴别服务的本质有时容易混淆。尽管它们有某些共性和相互联系,但服务却是不相同的。有些访问控制方案(如 ACL)依赖于身份,因此,需要鉴别以确保身份的正确性。成功的鉴别能导致发起者获得某些 ACI。注意,在某些系统中用于鉴别的验证设施与 ADF 搭配在一起。在这些情况下,鉴别交换是惟一可见的协议。在分布式系统中,不需要搭配这些功能,并且可使用分离的发起者 ACI。因此身份仅被简单地当作发起者绑定 ACI 的一部分。

鉴别与访问控制之间的关系能通过访问控制策略进行规定。例如,如果发起者是被一种不太安全的机制所鉴别的,访问控制策略可命令不能在目标执行某些操作(如修改)。另一方面,如果发起者是被一种更安全的机制所鉴别的,则这些操作可被允许。

9.2 数据完整性

数据完整性服务能用于确保在访问控制组件内或组件之间输入和输出的完整性,例如,防止对权力、ACL 以及存储或传送中的上下文信息的修改。

9.3 数据机密性

在一些安全策略控制下,可要求数据机密性服务以便对访问控制组件内或访问控制组件之间的某些输入和某些输出建立起机密性,例如,防止收集敏感信息。

9.4 审计

ACI 可用来审计一个特定发起者的访问请求。可能需要收集若干审计线索,以便能够准确地识别哪个发起者执行了哪些访问请求。

审计策略可能要求将某些或所有访问企图记录下来。因此,可能要求有一个用于访问控制机制的可靠记录机制。审计策略也可能要求将有关访问控制机制操作的信息记录下来(例如,访问遭到拒绝时的环境条件)。访问控制策略可以要求不进行审计就不能进行访问,在这种情况下访问控制机制将在功能上依赖于可靠的记录服务。

在要求发起者具有可确认性的情况下,发起者总是在访问前受到鉴别。重要的是,要认识到鉴别和访问控制尽管经常紧密相关,并不总是由同一机构控制下的功能来执行,也无必要搭配这些功能。用于鉴别的信息可能需要用来获取发起者绑定 ACI(进一步讨论见 8.5 和 9.1)。

通过如下方式能提供具有可确认性的匿名访问:

——发起者从一个 SDA 获取包含有相关审计标识符的 ACI。将 ACI 的获取记录下来:发起者身份和审计标识符被保存在发布 ACI 的安全域的审计线索中；

——发起者使用它的发起者绑定 ACI 访问目标。收到发起者绑定 ACI 的目标安全域 ADF,将审计标识符和访问请求贮存于其审计线索中；

——SDA 连同访问来自目标安全域和发布发起者绑定 ACI 的安全域两处得到的审计信息,可以用审计标识符来识别发起者。通过这种方式,发起者可对其访问承担责任；

如果发起者对匿名访问的要求与目标安全域对发起者身份的知识需求之间存在冲突,访问可能被拒绝;其判决则依赖于目标安全域的访问控制策略。

9.5 其他与访问相关的服务

访问控制并非是在做出访问请求时要实施的惟一服务。审计(如上述)、可确认性以及计费是另一些在访问请求提出时要执行的与安全相关的服务。

——审计服务记录有关访问请求的任意信息；

——可确认性服务特别对负责发起访问请求的实体名进行审计；

——计费服务确保用一个恰当反映被访问资源的使用情况的量来计账。

为支持每一种服务而在访问请求时为它们提供的信息在逻辑上是不同的。为访问控制提供的 ADI,为计费提供的账户名,以及为可确认性服务而提供的责任实体标识名,可能都不相同。然而,在某些实现中,却要求每种服务都使用相同信息(如访问控制身份)。这可能会引起混淆,特别是存在转发的访问请求时。更好的办法是将不同类型的信息分开保存。

附 录 A

（资料性附录）

组件间访问控制证书的交换

A.1 引言

本附录的目的在于给出一个实际示例,以表明在有许多组件同时作为目标和发起者的场合可以怎样在这些组件之间转发访问控制证书,以及为在一个链接访问中的不同组件间传递多个访问控制证书而建立一个通用性的需求。

A.2 转发访问控制证书

安全框架概述描述了许多机制,这些机制允许一个有权使用安全证书的实体将此权利传送给其他实体。在实体 B 代表另一实体 A 做出访问请求的情况下,这些机制可被用来将使用访问控制证书的权利从 A 传送给 B。

A.3 转发多个访问控制证书

在某些情况下,可能需要使用几个访问控制证书以完成一个复杂的交互。首先通过一个示例来说明这种需求。该示例对可能需要各种访问控制证书的起因和用途给出梗概。识别了三类访问控制证书,各有不同的表征。然后,对该示例予以延伸给出更通用的梗概。

A.3.1 示例

假设应用 A2 正被用户 U 所使用的应用 A1 访问。由 A1 向 A2 提出每个访问请求。然而,A2 可以使用另一个应用 A3 的服务,来满足该访问请求,而 A3 又可能需要应用 A4 的服务,如图 A.1 所示。

$$U \rightarrow A1 \rightarrow A2 \rightarrow A3 \rightarrow A4$$

图 A.1 多个访问控制证书的转发

首先,考虑 A1 和 A2 的关系以及可能需要与 A1 发向 A2 的请求访问相关的访问控制证书。可能需要两个访问控制证书:对用户 U 的和对应用 A1 的。

有三类访问控制证书可能是用户 U 和应用 A1 都需要的:

——访问 A2 所需要的访问控制证书,它对所有操作有效;

——访问 A2 所需要的访问控制证书,它只对特定的操作集有效;

——访问 A2 所需要的访问控制证书,它只对单个操作有效。

原则上,每个访问控制证书可以从不同的 SDA 获得。

对所有操作均有效的访问控制证书在连接或关联的开始时运送。

当访问控制证书定义一个有效的操作集时,它们保持不变,直到运送来了此类的其他访问控制证书为止。

对单个操作有效的访问控制证书被绑定到该单个操作上。

A.3.2 推广

接下来,考虑 A2 与 A3 之间的关系以及与 A2 向 A3 的请求访问有关的访问控制证书。可能需要三个访问控制证书:对用户 U 的、对应用 A1 的和对应用 A2 的。

用户 U 的以及准备用于 A2 处的应用 A1 的访问控制证书在应用 A3 处可以接受,也可以不被接受。如果能被接受,每种证书都可以是以上描述的三种证书中的任何一种。如果不能被接受,则用户 U

或者应用 A1(或者两者)在向 A2 作出访问请求时,必须提供准备在 A3 处应用的附加访问控制证书,这个证书仍然可以是以上三类证书中的任何一种。

这种方案可推广到 A3 与 A4 之间的关系,连同可能需要由 U、A1 或 A2 处附带的证书。

A.3.3 简化

通常情况下,只需要用户 U 的访问控制证书或应用 A1 的访问控制证书。仅对单个操作有效的访问控制证书往往很少使用。来自用户 U 而准备在 A2 处应用的访问控制证书,即使并不在 A1 上使用,也可通过 A1 转发。

附　录　B

（资料性附录）

OSI 参考模型中的访问控制

注：本文本基于 GB/T 9387.2—1995。

B.1　总则

访问控制可用于数据传送的连接阶段的建立中或该连接的整个期间。该服务对面向连接和无连接的协议两者都有效。

B.2　在 OSI 各层内访问控制的使用

访问控制仅与以下的 OSI 层有关：
——网络层（第 3 层）；
——运输层（第 4 层）；
——应用层（第 7 层）。

B.2.1　在网络层使用访问控制

当用于网络层时，访问控制允许对和/或来自网络层结点、子网结点或中继的访问进行控制。网络层的访问控制能用于多种目的。例如，它能允许端系统控制网络层连接的建立，并拒绝不该要的呼叫。它也允许一个或多个子网控制对网络层资源的使用。在某些情况下，后一种目的与网络使用计费有关。

用于网络层的各访问控制机制是在同一层中。

B.2.2　在运输层使用访问控制

当用于运输层时，访问控制允许对和/或来自会话实体的访问进行控制。如果共享同一运输连接，由同一端系统支持的不同应用不能被分开控制。

用于运输层的各访问控制机制是在同一层中。

B.2.3　在应用层使用访问控制

见《信息技术　开放系统互连　高层安全模型》（GB/T 17965—2000）。

附 录 C
（资料性附录）
访问控制身份的非惟一性

有两个示例可用来说明在访问控制身份的分配与使用方面的潜在问题：

——假定用户子虚的名字是一个非常通用的名字，在一个特定安全域中字符串"子虚"被作为他个人的访问控制身份，于是，相同的字符串可能置入控制属性当中，以便将某些允许的访问授予他。后来，子虚可能离开这个安全域，而另一个也叫子虚的人可能进入此安全域，并被授予个人的访问控制身份"子虚"。如果字符串"子虚"仍在控制属性中，则新的子虚便能实施那些已授予旧的子虚的访问。

——如果在一个安全域中给予目标一个字符串作为其访问控制身份，那么，可能在一个特权属性中使用相同字符串，以便将某些允许的访问授予一个用户。后来，该目标可能从安全域中被删除，而随后又可能创建具有相同访问控制身份的另一目标。如果给予该用户的特权属性尚未被修改，则它对新的目标的访问也将有效。

希望访问控制身份在一个安全域中是惟一的。然而，一个身份可能只在一个特定的时期内有效，或者可能永久有效。当一个身份只在特定的时期内有效时，那么在任何时刻，一个将该访问控制身份作为属性值的给定属性类型都具有特殊的意义。然而，如果不特别小心，相同的属性类型和属性值就可能被重用。在安全域中，如果先前的属性类型或属性值实例仍然存在，则可能出现安全缺口。

有两种方法解决这个问题。在定义一个新的访问控制属性类型或访问控制属性值之前，SDA 必须保证该访问控制属性类型和访问控制属性值是：

——当前未被分配的；

——以前从未使用过的。

在第一种情况下，SDA 需要确信每次访问控制属性类型或访问控制属性值都被删除了，而没有任何发起者或目标仍然拥有给定的访问控制属性类型或属性值。如果不可能做到这样，则必须为每一个访问控制属性类型或属性值定义一个有效期（隐式的或显式的）。在该有效期内，需要跟踪所有被删除的访问控制属性类型或访问控制属性值。

在第二种情况下，必须定义一个惟一访问控制身份（也称永久性标识符），该身份是一个只分配一次并且绝不重复使用的值。

附 录 D

（资料性附录）

访问控制组件的分布

基本的访问控制功能 AEF 和 ADF,可由一个或多个组件构成,当它们组合起来时实现 AEF 或 ADF 的功能(记 AEF 组件为 AEC,ADF 组件为 ADC)。在 5.2 中给出这些功能时,没有考虑组件的位置、它们之间的通信或它们可能的分布。在不同 SDA 控制之下组件间与访问控制有关的问题已在 5.4 中讨论。

D.1　应考虑的方面

在以下的讨论中特别关注的有：
——AEC 和 ADC 的数目和位置；
——在发起者、AEC、ADC 及目标之间的交互。

在任何安全域中,每个发起者-目标实例间都将插入一个或多个 AEC,以便发起者只有通过 AEC 才能够作用于目标。有几种可能的 AEC 和 ADC 物理实例。即：
——一个 AEF 可有几种分布方式；图 D.1、D.2、D.3 示出了这些方式,并在 D.3 中讨论；
——一个 ADC 可以搭配(紧耦合)到也可以不搭配到一个 AEC；
——一个 ADC 可为单个 AEC 服务,也可为多个 AEC 服务；
——一个 AEC 可使用单个 ADC,也可使用几个 ADC。

在所呈现的组件间可能有若干通信次序。

D.2　AEC 和 ADC 的位置

AEC 可集成于一个端系统之中(内部),或者如图 D.1 所示插入到端系统与网络之间(外部),用来与其他端系统通信。某些实系统可能利用集成式 AEC 和插入式 AEC 这两者来处理访问控制的不同方面。内部和外部 AEC 的优缺点,与策略、对实现可信性的考虑以及在此未处理的其他考虑有关。

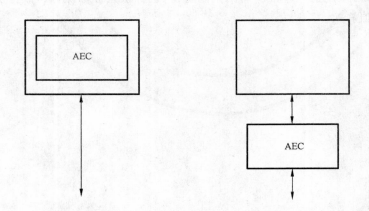

图 D.1　内部和外部 AEC 实现

类似地,ADC 也可如图 D.2 所示处于端系统的内部或外部。对于服务于单个外部 AEC 的 ADC, ADC 可能、但并非必须也是外部的。若 ADC 服务于不同端系统的多个 AEC,则 ADC 通常将是外部的。正如前面所述,一个端系统为了访问控制的不同方面,可能使用多个 AEC。在这样的情况下,单个的内部或外部 ADC 能为这些 AEC 服务,或者可使用多个特定的 ADC。

AEC 和 ADC 的搭配(紧耦合)在效率和及时性(减少延迟)方面具有优势。

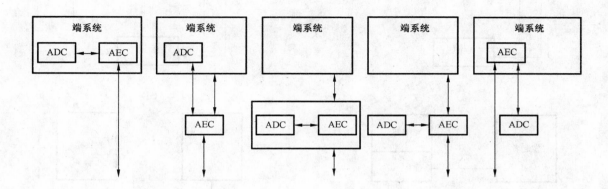

图 D.2　AEF/ADF 实现

D.3　访问控制组件间的交互

ADF 能由一个或多个 ADF 组件实现,且 AEF 能由一个或多个 AEF 组件实现。本条揭示这些访问控制组件间的关系,而图 D.3 则给出示例。这里描述的关系只适用于单个发起者和单个目标。其他示例可能包括使用多于一个 ADC 的 AEC。

在图 D.3(a)中,发起者直接向发起者的 AEC 提交它请求的访问,要求 ADC 批准访问请求。如果访问被批准,AEC 通报给请求的目标。

在图 D.3(b)中,发起者向目标的 AEC 直接提交请求的访问,随后 AEC 将它提交给 ADC 批准。如果访问被批准,AEC 通报给请求的目标。

在图 D.3(a)和(b)在功能和位置上相互对应。AEC 形成出或入访问控制,或者两者都形成,因此,AEC 或可被称为发起者 AEC,或目标 AEC,或被插入的 AEC。

在图 D.3(c)中,发起者将请求的访问提交给插入的 AEC,随后 AEC 将它提交给 ADC 批准。如果访问被批准,AEC 通报给请求的目标。

在图 D.3(d)中,交互是图 D.3(a)和(b)与同一 ADC 的合成,而该 ADC 批准发起者和目标 AEC 的访问请求。发起者将其请求的访问提交给发起者的 AEC,AEC 请求 ADC 批准。如果访问被批准,发起者的 AEC 将此请求的访问出示给目标的 AEC,随后该 AEC 将其出示给 ADC 批准。如果请求被批准,AEC 通报给请求的目标。

在图 D.3(e)和(f)中,分离的 AEC 强制实施出和入访问控制。在图 D.3(e)中,除了双方 AEC 都必须批准请求的访问外,交互与图 D.3(c)是相似的。在图 D.3(f)中,交互是图 D.3(a)与(b)的合成,但使用分离的 AEC。

上述的讨论本质上很简单。然而,可能要考虑发起者、目标以及 AEC 之间更复杂的交互,这包括序列、嵌套或递归条目。

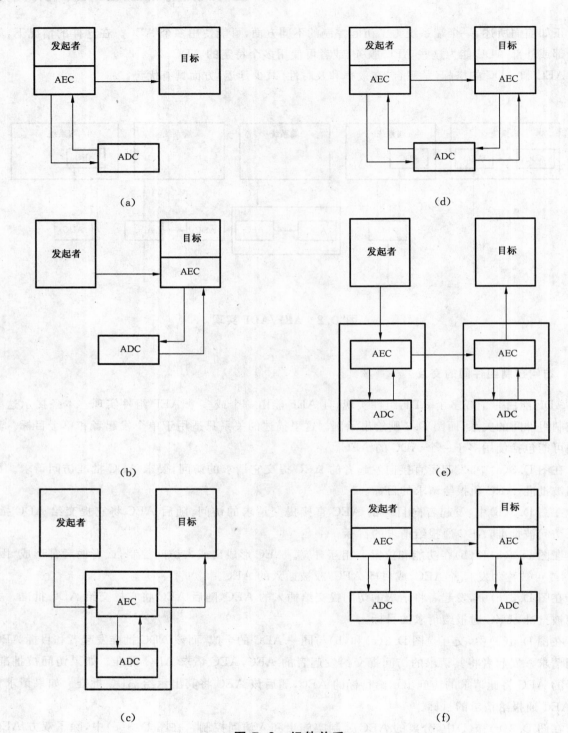

图 D.3　组件关系

附　录　E
（资料性附录）
基于规则策略与基于身份策略的比较

基于规则的访问控制策略通常被认为是一种基于安全标签的策略,发起者拥有许可(权),比如"秘密的"或"技术的",且受保护的目标拥有类似的命名密级。

基于身份的访问控制策略是这样一种策略,即根据单个用户、组或角色的身份或 ACI 来决定允许或拒绝他们的访问。

根据考察,基于规则的访问控制策略与基于身份的访问控制策略的有些差别并不十分清晰:基于规则策略的许可(权)与发起者的 ACI 本质上是相同的。与基于规则的访问控制策略相关的许可(权)可看作一种特殊的发起者 ACI。确实,如果在基于规则的策略下用户拥有惟一的非层次化的个人许可(权),则该许可(权)等价于用户身份,而目标密级等价于访问控制列表条目。

经常被提及的基于规则的策略和基于身份的策略之间的另一区别是:基于规则的策略是管理上强制的,而基于身份的策略则是由用户选择的。根据本安全框架,当 ACI 本身被当作一个目标(为了修改的目的)对待时,在控制访问 ACI 的过程中存在着区别。这种区别并不十分明显:依赖于访问控制策略,从一个纯粹的管理上强制的策略到一个纯粹的用户选择的策略,可能存在有各种各样的分布控制或集中控制的选择方案。这反映了真实世界的要求,具体体现为基于安全管理员或他们的代理者(例如,部门经理或团队领导人)的访问控制策略与基于个体的访问控制策略之间的权衡。

<h1>附　录　F</h1>

（资料性附录）

<h2 style="text-align:center">支持通过发起者转发 ACI 的机制</h2>

此方案包括三个实体：

——发起者 A；

——实体 C；

——实体 B。

此方案的目的是允许发起者发起由实体 C 到实体 B 的直接传送信息，而在传送阶段不涉及发起者 A。

发起者首先访问实体 C，并提供发起者绑定 ACI，以便使访问可获得许可。实体 C 然后提供给发起者某些信息，实体 B 在稍后访问实体 C 时要用到这些信息。它包含两部分：

——在有效委托期内对实体 C 惟一的委托；

——使用实体 C 和发起者之间的机密性服务保护的密钥。

为了实现对实体 C 的一个访问，实体 B 需要从发起者 A 处获得这个委托和密钥。在从该发起者到实体 B 的传送过程中，密钥用机密性服务进行保护。

委托和密钥最后被实体 B 用于生成访问请求绑定 ACI，该 ACI 由委托和使用密钥计算出的密码校验值组成。

如果用于产生密码校验值的密钥与和该委托相关的密钥相对应，则访问可以被实体 C 所准许。

附 录 G
（资料性附录）
访问控制安全服务概要

<table>
<tr><td rowspan="4">安全服务概要</td><td rowspan="3">元素</td><td colspan="3">实体：发起者、目标</td></tr>
<tr><td colspan="3">功能：访问控制实施功能（AEF）
　　　访问控制判决功能（ADF）</td></tr>
<tr><td colspan="3">信息：访问控制信息（ACI）、访问控制判决信息（ADI）、
　　　上下文信息、策略规则</td></tr>
<tr><td colspan="4">实体目标：对信息进行解释，允许发起者只作为被授权者访问目标</td></tr>

<tr><td rowspan="9">设施</td><td>实体</td><td colspan="3">安全域机构（SDA）</td></tr>
<tr><td>功能</td><td colspan="3"></td></tr>
<tr><td rowspan="3">与管理相关的设施</td><td colspan="3">——安装 ACI
——改变 ACI
——撤销 ACI
——撤销 ADI
——列表 ACI
——禁用组件
——重新启用组件</td></tr>

<tr><td>实体</td><td>发起者</td><td>目标</td><td></td></tr>
<tr><td>功能</td><td></td><td></td><td>ADF</td></tr>
<tr><td rowspan="3">与操作相关的设施</td><td>——识别远程授权机构
——建立安全交互策略
——获取 ACI
——生成 ACI
——撤销 ADI</td><td>——获取 ACI
——撤销 ADI</td><td>——获取 ACI
——验证 ACI 和导出 ADI
——获取上下文的 ACI
——判决访问</td></tr>

<tr><td rowspan="5">信息</td><td>SDA 管理的数据元素</td><td colspan="3">——标识符（SDA、发起者、目标、安全交互策略、组、角色）
——ACI 选择准则
——有效期
——敏感性标记
——完整性标记</td></tr>
<tr><td>操作中使用的信息</td><td colspan="3">——ACI/ADI（发起者、发起者绑定、目标、目标绑定、访问请求、访问请求绑定、操作数、操作数绑定、交换、上下文、保留）
——访问控制列表
——权力
——标签
——访问控制证书
——访问控制权标</td></tr>
<tr><td>控制消息</td><td colspan="3">——时间周期
——系统状态
——访问控制策略表示
——鉴别强度
——通信路由</td></tr>
</table>

ICS 35.100.01
L 79

中华人民共和国国家标准

GB/T 18794.4—2003/ISO/IEC 10181-4：1997

信息技术 开放系统互连

开放系统安全框架

第 4 部分：抗抵赖框架

Information technology—Open Systems Interconnection—

Security frameworks for open systems—

Part 4：Non-repudiation framework

(ISO/IEC 10181-4：1997，Information technology—

Open Systems Interconnection—

Security frameworks for open systems：

Non-repudiation framework，IDT)

2003-11-24 发布   2004-08-01 实施

中 华 人 民 共 和 国
国家质量监督检验检疫总局 发布

前　　言

GB/T 18794《信息技术　开放系统互连　开放系统安全框架》目前包括以下几个部分：

——第 1 部分（即 GB/T 18794.1）：概述

——第 2 部分（即 GB/T 18794.2）：鉴别框架

——第 3 部分（即 GB/T 18794.3）：访问控制框架

——第 4 部分（即 GB/T 18794.4）：抗抵赖框架

——第 5 部分（即 GB/T 18794.5）：机密性框架

——第 6 部分（即 GB/T 18794.6）：完整性框架

——第 7 部分（即 GB/T 18794.7）：安全审计和报警框架

本部分为 GB/T 18794 的第 4 部分，等同采用国际标准 ISO/IEC 10181-4:1997《信息技术 开放系统互连 开放系统安全框架：抗抵赖框架》（英文版）。

按照 GB/T 1.1—2000 的规定，对 ISO/IEC 10181-4 作了下列编辑性修改：

a） 增加了我国的"前言"；

b） "本标准"一词改为"GB/T 18794 的本部分"或"本部分"；

c） 对"规范性引用文件"一章的导语按 GB/T 1.1—2000 的要求进行了修改；

d） 在引用的标准中，凡已制定了我国标准的各项标准，均用我国的相应标准编号代替。对"规范性引用文件"一章中的标准，按照 GB/T 1.1—2000 的规定重新进行了排序。

本部分的附录 A 至附录 F 都是资料性附录。

本部分由中华人民共和国信息产业部提出。

本部分由中国电子技术标准化研究所归口。

本部分起草单位：四川大学信息安全研究所。

本部分主要起草人：方勇、罗万伯、罗建中、周安民、龚海澎、戴宗坤、欧晓聪、李焕洲。

引　言

抗抵赖服务的目标是为解决有关事件或动作发生与否的纠纷而收集、维护、提供和证实被声称事件或动作的不可反驳的证据。抗抵赖服务能应用于很多不同的上下文和情况。此服务能用于数据生成、数据存储或数据传输。抗抵赖包括生成能用来证明某类事件或动作已发生的证据，以便日后这个事件或动作不能被抵赖。

在 OSI 环境下（见 GB/T 9387.2），抗抵赖服务有两种形式：

——具有源证明的抗抵赖，用于对付发送方虚假地否认已发送过数据或其内容。

——具有递交证明的抗抵赖，用于对付接受者虚假地否认已接收过数据或其内容（即数据所代表的信息）。

使用 OSI 协议的应用可能需要其他针对特定应用类别的抗抵赖服务。例如，MHS（GB/T 16284.2）定义提交服务的抗抵赖，而 EDI 消息处理系统（见 GB/T 16651）定义检索的抗抵赖和传送服务的抗抵赖。

本框架中的概念不局限于 OSI 通信，而可更广泛地解释为包括今后使用的数据创建和存储之类。

本部分为提供抗抵赖服务定义通用性框架。

本框架：

——扩展 GB/T 9387.2 中描述的抗抵赖服务的概念，以及描述可以怎样将它们应用于开放系统；

——描述提供这些服务的可选择的方法；

——阐明这些服务与其他安全服务的关系。

抗抵赖服务可能需要：

——判决者，他将对由于抵赖事件或动作而可能出现的纠纷做出裁决；

——可信第三方，他将确保用于证据验证的数据的真实性和完整性。

信息技术 开放系统互连
开放系统安全框架
第4部分:抗抵赖框架

1 范围

本开放系统安全框架的标准论述在开放系统环境中安全服务的应用,此处术语"开放系统"包括诸如数据库、分布式应用、开放分布式处理和开放系统互连这样一些领域。安全框架涉及定义对系统和系统内的对象提供保护的方法,以及系统间的交互。本安全框架不涉及构建系统或机制的方法学。

安全框架论述数据元素和操作的序列(而不是协议元素),这两者可被用来获得特定的安全服务。这些安全服务可应用于系统正在通信的实体,系统间交换的数据,以及系统管理的数据。

本部分:

——定义抗抵赖的基本概念;

——定义通用的抗抵赖服务;

——确定提供抗抵赖服务的可能的机制;

——确定抗抵赖服务和机制的通用管理需求。

和其他安全服务一样,抗抵赖服务只能在为特定应用而规定的安全策略范围内提供。安全策略的定义则不在本部分范围内。

本部分不包括实现抗抵赖所需要完成的协议交换的细节说明。

本部分不详细描述可用于支持抗抵赖服务的特定机制,也不给出所支持的安全管理服务和协议的细节。

在本框架中描述的某些规程通过应用密码技术实现安全。尽管某些种类的抗抵赖机制可能与特定的算法特性有关,但本框架不依赖于特定密码算法或其他算法的使用,也不依赖于特定的(如对称或非对称)密码技术。实际上,的确可能会要使用大量不同的算法。两个希望使用密码保护数据的实体必须支持同一种密码算法。

注:密码算法及其登记规程应符合我国有关规定。

很多不同类型的标准能使用此框架,包括:

1) 体现抗抵赖概念的标准;

2) 规定抽象服务、而这些服务含有抗抵赖的标准;

3) 规定使用抗抵赖服务的标准;

4) 规定在开放系统体系结构内提供抗抵赖方法的标准;

5) 规定抗抵赖机制的标准。

这些标准可按下述方式使用本框架:

——标准类型1)、2)、3)、4)或5)能使用本框架的术语;

——标准类型2)、3)、4)或5)能使用第7章定义的设施;

——标准类型5)能基于第8章定义的机制类。

2 规范性引用文件

下述文件中的条款通过GB/T 18794的本部分的引用而成为本部分的条款。凡是注日期的引用文件,其随后所有的修改单(不包括勘误的内容)或修改版均不适用于本部分,然而,鼓励根据本部分达成协议的各方研究是否可使用这些文件的最新版本。凡是不注日期的引用文件,其最新版本适用于本部分。

GB/T 9387.1—1998　信息技术　开放系统互连　基本参考模型　第 1 部分:基本模型(idt ISO/IEC 7498-1:1994)

GB/T 9387.2—1995　信息处理系统　开放系统互连　基本参考模型　第 2 部分:安全体系结构(idt ISO 7498-2:1989)

GB/T 16264.8—1996　信息技术　开放系统互连　目录第 8 部分:鉴别框架(idt ISO/IEC 9594-8:1990)

GB/T 18794.1—2002　信息技术　开放系统互连　开放系统安全框架　第 1 部分:概述(idt ISO/IEC 10181-1:1996)

3　术语和定义

下列术语和定义适用于 GB/T 18794 的本部分。

3.1　基本参考模型定义

GB/T 9387.1—1998 确立的下列术语和定义适用于 GB/T 18794 的本部分。

(N)实体　(N)-entity

3.2　安全体系结构定义

GB/T 9387.2—1995 确立的下列术语和定义适用于 GB/T 18794 的本部分。

——访问控制　access control;

——审计(又称安全审计)　audit(also security audit);

——鉴别　authentication;

——信道　channel;

——密码校验值　cryptographic checkvalue;

——密码学　cryptography;

——数据完整性(又称完整性)　data integrity(also integrity);

——数据源鉴别　data origin authentication;

——解密　decipherment;

——数字签名(又称签名)　digital signature(also signature);

——加密　encipherment;

——密钥　key;

——密钥管理　key management;

——公证　notarization;

——抵赖　repudiation;

——安全审计跟踪(又称审计跟踪,日志)　security audit trail(also audit trail,log);

——威胁　threat。

3.3　安全框架概述定义

GB/T 18794.1 确立的下列术语和定义适用于 GB/T 18794 的本部分。

——证书机构　certification authority;

——数字指纹　digital fingerprint;

——散列函数　hash function;

——单向函数　one-way function;

——私有密钥　private key;

——公开密钥　public key;

——撤销列表证书 revocation list certificate;

——封印 seal;

——封印的 sealed;

——秘密密钥 secret key;

——安全证书 security certificate;

——安全域 security domain;

——安全权标 security token;

——可信第三方 trusted third party。

3.4 附加定义

下列术语和定义适用于 GB/T 18794 的本部分。

3.4.1

已泄露证据 compromised evidence

曾经是满足要求的，但可信第三方或判决者已不再信任的证据。

3.4.2

后随签名 counter-signature

附加于已被不同实体(如 TTP)签名的数据单元上的数字签名。

3.4.3

证据 evidence

信息，它本身或者它与其他信息结合使用时可用来解决一个纠纷。

3.4.4

证据生成者 evidence generator

产生抗抵赖证据的实体。

注：这个实体可以是抗抵赖服务的请求者、原发者、接受者或配合工作的多方(例如签名者或合作签名者)。

3.4.5

证据主体 evidence subject

被证据证实卷入在一个事件或动作中的实体。

3.4.6

证据使用者 evidence user

使用抗抵赖证据的实体。

3.4.7

证据验证者 evidence verifier

验证抗抵赖证据的实体。

3.4.8

消息鉴别码 message authentication code

用于提供数据源鉴别和数据完整性的密码校验值。

3.4.9

抗抵赖服务请求者 Non-repudiation service requester

要求为一个特定事件或动作生成抗抵赖证据的实体。

3.4.10

公证者 notary

可信第三方，向他登记数据以便以后能保证提供数据特征的准确性。

3.4.11

原发者 originator

在数据传送的上下文内,在一个受到抗抵赖服务的动作中发出数据的实体。

3.4.12

接受者　recipient

在数据传送的上下文内,在一个受到抗抵赖服务的动作中接收数据的实体。

注:在抗抵赖的逻辑模型中,可考虑其他实体,如所有者是制造原始消息的实体而传送代理是传送消息的实体;在这种上下文中,实体被模型化为原发者和接受者。

4　缩略语

OSI	开放系统互连(Open Systems Interconnection)
CA	证书机构(Certification Authority)
TTP	可信第三方(Trusted Third Party)
MAC	消息鉴别码(Message Authentication Code)

5　抗抵赖的一般性论述

5.1　抗抵赖的基本概念

抗抵赖服务包括证据的生成、验证和记录,以及在解决纠纷时随即进行的证据检索和再验证。除非证据已被预先记录,否则纠纷无法解决。

本框架所描述的抗抵赖服务的目的是提供关于一个事件或动作的证据。包含在事件或动作以外的其他实体可以请求抗抵赖服务。用抗抵赖服务来保护的动作的示例有:

——发送一条 X.400 消息;

——在数据库中插入一条记录;

——调用一个远程操作。

当包含消息时,为了提供原发证明,必须确认原发者的身份和数据的完整性。为了提供递交证明,必须确认接受者的身份和数据的完整性。在某些情况下,还可能需要证据所涉及的上下文(例如,日期、时间、原发者/接收者的位置)。

本服务提供下列能够在企图抵赖的事件中使用的设施:

——证据生成;

——证据记录;

——已生成证据的验证;

——证据的检索和再验证。

各方之间的纠纷可以直接通过检查证据来解决。但是,纠纷可能不得不由一个判决者来解决,他评价证据并且确定是否发生了纠纷动作或事件。只有纠纷各方承认判决者的权威,才能有效地提供判决。为了判决者接受所提供的证据,通常必须由一个或多个可信第三方担保。判决者可以有选择性地充当担保证据的可信第三方。抗抵赖机制使用若干类型的可信第三方和多种形式的证据。

5.2　可信第三方的角色

在抗抵赖服务中可包含一个或多个可信第三方。

可信第三方,他支持抗抵赖但没有主动地介入在服务的每个使用中时称作离线可信第三方。主动介入证据的生成或验证的 TTP 称作在线 TTP。在所有交互中作为中介进行动作的在线 TTP 称作内线 TTP。

可以要求可信第三方记录和/或收集证据,也可以要求他证明证据的有效性。可能有很多可信第三方充当各种角色(例如,公证者、时间戳、监视、密钥证书、签名生成、签名验证,以及递交机构角色)。一个可信第三方可充当一个或多个这样的角色。

在证据生成角色中,TTP 与抗抵赖服务的请求者合作以生成证据。

在证据记录角色中,TTP记录证据,它们以后能被使用者或判决者检索。

在时间戳角色中,TTP受委托在收到时间戳请求时提供包含关于时间的证据。

在监视角色中,TTP监视动作或事件并受委托提供关于监视情况的证据。

在密钥证书角色中,TTP提供与证据生成器有关系的抗抵赖证书,以保证用于抗抵赖目的的公钥有效。

在密钥分发角色中,TTP向证据生成者和/或证据验证者提供密钥。它可以对密钥的使用施加约束,特别是在使用对称技术时。

在签名生成角色中,TTP受到信任,以数字签名的形式代表证据主体提供证据。

在证据验证角色中,TTP在实体的请求下验证证据。

在签名验证角色中,TTP受到证据使用者的信任,以数字签名的形式验证证据。

注:签名生成角色是证据生成角色的一种特定情况。签名验证角色是证据验证角色的一种特定情况。

在公证角色中,TTP提供关于数据属性(例如它的完整性、源、时间或目的地)的担保,这些数据是在两个或多个实体间通信的,并在之前已经向TTP注册。

在递交机构角色中,TTP与数据的潜在接受者交互并试图将数据发布给接受者。然后提供数据已被递交、数据未被递交或试图递交但未收到接受者确认的证据。在后一种情况,证据使用者无法确定数据是否被潜在接受者接收。

5.3 抗抵赖的各阶段

抗抵赖由四个独立的阶段组成:

——证据生成;

——证据传送、存储和检索;

——证据验证;

——解决纠纷。

图1说明前三个阶段,图2说明第四个阶段。

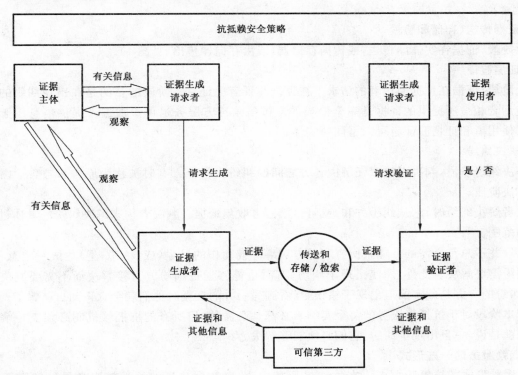

注:本图是示意性的,并非定义性的。

图 1 参与生成、传送、存储/检索和验证阶段中的实体

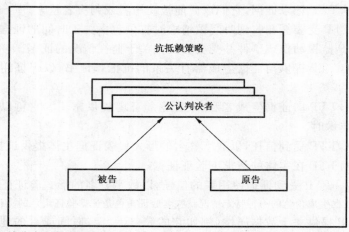

注：本图是示意性的，并非定义性的。

图 2　抗抵赖过程的纠纷解决阶段

5.3.1　证据生成

在这个阶段中，证据生成请求者请求证据生成者为一个事件或动作生成证据。被证据证实卷入在一个事件或动作中的实体称为证据主体。可对这些实体进行不同的分组：证据主体和证据生成者可以是同一实体，证据主体、证据生成请求者和证据生成者可以是同一实体，证据生成请求者和可信第三方可以是同一实体，证据生成者和可信第三方可以是同一实体，证据生成请求者、证据生成者和可信第三方可以是同一实体一样。根据抗抵赖服务的类型，证据可由证据主体生成，或许与可信第三方的服务结合生成，或者由可信第三方单独生成。

> 注：根据抗抵赖服务的上下文，相关证据典型地包括所包含实体的身份、数据、时间和日期。也可包含一些附加信息，如传送模式（例如 OSI 通信，数据库存储和检索），介入的实体的位置，可区分标识符，以及数据的"所有者"/创建者。

5.3.2　证据传送、存储和检索

在此阶段，证据在实体间传送，或传向存储器，或由存储器传出（见图 1）。

5.3.3　证据验证

在此阶段，证据在证据使用者的请求下被证据验证者验证。本阶段的目的是在出现纠纷的事件时让证据使用者相信所提供的证据是完全恰当的。可信第三方服务也可参加进来提供信息用于验证证据。证据使用者和证据验证者可以是同一实体。

5.3.4　解决纠纷

在解决纠纷阶段，判决者有责任解决各方之间的纠纷。纠纷方有时被称为原告和被告。图 2 描述了纠纷解决阶段。

判决者解决纠纷时，它从纠纷方和/或可信第三方收集证据。判决者用来解决纠纷的具体过程不在本部分的范围。

本阶段并不总是必需的。如果所有利益方对事件或动作的发生（或没有发生）达成一致意见，那么就没有纠纷需要解决。此外，即使出现了纠纷，有时也能够通过纠纷方直接解决而不需要判决者。例如，如果纠纷的一方是诚实的但出现了错误，当看到另一方的证据时他们就会意识到自己错了。

尽管本阶段对于抗抵赖服务的每个实例未必都是必需的，但所有的抗抵赖机制必须支持解决纠纷阶段。也就是说，一旦出现了纠纷，它们必须能够解决。

5.4　抗抵赖服务的一些形式

有许多种形式的抗抵赖服务。在这许多形式中，关联数据传送的抗抵赖服务是经常需要考虑的一种。

传送一条消息至少包含两个实体，即原发者和接受者。涉及该事件的潜在纠纷如下：

　　——纠纷,此处对事件里原发者的介入是有争议的,例如称为原发者的声称消息是接受者伪造的,或者是乔装打扮的攻击者伪造的。

　　——纠纷,此处对事件里接受者的介入是有争议的,例如称为接受者的声称消息没有被发送,或者在传输中丢失,或者仅被乔装打扮的攻击者所接收。

对于消息过程来说,抗抵赖服务可按照其帮助解决的纠纷类型进行分类。

消息从原发者传送到接受者可被视为一系列分离的事件:

　　——从原发者到传送代理的消息传输;

　　——传送代理之间(如果不只包括一个传输代理)的消息传输;

　　——从传送代理到接受者的消息传输。

对于每一种事件,存在一些形式的抗抵赖服务,它们提供涉及该事件的证据。相应地,下列附加的抗抵赖服务得到认同:

　　——具有提交证明的抗抵赖服务,用于防止传送代理不真实地否认已接受一个传输的消息(无论是来自原发者或者来自另一个传送代理)。

　　——具有运输证明的抗抵赖服务,用于防止传送代理不真实地否认已传输一个消息(无论是发送给接受者或者另一个传送代理)。

注:具有提交证明的抗抵赖服务和具有运输证明的抗抵赖服务不提供证据证明一个实体是为该消息负责的,或已理解消息所包含的信息的。

5.5　OSI 抗抵赖证据的示例

根据所调用的 OSI 抗抵赖服务,下面介绍的每类事件或动作需要特定形式的证据。

5.5.1　对于原发抗抵赖

必须包括下列证据(能够被签名或公证):

　　——原发者的可区分标识符;

　　——被发送的数据,或数据的数字指纹。

还可包括下列证据:

　　——接受者的可区分标识符;

　　——发出数据的日期和时间。

5.5.2　对于递交抗抵赖

必须包括下列证据(能够被签名或公证):

　　——接受者的可区分标识符;

　　——接收的数据,或数据的数字指纹。

还可包含下列证据:

　　——原发者的可区分标识符;

　　——接收数据的日期和时间。

当使用递交机构时,还可包含下列证据(能够被签名或公证):

　　——递交机构的可区分标识符;

　　——递交机构第一次试图递交的日期和时间;

　　——获知接受者准备好接收数据的日期和时间;

　　——递交机构完成递交的日期和时间;

　　——递交机构不能完成递交的日期和时间;

　　——可能造成无法递交条件的原因(例如通信信道坏);

　　——处理需求指示,该需求是递交消息时要满足的。

6　抗抵赖策略

抗抵赖策略可包括如下准则:

——证据的生成规则,例如,应该为之生成抗抵赖证据的活动分类规范,用于生成证据的 TTP 规范,TTP 可以充当的角色,当生成证据时实体必须遵循的规程;

——证据的验证规则,例如,其证据是可接受的 TTP 的规范;对于每个 TTP,将为其接受的证据的形式;

——证据的存储规则,例如,用于保证被存证据完整性的方法;

——证据的使用规则,例如,可使用证据的目的规范;

    注:对某些抗抵赖机制而言,可能难于防止证据的未授权使用。

——判决规则,例如,认同的可解决纠纷的判决者规范。

这些规则集合中的每一个可由不同的机构定义。例如,证据生成规则可以由系统的所有者定义,而判决规则由国家有关法律或标准定义。

如果策略的不同部分是不一致的,抗抵赖服务则可能无法正确地运行,例如,允许在纠纷解决阶段成功地否认事实上已发生的一个事件。

抗抵赖策略本身可被判决者在解决纠纷时使用。例如,判决者可援引抗抵赖策略来确定证据生成规则是否遵循该策略。

安全策略可以被显式地陈述或由实施来隐式地定义。抗抵赖策略的陈述(例如自然语言文档)能够有助于检测不同策略部分间的冲突,并且还能给判决者提供帮助。

抗抵赖策略也处理证据已泄露,或者生成证据的密钥已泄露或撤销的情况。

安全域间交互的抗抵赖策略可由独立的安全域之间的协商达成,或由超域强加。

7 信息和设施

7.1 信息

能够用来解决纠纷的信息被称为证据。证据可由证据使用者在本地保存或者由可信第三方保存。特定形式的证据有数字签名、安全信封和安全权标。数字签名与公开密钥技术一起使用,而安全信封和安全权标与秘密密钥技术一起使用。能够组成证据的信息的示例包括:

——抗抵赖安全策略的标识符;

——可区分的原发者标识符;

——可区分的接受者标识符;

——数字签名或安全信封;

——可区分的证据生成者标识符;

——可区分的证据生成请求者标识符;

——消息,或消息的数字指纹;

    注:当用数字指纹来代替消息时,需要一个指示器来标识导出过程中所使用的方法。

——消息标识符;

——秘密密钥指示,该密钥是证实安全权标所需要的;

——证实数字签名所需的具体的公开密钥的标识(例如,证书机构的可区分标识符以及证书序列号);

——可区分的公证者标识符,时间戳 TTP,内线 TTP 等;

——证据的惟一标识符;

——存储或记录证据的日期和时间;

——生成数字签名或安全权标的日期和时间。

7.2 抗抵赖设施

本条标识若干用来生成、发送和证实证据或用于 TTP 保存证据的抗抵赖设施。

7.2.1 与管理相关的设施

与抗抵赖管理相关的活动可以涉及将信息、口令或密钥(使用密钥管理)分发给需要实现抗抵赖的实体。这可以涉及正在通信的实体与其他提供抗抵赖服务的实体之间的协议使用。抗抵赖管理也可以涉及撤销用于产生证据的密钥。

抗抵赖管理设施允许用户获取、修改和删除提供抗抵赖所需的信息。从广义上说这些设施是：

——安装管理信息；

——修改管理信息；

——删除管理信息；

——列出管理信息。

支持抗抵赖服务可能需要下列与管理相关的活动：

——记录在审计跟踪中的事件；

——记录纠纷裁决的结果；

——事件的本地报告；

——事件的远程报告。

每个事件需采取的具体动作取决于实施中的安全策略。

7.2.2　与操作相关的设施

7.2.2.1　产生证据

本设施用于产生证据。证据可直接由证据主体(不包括 TTP)产生,由一个或多个代表证据主体行为的 TTP 产生,或由证据主体与一个或多个 TTP 共同产生。

候选输入包括：

——抗抵赖策略；

——可区分的证据主体标识符；

——可区分的抗抵赖服务请求者标识符；

——数据,或数据的数字指纹；

——可区分的 TTP 标识符,该 TTP 将被用来产生数字签名、安全权标或其他证据。

候选输出包括：

——证据(例如数字签名或安全权标)；

——可区分的 TTP 标识符,该 TTP 用来产生数字签名、安全权标或其他证据。

7.2.2.2　生成时间戳

本设施用于产生时间戳。

候选输入包括：

——请求时间戳的实体的可区分标识符；

——在时间戳角色中的 TTP 的可区分标识符；

——数据(例如,已签名的消息、确认),或数据的数字签名或数字指纹。

候选输出包括：

——由 TTP 计算的后随签名；

——标识,用于识别产生后随签名(附带指示是否使用了该数据或数据的数字指纹)的方法和/或加密算法；

——可区分的时间戳服务标识符；

——收到时间戳请求的日期和时间；

——生成后随签名的日期和时间；

——签名信息,它包含时间戳和输入数据的数字指纹。

7.2.2.3　生成公证证据

本设施用于在 TTP 中存放证据。

候选输入包括：

——可区分的证据生成请求者标识符；

——证据（例如，数字签名或安全权标）；

——可区分的证据生成者标识符；

——可区分的抗抵赖策略标识符。

候选输出包括：

——证据的记录号；

——证据记录的日期和时间。

7.2.2.4 证实证据

本设施用于证实证据。

候选输入包括：

——证据；

——可区分的证据主体标识符；

——可区分的证据使用者标识符；

——证据验证所用密钥的标识符；

——证据的潜在用途指示（以便能够作出评估，确定按照抗抵赖策略此证据是否适合该应用）。

候选输出包括：

——验证结果（即有效或无效）；

——证据主体的可区分标识符；

——证据生成者的可区分标识符；

——证据验证请求者的可区分标识符；

——可区分的 TTP 标识符，该 TTP 验证数字签名或安全权标；

——数据或数据的数字指纹。

7.2.2.5 为内线 TTP 的数据传送生成证据

数据可以通过 TTP 传送，而不是在原发者和接受者之间直接发送数据和/或确认，这样便可以由 TTP 确保抗抵赖证据。当怀疑接受者可能借口通信信道失效而拒绝递交数据时，也可使用本设施。

为了使用本设施，必须向内线 TTP 出示下列信息：

——数据；

——接受者的可区分标识符。

另外，可以提供：

——数据的数字指纹；

——可区分的原发者标识符；

——数字签名；

——可区分的内线 TTP 标识符；

——抗抵赖策略。

内线可信第三方的候选输出包括：

——可区分内线的可信第三方标识符；

——可区分的接受者标识符；

——证据的记录号；

——该记录的日期和时间；

——数据，或数据的数字指纹。

8 抗抵赖机制

可以在时间戳等其他服务的支持下，通过使用数字签名、加密、公证和数据完整性之类的机制来提供抗抵赖服务。对称和非对称密码算法都能用于抗抵赖。抗抵赖服务能使用这些机制和服务的适当组合来满足应用中的安全需要。

本章描述能用于提供抗抵赖服务的机制，并描述对这些机制的一些威胁。

8.1 使用 TTP 安全权标（安全信封）的抗抵赖

在本方案中，抗抵赖证据由一个安全权标构成，用只有 TTP 才知道的秘密密钥封印。在证据生成请求者的要求下 TTP 生成安全权标，并随后能为证据使用者或判决者对其进行验证。这种情况下，TTP 是证据生成者和证据验证者。

证据生成请求者将数据或数据的数字指纹，连同生成安全权标的请求，传输给 TTP。该请求必须是受完整性保护（例如使用封印）的，也可以是受机密性保护（例如使用加密）的。受完整性保护的安全权标有时称为安全信封。

在安全权标生成中使用的候选输入包括：

——标识，识别用以保证安全权标完整性的密码算法和/或方法；

——标识，识别用以保证安全权标机密性的密码算法和/或方法；

——可区分的证据主体标识符；

——可区分的证据生成请求者标识符；

——可应用的抗抵赖策略；

——事件或动作的日期和时间；

——描述事件或动作的数据。

候选输出包括：

——安全权标；

——生成安全权标的日期和时间。

8.2 使用安全权标和防篡改模块的抗抵赖服务

在本方案中，抗抵赖证据由一个安全权标构成，用一个秘密密钥来封印，而该密钥则存储在证据生成者、证据验证者和判决者所拥有的防篡改密码模块中。防篡改模块限制那些可用秘密密钥执行的操作，并防止密钥的值被暴露在模块外面。

证据生成者模块允许用秘密密钥来创建一个封印的权标，而证据验证者和判决者拥有的模块只允许权标验证。所有介入方必须相信秘密密钥已被正确安装在防篡改密码模块中，因此同一个秘密密钥只能被一个实体用于证据生成，而其他实体只能将其用于证据验证。

如果出现纠纷，证据使用者向判决者出示封印的权标，并证明该权标必然是使用证据生成者模块创建的，因为拥有同样密钥的其他模块不具有生成安全权标的能力。

8.3 使用数字签名的抗抵赖服务

在本方案中，抗抵赖证据由一个数字化签名的数据结构构成。签名生成使用签名密钥，签名验证使用验证密钥。

根据安全策略，可能需要时间信息。这可以包含在由实体提供的和/或由作为时间戳机构的 TTP 提供的数字签名中。当时间信息不是由 TTP 提供时，其他实体没有必要相信它。如果判决者需要时间戳和/或上下文信息来解决纠纷时，此信息必须从可信任源（例如 TTP）处获取。

为检验证据，证据验证者和判决者必须能够获得验证密钥。如果不能保证判决者将通过其他方法知悉证据生成者的公开密钥，则证据还必须为此密钥而包含一个安全证书。

数字签名可由证据主体生成或者由签名生成角色中的 TTP 生成。

由证据主体生成的数字签名称作直接数字签名。由代表证据主体的 TTP 生成的数字签名机制称作中介数字签名。

当用作验证签名的证书已被撤销后，单独用数字签名是不足以解决纠纷的。为解决此类纠纷，还必须另外向判决者提供有关该证书撤销的证据（例如证书撤销列表-CRL），表明证书在生成数字签名时是仍然有效的。然而,当私有密钥的拥有者自愿使用不正确时间时,或攻击者毁坏了用于生成签名的私有密钥时,不允许将本方案用于解决纠纷。为解决此类纠纷,必须另外使用一个可信时间基准,或使用来自其时间戳角色中的 TTP 的后随签名(参见附件 E)。

证据验证者可使用目录服务来获得验证过程所需的信息(例如安全证书)。证据验证者必须获得证据生成者的公开密钥。这个密钥可以包含于存储在目录中的安全证书里。可能需要不只一个证书。为确保一个证书是合法的,还有必要请求可用的撤销证书列表。这对出现在证书路径中的每个证书机构来说都是必需的(见 GB/T 16264.8—1996)。

证据使用者可以寻求充当数字签名验证角色中的 TTP 的帮助来证实数字签名。在这个角色中,TTP 验证原始消息(或者消息的数字指纹,如果使用了的话)与数字签名之间的关系。

在这种情况下,TTP 的作用是降低证据使用者签名验证过程的复杂性,并为了优先响应以后的验证请求而维护先前验证请求的结果。为达到此目的,TTP 可能需要与目录进行一些交互。要求充当签名验证角色中的 TTP 至少持有一个证书机构的公开密钥。TTP 也要考虑不同证书机构之间存在的信任关系。

8.4 使用时间戳的抗抵赖服务

当需要可信时间基准,并且产生数字签名或安全权标的实体提供的时钟又不可信时,有必要依赖可信第三方来提供时间戳。能用时间戳来证实,消息是在签名密钥泄露之前签署的,因此该消息不是伪造的。在时间戳角色中,可信第三方将提供数字签名或安全权标以证实收到请求的时间。证据生成者、抗抵赖服务请求者、证据使用者或证据验证者都可请求时间戳。

时间戳将时间、日期以及一个封印或数字签名添加到数据上。时间戳不需要对提出时间戳请求的实体进行鉴别。证据验证者必须确定时间戳是否像安全策略所命令的那样在可接受范围内。

时间戳可与签名生成或权标生成结合。如果生成数字签名的实体包含可靠并且可信的时钟,可不需要后随签名。

8.5 使用内线可信第三方的抗抵赖

内线可信第三方设施能够被特定的事件或动作显式地请求,或者可被隐式地提供。而内线可信第三方,在抗抵赖服务被请求的所有交互中扮演中介角色,并可向证据使用者(如判决者)提供证据。在所有情况中,内线 TTP 将中继数据并监视该事件或动作。

TTP 受委托保管用于将来解决纠纷的记录。被 TTP 保管的数据或数据的数字指纹能够作为证据。

8.6 使用公证的抗抵赖

在 OSI 模型中,公证机制为两个或多个实体间通信的数据的属性提供保证,例如完整性、原发、时间和目的地。公证者受所涉及的实体委托,以一种可测试方法持有提供担保所需的必要信息,以及为将来解决纠纷而保管记录。数字签名、加密和完整性机制可在适当时候用于支持公证所提供的服务。

在证据生成角色中,公证者将记录保证数据属性的证据,另外,可使用记录号来标识证据。

在证据验证角色中,公证者将确定证据的合法性。

8.7 抗抵赖面临的威胁

没有任何一种抗抵赖机制对所有的威胁都是完全无懈可击的。如果 TTP 没有按预期的行为方式工作,那么包含该 TTP 的机制可能是不安全的。这可以有 TTP 的一次偶然失效引起或由作为内部人员进行的一次攻击所产生。这种威胁的后果可能很严重,但不在标准的本部分中进一步讨论。抗抵赖机制随 TTP 失误造成的后果以及 TTP 导致协议失败的难易程度而变化。评估必须针对可能存在的威胁及其在特定环境下这些威胁所产生的严重后果,以便选择一些机制使总体风险保持在可接受的限度内。一些威胁的示例以及可能采取的措施讨论如下。

8.7.1 密钥泄露

8.7.1.1 实体生成密钥的泄露

在密钥泄露和密钥的合法拥有者检测到该密钥泄露的这一期间,存在着一种风险,即攻击者可能使用被泄露的密钥产生证据,而证据使用者又将其作为有效证据来接受。抗抵赖机制不可能从这样的证据生成密钥的误用而造成的损失中恢复过来。然而,使用证据生成机构(例如签名生成机构)确定损失的程度则是可能的,该证据生成机构然后可以保持对被生成证据的审计跟踪,从而有可能发现生成了哪些证据和这些证据是什么时候生成的。还要尽可能广泛地通告密钥已被误用的事实,但这些通告不一定都会到达所有已收到利用被泄露生成密钥所建立的证据的接受者。

密钥合法拥有者一旦检测到密钥被泄露,就需要撤销该生成密钥。如果生成密钥是私有密钥,则还需要撤销相应的公开密钥证书。这能够用 GB/T 16264.8—1996 定义的证书撤销列表来完成。然而这还不是充分的,因为它不能预防密钥的误用。可能对抗这种威胁的方式包括使用一种抗抵赖机制,在这种机制中证据生成需要 TTP 与证据主体的合作。例如,使用中介数字签名或来自时间戳机构的后随签名能防止这种形式的威胁。在后一情况中,抗抵赖策略规定,只有被时间戳机构正确地后随签署的证据才是合法的(参见附录 E)。

密钥泄露也可能是故意的。如果抗抵赖策略规定证据主体对在密钥泄露与检测出泄露这一时段里的密钥误用不负责任,证据主体则可能利用此规定来声称其密钥已被泄露并进而否认事实上已发生的一个动作或事件。可以定义在报告密钥泄露前所允许的最大时间延迟以对付这种威胁。在这种策略下,如果证据使用者在该时间限制内没有宣布他们的密钥已被泄露,那么证据主体将对任何误用他们密钥的后果负责。因此证据验证者能够肯定,宣布密钥泄露所允许的时间延迟在接受任何证据之前已经到期。

8.7.1.2 TTP 生成密钥的泄露

当已检测到 TTP 的密钥泄露时,必须撤销该密钥。如果生成密钥是私有密钥,则需要撤销相应的公开密钥证书。这能够用 GB/T 16264.8—1996 定义的证书撤销列表来完成。为了处理先前由(可能)已泄露的密钥所产生的证据,需要 TTP 对它的密钥的每次使用保持审计跟踪。如果 TTP 的密钥被泄露了,则能用审计跟踪来解决纠纷。

8.7.1.3 实体验证密钥的替换

这种威胁欺骗证据使用者/证据验证者,使他们相信拥有合法证据。然而当出现纠纷需要判决时,却发现证据无效。也就是说,证据使用者放松了警惕,因为他们对貌似合法的证据深信不疑,而判决者却发现事实正好相反。对付这种威胁的可能措施,包括使用强有力的规程以确保正确的实体与正确的验证密钥相关联。假如出现了替换,一旦检测到该替换密钥,就必须立即将错的验证密钥撤销。

8.7.1.4 TTP 验证密钥的替换

如果验证密钥是 TTP 用来直接验证证据的公开密钥,TTP 可能被欺骗而接受在将验证密钥运送给判决者(如纸文件、证书链)时所伪造的证据。一个具体的示例是发生在判决者的公开密钥副本被攻击者替换时。

当检测到这种攻击时,应尽可能广泛地通告所发生的替换,但应该注意到,将不可能通告到所有的证据使用者,而这些使用者所用的证据可能已经用被替换的密钥来验证了。可能通过使用证据验证机构(如签名验证机构)来确定哪些证据是在替换警告之前已被验证的,该证据验证机构然后可以保持对已验证证据的审计跟踪。通过这种方式可以知道哪些证据是在警告之前验证的,哪些是在警告之后验证的。

如果验证密钥是证据使用者用来直接验证证书的公开密钥,一旦检测到替换后应尽快更换。

8.7.2 证据泄露

曾被接受为证据的信息可以不再是可接受的。这类信息称为已泄露的证据。

8.7.2.1 证据的未授权修改和破坏

在这种情况下,动作或事件确实已发生,但有意否认该事件的一方有办法修改或毁坏存储的证据。

该方然后可以成功地否认事实上已发生的事件。能够通过采用适当的防止修改或毁坏证据的安全机制（例如冗余存储）来避免这种威胁。使用 TTP 储存证据能提供对这种威胁的进一步保护，因为由 TTP 持有的存储介质可以比证据使用者持有的存储介质得到更好的保护。

8.7.2.2 证据毁坏或无效

这种威胁是指由 TTP 存储的证据遭到毁坏。如果 TTP 不是足够的仔细，并且 TTP 没有对备份做适当安排，就会发生这种威胁。这种威胁能通过使用抗抵赖机制得到防止，采用这种机制，解决纠纷所需的所有证据都由证据使用者来存储。即使 TTP 是恶意的或者疏忽的，证据使用者仍然能够保证证据将不会被毁坏。

8.7.3 伪造证据

8.7.3.1 外部人员伪造证据

在这种情况下，并不是发生了纠纷事件，而是外部人员渗透系统并创建某种事件确实发生过的假证据。当有公证者参与时可以发生这种情况。可采用密码机制保护存储的证据以防止入侵者伪造或修改。

8.7.3.2 证据的假验证

在 TTP 用于验证证据的机制中，存在着这样一种威胁，TTP 将告诉证据使用者它已证实该证据，而该证据实际是无效的。如果出现纠纷，证据使用者将不能使判决者信服发生了纠纷事件。通过使用由证据验证者能够直接验证证据的抗抵赖机制、而不使用 TTP，能防止这类威胁。

8.7.3.3 可信第三方伪造证据

这种威胁是指可信第三方可能为从未发生的事件伪造证据。如果判决者信任 TTP，判决者将接受伪造的证据，并因此受到欺骗而作出不正确的决定。通过使用对 TTP 而言难于伪造证据的抗抵赖机制，或通过确保所用的 TTP 是值得信任并且正处于信任地位，可以防止这种威胁。一般情况下，很难对实体的可信性提供不可反驳的证据。

9 与其他安全服务和安全机制的交互

本章描述如何使用其他安全服务来支持抗抵赖。此处不讨论用抗抵赖服务来支持其他安全服务。

9.1 鉴别

在与可信第三方交互时，实体可能需要通过使用鉴别服务来证明他们的身份。可以使用数据源鉴别服务来确保随后的交换。例如，当 TTP 用于签名生成时，在生成签名以前可能需要鉴别证据主体。

9.2 访问控制

访问控制服务可用于确保由 TTP 存储的信息，或仅使 TTP 提供的服务对授权实体可用。

9.3 机密性

可能需要机密性服务来保护数据的未授权泄露（在某些情况下，包括被 TTP 的未授权泄露或泄露给 TTP），以及防止证据的未授权泄露。

9.4 完整性

将需要用完整性服务来保证证据的完整性。

使用具有源证明的抗抵赖或具有递交证明的抗抵赖，还必须确保数据的完整性，以便在没有检测的情况下不能修改在原发者和接受者之间传送的数据。

9.5 审计

证据使用者可使用审计记录器功能来存储证据，以备日后出现纠纷时使用。

公证者或内线 TTP 可使用审计记录器功能来记录消息的内容、原发地、目的地和时间。

9.6 密钥管理

密钥管理服务可用来提供在证据生成和证据验证中使用的密钥。即使相应的用于证据生成的密钥已不再有效或可用，仍可能需要密钥管理服务为证据验证提供密钥。

附 录 A

（资料性附录）

在 OSI 基本参考模型中的抗抵赖

A.1 具有源证明的抗抵赖

具有源证明的抗抵赖服务向数据接受者提供防止发送者任何试图虚假地否认发送过数据或其内容的证明。当证据生成者（通常是数据发送者，但也可能是 TTP）向证据验证者（通常是数据接受者，但也可能是代表接受者的一方）递交证据说明该数据是由该发送者发送时实现此过程。

当使用签名机制时，证据是数据的数字签名或数据的数字指纹。具有源证明的抗抵赖依靠先前协商的方案提供已验证的证据。它有下列阶段：

1) 抗抵赖服务请求者生成证据，或从 TTP 获得证据并将该证据添加到数据中；

2) 使证据对证据使用者是可用的；

3) 在纠纷事件中，数据和证据由证据使用者产生，判决者依靠证据验证数据。

A.2 具有递交证明的抗抵赖

具有递交证明的抗抵赖服务向数据发送者提供防止接受者随后任何试图虚假地否认接收过数据或其内容的证明。当证据生成者（通常是数据接受者，但也可能是 TTP）将数据已被递交的证据递交给证据验证者（通常是数据发送者，但也可能是代表发送者的一方，或 TTP）时实现此过程。

本服务依赖于由数据接受者返回一个包含证据的确认。这个确认将包含在接收时以在原始信息上的数字签名（或原始消息的数字指纹）的形式给出的接收认可。

当使用签名机制时，需将已签名的确认作为证据。

根据在递交机构中起作用的 TTP 是否参与支持这种服务，可将这种服务分成两种情况考虑。

附 录 B
（资料性附录）
抗抵赖设施概貌

安全设施概貌	元素	实体:证据主体、证据生成者、证据验证者、证据使用者、抗抵赖 TTP、判决者			
		信息对象:证据			
	实体的目标:收集、维护、生成可用和有效的不可驳倒的证据				
活动	实体	TTP、安全机构			
	功能	（未定义）			
	与管理相关的活动	——安装； ——修改； ——删除； ——列表。			
	实体	证据生成者	证据验证者	抗抵赖 TTP	判决者
	功能	（未定义）	（未定义）	（未定义）	（未定义）
	与操作相关的活动	——生成证据 ——生成已公证证据	——生成证据 ——生成已公证证据	——生成时间戳 ——通过 TTP 传送	（未定义）
信息	由 SDA 管理的输入/输出数据元素	——管理信息，例如口令或密钥； ——信息类型； ——抗抵赖策略。			
	在操作中使用的信息类型	——证据； ——数字签名； ——安全权标； ——安全证书； ——时间戳。			
	控制信息	记录在审计跟踪中的事件和纠纷仲裁的结果； 报告两个实体间的关系。			

附　录　C
（资料性附录）
在存储和转发系统中的抗抵赖

　　在存储和转发系统中，消息是通过一个或多个被称为传送代理的中介在消息的原发者和接受者之间传送的。在这类系统中，消息传输不仅包括原发者和接受者之间的通信，也包括原发者和传送代理之间的通信、接受者和传送代理之间的通信，以及各传送代理之间的通信。抗抵赖服务可分别应用在运输信息到最终目的地的每一步骤中。

　　具有源证明的抗抵赖服务防止发送者虚假地否认发送过消息或其内容。接受者或传送代理都可使用由该服务收集的证据。

　　具有递交证明的抗抵赖服务用于防止接受者虚假地否认已接收消息或其内容。原发者或传送代理都可使用由该服务收集的证据。

　　具有提交证明的抗抵赖服务用于防止传送代理虚假地否认收到传输消息（来自原发者或来自另一个传送代理）。原发者或传送代理都可使用由该服务收集的证据。

　　具有运输证明的抗抵赖服务用于防止传送代理虚假否认已传输一个消息（到接受者或到另一个传送代理）。原发者是由该服务所收集的证据的使用者。

　　具有传送证明的抗抵赖服务用于防止传送代理虚假否认已为递交消息承认责任。在一条消息的递交中，不只涉及一个传送代理时就要使用这种服务。第一个接收到消息的传送代理将消息传给第二个传送代理时，第二个传送代理可向第一个提供它已对该消息承认责任的证据。当两个以上的传送代理参与时，在第二个和第三个传送代理之间也可使用该服务，如此等等。

　　不同形式的抗抵赖服务的使用归纳如下表：

服务名称	防止	被使用
原发证明	原发者	接受者，传送代理
提交证明	传送代理	原发者
运输证明	传送代理	原发者
传送证明	传送代理	传送代理
递交证明	接受者	原发者，传送代理

　　通过在不同的粒度等级上仔细观察系统，能够提供这些附加的抗抵赖服务形式（提交证明和运输证明），然后利用这些机制提供更多基本形式的抗抵赖服务（原发证明和递交证明）。例如，把由原发者到接受者的消息传输细化成消息交换序列，其中之一是由传送代理给原发者的递交确认，并使用原发证明服务来保护这个确认，就能实现运输证明。

附　录　D
（资料性附录）
抗抵赖服务的恢复

安全恢复处理在正常情况下不该发生的状况。然而，计算机安全的现实情况是确实会出现不正常的情况，最好要为这类意外情况做好准备。

特别地，许多抗抵赖机制依赖于密码密钥以及保护它们所需的秘密状态。应有立即有效的恢复计划来防止密码密钥的丢失或暴露。

当私有密码密钥用于抗抵赖服务时会出现下列情况：

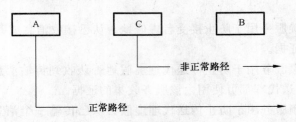

图 D.1

不诚实的一方（C）用 A 已泄露的私有密钥签署的数据，可能被传给诚实的参与方（B）。假设 B 在某一时刻由于某种理由作为与未授权消息相关动作（或无动作）的结果而将搜索出 A，出示该已签名消息作为该动作的辩护。A 将声称已丢失相关的私有密钥，并引用一个公开声明证明其结果。

如果引起评判员或判决者的注意，A 的责任将可能由公开声明泄露密钥与未授权签署消息之间的时间差的比较结果来决定。如果消息在日期上先于密钥泄露声明，则 A 负责任的可能性更大。所以，如果 C 在日期上先有效地持有消息，除非已采取一些措施处理这种情况，A 将负责任。

为了从这类情况中恢复，需要能够知道消息签署的确切时间。由于不能信任 C 放在消息中的时间，有必要调用 TTP，通过下面方式正式注册消息：

——复制在适当的安全审计跟踪（即利用公证者）中的消息和签名；

——把后随签名应用于消息，它包含注册日期和时间，从一个独立的可信方（即时间戳服务）获得。

在接下来的过程中，不诚实的参与方将随意地记载签名的真实日期和时间。判决者根据下面的结果向受伤害方（A）提出责任意见：

首先，消息的日期/时间与后随签名的日期/时间之间比较，它们必须在一段足够小的时间窗内（如 24 h）；

其次，消息的日期/时间和密钥丢失或泄露的正式通告之间比较。

用这种方式，丢失或泄露密码密钥的有效滥用将被减少到时间戳服务为数据注册所允许的时间窗范围内。

在密钥泄露事件中，A 方的责任主要依赖于实施中的安全策略。安全缺口不总会被立即检测出来。因而，即使 A 方在他们一意识到泄露就通告了 TTP，C 方也能够在 A 的私有密钥泄露后并在 A 检测出泄露前伪造消息。

在解决纠纷时下面的两项时间是相关的：

——A 报告泄露的时间——对那些能表明是在此时之后签署的所有消息 A 都将抵赖（A 应该在意识到私有密钥泄露时立即停止使用它）。

——在 A 声称的密钥泄露之前的时间——对那些能表明是在此时之前已签署的消息 A 将不抵赖。

这个时刻可以不存在：A 可能已经发现了泄露但并不能确定发生的真正时间。

附　录　E
（资料性附录）
与目录的交互

数字签名可用合适的公开密钥来验证。当公开密钥包含在放置于目录中的一个用户证书里时，假设证书机构的公开密钥是已知的，该密钥的正确性是可以验证的。

由于发布证书的证书机构可以在准备证书后更换公开密钥，所以需要有一种方法来验证"陈旧的"公开密钥的正确性。由于正常情况下知道的惟一密钥是 CA 当前的公开密钥，所以需要在当前的公开密钥和陈旧的公开密钥间存在一定的联系。因为接受者并不一定意识到 CA 密钥的更换，不同的证书机构有责任提供一种方式来检验它们"陈旧的"证书。这可通过两种方式实现：

——用 CA 当前的公开密钥验证每一个陈旧的 CA 公开密钥；

——用 CA 的下一个公开密钥验证每一个陈旧的 CA 公开密钥。

在前一种情况，可以直接验证与证书机构用于发布原始证书的私有密钥相对应的旧的 CA 公开密钥的有效性。

在后一种情况，需要能够收集证书链，一步步地证实旧的 CA 公开密钥。它将这样实现，首先查找相对应于已签署消息的日期/时间来说处于有效期间的证书，然后递归地查找有交迭但有效期更近的证书，以找出前一个 CA 公开密钥的值。

注：在旧的 CA 公开密钥可能泄漏的情况下，前一种方法更好，因为，用第二种方法，趋于更旧 CA 公开密钥的证书链将会断开，这样 CA 的更旧的公开密钥将隐式地变成无效。

在目录中，当其他证书机构或它们的证书用户不再有效时，证书机构不对它们的撤消列表证书保持跟踪。所以，在证据使用者或 TTP 在其仍然有效时必须收集所有必要的信息（即包括撤销列表，即使它是空的也如此），以证明一个给定的公开密钥在某个时间点是有效的。

撤销列表证书包含机构发布证书的日期。它也可包含另外的能够在某些情况下帮助解决纠纷的日期：用户仍然确信他的密钥没有泄露的日期。用户在此日期之前的所有签名将被用户承认为有效。没有这个日期，假如发生了最糟的情况，在安全证书有效期间的所有签名将被看作是无效的。在商业领域中对用户来说非常重要的是，即使用来签署消息的密钥已经丢失，已签署的文档仍被承认为有效。尽管在撤销列表证书中这个日期是可选的，如果对应于证书的密钥是用于抗抵赖服务的，它就会是必须的。

信任关系可能随时间变化。例如，判决者今天能够信任一个 CA，但明天却不必如此。必须使这类信任可用，以便接受者能够知道解决潜在的纠纷是否对其有利。给定的判决者承认哪一类信任关系，这一点必须表示出来。可以使用下列信任表达式对这些信任条件建立模型：

——CA，完全委托且对它来说当前公开密钥的值是已知的；

——受委托发布包括 CA 证书和用户证书二者的 CA；

——受委托仅发布用户证书（但不包括 CA 证书）的 CA。

这些信息对证据使用者必须是随意有效的。他们可以得到含有有效期的安全证书格式。定义了两种格式的安全策略证书：判决者负责保持对他们跟踪的安全策略证书与接受者负责保持对他们跟踪的安全策略证书。

附 录 F

（资料性附录）

文献目录

——GB/T 16284.2—1996 信息技术 文本通信 面向信报的文本交换系统 第 2 部分:总体结构(idt ISO/IEC 10021-2:1990)

——GB/T 16264.8—1996 信息技术 开放系统互连 目录 第 8 部分:鉴别框架(idt ISO/IEC 9594-8:1990)

——GB/T 16651—1996 消息处理系统 电子数据交换消息处理系统(idt CCITT X.435:1991)

ICS 35.100.01
L 79

中华人民共和国国家标准

GB/T 18794.5—2003/ISO/IEC 10181-5:1996

信息技术　开放系统互连
开放系统安全框架
第5部分：机密性框架

Information technology—Open Systems Interconnection—
Security frameworks for open systems—
Part 5：Confidentiality framework

（ISO/IEC 10181-5:1996,Information technology—
Open Systems Interconnection—
Security frameworks for open systems：
Confidentiality framework,IDT）

2003-11-24 发布　　　　　　　　　　　　　2004-08-01 实施

中 华 人 民 共 和 国
国家质量监督检验检疫总局　发布

前　言

GB/T 18794《信息技术　开放系统互连　开放系统安全框架》目前包括以下几个部分：
——第 1 部分（即 GB/T 18794.1）：概述
——第 2 部分（即 GB/T 18794.2）：鉴别框架
——第 3 部分（即 GB/T 18794.3）：访问控制框架
——第 4 部分（即 GB/T 18794.4）：抗抵赖框架
——第 5 部分（即 GB/T 18794.5）：机密性框架
——第 6 部分（即 GB/T 18794.6）：完整性框架
——第 7 部分（即 GB/T 18794.7）：安全审计和报警框架

本部分为 GB/T 18794 的第 5 部分，等同采用国际标准 ISO/IEC 10181-5:1996《信息技术　开放系统互连　开放系统安全框架：机密性框架》（英文版）。

按照 GB/T 1.1—2000 的规定，对 ISO/IEC 10181-5 作了下列编辑性修改：

a) 增加了我国的"前言"；

b) "本标准"一词改为"GB/T 18794 的本部分"或"本部分"；

c) 对"规范性引用文件"一章的导语按 GB/T 1.1—2000 的要求进行了修改；

d) 删除"规范性引用文件"一章中未被本部分引用的标准；

e) 在引用的标准中，凡已制定了我国标准的各项标准，均用我国的相应标准编号代替。对"规范性引用文件"一章中的标准，按照 GB/T 1.1—2000 的规定重新进行了排序。

本部分的附录 A 至附录 E 都是资料性附录。

本部分由中华人民共和国信息产业部提出。

本部分由中国电子技术标准化研究所归口。

本部分起草单位：四川大学信息安全研究所。

本部分主要起草人：戴宗坤、罗万伯、欧晓聪、龚海澎、周安民、赵勇、李焕洲。

引　言

　　许多开放系统应用都有与防止信息泄露有关的安全需求。这样的需求可能包括信息的保护，这些信息在其他安全服务如鉴别、访问控制或完整性中使用。如果这些信息被攻击者所知，就会使那些服务的效用减弱或无效。

　　机密性是信息对未授权个人、实体或进程不予提供或不予泄露的特性。

　　本部分定义提供机密性服务的通用性框架。

信息技术　开放系统互连
开放系统安全框架
第5部分：机密性框架

1　范围

本开放系统安全框架的标准论述在开放系统环境中安全服务的应用,此处术语"开放系统"包括诸如数据库、分布式应用、开放分布式处理和开放系统互连这样一些领域。安全框架涉及定义对系统和系统内的对象提供保护的方法,以及系统间的交互。本安全框架不涉及构建系统或机制的方法学。

安全框架论述数据元素和操作的序列(而不是协议元素),这两者可被用来获得特定的安全服务。这些安全服务可应用于系统正在通信的实体,系统间交换的数据,以及系统管理的数据。

本部分阐述在检索、传送和管理过程中信息的机密性。本部分：

1)　定义机密性的基本概念;

2)　识别可能的机密性机制类型;

3)　对每种机密性机制的设施进行分类和识别;

4)　识别用来支持各种类别的机密性机制所需的管理;

5)　阐述机密性机制和支持服务与其他安全服务和机制的交互。

许多不同类型的标准能使用这个框架,其中包括：

1)　体现机密性概念的标准;

2)　规定含有机密性的抽象服务的标准;

3)　规定使用机密性服务的标准;

4)　规定在开放系统体系结构内机密性服务的提供方法的标准;

5)　规定机密性机制的标准。

这些标准能以如下方式使用本框架：

——标准类型1)、2)、3)、4)和5)能使用本框架的术语;

——标准类型2)、3)、4)和5)能用本框架第7章定义的设施;

——标准类型5)能基于本框架第8章定义的机制类别。

与其他的安全服务一样,机密性仅能在为一个特定应用而定义的安全策略上下文中提供。特定安全策略的定义不在本部分范围之内。

规定那些为了实现机密性所需要执行的协议交换的细节也不在本部分之内。

本部分不规定支持这些机密性服务的特殊机制,也不规定安全管理服务和协议的全部细节。支持机密性的通用机制在第8章中描述。

本安全框架中所描述的有些规程,通过应用密码技术来实现机密性。但本框架与特定的密码技术或其他算法的使用并无依赖关系,当然某些类别的机密性机制可能要依靠特殊的算法特性。

注：密码算法及其登记规程应符合我国有关规定。

本框架阐述当信息被表示成潜在攻击者可访问的数据时如何提供机密性保护。它的范围包括业务流机密性。

2　规范性引用文件

下述文件中的条款通过GB/T 18794的本部分的引用而成为本部分的条款。凡是注日期的引用文件,其随后所有的修改单(不包括勘误的内容)或修改版均不适用于本部分,然而,鼓励根据本部分达成协议的各方研究是否可使用这些文件的最新版本。凡是不注日期的引用文件,其最新版本适用于本部分。

GB/T 9387.1—1998　信息技术　开放系统互连　基本参考模型　第 1 部分:基本模型(idt ISO 7498-1:1994)

GB/T 9387.2—1995　信息处理系统　开放系统互连　基本参考模型　第 2 部分:安全体系结构(idt ISO 7498-2:1989)

GB/T 17179.1:1997　信息技术　提供无连接方式网络服务的协议　第 1 部分:协议规范(idt ISO/IEC 8473-1:1994)

GB/T 17963—2000　信息技术　开放系统互连　网络层安全协议(idt ISO/IEC 11577:1995)

GB/T 18794.1—2002　信息技术　开放系统互连　开放系统安全框架　第 1 部分:概述(idt ISO/IEC 10181-1:1996)

GB/T 18794.3—2003　信息技术　开放系统互连　开放系统安全框架　第 3 部分:访问控制框架(idt ISO/IEC 10181-3:1996)

3　术语和定义

下列术语和定义适用于 GB/T 18794 的本部分。

3.1　基本模型定义

GB/T 9387.1—1998 确立的下列术语和定义适用于 GB/T 18794 的本部分。

a)　(N)连接　(N)-connection;

b)　(N)实体　(N)-entity;

c)　(N)设施　(N)-facility;

d)　(N)层　(N)-layer;

e)　(N)PDU　(N)-PDU;

f)　(N)SDU　(N)-SDU;

g)　(N)服务　(N)-service;

h)　(N)单元数据　(N)-unitdata;

i)　(N)用户数据　(N)-userdata;

j)　分段　segmenting。

3.2　安全体系结构定义

GB/T 9387.2—1995 确立的下列术语和定义适用于 GB/T 18794 的本部分。

a)　主动威胁　active threat;

b)　机密性　confidentiality;

c)　解密　decipherment;

d)　解密处理　decryption;

e)　加密　encipherment;

f)　加密处理　encryption;

g)　基于身份的安全策略　identity-based security policy;

h)　密钥　key;

i)　被动威胁　passive threat;

j)　路由选择控制　routing control;

k)　基于规则的安全策略　rule-based security policy;

l)　敏感性　sensitivity;

m) 通信业务分析 traffic analysis；

n) 通信业务填充 traffic padding。

3.3 安全框架概述定义

GB/T 18794.1 确立的下列术语和定义适用于 GB/T 18794 的本部分。

a) 秘密密钥 secret key；

b) 私有密钥 private key；

c) 公开密钥 public key。

3.4 附加定义

下列术语和定义适用于 GB/T 18794 的本部分。

3.4.1

机密性保护环境 confidentiality-protected-environment

一种环境，它或是通过阻止未授权的查看数据来防止未授权的信息泄露，或是防止通过查看数据来未授权地导出敏感信息。敏感信息可包括某些或所有的数据属性（例如，数值，数据量大小，或存在等）。

3.4.2

机密性保护数据 confidentiality-protected-data

在一个受机密性保护环境中的数据。

注：一个受机密性保护的环境也可以保护某些（或所有）受机密性保护数据的属性。

3.4.3

机密性保护信息 confidentiality-protected-information

其有形编码（即数据）的全部受到机密性保护的信息。

3.4.4

隐藏 hide

一种操作，它对未保护的数据施加机密性保护或对已经被保护的数据施加附加的机密性保护。

3.4.5

显现 reveal

一种操作，它去除某些或所有以前所施加的机密性保护。

3.4.6

隐藏机密性的信息 hiding confidentiality information

用来执行隐藏操作的信息。

3.4.7

显现机密性的信息 revealing confidentiality information

用来执行显现操作的信息。

3.4.8

直接攻击 direct attack

一种针对系统进行的攻击，它基于基础算法、原理或安全机制特性方面的缺陷进行攻击。

3.4.9

间接攻击 indirect attack

一种针对系统进行的攻击，这些攻击并不是基于特定安全机制的缺陷（例如，绕过安全机制，或依赖于系统不正确地使用安全机制）进行攻击。

4 缩略语

下列缩略语适用于 GB/T 18794 的本部分。

HCI 隐藏机密性的信息（Hiding Confidentiality Information）

PDU　协议数据单元(Protocol Data Unit)

RCI　显现机密性的信息(Revealing Confidentiality Information)

SDU　服务数据单元(Service Data Unit)

5　机密性的一般性论述

5.1　基本概念

机密性服务的目的是确保信息仅仅对被授权者可用。由于信息是通过数据表示的,而且数据可导致上下文的变化(如文件操作可能导致目录改变或可用存储区域数目的改变),因此信息能通过许多不同的方式从数据中导出:

1)　通过理解数据的语义(如数据的值);

2)　通过使用可以推理的数据的相关属性(比如其存在,创建的日期,数据大小,最后一次更新的日期等等);

3)　通过研究数据的上下文关系,即其他那些与之相关的数据对象;

4)　通过观察数据表示的动态变化。

信息能通过确保数据被限制于授权者而得到保护,或通过如下的表示数据方式来得到保护,即数据的语义只对那些掌握有某种关键信息的人才是可访问的。有效的机密性保护要求必要的控制信息(比如密钥和其他 RCI)是受保护的。这种保护可采用与保护数据的机制不同的机制来提供(比如密钥可以通过物理手段保护)。

在本框架中用到保护环境和交迭的保护环境的概念。在保护环境中的数据通过应用一个特定的安全机制(或多个机制)保护。在一个保护环境中的所有数据以类似方法受到保护。当两个或更多环境交迭的时候,交迭中的数据是受多重保护的。可以推断,从一个环境移到另一个环境的数据的连续保护必需包含交迭的保护环境。

5.1.1　信息的保护

信息的通信或存储是通过将这些信息表示成数据项实现的。机密性机制通过保护上述 5.1 中列出的某些或所有项来防止信息的泄露。

实现机密性的方法包括:

1)　保护数据存在或数据特性(比如数据大小或数据创建日期)的消息;

2)　防止对数据的读访问;

3)　保护数据语义的知识。

机密性机制通过下面的方式防止信息泄露:

1)　保护信息项的表示不被泄露;

2)　保护表示规则不被泄露。

在第二种情况中,通过把几个数据项组合成一个复合数据项,以及通过保护这个复合数据项的表示规则不被泄露,能实现防止数据项的存在或其他属性的泄露。

5.1.2　隐藏和显现操作

隐藏操作能作为信息从环境 A 移动到 A 与另一个环境 C 的交迭区域(B)的模型。**显现**操作可以被看作是隐藏操作的逆操作。操作过程在附录 B 中加以描述。

当信息从一种机密性机制保护的环境移到另一种机密性机制保护的环境时:

1)　如果第二个机制的**隐藏**操作优先于第一个机制的**显现**操作,则信息连续地受到保护;

2)　如果第一个机制的**显现**操作优先于第二个机制的**隐藏**操作,则信息不能连续地受到保护。

为了使上面 1)中的情况可行,在旧机制的**显现**操作和新机制的**隐藏**操作之间必须存在某种形式的交替性。当一个环境通过访问控制或物理方式受到保护而另一个通过密码变换受到保护时,就是一个**隐藏操作**和**显现操作**互相交替的例子。

机密性以下列方式影响信息的检索、传送以及管理：

1) 当**隐藏**操作、使用(N-1)设施的传送操作以及**显现**操作被组合起来形成一个(N)服务的传输部分时，就提供了在使用 OSI 进行的信息传送过程中的机密性；

2) 当**隐藏**操作、存储与检索操作以及**显现**操作被组合成一个更高层的存储和检索服务时，就提供了在数据存储检索中的机密性；

3) 通过将**隐藏**和**显现**与其他操作(比如用于数据管理的操作)组合起来，可以提供其他形式的机密性。

与某些机密性机制一起，**隐藏**设施使受机密性保护的部分数据在设施完成对所有数据的处理之前对服务用户是可用的。类似地，与某些机密性机制一起，**显现**设施有能力在所有的数据项可用之前，就开始处理部分受机密性保护数据项。这样，一个数据项可以同时包括还没有被**隐藏**的部分、已被**隐藏**的部分和已被**显现**的部分。

5.2 机密性服务的分类

机密性服务可以按它们支持的信息保护类型进行分类。这些信息保护的类型是：

1) 保护数据语义；

2) 保护数据语义和相关属性；

3) 保护数据语义及其属性，以及可从该数据导出的任何信息。

此外，机密性服务可以按存在于服务运行和信息被保护的环境中的威胁种类来分类。按照这一准则，机密性服务可分类如下：

1) 防止外部威胁

这类服务假设能合法访问信息者将不会把信息泄露给未授权者。这类服务不保护泄露给已授权方的信息，并且在它们拥有先前已被保护的信息时，也不限制这些授权方的行为。

示例：在 A 中的敏感文件通过加密受到保护。但是拥有所需解密密钥的进程可以读取被保护的文件，并且随后又对不受保护的文件进行写操作。

2) 防止内部威胁

这类服务假设对重要信息和数据有访问权的授权者可以自觉地或不自觉地从事那些最终会损坏被保护信息的机密性的活动。

示例：安全性标签与许可证被附加到被保护的资源和能访问它们的实体上。访问则通过良好定义且可理解的流控制模型加以限制。

提供防止内部威胁机密性保护的服务，必须要么禁止隐蔽通道(见附录 D)，要么将它们的信息传送率限制在一个可接受的水平。此外，他们必须禁止非授权的推理，这种推理可以来自于合法信息通道的意外使用[例如，基于仔细构建的数据库查询的推理——而每一个查询单独看来都是合法的，或者，基于系统公用程序的能力(或去能力)执行一个命令的推理]。

5.3 机密性机制的类型

机密性机制的目标是防止未授权的信息泄露。为此，机密性机制可以：

1) 防止对数据的访问(比如一个通道的物理保护)。

可以用访问控制机制(如在 GB/T 18794 的第 3 部分中描述的那样)来使只有授权的实体才能访问数据；

物理保护技术不在本部分范围之内。然而它们包含在其他标准中，比如 ISO 10202(集成电路卡的安全体系结构)和 ANSI X9.17 /ISO 8734(金融公共设施密钥管理-批售)。

2) 采用映射技术使信息相应地受到保护，除拥有关于映射技术重要信息的人以外，其他人都是不可访问的。这类技术包括：

a) 加密；

b) 数据填充；

c) 展频。

每种类型的机密性机制都能和其他相同或不同类型的机制结合起来使用。

机密性机制能实现各种不同的保护：

——保护数据语义；

——保护数据属性（包括数据的存在）；

——抗推理。

这些类别机制的示例包括：

1) 加密以隐藏数据；

2) 加密与分段和填充相结合以隐藏 PDU 的长度（见 8.2）；

3) 隐藏通信通道存在性的展频技术。

5.4 对机密性的威胁

对受机密性保护信息存在着一种单一类型的、通用的威胁，称为对被保护信息的泄露。有几种对受机密性保护数据的威胁，相应地就有几种能从数据中导出机密性保护信息的方式。下面的条款描述在不同的环境中对受机密性保护数据的一些威胁。

5.4.1 对通过禁止访问提供机密性的威胁

这类威胁包括：

1) 穿透禁止访问的机制，比如：

    a) 利用在物理保护通道中的弱点；

    b) 冒充或不恰当地使用证书；

    c) 利用在禁止访问机制实现中的弱点（比如用户可能要求对文件 A 的访问，并被允许对 A 访问，然后该用户对提交的访问文件名进行修改，从而获得对另一文件 B 的访问）；

    d) 在可信软件中嵌入特洛伊木马。

2) 穿透禁止机制所依赖的服务（比如当访问是基于身份鉴别时的冒名顶替，证书的不正当使用，或穿透用来保护证书的完整性机制）；

3) 利用系统公用程序直接或间接地泄露有关系统的信息；

4) 隐蔽通道。

5.4.2 对通过隐藏信息提供机密性的威胁

这类威胁包括：

1) 穿透密码机制（通过密码分析，通过窃取密钥，选择性明码攻击，或通过其他方式）；

2) 业务流分析；

3) PDU 头分析；

4) 隐蔽通道。

5.5 对机密性攻击的类型

以上列举的每种威胁都与一种或几种攻击（即所讨论的威胁实例）相对应。

可以区分为主动攻击和被动攻击，即导致系统变化的机密性攻击和不导致系统变化的攻击。

注：不管攻击是主动的或被动的，都可通过攻击下的系统的特征和攻击者采取的行动来确定。

被动攻击的示例是：

1) 窃取和搭接；

2) 业务流分析；

3) 出于非法目的对 PDU 头进行分析；

4) 将 PDU 数据复制到非目标地的系统中；

5) 密码分析。

主动攻击的示例子是：

1) 特洛伊木马（代码，其未纳入正式文档的特性极易造成安全性破坏）；

2) 隐蔽通道；

3) 穿透支持机密性的机制，如穿透鉴别机制（比如成功地假冒一个被授权实体），穿透访问控制机制，以及截获密钥；

4) 密码机制的欺骗性使用，比如选择明文攻击。

6 机密性策略

机密性策略是安全策略的一部分，它处理机密性服务的提供和使用。

代表信息的数据必须在所有实体可以读取它的整个过程中受到保护。机密性策略因此必须识别那些受到控制的信息，并指出哪些实体预期被允许读取它。

机密性策略也可以根据不同类型信息机密性的相对重要性，对为每种不同类型信息提供机密性服务的机制指出其类型和强度。

6.1 策略表达

在表达机密性策略时，需要识别所涉及信息和所涉及实体的方法。

安全策略可被认为是一个规则集。机密性策略中的每条规则能与一个数据特征和一个实体特征相关联。在有些策略中，这些规则并不明确地表示出来，但能由策略推导出来。

下面的条款描述许多可以表达机密性策略的方法。注意，尽管有些机密性机制在特定的策略表达式类型中是并列的，但是表达这些策略的方法中，并不意味着直接使用这些机制来实现这一策略。

6.1.1 信息表征

策略可以用不同方式标识信息。例如：

1) 通过标识创建它的实体；

2) 通过标识可以读取它的任何实体组；

3) 通过它的位置；

4) 通过标识提交数据的上下文（比如它的预期功能）。

6.1.2 实体表征

许多方式用来对机密性策略规则中涉及到的实体进行特征化。有两种常见的方式，一种是一个一个地和惟一地标识这些实体，另一种是将属性与每个实体关联起来。这两种实体特征化的形式产生了两种策略类型：基于身份的策略和和基于规则的策略。这些策略在访问控制框架中进行了充分的讨论（见 GB/T 18794.3）。

7 机密性信息和设施

7.1 机密性信息

在 5.1.2 中，讨论了**隐藏**和**显现**操作。附录 B 通过图 B.1 显示了使用这些操作时数据从一个受机密性保护环境到另一个受机密性保护环境时的流向。

与某些机密性机制一起，**隐藏**和**显现**操作利用了辅助信息。这种辅助信息相应地被分别称为**隐藏机密性的信息**（HCI）和**显现机密性的信息**（RCI）。

7.1.1 隐藏机密性的信息

隐藏机密性的信息（HCI）是被**隐藏**操作所使用的信息。

示例包括：

1) 公开密钥；

2) 对称密钥；

3) 数据存储的位置；

4) 分段规则。

7.1.2 显现机密性的信息

显现机密性信息(RCI)是被**显现**操作使用的信息。

示例包括：

1） 私有密钥；

2） 对称密钥；

3） 数据存储的位置；

4） 分段规则。

7.2 机密性设施

许多机密性设施已被加以区分,并列于附录 E 中。机密性设施可区分成与操作方面相关的设施或与管理方面相关的设施。

7.2.1 与操作相关的设施

7.2.1.1 隐藏

这一设施对数据进行机密性保护。这一设施可能的候选输入包括：

1） (可能受机密性保护的)数据；

2） HCI；

3） 机制特有标识符,如附录 E 所示。

候选输出包括：

1） 受机密性保护的数据；

2） 执行**隐藏**操作的其他结果；

3） 机密性保护环境的区分标识符,在这个环境中已存放了受机密性保护的数据。

7.2.1.2 显现

这一设施去除了先前施加给数据的隐藏操作。这一设施的候选输入包括：

1） 受机密性保护的数据；

2） RCI；

3） 机制特有标识符,如附录 E 所示。

候选输出包括：

1） (可能是机密性保护的)数据；

2） 执行显现操作后的其他结果；

3） 环境的区别标识符,在这个环境中已存放了输出的数据。

7.2.2 与管理相关的设施

机密性管理设施允许用户获得、修改和去除 HCI 和 RCI 信息(比如密钥),这对提供机密性是必须的。广义地讲,这些设施是：

1） 安装管理信息；

2） 修改管理信息；

3） 删除管理信息；

4） 列表管理信息。

8 机密性机制

数据的机密性可能与数据驻留和运送的介质有关。因此：

1） 存储的数据,其机密性能通过使用隐藏数据语义(比如加密)或将数据分段的机制来保证；

2） 在运送中的数据,其机密性能通过禁止访问(比如受物理保护的通道或路由选择控制)的机制,通过隐藏数据语义(比如加密)的机制,或通过分散数据(例如展频)的机制得以保证。

能单独或者组合使用这些类型的机制。

以上的分类表明机密性机制可进行如下的分类：

1) 禁止对数据进行非授权访问的机制；

2) 将数据隐藏但允许被访问的加密机制；

3) 使数据仅能被部分访问的上下文机制，以致完全不能从收集到的有限数据中重建数据。

8.1 通过访问禁止提供机密性

通过访问禁止的机密性，能利用在 GB/T 18794.3 中描述的访问控制，通过物理介质保护，以及通过路由选择控制获得，如下所述。

8.1.1 通过物理介质保护的机密性保护

可以采取物理方法来保证介质中的数据只能通过特殊的一组有限的机制才能观察到。数据机密性是通过确保只有授权的实体本身才能利用这些机制而实现的。

8.1.2 通过路由选择控制的机密性保护

这一机制的目的是防止未授权泄露由被传送的数据项所表示的信息。这一机制通过只使用可信和安全的设施来路由数据，达到支持机密性服务。

8.2 通过加密提供机密性

这些机制的目的是防止在运送过程中或是存储过程中泄露数据语义。这些机制被认为是运行在两个实体集中：

——在第一个集中的任何实体可以首先掌握数据（对数据语义可访问）；

——在第二个集中的任何实体是该数据所表示信息的一个授权接收者。

不同种类的机密性机制可以考虑为：

1) 基于对称加密的机密性机制，其中相同的密钥被用来加密（**隐藏**操作）和解密（**显现**操作）数据；

2) 基于非对称加密的机密性机制，其中公开密钥被用来加密（**隐藏**操作）数据，相应的私有密钥用来解密（**显现**操作）数据。

两种基本机制之间的主要差异是，在 1)中，能实现**隐藏**操作的实体也能实现**显现**操作，反之亦然；然而在 2)中，所有的实体或几乎所有的实体都能实现**隐藏**操作，而只有能访问私有密钥的实体才能实现**显现**操作。

8.2.1 通过数据填充提供机密性

这一机制的目的是防止知道以数据项的大小所表示的信息。这一机制增加了数据项的大小，使被填充的数据项的大小与数据项原来的大小没什么关系。一种填充方式是给这个数据项的开始或末端增添随机数据。这必须以这样的方式实现，即填充能被授权实体所识别，而未授权的实体却不能将其与数据区别开来。为了达到这一要求，数据填充能和密码变换结合使用。

这一机制能和 GB/T 17963—2000 描述的网络层数据分段结合使用。

数据填充能用于保护作为隐蔽通道使用的数据项的大小。

8.2.2 通过虚假事件提供机密性

这一机制的目的是防止基于对一给定事件的发生率进行推理。这一机制的实例能在网络层安全协议中找到，这些安全协议试图隐藏在不可信链路上交换的业务量。

这一机制产生虚假事件（比如伪造的 PDU），只有授权方才能识别它是假的。这一机制能被用来对抗隐蔽通道攻击，这类攻击根据一个行为频度的变化形成信令。

注：数据和业务量填充是这一机制的示例。在这两个实例中，这一机制通过将目标的属性嵌入一个更大的目标中并加密保护整个目标而实现隐藏目标的属性。

8.2.3 通过保护 PDU 头提供机密性

这一机制的目的是在通信期间防止基于 PDU 头的推理。

这一机制的一个实例是 GB/T 17963—2000 中描述的地址隐藏。一个中间系统 X 可以接受一个 PDU，将其加密，并嵌入一个新的 PDU 中，新 PDU 的源看起来是 X，目的地是 Y，在 Y 这一对等系统中,数据被解密,原来的 PDU 被恢复。因为原来的 PDU 头(包括地址)被加密,除了 X 和 Y 正在交换加密的 PDU 所暗示的信息外,不存在任何基于头信息推理的可能性。

另外一个实例是对每个由系统 A 发送的真实的 PDU,生成 n 个具有可变目的地址和 PDU 头的附加拷贝(即系统创建了虚假的广播业务;这一机制也是在上面 8.2.2 中描述的那些机制的一个实例)。

GB/T 17963—2000 中描述了在网络层中的地址隐藏。地址隐藏也能在其他层中进行[比如GB/T 16284.4,被称为 MHS(消息处理系统),描述了在应用层中地址隐藏的使用]。

这种机制具体化了类似于下面 8.3 中所列的思想。

8.2.4 通过时间变化字段提供机密性

这一机制和加密结合使用,防止基于数据项的动态变化进行的推理。说到底,它把时间变化字段和被保护的数据以这样的方式组合起来,即攻击者不能判定数据表示的变化是由数据的改变引起的,还是由时间变化字段中的变化所引起的。理论上讲,这一机制为被保护数据的每个富有意义的潜在观察产生不同的数据表示,因此基于缺少动态变化的推理也是行不通的。示例包括:

1) PDU 传输

一个时间变化字段被放在每个 PDU 被保护的部分的前面;然后将这样得到的组合数据用具有链(即变化字段对相继的数据的加密产生影响)的密码机制进行加密;

2) 存储

时间变化字段被存放在存储文件的开始处,以便隐藏其变化(或其需要的东西)。

这个机制能与填充和分段机制结合使用,以便隐藏被保护数据大小的变化。

8.3 通过上下文位置提供机密性

当可以通过大量不同的上下文找到数据时,能够通过防止对数据的访问来实现机密性保护。如果在所用的上下文被改变之前不能检测到所有可能的上下文(由于计算上的或物理的原因),则能够获得某种等级的机密性。

这种机制的示例包括:

1) 提供大量传输信息的物理的或虚拟的通道(比如"展频"使用由许多无线电频率中选出的一个频率);

2) 提供大量存储数据的地方(比如在磁盘上的地址);

3) 通过隐藏在主通信通道中的隐密辅助通信通道传输信息(隐写术)。

这种形式的机密性假设非授权接收者不能得到识别当前正确上下文所需的信息。因此这一信息本身必须受到机密性服务的保护。

9 与其他安全服务和机制的交互

本章描述了如何使用其他安全服务和机制来支持机密性。使用机密性机制支持其他安全服务的问题则不在此处描述。

9.1 访问控制

访问控制,如 GB/T 18794.3 部分中所描述的那样,能够用来管理对数据的访问。

附　录　A
（资料性附录）
在 OSI 参考模型中的机密性

安全服务与 OSI 参考模型的相关关系在 GB/T 9387.2 中定义。本附录概述与机密性相关的一些内容。

所考虑的不同机密性的安全服务是：

——连接机密性；

——无连接机密性；

——选择字段机密性；

——业务流机密性。

A.1　连接机密性

连接机密性为一个（N）连接上的所有（N）用户数据提供机密性。

A.2　无连接的机密性

无连接机密性为单个无连接的（N）SDU 中（N）用户数据内部的选择字段提供机密性。

A.3　选择字段机密性

选择字段机密性为一个（N）连接上或单个无连接的（N）SDU 中（N）用户数据内的选择字段提供机密性。

A.4　业务流机密性

业务流机密性为那些可能从业务流观察中推导出的信息提供保护。

A.5　在 OSI 层使用机密性

机密性服务与下列 OSI 层相关：

——物理层（第 1 层）；

——数据链路层（第 2 层）；

——网络层（第 3 层）；

——运输层（第 4 层）；

——表示层（第 6 层）；

——应用层（第 7 层）。

A.5.1　在物理层上使用机密性

连接机密性和业务流机密性，无论是单独使用还是组合使用，是在物理层上惟一提供的机密性服务。业务流机密性采取了两种形式：只能在某些种类的传输中提供的全业务流机密性，以及可在任何情况下都能提供的有限业务流机密性。

A.5.2　在数据链路层上使用机密性

在数据链路层上提供的安全服务仅有连接机密性和无连接机密性。这些服务使用密码机制。

A.5.3　在网络层上使用机密性

在网络层上提供的机密性服务仅有连接机密性、无连接机密性和业务流机密性。连接机密性和无连接机密性可以通过一种密码机制和/或路由选择控制提供。业务流机密性可由业务流填充机制，并与在网络层或其下层的机密性服务和/或路由选择控制相结合来提供。这些服务允许在网络节点、子网节点或中继之间建立机密性。

A.5.4 在运输层上使用机密性

在运输层上提供的机密性服务仅有连接机密性和无连接机密性。连接机密性和无连接机密性可以由密码机制提供。这些服务允许在端系统之间建立机密性。

A.5.5 在表示层上使用机密性

连接机密性、无连接机密性以及选择字段机密性均可在表示层中提供。在选择字段机密性的情况，由应用层提供受到机密性保护字段的指示。

A.5.6 在应用层上使用机密性

所有的机密性服务，也就是说，连接机密性、无连接机密性、选择字段机密性以及业务流机密性都可在应用层提供。能够用低层的密码机制来支持连接机密性和无连接机密性；能够在表示层用密码机制来支持选择字段机密性；能够在应用层应用业务流填充机制并与更低层的机密性服务相结合来支持有限业务流机密性服务。

附 录 B
（资料性附录）
在不同的受机密性保护环境中的移动序列示例

图 B.1 是一个**隐藏/显现**操作序列的示例，它们在数据从一个初始环境 A 移动到一个环境 E 时保持数据的机密性。这个示例假设环境 A 和 E 通过访问控制支持机密性，而环境 C 则通过加密来保护机密性。交迭环境 B(A 和 C)和 D(C 和 E)通过加密以及访问控制来保护数据。

这个图描述了下列操作：

1) **隐藏**操作 t，对数据加密，然后将其放进交迭环境 B 中；

2) **显现**操作 u，把数据从 B 移动到 C。这个**显现**操作去除来自被访问控制保护环境中的数据，但并不影响由**隐藏**操作"t"施加的机密性保护；

3) **隐藏**操作 v，再次施加访问控制保护，办法是把数据移动到交迭环境 D，在这里通过加密以及 E 的访问控制来保护数据；

4) **显现**操作 w，对数据解密并将其从 D 移出到 E 中。

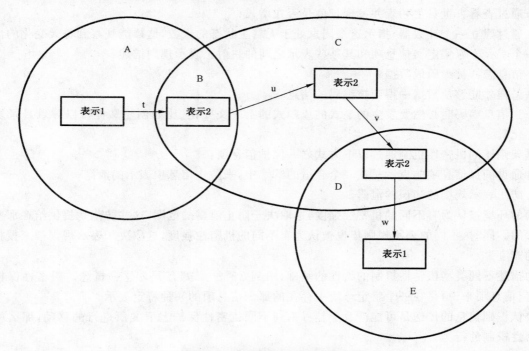

图 B.1 被保护区域的描述

附　录　C
（资料性附录）
信息的表示

信息项的通信或存储是用该信息项的一种表示来实现的［比如数字十七可被表示成十进制数 17，十六进制数 11，第九个奇数，第七个素数，或 289(17×17)］。信息或者从它的表示能够获得，或者从表示的属性能够得到。因此，我们能够通过下列方法得到信息：

1)　已知表示的约定和相关的信息时查看数据值；

2)　查明数据项是否存在；

3)　数据项的大小；

4)　表示的动态变化。

例如，信息"国王驾崩"可由以下方法推理出来：

——通过查看一个布尔量，当国王去世时它的值为真，反之为假；

——通过查明一个文件目录中被称作"国王死亡报告"的文件的存在或不存在；

——通过查看去世君主列表并发现长度是否在增长；

——通过建立一个计数器，指示这个国家处于无君主状态的天数，这样能观察到每天变化的情况。

由一个表示*规则*集定义信息项和其某些表示之间的映射。表示规则描述：

——信息怎样被编码成数据；

——怎样才能够从数据中得到被编码的信息；

——当信息编码时必然要发生的显式的或隐式的上下文变化（比如创建文件可以导致目录发生变化）。

本框架阐述的机密性机制通过以下方式之一保护信息项：

1)　通过确保信息项的表示是在一个合适的*环境*中，来防止信息项表示的泄露；

2)　防止表示规则的知识的泄露。

不同的环境被认为有不同的机密性强度，这取决于防止泄露的范围，这些防范是提供给在那些环境中的表示的。同时，不同的表示规则集也被认为有不同的机密性强度，这取决于表示规则被未授权实体所了解的难度。

作为描述不同类型机密性机制的特性的基础，用到*机密性保护上下文*这一概念。机密性保护上下文（对任何信息项来说）是在一个特定环境中存在的那个信息项的一种特定表示。

只要认识到信息的传送是可能涉及穿越一系列不同机密性保护上下文所进行的移动，那么就不难理解机密性机制的行为。

表示的变化或环境的变化构成了从一个机密性保护上下文到另一个机密性保护上下文的移动。一个表示的变化通常或者是变成一种更强（更多保护）的表示，或者是变成更弱（更少保护）的表示。类似地，一个环境的改变也将或者形成一个更强（更多保护）的环境，或者形成一个更弱（更少保护）的环境。

附录 B 提供了一个通过不同机密性保护上下文进行移动的示例。

附　录　D
（资料性附录）
隐蔽通道

术语隐蔽通道指的是这样一些机制，这些通道并不打算用于通信，而是能够用来以违反安全策略的方式传送信息。

隐蔽通道攻击是由某些数据的发送者在系统内部进行的攻击。这种企图并不限定于使用特定的信息传送方法，比如那些通常为此目的而特别提供的方法。在一个充分复杂的环境中，在为了交流数据以及存储和检索数据而提供的机制之外，通常还存在一种或多种传送信息的方法。这些方法就叫做隐蔽通道。

许多隐蔽通道涉及到对状态或事件的授权调整，而这一调整对接收来自该调整源头信息的未授权实体来说则是可见的。信息通过对这类调整意义的共识在调整源和接受者之间传送。

在数据交流机制中的通道示例包括如下含义：

——(N)PDU 的不同的有效长度；

——不同的目的地址，这些地址能够被(N)连接或(N)无连接方式传送上的隐蔽通道接收或拦截；

——同一个(N)连接上的或来自同一个(N)实体的(N)PDU 传送之间的不同的有效持续时间。

后者是定时隐蔽通道的一个示例。

在数据存储和检索机制中的通道示例包括如下含义：

——给予存储区域的名字；

——特定命名的已存数据的存在与否；

——已存数据的数量；

——进一步存储数据的能力；

——特定命名数据被（或不被）存储的持续时间。

像第一个示例，数据（名字）能够被存储并且而后被检索，这就叫做"存储隐蔽通道"。

系统资源和通信协议能够被规定和模型化为抽象的对象，这些对象被定义来提供许多具体的原语操作。因此，更一般地讲，这些示例包括以下含义：

——挑选一个有效操作；

——使用服务原语的顺序；

——当操作的使用可能为隐蔽通道接收者所见时，使用一种操作的持续时间。

当传送信息的所有方式被识别（包括隐蔽通道）并且每种方式都通过使用适当的机密性机制加以控制时，信息的机密性才能被保证。

在许多实例中，（由于技术的、组织机构的、经济的或其他的原因）完全禁止隐蔽通道是不可能的。然而，还是可能将信息通过这样的通道传输的比率降到一个人们认为可接受的水平。

附　录　E
（资料性附录）
机密性设施概览

安全设施概要		元素	实体:发起者、验证者、机密性-TTP
			功能:
			信息对象:受机密性保护的数据
		服务目标	信息对未授权的个人、实体或进程是不可用或不可泄露的
活动		实体	安全域机构(SDA)		
		功能			
	与管理相关的活动	——安装管理信息　　　　　　——列表管理信息 ——修改管理信息　　　　　　——禁用管理信息 ——删除管理信息　　　　　　——重启用管理信息			
		实体	发起者	验证者	机密性-TTP
		功能			
	与操作相关的活动		——隐藏数据 ——安全标签	——显现数据 ——安全标签	——实体证书
信息	由 SDA 管理的输入/输出数据元素	——公开密钥 ——对称密钥 ——安全标签			
	在操作中用到的信息类型	——隐藏机密性的信息(HCI) ——显现机密性的信息(RCI)			
	控制信息	——受机密性保护的机制类型 ——受机密性保护的等级			

本附录用到以下概念。

E.1　机密性实体

在开放系统中的机密性涉及到以下实体:

E.1.1　发起者
为了传送或存储目的而产生受机密性保护数据的实体。

E.1.2　验证者
从受机密性保护的数据中恢复信息的实体。

E.1.3　机密性设施的可信第三方(TTP)
TTP 是这样一种实体,它向交换受机密性保护数据的实体发布隐藏机密性信息或者显现机密性信息。

ICS 35.100.01
L 79

中华人民共和国国家标准

GB/T 18794.6—2003/ISO/IEC 10181-6:1996

信息技术 开放系统互连
开放系统安全框架
第 6 部分：完整性框架

Information technology—Open Systems Interconnection—
Security frameworks for open systems—
Part 6：Integrity framework

（ISO/IEC 10181-6：1996，Information technology—Open Systems
Interconnection—Security frameworks for open systems：
Integrity framework，IDT）

2003-11-24 发布   2004-08-01 实施

中 华 人 民 共 和 国
国家质量监督检验检疫总局 发 布

前　　言

GB/T 18794《信息技术　开放系统互连　开放系统安全框架》目前包括以下几个部分：

——第 1 部分（即 GB/T 18794.1）：概述

——第 2 部分（即 GB/T 18794.2）：鉴别框架

——第 3 部分（即 GB/T 18794.3）：访问控制框架

——第 4 部分（即 GB/T 18794.4）：抗抵赖框架

——第 5 部分（即 GB/T 18794.5）：机密性框架

——第 6 部分（即 GB/T 18794.6）：完整性框架

——第 7 部分（即 GB/T 18794.7）：安全审计和报警框架

本部分为 GB/T 18794 的第 6 部分，等同采用国际标准 ISO/IEC 10181-6:1996《信息技术　开放系统互连　开放系统安全框架：完整性框架》（英文版）。

按照 GB/T 1.1—2000 的规定，对 ISO/IEC 10181-6 作了下列编辑性修改：

a)　增加了我国的"前言"；

b)　"本标准"一词改为"GB/T 18794 的本部分"或"本部分"；

c)　对"规范性引用文件"一章的导语按 GB/T 1.1—2000 的要求进行了修改；

d)　删除"规范性引用文件"一章中未被本部分引用的标准；

e)　在引用的标准中，凡已制定了我国标准的各项标准，均用我国的相应标准编号代替。对"规范性引用文件"一章中的标准，按照 GB/T 1.1—2000 的规定重新进行了排序。

本部分的附录 A 至附录 C 都是资料性附录。

本部分由中华人民共和国信息产业部提出。

本部分由中国电子技术标准化研究所归口。

本部分起草单位：四川大学信息安全研究所。

本部分主要起草人：罗万伯、罗建中、赵泽良、戴宗坤、崔玉华、陈一民、祝世雄。

引　言

　　许多开放系统应用都有依赖于数据完整性的安全需求。这样的需求可包括数据的保护,这些数据在提供其他安全服务如鉴别、访问控制、机密性、审计及抗抵赖时使用,如果攻击者能修改这些数据,则能使这些服务的效力降低或无效。

　　数据没有以未授权的方式修改或破坏的这一属性称为完整性。本部分定义一个提供完整性服务的通用性框架。

信息技术　开放系统互连
开放系统安全框架
第6部分：完整性框架

1　范围

本开放系统安全框架的标准论述在开放系统环境中安全服务的应用,此处术语"开放系统"包括诸如数据库、分布式应用、开放分布式处理和开放系统互连这样一些领域。安全框架涉及定义对系统和系统内的对象提供保护的方法,以及系统间的交互。本安全框架不涉及构建系统或机制的方法学。

安全框架论述数据元素和操作的序列(而不是协议元素),这两者可被用来获得特定的安全服务。这些安全服务可应用于系统正在通信的实体,系统间交换的数据,以及系统管理的数据。

本部分阐述了信息检索、传送及管理中数据的完整性：

1)　定义数据完整性的基本概念；

2)　识别可能的完整性机制分类；

3)　识别每一类完整性机制的设施；

4)　识别支持完整性机制分类所需的管理；

5)　阐述完整性机制和支持服务与其他安全服务和机制的交互。

有许多不同类型的标准可使用本框架,包括：

1)　体现完整性概念的标准；

2)　规定含有完整性的抽象服务的标准；

3)　规定使用完整性服务的标准；

4)　规定在开放系统体系结构内提供完整性服务方法的标准；

5)　规定完整性机制的标准。

这些标准可按下述方式使用本框架：

——标准类型1),2),3),4)及5)能使用本框架的术语；

——标准类型2),3),4)及5)能使用第7章所识别的设施；

——标准类型5)能基于本框架第8章定义的机制类别。

本安全框架中描述的一些规程通过应用密码技术获得完整性。这个框架并不依赖于使用特定的密码算法或其他算法,虽然某些类别的完整性机制可能依赖特定算法的特性。

注：密码算法及其登记规程应符合我国有关规定。

本部分论述的完整性是通过数据值的不变性来定义的。(数据值不变性)这一概念包含所有的实例,在这些实例中一个数值的不同表示被认为是等价的(例如同一值的不同的 ANS.1 编码)。在此排除其他形式的不变性。

本部分中术语数据的使用包括数据结构的一切类型(诸如数据集合或汇集、数据序列、文件系统和数据库)。

本框架阐述给那些被认为可被潜在攻击者写访问的数据提供完整性。因此,它着重于通过密码和非密码的机制提供完整性,并非专门依赖于控制访问。

2　规范性引用文件

下述文件中的条款通过 GB/T 18794 的本部分的引用而成为本部分的条款。凡是注日期的引用文件,其随后所有的修改单(不包括勘误的内容)或修改版均不适用于本部分,然而,鼓励根据本部分达成协议的各方研究是否可使用这些文件的最新版本。凡是不注日期的引用文件,其最新版本适用于本部分。

GB/T 9387.1—1998　信息技术　开放系统互连　基本参考模型　第1部分:基本模型(idt ISO/IEC 7498-1:1994)

GB/T 9387.2—1995　信息处理系统　开放系统互连　基本参考模型　第2部分:安全体系结构(idt ISO 7498-2:1989)

GB/T 12500—1990　信息处理系统　开放系统互连　面向连接的运输协议规范(idt ISO 8073:1986)

GB/T 17963—2000　信息技术　开放系统互连　网络层安全协议(idt ISO/IEC 11577:1995)

GB/T 18794.1—2002　信息技术　开放系统互连　开放系统安全框架　第1部分:概述(idt ISO/IEC 10181-1:1996)

GB/T 18794.2—2002　信息技术　开放系统互连　开放系统安全框架　第2部分:鉴别框架(idt ISO/IEC 10181-2:1996)

ISO/IEC 10736:1995　信息技术　系统间远程通信和信息交换　运输层安全协议

3　术语和定义

下列术语和定义适用于 GB/T 18794 的本部分。

3.1　基本参考模型术语

GB/T 9387.1 确立的下列术语和定义适用于 GB/T 18794 的本部分。

a)　(N)连接　(N)-connection;
b)　(N)实体　(N)-entity;
c)　(N)设施　(N)-facility;
d)　(N)层　(N)-layer;
e)　(N)服务数据单元　(N)-SDU;
f)　(N)服务　(N)-service;
g)　(N)用户数据　(N)-user-data。

3.2　安全体系结构术语

GB/T 9387.2 确立的下列术语和定义适用于 GB/T 18794 的本部分。

a)　访问控制　access control;
b)　连接完整性　connection integrity;
c)　数据完整性　data integrity;
d)　解密　decipherment;
e)　解密处理　decryption;
f)　数字签名　digital signature;
g)　加密　encipherment;
h)　加密处理　encryption;
i)　基于身份的安全策略　identity-based security policy;
j)　完整性　integrity;
k)　密钥　key;
l)　路由选择控制　routing control;
m)　基于规则的安全策略　rule-based security policy。

注:在没有其他说明时,GB/T 18794 的本部分中的术语"完整性"意指数据完整性。

3.3 安全框架概述术语

GB/T 18794.1 确立的下列术语和定义适用于 GB/T 18794 的本部分。

a) 数字指纹 digital fingerprint;

b) 散列函数 hash function;

c) 单向函数 one—way function;

d) 私有密钥 private key;

e) 公开密钥 public key;

f) 封印 seal;

g) 秘密密钥 secret key;

h) 可信第三方 trusted third party。

3.4 鉴别框架术语

GB/T 18794.2 确立的下列术语和定义适用于 GB/T 18794 的本部分。

——时间变量参数 time variant parameter。

3.5 附加定义

下列术语和定义适用于 GB/T 18794 的本部分。

3.5.1

完整性保护信道 integrity-protected channel

施加了完整性服务的通信信道。

注:用于通信信道完整性服务的两种形式参见 GB/T 9387.2—1996。这些形式(连接的和无连接的完整性)在附录
A 中说明。

3.5.2

完整性保护环境 integrity-protected environment

一种环境,在这种环境中未经授权的数据修改(包括创建和删除)受到阻止或可检测。

3.5.3

完整性保护数据 integrity-protected data

在完整性保护环境中的数据和所有相关属性。

3.5.4

屏蔽 shield

将数据转换成受完整性保护的数据。

3.5.5

去屏蔽 unshield

将受完整性保护数据转换到原始的被屏蔽数据。

3.5.6

证实 validate

检验完整性保护数据是否丧失完整性。

4 缩略语

PDU 协议数据单元(Protocol Data Unit)

SDU 服务数据单元(Service Data Unit)

SII 屏蔽完整性信息(Shield Integrity Information)

MDII 修改检测完整性信息(Modification Detection Integrity Information)

UII　去屏蔽完整性信息(Unshield Integrity Information)

5　完整性的一般性论述

完整性服务的目的是保护数据及其相关属性的完整性,能避免下列不同方式的危害:

1)　未授权的数据修改;

2)　未授权的数据删除;

3)　未授权的数据创建;

4)　未授权的数据插入;

5)　未授权的数据重放。

完整性服务通过预防措施或者通过带恢复或不带恢复的检测,实现对这些威胁的防护。如果必要的控制信息(诸如密钥和 SII)的完整性和/或机密性没有得到保护,则不可能实现有效的完整性保护;这种保护经常所依赖的原则,无论是隐式地或显式地依赖,都不同于嵌入在保护数据的机制里的原则。

在这一框架中明确地使用了受保护环境的概念,以把握这样一种思想,即完整性保护包括防止未授权创建和/或删除。因此,未授权的数据创建/删除能被看作是对一些受保护环境的未授权修改。类似地,插入和重放能被看作是对结构化数据集(诸如一个序列,或一种数据结构)的修改。

应该注意到,对数据的某些改变能被认为对其完整性并无影响。例如,如果 ASN.1 描述包括一个**SET OF** 数据类型,假设对这种数据类型的成员重新排序,则不存在破坏完整性。高级的完整性机制可识别某些结构化数据的变换并不损害数据完整性。这样的机制允许对签名的或封印的数据进行变换,而不必分别重新计算相应的数字签名或封印。

完整性服务的目的是防止或检测未授权的数据修改,包括未授权的数据创建和删除。完整性服务的提供通过下列活动实现:

1)　**屏蔽**:由数据生成完整性保护的数据;

2)　**证实**:对受完整性保护数据进行检查,以便探测完整性是否失败;

3)　**去屏蔽**:由受完整性保护数据重新生成数据。

这些活动不需要使用密码技术。如果使用了密码技术,则不需要对数据进行变换。例如,屏蔽操作可通过给数据添加一封印或数字签名来实现。在这种情况下,证实成功之后,通过去除封印/数字签名完成**去屏蔽**。

完整性服务按如下方式应用于信息检索、传送和管理:

1)　对于在一个 OSI 环境中传送的信息,通过组合**屏蔽**操作、使用一个(N−1)设施传送和**去屏蔽**操作以形成一个(N)服务的传输部分,从而提供完整性服务。

2)　对于数据的存储和检索,通过组合**屏蔽**和存储以及检索和**去屏蔽**,从而提供完整性服务。

屏蔽和**去屏蔽**两种操作能作为并行操作提供,这样,相同的数据[例如,一个(N)连接的全部数据]可同时由还未被**屏蔽**的部分、得到完整性保护的部分和**去屏蔽**的部分组成。

完整性机制提供保护环境,因此,**屏蔽**和**去屏蔽**阶段都涉及到在受保护环境之间传送数据。当完整性保护数据是从一个受完整性机制保护的环境传送到另一个受完整性机制保护的环境时,第二个机制的屏蔽操作宜先于第一个的**去屏蔽**操作,以便数据受到连续的保护。

5.1　基本概念

对几种类型的完整性服务进行区分,取决于所涉及的数据活动(创建、删除、修改、插入和/或重放),取决于是需要提供预防保护还是仅检测违规行为,以及取决于在一个完整性遭到侵害的事件中是否支持数据的恢复。不同的完整性服务类型在 5.2 中描述。

依据在企图进行的完整性侵害中系统活动的层次,能对那些可提供这些服务的方法所使用的机制进行更广泛的分类。不同的机制类型在5.3中描述。

5.2 完整性服务类型

完整性服务根据下列准则分类：

1) 根据要防护的违规类型。违规的类型是：

    a) 未授权的数据修改；

    b) 未授权的数据创建；

    c) 未授权的数据删除；

    d) 未授权的数据插入；

    e) 未授权的数据重放。

2) 根据所支持的保护类型。保护的类型是：

    a) 完整性损害的预防；

    b) 完整性损害的检测。

3) 根据它们是否包含恢复机制：

在前一种情况（具有恢复），一旦**证实**操作指示发生了数据改变，则**去屏蔽**操作可能恢复原始数据（并可能发出信号表示启动一个恢复动作或指示一个供审计的错误）。

在后一种情况（不具有恢复），证实操作无论何时指示发生了数据改变，去屏蔽操作也不能恢复原始数据。

5.3 完整性机制类型

通常，保护数据的能力依赖于使用的介质。有些介质，由于它们的自然性质，很难保护（比如可移动存储介质或通信介质），因此，未授权方能随意获得访问并策动修改数据。在这样的介质中，完整性机制的目的是提供对修改的检测，并且可能的话，恢复受影响的数据。因此，下列完整性机制事例是有区别的：

1) 阻止访问介质的机制。这类机制包括：

    a) 物理隔离的、无噪音的信道；

    b) 路由选择控制；

    c) 访问控制。

2) 检测对数据或数据项序列未授权修改的机制，其中包括未授权的数据创建、数据删除和数据复制。这类机制包括：

    a) 封印；

    b) 数字签名；

    c) 数据复制（用作对付其他违规类型的手段）；

    d) 与密码变换结合的数字指纹；

    e) 消息序列号。

按照机制的保护强度，可分类如下：

1) 无保护；

2) 检测修改和创建；

3) 检测修改、创建、删除和复制；

4) 带恢复的检测修改和带恢复的检测创建；

5) 带恢复的检测修改、创建、删除和复制。

5.4 对完整性的威胁

按照提供的服务，威胁可分类如下：

1) 在通过预防措施支持数据完整性的环境里未授权的创建/修改/删除/插入/重放。

示例:安全信道的搭接窃听。

2) 在通过检测措施支持完整性的环境里未授权和未检测的创建/修改/删除/插入/重放。

示例:如 ISO/IEC 10736 中描述的那样,数据完整性可通过加密受保护的数据与相关的校验和得到保证。如果通信实体 A 和 B 正在使用相同的密钥支持加密,并且数据源未得到完整性保护,那么,从 A 发送到 B 的完整性保护的数据,随后又能提交给 A,就好像是从源 B 发送的一样(一种反射攻击)。

按照数据驻留的介质,威胁可分类如下:

1) 针对数据存储介质的威胁;

2) 针对数据传输介质的威胁;

3) 与介质无关的威胁。

在本部分范围内把完整性侵害视为未经授权的动作,这并不涉及授权的修改问题,如像在附录 B 中描述的那样(例如假账),这种修改可能违反数据的外部一致性。因此,本部分不像机密性框架,它不阐述内部人员的攻击问题(机密性框架阐述关于信息的连续保护问题,例如授权的访问可伴随着有意或无意地未授权地发布受机密保护信息之类的可能性)。

5.5 完整性攻击类型

上面所列举的每一个威胁都对应着一个或多个攻击,这就是讨论中的威胁实例。攻击的目的在于瓦解提供完整性的机制,它们可分类如下:

1) 攻击目的在于瓦解密码机制或利用这些机制的弱点。此类攻击包括:

 a) 穿透密码机制;

 b) (有选择的)删除和复制。

2) 攻击目的在于瓦解使用的上下文机制(上下文机制在特定时间和/或地方交换数据)。此类攻击包括:

 a) 大量、协同地更改数据项的拷贝;

 b) 渗透上下文建立机制。

3) 攻击目的在于瓦解检测和确认机制。此类攻击包括:

 a) 假确认;

 b) 利用确认机制与对接收到的数据的处理过程之间的不完善排序。

4) 攻击目的在于瓦解预防机制,暗中破坏预防机制,或使其作假预防。此类攻击包括:

 a) 攻击机制本身;

 b) 渗透机制依赖的服务;

 c) 利用带有意想不到的副作用的公用程序。

6 完整性策略

完整性策略是安全策略的一部分,它用来处理完整性服务的提供与使用问题。

受完整性保护的数据常常是受控制的,实体据此可创建、变更和删除它们。因此,一个完整性策略必须识别受控制的数据,并指明企图创建、变更或删除该数据的实体。

根据不同数据类型完整性的相对重要性,对那些被用来为每种不同的数据类型提供完整性服务的机制,完整性策略也可指明机制的类型和强度。

本部分中不涉及完整性安全策略的管理。

6.1 策略表示

在表示完整性策略时,需要识别被涉及的信息和被涉及的实体的方法。

一个安全策略能被考虑成是一个规则集。完整性策略中的每一规则都能关联一个数据的表征描绘、一个实体的表征描绘和一个允许的数据活动集(典型的有创建、变更和删除)。在某些策略中,这些规则没有直接陈述出来,但能从该策略表示中导出。

下列条款描述许多可以表示完整性策略的方式。注意,虽然某些完整性机制在特定的策略表示类型中将有类似的形式,但用该方式表示策略并不直接意味着使用一个特定的机制来实施该策略。

6.1.1 数据表征

一个策略可以用多种方法识别数据。例如:

1) 通过识别授权创建/变更/删除这些数据的实体;

2) 通过其位置;

3) 通过识别数据表示所处的上下文(例如它预定的功能)。

6.1.2 实体表征

有许多方法刻画施加完整性策略的实体。下面给出两个重要示例。

6.1.2.1 基于身份的策略

在这种策略表示形式中实体是按一个个的个体被识别的,是作为等价实体组部分来识别(为了完整性策略的目的)的,或是依据它扮演的角色来识别的。因此,被成功允许参与一个数据活动的每个实体将拥有一个用来刻画它的个体身份,组身份,或角色身份。

在角色情况下,完整性策略可规定为每个实体可用的具有排他性的角色组,使来自不同组的角色不可能同时声称是同一角色。

6.1.2.2 基于规则的策略

在这种完整性策略表示形式中,其属性与每一实体和与每一完整性保护的数据项相关联。在该数据的属性上和在该实体的属性上操作的全局规则确定所准许的动作。安全框架概述中对基于规则的策略有更详细的讨论(见 GB/T 18794.1)。

7 完整性信息和设施

本章对在一个完整性服务中进行正确操作所必要的信息以及使用或生成所讨论的这些信息的设施进行分类。

7.1 完整性信息

为了数据可被屏蔽、证实或去屏蔽,因此可能要使用辅助信息。这些辅助信息被称为完整性信息。完整性信息可分类如下:

7.1.1 屏蔽完整性信息

屏蔽完整性信息(SII)是用于屏蔽数据的信息。示例包括:

1) 私有密钥;

2) 秘密密钥;

3) 算法标识符和相关密码参数;

4) 时间变量参数(例如时间戳)。

7.1.2 修改检测完整性信息

修改检测完整性信息(MDII)是用于证实完整性保护数据的信息。示例包括:

1) 公开密钥;

2) 秘密密钥。

7.1.3 去屏蔽完整性信息

去屏蔽完整性信息(UII)用于完整性保护数据的去屏蔽的信息。示例包括:

1) 公开密钥;

2) 秘密密钥。

7.2 完整性设施

在附录 C 中列出了若干完整性设施。能按照与操作相关和与管理相关的原则对他们进行划分。

7.2.1 与操作相关的设施

这些设施是：

1) 屏蔽

这一设施对数据实施完整性保护。候选输入包括：

——待保护的数据；

——SII；

——机制专用标识符，如像在附录 C 中提及的那样。

候选输出包括：

——受完整性保护的数据；

——完成/返回码。

2) 证实

这一设施检查完整性保护数据是否被修改。候选输入包括：

——完整性保护数据；

——MDII；

——机制专用标识符，如像在附录 C 中提及的那样。

候选输出包括：

——数据完整性是否被损害的指示。

3) 去屏蔽

这一设施将完整性保护数据转换成原始屏蔽的数据。候选输入包括：

——受完整性保护数据；

——UII；

——机制专用标识符，如像在附录 C 中提及的那样。

候选输出包括：

——数据；

——完成/返回码。

7.2.2 与管理相关的设施

完整性管理设施允许用户获取、修改和拆除提供完整性所必需的信息（比如密钥）。广义地讲这些设施是：

1) 安装管理信息；

2) 修改管理信息；

3) 删除管理信息；

4) 列表管理信息；

5) 禁用管理信息；

6) 重启用管理信息。

8 完整性机制分类

本章按照用于提供完整性服务的方法对完整性机制分类。

8.1 通过密码提供完整性

可考虑的密码完整性机制有两类：

1) 基于对称密码技术的完整性机制，通过用来屏蔽数据的同一秘密密钥的知识，可能证实完整性保护数据；

2) 基于非对称密码技术的完整性机制，通过屏蔽数据的私有密钥所对应的公开密钥的知识，可能证实完整性保护数据。

第一种类型的机制对应于封印，而第二种对应于数字签名。

时间变量参数可与基于密码技术的完整性机制联合，以阻止重放。

8.1.1 通过封印提供完整性

封印操作通过把密码校验值附加到待保护的数据上以提供完整性。封印过程中，使用相同的秘密密钥保护并证实数据完整性。当使用这类机制时，所有潜在的证实者要么预先知道该秘密密钥，要么必须有访问该秘密密钥的方法。

根据该机制的这个定义，能够对数据封印的实体集和能够对数据证实的实体集恰巧是重合的。

这一机制支持如下的修改检测：

——通过把一个密码校验值附加在待进行完整性保护的数据上（例如，遍及待保护的数据计算出一个单向函数，其值通过加密机制变换）实现屏蔽。

——通过使用数据、密码校验值和秘密密钥，确定数据是否与封印匹配（例如，设施能将数据和秘密密钥提交给屏蔽设施，并将结果的封印与实际附加在该数据上的值进行比较）实现证实。如果匹配，则认为数据没有被修改。

——在数据证实后，通过去除密码校验值实现去屏蔽。

8.1.2 通过数字签名提供完整性

数字签名使用私有密钥和非对称密码算法计算出来。屏蔽的数据（数据加上附加的数字签名）能使用对应的公开密钥来证实。通常，公开密钥能被公开地使用。

数字签名允许实体集能够证实任意大小和组成的数据。

这一机制支持如下的修改检测：

——通过把一个密码校验值附加在待进行完整性保护的数据上来实现屏蔽（例如，计算待保护数据的数字指纹，并将此值与私有密钥，以及可能的话还生成一个或多个值的其他参数结合在一起，汇集形成数字签名）。

——通过使用接收到的数据的数字指纹、数字签名以及带有验证该数字签名算法的公开密钥实现证实。如果数字签名验证失败，则认为数据已经被更改了。

——在数据验证后，通过去除密码校验值以实现去屏蔽。

这一机制也可以支持数据源鉴别和抗抵赖。

8.1.3 通过冗余数据加密提供完整性

冗余数据（例如自然语言）的完整性可以通过加密得到支持。包括差错检测代码和数字指纹在内的数据都是冗余的，并且它们的完整性可以通过加密得到保护（只要采用的加密算法使得人们不可能预测加密数据的改变，在解密后将反映到原始数据上）。

较低层的安全协议（见 GB/T 17963 和 ISO/IEC 10736）使用这一类型的机制对机密性保护数据提供完整性保护。

这一机制支持如下的修改检测：

——通过加密冗余数据实现屏蔽。

——通过解密屏蔽数据并确定它们是否满足原始数据满足的不变性实现证实。示例包括：

1) 如果原始数据是一个 ACSII 字符序列，恢复后的数据应具有同样的属性；

2) 如果原始数据是以给定语言表示的人类话语，恢复后的数据一般应是（或产生了微小的变动）共同可接受的同一语言的人类话语；

3) 如果原始数据包含校验和，基于该保护数据的相关部分能计算出同样的校验和，并看这些结果与嵌入在该已解密数据中的校验和的值是否匹配。

——通过解密被加密数据以实现去屏蔽。

> 注：已知这一机制不适合几种常用的冗余形式（例如具有错误检测码的数据），这些冗余与常用的加密形式（例如分组密码，如链接的或无链接的DES）结合使用。下面是一个相对简单但可能潜伏着缺陷的示例：
>
> 如果ASCII文本（例如普通电子邮件）是通过DES加密保护的，报文可能通过截断方式产生无法检测的修改（当然，除非像通常所做的那样，在邮件头里包含一个长度指示器）。

8.2 通过上下文提供完整性

完整性可以通过在一个或多个预先约定的上下文中存储或传输数据的机制得到支持。这样的机制能保护数据及数据结构（例如数据单元序列）。它们包括：

8.2.1 数据复制

这类完整性机制是基于空间（例如几个存储区域）或时间（例如在不同的时间）的数据复制。它假定潜在的攻击者不能同时危害超过一定数量的副本，并且，一经检测到攻击，就能根据真正的副本重建数据。

作为示例，这种机制可被数据库用来对付渗透攻击。

这些机制提供带恢复的删除完整性检测并能与其他安全机制结合使用。它们提供的完整性如下：

——通过对同一数据提供时间上连续的多份副本或保存在不同地方的多份副本来实现屏蔽。

——通过收集在每个给定时间或位置上的数据副本实现证实。将它们进行比较，如果他们不一样，则判定已经发生了完整性侵害。

——从能使某些预先指定的量度（例如错误恢复概率）最小化的数值中选择一个作为正确值，当其满足某些预先建立的准则时（例如，"90%或更多的值相符"）实现去屏蔽（具有恢复）。

应当注意到，当所有的值相符时我们的恢复准则必须得到满足，并且在这些情况下那个最小化该量度的值应该是常用的值。

8.2.2 预约定的上下文

这些机制提供完整性保护数据的删除检测并经常与其他完整性机制结合使用：

——通过在所给变化范围内于指定的时间和/或位置上提供数据以实现屏蔽。

——通过预期数据在所给的时间和/或位置以实现证实。如果不出现，则判定发生了完整性侵害。

为了预防用别的数据替代，如上所述，这一机制必须与其他完整性机制结合。

8.3 通过检测和确认提供完整性

每当执行带正反馈的幂等操作运算（一个操作，如果多次、连续执行所给出的结果与单次操作的结果一样，就认为是幂等）时这些机制就使用完整性检测。这种机制的示例如具有肯定确认的传输（例如，在GB/T 12500—1990中描述的运输类4）和带反馈的远程操作。这些机制假定屏蔽和证实/去屏蔽操作在相同的时间段结束，并且通常不适合数据存储：

——通过反复同一动作直到得到完整性策略的指令或收到一个肯定的确认从而实现屏蔽。

——在每一个屏蔽数据实例上进行证实（除非完整性策略另有指令）；成功的证实会用信号给出肯定的确认，通知执行屏蔽操作的实体。

如果通过去屏蔽所使用的修改完整性保护机制而能够使一个修正行为发出正确的信息，这种机制的去屏蔽（操作）就能够给出一个肯定确认的信号。

当证实操作指明一个否定的结果（进行了修改，或进行了删除）时，能产生一个否定的确认给屏蔽操作。

这些机制假定数据的修改能被其他方法检测出来，因此，可以认为增强了机制对数据修改的保护。

8.4 通过预防提供完整性

通过阻止对数据存储或传输介质的物理访问，以及通过访问控制，能够提供完整性。

阻止物理访问方法的规范超过了本框架的内容范围。

访问控制在访问控制框架中描述。

9 与其他安全服务和机制的交互作用

本章描述如何能用其他的安全服务和机制支持完整性。使用完整性支持其他安全服务的问题则不在此描述。

9.1 访问控制

访问控制能用来创建完整性保护环境。

9.2 数据源鉴别

数据源鉴别能用来支持完整性，例如如果一个 PDU 的源不能鉴别，则认为该 PDU 可能受到了损害。类似地，如果假定的 PDU 源未获得授权而创建了该 PDU，则发生了完整性侵害。

9.3 机密性

冗余性在某些实例中能与加密结合获得未经检测就不能修改的数据。

实际上冗余的数据（诸如自然语言以及包括校验和与散列值的数据）具有不变的性质。通常，加密数据中产生的改变在该变更了的数据"解密"后，很大概率上将不再保持这些性质。

（说明这一问题的另一种方式是，当 k 比特的信息编码成 $k + m$ 比特的序列时，有效的编码构成所有可能的比特序列的一个稀疏子集；如果改变加密数据，结果是产生的改变在解码后从攻击者角度来看是随机的变化，改变了的数据被解码成有效编码的概率约为 2^{-m}。）

这些冗余性（包括校验和与散列函数）与基于加密的机密性结合能支持完整性。

附 录 A
（资料性附录）
OSI 基本参考模型的完整性

OSI 参考模型的安全服务之间的相关关系在 GB/T 9387.2—1995 中定义。本附录概述与完整性相关的问题。

所考虑不同的安全服务是：

——带恢复的连接完整性；

——不带恢复的连接完整性；

——选择字段的连接完整性；

——无连接完整性；

——选择字段的无连接完整性。

A.1 带恢复的连接完整性

连接完整性提供一个(N)连接上的所有(N)用户数据的完整性，并（具有恢复企图的）检测对整个 SDU 序列内任何数据的任何修改、插入、删除和重放。

A.2 不带恢复的连接完整性

连接完整性提供一个(N)连接上的所有(N)用户数据的完整性，并（不具有恢复企图的）检测对整个 SDU 序列内任何数据的任何修改、插入、删除和重放。

A.3 选择字段的连接完整性

选择经过连接传送的(N)SDU 上(N)用户数据内的字段，选择字段的完整性提供被选字段的完整性，而采取的方式是判断已选字段是否被修改、插入、删除或重放。

A.4 无连接完整性

由(N)层提供的无连接的完整性，对请求的(N+1)实体提供完整性保证。

A.5 选择字段的无连接完整性

选择字段的完整性对单个无连接 SDU 内的被选字段提供完整性，而采取的方式是判断已选字段是否已被修改。

A.6 在 OSI 层内使用完整性

完整性服务与下列的 OSI 层相关：

——数据链路层（第2层）；

——网络层（第3层）；

——运输层（第4层）；

——应用层（第7层）。

A.6.1 在数据链路层使用完整性

如在 IEEE 802.10 中描述的，在数据链路层上能支持完整性服务。

A.6.2 在网络层使用完整性

在网络层上，不带恢复的连接完整性和无连接完整性是仅能提供的完整性服务。不带恢复的连接完整性和无连接完整性可由一个有时与加密机制结合在一起的数据完整性机制来提供。这些服务允许在网络节点、子网节点或中继之间支持完整性。

A.6.3 在运输层使用完整性

在运输层上,带恢复的连接完整性、不带恢复的连接完整性和无连接完整性是仅能提供的完整性服务。带或不带恢复的连接完整性和无连接完整性可由一个有时与加密机制结合在一起的数据完整性机制来提供。这些服务允许在终端系统之间支持完整性。

A.6.4 在应用层使用完整性

所有的完整性服务,即带恢复的连接完整性、不带恢复的连接完整性、选择字段的连接完整性、无连接完整性和选择字段的无连接完整性,都可在应用层提供。使用更低层的数据完整性机制(有时与加密机制结合)能支持具有或不带恢复的连接完整性和无连接完整性。在表示层使用更低层数据完整性机制(有时与加密机制结合)能支持选择字段的完整性。

附 录 B
（资料性附录）
外部数据一致性

注：下面的文字讨论内部/外部完整性的问题（正如 Clark 和 Wilson 的最初论文及其他人随后的工作所展开的讨论）并研究这些概念对完整性框架产生的影响。为力求将段落限制到最少，引用了出版物中的一些论述。

本附录末的非规范性引用文件 1、2 和 3，包含一系列涉及由 D. D. Clark 和 D. R. Wilson 提出的完整性模型的参考文献。下面试图概括这一模型并强调可能会影响本框架的一些要点。

本框架从维护数据的一个特定的不变体（其常数值）这一意义上考虑完整性。Clark 和 Wilson 模型考虑附加的不变体。也就是说，它假定计算机系统反映和仿真该计算机外部的数据及处理。因此，完整性的最终测试是确保计算机内的数据与它们试图表示的事物是一致的。于是，完整性控制对计算机来说并不能是严格意义的内部事务。

因此，Clark-Wilson 模型中数据的完整性可看作是一个两步骤法：

1) 当需要变动时，必须存在适当的机制来启动变动，使数据的外部一致性将得到维护；

2) 必须存在适当的机制确保变动被启动时，这些变动像正常事务的一个原子操作那样实现。

假设以上两点精确地反映了我们对完整性的直观理解，那么将导出下列的语义差别：

——**内部的数据一致性**：当且仅当一项数据的所有修改满足相关的完整性安全策略时，则此项数据是内部一致的。

——**外部的数据一致性**：只要一项数据的值无论何时都符合它描述的实事物的情况，则此项数据是外部一致的。

如果承认上面的区别，则可以与下列的完整性保护强度分类相结合：

——强的保护维护数据的内部和外部一致性。弱的保护检测违反数据内部和外部一致性的情况。

此外，并作为扩展，既然数据的改变是被可信进程通过原子操作实现的，人们可能希望阐述这些操作的特性，例如：

1) 能违反操作的原子性？

2) 是否保证该操作将真正被执行？

最后，可能希望按照对下列属性的维护来对完整性机制进行分类：

——内部/外部一致性；

——弱/强保护；

——在被保护数据上的操作的原子性/保障性。

因此，当指定完整性机制时，宜考虑下列因素：

1) 机制致力于哪种一致性形式（内部、外部、两者）？

2) 它对数据提供弱的还是强的完整性保护？它经得起经过策划的攻击、随机的变更，或两者吗？它提供恢复吗？

3) 它保护操作的原子性，还是对该操作的执行提供保证？

附　录　C
（资料性附录）
完整性设施概览

安全设施概要	元素	实体：发起者、验证者、完整性 TTP		
		功能：		
		信息对象：完整性保护数据		
	服务目标	保护数据使其不被未授权修改/删除/创建/插入/复制		
活动	实体	安全域机构（SDA）		
	功能			
	与管理相关的活动	——安装管理信息　　　　——列表管理信息 ——修改管理信息　　　　——禁用管理信息 ——删除管理信息　　　　——重启用管理信息		
	实体	发起者	验证者	完整性 TTP
	功能			
	与操作相关的活动	——屏蔽数据 ACL 标签 校验和 密码校验值 数字签名	——证实完整性 ACL 标签 校验和 密码校验值 数字签名 ——去屏蔽（恢复数据） 密码校验值 数字签名	——组织 ACL 密码校验值 校验和 证书
信息	SDA 管理的输入/输出数据元素	——身份（发起者、验证者、完整性 TTP） ——密钥 ——时间变量值		
	操作使用的信息类型	——屏蔽完整性信息（SII） ——修改检测完整性信息（MDII） ——去屏蔽完整性信息（UII）		
	控制信息	——时间周期　　　　——位置 ——路由　　　　　　——系统状态		

本附录用到如下概念：

C.1　完整性实体

在开放系统中的完整性涉及如下一些基本实体：

——发起者；

——验证者；

——完整性设施的可信第三方。

C.1.1　发起者

该实体通过屏蔽数据和发送或存储数据,产生完整性保护的数据。

C.1.2 验证者

该实体从发起者处接收或恢复数据,在证实数据后检查其值以检测完整性是否失败,并且,如有必要,重新产生该数据的值。

C.1.3 完整性设施的可信第三方

该实体分发 SII 或 MDI,和/或代表发起者或验证者完成完整性相关操作。

参 考 文 献

1) CLARK,David 和 WILSON,David：商业和军事计算机安全策略的比较，1987 IEEE 关于安全和保密的专题会论文集

2) NIST 特刊 500—160：计算机信息系统中完整性策略特邀专题讨论会（WIPCIS）报告；Stuart W. Katzke 和 Zella G. Ruthberg 编辑

3) NIST 特刊 500—168：关于数据完整性的特邀专题讨论会报告；Zella G. Ruthberg 和 William T. Polk 编辑

ICS 35. 100. 01
L 79

中华人民共和国国家标准

GB/T 18794.7—2003/ISO/IEC 10181-7：1996

信息技术 开放系统互连
开放系统安全框架
第 7 部分：安全审计和报警框架

Information technology—Open Systems Interconnection—
Security frameworks for open systems—
Part 7：Security audit and alarms framework

（ISO/IEC 10181-7：1996，Information technology—Open Systems
Interconnection—Security frameworks for open systems：
Security audit and alarms framework，IDT）

2003-11-24 发布　　　　　　　　　　　2004-08-01 实施

中 华 人 民 共 和 国
国家质量监督检验检疫总局　发布

前　言

GB/T 18794《信息技术　开放系统互连　开放系统安全框架》目前包括以下几个部分：

——第 1 部分（即 GB/T 18794.1）：概述

——第 2 部分（即 GB/T 18794.2）：鉴别框架

——第 3 部分（即 GB/T 18794.3）：访问控制框架

——第 4 部分（即 GB/T 18794.4）：抗抵赖框架

——第 5 部分（即 GB/T 18794.5）：机密性框架

——第 6 部分（即 GB/T 18794.6）：完整性框架

——第 7 部分（即 GB/T 18794.7）：安全审计和报警框架

本部分为 GB/T 18794 的第 7 部分，等同采用国际标准 ISO/IEC 10181-7:1996《信息技术　开放系统互连　开放系统安全框架：安全审计和报警框架》（英文版）。

按照 GB/T 1.1—2000 的规定，对 ISO/IEC 10181-7 作了下列编辑性修改：

a)　增加了我国的"前言"；

b)　"本标准"一词改为"GB/T 18794 的本部分"或"本部分"；

c)　对"规范性引用文件"一章的导语按 GB/T 1.1—2000 的要求进行了修改；

d)　在引用的标准中，凡已制定了我国标准的各项标准，均用我国的相应标准编号代替。对"规范性引用文件"一章中的标准，按照 GB/T 1.1—2000 的规定重新进行了排序。

本部分的附录 A 至附录 D 都是资料性附录。

本部分由中华人民共和国信息产业部提出。

本部分由中国电子技术标准化研究所归口。

本部分起草单位：四川大学信息安全研究所。

本部分主要起草人：龚海澎、周安民、李焕洲、罗万伯、戴宗坤、陈兴蜀、张力。

引　言

　　本部分精细化了 GB/T 18794.1 中描述的安全审计概念。它包括事件检测和从这些事件引发的动作。因此,本框架涉及安全审计和安全报警两方面。

　　安全审计是系统记录和活动的独立审查和检验。安全审计的目的包括:

　　——辅助识别和分析未经授权的动作或攻击;

　　——帮助确保将动作归结到为其负责的实体上;

　　——促进开发改进的损伤控制处理规程;

　　——确认符合既定的安全策略;

　　——报告那些可能显示系统控制缺陷的信息;

　　——识别可能需要的对控制、策略和处理程序的变更。

　　在本框架中,安全审计包括检测、收集和记录在安全审计跟踪中各种与安全有关的事件,以及分析这些事件。

　　审计和可确认性都要求将那些信息记录下来。安全审计保证例行事件和例外事件的足够信息均能记录下来,以便事后的调查能确定是否有违背安全的事件发生,以及如果有,则什么信息或资源受到了损害。可确认性保证将用户进行的动作或代表用户动作的处理过程的有关信息都能够记录在案,以便能将这些动作的相应后果与可疑用户(们)联系,并且能使其对自己的行为承担责任。提供安全审计服务能帮助提供可确认性。

　　安全报警是个人或进程发出的警告,指示发生了异常情况,可能需要马上采取动作。安全报警的目的包括:

　　——报告实际的或明显的安全违规企图;

　　——报告各种安全相关的事件,包括"正常"事件;

　　——报告达到一定门限而触发的事件。

信息技术　开放系统互连
开放系统安全框架
第 7 部分：安全审计和报警框架

1　范围

本开放系统安全框架的标准论述在开放系统环境中安全服务的应用,此处术语"开放系统"包括诸如数据库、分布式应用、开放分布式处理和开放系统互连这样一些领域。安全框架涉及定义对系统和系统内的对象提供保护的方法,以及系统间的交互。本安全框架不涉及构建系统或机制的方法学。

安全框架论述数据元素和操作的序列（而不是协议元素）,这两者可被用来获得特定的安全服务。这些安全服务可应用于系统正在通信的实体,系统间交换的数据,以及系统管理的数据。

本部分所述安全审计和报警的目的是确保按照安全机构适当的安全策略处理与开放系统安全有关的事件。

特别是,本框架：

a)　定义安全审计和报警的基本概念;

b)　为安全审计和报警提供一个通用的模型;

c)　识别安全审计和报警服务与其他安全服务的关系。

和其他安全服务一样,安全审计只能在规定的安全策略范围内提供。

在第 6 章提供的安全审计和报警模型要支持很多目标,但并非所有这些目标在特定环境里都是必须的或要求的。安全审计服务为审计机构提供能力,使其能够确定需要记录在安全审计跟踪中的事件。

很多不同类型的标准能使用本框架,包括：

1)　体现审计和报警概念的标准;

2)　规定含有审计和报警的抽象服务的标准;

3)　规定使用审计和报警的标准;

4)　规定在开放系统体系结构内提供审计和报警方法的标准;

5)　规定审计和报警机制的标准。

这些标准能以下述方式使用本框架：

——标准类型 1)、2)、3)和 5)能使用本框架的术语;

——标准类型 2)、3)、4)和 5)能使用第 8 章定义的设施;

——标准类型 5)能基于第 9 章定义的机制特性。

2　规范性引用文件

下述文件中的条款通过 GB/T 18794 的本部分的引用而成为本部分的条款。凡是注日期的引用文件,其随后所有的修改单（不包括勘误的内容）或修改版均不适用于本部分,然而,鼓励根据本部分达成协议的各方研究是否可使用这些文件的最新版本。凡是不注日期的引用文件,其最新版本适用于本部分。

GB/T 9387.1—1998　信息技术　开放系统互连　基本参考模型　第 1 部分:基本模型（idt ISO 7498-1:1989）

GB/T 9387.2—1995　信息处理系统　开放系统互连　基本参考模型　第 2 部分:安全体系结构（idt ISO 7498-2:1989）

GB/T 9387.4—1996　信息处理系统　开放系统互连　基本参考模型　第4部分:管理框架
(idt ISO 7498-4:1989)

GB/T 17143.5—1997　信息技术　开放系统互连　系统管理　第5部分:事件报告管理功能
(idt ISO/IEC 10164-5:1993)

GB/T 17143.6—1997　信息技术　开放系统互连　系统管理　第6部分:日志控制功
能(idt ISO/IEC 10164-6:1993)。

GB/T 17143.7—1997　信息技术　开放系统互连　系统管理　第7部分:安全告警报告功
能(idt ISO/IEC 10164-7:1992)

GB/T 17143.8—1997　信息技术　开放系统互连　系统管理　第8部分:安全审计跟踪功
能(idt ISO/IEC 10164-8:1993)

GB/T 18794.1—2002　信息技术　开放系统互连　开放系统安全框架　第1部分:概
述(idt ISO/IEC 10181-1:1996)

3　术语和定义

下列术语和定义适用于 GB/T 18794 的本部分。

3.1　基本模型定义

GB/T 9387.1—1998 确立的下列术语和定义适用于 GB/T 18794 的本部分。

a)　实体 entity;

b)　设施 facility;

c)　功能 function;

d)　服务 service。

3.2　安全体系结构定义

GB/T 9387.2—1995 确立的下列术语和定义适用于 GB/T 18794 的本部分。

a)　可确认性 accountability;

b)　可用性 availability;

c)　安全审计 security audit;

d)　安全审计跟踪 security audit trail;

e)　安全策略 security policy。

3.3　管理框架定义

GB/T 9387.4—1996 确立的下列术语和定义适用于 GB/T 18794 的本部分。

——被管理客体 managed object。

3.4　安全框架概述定义

GB/T 18794.1 确立的下列术语和定义适用于 GB/T 18794 的本部分。

——安全域 security domain。

3.5　附加定义

下列术语和定义适用于 GB/T 18794 的本部分。

3.5.1

报警处理器　alarm processor

一种功能,它产生合适动作以响应一个安全报警,并生成一条安全审计消息。

3.5.2

审计(权威)机构　audit authority

管理者,负责定义适于实现安全审计的安全策略。

3.5.3

审计分析器　audit analyzer

一种功能,它检查安全审计跟踪,如果合适的话,则产生安全报警和安全审计消息。

3.5.4

审计归档器　audit archiver

一种功能,它将一部分安全审计跟踪进行归档。

3.5.5

审计调度器　audit dispatcher

一种功能,它将一个分布式安全审计跟踪的某些部分或全部传送给该审计跟踪的收集者功能。

3.5.6

审计跟踪检验者　audit trail examiner

一种功能,它从一个或多个安全审计跟踪中形成安全报告。

3.5.7

审计记录器　audit recorder

一种功能,它产生安全审计记录并把这些记录存储在一个安全审计跟踪记录里。

3.5.8

审计提供器　audit provider

一种功能,它按某些准则提供安全审计跟踪记录。

3.5.9

审计跟踪收集器　audit trail collector

一种功能,它将分布式审计跟踪记录汇集成一个安全审计跟踪记录。

3.5.10

事件辨别器　event discriminator

一种功能,它提供安全相关事件的初始分析,并在合适时生成(一个)安全审计和/或报警。

3.5.11

安全报警　security alarm

根据安全策略定义的报警条件检测到一个安全相关事件时所产生的一条消息。安全报警有意以一种及时的方式引起适当的实体注意。

3.5.12

安全报警管理者　security alarm administrator

确定安全报警配置的人员或进程。

3.5.13

安全相关事件　security related event

根据安全策略定义属于潜在的安全缺陷或可能与安全关联的任何事件。达到预定义的阈值是安全相关事件的一个例子。

3.5.14

安全审计消息　security audit message

作为一个可审计的安全相关事件的结果而生成的一条消息。

3.5.15

安全审计记录　security audit record

一个安全审计跟踪里的一条记录。

3.5.16

安全审计者　security auditor

允许访问安全审计跟踪和编制审计报告的人员或进程。

3.5.17

安全报告 security report

分析安全审计跟踪产生的结果报告,能用该报告确定是否出现安全缺陷。

4 缩略语

OSI 开放系统互连(Open System Interconnection)

5 注释

术语"服务"和"机制",如果没有另外限定,则分别指"安全审计服务"和"安全审计机制"。术语"审计"如果没有另外限定,则指"安全审计"。术语"报警"如果没有另外限定,则指"安全报警"。

6 安全审计和报警的一般性论述

本章描述的模型用于开放系统处理安全报警和执行安全审计。

安全审计允许对安全策略的适当性进行评价,帮助检测安全违规,促使个体对自己的动作(或代表他们的实体的动作)负责,协助检测资源滥用,以及充当对企图毁坏系统的个体的威慑因素。安全审计机制并不直接涉及防止安全违规:它们关心检测、记录和分析事件。这就允许对被执行的操作规程进行更改,以响应诸如安全违规这类非正常事件。

安全报警是根据安全策略定义的报警条件检测到任何安全相关事件而产生的。这可能包括达到预定义门限的情况。有些事件也许需要立即采取恢复动作,而另一些事件则可能需要进一步调查研究,以便确定是否需要采取相应动作。

安全审计和报警模型的实现,可能需要使用其他安全服务来支持安全审计和报警服务并确保它们正确而有把握地运行。这个主题在第 10 章里进一步讨论。

虽然安全审计跟踪和安全审计有其特殊的特征,但其他(非安全)审计跟踪和审计也可以使用本框架描述的设施和机制。

正如安全的其他方面一样,通过确保将特定的安全审计需求设计在系统中,可以获得最大安全效果。因此,系统开发者应当考虑对设计过程和开发中的系统两者的可审计性(即方便检验和分析)。

注:安全审计和报警模型并不说明其他系统管理和操作设施如何与该模型相联系。

6.1 模型和功能

下面陈述的模型说明了提供安全审计和报警服务时使用的功能。

6.1.1 安全审计和报警功能

支持安全审计和报警服务需要多种功能,它们是:

——事件辨别器,提供事件的初始分析并确定是否将该事件转发给审计记录器或报警处理器;

——审计记录器,由接收到的消息生成审计记录,并把该记录存入一个安全审计跟踪内;

——报警处理器,产生回应安全报警的审计消息以及合适动作;

——审计分析器,检查安全审计跟踪,如果合适,则生成安全报警和安全审计消息;

——审计跟踪检验器,根据一个或多个安全审计跟踪编制出安全审计报告;

——审计提供器,按照某些准则提供审计记录;

——审计归档器,将安全审计跟踪的某些部分归档。

利用附加功能支持分布式安全审计跟踪和报警也是必要的,包括:

——审计跟踪收集器,将分布式审计跟踪的记录汇集成一个安全审计跟踪记录;

——审计调度器,将分布式安全审计跟踪的某些部分或全部传送给该审计跟踪收集器功能。

6.1.2 安全审计和报警模型

下面描绘的安全审计和报警模型包括几个阶段。在检测到一个事件后,必须决定该事件是否是安全相关事件。事件分辨者评估该事件以确定是否需要产生安全审计消息和/或安全报警消息。安全审计消息被转送到审计记录器。安全报警消息被转送到报警处理器进行评估和进一步采取动作。然后再把安全审计消息格式化并变换成该安全审计跟踪里的安全审计记录。该安全审计跟踪较陈旧的部分可被归档,并且按照规定的准则,通过选择特定的安全审计跟踪记录,该安全审计跟踪及安全审计跟踪档案都可用来编制审计报告。即,可分析安全审计跟踪,并且可生成安全审计报告和/或安全报警。安全审计和报警模型见图1。

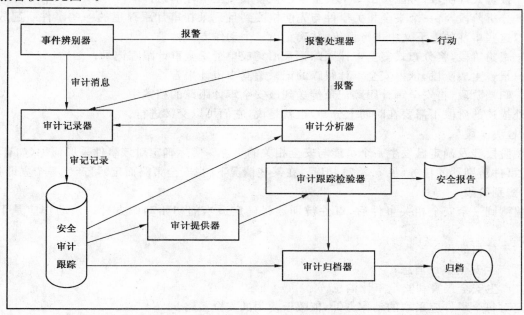

图 1　安全审计和报警模型

6.1.3　安全审计和报警功能编组

模型里描绘的功能可集中在系统的一个组件里,或分布在系统的几个组件中。这些功能也可配置在不同的端系统,且可加以复制。在有些情况下,例如从性能考虑,把功能进行编组将是有益的。特别是工作于同一审计跟踪的所有审计记录器、审计调度器、审计提供器和审计分析器,可构成无人值守的端系统的一部分。

另一种编组方式可以是审计跟踪检验器和审计分析器,它们对安全审计员非常有用。

可能存在一个按分层方式安排的功能链,特别是在分布式安全审计跟踪中(见图2)。此处,一个组件的审计跟踪收集器从另一个组件的审计调度器收集审计消息。当一个组件不再支持审计调度器时,这个功能链就终止了,此时该组件必须支持审计归档器使其能够归档它的安全审计跟踪记录。

至于决定应对什么功能编组,则是一个实现问题。上面的例子仅仅是示意而已。

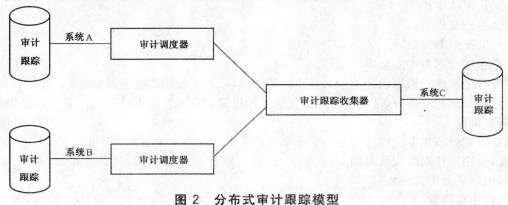

图 2　分布式审计跟踪模型

6.2 安全审计和报警过程的几个阶段

安全审计服务为一个审计机构提供能力，使其能够确定和选择需要在安全审计跟踪中检测和记录的事件，以及需要触发安全报警和安全审计消息的事件。

下面的阶段可能在审计过程中发生：

——检测阶段，检测安全相关事件；

——辨别阶段，做出初始辨别，是否需要在该安全审计跟踪内记录该事件，或是否需要产生报警；

——报警处理阶段，可能发出一个安全审计报警或安全审计消息；

——分析阶段，将一个安全相关事件与先前检测到且记录在审计跟踪里的一些事件一起放在先前这些事件的上下文中进行评价，并确定出一个动作方针；

——聚集阶段，将分布式安全审计跟踪记录汇集成单个安全审计跟踪记录；

——报告生成阶段，依据安全审计跟踪的记录编制出审计报告；

——归档阶段，将安全审计跟踪记录传送到该安全审计跟踪的档案中。

此处描述的阶段不需要在时间上分开，也就是说，它们可以交叉进行。

6.2.1 检测阶段

检测阶段涉及确定已发生一个可能与安全相关的事件。实际确定对该事件采取何种（如有必要）响应，则是事件辨别器的任务（见 6.2.2），但是，在某些情况下（视安全策略而定）可产生一个立即报警。

6.2.2 辨别阶段

当检测到一个安全相关事件后，事件辨别器将确定适当的初始动作方针。该动作应是下列动作之一：

a) 无任何动作；

b) 产生安全审计消息；

c) 产生安全报警和安全审计消息。

决定对每个事件应采取的动作方针，依赖于使用的安全策略。

6.2.3 报警处理阶段

在报警处理阶段，报警处理器分析报警消息，以便确定正确的动作方针。该动作应是下列动作之一：

a) 无任何动作；

b) 启动恢复动作；

c) 启动恢复动作，并产生安全审计消息。

决定对每个事件应采取的动作方针，依赖于使用的安全策略。

注：动作 b)和 c)也许会使该事件受到诸如安全官员或审计管理员一类人的注意。

6.2.4 分析阶段

在分析阶段，处理安全相关事件，以确定合适的动作方针。这种处理也能用到早期安全相关事件的信息，例如安全审计跟踪里记录的信息。该动作应是下列动作之一：

a) 无任何动作；

b) 产生安全报警；

c) 产生安全审计记录；

d) 产生安全报警和安全审计记录。

决定对每个事件应采取四种动作方针中的哪一种，依赖于使用的安全策略。

作为分析处理的一部分，可以通过检查安全审计跟踪记录和安全审计跟踪档案了解先前的事件。

6.2.5 聚集阶段

必须定期将分布式审计跟踪的各个安全审计记录汇集成一个单独的审计跟踪记录。这一过程包括（在收集点）使用审计跟踪收集器和（在远程系统）使用审计调度器功能，这称作聚集（如 6.1.3 注释所述，此过程可以是分层式的）。

6.2.6 报告生成阶段

在需要的时候,或按照安全策略强制要求的时候,可对安全审计跟踪记录进行处理。这一过程将包含分析元素,并且也可包含把安全审计跟踪记录整理成合适的格式。安全审计跟踪分析的输出是安全报告,它可能指明已发生破坏系统安全的企图,在这种情况下,可能需要采取安全恢复动作。安全审计跟踪分析能用来评估攻击的程度和确定合适的损毁控制规程。

安全恢复服务可用安全报告来识别由安全问题引起的损毁的程度。尤其可用它识别以非正常方式利用其权力的授权用户使用过的那些资源。还可用它来评估损毁,以便尝试必要的恢复动作。

6.2.7 归档阶段

安全审计跟踪记录可能需要长时间保存。在归档阶段,部分安全审计跟踪被传输到长期存储介质中。用作归档的存储者必须保持原始记录的完整性。可在本机,也可远离原始审计跟踪源进行安全审计跟踪归档。可能要配置远程归档。

6.3 审计信息的相关性

一个或多个安全审计跟踪的审计记录可能是相互关联的。例如,可以通过大量中间系统传输一个连接请求,因此可在不同的安全审计跟踪里产生若干安全审计记录。也许,重要的是在这些安全审计记录上准确地加上时间戳或相互关联标记。另一个例子是在两个不同安全审计跟踪里记录两个不同事件,此处最重要的是要能够确定哪个事件先发生。在附录 D 中讨论了来自不同事件发生器的事件时间相关过程中涉及的有关问题。

7 安全审计和报警的策略及其他方面

7.1 策略

安全审计策略定义安全相关事件并识别用来收集、(在一个安全跟踪里)记录和分析各种安全相关事件的规则。在审计策略里以及作为规则的表达式中可能包含有若干值得注意的事项。其中的一个或多个可能适用于特定的安全策略。

安全审计策略应为完成各种级别和类型的安全审计定义需求,也要为产生安全报警定义准则。测试系统控制的充分性,确认与安全策略的符合性,以及确定对策略、控制和规程的指示更改,都将离不开对安全审计跟踪记录的分析,以及对系统设计、配置和操作等的其他诸多方面的分析。

注:按安全策略定义安全相关事件的方法超出了本部分的范围。

7.2 法律问题

应注意到有一些专门保护公民隐私的法律。在某些情况下,这将意味着包含纯属个人信息的审计跟踪记录将属于与隐私权和访问信息有关的国家法律之列。这些记录将需要防止未授权泄露。

在安全审计记录被作为合法证据的地方,对安全审计记录的使用、存储和保护可能存在特殊要求。

7.3 保护需求

可考虑两个方面的保护问题:

——安全审计跟踪和审计信息的保护;

——安全审计服务的保护。

7.3.1 审计信息保护

安全审计跟踪里收集的信息可直接来自审计消息,或来自别的审计跟踪。因此,一个安全审计跟踪可能是一个或多个源产生的安全审计跟踪记录的聚集。在最简单的情况下,安全审计跟踪包含单个系统产生的全部安全审计记录。

安全审计跟踪必须受到保护,以免遭到未授权泄露和/或未授权修改。可使用访问控制、机密性、完整性和鉴别机制进行保护。被采用的一种具体保护技术是将审计记录存储在只能被写入一次的介质上,这样就不能用重写的办法来擦除事件记录。

安全审计消息、安全报警和安全报告也必须加以保护,以防止未授权泄露和/或未授权修改。此外,重要的是信息的发送方和接收方相信数据的源和目的地完全是所声称的,并且该信息未遭到任何破坏。

至少要求某些信息的机密性。这可能出于如下几种理由:

——涉及个人隐私的法律因素;

——隐蔽已记录或没有记录的审计事件；

——隐蔽报警引起的动作的接受者（或非接受者）的身份。

7.3.2 审计和报警服务的保护

安全审计和报警服务依赖于有高等级的可用性。拒绝服务是对审计和报警服务的一种威胁。安全报警管理员或安全审计员企图得到的信息可能被延迟到该信息不再有价值的时候。所以，最重要的是信息应及时抵达预期的对象。

这些保护问题的深入讨论可在第10章中找到。

8 安全审计和报警信息及设施

安全审计和报警信息的处理可考虑为两个方面：

——处理响应一个意外事件而产生的消息（即未经请求的安全审计和报警信息）；

——处理特定安全审计和报警信息的请求（即请求的信息）。

需要用管理服务来控制安全审计和报警处理的几个方面，包括安全审计跟踪机制，在定义对探测安全相关事件所采取的特定动作时遵循的准则，以及处理审计和报警信息时涉及的过程。

8.1 审计和报警信息

安全审计和报警信息包括安全报警、安全审计消息、安全审计记录和安全报告。

8.1.1 安全审计消息

安全审计消息是作为可审计安全相关事件的结果而生成的消息。

例如，安全审计消息可由事件辨别器对一个安全相关事件进行初始分析而产生，或者作为报警处理器或审计分析器的后续评价结果而产生。

8.1.2 安全审计记录

术语安全审计记录用于描述安全审计跟踪里的单个记录。在很多情况下，它将对应于单个安全相关事件，但可以想像得出，在一些实现中，一个安全审计记录也可以是作为不止一个安全相关事件的结果而产生的。

典型的安全审计跟踪记录包括与消息的源和原因有关的信息，也可能包含与消息检测和处理中所涉及的实体有关的信息。

8.1.3 安全报警

安全报警是检测到一个安全相关事件，而该事件被确定是对安全的潜在破坏并构成一个报警条件之后而产生的消息。这可以是单个事件，也可以是达到一定门限的结果。不管哪一种情况，在安全策略中对构成一个报警条件的定义做了规定。

安全报警可由事件辨别器（作为一个安全事件的初始评价结果）启动，或者在确定有报警条件存在的任何时候，由审计分析器启动。

8.1.4 安全报告

安全报告是作为安全审计跟踪分析的结果而产生的信息。审计跟踪检验器被用来从一个或多个安全审计跟踪中生成安全报告。

8.1.5 构成审计和报警信息的示例

审计和报警信息一般包括下述成分：

——信息/消息类型（即安全报警，安全审计消息或安全报告）；

——可区分的元素标识符（例如安全相关事件的发起者/目标，动作主体/客体）；

——消息的原因；

——事件辨别器，审计提供器和/或审计记录器的可区分标识符。

8.2 安全审计和报警设施

为了有效地应用审计服务和能够进行有效的事件分析，需要一种方法来确定与安全相关的事件，以及如何处理它们。消息分析由过滤机制实施，它决定在接收到一个审计消息时应采取的合适动作。过

滤器按照(由审计机构确定的)准则动作,这些准则为每一种消息类型确立要采取的动作。赖以采取动作的准则包括:

  ——时刻;

  ——门限计数器;

  ——事件类型;

  ——引起该事件的实体。

为了管理目的,过滤器可以定义为具有规定行为和参数的被管客体。

与审计和报警管理相关的设施提供确立选择准则的方法,该准则允许用户处理为提供安全审计和报警服务所必须的信息。概括地说,这些设施是:

  a) 创建、修改和删除处理安全相关事件的准则;

  b) 能够和禁止产生指定的安全审计消息;

  c) 能够和禁止产生安全审计跟踪;

  d) 能够和禁止产生、处理报警。

与审计和报警操作相关的设施是:

  a) 产生审计和报警信息(如产生报警,产生审计消息,产生安全报告);

  b) 记录审计和报警信息;

  c) 收集/聚集审计和报警信息;

  d) 分析审计和报警信息;

  e) 归档审计和报警信息。

8.2.1 确定和分析安全事件——审计和报警功能准则

安全报警和安全审计消息二者识别事件类型、事件原因、事件被探测到的时间、事件检测者身份以及与事件相关联的实体的身份(即引起事件发生的行为主体和客体)。

确立准则旨在规定处理不同类型信息时应采取的动作。已定义的准则如下:

准则 1——事件辨别

这些准则将确定在探测到一个安全相关事件时应采取的动作。

候选输入参数:

  ——安全相关事件类型;

  ——时刻;

  ——引起事件的实体。

候选输出参数:

  ——待采取的动作;

  ——待产生的安全报警;

  ——待产生的安全审计消息。

准则 2——审计跟踪检验

这些准则为编译安全报告而就包含在一个或多个安全审计跟踪中的信息进行选择提供基础。

候选输入参数:

  ——审计记录类型;

  ——安全相关事件类型;

  ——在审查之中的事件的时间;

  ——向其请求信息的实体。

候选输出参数:

  ——被选记录清单。

准则 3——审计跟踪分析准则

这些准则确定审计分析器将如何处理审计跟踪。审计跟踪的分析将在确定待采取的动作之前,通过评估事件的发生量和频度来实现。

　　　候选输入参数：

　　　——事件类型；

　　　——发生量；

　　　——时间周期。

　　　候选输出参数：

　　　——待采取的动作。

　　注:安全审计记录或安全审计归档不要求准则。

9　安全审计和报警机制

　　安全审计和报警服务与本系列标准中描述的其他安全服务的不同之处在于没有单个的特定安全机制能用于提供这种服务。审计机制也许可刻划为基于大量管理和操作方式的规程。因此,不详细讨论审计机制。然而,作为用于审计的该类型方式的例子,安全相关事件分析的机制可以包括:

　　　——对照一已知轮廓,如基于时间或地理的不寻常的访问,不寻常的资源使用等等,比较实体的活动；

　　　——在某个时间周期内检测一种或多种事件类型的累计值；

　　　——在某个时间周期内观察一种或多种事件类型的不发生情况。

　　上述示例清单并非穷举。

10　与其他安全服务和机制的交互

10.1　实体鉴别

　　在审计调度器和审计收集器之间传送安全审计跟踪时需要进行双向鉴别,以使审计调度器向预定的审计收集器发布该安全审计跟踪,以及审计收集器从预定的审计调度器接受该安全审计跟踪。

10.2　数据源鉴别

　　使用数据源鉴别,可以知道安全审计消息和安全报警的来源。审计分析器也使用它以保证拒绝来自未知事件生成者或未知事件分析者的消息。

10.3　访问控制

　　在存储和传送安全审计跟踪记录时必须使用访问控制服务。访问控制也能用于防止未授权访问安全审计跟踪。

10.4　机密性

　　在传送安全审计跟踪、选定的安全审计记录、安全审计消息和安全报警的过程中可使用机密性服务。机密性服务还可用来保护存储的审计记录。

10.5　完整性

　　具有头等重要意义的是,必须检测出对安全审计跟踪、选定的安全审计记录集、安全审计消息或安全报警的任何未授权修改。完整服务可用于此目的。

10.6　抗抵赖

　　由于审计跟踪的传送通常在同一安全域中进行,因此按常规将不使用抗抵赖服务。

附　录　A
（资料性附录）
开放系统互连的安全审计和报警通则

建议总是对下述类型的安全相关事件进行审计：
——与安全信息管理有关的操作；
——改变被审计事件集的操作；
——改变被审计对象身份证明的操作。

本附录详细说明那些可能将引起一个安全相关事件的OSI事件。正常的和反常的两种条件可能都需要审计，例如，每一个连接请求，不管它是否是非正常请求，也不论是否被接受，都可以是一个安全审计跟踪记录的主体。

下述事件在处于其他事件之间时，可以是审计的主体。这个清单并非穷举，仅提供指导而已。
与一个具体连接有关的安全相关事件：
——连接请求；
——连接证实；
——断开请求；
——断开证实；
——属于连接的统计。
与使用安全服务有关的安全相关事件：
——安全服务请求；
——安全机制使用；
——安全报警。
与管理有关的安全相关事件：
——管理操作；
——管理通知。
可审计事件的清单至少应包括：
——拒绝访问；
——鉴别；
——改变属性；
——创建对象；
——删除对象；
——修改对象；
——使用特权。
对单个安全服务而言，下述安全相关事件非常重要：
——鉴别：验证成功；
——鉴别：验证失败；
——访问控制：判决访问成功；
——访问控制：判决访问失败；
——抗抵赖：消息来源可抗抵赖；
——抗抵赖：消息接收可抗抵赖；
——抗抵赖：对事件的不成功抵赖；
——抗抵赖：对事件的成功抵赖；
——完整性：使用屏蔽；

——完整性:使用去屏蔽;

——完整性:证实成功;

——完整性:证实失败;

——机密性:使用隐藏;

——机密性:使用显现;

——审计:选择审计事件;

——审计:不选择审计事件;

——审计:改变审计事件选择准则。

注:当把访问控制作为完整性或机密性机制的基础时,可把与"判决访问失败"关联的审计记录转变为显式指示一个
    企图对机密性或完整性的违规。

对一个特定通信实例的全部审计跟踪记录都应该明确地予以标识,以确保对该记录的跟踪。

GB/T 17143.5 的服务可用于管理事件转发服务、配置事件转发辨别器,它们为与安全审计有关的安全相关事件确定选择准则。

GB/T 17143.8 的安全审计跟踪报告服务可被实体用于产生安全审计消息。

GB/T 17143.6 的服务可用于确定选择存储在安全审计跟踪里的安全审计消息。

GB/T 17143.7 的安全报警报告服务可被安全审计跟踪应用程序用来产生安全报警。

附　录　B

（资料性附录）

安全审计和报警模型的实现

安全审计和报警模型的功能如图1所示。整个规程可分布在许多独立的开放系统中，每一个系统则负责该规程的一个或多个方面。图B.1所示是一个示例。

企图使用一个账号上的无效口令登录系统则可能是安全事件的示例。审计跟踪分析可能揭露出这是利用假口令登录该账号的一系列企图之一，并且在达到一定门限后会产生一个报警。

S1 有能力按照定义的准则（准则1）检测安全相关事件并分析它们，但没有安全审计跟踪能力，所以，其安全报警被送到 S2，其安全审计消息则被送到 S3 以便包含在该安全审计跟踪里。

S3 负责更新安全审计跟踪。S3 还向 S6 提供对安全审计跟踪和安全审计跟踪档案的访问，这样可以按照定义的准则（准则2）选择安全审计跟踪审计记录，并汇集成安全报告。

S4 负责归档和检索审计跟踪记录。

S5 包含一个应用，该应用按照定义的准则（准则3）分析审计跟踪记录（和归档的记录），并在超过门限极限或检测到其他报警事件时，向 S2 发出报警。

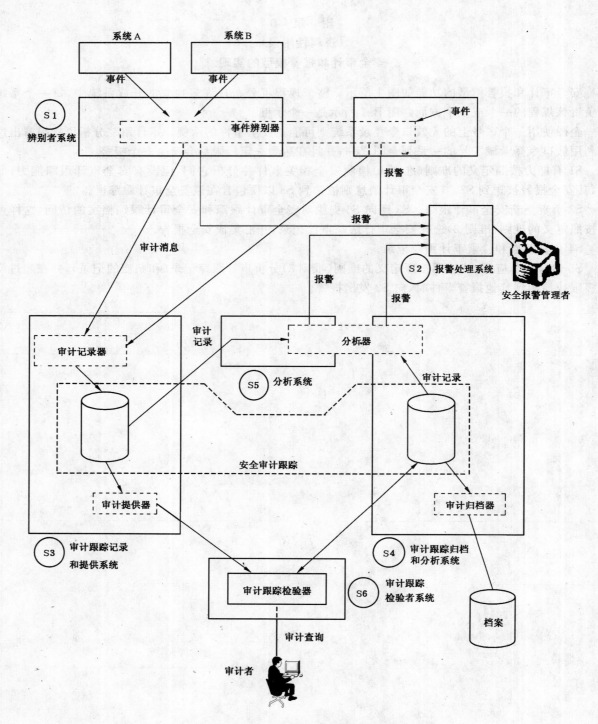

图 B.1 实现报警和审计服务示例

附 录 C
（资料性附录）
安全审计和报警设施概览

安全设施概览	元素	实体：审计机构、报警管理者、安全审计者。		
		功能：事件辨别器、审计记录器、报警处理器、审计分析器、审计跟踪检验器、审计提供器、审计调度器、审计跟踪收集器。		
		信息对象：安全审计消息、安全审计记录、安全报告。		
	服务目标：保证信息开放式系统的安全相关信息被记录在案，并且在适当的时候，做出报告。			
设施	实体	审计机构		
	功能	确定和分析安全相关事件		
	管理相关的活动	准则 1：事件辨别 准则 2：审计跟踪检验 准则 3：审计跟踪分析		
	实体	报警管理器	安全审计者	发起者/目标 主体/客体
	功能	事件辨别器 报警处理器 审计分析器	事件辨别器 审计分析器 审计记录器 审计跟踪检验器 审计提供器 审计归档器	
	操作相关的设施	产生报警 收集报警	产生审计消息 收集审计消息 分析审计消息	
信息	审计机构管理的数据元素	准则 1： ——事件类型 ——时间 ——实体	准则 2 ——记录类型 ——事件类型	准则 3 ——时间类型 ——发生数量 ——时间周期
		——待采取的动作 ——待产生的安全信息	——记录清单	——待采取的动作
	操作中使用的信息类型	——消息/信息类型 ——元素的可区分标识符 ——消息原因 ——事件辨别器、审计提供器和/或审计记录器的可区分标识符		
	控制信息	——时间，发生率		

附　录　D

（资料性附录）

审计事件的时间注册

不同的事件发生器或事件记录器之间在实际上不可能完全同步。在这种情况下，需要一种关联安全审计跟踪内时间的方法。安全审计记录由安全审计消息产生，该消息可以包含、也可以不包含时间戳。如果包含时间戳，则可以利用该安全审计消息里提供的时间指示来产生安全审计记录。后一种情况下，根据接收到的安全相关事件而产生的安全记录，则包含有可利用审计记录器的时间参考的时间戳。在这两种情况下，都必须产生具有事件发生器和审计记录器之间时间关系的审计记录。

在前一种情况，必须估计事件发生器时间参考与审计记录器时间参考之间的差值。审计记录必须包括事件发生器的身份标识，事件发生器的时间参考，审计记录器的时间参考，这些时间参考之间的延迟以及该延迟的容许度。在后一种情况，审计记录器必须指示事件发生器的身份标识，审计记录器的时间参考，事件发生器和审计记录器之间延迟的估值，以及该延迟的容许度。

要对每一个事件都产生这样的记录显然并不实际。只有依赖于时间参考之间的联系或偏移性质，才能产生这样的记录。如果经过一段观察时期后发现延迟是可以忽略的，则可以省去这些记录。如果没有延迟测量，则可以使用线性插值。

同一类型的问题也会在审计记录器时间参考与定位在另一端系统上的审计调度器时间参考之间发生。然而，在这种情况下，两个系统都将有时间参考。时间差值测量可以在两个通信者之间的任何时间进行，或在发生安全审计跟踪传送的时间进行。记录应包含事件发生器的身份标识，审计调度器的身份标识，审计记录器的时间参考，审计记录器和审计调度器之间延迟的估计值，以及该延迟的容许度。

确定两个事件中哪一个先发生，可以通过加上或减去一系列时间参考之间的延迟，并加上全部的容许度来实现。如果得到的延迟比容许度小，则无法区别先后次序。

同样的理由也适用于需要产生安全审计报告的时候。利用审计跟踪中提供的信息，可以按照不同的时间参考把事件分类。然而，只有在延迟容许度比该时间差加上下一事件的容许度小时，才能保证事件的次序正确。为此，必须能够计算每一个事件的累计容许度。